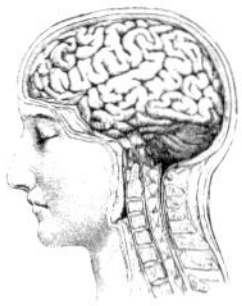

In Search of Memory : THE EMERGENCE OF A NEW SCIENCE OF MIND

IN SEARCH OF MEMORY

뇌과학의 살아있는 역사 에릭 캔델 자서전

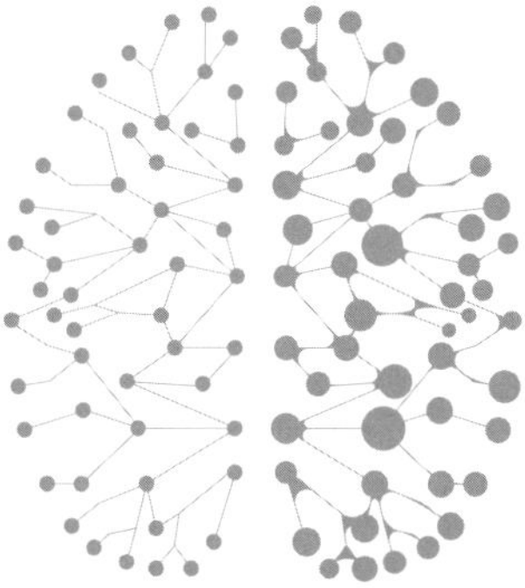

기억을 찾아서

에릭 캔델 **Eric R. Kandel** 지음
전대호 옮김

IN SEARCH OF MEMORY : THE EMERGENCE OF A NEW SCIENCE OF MIND

RHK
알에이치코리아

한국의 독자들에게

한국어 번역본을 통해 한국 독자들을 만나게 되어 남다른 기쁨을 느낍니다. 나는 수많은 한국 신경과학자들과 교류하고 몇 명을 가르치면서, 그들이 한결같이 높은 수준의 과학을 한다는 것을 알게 되었습니다.

한국인들이 노벨상에 어마어마한 거국적 매혹을 느끼는 것을 이해합니다. 과학과 기술의 엄청난 발전과 교육에 대한 사회적 열의에도 불구하고 왜 아직 과학 분야의 한국인 노벨상 수상자가 없는가에 대해 흔히 논쟁이 벌어지는 것을 이해합니다. 나는 이 책을 통하여 독자들이 노벨상을 받은 과학자는 과연 어떤 사람이고 어떻게 성장하는지 조금이나마 알게 되기를 바랍니다.

책의 처음부터 끝까지 내가 강조하는 것은, 독창적인 문제에 대한 과감하고 창의적인 도전이 획기적인 발견을 낳는다는 점입니다. 더 나아가 나는 개인의 유년기와 교육 경험이 과학에 대한 접근법과 기나긴 인생행로에 미치는 영향의 중요성을 지적합니다. 그러기 위해서 독일이 오스트리아를 합병했던 내 어린 시절의 기억과 우리 가족이 미국으로 망명한 일과 그 후 내가 정신의학을 공부했던 일을 이야기합니다.

이 책이 한국의 과학자들과 과학의 길에 나서려는 학생들에게 영감을 줄 수 있기를 바랍니다. 그들은 미래에 노벨상 수상자가 될 수도 있을 것입니다. 학습과 기억 과정, 인간의 행동과 뇌의 관계에 관심이 있는 일반 독자들도 도움을 얻을 수 있을 것입니다.

2009년 1월 에릭 캔델

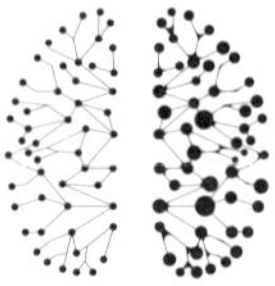

추 천 사

강봉균, 서울대학교 생명과학부 교수

금세기의 위대한 과학자인 에릭 캔델의 자서전 『기억을 찾아서』의 추천사를 쓰게 된 것을 무한한 기쁨으로 생각한다. 2001년 늦가을 워싱턴에서 함께 점심 식사를 하는 중에 자서전을 쓰신다는 얘기를 처음 듣게 되었다. 그 자서전이 최근에 많은 사람들의 관심 속에 출간되었고, 더욱이 한국어번역판을 통해 이 위대한 과학자의 삶이 한국 독자들에게 더욱 가까이 소개된다는 소식을 듣고 기쁜 마음을 감출 수 없었다.

이분은 내가 박사학위 과정에 있을 당시 나를 지도해 주신 지도교수님이다. 한 편의 영화 같기도 한 이 자서전에서 에릭 캔델이 주연이라면 나는 엑스트라라고나 할까. 이 책을 통해 이분이 얼마나 위대한지 느낄 수 있을 테지만 5년 동안 같이 연구하면서 가까이에서 그를 지켜본 나는 그에게서 훌륭한 과학자로서의 품격을 더욱 생생하게 느낄 수 있었다. 이분과의 인연은 내가 한국에서 대학원 석사 과정을 밟을 당시 이미 시작되었다. 이분이 쓴 논문에 감명을 받아 기억의 생물학을 연구하고 싶다는 꿈을 키우게 되었기 때문이다. 당시만 해도 경쟁이 극도로 치열하여 그 연구실에 합류하기가 쉽지 않았다. 그러나 각고의 노력 끝에 결국 그분 밑에서 박사학위를 지도받을 수 있는 행운을 얻게 되었다.

이분과 처음 인터뷰하던 때의 흥분이 내게는 지금도 생생하게 남아 있다. 이분이 나치의 유대인 말살 위협 속에 빈을 급히 떠나던 때의 두려움을 생생히 기억하고 있듯이 말이다. 첫인상은 대가다운 위엄 있는 모습보다는 인자한 할아버지 같은 인상이었다. 에릭의—책에도 나오지만 우리는 나이를 떠나서 항상 서로의 이름을 불렀다. 권위보다는 친근하게 대하는 것을 좋아하셨기 때문이다—자상한 첫인상 때문이었는지, 에릭이 우여곡절 끝에 들어간 하버드에서 최선을 다해 열심히 공부하였듯이 나 또한 그의 연구실에서 전력을 다해 연구 활동에 임할 수 있었다.

그와 함께 토론하고 논의하며 새로운 방향을 찾고 그러다 결국 무언가를 해냈을 때의 희열은 정말 감격적이었다. 책에서도 나타나는 그의 성품처럼 그는 궁금한 것을 참지 못한다. 그리고 항상 새로운 것을 추구하고 그것을 얻기 위해 굉장한 노력을 한다. 매번 뜻하는 대로 결과를 얻지는 못했지만, 그 과정 속에서 엉뚱한 결과, 오히려 더 흥미로운 것을 발견할 수도 있었다.

자서전에 자세히 묘사되어 있듯이 그는 젊은이들과의 토론을 매우 즐기는데, 자신을 흥분시킬 연구결과들로 매일같이 젊은 학생, 박사들과 열띤 토론을 할 수 있었으니 얼마나 행복했으랴. 그래서일까. 내가 기억하는 그는 항상 웃음을 잃지 않았다. 그만이 가진 특유의 큰 웃음소리는 지금도 내게 환청처럼 들리는 듯하다. 좋은 연구결과를 토론할 때면 큰 웃음소리가 복도 끝에서도 들릴 정도였으니 말이다.

에릭은 훌륭한 과학자이자 저술가이면서 좋은 강연자이기도 하다. 그는 과학자는 진지하면서도 어눌해야 그럴듯하다는 선입관을 무색하게 할 만큼 강연을 매우 잘한다. 언젠가 내가 학회에서 구두발표를 하게 되었을 때 미리 연습이 필요한 것을 알고 그는 기꺼이 내가 발표하는 것을 참을성 있게 듣고 발표하는 요령과 고쳐야 할 점들을 자세히 지적해 주었다. 그의 그런 모습과 자상한 가르침을 통해 과학자의 길을 걷고 있는 나 또한 훌륭한 과학자라면 자신이 발견한 것에 대해 동료 과학자나 더 나아가 일반 대중에게도 그 의미를 충분히 잘 설명할 수 있어야 한다는 생각을 갖게 되었다.

이 자서전은 오스트리아 빈에서 보낸 에릭의 어린 시절부터 시작된다. 유대인이라는 신분때문에 나치의 공포 속에 떨었던 기억과 어렵게 탈출하여 미국이라는 과학의 천국에서 누렸던 일생의 행복이 서로 대조되고 있다. 공포의 기억이 오래가는 속성에서 이해할 수 있듯이 마음속의 이런 명암은 지금도 계속되는 것 같다. 나치의 유대인 학살 못지않게 이에 동조한 오스트리아 정부와 지식인들의 비겁함과 부당함을 항변하는 대목이 여러 차례 나온다. 과학자로서 행복한 삶을 사시면서도 다른 한편에는 항상 비통한 그늘이 있었음을 발견할 수 있다.

에릭은 빈의 문화, 철학, 역사에 고양되어 역사가가 되려 했었으며 프로이트에 매료되어 정신과 의사가 되려 했다가 궁극적으로 인간 정신의 근원을 파헤치기 위해서는 생물학적 접근이 필수적이라는 것을 깨닫고 망설임 끝에 의사라는 직업을 버리고 과학자의 길로 들어선다. 그리고 그의 선택은 옳았다. 정신과 의사 수련을 통해 쌓은 해박한 지식을 바탕으로 생물학에 도전한 그는 실로 정신의 생물학이라는 새로운 지평을 열었다. 정신분석에 의존하는 정신의학이 아니라 세포에서부터 하나씩 풀어나가는 시도는 그만의 독창적인 것이었다. 그는 먼저 기억을 이해하기 위해 신경세포(뉴런)들을 이해하고, 뉴런들간의 연결인 시냅스를 통해 어떻게 다른 종류의 기억들이 신경 회로상에서 저장되는지, 그리고 단기기억과 장기기억의 생물학적 차이는 어떻게 다른지를 명쾌하게 설명할 수 있었다. 그의 이런 연구결과를 통해 그는 결국 2000년에 노벨생리의학상을 받기에 이르렀으며, 그가 수상 후에 스웨덴에서 청중들에게 행한 다음의 연설에 그의 모든 것이 집약돼 있다.

델포이의 아폴론 신전 입구 위에는 "너 자신을 알라"는 경구가 새겨져 있었습니다. 소크라테스와 플라톤이 인간 정신의 본성을 최초로 숙고한 이래, …… 진지한 사상가들은 시대를 막론하고 자기 자신과 자신의 행동을 이해하는 것이 지혜라고 생각했습니다. …… 우리 세대의 과학자들은 정신에 관한 추상적인 철학적 질문들을 경험적인 생물학의 언어로 번역하기 위해 노력했습니다. 우리의 연구를 이끄는 핵심 원리는 정신은 뇌가 수행하는 작용들의 집합이라는 것입니다. …… 우리 세 사람은 세포 내부와 세포들 사이에서 신호 전달의 생화학이 어떻게 정신 과정들 및 정신병과 관련되는지 밝혀냄으로써 정신과 분자들을 연결하는 일의 첫걸음을 내디뎠습니다. …… 우리 세대의 과학자들은 미래를 내다보면서 20세기에 유전자의 생물학이 과학적으로 중요했던 것만큼 이 세기에는 정신의 생물학이 중요해질 것이라는 믿음에 도달했습니다. … 실제로 우리 세대에서조차 과학자들은 이미 자아에 대한 더 깊은 이해를 향한 시작 단계의 생물학적 통찰들을 얻었습니다. 앞서 언급한 경구는 비록 델포이의 돌에는 더 이상 남아 있지 않지만, 우리의 뇌에 새겨져 있음을 우리는 압니다. 까마득한 세월 동안 그 경구는 뇌 속의 분자적 과정들에 의해 인간의 기억 속에 보존되었습니다.

— 노벨상 수상 연설문 중에서(본문 444~445쪽)

해마에서 시작했다가 군소라는 훌륭한 실험 동물로 연구 방향을 돌린 것, 그리고 다시 해마로 회귀한 경험, LSD와 관련하여 세로토닌을 연구했다가 다시 군소의 장기 시냅스 촉진 물질인 세로토닌으로 돌아간 것은 매우 흥미롭다. 인생은 돌고 도는 것인가!

그의 인생을 돌아보면서 우리가 느끼게 되는 것은 과학은 혼자 구도하듯이 하는 게 아니라는 것이다. 아이작 뉴턴이 말한 "거인의 어깨 위에서 세상을 보았다"는 것처럼 기존 연구에 영향을 받고 거기에서 자신의 해결 방안을 제시하고 또 다른 연구자들이 개발한 연구 방법을 사용하여 자신의 이론을 증명해 나가는 것이 과학의 길인 것이다. 하나가 해결된 것 같더라도 거기서 모든 게 완결되는 것은 아니다. 여기서부터 또다시 과학의 새로운 지평이 열리면서 후학들에게 새로운 길이 제공된다. 프로이트, 파블로프, 밀너 없이 에릭이 기억의 생물학에 뛰어들 수 있었을까? 아울러 마셜, 그런드페스트, 스펜서가 없는 에릭을 생각해 보라. 에릭은 이들로부터 큰 영감을 받았을 것이고 그는 결국 이들을 통해 위대한 과학자의 반열에 오르게 되었다.

그의 고백을 듣다 보면 어떻게 과학자의 길을 걸어나가야 하는지에 대한 안내서를 쉽게 찾을 수 있다. 그는 우선 과감하게 도전하라고 주문한다. 중요하다고 생각하는 목표에 현실보다는 이상을 찾아 몸을 던지라는 것이다. 여기에는 그의 부인 데니스의 격려도 큰 몫을 했던 것 같다. 둘째, 좋아하는 것을 하라는 것이다. 장기적으로 도전할 가치가 있는 것으로서 말이다. 셋째, 동료 과학자들과 빈번한 교류를 강조한다. 나이를 가리지 않고 항상 토론하고 새로운 기술과 연구 흐름을 얻기 위해 노력해야 한다는 것이다. 자기가 잘하는 것만 고집하기는 쉽다. 그러나 새로운 것을 받아들이고 스스로 변하는 것은 나이가 들수록 점점 힘들어진다. 그러나 나이에 관계없이 항상 새로운 것을 추구할 수 있어야 한다.

에릭의 주변에는 훌륭한 동료들이 많았다. 제슬, 시겔봄, 에릭보다 4년 뒤에 역시 노벨상을 받은 액슬 등 컬럼비아 대학교가 자랑하는 신경생물학연구소에는 훌륭한 분들이 많다. 이들을 통해 새로운 연구방법론을 수시로 받아들이면서 끊임없이 토론하고 자신의 연구 방향을 설정하기도 하고 반성과 수정을 해왔다. 어느 누구라도 그의 제안을 받아들여 실천한다면 충분한 노벨상 후보가 될 것이다.

또한 이 책에는 전설적인 신경과학자들이 자주 등장한다. 커플러, 에클스, 카츠, 셰링턴, 카할 등이 이들이다. 이들의 성공과 실패를 되새기면서 어떻게 과학자의 길을 걸어야 하는지 스스로 진지하게 생각해 본 것과 과학자들간의 경쟁, 진리 탐구를 위한 욕망 등에 대한 언급은 과학자의 길을 걷고자 하는 이들에게 선험적인 지식이 될 것이다.

마지막으로, 가족에 대한 미안함이 진솔하게 드러난다. 과학자로서 바쁘고 치열한 삶을 살았기에 자식들에게 소홀히 했다는 자책감이 겸손하게 표현된다. 내가 아는 한 이분은 참 자상하다. 자서전에 나오는 따님의 어릴 적 시 '군도'는 나도 20여년 전부터 안다. 실험실원의 가족을 항상 따뜻하게 대해 주셨고 나의 둘째 아이가 대학병원에서 태어났을 때 화환을 보낼 정도로 자상하셨다.

2009년은 에릭이 80회 되는 생일을 맞이하는 해로 그가 걸어온 과학자로서의 삶을 기념하여 11월에 심포지엄이 열릴 예정이다. 한 위대한 과학자의 삶을 담은 이 심포지엄이 많은 과학자들에게 훌륭한 선물이 되길 바라며 그에게 건강하게 오래 사시라는 말을 전하고 싶다.

차례

4막 ;

5막 ;

6막 ;

들어가는 말

인간의 정신에 대한 생물학적 이해는 21세기 과학의 중심적인 과제로 떠올랐다. 우리는 지각과 학습, 기억, 사고, 의식, 그리고 자유의지의 한계가 지닌 생물학적 본성을 알고 싶어한다. 생물학자들이 이런 정신적인 과정들을 탐구할 수 있게 되리라는 것은 불과 이삼십 년 전만 해도 생각할 수 없는 일이었다. 우주에서 가장 복잡한 과정들의 집합인 정신의 가장 깊은 비밀들이 생물학적 분석에 무릎을 꿇을 것이며, 어쩌면 분자 수준에서 그러할 것이라는 생각은 20세기 중반까지 진지하게 받아들여질 수 없었다.

그리고 지금은 지난 50년 동안 일어난 생물학의 극적인 발전에 힘입어 정신을 생물학적으로 이해하는 것이 가능해졌다. 제임스 왓슨(James Watson)과 프랜시스 크릭(Francis Crick)이 1953년에 이룬 DNA 구조의 발견은 생물학을 혁명적으로 변화시켰고, 유전자에서 나온 정보가 세포의 기능을 어떻게 통제하는가를 이해하기 위한 지적인 틀을 제공했다. 그 발견은 어떻게 유전자가 조절되는가, 어떻게 유전자가 세포의 기능을 결정하는 단백질들을 발생시키는가, 어떻게 발달(development)이 유전자와 단백질을 켜고 꺼서 몸의 설계를 결정하는가에 대한 기초적인 이해로 이어졌다. 이런 대단한 성취들을 배경으로 삼아 생물학은 과학의 지형에서 물리학 및 화학과 더불어 중심을 차지했다.

새 지식과 자신감으로 충만한 생물학은 최고의 목표로 눈을 돌렸다. 인간 정신의 생물학적 본성을 이해하기로 한 것이다. 이 노력은 오랫동안 과학 이전 단계의 시도로 여겨졌지만, 지금은 이미 전성기를 맞았다. 실제로 20세기의 마지막 20년을 되돌아보는 역사가들은 이 시기에 얻어진 인간의 정신에 대한 가장 값진 통찰들이 전통적으로 정신을 다뤄 온 학문들 — 철학, 심리학, 정신분석 — 에서 나오지 않았다는 놀라운 사실에 대한 논평을 하게 될 것이다. 그런 통찰들은 오히려 그 학문들과 뇌의 생물학의 융합으로부터 나왔다. 그 융합은 분자생물학이 최근에 이룬 극적인 성취로부터 힘을 얻은 새로운 종합이다. 그 결과는 새로운 정신과학, 분자생물학의 힘을 이용하여 아직 남아 있는 생명의 거대한 신비를 탐구하는 과학이다.

이 새로운 과학은 다섯 가지 원리를 토대로 삼는다. 첫째, 정신과 뇌는 분리할 수 없다. 뇌는 뛰어난 계산 능력을 가진 복잡한 생물학적 기관으로, 우리의 감각 경험을 구성하고 사고와 감정을 조절하고 행동을 통제한다. 뇌는 달리기와 먹기와 같은 비교적 단순한 신체 행동을 책임질 뿐 아니라, 우리가 인간 고유의 특징으로 여기는 복잡한 행위들, 예컨대 생각하기, 말하기, 예술품 창조하기도 책임진다. 이런 관점에서 보면, 정신이란 뇌에 의해 수행되는 작용들의 집합이다. 이는 걷기가 다리에 의해 수행되는 작용들의 집합인 것과 같다. 단지 생각하기는 걷기보다 훨씬 더 복잡할 뿐이다.

둘째, 뇌 속의 정신적 기능 각각은 — 가장 단순한 반사(reflex)에서부터 가장 창조적인 언어예술, 음악, 미술까지 — 뇌의 여러 영역에 있는 특수화된 신경 회로에 의해 수행된다. 이 때문에 그 특수화된 신경 회로들이 수행하는 정신적 작용들의 집합을 가리킬 때 '정신, 바로 그것의 생물학

(biology of *the* mind)'이라는 말 대신에 '정신의 생물학(biology of mind)' 이라는 말을 쓰는 것이 바람직하다. '정신, 바로 그것의 생물학'이라는 표현은 어떤 단일한 장소를 함축하고, 뇌의 한 위치가 모든 정신 작용들을 수행한다는 듯한 인상을 풍기기 때문이다.

셋째, 그 모든 회로들은 동일한 기본적 신호 전달(signaling) 단위들, 즉 신경세포들로 이루어진다. 넷째, 신경 회로들은 신경세포들 내부와 사이의 신호를 발생시키기 위해 특수한 분자들을 사용한다. 끝으로 다섯째, 그 특수한 신호 전달 분자들은 수백만 년 동안의 진화 기간에 보존되었다. 다시 말해, 계속 사용되었다. 그것들 중 몇몇은 우리의 가장 오래된 조상들의 세포 안에 존재했고, 오늘날 우리로부터 진화적으로 가장 멀고 원시적인 친척들, 즉 박테리아와 효모와 환형동물, 파리, 달팽이 같은 단순한 다세포생물 안에서 발견할 수 있다. 이 생물들은 우리가 우리의 일상을 통제하고 우리의 환경에 적응하기 위해 사용하는 것과 똑같은 분자들을 써서 자신들의 환경 속에서 행동을 조직한다.

그러므로 우리는 새로운 정신과학에서 우리 자신에 대한 통찰—어떻게 지각하고 학습하고 기억하고 느끼고 행동하는가—뿐 아니라 생물학적 진화의 맥락 속에서 우리 자신에 대한 새로운 시각을 얻는다. 새로운 정신과학은 인간의 정신이 우리의 하등한 조상들이 사용한 분자들로부터 진화했고, 생명의 다양한 과정을 조절하는 분자 메커니즘의 특이한 영속성이 우리의 정신적 삶에도 적용된다는 것을 인정하게 만든다.

새로운 정신과학은 개인과 사회의 복지와 관련해 폭넓은 함축을 지니기 때문에 오늘날 과학계는 21세기에 정신의 생물학은 20세기에 유전자의 생물학이 했던 것과 같은 역할을 할 것이라는 데 의견의 일치를 보인다.

새로운 정신과학은 2,000년도 넘는 과거에 소크라테스와 플라톤이 정신 과정의 본성에 관하여 처음으로 사변을 한 이래 서양사상이 짊어진 주요 문제들을 다루는 것 외에도, 우리의 일상에 영향을 끼치는 중요한 정신 관련 문제들을 이해하고 처리하기 위한 실천적인 통찰을 제공한다. 과학은 더 이상 과학자들만의 배타적인 영역이 아니다. 과학은 현대적인 삶과 이 시대 문화의 필수적인 부분이 되었다. 미디어는 거의 매일 일반 대중이 이해하기 어려운 전문적인 정보를 보도한다. 사람들은 알츠하이머병으로 인한 기억상실과 노화성 기억상실, 그리고 이 두 기억장애의 차이를 이해하려는—흔히 성과에 도달하지 못하는—시도에 관하여 읽는다. 전자는 진행성이고 참혹한 결과로 이어지는 반면, 후자는 상대적으로 덜 심각하다. 사람들은 지능을 향상시키는 방법들에 관하여 듣지만, 그것들에서 무엇을 기대할 수 있는지 잘 모른다. 유전자가 행동에 영향을 미치고 유전자의 이상이 정신병과 신경병의 원인이라는 이야기를 듣지만, 그 인과관계가 어떻게 성립하는지에 대해서는 듣지 못한다. 또 사람들은 성별에 따른 습성 차이가 남성과 여성의 학문적·직업적 진로에 영향을 끼친다는 이야기를 읽는다. 이 이야기는 남성의 뇌와 여성의 뇌가 다르다는 뜻일까? 남성과 여성은 학습하는 방식이 다를까?

살아가는 동안 우리 대부분은 정신에 대한 생물학적 이해와 얽혀 있는 사적인 혹은 공적인 판단을 내려야 할 것이다. 어떤 판단들은 정상적인 인간 행동의 작은 차이를 이해하려는 노력 속에서 이루어질 것이지만, 또 다른 판단들은 더 심각한 정신적·신경적 장애와 관련될 것이다. 그러므로 모든 사람은 명확하고 알기 쉽게 제시된 최고의 과학 정보에 접근할 수 있어야 한다. 오늘날 과학계는 대중에게 그런 정보를 제공하는 것이 우리 과학자들의 책임이라는 생각을 널리 받아들이고 있다. 나 역시 그 생각에 동의한다.

과학자의 길을 걷게 된 초기에 나는 신경과학자로서 과학적 배경 지식이 없는 사람들도 과학자들 못지않게 새로운 정신과학에 관해 배우고자 한다는 것을 깨달았다. 그 깨달음의 연장선상에서 나는 컬럼비아 대학의 동료 제임스 H. 슈워츠(James H. Schwartz)와 함께 『신경과학의 원리(Principles of Neural Science)』를 썼다. 일반 대학 및 의과대학의 입문 교재인 그 책은 현재 제5판이 인쇄되고 있는 중이다. 그 교과서의 출판을 계기로 나는 일반 대중에게 뇌과학에 관한 강연을 해달라는 초청을 받게 되었다. 그 강연을 경험하면서 나는 과학자들이 뇌과학의 핵심 문제들을 설명하기를 원한다면, 비과학자들은 그것들을 이해하기 위해 공부하기를 원한다는 것을 확신하게 되었다. 그러므로 나는 이 책을 과학에 대한 배경 지식이 없는 일반 독자를 위한 새로운 정신과학 입문서로 저술했다. 그 새로운 정신과학이 어떻게 과거 과학자들의 이론과 관찰에서 비롯되어 실험과학에 진입했는가를 간단한 언어로 설명하는 것이 나의 목표다.

이 책을 쓴 또 다른 계기는 2000년 가을에 내가 뇌의 기억 저장에 관한 연구의 공로로 노벨 생리의학상을 받은 것이다. 모든 노벨상 수상자는 자서전을 쓰라는 권유를 받는다. 자서전을 쓰는 동안 나는 기억의 본성에 대한 나의 관심이 빈에서 겪은 유년기의 경험에 뿌리를 두고 있다는 것을 예전보다 더 분명하게 깨달았다. 또 나의 연구가 나를 과학사의 매우 중요한 시기에 국제적인 생물학자 사회의 일원이 되게 해주었다는 것을 더욱 생생하게 깨달았다. 연구 과정에서 나는 최근의 생물학 및 신경과학 혁명의 첨단에 있는 여러 탁월한 과학자들을 사귀었는데, 그들과의 교류는 나 자신의 연구에 지대한 영향을 미쳤다.

그래서 나는 이 책에 두 가지 이야기를 엮어 넣기로 했다. 첫째는 지난 50년 동안 정신에 대한 연구에서 일어난 특별한 과학적 성취의 역사다. 그리고 둘째는 그 50년을 함께한 나의 삶과 과학자로서의 연구에 관한 이야기다. 이 이야기는 내가 어린 시절 빈에서 겪은 일들이 어떻게 기억에 대한 관심으로 이어졌는가를 추적한다. 그 관심 때문에 나는 처음에 역사와 정신분석에 몰두했고, 나중에는 뇌의 생물학에, 마지막으로는 기억의 세포 및 분자 과정에 몰두했다. 그러므로 『기억을 찾아서』는 기억을 이해하기 위한 나의 개인적인 여정이 위대한 과학적 노력들과 어떻게 교차했는가에 대한 서술이다. 나의 개인적 구도의 길이 정신을 세포생물학과 분자생물학을 통해 이해하려는 노력과 어떻게 교차했는가에 대한 서술 말이다.

1막;

우리를 지배하는 것은 문자 그대로의 과거가 아니다. 혹시 생물학적인 의미에서라면 그럴지 몰라도 말이다. 우리를 지배하는 것은 과거의 이미지다. 그 이미지는 흔히 신화 못지않게 고도의 구조를 가지며 선택적이다. 과거의 이미지와 상징적 구성물들은 거의 유전정보처럼 우리의 감성에 새겨진다. 새로운 시대 각각은 앞선 시대를 묘사한 그림과 생생한 신화에 자신을 비춰 본다.

── 조지 스타이너, 『푸른 수염의 성(Bluebeard's Castle)』(1971)

1.

개인적인 기억과 기억 저장의 생물학

기억은 언제나 나를 매혹했다. 생각해 보라. 당신은 당신이 고등학교에 입학한 날, 첫 데이트, 첫사랑을 원한다면 얼마든지 회상할 수 있다. 그럴 때 당신은 사건만 회상하는 것이 아니다. 당신은 또한 그 사건을 둘러쌌던 분위기—광경, 소리, 냄새, 사회적 배경, 때, 대화, 감성적인 색조—도 경험한다. 과거를 회상하는 것은 일종의 시간 여행이다. 우리는 시간과 공간의 제약에서 벗어나 전혀 다른 차원들로 자유롭게 이동한다.

정신적 시간 여행은 지금 내 집의 서재에서 허드슨 강을 굽어보며 이 문장을 쓰는 내가 67년 전 대서양 건너편의 오스트리아 빈으로 가는 것을 허락한다. 나는 빈에서 태어났고, 내 부모님은 그곳에서 작은 장난감 가게를 운영했다.

1938년 11월 7일, 내 아홉 번째 생일. 부모님은 방금 내가 끝없이 졸라댄 생일 선물을 주셨다. 건전지로 움직이고 원격으로 조종하는 모형 자동차다. 반짝이는 파란색에 멋진 모양이다. 모터를 운전대와 연결하는 긴 전선이 있어서 나는 운전대를 움직여 차의 방향과 속도를 조종할 수 있다. 이때부터 이틀 동안 나는 그 작은 차를 몰고 우리의 작은 아파트를 구석구석 누빈다. 거실에서 주방으로, 부모님과 형과 내가 매일 저녁 앉는 식탁의 다리들 사이로, 침실로 들어갔다가 다시 밖으로……. 조종에 점점 더 자신이 생기고 재미있다.

그러나 기쁨은 오래가지 않는다. 이틀 후, 이른 저녁에 우리는 아파트 문을 거세게 두드리는 소리에 놀란다. 나는 그 쾅쾅거리는 소리를 지금도 기억한다. 아버지는 아직 가게에서 돌아오지 않았다. 어머니가 문을 열고, 두 남자가 들어온다. 그들은 나치 경찰관이라고 신분을 밝히고 짐을 꾸려 아파트를 떠나라고 명령한다. 우리에게 주소를 주면서 다음 지시가 있을 때까지 그곳에 묵어야 한다고 말한다. 어머니와 나는 갈아입을 옷과 세면 용품만 챙기지만, 영리한 형 루트비히는 가장 아끼는 보물 두 가지—수집한 우표와 동전—를 잊지 않는다.

그 몇 가지 물건을 들고 우리는 여러 블럭을 걸어 부유한 중년 유대인 부부의 집으로 간다. 우리는 그 부부를 처음 본다. 널찍하고 가구가 잘 갖춰진 그들의 아파트는 내게 매우 우아해 보인다. 나는 그 집의 가장에게 강한 인상을 받는다. 그는 잠자리에 들 때면 파자마를 입는 내 아버지와 달리 정교한 수가 놓인 나이트가운을 입으며, 머리카락을 보호하는 나이트캡을 쓰고 콧수염의 모양을 유지하기 위해 끈을 착용하고 잔다. 우리가 그들의 사적인 공간에 침입했는데도, 나치가 지정한 우리 숙소의 주인들은 사려 깊고 예절 바르다. 그토록 부유한데도 그들 역시 우리를 그들에게로 데려온 사건들에 놀라고 불안해한다. 어머니는 집주인에게 폐를 끼치는 것이 민망하다. 우리가 불편한 것처럼, 갑자기 낯선 사람을 세 명이나 들이게 된 그들도 불편하리라는 것을 어머니는 의식한다. 우리가 그 부부의 잘 정돈된 아파트에서 사는 동안 나는 어리둥절하고 주눅이 들었다. 그러나 우리 세 사람이 가장 염려하는 것은 낯선 집에 있다는 사실이 아니라 우리 아버지다. 아버지는 갑자기 사라졌고, 우리는 아버지가 어디에 있는지 전혀 모른다.

며칠 후 우리는 마침내 귀가를 허락받는다. 그러나 다시 찾은 아파트는 우리가 떠난 곳이 아닌 것 같다. 그곳은 샅샅이 수색되었고, 값어치 있는 것은 모조리 없어졌다. 어머니의 모피코트, 보석, 우리의 은제 식기, 레이스 달린 테이블보, 아버지의 양복 몇 벌, 내 생일 선물들 전부……. 멋진 모양에 반짝이는 파란색의 원격 조종 자동차도 보이지 않는다. 그러나 우리가 아파트로 돌아오고 며칠 뒤인 11월 19일, 아버지가 돌아오고 우리는 크게 안도한다. 아버지는 다른 유대인 남자 수백 명과 함께 군대 막사에 감금되어 있었다고 한다. 그는 제1차 세계대전 중에 오스트리아-헝가리 군대의 병사로 독일 편에 가담하여 싸웠다는 것을 증명할 수 있었기 때문에 풀려났다.

그때의 기억들—점점 더 자신 있게 차를 조종하여 아파트 안을 누빈 것, 문을 두드리는 소리를 들은 것, 나치 경찰관으로부터 낯선 사람의 아파트로 가라는 명령을 받은 것, 우리 소유물이 약탈된 것, 아버지의 실종과 재등장—은 내 어린 시절의 기억 가운데 가장 강렬한 것들이다. 훗날 나는 그 사건들이 1938년 11월 9일의 크리스탈나흐트(Kristallnacht), 우리 유대교회당과 부모님의 가게 유리창뿐 아니라 독일어권 전체의 수많은 유대인의 목숨도 산산조각이 난 그 재난의 밤과 같은 시기였다는 것을 알게 된다.

돌이켜 보면 우리 가족은 운이 좋았다. 꼼짝없이 나치 치하의 유럽에 남은 다른 수백만의 유대인에 비하면 우리가 겪은 고생은 사소했다. 굴욕적이고 무서웠던 한 해를 보낸 후, 그때 열네 살이었던 루트비히와 나는 빈을 떠나 미국으로 와서 뉴욕에 계신 조부모와 살 수 있었다. 부모님은 6개월 후에 우리와 합류했다. 우리 가족은 나치 치하에서 비록 1년밖에 살지 않았지만, 빈에서 보낸 그 마지막 한 해에 내가 경험한 당황과 궁핍과 굴욕과 두려움은 그 시기를 내 생애의 결정적인 순간으로 만들었다.

성년기의 복잡한 관심과 행동의 기원을 유년기와 성장기의 특수한 경험에서 찾는 것은 어려운 일이다. 그러나 나는 훗날 내가 갖게 된 정신에 대한 관심—사람들은 어떻게 행동할까, 동기의 예측 불가능성, 기억의 지속성에 대한 관심—을 빈에서 보낸 마지막 한 해와 연결하지 않을 수 없다. 홀로코스트 이후 유대인들의 구호 중 하나는 "결코 잊지 말라"였다. 그것은 반유대주의와 인종주의와 증오, 나치의 만행을 허용한 마음가짐을 부단히 경계하라고 미래 세대들에게 전하는 간곡한 충고였다. 나의 과학적 연구는 그 구호의 생물학적 토대를 탐구한다. 우리의 기억을 가능케 하는 뇌 속의 과정을 탐구하는 것이다.

빈에서 보낸 마지막 한 해에 대한 기억이 처음 표출된 것은 내가 과학에 관심을 갖기도 전이었다. 그 무렵 미국에서 대학을 다니던 나는 오스트리아와 독일의 현대사에 엄청난 관심을 가졌고, 역사학자가 될 작정이었다. 나는 그 참혹한 사건들을 둘러싼 정치적·문화적 맥락을 이해하려 노력했다. 한때 예술과 음악을 사랑했던 한 민족이 어떻게 바로 그다음 순간에 가장 야만적이고 잔인한 행위를 저지를 수 있었는지를 이해하려 애썼다. 나는 오스트리아와 독일의 역사에 관하여 학기말 논문을 여러 편 썼다. 그중 하나는 나치의 집권에 대한 독일 작가들의 반응을 다룬 우수 논문이었다.

그 후 학부 시절의 마지막 학사년도인 1951~1952년에 나는 정신분석에 매혹되었다. 인간의 동기와 사고와 행동의 비합리적인 뿌리를 이해하기 위해 개인적인 기억의 층들을 하나씩 벗기는 데 집중하는 그 분야에 말이다. 1950년대 초에 활동한 정신분석가는 대개 의사이기도 했다. 그래서 나는 의대에 진학하기로 결심했다. 그리고 의대에서 생물학에서 일어나고 있는 혁명을 접했다. 나는 살아 있는 것들의 본성에 관한 근본적인 수수께끼가 곧 풀릴 가능성이 높다는 것을 알게 되었다.

내가 1952년에 의대에 입학한 뒤 채 1년이 안 되었을 때, DNA의 구조가 밝혀졌다. 그 결과로 세포의 유전적·분자적 작용들이 과학적으로 엄밀하게 연구되기 시작했다. 시간이 지나면, 그 연구는 우주에서 가장 복잡한 기관인 인간의 뇌를 이루는 세포들로 확장될 것이었다. 내가 학습과 기억의 신비를 생물학을 통해 탐구할 생각을 품기 시작한 것이 바로 그 시절이었다. 빈에서 겪은 과거는 내 뇌의 신경세포들에 어떻게 영구적인 흔적을 남겼을까? 내가 장난감 차를 몰고 다녔던 아파트의 복잡한 3차원 공간은 내 뇌가 가진 내 주위의 공간적 세계에 대한 내적 표상에 어떻게 얽혀 들었을까? 공포는 그때 우리 아파트의 문을 두드리던 소리를 내 뇌의 분자적·세포적 조직에 어떻게 각인시켰기에 반세기가 넘게 지난 지금도 나는 그 경험을 시각적·감정적으로 생생하고 상세하게 재생할 수 있는 것일까? 한 세대 전에는 대답할 수 없었던 이런 질문들이 새로운 정신의 생물학에 무릎을 꿇기 시작했다.

의학도인 나의 상상을 사로잡은 그 혁명은 주로 기술적인(descriptive) 분야였던 생물학을 유전학과 생화학을 확고한 기반으로 가진 정합적인 과학으로 변화시켰다. 분자생물학이 도래하기 전에는 세 가지 이질적인 생각들이 판도를 좌우했다. 먼저, 인간과 기타 동물들이 더 단순하며 그들 자신과 매우 다른 조상들로부터 점차 진화했다는 생각, 즉 다윈의 진화론이 있었다. 둘째, 신체적 형태와 정신적 형질의 대물림이 유전자에 기초를 둔다는 생각이 있었다. 그리고 셋째, 모든 살아 있는 것들의 기초적인 단위는 세포라는 이론이 있었다. 분자생물학은 개별 세포 안에서 유전자와 단백질의 활동에 집중함으로써 그 세 가지 생각을 통합했다. 분자생물학은 유전자가 대물림의 단위이며 진화론적 변화의 추진력이라는 것을 깨달았고, 유전자가 만든 산물인 단백질이 세포 기능의 요소라는 것을 깨달았다. 또 생명 과정의 근본 요소들을 탐구함으로써 모든 생명 형태들의 공통점을 밝혀냈다. 분자생물학은 20세기에 대혁명을 겪은 또 다른 과학 분야인 양자역학이나 우주론보다 더 강력하게 우리의 관심을 사로잡는다. 왜냐하면 분자생물학은 우리의 일상에 직접 영향을 끼치기 때문이다. 우리 정체성의 핵에, 우리가 누구인가에 대한 대답의 핵에 직접 영향을 끼치기 때문이다.

새로운 정신의 생물학은 내가 과학자로 활동한 50년 동안 점진적으로 발생했다. 첫걸음은 심리철학(philosophy of mind)과 행동주의 심리학(실험동물의 단순한 행동에 대한 연구), 인지심리학(사람의 복잡한 정신 현상에 대한 연구)이 융합하여 현대적인 인지심리학이 탄생한 1960년대에 이루어졌다. 이 새로운 분과는 쥐에서부터 원숭이와 사람에 이르기까지 다양한 동물들의 복잡한 정신 과정들이 공유한 요소들을 찾으려 노력했다. 이 접근법은 나중에 달팽이, 꿀벌, 파리 따위의 더 단순한 무척추동물로 확장되었다. 현대 인지심리학은 실험적으로 엄밀한 동시에 넓은 기반을 가지고 있었다. 그 분과는 무척추동물의 단순한 반사에서부터 전통적으로 정신분석의 관심사였던 사람의 가장 고등한 정신 과정, 예컨대 주의 집중, 의식, 자유의지에 이르기까지 다양한 행동에 초점을 맞추었다.

1970년대에 정신의 과학인 인지심리학은 뇌의 과학인 신경과학과 융합했다. 그 산물은 인지신경과학, 즉 현대 인지심리학에 정신 과정을 탐구하는 생물학적 방법들을 도입하여 만든 분과였다. 1980년대에 인지신경과학은 뇌 영상화 기법의 발전으로 어마어마한 힘을 얻었다. 그 기술은 뇌과학자들이 꿈꿔 왔던 일, 즉 사람들이 고도의 정신 기능—예컨대 시각적인 상을 지각하기, 공간적인 경로를 생각하기, 자발적인 행동을 시작하기—을 하고 있을 때 그들의 뇌를 들여다보고 다양한 뇌 영역들의 활동을 관찰하는 일을 가능케 했다. 뇌 영상화는 신경 활동의 지표들을 측정하는 방식으로 이루어진다. 양전자방출단층촬영법(PET)은 뇌의 에너지 소비량을 측정하며, 기능적 자기공명영상법(fMRI)은 뇌의 산소 소비량을 측정한다. 1980년대 초에 인지신경과학은 분자생물학과 연합하여 새로운 정신과학—분자인지생물학(molecular biology of cognition)—을 낳았다. 이 새로운 정신과학은 사고, 느낌, 학습, 기억 등의 정신 과정을 분자 수준에서 탐구하는 것을 가능케 했다.

모든 혁명의 기원은 과거에 있고, 새로운 정신과학에서 정점에 이른 혁명도 예외가 아니다. 정신 과정에 대한 연구에서 생물학이 중심적인 역할을 하는 것은 새로운 일이었지만, 생물학이 우리가 우리 자신을 보는 방식에 영향을 끼칠 수 있다는 사실은 새로운 것이 아니었다. 19세기 중반에 찰스 다윈은 우리가 단 한 번에 창조된 것이 아니라 하등한 동물 조상들로부터 점진적으로 진화했다고 주장했다. 더 나아가 모든 생명은 공통의 조상으로—생명 그 자체의 창조에 이르기까지—거슬러 올라간다고도 주장했다. 심지어 다윈은 진화의 추진력은 의식적, 지적, 혹은 신적 목적이 아니라 자연선택이라는 '맹목적' 과정이라는 더욱 대담한 주장도 서슴지 않았다. 그가 보기에 자연선택은 유전적인 변이에 기초를 둔 무작위한 시도와 오류에 대한 전적으로 기계적인 선별 과정이었다.

다윈의 생각은 대부분의 종교가 가르치는 바에 대한 정면 도전이었다. 생물학의 원래 목적은 자연에서 신의 설계를 발견하고 설명하는 것이었으므로, 다윈의 생각은 종교와 생물학의 역사적 연결을 끊는 것에 다름 아니었다. 결국 현대 생물학은 우리에게 이토록 아름답고 무한히 다양한 생물들이 DNA 유전암호의 구성 요소인 뉴클레오타이드 염기들의 새롭고 또 새로운 조합의 산물일 뿐이라는 것을 믿으라고 요구하게 된다. 그 조합들은 유기체들의 생존과 번식을 위한 투쟁에 의해 수백만 년에 걸쳐 선택되었다.

새로운 정신의 생물학은 더 큰 반감을 불러일으킬 수 있다. 왜냐하면 이 과학은 신체뿐 아니라 정신과 우리의 가장 고등한 정신 과정—자기와 타인에 대한 의식, 과거와 미래에 대한 의식—도 우리의 동물 조상들로부터 진화했다고 주장하기 때문이다. 게다가 새로운 생물학은 의식이, 상호작용하는 신경세포 집단들이 사용하는 분자적인 신호 전달 경로들로 설명해야 할 생물학적 과정이라고 단언한다.

우리 대부분은 실험적 과학 연구의 결과를, 그것이 신체의 다른 부분에 적용되는 한에서 기꺼이 받아들인다. 예컨대 우리는 심장이 감정이 있는 자리가 아니라 순환계로 혈액을 펌프질하는 근육 기관이라는 사실에 불편함을 느끼지 않는다. 그러나 인간의 정신과 영성이 뇌라는 물리적인 기관에서 비롯된다는 생각은 일부 사람들에게 낯설고 놀랍다. 그들은 뇌가 정보를 처리하는 계산 기관이며, 어떤 신비에 의해서가 아니라 그 기관 자체의 복잡성에 의해서 놀라운 능력을 발휘한다는 것을 믿기 힘들어한다. 뇌의 불가사의한 능력은 신경세포들의 엄청난 개수와 다양성과 상호작용에서 비롯된다.

뇌를 연구하는 생물학자들의 입장에서 보면, 인간의 행동에 실험적 연구 방법들을 적용한다 해도 정신은 그 힘이나 아름다움을 전혀 잃지 않는다. 마찬가지로, 생물학자들은 정신이 뇌의 구성 부분들과 활동들을 기술하는 환원주의적 분석에 의해 사소한 존재로 전락하리라는 걱정을 하지 않는다. 정반대로 대부분의 과학자들은 생물학적 분석이 정신의 힘과 복잡성에 대한 우리의 존경심을 향상시킬 것이라고 믿는다.

실제로 행동주의 심리학과 인지심리학의 통합, 그리고 신경과학과 분자생물학의 통합에 의해 새로운 정신과학은 진지한 사상가들이 수천 년 동안 고민한 철학적 질문들을 다룰 수 있다. 정신은 세계에 대한 앎을 어떻게 얻는가? 정신은 얼마만큼 대물림되는가? 선천적인 정신 기능이 우리로 하여금 세계를 정해진 방식으로 경험하게 하는가? 우리가 학습하고 기억할 때 뇌에서 어떤 물리적 변화들이 일어나는가? 몇 분 동안 지속되는 경험이 어떻게 평생 유지되는 기억으로 전환되는가? 이런 질문들은 더 이상 사변적 형이상학의 전유물이 아니다. 그것들은 이제 생산적인 실험적 연구의 영역이다.

새로운 정신과학이 얻은 통찰은 뇌가 기억을 저장하기 위해 사용하는 분자적 메커니즘에 대한 지식에서 가장 분명하게 드러난다. 기억—일상의 평범한 일들처럼 단순한 정보와 기하학이나 대수학의 추상적인 지식처럼 복잡한 정보를 획득하고 저장하는 능력—은 인간 행동의 가장 두드러진 측면들 중 하나다. 기억은 우리가 여러 사실들을 한꺼번에 늘어놓음으로써 일상에서 만나는 문제들을 풀 수 있게 해준다. 기억은 문제 풀이에 필수적인 능력이다. 또 이보다 더 큰 의미에서, 기억은 우리 삶에 연속성을 제공한다. 기억은 과거에 대한 정합적인 상을 제공하고, 그 상은 현재의 경험을 일목요연하게 정리한다. 그 상은 불합리하거나 부정확할 수도 있지만 존속한다. 기억의 결합력이 없다면, 경험은 살아가는 동안 만나는 무수한 순간들만큼 많은 조각들로 산산이 부서질 것이다. 기억이 제공하는 정신적 시간 여행이 없다면, 우리는 우리의 개인사를 알지 못할 것이며, 우리 삶의 찬란한 이정표로 작용하는 기쁨의 순간들을 회상할 길이 없을 것이다. 우리가 우리인 것은 우리가 배우고 기억하는 것들 때문이다.

우리의 기억 과정은 우리가 기쁜 사건들을 쉽게 떠올릴 수 있고 악몽 같은 사건들과 실망스러운 일들의 정서적 충격을 쉽게 희석할 수 있을 때 우리에게 가장 잘 봉사하는 것이다. 그러나 때로는 끔찍한 기억이 존속하여 사람들의 삶에 손상을 입힌다. 홀로코스트, 전쟁, 강간, 자연재해 등의 끔찍한 사건을 직접 경험한 사람들의 일부가 앓는 외상후 스트레스 장애가 그런 경우다.

기억은 개인적 정체성의 연속을 위해 필수적일 뿐 아니라 문화의 전수와 사회의 진화 및 연속을 위해서도 필수적이다. 비록 인간 뇌의 크기와 구조는 호모 사피엔스가 약 150만 년 전 동아프리카에 처음 출현한 이후 변하지 않았지만, 개별 인간들의 학습 능력과 역사적 기억은 수백 년 동안 공유된 학습—문화의 전수—을 통해 성장했다. 비생물학적 적응 양태인 문화적 진화는 생물학적 진화와 나란히 과거의 지식과 적응 행동을 다음 세대로 전달하는 수단으로 작용한다. 고대로부터 현대에 이르기까지 인류의 모든 성취는 여러 세기에 걸쳐 축적된 공유 기억의 산물이다. 그 기억이 문자 기록을 통해 축적되든, 또는 조심스럽게 보호되는 구전을 통해 축적되든 간에 말이다.

공유 기억이 우리 개인의 삶을 풍부하게 하는 것과 마찬가지로, 기억상실은 우리의 자아감을 파괴한다. 기억상실은 과거 및 타인들과의 연결을 끊으며, 성인뿐 아니라 발달하는 유아에게도 악영향을 끼칠 수 있다. 다운증후군과 알츠하이머병, 그리고 노화성 기억상실은 기억에 영향을 미치는 많은 병들 가운데 잘 알려진 예다. 오늘날 우리는 기억의 결함이 정신병적 장애에도 기여한다는 것을 안다. 정신분열병, 우울증, 그리고 불안 상태는 기억 기능의 결함을 동반한다.

새로운 정신과학은 기억의 생물학에 대한 더 많은 이해가 기억상실과 고통스러운 기억의 존속에 대한 더 나은 대처법으로 이어질 것이라는 희망을 품게 한다. 실제로 그 새로운 과학은 건강과 관련한 많은 분야에서 실용적인 결실을 맺을 가능성이 높다. 그러나 그 과학은 파괴적인 질병에 대한 해법을 찾는 것에 머물지 않는다. 새로운 정신과학은 의식의 신비를 파헤치려 노력한다. 궁극적인 신비, 즉 개인 각자의 뇌가 어떻게 유일하고 고유한 자아에 대한 의식과 자유의지에 대한 느낌을 창조하는가 하는 질문도 예외가 아니다.

2.

빈에서 보낸 어린 시절
: 빈, 나치, 크리스탈나흐트

내가 태어났을 때 빈은 독일어권 세계에서 가장 중요한 문화 중심지였다. 유일한 경쟁 상대는 바이마르 공화국의 수도 베를린뿐이었다. 빈은 위대한 음악과 미술로 명성이 자자했고, 과학적 의술 · 정신분석 · 현대 철학의 발상지였다. 게다가 그 도시의 위대한 학문 전통은 문학과 과학, 음악, 건축, 철학, 미술 분야의 실험들을 위한 토대를 제공했다. 그 실험들에서 수많은 현대적인 발상이 비롯되었다. 빈은 다채로운 사상가들의 보금자리였다. 정신분석의 창시자 지그문트 프로이트(Sigmund Freud), 로베르트 무질(Robert Musil)과 엘리아스 카네티(Elias Canetti, 1905~1994. 불가리아 태생의 소설가로 독일어로 작품을 썼고 1981년에 노벨 문학상을 받았다 – 옮긴이)를 비롯한 걸출한 작가들, 루트비히 비트겐슈타인(Ludwig Wittgenstein)과 카를 포퍼(Karl Popper)를 비롯한 현대 철학의 창시자들이 활동했다.

대단한 힘을 가졌던 빈의 문화는 상당 부분 유대인들에 의해 창조되고 성장했다. 내 삶은 1938년에 일어난 빈 문화의 붕괴에 의해 근본적으로 결정되었다. 그해에 내가 경험한 사건들과 그 이후 내가 그 도시와 그

2-1 나의 부모님. 1923년 결혼할 때의 샤를로테 캔델과 헤르만 캔델(에릭 캔델 개인 소장).

역사에 대하여 배운 것에 의해서 말이다. 내가 배운 것들은 빈의 위대함을 더 깊이 인정하게 만들었고 그 도시의 몰락에 대한 상실감을 더 뼈저리게 느끼게 만들었다. 빈이 내 출생지, 내 고향이기에 그 상실감은 더욱 컸다.

나의 부모님은 빈에서 만나 1923년 아버지가 18구역의 쿠치커가세(그림 2-2)에 장난감 가게를 연 직후에 결혼했다. 쿠치커가세는 활기찬 거리로, 그곳에는 쿠치커 시장이라는 농산물 시장도 있었다. 형 루트비히는 1924년에 태어났고, 나는 5년 뒤에 태어났다(그림 2-3). 우리는 9구역의 제베린가세에 있는 작은 아파트에 살았다. 의학교 근처의 중산층 거주지였고 프로이트의 아파트가 있는 베르크가세 19번지에서 그리 멀지 않은 곳이었다. 부모님은 둘 다 가게에서 일했기 때문에, 우리는 전업 가정부를 고용했다. 가정부는 여러 번 바뀌었다.

나는 슐가세('학교 거리'라는 뜻)라는 적절한 명칭의 거리에 있는 학교에 다녔다. 우리 아파트와 부모님의 가게 사이의 중간쯤에 있는 학교였다. 빈의 초등학교, 혹은 국민학교(Volksschule)가 대개 그렇듯이, 그 학교도

2-2 쿠치커가세에 있었던 부모님의 장난감과 가방 가게. 사진 속에 어머니와 내가 있다. 어쩌면 어머니와 형일 수도 있다(에릭 캔델 개인 소장).

전통적이며 학문적으로 엄격한 교과과정을 가지고 있었다. 나는 대단한 영재였던 형의 발자취를 좇았다. 우리 형제는 똑같은 선생들에게서 배웠다. 빈에서 보낸 어린 시절 내내 나는 루트비히가 나로서는 도저히 넘볼 수 없는 지적 능력을 가졌다고 느꼈다. 내가 읽기와 쓰기를 시작할 무렵, 그는 그리스어에 통달했고 피아노를 능숙하게 연주했고 라디오를 조립하기 시작했다.

루트비히가 처음으로 단파라디오 수신기를 완전히 조립하는 데 성공하고 며칠 뒤인 1938년 3월, 히틀러가 늠름하게 행진하여 빈에 들어왔다.

3월 13일 저녁, 루트비히와 나는 이어폰을 끼고 라디오를 들었다. 아나운서는 3월 12일 아침에 독일군이 오스트리아에 진입했다고 발표했다. 오후에는 히틀러가 오스트리아에 들어왔다. 그의 고향인 브라우나우암인에서 국경을 넘은 후, 린츠로 이동했다. 린츠 시민 12만 명 가운데 거의 10만 명이 그를 환영하기 위해 거리로 나와 한목소리로 "하일 히틀러

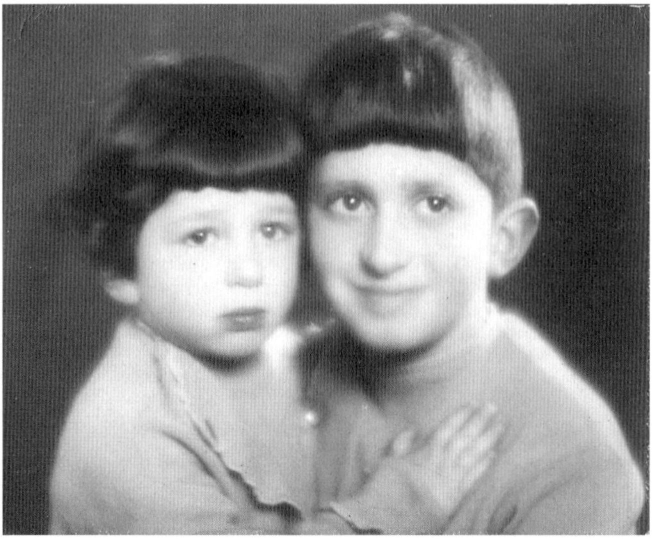

2-3 1933년의 형과 나. 나는 세 살, 루트비히는 여덟 살이었다(에릭 캔델 개인 소장).

(Heil Hitler)"를 외쳤다. 나조차도 황홀하게 느낀 나치의 최면적인 행진곡 '나치당의 노래(Horst Wessel song)'가 배경음악으로 깔려 라디오를 통해 울려 퍼졌다. 3월 14일 오후 빈에 도착한 히틀러 일행은 커다란 중앙 광장인 헬덴 광장에서 미친 듯이 열광하는 20만 군중의 환영을 받았다. 그는 독일어를 쓰는 사람들을 통합한 영웅으로 찬양되었다. 형과 나는 독일의 유대인 사회를 파괴한 그 사람이 그토록 압도적인 지지를 받는다는 사실이 소름 끼쳤다.

히틀러는 오스트리아가 독일의 합병에 저항하고, 독일의 섭정을 받더라도 비교적 독립적인 지위를 요구하리라고 예상했다. 그러나 불과 48시간 만에 그에게 반대한 사람들까지 포함된 군중으로부터 세 차례나 성대한 환영을 받자, 히틀러는 오스트리아가 합병을 기꺼이 수용하리라고, 심지어 환영하리라고 확신하게 되었다. 초라한 가게 주인부터 학계의 가장 높은 인물들까지 모두 다 팔 벌려 히틀러를 끌어안는 듯했다. 막강한 영향력을 지닌 빈의 대주교 테오도르 이니처(Theodor Innitzer) 추기경은 한때 유대인 사회를 동정하고 변호한 인물이었는데도, 히틀러의 입성을 기리기 위해 나치 깃발을 내걸고 종을 울리라고 도시의 모든 가톨릭 교회에 지시했다. 히틀러를 몸소 맞이한 추기경은 그 자신과 오스트리아 인구의 대다수인 가톨릭교도들의 충성을 서약했다. 오스트리아의 가톨릭교도들은 "이 역사적인 날에 제국의 품에 다시 안겨 위대한 제국의 참된 자녀가" 될 것이라고 그는 약속했다. 추기경이 유일하게 요구한 것은 교회의 자유를 존중하고 아이들을 교육하는 역할을 보장해 달라는 것이었다.

그날 밤과 이어진 며칠 동안 지옥처럼 악마들이 설쳐댔다. 성인과 아이로 이루어진 폭도가 오스트리아 나치의 부추김을 받아 "유대인을 끌어내려라! 하일 히틀러! 유대인을 쳐부숴라!" 하고 외치며 민족주의적 광기를 분출했다. 폭도들은 유대인들을 폭행하고 그들의 재산을 파괴했으며, 유대인들을 강제로 무릎 꿇게 하여 굴욕을 주었고 합병에 반대하는 내용의 정치적 낙서를 제거하기 위해 거리를 깨끗이 청소하게 했다.

아버지도 강제 동원되어 오스트리아의 독립을 옹호하는 낙서처럼 보이는 것은 모조리 칫솔로 지웠다. 그는 빈의 애국자들이 오스트리아의 자유를 위한 투표를 하고 합병에 반대하자고 시민들을 부추기기 위해 휘갈겨 쓴 '하자(yes)'를 지웠다. 다른 유대인들은 강압에 못 이겨 페인트 통을 들고 유대인 소유의 가게들에 가서 다윗의 별이나 '유대인'이라는 단어를 그렸다. 이미 나치가 독일에서 쓴 전술에 익숙한 외국의 논평자들조차 오스트리아인들의 잔인함에 경악했다. 조지 버클리(George Berkley)는 『빈과 그곳의 유대인들(Vienna and It's Jews)』에서 어느 독일 나치 돌격대원의 말을 인용한다. "빈 시민들은 우리 독일인이 …… 아직까지 성취하지 못한 것을 하룻밤 사이에 해냈다. 오스트리아에서는 유대인에 대한 거부를 조직할 필요가 없다. 사람들이 알아서 먼저 한다."

1933년 히틀러를 피해 오스트리아로 이주한 독일 극작가 카를 추크마이어는 자서전에서 합병 직후의 빈을 "히에로니무스 보슈(약 1450~1516, 네덜란드 화가 – 옮긴이)의 악몽 같은 그림으로" 돌변한 도시로 묘사했다.

> 지옥이 문을 열고 가장 저열하고 야비하고 끔찍한 악령들을 토해 낸 것 같았다. 살아오는 동안 나는 인간이 두렵고 당황스러운 광경을 거침없이 연출하는 것을 몇 번 보았다. 제1차 세계대전에서 10여 차례 전투에 참여했고 일제사격과 독가스와 돌격을 경험했다. 나는 전후 시대의 격동을, 파괴적인 폭동과 시가전, 회의장의 난동을 목격했다. 나는 1923년 뮌헨에서 히틀러가 쿠데타를 일으키는 동안 방관자들 틈에 끼어 있었다. 나는 베를린에서 나치 정권의 초기를 경험했다. 그러나 그 어느 것도 그 시절의 빈에 비교할 수 없다. 빈에서 터져 나온 그것은 독일에서의 정권 장악과 아무 관련이 없었다. …… 빈에서 터져 나온 그것은 격렬한 질투와 시기심, 쓰라림, 맹목적이고 악의적인 복수의 열망이었다. 모든 좋은 본능들은 침묵했다. …… 오로지 어리석은 군중만 해방되었다. …… 폭도가 벌이는 악마의 축제였다. 인간의 존엄성을 이루는 모든 것은 매장되었다.

히틀러가 빈에 입성한 다음 날, 나는 모든 급우들이 기피하는 대상이었다. 딱 한 명만 예외였는데, 그 여자아이는 나를 제외하고 우리 반에서 유일한 유대인이었다. 평소에 놀던 공원에서 나는 조롱과 모욕과 학대를 당했다. 1938년 4월 말, 모든 유대인 초등학생은 다니던 학교에서 쫓겨나 19구역 판처가세에 있는 유대인 선생들이 가르치는 특수학교로 전학했다. 그 학교는 우리가 살던 곳에서 아주 멀었다. 빈 대학에서 거의 모든 유대인—전 학생의 40퍼센트 이상, 전 교수의 50퍼센트 이상—이 퇴출되었다. 내가 당한 일은 유대인을 향한 적개심이 만든 온건한 사례에 불과하다. 그 적개심은 공포의 크리스탈나흐트에 극에 달했다.

아버지와 어머니는 각자 제1차 세계대전 이전에 아주 어린 나이로 빈에 왔다. 그 무렵 빈은 더 관용적인 분위기가 지배하는 전혀 다른 곳이었다. 어머니 샤를로테 치멜스는 1897년에 갈리시아(Galicia, 중부 유럽의 동부로 오늘날의 폴란드와 우크라이나의 접경지대—옮긴이) 지방 프루트 강(Prut River, 우크라이나에서 발원하여 도나우 강과 합류한다—옮긴이)가의 인구 4만3,000을 가진 도시 콜로미아에서 태어났다. 오스트리아-헝가리 제국의 영토였으며 루마니아에 가까운 그 도시는 그때는 폴란드에 속했지만 지금은 우크라이나에 속한다. 콜로미아 인구의 거의 절반은 유대인이었고, 유대인 사회는 활기찬 문화를 형성했다. 어머니는 교육 수준이 높은 중산층 가정에서 태어났다. 그녀는 빈 대학을 1년밖에 다니지 못했지만 영어와 독일어, 폴란드어를 말하고 쓸 줄 알았다. 아버지 헤르만 캔델—어머니는 아버지가 잘생기고 힘과 유머가 넘친다고 느껴 한눈에 반했다—은 1898년에 리보프 근처 인구 2만5,000가량의 도시 올레스코의 가난한 가정에서 태어났다. 올레스코도 지금은 우크라이나에 속한다. 그는 다섯 살 때인 1903년에 가족과 함께 빈으로 왔다. 고등학생 때 오스트리아-헝가리 군에 징집되어 제1차 세계대전에 참여한 아버지는 그때 파편에 맞아 흉터를 얻었다. 전쟁이 끝난 후 먹고살기 위해 일을 했던 아버지는 결국 고등학교를 졸업하지 못했다.

나는 오스트리아-헝가리 제국이 제1차 세계대전에 패하여 해체된 지 11년 후에 태어났다. 전쟁 전에 그 제국은 유럽에서 러시아 다음으로 큰 국가였다. 북동쪽으로는 오늘날의 우크라이나까지, 동쪽으로는 오늘날의 체코와 슬로바키아까지, 남쪽으로는 헝가리와 크로아티아, 보스니아까지 그 영토가 미쳤다. 전쟁 후, 오스트리아는 급격하게 축소되어 독일어를 쓰는 핵심 지역만 빼고 다른 언어를 쓰는 영토는 모두 상실했다. 따라서 인구(5,400만에서 700만이 되었다)와 정치적인 힘도 크게 감소했다.

그럼에도 내 어린 시절의 빈은 인구가 200만에 육박했고, 활발한 지적 활동을 유지했다. 부모님과 그 친구들은 시 정부가 사회민주당의 주도하에 매우 성공적이고 널리 칭찬을 받은 사회, 경제, 보건 개혁 프로그램을 시작하는 것에 기뻐했다. 빈은 문화 중심지로 번영했다. 구스타프 말러와 아르놀트 쇤베르크의 음악, 그리고 모차르트와 베토벤과 하이든의 음악이 도시 전체에 울려퍼졌고, 구스타프 클림트와 오스카어 코코슈카, 에곤 실레의 대담한 표현주의 작품들을 곳곳에서 볼 수 있었다.

그러나 그렇게 문화적으로 번영하긴 했지만, 1930년대의 빈은 억압적이고 권위적인 정치 시스템이 지배하는 수도였다. 꼬마였던 나는 이런 사정을 이해하기에는 너무 어렸다. 나중에 미국에서 더 자유로운 청소년의 시각을 갖게 되었을 때에야 비로소 나는 세계에 대한 나의 첫인상에 결정적인 영향을 미친 여건들이 얼마나 억압적이었는지를 알았다.

유대인들이 빈에서 천 년 이상 살았고 도시의 문화 발전에 기여했음에도 불구하고, 반유대주의는 오랜 내력을 가지고 있었다. 20세기 초에 빈은 유럽의 주요 도시 가운데 유일하게 반유대주의를 정치적 기반으로 한 정당이 집권한 곳이었다. 1897~1910년에 빈 시장을 역임한 반유대주의 선동가 카를 뤼거는 특히 '부유한 중산층 유대인들'에 초점을 맞춘 연설로 청중을 홀렸다. 그 중산층은 유대인을 비롯한 소수집단들에게 동등한 시민권과 공개적인 종교 활동의 자유를 부여한 새 헌법이 1867년에 채택된 후에 나타났다.

새 헌법의 규정에도 불구하고, 도시 인구 전체의 약 10퍼센트, 핵심 지역(9개의 중심 구역들) 인구의 거의 20퍼센트를 차지한 유대인들은 모든 분야에서 차별을 받았다. 공직과 군대, 외교단에서, 그리고 사회생활의 많은 측면에서 차별을 받았다. 사교 클럽과 스포츠 모임들도 아리아족 우월주의 규정을 가지고 있어서 유대인의 가입은 불가능했다. 1924년부터 1934년까지 오스트리아에는 강력한 반유대주의에 기반을 둔 나치 정당이 있었다(1934년에 불법화되었다). 그 정당은 예컨대 유대인 작곡가 에른스트 크레네크의 작품이 1928년 빈 오페라하우스에서 공연된 것에 항의했다.

그럼에도 부모님을 비롯한 빈의 유대인들은 그 도시에 매료되었다. 빈 유대인의 삶을 연구한 역사학자 버클리는 이렇게 적절히 논평했다. "그 시절에 수많은 유대인들이 유대인에 대한 뿌리 깊은 적개심을 드러낸 도시에 강한 애착을 가졌다는 사실은 정말 소름 끼치는 아이러니가 아닐 수 없다." 나중에 나는 부모님에게서 왜 그 도시가 그토록 매력적이었는가에 대해 들었다. 우선 빈은 아름답다. 박물관, 오페라하우스, 대학, 링슈트라세(빈의 주 도로), 공원, 도시 중심의 합스부르크 궁전은 모두 흥미로운 건축물이었다. 도시 외곽의 유명한 빈 숲에 쉽게 갈 수 있고, 거대한 관람차가 있고 거의 마법의 세계처럼 느껴지는 놀이공원 프라터에도 쉽게 갈 수 있다. 프라터는 훗날 〈제3의 사나이(The Third Man)〉라는 영화의 배경으로 유명해졌다. 역사가 윌리엄 존스턴(William Johnston)은 "빈 시민은 극장에서 저녁을 보내거나 프라터에서 5월제 파티를 즐기고 나면 자연스럽게 자기 도시를 우주의 중심으로 여길 것이다. 그토록 매혹적이고 달콤한 현실의 광경이 또 어디에 있단 말인가?"라고 썼다. 비록 부모님은 교양이 아주 많은 사람은 아니었지만, 자신들이 빈의 지성에 연결되어 있다고 느꼈다. 특히 연극과 오페라, 그리고 내가 지금도 쓰는 그 도시의 사투리를 그들은 사랑했다.

부모님은 빈의 다른 부모 대부분이 공유한 가치관을 갖고 있었다. 그분들은 자녀가 무언가 전문적인 것—정말로 바라기는 무언가 지적인 것—을 성취하기를 원했다. 부모님의 열망은 유대인의 전형적인 가치관을 반영했다. 예루살렘 제2성전이 서기 70년에 파괴되고 요하난 벤 자카이(Johanan ben Zakkai)가 해안 도시 야브네로 가서 율법을 공부하는 학교를 최초로 설립한 이래 유대인들은 줄곧 책의 사람들이었다. 경제적 처지나 사회적 계급과 상관없이 모든 남자는 기도문과 율법을 읽기 위해 글을 알아야 한다는 것이 유대인의 상식이었다. 19세기 말에 유대인 부모들은 지위의 상승을 기대하며 아들뿐 아니라 딸도 좋은 교육을 받도록 격려했다. 더 나아가 인생의 목표는 단지 경제적 안정을 확보하는 것이 아니라 경제적 안정을 이용하여 더 높은 문화 수준으로 상승하는 것이었다. 가장 중요한 것은 교양(Bildung)이었다. 즉 배움과 문화를 추구하는 것이었다. 심지어 빈의 가난한 유대인 가정에서도 최소한 아들 하나가 음악가나 법률가, 의사, 심지어 대학교수가 되는 것을 대단한 명예로 여겼다.

빈은 유대인 사회의 문화적 열망이 유대인이 아닌 시민들 대부분의 열망과 완전히 일치한 특별한 도시였다. 그런 도시는 유럽에 몇 곳 없었다. 1740~1748년의 오스트리아 왕위 계승 전쟁과 1866년의 오스트리아-프로이센 전쟁에서 오스트리아군이 프로이센군에 연거푸 패한 후, 합스부르크 왕가—오스트리아를 지배한 가문—는 독일어권에서 정치적·군사적 패권을 잡겠다는 희망을 완전히 버렸다. 정치적·군사적 권력이 약화되면서 영토에 대한 욕구는 문화에 대한 욕구로 대체되었다. 새 헌법으로 여러 제약이 제거되자 19세기의 마지막 사반세기 동안 제국 전역에서 많은 유대인과 소수집단의 사람들이 빈으로 이주했다. 빈은 독일, 슬로베니아, 크로아티아, 보스니아, 헝가리, 북부 이탈리아, 발칸 반도, 터키에서 온 사람들의 보금자리가 되었다. 1860년에서 1880년까지 빈의 인구는 50만에서 70만으로 증가했다. 빈의 중산층 시민들은 세계시민으로서의 자의식을 갖기 시작했고, 자녀들이 일찍부터 문화를 접하게 했다. 빈의 문화사학자 칼 쇼스케(Carl Schorske)는 "새로 생긴 링슈트라세의 박물관과 극장, 연주회장에서" 자라난 "빈의 중산층은 문화를 삶의 장식품이나 지위의 상징으로서가 아니라 자신들이 호흡하는 공기로서 습득했다"고 썼다. 위대한 풍자적 사회 및 문학 평론가 카를 크라우스(Karl Kraus)는 빈에 대하여 "그곳의 거리에는 아스팔트가 아니라 문화가 깔려 있다"고 말했다.

빈은 문화적으로 활기찼을 뿐 아니라 관능적으로도 생기가 충만했다. 내가 가장 좋아하는 유년의 기억은 전형적으로 빈에 어울리는 것들이다. 관계가 돈독하고 지원을 아끼지 않는 가정에서 자라면서 얻은 소박하지만 지속적인 부르주아적 만족감이 그 하나요, 다른 하나는 우리 집의 유혹적인 가정부 미치에게서 자연스럽게 비롯된 에로틱한 행복의 순간이다.

그 에로틱한 경험은 정말 아르투어 슈니츨러의 단편소설에나 나올 법한 것이었다. 빈의 젊은 중산층 소년이 어여쁜 처녀에게 이끌려 성애의 세계를 처음 경험한다. 그 처녀는 집 안의 하녀일 수도 있고 집 밖에서 일하는 여성일 수도 있다. 안드레아 리(Andrea Lee)는 〈뉴요커〉에 기고한 글에서 오스트리아-헝가리 제국의 부르주아 가족이 자기 집에서 일할 여성을 뽑을 때 고려하는 기준들 중 하나는 가족의 소년들을 동정(童貞)에서 해방시키기에 적당한 여성인가 하는 것이었다고 썼다. 그런 고려는 소년들이 동성애의 유혹에 빠지지 않게 하기 위해서였다고 한다. 자칫 착취 관계가 될 수 있었던, 혹은 다른 사람들이 보기에 착취 관계로 여겨질 수 있었던 그 관계가 당시 내겐 전혀 착취로 느껴지지 않았다. 돌이켜 보면 참 재미있는 일이다.

스물다섯 살쯤 되었을 매력적이고 육감적인 처녀 미치와 내가 처음 은밀한 관계를 맺은 것은 여덟 살 때 감기에 걸렸다가 회복되던 어느 오후였다. 그녀는 내 침대 곁에 앉아 내 얼굴을 쓰다듬었다. 내가 좋아하는 반응을 보이자, 그녀는 블라우스를 젖혀 커다란 가슴을 드러내더니 자기를 만져 보고 싶으냐고 물었다. 나는 그게 무슨 말인지도 잘 몰랐지만 그녀의 유혹은 내게 효과를 발휘했고, 나는 갑자기 그녀가 과거와 다르게 느껴졌다.

내가 약간의 지시를 받으며 그녀의 몸을 탐험하고 있을 때, 그녀는 갑자기 불편을 느끼며 여기에서 멈추지 않으면 내가 임신할 거라고 말했다. 아니, 내가 어떻게 임신을 할 수 있단 말인가? 나는 여자만 아기를 밴다는 것을 아주 잘 알고 있었다. 남자에게서 아기가 나온다면, 어디로 나온단 말야?

"배꼽으로요" 하고 그녀는 대답했다. "의사 선생님이 배꼽에 어떤 가루를 뿌리면, 배꼽이 열려서 아기가 나올 수 있어요."

나는 그것이 불가능하다는 것을 알았지만, 확신은 없었다. 물론 그럴 법하진 않았지만, 나는 내가 임신할 경우에 생길 결과들에 약간 겁이 났다. 혹시 내가 임신을 해버리면 엄마가 어떻게 생각할까, 이것이 나의 걱정이었다. 그 걱정과 미치의 기분 변화 때문에 내 첫 성 접촉은 그렇게 끝나 버렸다. 그러나 그 후에도 미치는 내게 자신의 성적인 열망에 대해 터놓고 이야기했고, 내가 좀 더 어른이었다면 나와 함께 그 열망을 실현했을 거라고 말했다.

결국 미치는 내가 그녀가 설정한 나이에 도달하기 전에 독신 생활을 청산했다. 우리가 내 침대에서 짧은 만남을 가진 지 몇 주 후에 그녀는 벽난로를 고치러 온 가스 수리공과 눈이 맞았다. 그리고 한 달인가 두 달인가 뒤에 그녀는 그 수리공과 함께 체코슬로바키아로 달아났다. 그 후 여러 해 동안 나는 체코슬로바키아로의 도주는 인생을 행복한 성생활의 탐닉에 바치는 것과 같다고 생각했다.

우리 부르주아 가족의 행복을 상징적으로 대표하는 것들은 매주 부모님의 집에서 벌어진 카드 게임, 유대인의 명절, 그리고 우리의 여름 휴가였다. 일요일 오후엔 어머니의 여동생인 미나 이모와 그녀의 남편인 스룰 이모부가 집에 와서 차를 마시곤 했다. 아버지와 스룰은 대부분의 시간을 피너클 게임을 하며 보냈다. 아버지는 그 카드 게임을 매우 즐겼고 아주 잘했다.

유월절에는 우리 대가족이 나의 조부모님인 헤르시 치멜스와 도라 치멜스의 집에 모였다. 우리는 유대인들이 이집트에서의 노예 생활을 벗어나는 이야기인 '하가다(Haggadah)'를 읽었고, 할머니가 정성 들여 준비한 유월절 음식들을 즐겼다. 그중 백미는 생선 수프였는데, 나는 아직도 그만큼 맛있는 것을 먹어 본 적이 없다. 나는 특히 1936년의 유월절을 기억한다. 그때 미나 이모와 스룰 이모부는 두세 달 전에 결혼한 신혼부부였는데, 나는 그 결혼식에 참석했었다. 나는 그녀의 아름다운 드레스 뒷자락을 간추리는 일을 도왔다. 스룰은 상당한 부자였다. 그는 성공적인 가죽 사업가였다. 그와 미나의 결혼식은 내가 그때까지 본 것 중에 가장 공들인 예식이었다. 그러므로 나는 내가 맡은 역할을 기쁘게 수행했다.

유월절의 첫날밤에 나는 미나 이모의 결혼식 때 모든 사람들이 아주 멋지게 차려입고 품위 있게 차려진 음식을 먹었던 일을 회고했다. 미나가 곧 결혼식을 또 한 번 해서 그런 멋진 시간을 다시 경험할 수 있었으면 좋겠다고 말하면서 나는 미나가 좋아할 거라고 생각했다. 나중에 알았지만, 미나는 스룰에 대하여 약간 양면적인 감정을 가지고 있었다. 그녀는 그가 자신에 비해 지적으로도 사회적으로도 열등하다고 여겼고, 따라서 내가 결혼식이 아니라 신랑을 염두에 두고 비꼬는 말을 한다고 생각했다. 그녀는 내가 그녀가 다른 사람과 다시 결혼하기를 바란다고 추론했던 것이다. 아마도 그녀의 지성과 교양에 더 잘 어울리는 다른 사람과 말이다. 미나는 격분하여 내게 결혼의 신성함에 대해 장황하게 설교했다. 그녀가 곧바로 다른 누군가와 다시 결혼하기를 감히 바라다니, 이런 발칙한 녀석이 있나! 나중에 프로이트의 『일상생활의 정신병리학(Psychopathology of Everyday Life)』을 읽으면서 알게 되었지만, 역동 심리학(dynamic psychology)의 기본 원리 중 하나는 무의식은 절대로 거짓말을 하지 않는다는 것이다.

매년 8월이면 부모님과 루트비히와 나는 빈에서 남쪽으로 100킬로미터 떨어진 농촌 마을 뫼니히키르헨에서 여름휴가를 보냈다. 1934년 7월 우리가 뫼니히키르헨으로 출발하기 직전에 오스트리아 수상 엥겔베르트 돌푸스가 경찰로 가장한 오스트리아 나치 무리에게 암살당했다. 그 사건은 막 탄생하던 나의 정치적 의식에 기록된 최초의 폭풍이었다.

1932년에 수상으로 선출된 돌푸스는 무솔리니를 모범으로 삼아 기독교사회당을 조국전선(Fatherland Front)으로 흡수하여 권위주의적인 정권을 수립했다. 그는 갈고리십자 대신에 전통적인 형태의 십자를 휘장으로 채택하여 나치 가치관이 아니라 기독교 가치관을 내세웠다. 그는 정부에 대한 통제를 확고히 하기 위해 오스트리아 헌법을 폐지하고 나치를 비롯한 모든 야당을 불법화했다. 비록 돌푸스는 오스트리아 민족사회당(나치당)이 벌이는 독일어권 통합 국가—범독일 국가—운동에 반대했지만, 그의 구헌법 폐지와 경쟁 정당 폐지는 히틀러를 위한 문이 열리는 데 일조했다. 돌푸스의 암살에 이어 그의 후임인 쿠르트 폰 슈슈니크의 집권 초기에 오스트리아 나치당은 더욱 탄압을 받았다. 그러나 나치당은 계속해서 새로운 추종자들을 얻었다. 특히 교사와 공무원들이 나치에 동조했다.

히틀러는 오스트리아인이고 빈에 거주한 적이 있다. 그는 1908년 브라우나우암인에 있는 어린 시절의 집을 떠나 열아홉 살의 나이로 화가의 꿈을 품고 제국의 수도로 왔다. 그는 그런대로 회화에 재능이 있었지만 빈 미술아카데미 입학에 연거푸 실패했다. 빈에 머무는 동안 그는 카를 뤼거의 영향권 아래로 들어갔다. 히틀러에게 대중 연설의 힘과 반유대주의의 정치적 이득을 처음 가르쳐 준 것은 뤼거였다.

히틀러는 청소년기 이래로 오스트리아와 독일의 통일을 꿈꿨다. 그 결과로 1920년대의 벽두부터, 부분적으로 오스트리아 나치에 의해 결정된 나치당의 과제에는 독일어를 쓰는 모든 사람들을 더 큰 독일로 통합하는 것이 포함되었다. 1936년 가을에 히틀러는 이 과제에 입각하여 행동하기 시작했다. 1933년부터 독일의 권력을 장악한 그는 1935년에 징병제를 부활시켰고, 그 이듬해에는 라인란트 지역에 군대를 주둔시켰다. 그곳은 베르사이유조약에 의해 무장해제되고 프랑스의 감독하에 놓인 독일어권 지역이었다. 이어서 히틀러는 오스트리아에 대한 수사적인(rhetoric) 위협을 강화했다. 슈슈니크는 오스트리아의 독립을 보장받으면서 히틀러와 원만한 관계를 갖기를 원했고, 히틀러의 위협에 그와의 회담을 요청하는 것으로 대응했다. 1938년 2월 12일, 두 사람은 베르히테스가덴에서 만났다. 히틀러는 정서적인 효과를 위해 오스트리아 국경에서 가까운 그곳의 사유 별장을 회담 장소로 선택했다.

위력을 과시하기 위해 히틀러는 두 명의 장군과 함께 회담장에 나타났고, 슈슈니크가 오스트리아 나치당에 대한 규제를 없애고 그 당의 당원 세 명을 내각의 주요 장관에 임명하지 않는다면 오스트리아를 침공하겠다고 위협했다. 슈슈니크는 거부했다. 그러나 회담이 진행되면서 히틀러는 압력의 강도를 더 높였고, 결국 지친 수상은 포기하고 말았다. 그는 나치당을 합법화하고, 정치범으로 수감된 나치들을 풀어 주고 나치당에 장관직 두 자리를 내주는 데 동의했다. 그러나 슈슈니크와 히틀러의 합의는 오스트리아 나치의 권력욕을 부채질했을 뿐이었다. 이제 상당한 규모의 집단이 된 그들은 공적으로 모습을 드러내며 경찰이 통제하기 힘든 일련의 폭동으로 슈슈니크 정권을 도발했다. 외적으로 히틀러의 위협과 내적으로 오스트리아 나치의 폭동에 직면한 슈슈니크는 과감하게 공세를 취하기로 결정하고서 히틀러와의 회담이 있은 지 불과 한 달 뒤인 3월 13일에 국민투표를 실시하기로 했다. 유권자들에게 던지는 질문은 간단했다. 오스트리아는 자유와 독립을 유지해야 하는가? 예 또는 아니요로 답하는 질문이었다.

부모님은 슈슈니크의 그 용기 있는 결단을 매우 존경했다. 그러나 히틀러는 투표 결과가 오스트리아의 독립에 대한 옹호로 나올 것이 거의 확실해 보였으므로 동요하지 않을 수 없었다. 그는 군대를 동원하면서, 슈슈니크가 국민투표를 미루고 수상 자리에서 물러나고 오스트리아 나치 아르투르 자이스 인크바르트를 수상으로 한 새 정부를 조직하지 않는다면 오스트리아를 침공하겠다고 위협하는 것으로 대응했다. 슈슈니크는 영국과 이탈리아에 도움을 청했다. 그 두 국가는 과거에 오스트리아의 독립을 지지했다. 그러나 우리 가족을 비롯한 빈의 자유주의자들에게는 실망스럽게도, 어느 국가도 반응을 보이지 않았다. 잠재적인 동맹국들로부터 버림받은 데다 불필요한 살육을 염려했던 슈슈니크는 3월 11일 저녁에 수상 자리에서 물러났다.

그리고 오스트리아 대통령은 독일의 요구를 모두 받아들였지만, 히틀러는 오스트리아를 침공했다. 슈슈니크가 물러난 다음 날이었다.

그런데 놀라운 일이 벌어졌다. 히틀러는 성난 오스트리아 군중을 만난 것이 아니라 대다수의 열정적인 환영을 받았다. 조지 버클리가 지적했듯이, 오스트리아에 대한 충성을 부르짖고 슈슈니크를 지지했던 사람들이 하룻밤 사이에 히틀러의 군대를 '독일 형제들'로서 환영하는 사람들로 돌변한 이 극적인 사태는 단지 지하에 있던 수만의 나치들이 뛰쳐나온 것만으로는 설명할 수 없다. 그것은 오히려 역사상 "가장 신속하고 완벽했던 집단 개종"의 한 사례였다. 훗날 한스 루치카(Hans Ruzicka)는 이렇게 썼다. "이들은 황제에게 환호를 보낸 다음 저주를 퍼부었고, 황제가 폐위된 후 민주주의를 환영했고, 그 후에 돌푸스의 파시즘이 권력을 잡자 파시즘을 찬양한 사람들이다. 오늘 그들은 나치다. 내일 그들은 다른 무언가가 될 것이다."

오스트리아 언론도 예외가 아니었다. 3월 11일 금요일, 오스트리아의 주요 신문 중 하나인 〈라이히스포스트(Reichspost)〉는 슈슈니크의 입장을 지지했다. 이틀 후, 그 똑같은 신문은 일면에 "완성을 향하여"라는 제목으로 다음의 구절이 포함된 사설을 게재했다. "아돌프 히틀러의 천재성과 결단 덕분에 독일어권 완전 통일의 시간이 도래했다."

1938년 3월 중순에 시작된 유대인에 대한 공격은 8개월 후 크리스탈나흐트에 최고조에 달했다. 나중에 나는 크리스탈나흐트에 관한 책을 읽고 그 사건이 부분적으로 1938년 10월 28일의 사건에서 비롯되었다는 것을 알게 되었다. 그날, 원래 동유럽에 살던 유대계 독일인 1만7,000명이 나치에 의해 소집되어 독일과 폴란드의 국경도시 츠브스친 근처에 버려졌다. 당시까지 나치는 '유대인 문제'에 대한 해법은—자발적이거나 강제적인—추방이라고 여겼다. 11월 7일 아침, 열일곱 살의 유대인 소년 헤르셸 그린츠판은 부모가 독일의 집에서 츠브스친으로 이송된 것에 격분하여 파리 주재 독일 대사관의 3등 서기관 에른스트 폼 라트를 독일 대사로 오인해 사살했다. 이틀 후, 이 사건을 유대인에 대한 적대 행동의 빌미로 삼은 조직화된 폭도들은 독일과 오스트리아의 거의 모든 유대교 회당에 불을 질렀다.

나치가 통치하는 모든 도시들 가운데 빈은 크리스탈나흐트에 가장 저열했다. 유대인들은 모욕과 잔인한 폭행을 당했고, 사업장에서 쫓겨나고 당분간 자택에서 퇴거당했다. 그리고 그들의 사업장과 집은 탐욕스러운 이웃에게 숟가락까지 약탈당했다. 쇼펜하우어슈트라세에 있는 우리의 아름다운 유대교회당은 완전히 파괴되었다. 제2차 세계대전 후에 선도적인 나치 사냥꾼으로 활동한 지몬 비젠탈(Simon Wiesenthal)은 "빈에 비교하면, 베를린의 크리스탈나흐트는 즐거운 크리스마스 축제였다"고 말했다.

크리스탈나흐트 당일에 아버지가 끌려갔고, 아버지의 가게는 다른 비유대인에게 넘어갔다. 이른바 재산의 아리안화(化)의 일환이었다. 말하자면 합법이라고 우기는 절도의 한 형태였다. 1938년 11월 중순에 아버지가 감옥에서 풀려나 1939년 8월에 어머니와 함께 빈을 떠날 때까지, 아버지와 어머니는 궁핍했다. 나중에 알게 되었지만 부모님은 배급을 받았고, 아버지는 빈 이스라엘 종교 공동체, 즉 빈 유대인 공동체 위원회에서 가구를 꺼내 옮기는 따위의 일을 간간히 했다.

독일에서 히틀러가 권좌에 오른 후 반유대적인 법률들이 제정된 것을 잘 아는 부모님은 빈의 폭력이 쉽게 누그러들지 않으리라는 것을 예견했다. 우리가 떠나야 한다는 것을, 그것도 되도록 빨리 떠나야 한다는 것을 그들은 알았다. 어머니의 형제인 베르만 치멜스는 10년 전에 뉴욕으로 떠나 회계사로 확고히 자리를 잡고 살고 있었다. 어머니는 히틀러의 침공을 불과 사흘 앞둔 1938년 3월 15일에 그에게 편지를 썼고, 그는 우리가 미국에 도착하면 우리를 보살필 것임을 미국 당국에 다짐하는 내용의 보증서를 신속하게 보내 주었다. 그러나 1924년에 통과된 미국 이민법은 동유럽과 남유럽에서 자국으로 이민하는 사람의 수를 제한하고 있었다. 부모님은 당시 폴란드 영토인 곳에서 태어났으므로 필요한 보증서를 가지고 있었는데도, 우리가 이민 허가를 받는 데는 대략 1년이 걸렸다. 또 우리는 단계적으로 이민해야 했다. 이것 역시 미국에 들어오는 가족 구성원들의 순서를 규정한 이민법 때문이었다. 그 순서에 따르면, 외조부모님이 가장 먼저 떠날 수 있었고, 그다음에 형과 나, 마지막으로 부모님이 떠날 수 있었다. 그리하여 우리 대가족은 1939년 2월, 1939년 4월, 그리고 1939년 8월 제2차 세계대전이 발발하기 며칠 전에 미국으로 터전을 옮겼다.

유일한 수입원을 빼앗긴 부모님은 우리의 여행비를 댈 돈이 없었다. 그리하여 그들은 종교 공동체에 홀란드 아메리카 라인 여객선의 티켓 한 장 반을 신청했다. 한 장은 형을 위해서, 반 장은 나를 위해서였다. 몇 달 후에는 그들 자신의 여행을 위해 티켓 두 장을 신청했다. 다행스럽게도 두 차례의 신청이 모두 수락되었다. 아버지는 거래 대금을 항상 제때에 지불하는 고지식하고 정직한 사람이었다. 현재 나는 그의 티켓 신청을 뒷받침한 모든 서류를 가지고 있다. 그 서류는 그가 종교 공동체에 소정의 회비를 누락 없이 지불했다는 것을 보여 준다. 아버지가 그렇게 정직하고 꼿꼿한 사람이었다는 것은 아버지의 원조 요청에 대한 평가서를 쓴 종교 공동체의 어느 관리가 남긴 특별한 언급에서도 확인된다.

빈에서 보낸 마지막 1년은 내 삶을 결정한 한 해였다. 확실히 그 1년은 내가 미국에서 찾은 삶에 대한 지속적이고도 진실한 감사의 마음에 자양분이 되었다. 그러나 의심할 바 없이 그때 나치 치하의 빈에서 벌어진 광경은 내게 인간 행동의 어둡고 가학적인 면을 처음으로 보여 주었다. 그 많은 사람들의 갑작스럽고 악랄한 잔인성을 어떻게 이해해야 할까? 어떻게 교육 수준이 높은 사회가 한 민족 전체에게 모욕을 주기 위한 행동과 가혹한 정책들을 그토록 신속하게 받아들일 수 있을까?

이런 질문들은 대답하기 어렵다. 많은 학자들이 노력했지만 부분적이고 비일관적인 설명들이 제시되었을 뿐이다. 내 정서에는 탐탁치 않은 한 가지 결론은, 사회의 문화 수준은 그 사회가 인명을 얼마나 존중하는가를 나타내는 척도가 아니라는 것이다. 자기가 속한 집단 외부의 사람들을 파괴하려는 욕망은 선천적인 반응이고 따라서 단결된 집단이라면 거의 어디에서나 일어날 수 있는지도 모르겠다.

나는 이런 유형의 준(準)유전적 소인이 아무 맥락도 없이 작용할는지에 대해 매우 회의적이다. 독일인은 오스트리아인들이 가졌던 악의적인 반유대주의를 전체적으로 공유하지 않았다. 그렇다면, 어떻게 빈의 문화적 가치관은 그토록 신속하게 도덕적 가치관과 완전히 결별했던 것일까? 1938년에 빈 시민들이 취한 행동의 중요한 이유 중 하나는 확실히 순수한 기회주의였다. 유대인 사회의 경제적·정치적·문화적·학문적 성공은 비유대인들의 질투와 복수욕을 낳았다. 특히 대학 내에서 그러했다. 대학교수들의 나치당 가입률은 인구 전체의 가입률보다 훨씬 높았다. 비유대인 시민들은 각자의 직업 세계에서 유대인들이 점한 자리를 차지하기를 열망했다. 유대인 대학교수와 변호사, 의사들은 순식간에 일자리를 잃었다. 많은 빈 시민들은 유대인의 주택과 소유물을 그냥 차지해 버렸다. 티나 발처(Tina Walzer)와 슈테펜 템플(Stephen Templ)의 그 시기에 대한 체계적인 연구에서 드러났듯이, 그리하여 "많은 법률가와 판사와 의사들은 1938년에 이웃의 유대인을 약탈함으로써 생활 수준을 향상시켰다. 오늘날 많은 오스트리아인이 거둔 성공은 60년 전에 훔친 돈과 재산에 기초를 둔다."

문화적 가치관과 도덕적 가치관이 분열한 또 다른 이유는 문화적 반유대주의가 인종적 반유대주의로 탈바꿈한 것에 있었다. 문화적 반유대주의는 학습과 전통과 교육을 통해 습득한 종교적 혹은 문화적 전통인 '유대적인 것(Jewishness)'을 겨냥한다. 이런 형태의 반유대주의는 문화적 변용을 통해 획득된 추한 심리적·사회적 특징들을 유대인에게 귀속시킨다. 예컨대 돈벌이에 대한 근본적인 관심 따위를 말이다. 그러나 이 반유대주의는 유대인의 정체성이 유대인 가정에서의 양육을 통해 획득된 것인 만큼, 그 추한 특징들을 교육과 종교적 개종을 통해 없앨 수 있다고, 즉 유대인이 스스로 유대적인 것을 극복할 수 있다고 생각한다. 가톨릭으로 개종하는 유대인은 원리적으로 다른 가톨릭교도 못지않게 선하게 될 수 있다는 것이다.

반면에 인종적 반유대주의는 유대인들이 한 인종으로서 다른 인종들과 유전적으로 다르다는 믿음에서 기원한다고 여겨진다. 이 믿음은 로마 가톨릭 교회가 오랫동안 가르쳤던 살신교리(殺神教理)에서 비롯된다. 유대인의 역사를 연구한 가톨릭교도인 프리드리히 슈바이처(Friedrich Schweitzer)가 주장했듯이, 이 교리는 유대인들이 그리스도를 죽였다는 통속적인 믿음을 낳았고, 가톨릭교회는 최근까지도 이 견해를 포기하지 않았다. 슈바이처에 따르면, 이 교리는 살신을 저지른 유대인들은 선천적으로 인간성을 결한 인종이며 틀림없이 유전적으로 인간 이하라고 주장했다. 그러므로 우리는 양심의 가책 없이 유대인을 다른 인종들로부터 솎아 낼 수 있다는 것이었다. 인종적 반유대주의는 15세기 스페인의 종교재판에서 명백히 실체를 드러냈고, 1870년대에 일부 오스트리아(그리고 독일) 지식인들에 의해 채택되었다. 예컨대 오스트리아의 범독일 민족주의 지도자 게오르크 폰 쇠네러, 빈 시장 카를 뤼거 등이 인종적 반유대주의를 채택했다. 인종적 반유대주의는 1938년 이전에 빈에서 지배적인 힘을 얻지 못했지만, 그해에 히틀러가 입성한 뒤에 공식적인 대중 정책이 되었다.

인종적 반유대주의가 문화적 반유대주의를 밀어내고 나자, 그 어느 유대인도 결코 '참된' 오스트리아인이 될 수 없었다. 개종은 더 이상 불가능했다. 유대인 문제에 대한 유일한 해법은 유대인을 추방하거나 제거하는 것뿐이었다.

형과 나는 1939년 4월에 기차를 타고 브뤼셀로 떠났다. 아버지는 올곧게 낙관론을 폈고 어머니는 차분하게 안심을 시켜 주었지만, 아홉 살 나이에 부모를 남겨 두고 떠나는 것은 내게 매우 비참한 일이었다. 우리가 독일과 벨기에의 국경에 이르렀을 때, 기차가 잠시 멈추고 독일 세관원들이 탑승했다. 그들은 보석이나 기타 귀중품을 가지고 있다면 보여 달라고 요구했다. 루트비히와 나는 우리와 함께 여행 중이던 젊은 여성으로부터 그런 요구가 있을 것이라는 경고를 미리 들었다. 그래서 나는 일곱 살 생일날 받은 작은 금반지를 주머니 속에 감춰 두었다. 나치 장교들이 보일 때 생긴 나의 정상적인 불안은 그들이 탑승하자 거의 견딜 수 없을 지경으로 치솟았고, 나는 그들이 그 반지를 찾아낼까 봐 두려웠다. 다행히 그들은 내게 거의 관심을 두지 않았고 내가 혼자 떨게 내버려 두었다.

브뤼셀에서 우리는 미나 이모와 스툴 이모부 곁에 머물렀다. 그들은 상당한 재력을 가진 덕분에 벨기에로 가는 것을 허가하는 비자를 살 수 있었고 브뤼셀에 정착했다. 그들은 몇 달 뒤에 뉴욕에서 우리와 다시 만나기로 했다. 루트비히와 나는 브뤼셀에서 기차를 타고 안트베르펜으로 갔고, 그곳에서 홀란드 아메리카 라인의 S. S. 제럴드스타인 호에 몸을 실었다. 열흘 동안의 항해 끝에 우리는 자유의 여신상의 환영을 받으며 뉴저지 주 호보켄에 도착했다.

3.

미국에서의 새로운 삶

미국에 도착하는 것은 삶을 새로 시작하는 것과 같았다. 비록 나는 미국에 대해 아는 바가 없었고 "드디어 자유다"라고 말할 줄도 몰랐지만, 그때 이미 자유를 느꼈고 그 후로도 계속 느꼈다. 하버드 대학의 과학사학자 제럴드 홀턴(Gerald Holton)은 우리 세대의 많은 빈 출신 이민자들은 빈에서 받은 충실한 교육과 미국에 와서 경험한 자유의 느낌을 결합하여 무한한 에너지와 새로운 영감을 쏟아 냈다고 지적했다. 내 경우에는 확실히 옳은 지적이다. 이 나라에서 내가 받은 많은 선물 중 하나는 매우 독특한 세 학교가 제공한 훌륭한 인문학 교육이었다. 그 세 곳은 플랫부시 예시바(Yeshivah of Flatbush, 예시바는 주로 정통 유대교의 틀 안에서 토라와 탈무드를 가르치는 곳으로, 주로 남자가 다니는 학교다 – 옮긴이), 에라스무스 홀 고등학교, 그리고 하버드 대학이었다.

형과 나는 우리보다 두 달 먼저 1939년 2월에 브루클린에 도착한 외조부모 헤르시 치멜스와 도라 치멜스와 함께 살았다. 영어를 하지 못했던 나는 영어에 적응해야 한다고 느꼈다. 그래서 내 이름 에리히(Erich)의 마지막 철자를 떼어내고 지금의 표기법(Eric)을 채택했다. 루트비히는 훨씬 더 극적으로 변신하여 루이스가 되었다. 1920년대에 미국에 온 이후 브루클린에 살았던 파울라 이모와 베르만 이모부는 내가 사는 곳에서 그리 멀지 않은 플랫부시 구역에 위치한 공립 초등학교에 나를 입학시켰다. 나는 그 학교를 겨우 12주 동안 다녔지만, 여름방학이 시작될 즈음에는 충분히 의사소통을 할 수 있을 만큼 영어를 할 수 있게 되었다. 그 여름에 나는 어린 시절에 가장 좋아했던 책 중 하나인 에리히 케스트너의 『에밀과 탐정들』을 다시 읽었다. 이번엔 영어로 읽었다. 그렇게 할 수 있는 나 자신이 자랑스러웠다.

초등학교는 내게 약간 불편한 곳이었다. 그 학교에는 많은 유대인 학생들이 있었는데, 나는 그 사실을 몰랐다. 많은 학생들이 금발에 파란 눈이었기 때문에 나는 그들이 비유대인이라고 확신했고, 그들이 결국 내게 적대감을 드러낼 것을 두려워했다. 그래서 나는 유대 교구 학교에 다니라는 할아버지의 말에 따랐다. 할아버지는 약간 비현실적이긴 하지만 신앙심이 깊고 매우 학문적인 분이었다. 형은 자기가 아는 사람 중에 일곱 가지 언어를 할 줄 알지만 타인에게 자신의 뜻을 전달하지 못하는 사람은 우리 할아버지가 유일하다고 말했다. 할아버지와 나는 서로를 무척 좋아했다. 할아버지는 여름 동안 내게 히브리어를 가르쳐 가을에 플랫부시 예시바에 다닐 수 있게 해줄 자신이 있다고 했다. 그 유명한 유대인 학교는 세속적인 과목들은 영어로, 종교는 히브리어로 가르쳤는데, 양쪽 모두 수준이 높았다.

할아버지의 도움 덕택에 나는 1939년 가을에 플랫부시 예시바에 입학했다. 1944년 그 학교를 졸업할 때 나는 히브리어를 거의 영어 수준으로 구사했다. 나는 모세오경과 열왕기 상하, 예언서들, 그리고 탈무드의 일부를 히브리어로 읽었다. 나중에 나는 1976년에 노벨 생리의학상을 받은 바루크 새뮤얼 블럼버그(Baruch Samuel Blumberg)도 플랫부시 예시바가 제공하는 독특한 교육의 혜택을 받았다는 것을 알고 기쁨과 자부심을 느꼈다.

부모님은 1939년 8월 하순에 빈을 떠났다. 그전에 아버지는 두 번째로 체포되어 빈 축구 경기장으로 끌려갔고, 그곳에서 SA, 즉 나치 돌격대의 갈색 제복을 입은 군인들에게 취조와 협박을 받았다. 그러나 아버지는 미국 입국 비자를 받았고 곧 떠날 예정이었기 때문에 풀려날 수 있었다. 아마도 그것은 죽음의 문턱까지 간 경험이었을 것이다.

영어를 한마디도 모르는 채 미국에 도착한 아버지는 칫솔 공장에 취직했다. 빈에서 칫솔은 당신이 당한 굴욕의 상징이었지만, 뉴욕에서 칫솔은 더 나은 삶을 위한 디딤돌이었다. 비록 당신은 그 일을 좋아하지 않았지만 평소대로 헌신적으로 일했고, 곧 조합 사무장으로부터 너무 많은 칫솔을 너무 빨리 생산하여 다른 노동자들이 굼뜬 것처럼 보이게 만든다는 질책을 받았다. 아버지는 실망하지 않았다. 그는 미국을 사랑했다. 다른 많은 이민자들과 마찬가지로 그는 종종 미국을 골데네 메디나(goldene Medina), 유대인에게 안전과 민주주의를 약속한 황금의 나라로 불렀다. 빈에서 그는 미국의 서부 개척과 미국 인디언의 용맹을 신화적으로 묘사한 카를 마이(Karl May)의 소설들을 읽었었다. 아버지는 나름대로 개척정신의 소유자였다.

얼마간 시간이 흘러 부모님은 가게를 얻어 소박한 옷 장사를 시작할 만큼의 돈을 모았다. 아버지와 어머니는 함께 일했고 간소한 여성용 드레스와 앞치마, 남성용 셔츠와 타이, 속옷, 파자마를 팔았다. 우리는 가게 위층의 아파트에 세를 들었다. 그곳의 주소는 브루클린 처치 로(路) 411번지였다. 부모님은 우리를 양육하고도 남을 만큼 돈을 벌었고, 얼마 후에는 우리 아파트와 가게가 있는 건물을 샀다. 더 나아가 그들은 내가 대학과 의과대학에 다니는 것도 도울 수 있었다.

부모님은 장사에 몰두했기 때문에—그들 자신과 자녀들의 경제적 안정을 위해서는 그것이 최선이었다—루이스와 내가 즐기기 시작한 뉴욕의 문화생활을 공유하지 못했다. 그러나 끊임없는 노동에도 불구하고 부모님은 언제나 낙관적이었고 우리를 지원했다. 그들은 한번도 우리의 일이나 놀이에 관하여 명령을 하지 않았다. 아버지는 공급자로부터 받은 물건에 대한 대금을 즉시 지불하지 않고는 견디지 못할 만큼 강박적으로 정직한 사람이었다. 손님에게 거스름돈을 한 번 더 주는 일도 종종 있었다. 아버지는 루이스와 내가 돈에 관해서는 그런 식으로 행동하기를 기대했다. 그러나 나는 아버지가 아들들이 합리적이고 올바르게 행동할 것을 기대하는 것 외에 이런 학문 혹은 저런 학문을 하라고 압력을 가하는 것을 한번도 느껴 본 적이 없다. 나 역시 아버지의 사회적·교육적 경험이 일천하다는 것을 알기에, 당신이 그런 문제에 관하여 내게 조언을 할 입장이라는 생각을 한번도 하지 않았다. 조언이 필요할 때 나는 대개 어머니에게, 혹은 더 많은 경우에 형과 선생님들에게, 그리고 가장 많은 경우에 친구들에게 의지했다.

아버지는 1977년에 79세를 일기로 생을 마감하기 일주일 전까지 가게에서 일했다. 그 후 얼마 안 있어 어머니는 가게와 건물을 팔고 길모퉁이 오션 파크웨이에 위치한 더 쾌적하고 약간 더 우아한 아파트로 이사했다. 그녀는 1991년 94세를 일기로 눈을 감았다.

내가 플랫부시 예시바를 졸업한 1944년에는 지금과 달리 그 학교에 고등학교 과정이 없었다. 그래서 나는 학문적으로 매우 강한 전통을 지닌 공립학교인 에라스무스 홀 고등학교에 진학했다. 그곳에서 나는 역사와 글쓰기, 그리고 여자에 관심을 갖게 되었다. 나는 학교신문인 〈더치맨(Dutchman)〉에서 일했고 스포츠 담당 편집자가 되었다. 또 축구를 했고, 육상팀 주장들 중 하나가 되었다(그림 3-1). 역시 주장이었던 로널드 버먼(Ronald Berman)은 고등학교에서 나와 가장 친한 친구 중 하나였는데, 달리기를 아주 잘해서 시 대회 0.5마일 경주에서 우승을 했다. 그때 나는 5위를 했다. 로널드는 나중에 셰익스피어 전문가로 샌디에이고 소재 캘리포니아 대학의 영문학 교수가 되었다. 그는 닉슨 정부에서 국립인문학기금(National Endowment for the Humanities)의 초대 책임자로 일했다.

3-1 1948년 펜실베이니아 릴레이 우승팀. 펜실베이니아 릴레이는 고등학교와 대학의 육상 선수들이 출전하며 매년 열리는 전국적인 대회다. 우리는 고등학교부 0.5마일 대회 중 하나에서 우승을 차지했다(로널드 버먼 제공).

나를 가르친 역사 선생 존 캄파냐는 하버드 대학 졸업생이었다. 나는 그의 권유로 하버드 대학에 지원했다. 내가 부모님께 하버드 대학에 지원하겠다고 말하자, 아버지는(당신은 나와 마찬가지로 다양한 미국 대학들의 특성을 잘 몰랐다) 대학 지원 비용을 이중으로 내는 것은 곤란하다면서 나를 실망시켰다. 나는 이미 형이 다녔던 훌륭한 학교인 브루클린 칼리지에 지원해 놓은 상태였다. 내 아버지의 입장을 전해 들은 캄파냐 씨는 자원해서 제 주머니를 털어 지원비 15달러를 내주었다. 나는 약 1,150명의 동급생 가운데 하버드에 진학한 두 명(다른 한 명은 로널드 버먼이었다) 중 하나였고, 그 두 명은 모두 장학금을 받았다. 장학금을 받은 후, 로널드와 나는 하버드의 교가 '공정한 하버드(Fair Havard)'의 참뜻을 제대로 알게 되었다. 정말이지 공정한 하버드였다.

나는 내가 얻은 행운에 몸서리쳤고 캄파냐 씨에게 한없이 고마움을 느꼈지만, 에라스무스 홀을 떠나는 것이 섭섭했다. 그곳에서 경험한 타인들의 환대와 학문 및 스포츠에서의 성취감을 다시는 느끼지 못하리라고 확신했다. 예시바에서 나는 장학생이었다. 에라스무스에서는 체육 장학생이었다. 내가 느끼기에 그 차이는 어마어마했다. 나는 에라스무스에서 처음으로 형의 그늘을 벗어나고 있다고 느꼈다. 빈에서 학교에 다닐 때 그토록 강력하게 느껴졌던 그 그림자를 말이다. 난생 처음으로 나는 나 자신만의 관심사를 갖게 되었다.

하버드에서 나는 현대 유럽의 역사와 문학을 전공했다. 그것은 선택 전공이어서 전공 학생은 상급생 때 우수 논문을 쓰는 데 전념해야 했다. 또 그 전공의 학생들만 유일하게 2학년 때부터 처음엔 작은 그룹으로, 나중엔 개별적으로 개인지도를 받을 기회를 얻었다. 나는 우수 논문에서 독일 작가 세 명, 즉 카를 추크마이어, 한스 카로사, 그리고 에른스트 윙거의 국가사회주의에 대한 태도를 다뤘다. 그 작가들은 지식인이 보인 반응의 스펙트럼에서 각자 다른 위치를 대표했다. 용감한 자유주의자로서 평생 나치를 비판한 추크마이어는 일찍이 독일을 떠나 오스트리아로 갔다가 나중에 미국으로 이주했다. 의사이자 시인인 카로사는 중도적인 입장을 취했고, 스스로 주장하기로는, 몸은 독일에 남았지만 정신은 다른 곳으로 도피했다. 제1차 세계대전 당시에 늠름한 독일군 장교였던 윙거는 전쟁과 전사(戰士)의 정신적 가치를 찬양하고 나치의 선구자 역할을 한 지식인이었다.

나는 많은 독일 예술가와 지식인들—윙거, 위대한 철학자 마르틴 하이데거, 지휘자 헤르베르트 폰 카라얀 등, 겉보기에 훌륭한 정신을 가진 듯한 사람들도 포함해서—이 국가사회주의의 민족주의적 열광과 인종주의적 선전에 너무나도 기꺼이 굴복했다는 슬픈 결론에 도달했다. 나중에 프리츠 슈테른 등에 의해 이루어진 역사학적 연구는 히틀러가 집권 첫해에 폭넓은 대중적 지지를 받지 못했다는 것을 밝혀냈다. 만약 그때 지식인들이 효과적으로 힘을 모으고 일반 대중을 계몽했더라면, 정부를 완전히 장악하려는 히틀러의 야심은 저지되었거나 최소한 심각하게 손상되었을 가능성이 높다.

나는 우수 논문을 하급생 때 쓰기 시작했다. 그때 나는 대학원에서 유럽 지성사를 연구할 생각이었다. 그러나 하급생 시절이 끝나 갈 무렵 안나 크리스를 만나 사랑에 빠졌다. 그녀는 래드클리프 칼리지의 학생이었고 나와 마찬가지로 빈 출신 이민자였다. 그 시절에 나는 카를 피터(Karl Vietor) 교수가 주관하는 고급 세미나 두 개에 참석하고 있었다. 하나는 가장 위대한 독일 시인 괴테에 관한 것이었고, 다른 하나는 현대 독일문학에 관한 것이었다. 피터는 미국에서 가장 멋진 독일 학자 중 한 명이었을 뿐 아니라 통찰력과 카리스마를 가진 선생이었다. 그는 독일의 역사와 문학을 계속 공부하라고 나를 격려했다. 그는 괴테에 관한 책 두 편—하나는 젊은 시절의 괴테, 다른 하나는 원숙기의 시인 괴테에 관한 것이다—을 썼고, 게오르크 뷔히너에 관한 획기적인 논문을 썼다. 비교적 덜 알려졌던 극작가 뷔히너가 재발견된 것은 피터의 공이기도 하다. 뷔히너는 짧은 생애 동안 미완성 희곡 『보이체크(Woyzeck)』에서 사실주의와 표현주의 글쓰기를 개척했다. 그 작품은 모호하고 평범한 인물을 영웅적인 차원에서 묘사한 최초의 드라마다. 뷔히너가 1837년 스물네 살의 나이에 티푸스로 죽은 후 미완성 유고로 출간된 『보이체크』는 훗날 알반 베르크가 작곡한 오페라 〈보체크(Wozzeck)〉로 각색되었다.

안나는 내가 가진 독문학 지식을 아주 좋아했다. 처음 만나던 시절에 우리는 여러 날 저녁을 함께 독일 시를 읽으며 보냈다. 노발리스, 릴케, 슈테판 게오르게(1868~1933)를 읽었다. 나는 상급반에서 피터의 세미나에 두 번 더 참석할 계획이었다. 그런데 내가 막 하급반 시절을 마감했을 때, 피터가 갑자기 암으로 사망했다. 그의 죽음은 내게 개인적이고 직접적인 손실이었다. 또한 갑자기 수강 계획에 큰 구멍이 생겼다. 피터가 죽기 몇 달 전에 나는 안나의 부모인 에른스트와 마리안네를 만났다. 두 분 다 프로이트 학파의 저명한 정신분석가였다. 안나의 가족은 정신분석에 대한 나의 관심에 불을 지폈고, 나는 구멍 뚫린 스케줄을 어떻게 메울까에 대한 원래의 생각을 바꿨다.

1950년대의 젊은이들에게 정신분석이 발휘한 매력을 이해하는 것은 오늘날의 사람들에게 어려운 일이다. 정신분석이 발전시킨 정신의 이론은 나로 하여금 처음으로 인간의 행동과 그 동기의 복잡성을 인정하게 만들었다. 피터의 현대 독일 문학 세미나에서 나는 프로이트의 『일상생활의 정신병리학』, 그리고 인간 정신의 내적인 작동에 관심을 기울인 다른 세 작가, 즉 아르투르 슈니츨러, 프란츠 카프카, 토마스 만의 작품을 읽었다. 이러한 압도적인 문학적 기준에 빗대어도 프로이트의 글은 내게 즐거운 읽을거리였다. 그의 독일어 — 그는 1930년에 괴테상을 받았다 — 는 단순하고 명료한 아름다움을 지녔고, 유머러스했고, 한없이 자기 성찰적이었다. 프로이트의 『일상생활의 정신병리학』은 새로운 세상을 열었다.

그 책은 여러 일화들로 구성되어 있는데, 그것들은 우리 문화에 확실히 자리를 잡았기 때문에 오늘날엔 우디 앨런의 영화나 스탠드업 코미디의 대본으로 써도 좋을 정도다. 프로이트는 매우 평범하고 얼핏 보면 사소한 사건들을 자세히 설명한다. 말실수, 설명할 수 없는 사고, 물건을 제자리가 아닌 곳에 놓은 일, 철자를 잘못 쓴 일, 무언가가 기억되지 않는 일 등을 설명하고, 그것들을 이용하여 인간의 정신이 대부분 무의식적인 일련의 정확한 규칙들에 지배된다는 것을 보여 준다. 그런 일들은 표면적으로 늘 있는 실수처럼, 누구에게나 일어나는 시시한 우연처럼 보인다. 그런 일들은 확실히 내게도 일어났다. 그러나 프로이트가 내게 가르쳐 준 것은 그 실수들 중 어느 것도 우연이 아니라는 점이었다. 그것들 각각은 사람의 심리적 삶의 나머지 부분과 일관되고 의미 있는 관계를 가진다. 내게 특히 놀라운 것은 프로이트가 나의 이모 미나를 한 번도 안 만났는데도 그 모든 것을 쓸 수 있었다는 점이었다!

더 나아가 프로이트는 심리적 결정성(psychological determinacy) — 사람의 심리적 삶에서 우연히 일어나는 일은 없거나 거의 없다는 것, 모든 각각의 심리적 사건은 선행 사건에 의해 결정된다는 것 — 은 정상적인 정신의 삶에서뿐 아니라 정신병에서도 핵심적이라고 주장했다. 신경증적 증상들은 그것이 아무리 기이해 보일지라도 무의식적 정신에게는 기이하지 않다. 그 증상은 다른 선행하는 정신 과정들과 관련된다. 말실수와 그 원인 사이의 연관, 혹은 증상과 그 아래의 인지 과정 사이의 연관은 자기 노출적 정신 사건들과 자기 보호적 정신 사건들 사이의 끊임없는 싸움에서 비롯된—언제 어디에나 있고 역동적이며 무의식적인 정신 과정인—방어 작용에 의해 불명료해진다. 정신분석은 자기 이해를 약속하며, 심지어 무의식적 동기와 개별 행동의 기저에 있는 방어에 대한 분석에 기초하여 치료적 변화를 일으킬 것을 약속한다.

정신분석이 대학생이었던 내게 그토록 매력적이었던 이유는, 그것이 상상력과 지성 모두에 호소했고 경험적인 토대를 가지고 있었기 때문이다. 적어도 나의 소박한 마음은 그렇게 생각했다. 정신적 삶에 대한 다른 견해들은 범위에서나 미묘함에서나 정신분석의 발꿈치도 따라가지 못했다. 초기의 심리학은 고도로 사변적이거나 매우 협소했다.

실제로 19세기가 끝날 때까지 인간 정신의 신비에 대한 접근법은 자기 성찰적이고 철학적인 탐구(특별한 훈련을 받은 관찰자가 자기 자신의 사고 패턴을 반성하는 것)와 제인 오스틴, 찰스 디킨스, 표도르 도스토옙스키, 레프 톨스토이 같은 위대한 소설가들의 통찰밖에 없었다. 나는 하버드 대학 시절의 처음 몇 해를 그들의 책을 읽으며 보냈다. 그러나 에른스트 크리스(Ernst Kris)가 내게 일깨워 주었듯이, 훈련된 자기 성찰이나 창조적인 통찰은 정신과학을 정초하는 데 필요한 체계적인 지식 축적으로 이어지지 못할 것이었다. 그 정초를 위해서는 통찰 이상의 것, 즉 실험이 필요하다. 그러므로 정신을 연구하는 사람들은 실험과학인 천문학, 물리학, 화학의 놀라운 성과들에 자극을 받아 행동을 연구하기 위한 실험적 방법들을 고안하기 시작했다.

그 탐구는 인간의 행동이 우리의 동물 조상들의 행동에서 진화했다는 찰스 다윈의 생각을 출발점으로 삼았다. 이 생각은 실험동물들을 인간 행동 연구의 모델로 이용할 수 있다는 생각을 낳았다. 러시아 생리학자 이반 파블로프(Ivan Pavlov)와 미국 심리학자 에드워드 손다이크(Edward Thorndike)는 아리스토텔레스가 처음 제시했고 나중에 존 로크가 발전시킨 철학적 생각, 즉 우리가 관념들을 연결함으로써 학습한다는 생각을 확장하여 동물을 상대로 실험했다. 파블로프는 고전적 조건화(classical conditioning), 즉 동물이 두 가지 자극을 연결하는 것을 배우는 형태의 학습을 발견했다. 손다이크는 도구적 조건화(instrumental conditioning), 즉 동물이 행동 반응과 그것의 귀결들을 연결하는 것을 배우는 형태의 학습을 발견했다. 이 두 학습 과정은 단순한 동물뿐 아니라 사람의 학습과 기억을 연구하는 데에도 토대가 되었다. 학습은 관념들의 연결과 관련이 있다는 아리스토텔레스와 로크의 주장은 학습이 두 자극 또는 자극과 반응의 연결을 통해 일어난다는 경험적인 사실에 의해 대체되었다.

파블로프는 고전적 조건화를 연구하는 과정에서 두 가지 비연결적 형태의 학습을 발견했다. 그것은 습관화(habituation)와 민감화(sensitization)다. 습관화와 민감화에서 동물은 오직 하나의 자극이 지닌 특징들만 배울 뿐, 두 자극을 서로 연결하는 것을 배우지 않는다. 습관화에서 동물은 어떤 자극을 그것이 사소하기 때문에 무시하는 것을 배우는 반면, 민감화에서는 어떤 자극이 중요하기 때문에 그것에 집중하는 것을 배운다.

손다이크와 파블로프의 발견은 심리학에 굉장한 충격을 주어 행동에 대한 최초의 경험적 연구인 행동주의를 탄생시켰다. 행동주의는 행동을 자연과학과 똑같이 엄밀하게 연구할 수 있을 것이라고 장담했다. 내가 하버드에 있을 때, 주도적인 행동주의 옹호자는 B. F. 스키너(Skinner)였다. 나는 그의 강의를 듣는 친구들과의 대화를 통해 그의 사상을 접했다. 스키너는 행동주의 창시자들이 윤곽을 제시한 철학적 진로를 따랐다. 전반적으로 그들은 진정으로 과학적인 심리학은 공개적으로 관찰할 수 있고 객관적으로 수량화할 수 있는 행동 측면들만 다뤄야 한다고 주장함으로써 행동에 대한 시각을 좁혔다. 과학적 심리학에 자기 성찰이 들어설 자리는 없었다.

그 결과 스키너를 비롯한 행동주의자들은 오로지 관찰 가능한 행동에만 초점을 맞췄고, 정신적 삶에 대한 언급과 자기 성찰의 노력을 그들의 연구에서 모조리 배제했다. 왜냐하면 그런 것들은 관찰하고 측정할 수 없으며 인간의 행동에 관한 일반 규칙을 제시하는 데 이용할 수 없기 때문이었다. 느낌, 사고, 계획, 욕망, 동기, 가치관—우리를 인간으로 만드는, 그리고 정신분석이 전면에 내세우는 내적인 상태와 개인적인 경험들—은 경험과학으로 접근할 수 없으며 행동과학에 불필요하다고 여겨졌다. 행동주의자들은 우리의 모든 심리적 활동은 그런 정신적 과정에 호소하지 않아도 적합하게 설명할 수 있다고 확신했다.

내가 크리스 씨 가족을 통해 접한 정신분석은 스키너의 행동주의와 아주 딴판이었다. 실제로 에른스트 크리스는 정신분석과 행동주의 사이의 차이를 논하고 양쪽을 중재하기 위해 무던히 애썼다. 정신분석의 매력 중 하나는 행동주의처럼 자기 성찰에서 도출한 결론들을 버리고 객관적이려고 노력한다는 점에 있다고 그는 주장했다. 프로이트는 자기 자신을 돌아보는 것으로는 자신의 무의식적 과정을 이해할 수 없다고 주장했다. 오직 훈련된 중립적 외부 관찰자, 즉 정신분석가만이 다른 사람의 무의식을 식별할 수 있다. 또 프로이트는 관찰 가능한 실험적 증거를 선호했지만, 표면적인 행동을 내면적인 의식적·무의식적 상태를 조사하기 위한 여러 수단들 중 하나로만 여겼다. 그는 특정 자극에 대한 반응 그 자체에 관심이 있는 것 못지않게 그 반응을 결정한 내적인 과정에도 관심이 있었다. 프로이트의 뒤를 따른 정신분석가들은 행동주의자들은 행동에 대한 연구를 관찰 가능하고 측정 가능한 행위에 국한함으로써 가장 중요한 문제인 정신적 과정들을 무시했다고 지적했다.

정신분석에 대한 나의 관심은 프로이트가 유대인에다 빈 시민이었고 강제로 그 도시를 떠났기 때문에 더욱 커졌다. 그의 작품을 독일어로 읽노라면 나로서는 들어 본 적은 있지만 한 번도 경험하지 못한 빈의 지적인 삶에 대한 열망이 내 안에서 꿈틀거렸다. 프로이트를 읽는 것보다 더 중요했던 것은 안나의 부모와 나눈 정신분석에 관한 대화였다. 그들은 열정이 충만하고 매우 재미있는 사람들이었다. 에른스트 크리스는 마리안네와 결혼하고 정신분석에 입문하기 전에 벌써 빈 미술사박물관 소속의 확고한 입지를 굳힌 미술사가이자 큐레이터였다. 그는 위대한 미술사가 에른스트 곰브리치 등에게서 배웠다. 그와 곰브리치는 나중에 동료로서 함께 연구했고, 각자 현대 미술심리학의 발전에 중요한 기여를 했다. 마리안네 크리스는 뛰어난 정신분석가이자 교사였고 정말 따스한 성품의 소유자이기도 했다. 그녀의 아버지는 훌륭한 소아과 의사인 오스카어 리(Oskar Rie)였다. 리는 프로이트의 가장 친한 친구였고 그 자녀들의 주치의였다. 마리안네는 크게 성공한 프로이트의 딸 안나와 친한 친구 사이였다. 심지어 마리안네 크리스는 안나 프로이트를 염두에 두고 제 딸의 이름을 안나로 지었다.

에른스트와 마리안네는 딸의 친구들에게 늘 그랬듯이 내게 호의와 격려를 베풀었다. 나는 그들과의 잦은 교류를 통해 가끔 그들의 동료 정신분석가인 하인츠 하르트만(Heinz Hartmann)과 루돌프 뢰벤슈타인(Rudolph Loewenstein)도 만났다. 에른스트 크리스와 하르트만과 뢰벤슈타인, 이 세 사람은 정신분석의 새 방향을 개척했다.

이 세 사람은 미국으로 이민한 후 힘을 합하여 일련의 획기적인 논문들을 썼다. 거기에서 그들은 정신분석이론이 자아의 발달과 관련하여 실망과 불안의 역할을 너무 강조했다고 지적했다. 프로이트에 따르면, 자아란 정신 장치(psychic apparatus)에서 외부 세계와 접촉하는 요소다. 그 세 사람은 정상적인 인지발달을 더 강조해야 한다고 주장했다. 에른스트 크리스는 자신들의 생각을 시험하기 위하여 정상적인 아동의 발달을 경험적으로 관찰할 것을 촉구했다. 이런 식으로 그는 1950년대와 60년대에 막 발생하기 시작한 인지심리학과 정신분석을 연결함으로써 미국 정신분석이 더 경험적이게 되도록 부추겼다. 크리스 자신은 예일 대학 아동 연구센터에 가담했고 그곳의 관찰 연구에 참여했다.

이런 흥미로운 논의들을 귀담아들으면서 나는 정신분석은 정신을 이해하기 위한 매혹적인 접근법이며 아마도 유일한 접근법이라는 그들의 견해를 받아들였다. 정신분석은 동기의 합리적·비합리적 측면들과 의식적·무의식적 기억을 보는 당대 최고의 시각을 개척했을 뿐 아니라 인지 발달, 즉 지각과 사고의 발달이 지닌 질서에 대한 당대 최고의 시각을 제공했다. 나는 이 연구 분야가 유럽의 문학과 지성의 역사보다 훨씬 더 흥미롭다고 느끼기 시작했다.

1950년대에는 정신분석가로 활동하려면 의과대학에 가서 의사가 된 다음 정신과 의사 수련을 받는 것이 최선이라는 것이 일반적인 생각이었다. 나는 예전에 그 길을 가는 것을 고려해 본 적이 없었다. 그러나 카를 피터의 죽음은 내 스케줄에 꼬박 2년의 공백을 남겨 주었다. 그리하여 1951년 여름, 나는 의과대학에서 요구하는 화학 입문 강의를 거의 충동적으로 수강했다. 나는 상급생이 되어 논문을 쓰면서 물리학과 생물학을 배우고, 그다음에 계획이 바뀌지 않는다면 하버드를 졸업하고 의과대학에 가기 위해 필요한 마지막 과목인 유기화학을 공부할 생각이었다.

1951년 여름에 나는 평생의 친구가 된 네 사람과 함께 살았다. 안나의 사촌이자 또 다른 위대한 정신분석가 허먼 넌버그(Herman Nunberg)의 아들인 헨리 넌버그(Henry Nunberg), 로버트 골드버거(Robert Goldberger), 제임스 슈워츠(James Schwartz), 로버트 스피처(Robert Spitzer)가 그들이었다. 몇 달 후에 나는 그 단 한 번의 화학 강의 수강과 나의 대학 성적 평균을 근거로 뉴욕 대학 의학부(New York University Medical School) 입학을 허가받았다. 단, 1952년 가을에 입학하기 전에 나머지 필수과목들을 수강한다는 것을 전제로 한 조건부 허가였다.

나는 정신분석가가 될 마음으로 의과대학에 입학했고, 수련의와 정신과 전공의 과정을 거칠 때에도 그 계획을 바꾸지 않았다. 그러나 의과대

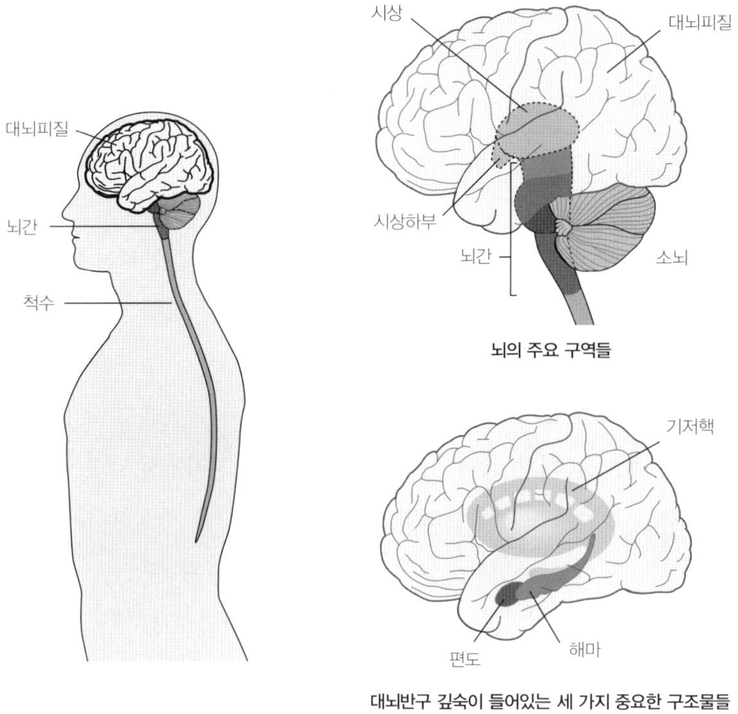

3-2 중추신경계

학 상급반 때 의료 행위의 생물학적 기초에 큰 관심을 가지게 되었다. 나는 뇌의 생물학에 대하여 무언가 배워야겠다고 결심했다. 한 가지 이유는 내가 의과대학 2학년 때 수강한 뇌 해부학 수업이 대단히 재미있었다는 것이다. 그 수업을 담당한 루이스 하우스먼(Louis Hausman)은 모든 학생이 여러 색의 찰흙으로 인간 뇌의 실제 크기보다 네 배 큰 모형을 만들게 했다. 나중에 학우들이 졸업 앨범에 썼듯이, “그 찰흙 모형은 잠복중인 창조의 균(菌)을 자극했고, 우리 중 가장 둔감한 자들조차도 다채로운 뇌를 낳게 했다.”

그 모형을 만들면서 나는 처음으로 어떻게 척수와 뇌가 연결되어 중추신경계를 이루는가를 3차원적으로 이해했다. 나는 중추신경계가 좌우대

칭이며, 별개의 부분들로 이루어졌고, 그 부분 각각은 시상하부(hypothalamus), 시상(thalamus), 소뇌(cerebellum), 편도(amygdala) 따위의 흥미로운 이름을 가지고 있다는 것을 알았다. 척수는 단순 반사 행동에 필요한 부분들을 가지고 있다. 하우스먼은 척수를 탐구함으로써 우리가 중추신경계의 목적 일반을 축약적으로 이해할 수 있다고 지적했다. 그 목적은 피부로부터 축삭(축삭돌기, axon)이라는 긴 신경섬유의 다발들을 통해 감각 정보를 수용하고, 그 정보를 협응된 운동 명령들로 변환하여 다른 축삭 다발들을 통해 근육으로 전달하는 것이다.

척수는 뇌 쪽으로 뻗어 올라가 뇌간(brain stem)(그림 3-2)이 된다. 뇌간은 감각 정보를 뇌의 상위 구역들로 전달하고 거기에서 나온 운동 명령을 척수로 전달하는 구조물이며, 또한 주의 집중을 조절한다. 뇌간 위에는 시상하부, 시상, 대뇌반구들이 있고, 대뇌반구들의 표면은 심하게 주름진 외곽 층, 즉 대뇌피질로 덮여 있다. 대뇌피질은 지각, 행동, 언어, 계획 등의 고등한 정신 기능과 관련이 있다. 대뇌피질 안쪽 깊숙한 곳에는 세 가지 구조물이 들어 있다. 기저핵(basal ganglia), 해마(hippocampus), 편도가 그것들이다(그림 3-2). 기저핵은 운동을 조절하는 데 기여하고, 해마는 기억 저장과 관련이 있으며, 편도는 감정 상태의 맥락 안에서 자율 반응과 내분비 반응이 조화롭게 기능하게 한다.

비록 찰흙 모형이었지만 뇌를 바라보며 프로이트의 자아(ego), 이드(id), 그리고 초자아(superego)가 어디에 있을지 궁금하게 여기지 않을 수 없었다. 뇌 해부학을 공부한 예리한 학생이었던 프로이트는 뇌의 생물학과 정신분석의 연관성에 관하여 여러 번 글을 썼다. 예컨대 1914년에 그는 「나르시시즘에 관하여(On Narcissism)」라는 에세이에서 "우리는 심리학에 관한 우리의 모든 잠정적인 생각들이 언젠가 유기적인 하부구조에 토대를 두게 되리라는 점을 상기해야 한다"고 썼다. 1920년에 그는 『쾌락 원리를 넘어서(Beyond the Pleasure Principle)』에서 또 한 번 다음과 같이 밝혔다.

> 우리 기술(記述)의 결함들은, 만일 우리가 이미 심리학적 용어들을 생리학적 또는 화학적 용어들로 대체할 수 있었다면, 아마 사라졌을 것이다…….

1950년대에 대부분의 심리분석가들은 정신을 비생물학적인 용어들로 다뤘지만, 소수는 뇌의 생물학과 그것이 정신분석에 대하여 갖는 잠재적 중요성을 논하기 시작했다. 나는 크리스 씨 가족을 통해 그런 심리분석가 세 명을 만났다. 로렌스 커비(Lawrence Kubie), 시드니 마골린(Sidney Margolin), 모티머 오스토우(Mortimer Ostow)가 그들이었다. 그들 각각과 어느 정도 논의한 나는 1955년 가을에 선택과목으로 컬럼비아 대학에서 신경생리학자 해리 그런드페스트(Harry Grundfest)의 수업을 듣기로 결정했다. 당시에 뇌과학 연구는 미국의 많은 의과대학에서 주요 분야가 아니었고, 뉴욕 대학에는 기초적인 신경과학을 가르치는 교수가 한 명도 없었다.

그때 내가 사귀기 시작했던 아주 매력적이고 지적인 프랑스 여성 데니스 비스트린(Denise Bystryn)은 내 결정을 강력하게 지지했다. 하우스먼의 해부학 강의를 들을 무렵 나는 안나와 멀어지기 시작했다. 우리가 케임브리지에 함께 있을 때 우리 둘 다에게 매우 특별했던 관계는 그녀가 케임브리지에, 그리고 내가 뉴욕에 있게 되자 전처럼 잘 유지되지 않았다. 게다가 우리의 관심사도 달라지기 시작했다. 그래서 우리는 안나가 래드클리프 칼리지를 졸업한 직후인 1953년 9월에 헤어졌다. 안나는 지금 케임브리지에서 매우 성공적인 정신분석가로 활동하고 있다.

그 후에 나는 깊지만 짧았던 관계를 두 차례 가졌다. 둘 다 1년밖에 지속되지 않았고, 두 번째 관계가 깨질 무렵에 데니스를 만났다. 나는 다른 친구에게서 그녀에 관해 들었고, 그 친구에게 그녀를 데리고 나오라고 부탁했다. 대화가 무르익자 그녀는 자기는 바쁘며 나를 만나는 데 별다른 관심이 없다는 뜻을 분명히 했다. 그럼에도 나는 끈덕지게 매달렸다. 그러나 허사였다. 결국 나는 내가 빈 출신이라는 사실을 공개했다. 그러자 갑자기 그녀의 어투가 달라졌다. 그녀는 내가 유럽인이라는 것을 알고는 나와 만나는 것이 완전한 시간 낭비는 아니겠구나 하고 생각했던 모양이다. 그녀는 나와 만나는 데 동의했다.

웨스트 엔드 로(路)에 위치한 그녀의 아파트로 차를 몰고 가 그녀를 태운 나는 영화관에 가기를 원하는지, 아니면 시내의 가장 좋은 바에 가기를 원하는지 물었다. 그녀는 가장 좋은 바에 가기를 원한다고 말했고, 나는 친구인 로버트 골드버거와 함께 쓰는 의과대학 근처 31번가의 아파트로 그녀를 데려갔다. 로버트와 나는 그 아파트로 이사하면서 내부를 개조하여 매우 훌륭한 바를 만들었다. 확실히 우리 주변에서는 가장 좋은 바였다. 위스키 애호가인 로버트는 좋은 술을 많이 가지고 있었다. 심지어 싱글 몰트 스카치도 몇 병 있었다.

데니스는 우리의 목공예(거의 다 로버트의 작품이었다) 솜씨에 경탄했지만, 스카치는 마시지 않았다. 그래서 나는 샤르도네(chardonnay, 샤르도네 품종의 청포도로 만든 백포도주 – 옮긴이) 한 병을 땄다. 우리는 흥겨운 저녁을 보냈다. 나는 그녀에게 의과대학 생활에 대해 이야기했고, 그녀는 컬럼비아 대학에서 쓰고 있는 그녀의 사회학 졸업논문에 대해 이야기했다. 데니스의 관심은 사람들의 행동이 시간적으로 어떻게 변하는가를 연구하는 데 정량적인 방법을 사용하는 것에 있었다. 여러 해 뒤에 그녀는 이 방법을 적용하여 청소년들이 약물 남용에 빠지는 방식을 연구했다. 그녀의 연구는 획기적인 것이었다. 그 연구는 점차 심해지는 약물 사용의 기저에 특정한 발전 단계들이 있다고 주장하는 관문 가설(gateway hypothesis)의 토대가 되었다.

우리의 연애는 놀랍도록 순조로웠다. 데니스는 지성과 호기심과 일상을 아름답게 만드는 놀라운 능력을 겸비했다. 그녀는 훌륭한 요리사였고 옷에 대한 감각이 탁월했으며—몇 가지 옷은 직접 만들었다—꽃병과 램프, 그리고 공간에 생기를 주는 예술품들을 주위에 놓아 두기를 즐겼다. 안나가 정신분석에 대한 내 생각에 큰 영향을 미친 것과 마찬가지로 데니스는 경험과학과 삶의 질에 대한 내 생각에 영향을 끼쳤다.

그녀는 또한 내가 유대인이며 홀로코스트의 생존자라는 느낌을 강화했다. 데니스의 아버지는 재능 있는 기계공학자였는데, 유대 학자와 랍비를 다수 배출한 유서 깊은 가문 출신으로 폴란드에서 랍비 수업을 받은 적이 있었다. 그는 스물한 살에 폴란드를 떠나 프랑스 노르망디 지방의 캉(Caen)으로 가서 수학과 공학을 공부했다. 비록 그는 불가지론자가 되어 유대교회당에 발길을 끊었지만, 큰 서재에 미시나(Mishnah, 랍비주의 유대교의 주요 원전으로 유대인의 구전 율법을 최초로 기록한 문헌이다－옮긴이)와 빌나(Vilna, 리투아니아의 수도 빌뉴스의 옛 이름. 빌나는 한때 토라 연구의 세계적 중심지로 예루살렘과 어깨를 나란히 했다－옮긴이)판 탈무드를 비롯한 히브리어 종교 문헌들을 상당량 가지고 있었다.

비스트린 가족은 전쟁 중에 프랑스에 머물렀다. 데니스의 어머니는 남편이 프랑스 강제수용소에서 탈출하도록 도왔고, 두 사람 모두 나치를 피해 남서쪽의 생세레(St. Cere)라는 작은 마을로 달아나 살아남았다. 그 기간에 데니스는 오랫동안 부모와 헤어져 약 100킬로미터 떨어진 곳에 있는 카오르(Cahors)의 가톨릭 수녀원에 숨어 지냈다. 데니스의 경험은 물론 내 경험보다 훨씬 더 힘든 것이었지만 여러 면에서 유사했다. 히틀러가 지배하는 유럽에서 우리가 겪은 개인적인 경험에 대한 기억은 세월이 지나도 퇴색하지 않았고, 우리를 더 친밀하게 만들었다.

데니스의 삶에서 일어난 한 가지 사건은 내게 지울 수 없는 인상을 남겼다. 그녀가 수녀원에서 몇 년 동안 지낼 때 그녀가 유대인이라는 것을 아는 사람은 수녀원장밖에 없었고, 그녀에게 가톨릭으로 개종하라고 강요하는 사람은 아무도 없었다. 그러나 데니스는 자기와 동기들 간의 관계가 어색하게 느껴졌다. 왜냐하면 그녀는 그들과 달랐기 때문이다. 그녀는 고해를 하지 않았고, 매주 일요일의 미사에서 영성체를 받지 않았다.

3-3 1956년 결혼할 무렵의 데니스. 그녀는 스물세 살의 컬럼비아 대학교 사회학 대학원생이었다(에릭 캔델 개인 소장).

데니스의 어머니 사라는 딸이 그런 식으로 눈에 띄게 행동하는 것을 염려했고 정체가 발각되어 그녀가 위험에 빠지게 될까 봐 걱정했다. 사라는 이 딜레마를 데니스의 아버지 이저와 상의했다. 그들은 데니스가 가톨릭 세례를 받게 하기로 결정했다.

사라는 버스를 타기도 하고 걷기도 하면서 거의 100킬로미터를 이동하여 카오르 수녀원으로 왔다. 수녀원의 육중한 목제 대문 앞에 서서 문을 두드리기 직전에, 그녀는 도저히 그 운명적인 결정을 딸에게 전할 수 없다고 판단했다. 그녀는 수녀원에서 발길을 돌려 집으로 돌아갔다. 그녀는 딸을 위험에서 건져 내지 않았다는 것을 알면 남편이 화를 낼 것이 분명하다고 생각했다. 그러나 생세레의 집에 도착해 사실을 이야기하자 이저는 오히려 크게 안도했다. 사라가 떠난 뒤에 그는 줄곧 데니스의 개종을 허락하는 데 동의한 자신을 자책하고 있었던 것이다. 이저는 신을 믿지 않았지만, 그와 사라는 자신들이 유대인이라는 것을 매우 자랑스럽게 여겼다.

1949년, 데니스와 그녀의 형제, 부모는 미국으로 이주했다. 뉴욕 프랑세즈 리세(Lycee Francais de New York)에 1년 동안 다닌 다음 열일곱 살이 된 데니스는 브린 마워 칼리지(Bryn Mawr College)에 입학했다. 열아홉 살에 그 칼리지를 졸업한 그녀는 컬럼비아 대학에 사회학 전공 대학원생으로 등록했다. 1955년에 우리가 만났을 때, 그녀는 현대 사회학에 크게 공헌한 인물이며 과학사회학의 창시자인 로버트 K. 머턴(Robert K. Merton)의 지도로 의료사회학에 관한 박사논문을 막 쓰기 시작했다. 그녀의 논문 주제는 의과 대학생들의 진로 선택을 장기적이고 경험적인 추적에 근거하여 연구하는 것이었다.

1956년 6월, 의과대학을 졸업한 나는 며칠 뒤에 데니스와 결혼했다(그림 3-3). 우리는 매사추세츠 탱글우드에서 짧은 신혼여행을 즐겼다. 그곳에서도 나는 짬을 내어 — 데니스가 매 순간 일깨워 준 탓에 — 의사자격시험을 준비했다. 그 후에 나는 뉴욕 시 몬테피오르 병원에서 1년 과정의 수련의 생활을 시작했고, 데니스는 컬럼비아 대학에서 박사논문을 위한 연구를 계속했다.

데니스는 정신 기능의 생물학적 토대를 탐구하겠다는 내 생각이 독창적이고 과감하다는 것을 어쩌면 나보다 더 확실하게 느꼈고, 그 일에 매진하라고 나를 격려했다. 하지만 나는 걱정스러웠다. 우리 중 누구도 돈을 벌고 있지 않았기 때문에 나는 생계를 위해 개인 진료소를 열어야 한다고 생각했다. 데니스는 돈 문제를 간단히 일축했다. 그건 중요하지 않다고 그녀는 단언했다. 내가 그녀를 만나기 1년 전에 죽은 그녀의 아버지는 가난한 지식인과 결혼하라고 딸에게 조언했다. 그런 사람은 무엇보다 학문에 가치를 둘 것이고 학자로서의 목표를 추구할 것이기 때문이라는 말이었다. 데니스는 자신이 아버지의 조언에 따르고 있다고 믿었고(가난한 사람과 결혼한 것만은 확실했다), 내가 뭔가 전혀 새롭고 독창적인 것을 선택하는 과감한 결정을 하도록 늘 격려했다.

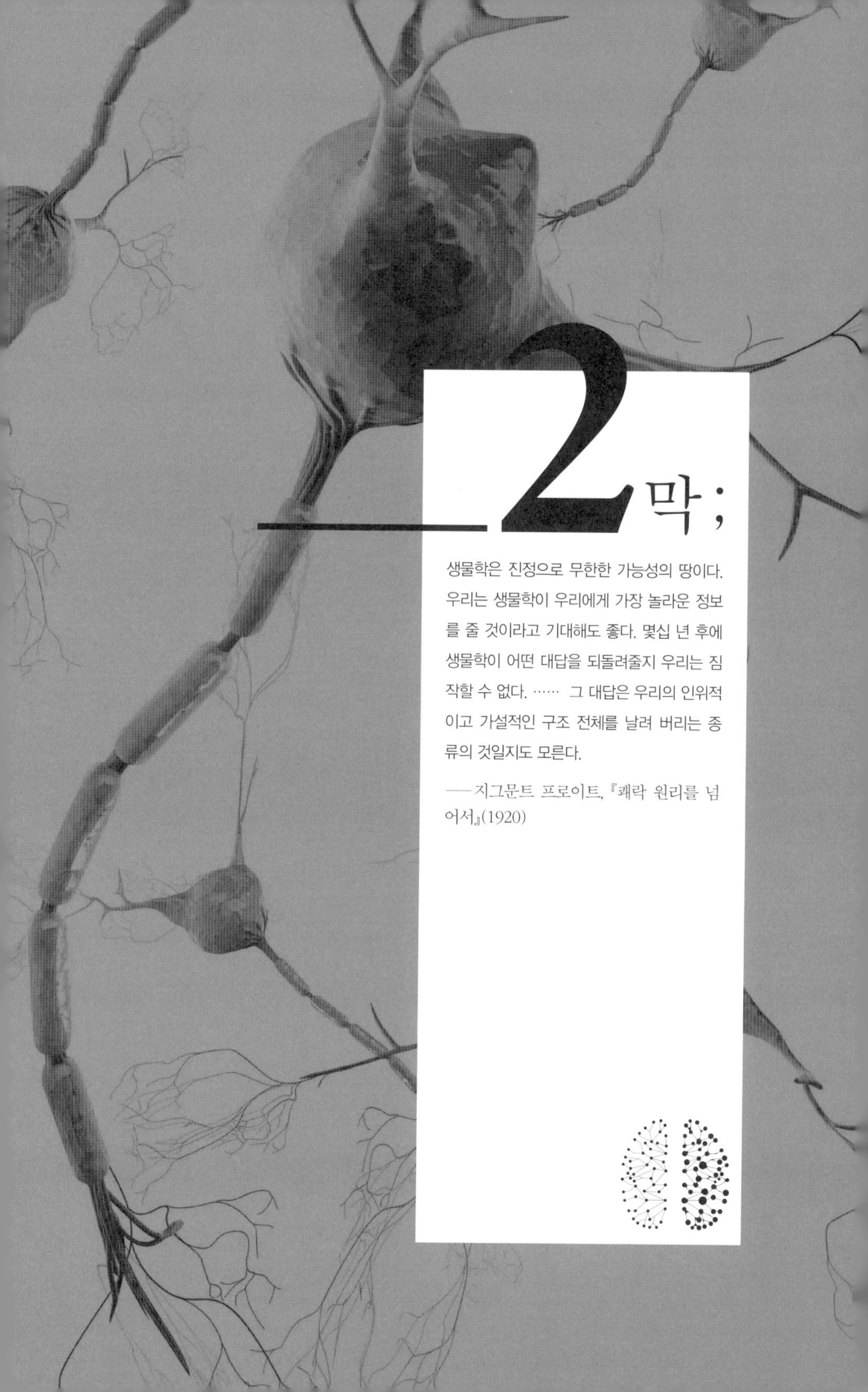

2막;

생물학은 진정으로 무한한 가능성의 땅이다. 우리는 생물학이 우리에게 가장 놀라운 정보를 줄 것이라고 기대해도 좋다. 몇십 년 후에 생물학이 어떤 대답을 되돌려줄지 우리는 짐작할 수 없다. …… 그 대답은 우리의 인위적이고 가설적인 구조 전체를 날려 버리는 종류의 것일지도 모른다.

—지그문트 프로이트, 『쾌락 원리를 넘어서』(1920)

4.

한 번에 세포 하나씩

나는 1955년 가을에 6개월 동안의 선택과목 수업을 위해 컬럼비아 대학에 있는 해리 그런드페스트의 실험실에 들어갔다. 고등한 뇌 기능에 대하여 무언가 배울 수 있으리라는 희망을 품고서 말이다. 나는 내 인생이 새로운 길에 들어서리라는 것을 예감하지 못했다. 그러나 그런드페스트와 첫 대화를 나누자마자 나는 곰곰이 반성하지 않을 수 없었다. 그 대화에서 나는 정신분석에 관심이 있으며 뇌 속 어디에 자아와 이드, 초자아가 있는가에 대하여 무언가 배우고 싶다고 털어놓았다.

그 세 가지 정신적 힘을 발견하려는 나의 욕구는 프로이트가 1923년부터 1933년까지 10년 동안 개발한 정신에 대한 새로운 구조이론을 요약한 강의에서 발표한 도표에서 촉발되었다. 그 새 이론은 프로이트가 일찍이 설정한 의식적 정신 기능과 무의식적 정신 기능 사이의 구분을 유지했지만, 상호작용하는 정신적 힘들을 추가했다. 그것들은 자아, 이드, 그리고 초자아였다. 프로이트는 의식을 정신 장치의 '표면(surface)'으로 보았다. 우리 정신 기능의 많은 부분은 빙산이 해수면 아래 가라앉아 있듯이 그 의식의 표면 아래 가라앉아 있다고 그는 주장했다. 어떤 정신 기능이 그 표면 아래 더 깊숙한 곳에 있을수록 의식이 그 기능에 접근할 가능성은 더 적어진다. 정신분석은 묻혀 있는 정신적 지층들을 파헤치는 수단, 인격의 선(先)의식적 요소와 무의식적 요소를 파헤치는 수단이라고 프로이트는 주장했다.

프로이트의 새 모형에서 극적으로 달라진 점은 세 가지 상호작용하는 정신적 힘들에 있었다. 프로이트는 자아와 이드, 초자아를 의식이냐 무의식이냐를 기준으로 정의하지 않고, 인지적인 유형, 목표, 기능의 차이에 주목하여 정의했다.

프로이트의 구조이론에 따르면, 자아('나', 즉 자기를 서술하는 자기 자신)란 집행력이며 의식적 요소와 무의식적 요소를 모두 가진다. 자아의 의식적 요소는 보고 듣고 만지는 감각 장치를 통해 외부 세계와 직접 접촉한다. 그 요소는 지각, 추론, 행동 계획, 쾌락 및 고통의 경험을 담당한다. 하르트만과 크리스, 뢰벤슈타인의 연구는 이 갈등 없는 자아 요소가 논리적으로 작동하며 현실 원칙(reality principle)을 지침으로 삼아 활동한다는 점을 강조했다. 다른 한편, 자아의 무의식적 요소는 심리적 방어(억압, 부정, 승화)를 담당한다. 자아는 그 메커니즘을 통해 두 번째 정신적 힘인 이드의 성적·공격적 본능 충동들을 막고, 이끌고, 다른 방향으로 돌린다.

이드('그것(it)')는 프로이트가 프리드리히 니체의 글에서 차용한 용어로, 완전히 무의식적이다. 이드는 논리나 현실에 의해 지배되는 것이 아니라 쾌락을 좇고 고통을 피하는 쾌락 원칙(hedonistic principle)에 의해 지배된다. 프로이트에 따르면, 이드는 유아의 원시적인 정신이며 태어날 때 가지고 있는 유일한 정신적 구조다. 마지막으로 세 번째 지배자인 초자아는 무의식적인 도덕적 힘이요 우리가 가진 열망의 구현이다.

물론 프로이트는 자신의 도표를 신경해부학적 정신 지도로 의도하지 않았지만, 나는 그 도표를 보고 인간 뇌의 복잡한 주름들 속 어디에 그 정신적 힘들이 있을까 하는 궁금증을 갖게 되었다. 일찍이 커비와 오스토우도 똑같은 궁금증을 가진 바 있었다. 앞서 언급했듯이, 이 두 정신분석가는 생물학에 큰 관심이 있었으며 내게 그런드페스트에게 가서 배우라고 조언한 이들이었다.

그런드페스트는 내가 대단히 거창한 아이디어들을 늘어놓는 동안 참을성 있게 들어 주었다. 다른 생물학자였다면, 이 유치하고 어리석은 의학도를 어떻게 해야 하나 고민에 빠졌을 것이다. 그러나 그런드페스트는 그렇지 않았다. 그는 프로이트 구조이론의 생물학적 토대를 이해하겠다는 바람은 현재의 뇌과학 수준을 훨씬 뛰어넘는 것이라고 설명했다. 오히려 정신을 이해하려면 뇌를 한 번에 세포 하나씩 관찰할 필요가 있다고 말했다.

한 번에 세포 하나씩! 처음에 나는 이 말이 실망스러웠다. 뇌를 단일한 신경세포들의 수준에서 연구한다면, 도대체 어떻게 무의식적 동기나 의식적인 활동에 관한 정신분석의 질문들에 접근할 수 있겠는가? 그러나 그런드페스트와 대화하는 동안 나는 문득, 프로이트가 과학자의 길에 들어선 1887년에 뇌를 한 번에 세포 하나씩 연구함으로써 정신적 삶의 수수께끼들을 풀고자 했다는 사실을 상기했다. 프로이트는 처음에 해부학자로서 개별 신경세포들을 연구했고, 훗날 뉴런주의(neuron doctrine)로 명명된 견해의 핵심을 선취했다. 뉴런주의는 신경세포가 뇌를 이루는 기본 단위라는 견해다. 프로이트가 무의식적 정신 과정에 관한 기념비적인 발견을 한 것은 더 나중에 그가 빈에서 정신적으로 병든 환자들을 진료하기 시작한 뒤였다.

나는 지금 내가 프로이트가 걸은 길을 반대 방향으로 걸으라는 제안을 받고 있다는 사실이 의미심장하면서 또한 얄궂다고 느꼈다. 나는 위에서 아래로 나아가는 정신 구조 이론에 대한 관심을 떠나, 신경계의 신호들을 연구함으로써 아래에서 위로 나아가라는 제안을 받고 있었다. 신경세포 내부의 복잡한 세계를 연구하라는 격려를 받고 있었던 것이다. 해리 그런드페스트는 그 신세계로 나를 안내하겠다고 제안했다.

나는 특히 그런드페스트와 함께 연구하고 싶었다. 왜냐하면 그는 뉴욕 시에서 가장 학식이 높고 지적으로 흥미로운 신경생리학자였기 때문이다. 심지어 미국을 다 뒤져도 그런드페스트만큼 뛰어난 사람은 드물었다. 그때 쉰한 살이었던 그는 지적인 능력의 전성기에 있었다(그림 4-1).

그런드페스트는 1930년에 컬럼비아 대학에서 동물학과 생리학으로 박사학위를 받았고 박사후 연구원으로 계속 그곳에 머물렀다. 1935년에 그는 록펠러 연구소(현재 록펠러 대학)에 채용되어 신경세포의 전기신호 연구를 개척한 허버트 스펜서 개서(Herbert Spencer Gasser)의 연구실에 들어갔다. 그 전기신호 전달 과정에 대한 연구는 신경계가 어떻게 기능하는가를 밝히는 데 핵심적으로 중요했다. 그런드페스트가 개서와 손을 잡을 무렵에 개서는 록펠러 연구소의 소장으로 갓 임명되어 과학자로서 전성기를 누리고 있었다. 1944년, 그런드페스트가 아직 그의 실험실에 있을 때, 개서는 노벨 생리의학상을 받았다.

얼마 후 개서의 실험실을 떠날 때 그런드페스트는 폭넓은 생물학적 시각과 전기공학에 대한 탄탄한 기본 지식을 겸비한 상태였다. 게다가 그는 단순한 무척추동물(가재, 바닷가재, 오징어 따위)에서 포유류까지 다양한 동물의 신경계에 대한 비교 연구도 상당히 진척시켜 놓았다. 당시에 그런드페스트 수준의 배경 지식을 갖춘 사람은 극소수였다. 그리하여 그는 1945년에 모교인 컬럼비아 대학에 신설된 의학 및 외과의학 칼리지 산하 신경학연구소 신경생리학실험실의 수장으로 부임했다. 그곳으로 온 후 얼마 지나지 않아 그는 저명한 생화학자 데이비드 나흐만손(David Nachmansohn)과 중요한 공동 연구를 시작했다. 그들은 신경세포 신호 전달과 관련한 생화학적 변화들을 함께 연구했다. 그런드페스트의 미래는 탄탄대로처럼 보였다. 그러나 그는 곧 곤란에 처했다.

1953년에 그런드페스트는 조지프 매카시 상원위원이 이끄는 상원 상설조사소위원회에 증인으로 소환되었다. 공개적인 급진주의자인 그런드페스트는 제2차 세계대전 중에 뉴저지 주 포트 몬머스의 신호실험실 임

4-1 컬럼비아 대학 신경학 교수 해리 그런드페스트(1904~1983). 그는 나를 신경과학으로 이끌었고, 내가 의과대학 상급생이 된 직후인 1955~1956년에 6개월 동안 내가 그의 실험실에서 연구할 수 있게 해주었다(에릭 캔델 개인 소장).

상연구단에서 상처 치유와 신경 재생을 연구했다. 매카시는 그런드페스트가 공산주의에 동조했으며 그나 그의 친구들이 전쟁 중에 소련에 전문 지식을 전달했다는 혐의를 제기했다. 매카시 청문회에서 그런드페스트는 자신은 공산주의자가 아니라고 증언했다. 그는 수정헌법 5조에 명기된 권리에 호소하면서, 자신이나 동료들의 정치적 입장에 대하여 더 이상 토론하는 것을 거부했다.

결국 매카시는 자신의 혐의 제기를 뒷받침할 만한 증거를 제시하지 못했다. 그럼에도 그런드페스트는 몇 년 동안 국립보건원(NIH)의 연구비를 받지 못했다. 자신의 정부 지원금도 삭감될 것을 염려한 나흐만손은 함께 쓰던 실험실에서 그런드페스트를 쫓아냈고 공동 연구를 중단했다. 그런드페스트는 연구진을 두 명으로 축소해야 했다. 만약 그때 컬럼비아 대학 학자들의 강력한 지원이 없었다면, 그런드페스트의 과학자 경력은 더욱 심하게 손상되었을 것이다.

그렇게 과학자 경력의 전성기에 연구 역량이 위축된 것은 그런드페스트에게 치명적인 일이었다. 그런데 역설적이게도 그것은 내게 고마운 일이었다. 그런드페스트는 잘나가던 때보다 시간이 많아졌고, 그 시간의 상당 부분을 할애하여 내게 뇌과학이 실제로 무엇이며 어떻게 그것이 머지않아 서술적이고 비구조적인 분야에서 세포생물학에 기초한 정합적인 분야로 탈바꿈할 것인지를 가르쳤다. 나는 현대 세포생물학에 대해서 거의 아무것도 몰랐다. 그러나 그런드페스트가 일러 준 뇌 연구의 새 방향은 나를 매혹했고 나의 상상력을 자극했다. 뇌를 한 번에 세포 하나씩 탐구하여 얻은 결과를 통해 뇌 기능의 신비가 풀리기 시작하고 있었다.

신경해부학 수업에서 점토 모형으로 뇌를 만든 후에 나는 뇌가 신체의 다른 부분들과 근본적으로 다른 방식으로 기능하는 장기라고 생각했다. 물론 틀린 생각은 아니었다. 신장과 간은 우리의 감각기관에 들어온 자극을 수용하고 처리하지 못하며, 신장과 간의 세포들은 기억을 저장하고 되살리거나 의식적인 사고를 낳지 못한다. 그러나 그런드페스트가 지적했듯이, 모든 세포는 몇 가지 특징을 공유한다. 1839년, 해부학자 마티아스 야코프 슐라이덴(Mattias Jakob Schleiden)과 테오도르 슈반(Theodor Schwann)은 세포이론을 정립했다. 그 이론은 가장 단순한 식물에서부터 복잡한 인간에 이르기까지 모든 생물이 세포라는 동일한 기초 단위로 구성된다고 주장한다. 물론 다양한 식물과 동물의 세포는 세부에서 중요한 차이점들이 있지만, 그것들 모두가 공유한 몇 가지 특징이 있다.

그런드페스트가 설명했듯이, 다세포 유기체에 있는 각각의 세포는 그것을 다른 세포들로부터, 그리고 모든 세포가 담겨 있는 세포외액으로부터 구분하는 미끄러운 막으로 싸여 있다. 세포 표면의 막은 특정 물질들을 투과시키고, 이를 통해 세포 내부와 세포 주변 유체 사이에서 영양물질과 기체들이 들락거릴 수 있게 한다. 세포 내부에는 핵이 있다. 핵은 그 자체의 막을 가지며 세포질(cytoplasm)이라는 세포내액으로 둘러싸여 있다. 핵 속에는 DNA로 된 길고 가는 구조물인 염색체들이 있으며, DNA에는 마치 줄에 구슬이 꿰어져 있는 것처럼 유전자들이 있다. 유전자는 세포의 증식 능력을 통제할 뿐 아니라 세포의 활동을 위해 필요한 단백질의 생산을 세포에게 명령한다. 단백질을 만드는 장치들은 세포질에 있다. 모든 세포들이 공유한 특징을 놓고 보면, 세포는 생명의 기본 단위, 즉 모든 동물과 식물이 가진 모든 조직과 장기의 구조적·기능적 토대다.

모든 세포는 공통의 생물학적 특징들 외에 특수화된 기능도 가진다. 예컨대 간세포는 소화 기능을 하고, 뇌세포들은 특수한 방식으로 정보를 처리하고 서로 소통한다. 뇌의 세포들은 이 상호작용을 통해 회로들을 형성하여 정보를 운반하고 변형한다. 특수화된 기능들은 간세포를 물질대사에 적합하게 만들고 뇌세포를 정보처리에 적합하게 만든다고 그런드페스트는 강조했다.

나는 이 모든 지식을 뉴욕 대학의 기초과학 수업과 교과서에서 접한 바 있었지만, 그런드페스트가 그것을 맥락 속에 집어넣기 전까지는 어떤 지식도 나의 호기심을 일깨우지 못했다. 심지어 그 지식들은 내게 별다른 의미가 없었다. 신경세포는 그저 생물학의 신비로운 한 부분에 불과하지 않다. 그것은 뇌가 어떻게 작동하는가를 이해하기 위한 열쇠다. 그런드페스트의 가르침이 내게 효과를 발휘하기 시작하면서, 정신분석에 대한 그의 통찰도 내게 충격으로 다가오기 시작했다. 자아가 어떻게 작동하는가를 생물학적으로 이해하기 전에 신경세포가 어떻게 작동하는가를 이해할 필요가 있다는 것을 나는 깨닫게 되었다.

그런드페스트가 신경세포가 어떻게 작동하는가를 이해하는 일이 중요함을 강조한 것은 나중에 내가 학습과 기억을 연구하는 데 근본적인 영향을 끼쳤다. 또 그가 세포적인 관점으로 뇌 기능에 접근할 것을 강조한 것도 새로운 정신과학의 출현에 결정적이었다. 인간의 뇌가 약 1,000억 개의 신경세포로 이루어졌다는 사실을 감안하고 돌이켜 보면, 지난 반세기 동안 과학자들이 뇌 속의 개별 세포들을 탐구함으로써 정신 활동에 관하여 알아낸 것들이 얼마나 많은가 하는 점이 놀라울 따름이다. 세포 연구는 지각과 자발적 운동, 주의 집중, 학습, 기억 저장의 생물학적 기초에 대한 지식을 최초로 제공했다.

신경세포의 생물학은 대부분 20세기의 첫 반세기에 나왔고, 오늘날 뇌의 기능적 조직에 대한 이해에서 핵심적인 지위를 차지하는 세 가지 원리를 기반으로 한다. 뉴런주의(뇌에 적용된 세포이론)는 신경세포, 즉 뉴런이 뇌의 기본적인 구성단위이자 기초적인 신호 전달 단위라고 말한다. 이른바 이온 가설(ionic hypothesis)은 신경세포 내부의 정보 전달에 초점을 맞춘다. 그 가설은 개별 신경세포가 활동전위(action potentials)라는 전기신호를 산출하는 메커니즘을 기술한다. 활동전위는 주어진 신경세포 내에서 상당한 거리까지 전파될 수 있다. 다른 한편, 시냅스 전달에 관한 화학적 이론은 신경세포들 사이의 정보 전달에 초점을 맞춘다. 즉, 어떻게 하나의 신경세포가 신경전달물질(neurotransmitter)이라는 화학적 신호를 방출함으로써 다른 신경세포와 소통하는가를 기술한다. 이 소통 과정에서 두 번째 세포는 자신의 표면 막에 있는 수용체(receptor)라 불리는 특수한 분자를 통해 그 신호를 인지하고 반응한다.

이 같은 정신적 삶에 대한 세포적 연구를 가능케 한 인물은 프로이트와 동시대에 살았던 신경해부학자 산티아고 라몬 이 카할(Santiago Ramón y Cajal)이다. 그는 현대적인 신경계 연구의 토대를 마련했고, 역사상 가장 중요한 뇌과학자라고 할 만하다. 그는 인체에 익숙해지기 위해 외과 의사인 아버지와 함께 해부학을 공부했다. 그의 아버지는 고대의 묘지에서 파낸 뼈들을 가지고 아들을 가르쳤다. 그 유골들에 매혹된 카할은 결국 회화에서 해부학으로 관심을 돌렸고, 더 나중에는 특히 뇌 해부학에 몰두했다. 그가 뇌로 눈을 돌리게 만든 것은 프로이트를 이끌었고 또 한참 뒤에 나를 이끈 것과 동일한 호기심이었다. 카할은 '합리적 심리학'을 개발하고 싶었다. 그러기 위해서는 뇌의 세포적인 해부학을 상세히 아는 것이 첫걸음이라고 생각했다.

그는 죽은 신경세포의 정적인 모습으로부터 살아 있는 신경세포의 속성들을 추론하는 초인적인 능력을 발휘했다. 그의 예술가적 기질에서 나왔을지도 모르는 그 상상력의 도약은 그가 관찰한 모든 것의 핵심적인 본성을 생생한 언어와 아름다운 그림으로 파악하고 묘사하는 것을 가능케 했다. 유명한 영국 생리학자 찰스 세링턴(Charles Scott Sherrington)은 훗날 카할에 대하여 이렇게 쓰게 된다. “현미경이 보여 준 것을 서술할 때, 카할은 으레 마치 그것이 살아 있는 광경인 것처럼 말하곤 했다. 그가 본 것은 모두 고정되고 죽은 것들이었다. 그러므로 그의 능력은 정말 놀랍다고 할 수 있을 것이다.” 세링턴은 이렇게 덧붙였다.

> 뇌의 한 부분을 염색하여 관찰한 바에 대하여 카할이 매우 의인화된 서술을 하면, 처음에는 너무 놀라워서 받아들이기 힘들었다. 그는 현미경으로 본 광경을 마치 그 광경이 살아 있고 그 속에 우리처럼 느끼고 행동하고 희망하고 시도하는 존재자들이 있는 것처럼 다뤘다. …… 신경세포는 섬유를 뻗어 “다른 세포를 더듬어 찾았다!” 그의 설명을 들으며 나는 이 의인화 능력이 연구자로서 그의 성취에 크나큰 해가 될 수도 있지 않았을까 하고 자문했다. 나는 그렇게 뛰어난 의인화 능력을 가진 사람을 한 번도 본 적이 없다.

카할이 등장하기 전에 생물학자들은 신경세포의 모양에 곤혹스러워하고 있었다. 신체를 이루는 다른 대부분의 세포들이 단순한 모양을 가진 것과 달리, 신경세포는 모양이 매우 불규칙적이었고 당시에는 돌기(process)라 불린 극도로 가는 돌출 부위를 모든 방향으로 다수 가지고 있었다. 생물학자들은 그 돌기들이 신경세포의 일부인지 아닌지 몰랐다. 왜냐하면 그것들을 한 세포의 본체(body)까지 역추적하거나 다른 세포의 본체까지 추적할 길이 없고, 따라서 그것들이 어느 세포에서 나와 어느 세포로 가는지 알 길이 없었기 때문이다. 게다가 그 돌기들은 극도로(머리카락 굵기의 1/100 정도로) 가늘기 때문에, 그것들의 표면 막을 관찰하고 분리할 수 있는 사람은 없었다. 이 때문에 위대한 이탈리아 해부학자 카밀로 골지(Gamillo Golgi)를 비롯한 많은 생물학자들은 그 돌기들에 표면 막이 없다는 결론을 내렸다. 더 나아가 한 신경세포 주위의 돌기들은 다른 신경세포 주위의 돌기들과 매우 근접하기 때문에, 골지는 돌기들 내부의 세포질이 자유롭게 섞여 거미줄처럼 연속적으로 연결된 신경망이 형성되며, 그 신경망 안에서 신호들은 한 번에 모든 방향으로 전달될 수 있다고 생각했다. 그러므로 신경계의 기본 단위는 단일한 신경세포가 아니라 자유롭게 소통하는 신경망이어야 한다고 골지는 주장했다.

1890년대에 카할은 신경세포 전체를 시각화하는 더 좋은 방법을 찾으려 노력했다. 그는 두 가지 연구 전략을 조합했다. 첫째는 성숙한 동물 대신에 갓 태어난 동물의 뇌를 연구하는 전략이었다. 갓 태어난 동물은 신경세포들이 개수가 적고 덜 조밀하며 돌기들이 짧다. 이 전략 덕분에 카할은 세포들의 숲인 뇌에서 개별적인 나무들을 볼 수 있었다. 두 번째 전략은 골지가 개발한 특수한 은 염색법을 이용하는 것이었다. 그 염색법은 매우 변덕스러워서 전체 뉴런의 1퍼센트 정도만 무작위하게 염색시킨다. 그러나 염색되는 뉴런 각각은 온전하게 염색되기 때문에 신경세포의 본체와 모든 돌기들을 관찰할 수 있었다. 갓 태어난 동물의 뇌에 있는 염색된 세포들은 마치 숲 속에 있는 불이 켜진 크리스마스트리처럼 반짝였다. 카할은 이렇게 썼다.

> 성숙한 숲은 진입할 수 없고 정의할 수 없다고 판명되었다면, 말하자면 성장 단계에 있는 어린 숲으로 연구 방향을 돌리면 될 게 아닌가? …… 만일 발달 단계를 잘 선택한다면 …… 모든 각각의 구역에서 아직 상대적으로 작은 신경세포들을 온전히 관찰할 수 있다. 최종 분지(ramification, 分枝)들은 …… 아주 명확하게 묘사된다.

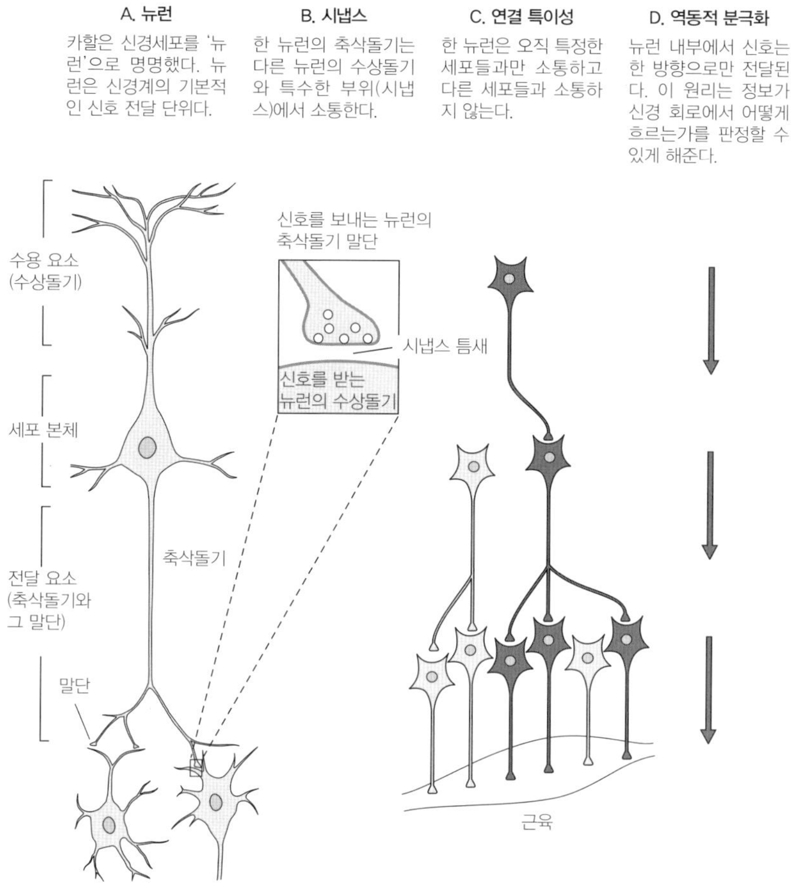

A. 뉴런
카할은 신경세포를 '뉴런'으로 명명했다. 뉴런은 신경계의 기본적인 신호 전달 단위다.
B. 시냅스
한 뉴런의 축삭돌기는 다른 뉴런의 수상돌기와 특수한 부위(시냅스)에서 소통한다.
C. 연결 특이성
한 뉴런은 오직 특정한 세포들과만 소통하고 다른 세포들과 소통하지 않는다.
D. 역동적 분극화
뉴런 내부에서 신호는 한 방향으로만 전달된다. 이 원리는 정보가 신경 회로에서 어떻게 흐르는가를 판정할 수 있게 해준다.
수용 요소
(수상돌기)
세포 본체
전달 요소
(축삭돌기와
그 말단)
말단
축삭돌기
신호를 보내는 뉴런의
축삭돌기 말단
시냅스 틈새
신호를 받는
뉴런의 수상돌기
근육

4-2 카할의 네 가지 신경 조직 원리들

이 두 전략은 신경세포가 그 복잡한 모양에도 불구하고 단일하고 정합적인 대상이라는 것을 알게 해주었다(그림 4-2). 신경세포를 둘러싼 가는 돌기들은 독자적인 것이 아니라 세포 본체에서 직접 뻗어 나온 것이다. 더 나아가 그 돌기들까지 포함한 신경세포 전체는 하나의 표면 막에 완전히 둘러싸여 있다. 그러므로 세포이론은 신경세포에도 적용된다. 카할은 두 종류의 돌기, 즉 축삭돌기와 수상돌기를 구별했다. 그리고 이렇게 본체와 축삭돌기와 수상돌기로 나누어 고찰한 신경세포를 뉴런이라고 명명했다. 드물게 예외가 있긴 하지만, 뇌 속의 모든 신경세포는 핵을 포함한 세포 본체와 단일한 축삭돌기와 많은 수상돌기들로 이루어진다.

전형적인 뉴런의 축삭돌기는 세포 본체의 한쪽 끝에서 뻗어 나오며 길이가 몇 피트에 이를 수 있다. 축삭돌기는 흔히 한 개 이상의 가지들로 갈라진다. 그 가지들 각각의 끝에는 다수의 미세한 축삭돌기 말단이 있다. 여러 개의 수상돌기들은 대개 세포 본체의 반대쪽에서 뻗어 나온다(그림 4-2-A). 그것들은 광범위하게 가지를 쳐 마치 세포 본체에서 자라난 나무와 같은 모양을 이루며 넓은 영역으로 퍼진다. 인간의 뇌에 있는 일부 뉴런들에는 무려 40개의 수상돌기 가지가 있다.

1890년대에 카할은 자신의 관찰 결과를 종합하여 뉴런주의를 구성하는 네 가지 원리를 정식화했다. 뉴런 조직에 관한 그 이론은 그때 이후 뇌에 대한 우리의 이해를 지배해 왔다.

첫 번째 원리는 뉴런은 뇌의 기본적인 구조적·기능적 요소라는 것이다. 다시 말해 뉴런은 뇌의 기초적인 구성단위이자 기본적인 신호 전달 단위다. 더 나아가 카할은 그 신호 전달 과정에서 축삭돌기와 수상돌기가 전혀 다른 역할을 한다고 추론했다. 뉴런은 수상돌기를 이용하여 다른 신경세포들로부터 신호를 수용하고 축삭돌기를 이용하여 다른 세포들로 정보를 보낸다.

둘째, 한 뉴런의 축삭돌기 말단들은 다른 뉴런의 수상돌기들과 특수한 부위에서만 소통한다고 카할은 추론했다. 훗날 그 부위는 셰링턴에 의해 시냅스로 명명되었다('연결하다'를 의미하는 그리스어 시납테인 synaptein에서 따온 명칭이다). 더 나아가 두 뉴런 사이의 시냅스는 오늘날 시냅스 틈새(synaptic cleft)라 불리는 작은 틈이라고 카할은 추론했다. 그 틈에서 한 신경세포의 축삭돌기 말단들—카할은 이것들을 시냅스전(presynaptic) 말단들로 불렀다—은 다른 신경세포의 수상돌기들로 뻗어 가지만 그것들에 닿지는 않는다(그림 4-2-B). 그러니까 마치 귀에 매우 근접하여 속삭이는 입술처럼, 뉴런들 사이의 시냅스 소통은 다음의 세 가지 기초적인 요소들을 가진다. 신호를 보내는 축삭돌기의 시냅스전 말단(입술에 비유할 수 있다), 시냅스 틈새(입술과 귀 사이의 공간), 그리고 신호를 받는 수상돌기의 시냅스후(postsynaptic) 부위(귀)가 그것들이다.

셋째, 카할은 뉴런들이 무차별적인 연결을 형성하지 않는다는 연결 특이성 원리를 추론했다. 오히려 각각의 신경세포는 특정 신경세포들과 시냅스를 형성하고 소통하며 다른 세포들과는 그렇게 하지 않는다(그림 4-2-C). 그는 연결 특이성 원리를 이용하여 신경세포들은 특정 경로들로 연결되어 이른바 신경 회로를 이룬다는 것을 보여 주었다. 신호들은 그 회로들을 따라서 예측 가능한 패턴으로 이동한다.

전형적인 경우에 단일한 뉴런은 다수의 시냅스전 말단들을 통해 많은 표적 세포들의 수상돌기들과 접촉한다. 이런 식으로 단일한 뉴런은 자신이 받은 정보를 다른 표적 뉴런들로 널리 퍼뜨릴 수 있다. 경우에 따라 표적 뉴런들은 뇌의 다양한 영역들에 있을 수도 있다. 또 뉴런은 다수의 뉴런들에서 온 정보를 통합할 수 있다. 이때 역시 정보를 보내는 뉴런들은 뇌의 다양한 영역들에 위치할 수도 있다.

카할은 신호 전달에 대한 분석에 기초하여 뇌를 특수하고 예측 가능한 회로들로 구성된 기관으로 상상했다. 그의 생각은 뇌를 모든 상상 가능한 유형의 상호작용이 어디에서나 일어나는 산만한 신경망으로 보는 기존의 견해와 달랐다.

마지막으로 카할은 놀라운 직관의 도약을 통해 네 번째 원리인 역동적 분극화에 도달했다. 이 원리는 뉴런회로 속의 신호가 오직 한 방향으로만 이동한다고 주장한다(그림 4-2-D). 정보는 주어진 한 세포의 수상돌기들로부터 세포 본체로 이동하고 축삭돌기를 따라 시냅스전 말단들로 이동한 다음, 시냅스 틈새를 건너 다음 세포의 수상돌기들로 이동한다. 신호가 그렇게 한 방향으로 흐른다는 원리는 엄청나게 중요했다. 왜냐하면 그 원리는 신경세포의 모든 요소들을 단일한 기능, 즉 신호 전달에 관련시키기 때문이었다.

연결 특이성 원리와 신호의 일방 흐름 원리는 일련의 논리적 규칙들을 산출했고, 그 규칙들은 그때 이후 지금까지 신경세포들 간 신호 흐름의 지도를 그리는 데 이용되었다. 카할은 뇌와 척수의 신경 회로들이 각각 특수한 기능을 가진 세 가지 주요 유형의 뉴런들을 포함한다는 것을 증명했고, 이로 인해 신경 회로들의 지도를 그리려는 노력은 더욱 왕성해졌다. 그 유형들은 다음과 같다. 먼저, 피부와 다양한 감각기관에 위치한 감각뉴런(sensory neuron)은 외부 세계의 특정 자극—역학적 압력(촉각), 빛(시각), 음파(청각), 특정 화학물질(후각과 미각)—에 반응하며 그 정보를 뇌로 보낸다. 다음으로 운동뉴런(motor neuron)은 축삭돌기를 뇌간과 척수에서 근육세포나 샘(gland)세포와 같은 작용세포(effector cell)로 뻗어 그 세포들의 활동을 통제한다. 마지막으로 중간뉴런(interneuron)은 뇌에 가장 많은 뉴런 유형이며 감각뉴런과 운동뉴런을 연결하는 중개자의 역할을 한다. 이렇게 카할은 정보가 피부의 감각뉴런들부터 척수로 흐르고 그곳으로부터 중간뉴런들과 운동뉴런들로 흘러 근육세포에게 움직이라는 신호를 보내는 것을 추적할 수 있었다. 카할은 이 통찰들을 쥐와 원숭이, 사람에 대한 연구에서 도출했다.

시간이 지나자 각각의 세포 유형이 생화학적으로 독특하며 각각 다른 병의 영향을 받을 수 있다는 것이 명확히 밝혀졌다. 예컨대 피부와 관절의 감각뉴런들은 말기 매독에 의해 손상된다. 파킨슨병은 특정 유형의 중간뉴런들을 공격하며, 운동뉴런들은 근위축성측삭경화증과 소아마비에 의해 선택적으로 파괴된다. 심지어 어떤 병들은 매우 선택적이어서 뉴런의 특정 부위에만 영향을 끼친다. 다발경화증은 특정 유형의 축삭돌기에 영향을 끼치며, 고셰병은 특정 유형의 중간뉴런을 공격하고, 프래자일엑스증후군(fragile X syndrome)은 수상돌기에 영향을 끼치며, 보툴리누스 중독(botulism)은 시냅스에 영향을 끼친다.

카할은 혁명적인 통찰의 공로로, 1906년에 은 염색법을 개발하여 카할의 발견을 가능케 한 골지와 함께 노벨 생리의학상을 받았다.

참 묘한 과학사의 뒤틀림이지만, 기술적인 혁신으로 카할의 빛나는 발견을 위한 길을 닦은 골지는 계속해서 카할의 해석에 격렬히 반대했고 결국 뉴런주의의 어떤 측면도 인정하지 않았다.

심지어 골지는 노벨상 수상 연설을 기회로 삼아 뉴런주의에 대한 공격을 재개했다. 그는 자신이 항상 뉴런주의에 반대했으며 "이 교설은 비뚤어진 시각에서 나왔다는 점이 일반적으로 인정된다"는 주장으로 말문을 열었다. 이어서 그는 "나의 견해로는, 우리는 지금까지 말해진 모든 것으로부터 어떤 방향의 결론도 …… 뉴런주의를 옹호하는 결론이나 반박하는 결론을 도출할 수 없다"고 말했다. 더 나아가 그는 역동적 분극화 원리는 틀렸으며 신경 회로의 요소들이 정확한 방식으로 연결된다거나 다양한 뉴런회로들이 다양한 행동 기능을 가진다고 생각하는 것은 옳지 않다고 주장했다.

골지는 1926년에 사망할 때까지 매우 그릇되게도 신경세포들이 자족적인 단위가 아니라는 생각을 고수했다. 나중에 카할은 골지와 공동으로 받은 노벨상을 언급하면서 "마치 샴쌍둥이처럼 어깨가 나란히 붙은 한 쌍이 그토록 대조적인 성격을 가진 과학적 적수라는 것은 얼마나 잔인한 운명의 장난인가"라고 썼다.

두 사람의 의견 차이는 내가 과학자 경력을 쌓는 동안 누차 목격한 과학의 사회학과 관련하여 여러 가지 흥미로운 점을 보여 준다. 우선, 골지처럼 기술적으로 매우 유능하지만 자신이 연구하는 생물학적 질문에 대한 깊은 통찰이 부족한 과학자들이 있다. 둘째, 최고의 과학자들도 의견의 일치를 보지 못할 수 있다. 특히 발견의 초기 단계에서 그러하다.

때때로 과학에 관한 의견 불일치에서 출발한 논쟁에 사적인 감정이 실리기도 한다. 골지의 경우가 그러했다. 그런 논쟁들은 경쟁—야심, 자부심, 복수심—이 기부와 자선 활동에서뿐 아니라 과학자들 사이에도 엄연히 존재한다는 것을 보여 준다. 왜 그런지는 자명하다. 과학의 목표는 세계에 관한 새로운 진리를 발견하는 것이며, 발견은 최초일 때 의미가 있다. 이온 가설을 제시한 앨런 호지킨(Alan Hodgkin)이 자서전에 썼듯이, "만일 순수과학자들이 호기심에만 이끌린다면, 그들이 연구하는 문제를 다른 누군가가 풀었을 때 기쁨을 느껴야 할 것이다. 그러나 과학자들의 반응은 대개 그렇지 않다." 동료들의 인정과 공동의 지식에 독창적인 기여를 한 사람에게만 돌아가는 명예. 그래서 다윈은 자신의 "자연과학에 대한 사랑은 …… 동료 과학자들에게 존경을 받겠다는 야심으로부터 많은 도움을 받았다"고 고백했다.

마지막으로, 커다란 논쟁들은 흔히 가용한 방법이 핵심적인 질문에 대한 만장일치의 대답을 제공하기에 불충분할 때 발생한다. 카할의 직관이 최종적으로 입증된 것은 1955년에 이르러서였다. 록펠러 연구소의 샌퍼드 펄레이(Sanford Palay)와 조지 펄레이드(George Palade)는 전자현미경을 이용하여, 아주 많은 사례에서 한 세포의 시냅스전 말단과 다른 세포의 수상돌기 사이에 작은 틈—시냅스 틈새—이 존재한다는 것을 보여 주었다. 그들이 얻은 새로운 영상은 시냅스가 비대칭적이라는 것, 그리고 훨씬 더 나중에 발견된 화학적 전달물질을 방출하는 장치가 시냅스전 세포에만 존재한다는 것도 보여 주었다. 이 발견은 왜 신경 회로에서 정보가 한 방향으로만 흐르는지 설명해 준다.

생리학자들은 카할의 업적이 지닌 중요성을 신속하게 알아챘다. 찰스 셰링턴은 카할을 강력하게 지지했고, 1894년에 그를 초빙하여 런던 왕립학회에서 크로니 강연(Croonian Lecture)을 하게 했다. 그 강연을 하는 것은 생물학자가 영국으로부터 받을 수 있는 가장 큰 영예 중 하나다.

1949년의 회고록에 셰링턴은 이렇게 썼다.

> 그는 이제껏 신경계가 만난 가장 위대한 해부학자라고 말한다면 너무 과할까? 그 분야는 오래전부터 몇몇 최고의 연구자들에게 인기가 있었다. 카할 이전에도 발견들이 있었다. 그 발견들은 흔히 계몽이 아니라

신비화에 기여함으로써 의사들을 더욱 당혹스럽게 만들었다. 카할은 살아 있는 세포 속과 신경세포들의 사슬 전체에서 신경-흐름의 방향을 초심자도 한눈에 파악할 수 있게 해주었다.

그는 신경-흐름이 뇌와 척수를 통과할 때 어떤 방향으로 흐르는가 하는 거대한 문제를 단 한 방에 해결했다. 예컨대 각각의 신경-경로는 언제나 일방통행 도로라는 것, 그리고 그 통행 방향은 늘 변함없이 동일하다는 것을 그는 보여 주었다.

영향력 있는 책 『신경계의 통합 활동(The Integrative Action of the Nervous System)』에서 셰링턴은 신경세포들의 구조에 대한 카할의 발견을 토대로 삼아 연결 구조를 생리학과 행동학에 도입했다.

그는 고양이의 척수를 대상으로 삼아 연구를 했다. 척수는 피부, 관절, 사지와 몸통의 근육에서 온 감각 정보를 수용하고 처리한다. 척수 속에는 걷기와 달리기를 비롯한 사지와 몸통의 운동을 통제하는 기초적인 신경 장치의 많은 부분이 들어 있다. 셰링턴은 단순한 신경 회로를 이해하기 위해 두 가지 반사 행동을 연구했다. 인간의 무릎반사와 동등한 고양이의 반사 행동, 그리고 불쾌한 감각을 일으키는 자극에 노출되었을 때 고양이가 움찔 발을 빼는 반응을 연구했다. 이런 선천적인 반사는 학습을 필요로 하지 않는다. 더 나아가 그것들은 척수에 고유한 것으로 메시지가 뇌로 전달될 필요가 없다. 오히려 그것들은 무릎을 치거나 발을 뜨거운 물체에 대는 것과 같은 적절한 자극에 의해 즉각 유발된다.

반사를 연구하는 과정에서 셰링턴은 카할이 해부학적 연구만으로는 예견할 수 없었던 어떤 것을 발견했다. 즉, 모든 신경 활동이 흥분성인 것은 아님을 발견했다. 다시 말해서 모든 신경세포가 시냅스전 말단들을 이용하여 정보 전달 경로의 다음번 수용세포들을 자극하는 것은 아니다. 일부 세포들은 억제적이다. 그것들은 말단을 이용하여 수용세포들이 정보를 중계하는 것을 억제한다. 셰링턴은 이 사실을 다양한 반사가 어떻게 협응되어 정합적인 행동 반사를 산출하는가를 연구하는 과정에서 발견했다. 그는 특정 부위가 특정 반사 반응을 일으키도록 자극을 받으면, 오직 그 반사만 일어나고, 다른 반대 반사들은 억제된다는 것을 발견했다. 예컨대 슬개골의 힘줄을 두드리면 한 가지 반사 행동—다리를 펴는 행동, 즉 발로 차는 행동—이 유발된다. 이때 그 두드림 자극은 또한 동시에 반대 반사 행동—다리를 접는 행동—을 억제한다.

그다음으로 셰링턴은 이 협응된 반사 반응이 일어날 때 운동뉴런들에서 무슨 일이 일어나는가를 탐구했다. 그는 슬개골의 힘줄을 두드리면 다리를 뻗게 만드는 운동뉴런들(신근뉴런들)은 흥분되는 반면, 다리를 접게 만드는 운동뉴런들(굴근뉴런들)은 억제된다는 것을 발견했다. 셰링턴은 굴근뉴런을 억제뉴런으로 명명했다. 훗날의 연구는 거의 모든 억제뉴런들이 중간뉴런이라는 것을 보여 주었다.

셰링턴은 억제가 반사 반응들을 협응시키는 데뿐 아니라 반응의 안정성을 향상시키는 데도 중요하다는 것을 즉각 알아챘다. 동물들은 흔히 상반된 반사들을 유발할 수 있는 자극들에 노출된다. 억제뉴런들은 하나의 반사만 남기고 나머지 반사들을 억제함으로써 특정 자극에 대하여 안정적이고 예측 가능하며 협응된 반사가 일어나도록 만든다. 이 메커니즘은 상호적 통제(reciprocal control)라고 한다. 예를 들어 다리를 펴는 반사는 예외 없이 다리를 접는 반사의 억제를 동반하고, 다리를 접는 반사는 예외 없이 다리를 펴는 반사의 억제를 동반한다. 억제뉴런들은 상호적 통제를 통해 경쟁하는 반사들 가운데 적당한 것들을 선택하여 하나나 둘, 혹은 여러 반사들이 행동으로 표출되도록 만든다.

척수와 뇌가 지닌, 반사들을 통합하고 결정을 내리는 능력은 개별 운동뉴런들의 통합적 특징들에서 비롯된다. 운동뉴런은 다른 뉴런들에서 온 흥분 신호와 억제 신호를 모두 합산한 다음, 그 계산에 근거하여 적절한 행동을 취한다. 흥분의 총합이 억제의 총합을 임계 최소값보다 크게 초과할 때, 그리고 오직 그럴 때만 운동뉴런은 표적 근육에 수축하라는 신호를 보낼 것이다.

셰링턴은 상호적 통제가 우선순위를 조율하여 행동과 그 목적의 단일성을 확보하는 보편적인 수단이라고 보았다. 척수에 대한 그의 연구는 뉴런 통합의 원리들을 밝혀냈고, 그 원리들은 뇌의 몇몇 고등한 인지적 결정의 토대로도 작용할 것 같았다. 우리가 가진 모든 지각과 사고, 우리가 하는 모든 운동 각각은 기본적으로 상호적 통제와 유사한 방대한 뉴런 계산들의 결과다.

뉴런주의의 일부 세부 사항과 그것이 생리학에 대하여 갖는 함축은 프로이트가 기초적인 신경세포들과 그것들의 연결에 대한 연구를 포기한 1880년대 중반에는 아직 확립되지 않은 상태였다. 그럼에도 그는 신경생물학에 대한 관심을 버리지 않았고, 뉴런에 대한 카할의 새로운 생각 일부를 자신의 이론과 통합하려 노력했다. 그 노력이 담긴 미출간 원고 '과학적 심리학을 위한 구상(Project for a Scientific Psychology)'은 1895년 하순에 쓰여졌는데, 그때는 프로이트가 정신분석을 이용하여 환자들을 치료하고 꿈의 무의식적 의미를 발견한 다음이었다. 비록 프로이트는 정신분석에 완전히 빠져들었지만, 그가 초기에 했던 실험적 연구는 그의 사상에 오랫동안 영향을 끼쳤고, 따라서 정신분석이론의 진화에 영향을 끼쳤다. 정신분석에 관심이 있는 심리학자 로버트 홀트(Robert Holt)는 이렇게 말했다.

> 프로이트는 신경해부학 연구자에서 정신 치료를 실험하는 임상신경학자로, 그리고 결국 정신분석가로 변신하면서 여러 면에서 근본적인 방향 재설정을 겪었던 것 같다. 그러나 만일 그 발전에 최소한 변화 못지않은 연속성이 있음을 간과한다면, 우리는 서툰 심리학자일 것이다. 프로이트가 신경계 연구에 몰두한 20년의 세월은 심리학자가 되어 순전히 추상적이고 가설적인 모형을 가지고 연구하겠다는 그의 결정에 의해 쉽게 내팽개쳐지지 않았다.

프로이트는 가재, 뱀장어, 하등 어류 따위의 단순한 유기체들이 가진 신경세포들을 연구하며 보낸 기간을 "내 학창 시절의 가장 행복했던 시기"로 표현했다. 그는 나중에 아내가 된 마르타 베르나이스를 만나 사랑에 빠진 후에 그런 기초 연구를 떠났다. 19세기에 연구자로 살아가려면 독자적인 수입원이 있어야 했다. 프로이트는 자신의 빈약한 재정 형편 앞에서 아내와 가족을 부양하기에 충분한 수입을 보장할 진료소를 차리는 쪽으로 방향을 틀었다. 만약 당시에 과학에 종사하는 일이 오늘날처럼 생계를 보장해 주었더라면, 프로이트는 정신분석의 창시자가 아니라 신경해부학자로, 뉴런주의의 공동 창시자로 유명해졌을지도 모른다.

5.

신경세포는 말한다

만약 내가 환자를 다루는 정신분석가가 되었다면, 나는 환자들이 자기 자신에 대하여 하는 이야기를 들으며 인생의 대부분을 보내야 했을 것이다. 자신의 꿈과 깨어 있을 때의 기억과 갈등과 욕구에 대한 이야기를 들으며 말이다. 그렇게 이야기하고 듣는 것은 프로이트가 자기 이해의 심층에 도달하기 위해 개척한 자기 성찰적 '대화 치료'의 방법이다. 환자가 사고와 기억을 자유롭게 연결하도록 북돋움으로써 정신분석가는 환자가 무의식적 기억, 정신적 충격(trauma), 의식적 사고와 행동의 기저에 있는 충동들을 풀어 놓도록 돕는다.

그런드페스트의 실험실에서 나는 뇌가 어떻게 작동하는지 이해하려면 뉴런들의 이야기를 듣는 법을, 모든 정신적 삶의 토대에 있는 전기신호를 해석하는 법을 배워야 한다는 것을 곧 깨달았다. 전기신호는 정신의 언어라고 할 수 있다. 전기신호는 뇌의 구성단위인 신경세포들이 서로 멀리 떨어져 소통하는 수단이다. 그 대화를 듣고 뉴런 활동을 기록하는 일은 말하자면 객관적 자기 성찰이었다.

그런드페스트는 신호 전달에 관한 생물학 분야의 선두 주자였다. 그에게서 나는 신경세포의 신호 전달 기능에 대한 생각이 18세기에서부터 앨런 호지킨과 앤드루 헉슬리(Andrew Huxley)의 매우 명료하고 만족스러운 결론에 이르기까지 200년 동안 네 단계에 걸쳐 발전했다는 것을 배웠다. 그 기간 내내 신경세포들이 어떻게 소통하는가 하는 질문은 과학계 최고의 뇌들을 유혹했다.

첫 단계는 이탈리아 볼로냐의 생물학자 루이지 갈바니(Luigi Galvani)가 동물 내부의 전기 작용을 발견한 1791년으로 거슬러 올라간다. 갈바니는 개구리 다리를 철제 발코니에 매달린 구리 갈고리에 달아 놓았는데, 서로 다른 금속인 구리와 철의 상호작용으로 인해 가끔씩 그 다리가 마치 살아 있는 것처럼 움직이는 것을 발견했다. 그는 또한 개구리 다리에 전기 충격을 주어 움직임이 일어나게 만들 수 있었다. 더 많은 연구를 한 다음 그는 신경세포와 근육세포가 자체적으로 전류를 산출할 수 있고, 근육의 움직임은—당시의 통념대로 영혼이나 '생명력(vital forces)'에 의해서가 아니라—근육세포가 산출한 전기에 의해서 유발된다고 주장했다.

신경 작용을 생명력의 영역에서 꺼내 자연과학으로 옮긴 갈바니의 통찰과 성취는 19세기에 헤르만 폰 헬름홀츠(Hermahn von Helmholtz)에 의해 발전되었다. 헬름홀츠는 물리학의 엄밀한 방법을 뇌과학의 문제에 적용한 최초의 과학자 중 하나였다. 그는 신경세포의 축삭돌기가 다른 활동의 부산물로 전기를 산출하는 것이 아니라, 축삭돌기의 끝까지 이동하는 메시지를 만들어 내기 위해 산출한다는 것을 발견했다. 그 메시지는 외부 세계에 관한 감각 정보를 척수와 뇌로 운반하고, 뇌와 척수로부터 근육으로 행동 명령을 전달하는 데 쓰인다.

이 연구를 하는 동안 헬름홀츠는 동물 내부의 전기 활동에 대한 생각을 바꿔 놓은 특별한 실험적 측정을 했다. 1859년에 그는 동물 내부의 전기 메시지가 전달되는 속도를 측정하는 데 성공했고, 놀랍게도 살아 있는 축삭돌기를 따라 전달되는 전기 흐름은 구리선을 따라 전달되는 전기 흐름과 근본적으로 다르다는 것을 발견했다. 금속선에서 전기신호는 광속에 가까운 속도(시속 29만9,000킬로미터)로 전달된다. 그러나 속도가 그렇게 빠른 대신에 신호의 세기는 거리가 멀어질수록 급격히 약해진다. 이는 전기신호가 수동적으로 전달되기 때문이다. 만일 축삭돌기가 수동적 전달에 의존한다면, 엄지발가락 피부에 닿은 신경에서 나온 신호는 뇌에 도달하기 전에 사라져 버릴 것이다. 헬름홀츠는 신경세포의 축삭돌기가 금속선보다 훨씬 느리게 전기를 전달하며, 최고 초속 27미터 정도의 다양한 속도로 능동적으로 전파되는 파동과 유사한 새로운 작용을 통해 그렇게 한다는 것을 발견했다. 더 나중의 연구들은 신경의 전기신호는 금속선의 신호와 달리 전파되면서 약해지지 않는다는 것을 보여 주었다. 그러니까 신경은 신호 전달의 신속함을 포기하면서 능동적인 전달을 선택한 셈이다. 능동적인 전달은 엄지발가락에서 발생한 신호가 약화되지 않고 척수에 도달하는 것을 보장한다.

헬름홀츠의 발견이 야기한 일련의 질문들은 이후 100년 동안 생리학자들의 과제가 되었다. 훗날 활동전위로 명명된 그 전파 신호들은 어떤 모양이고 어떻게 정보를 담지할까? 어떻게 생물학적 조직이 전기신호를 산출할 수 있을까? 특히, 무엇이 신호의 흐름을 운반할까?

그 신호의 형태와 정보 담지 역할은 1920년대에 에드거 더글러스 에이드리언(Edgar Douglas Adrian)에 의해 연구되기 시작했다. 이때부터가 신경 신호 연구의 2단계다. 에이드리언은 피부에 있는 개별 감각뉴런의 축삭돌기를 따라 전파되는 활동전위를 기록하고 증폭하는 방법을 개발하여 신경세포들의 기초적인 진술을 최초로 알아들을 수 있게 만들었다. 그 과정에서 그는 활동전위에 관하여, 그리고 활동전위가 어떻게 우리가 느끼는 감각으로 이어지는가에 관하여 여러 가지 놀라운 발견을 했다.

에이드리언은 활동전위를 기록하기 위해 가는 금속선 토막을 이용했다. 그는 금속선의 한 끝을 피부 감각뉴런 축삭돌기의 외부 표면에 놓고 다른 끝을 (소리를 듣기 위해) 스피커와 (활동전위가 만드는 모양과 패턴을 보기 위해) 잉크 라이터(ink writer)에 연결했다. 에이드리언이 피부를 건드릴 때마다 하나 이상의 활동전위들이 산출되었다. 하나의 활동전위가 발생할 때마다 그는 스피커에서 쿵! 하고 짧은 소리가 나는 것을 들었고 잉크 라이터에 짧은 전기 펄스가 그려지는 것을 보았다. 감각뉴런 속의 활동전위는 겨우 1/1,000초 동안 유지되었으며 두 개의 성분을 가지고 있었다. 즉, 먼저 급격히 정점으로 올라가는 성분이 나타난 다음, 거의 동등하게 신속한 하강 성분이 이어져 출발점으로 복귀하는 모양이었다.

잉크 라이터와 스피커는 에이드리언에게 똑같은 놀라운 이야기를 들려주었다. 단일한 신경세포에 의해 산출된 모든 활동전위들은 거의 동일하다. 그것들은 그것들을 일으킨 자극의 세기와 모양과 지속 시간과 위치에 상관없이 모양과 진폭이 거의 같다. 다시 말해 활동전위는 전부-아니면-전무(all-or-none)인 신호다. 자극의 세기가 신호를 산출할 수 있는 문턱(threshold)에 도달한 다음에는, 자극이 더 커져도 신호가 더 작아지거나 커지지 않고 항상 거의 동일하다. 활동전위에 의해 산출된 전류는 축삭돌기에 인접한 구역을 흥분시키기에 충분하고, 따라서 활동전위는 감소하지 않고 축삭돌기를 따라 헬름홀츠가 일찍이 발견했듯이 최고 초속 27미터로 전파되었다.

전부가 아니면 전무인 활동전위의 성질에 대한 발견은 에이드리언으로 하여금 더 많은 질문을 제기하게 했다. 감각뉴런은 자극의 강도를—접촉이 강한지 아니면 약한지, 빛이 밝은지 아니면 흐릿한지—어떻게 보고할까? 감각뉴런은 자극의 지속 시간을 어떻게 알릴까? 더 일반적으로, 뉴런들은 감각 정보의 유형들을 어떻게 구별할까? 예컨대 접촉을 통증과 빛, 냄새, 소리와 어떻게 구별할까? 뉴런들은 감각 정보와 운동 정보를 어떻게 구별할까?

먼저 강도의 문제를 탐구한 에이드리언은 강도는 활동전위가 방출되는 진동수에서 산출된다는 획기적인 발견을 했다. 팔을 쓰다듬는 것과 같은 부드러운 자극은 초당 두세 개의 활동전위만 유발하지만, 꼬집거나 팔꿈치를 부딪치는 것과 같은 강한 자극은 초당 100개의 활동전위를 유발할 수도 있다. 이와 유사하게 감각의 지속은 활동전위가 발생하는 시간의 길이에 의해 결정된다.

다음으로 그는 정보가 어떻게 운반되는가를 탐구했다. 뉴런은 자신이 고통이나 빛이나 소리 등의 다양한 자극에 관한 정보를 가지고 있다고 뇌에게 말하기 위해 다양한 전기 암호를 사용할까? 그렇지 않다는 것을 에이드리언은 발견했다. 다양한 감각계에 속한 뉴런들이 산출하는 활동전위는 서로 거의 다르지 않았다. 그러므로 감각의 본성과 질—예컨대 시각인지 아니면 촉각인지—은 활동전위의 차이에 의존하지 않는다.

그렇다면 뉴런이 운반하는 정보의 차이는 어떻게 생겨나는 것일까? 한마디로 말해서, 해부학에 의해 생겨난다. 에이드리언은 운반된 정보의 본성은 활성화된 신경섬유의 유형과 그 섬유가 연결된 뇌의 특정한 시스템에 의존한다는 것을 발견했고, 이로써 카할의 연결 특이성 원리를 명확하게 입증했다. 각 유형의 감각은 특정한 신경 경로로 전달되며, 한 뉴런에 의해 중계되는 정보의 유형은 그 뉴런이 속한 경로에 의존한다. 감각 경로에서 정보는 최초의 감각뉴런—접촉, 고통, 또는 빛 따위의 환경적 자극에 반응하는 수용기—으로부터 척수나 뇌의 특수화된 특정 뉴런들까지 전달된다. 예컨대 시각 정보가 활성화하는 경로는 청각 정보가 활성화하는 경로와 다르고, 이 때문에 시각 정보는 청각 정보와 다르다.

에이드리언은 1928년에 특유의 생생한 문체로 다음과 같이 자신의 연구 결과를 요약했다. "모든 임펄스(impulse)는 그 메시지가 빛에 대한 감각을 일으키건, 또는 접촉이나 고통의 감각을 일으키건 상관없이 매우 유사하다. 만일 임펄스들이 밀집해 있으면 감각은 강렬하고, 일정한 간격을 두고 떨어져 있으면, 감각은 그만큼 약하다."

마지막으로, 에이드리언은 뇌의 운동뉴런에서 나와 근육으로 가는 신호는 감각뉴런에 의해 피부에서 뇌로 가는 신호와 거의 동일하다는 것을 발견했다. "운동섬유는 감각섬유가 방출하는 것과 거의 똑같은 신호를 방출한다. 그 임펄스들은 동일한 전부-아니면-전무 원리를 따른다." 다시 말해서, 특정 신경 경로를 따라 흐르는 신속한 활동전위의 계열은 색 지각이 아니라 손의 운동을 일으키는데, 그것은 그 경로가 망막이 아니라 손끝에 연결되어 있기 때문이다.

에이드리언은 셰링턴처럼 해부학적 관찰에 토대를 둔 카할의 뉴런주의를 기능의 영역으로 확장했다. 그러나 치열한 경쟁에 갇혀 있었던 골지와 카할과는 달리 셰링턴과 에이드리언은 서로를 지원한 친구였다. 두 사람은 뉴런의 기능에 관한 발견의 공로로 1932년에 노벨 생리의학상을 공동으로 수상했다. 셰링턴보다 한 세대 아래인 에이드리언은 자신이 셰링턴과 공동으로 노벨상을 받는다는 소식을 듣고 셰링턴에게 이런 편지를 보냈다.

> 당신이 거의 신물 나게 들었을 것이 뻔한 말—우리가 당신과 당신의 업적을 얼마나 높게 평가하는가에 관한 말—은 반복하지 않겠습니다. 그러나 당신과 이런 식으로 연결된 것이 내게 얼마나 큰 기쁨인지는 당신에게 알려드려야겠습니다. 당신의 영광이 나누어져야 하겠기에, 나는 이런 일을 꿈조차 꾸지 않아야 마땅하고, 냉정하게 생각하면 바라지도 말아야 합니다. 그러나 솔직히 나는 이 행운에 기뻐 뛰지 않을 수 없습니다.

에이드리언은 뉴런 신호가 내는 쿵! 쿵! 쿵! 소리를 들었고 그 전기 임펄스들의 진동수가 감각의 강도를 나타낸다는 것을 발견했지만, 여러 질문들을 남겨 놓았다. 그런 전부-아니면-전무적인 방식으로 전기를 전달하는 신경계의 놀라운 능력의 기저에는 무엇이 있을까? 전기신호는 어떻게 켜지고 꺼질까? 그 신호들이 축삭돌기를 따라 신속하게 전파되는 것은 어떤 메커니즘에 의해서일까?

신경 신호 전달 연구사의 세 번째 단계는 활동전위의 기반에 있는 메커니즘을 탐구한 시기이며, 헬름홀츠의 제자이며 가장 창조적이고 성공적인 19세기 전기생리학자 중 하나였던 율리우스 베른슈타인(Julius Bernstein)이 1902년에 최초로 제시한 막 가설(membrane hypothesis)을 출발점으로 삼는다. 베른슈타인은 다음의 질문에 답하고자 했다. 그 전부-아니면-전무적 임펄스들을 산출하는 메커니즘은 무엇일까? 활동전위가 만들어지기 위해 필요한 전하를 무엇이 운반할까?

축삭돌기는 세포 표면 막에 둘러싸여 있고, 신경 활동이 전혀 없는 안정 상태에도 막 양편에 일정한 전위차가 있다. 베른슈타인은 오늘날 안정막전위(resting membrane potential)라 불리는 그 전위차가 신경세포에서 매우 중요하다는 것을 깨달았다. 왜냐하면 모든 신호는 그 안정전위의 변화에 토대를 두기 때문이다. 그는 안정 상태에 막 양편의 전위차가 약 70밀리볼트이며 세포 내부가 외부보다 더 많은 음전하를 가진다는 것을 알아냈다.

이 전위차는 왜 생기는 것일까? 베른슈타인은 무언가가 세포막을 관통하면서 전하를 운반해야 한다고 추론했다. 그는 몸속의 모든 세포가 세포외액에 담겨 있다는 것을 알고 있었다. 그 유체는 금속 도체와 달리 전류를 운반할 자유전자를 포함하지 않는다. 그 대신에 이온—전하를 띤 나트륨, 칼륨, 염소 등의 원자—을 풍부하게 포함한다. 그뿐 아니라 세포 내부의 세포질도 많은 이온을 포함한다. 이 이온들이 전류를 운반할 수 있을 것이라고 베른슈타인은 추론했다. 더 나아가 그는 세포 내부와 외부의 이온 농도 불균형이 막을 가로지르는 전류를 발생시킬 수 있으리라는 점도 통찰했다.

베른슈타인은 과거의 연구를 통해 세포외액이 짜다는 것을 이미 알고 있었다. 그 유체는 양전하를 띤 나트륨 이온과 음전하를 띤 염소 이온을 높은 농도로 포함한다. 반면에 세포질은 음전하를 띤 단백질과 양전하를 띤 칼륨 이온을 높은 농도로 포함한다. 따라서 세포막 양편 모두에서 이온들의 양전하와 음전하는 균형을 이룬다. 그러나 그 균형에 관여하는 이온들은 세포 내부와 외부에서 각각 다르다.

전하가 신경세포막을 통과하여 흐르려면, 막이 세포외액이나 세포질에 있는 특정 이온들을 통과시켜야 한다. 과연 어떤 이온들을 통과시킬까? 다양한 가능성들을 실험한 후에 베른슈타인은, 세포막은 안정 상태에 칼륨 이온을 제외한 모든 이온들의 통과를 막는다는 과감한 결론을 내렸다. 세포막은 오늘날 이온 통로(ion channel)라고 불리는 특별한 구멍들을 가지고 있고, 그 통로들은 칼륨 이온이 농도가 높은 내부에서 농도가 낮은 외부로 흐르는 것을 허용한다는 것이었다. 그런데 칼륨 이온은 양전하를 띠므로, 그것이 세포 외부로 움직이면, 세포 내부는 거기에 있는 단백질이 음전하를 지니기 때문에 전체적으로 음전하가 약간 과다한 상태가 된다.

따라서 세포 외부로 나간 칼륨은 세포 내부의 전하 총량이 음이기 때문에 세포 내부 쪽으로 끌려든다. 그러므로 세포막 외부 표면에는 세포에서 방출된 칼륨의 양전하들이 늘어서게 되고 세포막 내부 표면에는 칼륨을 세포로 다시 끌어들이려는 단백질의 음전하들이 늘어서게 된다. 이런 이온들의 균형이 일정하게 -70밀리볼트를 유지하는 막전위를 산출하는 것이다.

신경세포가 안정막전위를 어떻게 유지하는가에 대한 이 같은 근본적인 발견들은 베른슈타인을 이런 질문으로 이끌었다. 뉴런이 활동전위를 산출할 만큼 충분히 자극되면 무슨 일이 일어날까?

그는 배터리로 작동하는 자극기로 전류를 만들어 신경세포의 축삭돌기를 자극함으로써 활동전위를 산출했고, 활동전위가 만들어질 때 세포막의 선택적인 투과성이 아주 잠깐 동안 깨져서 모든 이온들이 자유롭게 막을 통과하고, 따라서 안정막전위가 0이 된다고 추론했다. 이 추론에 따르면, 세포막이 안정전위 -70밀리볼트에서 0밀리볼트의 상태로 되면서 활동전위가 만들어지므로, 활동전위의 세기는 70밀리볼트여야 한다.

베른슈타인의 막 가설은 강력한 설득력을 발휘했다. 이는 한편으로 그 가설이 액체 속에서 이온의 움직임에 관한 확고한 원리들을 토대로 삼았기 때문이었고, 다른 한편으로 그 가설이 매우 깔끔하기 때문이었다. 안정전위와 활동전위는 복잡한 생화학적 반응들을 필요로 하지 않는다. 그것들은 단지 이온 농도의 차이에 저장된 에너지를 활용할 뿐이다. 더 거시적으로 보면, 베른슈타인의 가설은 물리학과 화학의 법칙이 심지어 정신 기능의 일부 측면들—신경계의 신호 전달과 행동 통제—도 설명할 수 있다는 것을 시사하는 강력한 증거를 제시했다는 점에서 갈바니와 헬름홀츠의 이론과 맥을 같이했다. '생명력'이나 기타 물리학과 화학으로 설명할 수 없는 현상들은 필요하지도 않았고 들어설 자리도 없었다.

네 번째 단계는 이온 가설이 지배한 시기였고, 에이드리언의 가장 뛰어난 제자인 앨런 호지킨과 호지킨의 제자이자 동료인 앤드루 헉슬리(그림 5-1)가 주도한 시기였다. 호지킨과 헉슬리의 관계는 협동적이었고 시너지 효과를 일으켰다. 호지킨은 신경세포의 기능에 대하여 예리한 생물학적·역사적 통찰력을 가지고 있었다. 훌륭한 실험가이자 탁월한 이론가인 그는 언제나 직접적인 관찰을 넘어서 더 큰 의미를 추구했다. 헉슬리는 수학과 공학에 재주가 뛰어난 인물이었다. 그는 단일 세포의 활동을 기록하고 시각화하는 새로운 방법들을 고안했고, 자신과 호지킨이 얻은 데이터를 기술하는 수학적 모형들을 개발했다. 그들은 완벽한 동료로서 두 사람 각자의 역량을 그냥 합한 것 이상의 역량을 발휘했다.

호지킨의 엄청난 재능은 과학자 경력의 초기에 확실히 드러났다. 1939년에 헉슬리와 공동 연구를 시작할 때 그는 이미 신경 신호에 관하여 중요한 업적을 이룬 뒤였다. 그는 1936년 영국 케임브리지 대학에서 "신경에서 전도의 본성(Nature of Conduction in Nerve)"에 관한 논문으로 박사학위를 받았다. 그 논문에서 그는 활동전위에 의해 발생한 전류는 축삭돌기의 마비된 부분을 건너뛰어 안정 상태에 있는 그 너머의 부분이 활동전위를 산출하도록 유도할 수 있을 만큼 충분히 크다는 것을 정량적으로 상세하고 깔끔하게 증명했다. 그의 실험들은 일단 발생한 활동전위가 어떻게 약화되거나 단절되지 않고 전파되는가에 대하여 최종적인 통찰을 제공했다. 활동전위가 그렇게 전파되는 것은 활동전위에 의해 산출된 전류가 인근 구역을 흥분시키기 위해 필요한 전류보다 훨씬 크기 때문이라는 것을 호지킨은 보여 주었다.

호지킨의 박사논문에 실린 연구는 매우 중요했고 매우 훌륭하게 수행되었기 때문에, 호지킨은 스물두 살의 나이에 국제적인 과학계의 주목을 받게 되었다. 노벨상 수상자이며 영국 최고의 생리학자 중 한 명인 아치볼드 비비언 힐(Archibald Vivian Hill)은 호지킨의 박사논문 심사위원으로서 큰 인상을 받아 그 논문을 록펠러 연구소의 소장 허버트 개서에게 보냈다. 동봉한 편지에서 힐은 호지킨을 "매우 놀라운" 젊은이로 묘사하

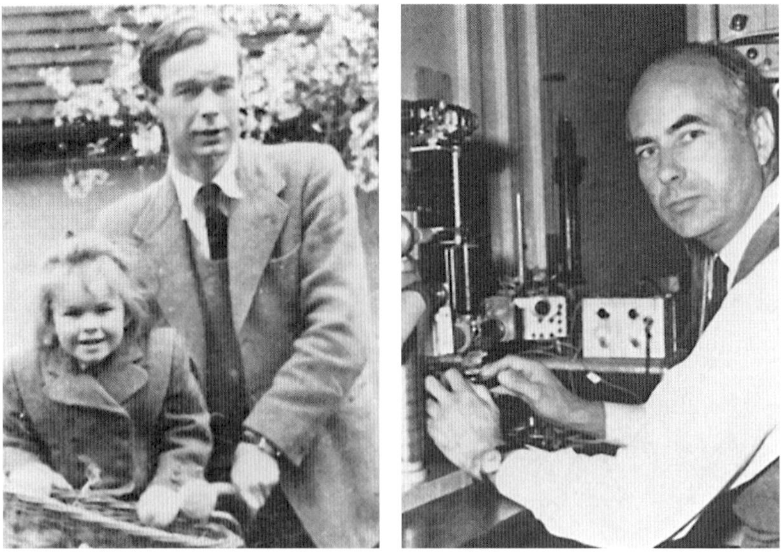

5-1 앨런 호지킨(1914~1998)과 앤드루 헉슬리(1917~2012). 그들은 오징어 신경세포의 거대한 축삭돌기에 대한 일련의 고전적인 연구를 수행했다. 그들은 안정막전위가 칼륨 이온이 세포 외부로 움직임으로써 발생한다는 베른슈타인의 생각을 입증했을 뿐 아니라, 활동전위가 나트륨 이온이 세포 내부로 움직임으로써 발생한다는 것도 발견했다(조너선 호지킨과 A. 헉슬리 제공).

면서 "케임브리지 트리니티 칼리지에서 실험과학자가 4학년 때 특별 연구원이 되는 것은 거의 전례가 없는 일이지만, 이 젊은이는 그 일을 해냈다"고 전했다.

개서는 호지킨의 박사논문을 "아름다운 실험"이라고 평했고, 1937년에 그를 록펠러 연구소 객원 과학자로 초빙하여 1년간 머물게 했다. 그해에 호지킨은 이웃 실험실에서 연구하던 그런드페스트와 친구가 되었다. 호지킨은 미국의 다른 실험실도 여러 곳 방문했고, 그 와중에 그가 훗날 매우 성공적으로 이용하게 될 오징어의 거대한 축삭돌기에 대하여 알게 되었다. 또 결국 그의 아내가 된 여자도 만났다. 그녀는 록펠러 연구소 교수의 딸이었다. 겨우 1년 동안 이룬 성취로는 실로 대단하다고 하지 않을 수 없다.

호지킨과 헉슬리의 첫 번째 위대한 통찰은 1939년에 이루어졌다. 그해에 그들은 영국 플리머스 임해실험소(marine biological station)에 가서 오징어의 거대 축삭돌기에서 활동전위가 어떻게 산출되는지 연구했다. 영국의 신경해부학자 J. Z. 영(Young)은 바다에서 가장 빠르게 헤엄칠 수 있는 동물 중 하나인 오징어가 굵기가 1밀리미터에 달하는 거대한 축삭돌기를 가지고 있다는 것을 최근에 발견한 바 있었다. 그 굵기면 인체에 있는 대부분의 축삭돌기보다 폭이 천 배쯤 큰 것이다. 그 거대 축삭돌기는 대략 가는 국수 가닥 정도의 크기라서 맨눈으로도 관찰할 수 있다. 비교생물학자인 영은 동물들이 각자의 환경에서 더 효과적으로 생존하기 위해 특성들을 진화시킨다는 것을 알고 있었고, 오징어가 포식자로부터 신속히 달아날 수 있게 해주는 특별한 축삭돌기는 생물학자들에게 신의 선물일 수 있음을 깨달았다.

호지킨과 헉슬리는 오징어의 거대 축삭돌기가 활동전위를 세포의 외부에서뿐 아니라 내부에서도 탐지하여 그것이 어떻게 발생하는가를 알아내려는 신경과학자들의 꿈을 이루기 위해 필요한 바로 그 대상일 수 있다는 것을 즉각 알아챘다. 그 축삭돌기는 아주 크기 때문에 그들은 전극하나를 세포질 속에 넣고 다른 하나는 외부에 둘 수 있었다. 그들의 측정은 안정막전위가 약 -70밀리볼트이며 칼륨 이온이 이온 통로를 통과하는 것에 의존한다는 베른슈타인의 추론을 입증했다. 그러나 베른슈타인이 했던 것처럼 축삭돌기에 전기를 가하여 활동전위를 산출해 보니, 놀랍게도 활동전위의 세기는 베른슈타인이 예측한 70밀리볼트가 아니라 110볼트였다. 활동전위는 세포막의 전위를 최저 -70밀리볼트에서 최고 +40밀리볼트로 증가시켰다. 이 당혹스러운 측정 결과는 심오한 함축을 가지고 있었다. 베른슈타인은 세포막의 선택적 투과성이 모든 이온에 대하여 무력해짐으로써 활동전위가 발생한다는 가설을 제시했으나, 그 가설은 틀린 것이었다. 오히려 막은 활동전위를 발생시킬 때에도 여전히 선택적으로 작용하여 특정 이온들은 통과시키고 다른 이온들은 막는 것이 분명했다.

이것은 대단한 통찰이었다. 활동전위는 감각, 사고, 감정, 기억에 관한 정보를 뇌의 한 영역에서 다른 영역으로 이동시키기 위한 핵심 신호이므로, 활동전위가 어떻게 발생하는가 하는 문제는 1939년에 모든 뇌과학 분야에서 가장 중요한 질문이 되었다. 호지킨과 헉슬리는 그 문제를 깊이 숙고했다. 그러나 그들이 발상들을 실험으로 검증하기도 전에 제2차 세계대전이 터졌고, 그들은 군대에 징집되었다.

두 사람은 1945년에야 활동전위에 대한 연구에 복귀할 수 있었다. 호지킨은 런던 유니버시티 칼리지의 버나드 카츠(Bernard Katz)와 잠시 공동 연구를 하는 동안(그때 헉슬리는 결혼을 준비하고 있었다), 활동전위의 상승부—활동전위가 발생하여 최고 높이에 도달할 때까지—가 세포외액의 나트륨 함유량에 따라 달라진다는 것을 발견했다. 다른 한편 하강부—활동전위가 줄어드는 구간—는 칼륨 농도의 영향을 받는다. 이 발견은 세포의 이온 통로들 중 일부가 나트륨만 선택적으로 통과시키며 활동전위의 상승부에만 열리는 반면, 다른 이온통로들은 하강부에만 열린다는 것을 시사했다.

호지킨과 헉슬리, 카츠는 이 생각을 직접적으로 검증하기 위해, 세포막을 가로지르는 이온 흐름을 측정하기 위해 새로 개발된 기법인 전압고정법(voltage clamp)을 오징어의 거대 축삭돌기에 적용했다. 그들은 안정전위가 세포막 양편의 칼륨 이온 분포가 다르기 때문에 발생한다는 베른슈타인의 발견을 다시 한 번 입증했다. 더 나아가 그들은 세포막이 충분히 자극을 받으면, 나트륨 이온들이 약 1/1,000초 동안 세포 내부로 이동하여 내부 전위를 -70밀리볼트에서 40밀리볼트로 변화시킴으로써 활동전위의 상승을 일으킨다는 그들의 과거 발견을 다시 입증했다. 나트륨 유입의 증가 이후에는 거의 즉각적으로 칼륨 유출의 극적인 증가가 일어나 활동전위의 하강과 세포 내부 전위의 초기값으로의 회귀가 일어난다.

세포막은 나트륨과 칼륨 이온의 투과성 변화를 어떻게 통제할까? 호지킨과 헉슬리는 이제껏 상상된 적이 없는 유형의 이온 통로가 존재한다고 가정했다. 그 통로는 열리고 닫히는 '문짝' 혹은 '게이트(gate)'가 있는 통로다. 활동전위가 축삭돌기를 따라 전파될 때, 나트륨 게이트에 이어 칼륨 게이트가 신속하게 열리고 닫힌다고 그들은 제안했다. 또한 호지킨과 헉슬리는 게이트들의 열림과 닫힘이 매우 신속한 것을 보면, 그 과정은 막 양편의 전위차에 의해 제어되는 것이 틀림없다고 생각했다. 그리하여 그들은 나트륨 통로와 칼륨 통로를 '전압 감응성 통로(voltage-gated channel)'로 명명했다. 반면에 베른슈타인이 발견했고 안정막전위의 원인인 칼륨 통로는 '게이트 없는 칼륨 통로'로 명명했다. 왜냐하면 그 통로는 게이트가 없고 세포막 양편의 전위차에 영향을 받지 않기 때문이다.

뉴런이 안정 상태에 있을 때, 전압 감응성 통로들은 닫힌다. 하지만 자극이 세포의 안정막전위를 충분히, 이를테면 -70밀리볼트에서 -55밀리볼트로 변화시키면, 전압 감응성 나트륨 통로가 열려 나트륨 이온이 세포 내부로 유입되고, 잠깐 동안 세포 내부에 양전하가 급격히 증가하여 막전위는 -70밀리볼트에서 +40밀리볼트로 치솟는다. 이어서 이 같은 막전위의 변화에 반응하여 순식간에 나트륨 통로가 닫히고 전압 감응성

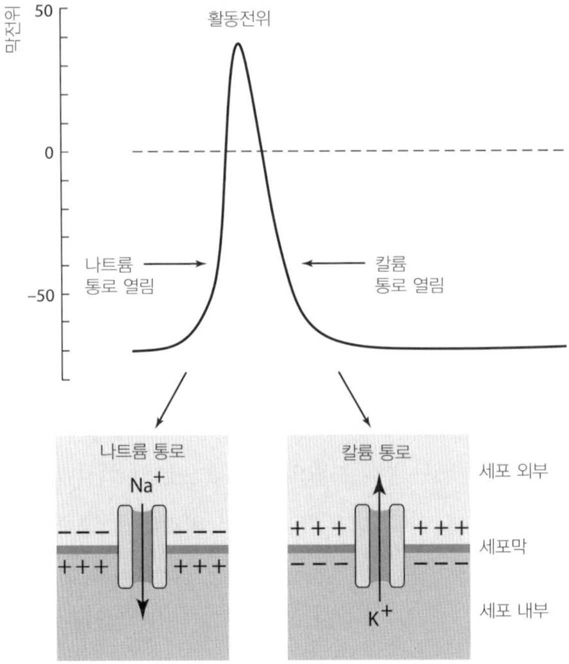

5-2 세포 내부에서 측정한 활동전위에 대한 호지킨-헉슬리 모형. 양전하를 띤 나트륨 이온(Na^+)의 유입은 세포 내부의 전위를 변화시키고 활동전위의 상승부를 산출한다. 이어서 거의 즉각적으로 칼륨 통로가 열려 칼륨 이온(K^+)이 세포 외부로 유출되고, 활동전위의 하강부가 만들어지고 세포는 원래의 전위를 되찾는다.

칼륨 통로가 잠깐 동안 열린다. 그러면 양전하를 띤 칼륨 이온의 유출이 증가하여 세포는 막전위 -70밀리볼트의 안정 상태로 신속히 복귀한다 (그림 5-2).

각각의 활동전위는 결국 세포를 내부에 더 많은 나트륨이 있고 외부에 더 많은 칼륨이 있는 상태로 남겨 놓는다. 호지킨은 이 불균형이 잉여 나트륨 이온을 세포 밖으로 나르고 칼륨 이온을 세포 안으로 가져오는 단백질에 의해 교정된다는 것을 발견했다. 그리하여 결국에는 나트륨과 칼륨의 농도가 원래 상태를 회복한다.

일단 축삭돌기의 한 구역에서 활동전위가 발생하면, 그것이 산출한 전류는 인근 구역을 흥분시켜 또 다른 활동전위를 산출하게 만든다. 그 결과로 연쇄반응이 일어나 활동전위가 처음 발생한 지점에서부터 또 다른 뉴런(혹은 근육세포)에 인접한 말단들까지 축삭돌기를 따라 전파된다. 시각 경험, 운동, 사고, 혹은 기억에 관련된 신호는 이런 식으로 뉴런의 한 쪽 끝에서 다른 쪽 끝으로 보내진다.

오늘날 이온 가설이라 불리는 이 같은 연구의 공로로 호지킨과 헉슬리는 1963년에 노벨 생리의학상을 받았다. 훗날 호지킨은 거대 축삭돌기를 제공하여 실험을 가능케 해준 오징어에게 그 상이 돌아가야 했다고 말했다. 그러나 이런 겸손함에 오도되어 그 두 사람이 과학계에 안겨 준 특별한 통찰을 간과해서는 안 된다. 그 통찰은 뇌과학에 뛰어든 초심자인 나를 비롯한 과학계에 뇌 속의 신호를 더 깊은 수준에서 이해할 수 있다는 확신을 심어 주었다.

뇌과학에 적용된 분자생물학은 전압 감응성 나트륨 통로와 전압 감응성 칼륨 통로가 실은 단백질들이라는 것을 밝혀냈다. 그 단백질들은 세포막 양편에 걸쳐 있고 유체로 채워진 통로인 이온 구멍(ion pore)을 가지고 있어서 그리로 이온들이 통과한다. 이온 통로들은 뉴런에만 있는 것이 아니라 인체의 모든 세포에 있고, 모두 베른슈타인이 제안한 것과 본질적으로 동일한 메커니즘으로 안정막전위를 산출한다.

일찍이 뉴런주의가 그랬던 것처럼, 이온 가설은 뇌의 세포생물학과 세포생물학의 기타 분야들의 연결을 강화했다. 그 가설은 신경세포를 모든 세포가 공유한 물리적 원리들로 설명할 수 있다는 것을 최종적으로 증명했다. 또 가장 중요한 것은, 이온 가설이 뉴런 신호의 분자 수준 메커니즘에 대한 탐구의 장을 열었다는 점이다. 이온 가설의 보편성과 예측력은 신경계에 대한 세포적 연구를 통합했다. 이온 가설은 생물학의 나머지 분야에서 DNA 구조가 한 것과 같은 역할을 뉴런의 세포생물학에서 했다.

이온 가설이 정식화되고 51년이 지난 2003년에 록펠러 대학의 로더릭 매키넌(Roderick MacKinnon)은 두 이온 통로—게이트 없는 칼륨 통로와 전압 감응성 칼륨 통로—를 이루는 단백질의 3차원 구조를 최초로 밝혀낸 공로로 노벨 화학상을 받았다. 매키넌의 매우 독창적인 구조 분석에 의해 드러난 여러 특징들은 놀랍게도 호지킨과 헉슬리가 이미 예견한 것들이었다.

세포막의 통로들을 지나는 이온의 움직임은 뉴런의 기능에 결정적으로 중요하고 뉴런의 기능은 정신적 기능에 결정적으로 중요하므로, 이온 통로 단백질들의 암호를 보유한 유전자의 돌연변이는 당연히 병을 일으킨다. 1990년에 인간 유전병의 원인인 분자적 결함을 비교적 쉽게 확인하는 것이 가능해졌다. 그 직후에, 이온 통로의 여러 가지 결함이 근육과 뇌의 신경학적 장애의 원인이라는 것이 잇달아 신속하게 밝혀졌다.

그 장애들은 오늘날 채널병증(channelopathies), 혹은 이온 통로 기능 장애로 불린다. 예컨대 신생아에게 대물림되는 간질인 가족 특발성 간질(familial idiopathic epilepsy)은 칼륨 통로의 암호를 보유한 유전자의 돌연변이와 연관된다는 것이 밝혀졌다. 최근에 채널병증과 그 치료법에 대한 탐구에서 일어난 진보는 우리가 호지킨과 헉슬리 덕분에 얻은 이온 통로 기능에 관한 방대한 기초과학 지식의 직접적인 산물이라고 할 수 있다.

6.

신경세포와 신경세포 사이의 대화

나는 뉴런들이 서로 어떻게 소통하는가에 대한 중요한 논쟁이 마무리되던 때인 1955년에 해리 그런드페스트의 실험실에 들어갔다. 호지킨과 헉슬리의 기념비적인 연구는 뉴런 내부에서 전기신호가 어떻게 발생하는가에 대한 오래된 의문을 해결했다. 하지만 뉴런들 사이에서는 신호 전달이 어떻게 이루어질까? 한 뉴런이 줄지어 있는 다음번 뉴런에게 "말하려면", 시냅스 너머로, 세포들 사이의 틈 너머로 신호를 보내야 할 것이다. 그 신호는 어떤 것일까?

1950년대에 오류로 밝혀질 때까지 그런드페스트를 비롯한 선도적인 신경생리학자들은 두 세포 사이의 틈을 건너가는 것은 전기신호일 것이라고, 즉 시냅스전 뉴런의 활동전위에 의해 산출된 전류가 시냅스후 뉴런으로 흐름으로써 신호가 전달될 것이라고 굳게 믿었다. 그러나 1920년대부터 특정 신경세포들 사이의 신호는 본성상 화학적이라는 것을 시사하는 증거가 축적되기 시작했다. 그 증거는 자율신경계에 대한 연구에서 나왔다. 자율신경계는 말초신경계의 일부로 간주된다. 왜냐하면 자율신경계의 신경세포 본체들은 척수와 뇌간 바로 바깥에 말초 자율신경절(peripheral autonomic ganglia)이라는 무리를 이루어 위치하기 때문이다. 자율신경계는 호흡, 심장박동, 혈압, 소화와 같은 생명에 필수적인 불수의(involuntary, 不隨意) 활동을 통제한다.

새로운 증거는 시냅스 전달에 관한 화학적 이론을 낳았고, '수프 대 스파크(soup versus spark)' 논쟁이라는 재미있는 이름으로 불린 논쟁을 촉발했다. 그런드페스트를 비롯한 '스파크파(派)'는 시냅스 소통이 전기적이라고 믿었고 '수프파'는 화학적이라고 믿었다.

시냅스 전달에 대한 화학적 이론은 헨리 데일(Henry Dale)과 오토 뢰비(Otto Loewi)의 연구에서 비롯되었다. 1920년대와 30년대 초에 그들은 자율신경계에서 심장과 특정 분비샘들로 가는 신호들을 연구했다. 각자 독립적으로 연구한 그들은 자율신경계 뉴런의 활동전위가 축삭돌기 말단에 도달하면, 시냅스 틈새로 화학물질이 방출된다는 것을 발견했다. 오늘날 우리가 신경전달물질이라 부르는 그 화학물질은 시냅스 틈새를 건너 표적 세포로 움직이고, 표적 세포는 그 물질을 인지하여 세포막 외부 표면에 있는 특수한 수용체로 붙잡는다.

독일 출생으로 오스트리아에서 활동한 뢰비는 심장박동을 통제하는 두 개의 신경, 즉 두 개의 축삭돌기 다발을 탐구했다. 즉, 심장박동을 늦추는 미주신경(vagus nerve)과 빠르게 하는 촉진신경(accelerans nerve)을 연구했다. 개구리를 대상으로 삼은 결정적인 실험에서 그는 미주신경을 자극하여 개구리의 심장박동을 늦추는 활동전위를 만들어 냈다. 그는 미주신경을 자극하는 도중과 직후에 심장 주위의 유체를 재빨리 채취하여 그것을 다른 개구리에게 주사했다. 그러자 놀랍게도 그 두 번째 개구리의 심장박동도 느려졌다! 그 개구리의 심장박동을 늦추는 활동전위는 존재하지 않았다. 오히려 첫 번째 개구리의 미주신경에 의해 방출된 어떤 물질이 심장을 느리게 하는 신호를 전달한 것이다.

뢰비와 영국의 약리학자 데일은 더 나아가 미주신경에 의해 방출된 물질이 아세틸콜린이라는 단순한 화학물질이라는 것을 보여 주었다. 아세틸콜린이 신경전달물질로서 특수한 수용체와 결합하여 심장박동을 늦춘 것이다. 촉진신경에 의해 방출되어 심장박동을 빠르게 한 물질은 또 다른 단순한 화학물질인 아드레날린과 관련이 있다. 자율신경계의 한 뉴런에서 시냅스를 건너 다른 뉴런으로 가는 신호가 특수한 화학적 전달물질에 의해 운반된다는 것을 보여 주는 최초의 증거를 제시한 공로로 뢰비와 데일은 1936년에 공동으로 노벨 생리의학상을 받았다.

노벨상을 받고 2년 뒤에 뢰비는 오스트리아 나치가 과학과 과학자들에게 준 모욕을 경험했다. 히틀러가 내 조국의 시민 수백만의 환영을 받으며 오스트리아에 진입한 다음 날 뢰비는 유대인이라는 이유로 감옥에 던져졌다. 29년 동안 그라츠 대학 약리학 교수를 역임한 그는 그로부터 두 달 뒤에 아직 스웨덴의 은행에 있던 노벨 상금을 나치가 통제하는 오스트리아의 은행으로 옮기고 즉시 국외로 나간다는 조건하에 석방되었다. 그는 그렇게 뉴욕 대학교 의과대학으로 왔고, 몇 년 후에 나는 그가 심장에서의 화학적 신호 전달에 대한 자신의 발견에 관하여 강연하는 것을 듣는 호사를 누렸다.

뢰비와 데일의 자율신경계에 대한 선구적인 연구는 약리학적 취향을 가진 많은 신경과학자들에게 아마 중추신경계의 세포들도 시냅스 틈새를 건너는 소통을 위해 신경전달물질을 이용할 것이라는 확신을 심어 주었다. 그러나 존 에클스(John Eccles)와 해리 그런드페스트를 비롯한 몇몇 전기생리학자들은 여전히 회의적이었다. 그들은 자율신경계에서 화학적 전달의 중요성을 인정했지만, 뇌와 척수에 있는 세포들 사이의 신호는 아주 신속하기 때문에 화학적일 수 없다고 확신했다. 따라서 그들은 중추신경계에서는 전기적 전달이 일어난다는 이론을 고수했다. 에클스는 시냅스전 뉴런에서 활동전위에 의해 산출된 전류가 시냅스 틈새를 건너 시냅스후 세포로 들어가고, 그곳에서 증폭되어 새로운 활동전위를 유발한다는 가설을 세웠다.

전기신호를 포착하는 기법들이 점점 발전하면서 운동뉴런과 골격근(skeletal muscle, 골격의 움직일 수 있는 부분에 붙어서 그 운동을 관장하는 근육으로 가로무늬근이며 수의근이다-옮긴이) 사이의 시냅스에서 작은 전기신호가 발견되었고, 이로써 시냅스전 뉴런의 활동전위가 근육세포의 활동전위를 직접 유발하지 않는다는 것이 증명되었다. 오히려 시냅스전 활동전위는 그보다 훨씬 작고 독특한 신호—시냅스전위라고 한다—가 근육세포에서 발생하게 만든다. 시냅스전위는 활동전위와 두 가지 점에서 다르다는 것이 밝혀졌다. 즉, 시냅스전위는 활동전위보다 훨씬 더 느리고 그 세기는 다양하다. 따라서 에이드리언이 사용한 스피커를 써서 탐지한다면, 시냅스전위는 확실한 쿵! 쿵! 쿵! 소리를 내는 것이 아니라 부드럽고 느리고 오래 끄는 치이익! 소리를 낼 것이며, 그 소리의 크기는 다양할 것이다. 시냅스전위의 발견은 신경세포가 두 가지 전기신호를 사용한다는 것을 보여 주었다. 신경세포들은 세포 내부의 한 구역에서 다른 구역으로 가는 원거리 신호를 위해서는 활동전위를 사용하고, 시냅스 너머로 가는 국소 신호를 위해서는 시냅스전위를 사용한다.

에클스는 시냅스전위가 셰링턴이 말한 '신경계의 통합 작용'의 원인이라는 것을 즉각 깨달았다. 주어진 한 순간에 임의의 신경 경로에 있는 한 세포는 수많은 시냅스 신호의 포격을 받는다. 그 신호들은 흥분적이기도 하고 억제적이기도 하다. 그러나 그 세포에게는 단 두 가지 선택지밖에 없다. 즉, 활동전위를 산출하거나 산출하지 않거나 둘 중 하나를 선택해야 한다. 실제로 신경세포의 근본적인 임무는 통합이다. 신경세포는 시냅스전 뉴런들로부터 받은 흥분 시냅스전위들과 억제 시냅스전위들을 합산하여 오직 흥분 신호의 총량이 억제 신호의 총량보다 특정한 임계 최소값 이상으로 많을 때만 활동전위를 산출한다. 신경세포의 능력은 다른 신경세포들로부터 자기에게로 수렴하는 흥분 및 억제 시냅스전위들을 통합하여 셰링턴이 말한 행동의 단일성을 확보하는 것이라고 에클스는 보았다.

1940년대 중반에 논쟁을 벌이던 양 진영은, 시냅스전위는 모든 시냅스후 세포들에서 발생하며 시냅스전 뉴런의 활동전위와 시냅스후 세포의 활동전위를 잇는 결정적인 연결고리라는 것에 합의했다. 그러나 그 발견은 문제를 해결한 것이 아니라 더욱 뚜렷하게 부각했다. 중추신경계의 시냅스전위는 전기적으로 유발되는가, 아니면 화학적으로 유발되는가?

데일과 그의 동료이며 독일 출신 이민자인 윌리엄 펠드버그(William Feldberg)는 자율신경계에서 심장박동을 늦추기 위해 사용되는 아세틸콜린이 척수에서 운동뉴런들이 골격근을 흥분시키는 데에도 쓰인다는 것을 발견하여 결정적인 돌파구를 열었다. 이 발견에 자극을 받은 버나드 카츠는 혹시 아세틸콜린이 골격근 시냅스전위의 원인인가에 대한 탐구에 뛰어들었다.

라이프치히 대학의 우수한 의학도였던 카츠는 유대인이기 때문에 히틀러가 집권한 독일을 1935년에 떠났다. 그는 영국으로 가서 런던 유니버시티 칼리지에 속한 A. V. 힐의 실험실에 합류했다. 카츠는 1935년 2월에 영국의 하리치 항에 여권도 없이 도착했다. 그의 회고에 따르면, 그것은 "겁나는 경험"이었다. 그로부터 3개월 후에 그는 케임브리지에서 수프 대 스파크 논쟁을 둘러싸고 벌어진 학회에 참석했다. 나중에 그는 이렇게 썼다. "아주 놀랍게도 나는 에클스와 데일이 거의 결투에 가까운 논쟁을 벌이고, 의장인 에이드리언은 안절부절못하는 심판처럼 행동하는 것을 목격했다." 스파크파의 지도자인 존 에클스는 수프파의 지도자인 헨리 데일과 그 동료들의 핵심적인 주장을 격렬히 반박하는 논문을 발표했다. 그는 아세틸콜린이 신경계의 시냅스에서 신호의 전달자로 작용한다는 것을 반박했다. 카츠는 이렇게 회고했다. "나는 전문 용어에 익숙하지 않았기 때문에 그 논의를 이해하는 데 약간 어려움이 있었다. 전달자(transmitter)라는 단어를 들으면서 나는 무언가 전파 통신과 비슷한 것

6-1 시냅스 전달을 연구한 세 명의 개척자. 그들은 제2차 세계대전 중에 오스트레일리아에서 함께 일한 후 각자 흩어져 중요한 업적들을 남겼다. 스티븐 커플러(왼쪽, 1918~1980)는 가재의 수상돌기가 지닌 성질들을 밝혀냈고, 존 에클스(중간, 1903~1997)는 척수의 시냅스 억제를 발견했으며, 버나드 카츠(오른쪽, 1911~2002)는 시냅스 흥분과 화학전달물질의 메커니즘을 알아냈다(대미언 커플러 제공).

을 연상했고, 그래서 약간 헷갈렸다."

카츠의 혼동은 제쳐 두더라도, 실제로 화학적 전달 이론이 지닌 문제들 중 하나는 시냅스전 말단의 전기신호가 어떻게 화학전달물질의 방출을 일으키고 그 화학신호가 어떻게 시냅스후 뉴런에서 전기신호로 전환되는가를 아무도 모른다는 데 있었다. 이후 20년 동안 카츠는 이 두 질문을 해결하고 데일과 뢰비가 자율신경계에서 얻은 성과를 중추신경계로 확장하는 노력에 가담했다.

그러나 호지킨과 헉슬리와 마찬가지로 카츠도 전쟁 때문에 방해를 받았다. 제2차 세계대전이 터지기 한 달 전인 1939년 8월, 카츠는 런던에 있는 독일인으로서 불편함을 느끼던 차에 존 에클스의 초청을 받자 이를 수락하고 오스트레일리아 시드니로 가서 그와 합류했다.

나치를 피해 유럽을 떠난 또 다른 과학자이며 내게 큰 영향을 준 인물인 스티븐 커플러(Stephen Kuffler)도 우연히 같은 시기에 에클스의 실험실에 합류했다(그림 6-1). 헝가리에서 태어나 빈에서 교육을 받고 의사의 길을 걷다가 생리학자가 된 커플러는 할아버지가 유대인인 데다가 그 자신이 사회주의자였기 때문에 1938년에 빈을 떠났다. 오스트리아 청소년 챔피언에 오른 테니스 선수이기도 한 커플러는 나중에 에클스가 그에게 자기 실험실로 오라고 한 진짜 이유는 같이 테니스를 칠 상대가 필요했기 때문이라고 농담을 했다. 물론 과학자로서의 경험은 에클스와 카츠가 훨씬 더 많았지만, 커플러는 외과 의사의 솜씨로 그들을 경탄케 했다. 그는 개별 근육 섬유를 분리하여 운동축삭돌기 하나에서 운동섬유 하나로 가는 시냅스 입력을 탐구할 수 있었다. 그건 정말 묘기였다.

카츠와 커플러, 에클스는 신경세포와 근육 사이의 전달이 화학적일까, 전기적일까를 놓고 토론하며 전쟁 기간을 보냈다. 에클스는 그가 보기에 느릴 수밖에 없는 화학적 전달을 신경-근육 신호의 신속함과 조화시키려 노력했다. 그는 시냅스전위가 두 요소를 가진다는 가설을 세웠다. 즉, 초기의 신속한 요소는 전기신호에 의해 매개되고, 장기적인 나머지 작용은 아세틸콜린과 같은 화학전달물질에 의해 매개된다는 가설이었다. 카츠와 커플러는 아세틸콜린이 근육 속 시냅스전위의 초기 요소의 원인이기도 하다는 것을 발견하면서 수프파로 입장을 정했다. 제2차 세계대전이 막바지로 접어든 1944년에 카츠는 영국으로 돌아갔고, 커플러는 미국으로 망명했다. 에클스는 1945년에 뉴질랜드 더니든 대학의 정교수 직을 받아들이고 그곳으로 가서 새 실험실을 차렸다.

실험 결과들이 쌓이면서 시냅스 전달에 대한 전기 이론이 점점 더 의심을 받게 되자 훤칠하고 날렵하며 평소엔 열정과 힘이 넘치는 에클스는 의기소침해졌다. 그와 내가 1960년대 후반에 친구가 된 다음에 그는 당시에 풀이 죽어 있던 그가 어떻게 위대한 지적 변신을 이루었는가에 대하여 이야기했다. 그가 영원히 고맙게 여긴 그 변신은 에클스가 일과 후에 휴식을 위해 늘 가던 교수단 클럽에서 일어났다. 1946년의 어느 날 에클스는 그곳에서 빈 출신의 과학철학자 카를 포퍼를 만났다. 포퍼는 히틀러의 오스트리아 합병을 예감하고 1937년에 뉴질랜드로 망명했다. 대화 도중에 에클스는 포퍼에게 화학적-전기적 전달 논쟁을 언급하고 자신이 그 길고 근본적인 논쟁에서 패자가 된 것 같다고 말했다.

포퍼는 반색을 하고 좋아했다. 그는 에클스에게 실망할 일이 절대로 아니라고 장담했다. 오히려 정반대로 기뻐해야 한다고 포퍼는 힘주어 말했다. 에클스의 발견에 시비를 거는 사람은 아무도 없으며, 반론은 그 발견에 대한 그의 해석, 그의 이론을 향해 있다는 것이었다. 에클스는 최선의 과학을 하고 있다. 오로지 사실들이 명확해지고 그 사실들에 대한 경쟁 해석들이 명료하게 이해될 때만 반대 가설들이 무너질 수 있다. 패배한 해석의 편에 섰다는 것은 중요하지 않다. 과학적 방법의 가장 강력한 힘은 가설을 반증하는 능력에 있다. 과학은 추측과 반박의 순환이 끝없이 계속 다듬어지는 방식으로 진보한다. 포퍼는 그렇게 주장했다.

포퍼의 요지는 에클스가 기뻐해야 마땅하다는 것이었다. 그는 에클스가 실험실로 돌아가서 생각을 다듬고 전기적 전달을 더욱 탐구하여 필요할 경우 스스로 그 생각을 반증할 수 있어야 한다고 촉구했다. 에클스는 훗날 이 만남에 관하여 이렇게 썼다.

> 나는 포퍼에게서 내가 과학적 탐구의 본질로 여기게 된 것을 배웠다. 가설을 세울 때 사변과 상상력을 발휘하고, 그다음에 그 가설을 극도로 엄밀하게 검증하는 것, 그 두 과정 모두에서 기존의 모든 지식을 이용하

고 가장 집요한 실험적 공격을 가하는 것을 말이다. 심지어 나는 그에게서 소중한 가설이 반박되는 것에 기뻐하는 법을 배웠다. 그 반박 역시 과학적 성취이고 그 반박에서 많은 것을 배웠기 때문에 기뻐하는 법을 말이다.

포퍼와의 관계를 통해서 나는 일반적으로 과학 연구와 관련해서 지켜지는 엄격한 관례로부터 벗어나는 위대한 해방을 경험했다. …… 그 제약적인 도그마로부터 해방되면, 과학적 탐구는 새로운 시각을 여는 흥미로운 모험이 된다. 그리고 이 같은 태도는 그때 이후 나의 과학적 생애에 반영되었다고 나는 생각한다.

에클스는 자신의 가설이 반증되기까지 오래 기다릴 필요가 없었다. 런던 유니버시티 칼리지로 돌아온 카츠가 운동뉴런에 의해 방출된 아세틸콜린이 시냅스전위의 모든 단계들을 일으킨다는 것에 대한 직접적인 증거를 제시했던 것이다. 아세틸콜린은 시냅스 틈새 너머로 신속히 확산되고 근육세포의 수용체들과 빠르게 결합함으로써 시냅스전위를 일으킨다. 훗날 그 아세틸콜린 수용체는 아세틸콜린과 결합하는 부분과 이온 통로를 두 개의 주요 성분으로 가진 단백질이라는 것이 밝혀졌다. 아세틸콜린이 인지되어 수용체와 결합하면 이온 통로가 열린다.

더 나아가 카츠는 화학전달물질에 의해 게이트가 열리고 닫히는 그 새로운 이온 통로는 전압 감응성 나트륨 통로 및 칼륨 통로와 다음의 두 가지 점에서 다르다는 것을 보여 주었다. 새로운 이온 통로는 특정 화학전달물질에만 반응하며 나트륨과 칼륨을 모두 통과시킨다. 나트륨과 칼륨이 동시에 통과하면 근육세포의 안정막전위는 -70밀리볼트에서 거의 0으로 바뀐다. 게다가 시냅스전위는 화학물질에 의해 산출됨에도 불구하고 데일이 예측한 대로 신속하다. 또 시냅스전위는 충분히 클 경우, 활동전위를 산출하여 근육섬유의 수축을 일으킨다.

호지킨과 헉슬리, 카츠의 연구는 서로 근본적으로 다른 두 가지 유형의 이온 통로가 있음을 보여 주었다. 전압 감응성 통로들은 뉴런 내부에서 정보를 전달하는 활동전위를 산출하는 반면, 화학전달물질 감응성 통로들은 시냅스후 세포에 시냅스전위를 발생시켜 뉴런들 사이에서(또는 뉴런과 근육세포 사이에서) 정보를 전달한다. 이렇게 카츠는 전달물질 감응성 이온 통로는 시냅스전위를 산출할 때 실제로는 운동뉴런에서 온 화학신호를 근육세포 내의 전기신호로 번역한다는 것을 발견했다.

전압 감응성 이온 통로에 장애를 일으키는 병이 있는 것과 마찬가지로, 전달물질 감응성 통로에 해를 끼치는 병도 있다. 예컨대 주로 인간에게 발생하는 심각한 자기 면역 질환인 중증 근무력증(myasthenia gravis)은 근육세포의 아세틸콜린 수용체를 파괴하는 항체들을 산출하여 근육 활동을 약화시킨다. 이 병에 걸린 환자는 눈도 뜨지 못할 정도로 근육이 약화될 수 있다.

척수와 뇌의 시냅스 전달은 운동뉴런과 근육 사이의 신호 전달보다 훨씬 더 복잡하다. 1925년에서 1935년까지 셰링턴과 함께 척수를 연구했던 에클스는 1945년에 다시 그 연구에 전념했고, 1951년에 운동뉴런 내부에서 신호를 측정하는 데 성공했다. 에클스는 운동뉴런이 흥분 신호와 억제 신호를 모두 수용하며, 그 신호들은 특정 수용체들에 작용하는 특정 신경전달물질들에 의해 산출된다는 셰링턴의 발견을 입증했다. 운동뉴런의 경우, 시냅스전 뉴런에 의해 방출된 흥분 신경전달물질은 시냅스후 세포의 안정막전위를 -70밀리볼트에서 활동전위 유발의 문턱인 -55밀리볼트로 변화시키는 반면, 억제 신경전달물질은 그 막전위를 -70밀리볼트에서 -75밀리볼트로 변화시켜 세포가 활동전위를 발생시키기가 훨씬 더 어렵게 만든다.

오늘날 우리는 뇌 속의 주요 흥분 신경전달물질은 아미노산의 일종인 글루타메이트(glutamate)이고 주요 억제 신경전달물질 역시 아미노산의 일종인 가바(GABA, gamma-aminobutyric acid, 감마 아미노부티르산)라는 것을 안다. 진정 효과를 가진 다양한 약물—벤조디아제핀(benzodiazepines), 바르비투르산(barbiturates), 알코올, 전신 마취제—은 가바 수용체에 결합하여 억제 기능을 강화함으로써 행동을 고요하게 만드는 효과를 발휘한다.

그렇게 에클스는 흥분 시냅스 전달이 화학적으로 매개된다는 카츠의 발견을 입증했고, 억제 시냅스 전달 역시 화학적으로 매개된다는 것을 보여 주었다. 여러 해 뒤에 에클스는 이 발견들을 언급하면서 이렇게 썼다. "나는 카를 포퍼로부터 내 가설을 가능한 한 명확하게 다듬어 실험적인 공격과 반증을 요구할 수 있게 만들라는 격려를 받았다. 결국 그 반증에 성공한 것은 다름 아닌 나였다." 에클스는 과거에 그가 그토록 열렬히 주창했던 전기 가설을 버리고 온 마음으로 화학 가설로 개종함으로써 자신의 발견을 자축했다. 그는 과거와 다름 없는 힘과 열정으로 화학 가설의 보편성을 주장하는 인물로 거듭났다.

바로 이때, 그러니까 1954년 10월에 카츠의 뛰어난 동료 중 하나인 폴 패트(Paul Fatt)가 시냅스 전달에 대한 연구 성과를 요약한 훌륭한 논문을 썼다. 패트는 긴 안목을 가지고서, 모든 시냅스 전달이 화학적이라는 결론은 아직 성급하다고 지적했다. 그는 이렇게 논문을 마무리했다. "그 접합부들을 건널 때 화학적 전달이 일어난다는 것을 보여 주는 증거는 충분히 많고…… 생리학자는 그 증거를 아주 잘 알지만, 어떤 다른 접합부에서 전기적 전달이 일어날 개연성은 존재한다."

3년 후 패트의 예측은 카츠의 실험실에 소속된 두 명의 박사후 연구원 에드윈 퍼슈판(Edwin Furshpan)과 데이비드 포터(David Potter)의 연구에서 설득력 있는 증거를 얻었다. 이들은 가재의 신경계에서 두 세포들 사이에 전기적 전달이 일어나는 사례를 발견했다. 그리하여 논쟁하는 양 진영 모두가 증거를 들이댈 수 있게 되었다. 과학적 논쟁에서는 때로 그런 상황이 발생한다. 오늘날 우리는 당시에 논란의 대상이 되었던 것들을 포함한 대부분의 시냅스가 화학적이라는 것을 안다. 그러나 일부 뉴런들은 다른 신경세포와 전기적 시냅스를 형성한다. 그런 시냅스들에는 작은 다리가 걸쳐져 있어서 한 세포에서 다른 세포로 전류가 흐를 수 있다. 이는 골지가 예측했던 것과 거의 동일한 메커니즘이다.

나는 두 형태의 시냅스 전달이 존재한다는 것에서 몇 가지 질문을 도출했고, 그것들은 훗날 나의 연구에서 다시 등장하게 된다. 왜 뇌 속에서는 화학적 시냅스가 지배적일까? 화학적 전달과 전기적 전달은 행동과 관련하여 다른 역할을 하는 것일까?

찬란한 과학자 경력의 마지막 시기에 카츠는 표적 세포 내의 시냅스전위에 쏟았던 관심을 신호를 보내는 세포에서 일어나는 신경전달물질의 방출로 돌렸다. 그리고 두 가지 놀라운 발견을 추가했다. 첫째, 활동전위가 축삭돌기를 따라 시냅스전 말단으로 전파되면, 칼슘 이온을 통과시키는 전압 감응성 통로들이 열린다. 시냅스전 말단에 칼슘 이온이 유입되면, 일련의 분자적 단계들을 거쳐 신경전달물질이 방출된다. 그러니까 신호를 보내는 세포에서 전기적 신호를 화학적 신호로 번역하는 과정을 시작하는 것은 활동전위에 의해 열린 전압 감응성 칼슘 통로들이다. 이는 신호를 받는 세포에서 전달물질 감응성 통로들이 화학적 신호를 다시 전기적 신호로 번역하는 것과 짝을 이룬다.

둘째, 카츠는 아세틸콜린과 같은 전달물질들은 축삭돌기 말단에서 개별 분자들로 방출되는 것이 아니라 각각 5,000개가량의 분자들이 담긴 작은 꾸러미들로 방출된다는 것을 발견했다.

카츠는 그 꾸러미를 양자(quantum)로 명명했고, 그 각각이 그가 시냅스 소포(synaptic vesicle)로 명명한 막-결합형 주머니에 싸여 있다고 추측했다. 샌퍼드 펄레이와 조지 펄레이드는 1955년에 전자현미경으로 시냅스의 사진을 찍어 시냅스전 말단에 꾸러미들이 들어찬 모습을 보여 줌으로써 카츠의 예측을 입증했다. 훗날 그 꾸러미 속에 신경전달물질이 들어 있다는 것이 증명되었다.

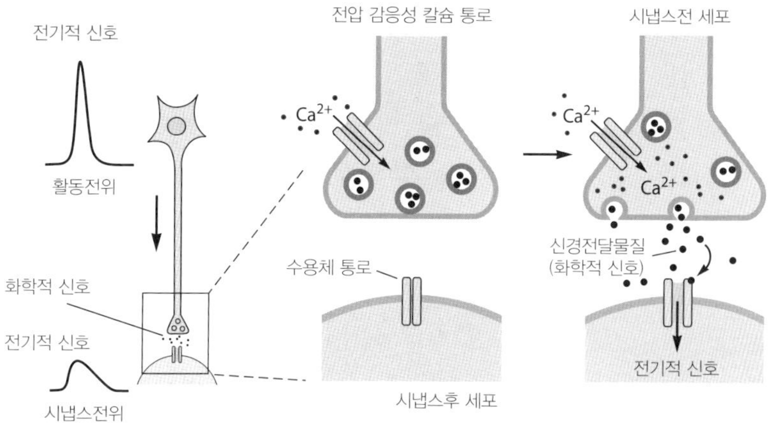

6-2 전기적 신호에서 화학적 신호로, 그리고 다시 그 반대로. 버나드 카츠는 활동전위가 시냅스전 말단에 진입하면, 칼슘 통로가 열려 칼슘 이온들이 세포 내부로 들어온다는 것을 발견했다. 그렇게 되면 신경전달물질이 시냅스 틈새로 방출된다. 신경전달물질은 시냅스후 세포 표면의 수용체들과 결합하고, 화학적 신호는 다시 전기적 신호로 전환된다.

카츠는 이 생각을 더 발전시키기 위해 천재적인 전략적 결단을 내렸다. 연구 대상을 개구리의 신경-근육 시냅스에서 오징어의 거대 시냅스로 바꾼 것이다. 이 장점이 많은 새 대상을 이용하여 그는 시냅스전 말단으로 유입된 칼슘 이온들이 하는 역할을 추론했다. 그것들은 시냅스 소포가 시냅스전 말단의 표면 막과 융합하면서 그 막에 구멍을 만들어 전달물질이 시냅스 틈새로 방출되게 만든다(그림 6-2).

지각할 뿐 아니라 사고하고 학습하고 정보를 저장하는 뇌의 작동이 전기적 신호뿐 아니라 화학적 신호를 통해 일어날지도 모른다는 깨달음은 뇌과학을 해부학자와 전기생리학자에게만 매력적인 것이 아니라 생화학자에게도 매력적이게 만들었다. 더 나아가 생화학은 생물학의 보편 언어이므로, 시냅스 전달은 나처럼 행동과 정신을 연구하는 학생들은 말할 것도 없고 생물학계 전체의 관심을 불러일으켰다.

오스트리아와 독일에서 시냅스를 연구한 뢰비와 펠드버그, 커플러, 카츠 등의 뛰어난 학자들에게 영국과 오스트레일리아, 뉴질랜드, 미국이 문호를 개방한 것은 뇌과학계 전체를 위해 얼마나 다행한 일이었는지 모른다. 나는 지그문트 프로이트가 영국에 도착하여 그가 살게 될 런던 외곽의 아름다운 집을 보면서 했다는 말이 떠오른다. 강제로 쫓겨나 도착한 곳에서 평온하고 품격 있는 분위기를 만난 그는 빈 사람다운 아이러니로 이렇게 읊조렸다고 한다. "하일 히틀러!"

7.

단순한 뉴런 시스템과 복잡한 뉴런 시스템

1955년에 내가 컬럼비아에 도착한 직후, 그런드페스트는 젊은 의사인 도미니크 퍼퓨라(Dominick Purpura) 곁에서 일할 것을 내게 제안했다. 퍼퓨라는 그런드페스트의 이끌림을 받아 신경외과학에서 기초적인 뇌 연구로 전공 분야를 바꾼 인물이었다(그림 7-1). 내가 도미니크를 만났을 때, 그는 뇌의 가장 발달된 구역인 대뇌피질(cerebral cortex)에 연구의 초점을 맞추기로 막 결정한 상태였다. 도미니크는 정신을 바꿔 놓는 약물에 관심이 있었고, 내가 그를 도와 수행한 최초의 실험들은 환각제인 LSD(lysergic acid diethylamide, 리세르그산 디에틸아미드)가 어떤 역할을 통해 시각적 환상을 일으키는가에 관한 것이었다.

LSD는 1940년대에 발견되었고, 1950년대 중반에는 유희를 목적으로 널리 사용되어 매우 잘 알려져 있었다. 올더스 헉슬리(Aldous Huxley)는 『지각의 문(The Doors of Perception)』이라는 책에서 LSD가 그 자신의 시각 경험에 대한 의식을 강화하여 더 강력하고 밝은 색 이미지와 더 명확한 감각을 산출했다고 기술하여 LSD가 정신을 바꿔 놓는 성질이 있음

7-1 도미니크 퍼퓨라(1927~). 신경외과 의사였으나 전업 연구자로 진로를 바꿔 피질의 생리학에 크게 공헌했다. 나는 그런드페스트의 실험실에 처음 머물던 1955~1956년에 그와 함께 일했다. 나중에 그는 스탠퍼드 대학의 대표적인 학자가 되었으며, 더 나중에는 알베르트 아인슈타인 의과대학에서 일했다(에릭 캔델 개인 소장).

을 널리 알렸다. LSD와 기타 관련 환각제들은 꿈이나 고양된 종교적 상태 이외의 일상에서는 경험할 수 없는 방식으로 지각과 사고와 느낌을 바꿔 놓는 효능을 가졌기 때문에 다른 종류의 약물과 두드러지게 다르다. LSD를 투여받은 사람은 흔히 자기 정신이 확장되고 둘로 갈라졌다고 느낀다. 이때 한 부분은 조직적이며 지각이 강화된 것을 경험하고, 또 다른 부분은 수동적이며 첫 부분에서 일어나는 사건들을 중립적인 외부자로서 관찰한다. 주의는 대개 내면을 향하고, 자아와 비자아 사이의 명확한 구분은 사라진다. 그리하여 LSD 사용자는 자신이 우주의 일부가 된 것 같은 신비로운 느낌을 갖는다. 많은 경우에는 지각의 왜곡이 시각적 환영의 형태로 나타나고, 심지어 일부의 경우에는 정신분열병과 유사한 정신병적 반응이 나타날 수 있다. LSD가 지닌 이런 놀라운 성질들 때문에 도미니크는 그 물질이 어떻게 효능을 발휘하는가를 알고 싶어했다.

그로부터 1년 전에 록펠러 연구소의 두 약학자 D. W. 울리(Woolley)와 E. N. 쇼(Shaw)는 LSD가 결합하는 수용체가 세로토닌 수용체와 동일하다는 것을 발견했다. 세로토닌은 최근에 뇌 속에서 발견된 것으로, 신경전달물질로 여겨지고 있었다. 울리와 쇼는 실험약학자들이 즐겨 쓰는 쥐 자궁의 민무늬근을 연구의 재료로 삼았다. 그들은 그 근육이 세로토닌에 반응하여 자발적으로 수축하는 것을 발견했다. 그런데 LSD는 세로토닌을 그것의 수용체에서 떼어 놓음으로써 세로토닌이 수축 효과를 발휘하는 것을 방해했다. 그리하여 울리와 쇼는 LSD가 뇌 속의 세로토닌을 방해한다는 결론에 도달했다. 더 나아가 그들은 LSD가 정신병적 반응을 일으키는 것은 뇌 속 세로토닌의 정상적인 활동을 막기 때문이라고 주장했다. 만일 이 주장이 옳다면, 세로토닌은 우리의 온전한 정신—정상적인 정신 기능—을 위해 필요한 물질일 것이다.

도미니크는 뇌 속 화학물질에 관한 생각을 검증하기 위해 자궁의 민무늬근을 이용하는 것에 아무 문제도 느끼지 않았지만, 정신적으로 건강하거나 병든 뇌의 기능을 더 적합하게 시험하려면 환각제가 어떻게 작용하는가를 알기 위해 뇌를 직접 들여다보아야 한다고 생각했다. 특히 그는 LSD가 시각피질의 시냅스 활동에 영향을 미치는가를 알고 싶어했다. 시각피질은 시각과 관련된 피질의 영역이며, LSD에 의해 극적인 시각적 왜곡과 환영이 발생하는 자리로 여겨졌다. 그는 고양이의 신경계에서 시각피질까지 이어진 신경 경로에 세로토닌이 어떻게 작용하는가를 탐구하는 작업을 도와달라고 내게 요청했다.

우리는 동물을 마취시킨 후, 두개골을 열어 뇌를 노출시키고 시각피질 표면에 전극들을 설치했다. 우리는 자궁 민무늬근에서와 달리 시각피질에서는 세로토닌과 LSD가 상반된 작용을 하지 않는다는 것을 발견했다. 그 두 물질은 시냅스 신호를 억제하는 동일한 작용을 할 뿐 아니라, 서로 상대방의 억제 작용을 강화했다. 그러므로 우리의 연구와 다른 사람들의 후속 연구들은 LSD의 환각 효과는 그 약물이 시각 시스템 속의 세로토닌 작용을 막기 때문이라는 울리와 쇼의 생각을 반증하는 것처럼 보였다(오늘날 우리는 세로토닌이 뇌 전역에서 무려 18종의 수용체들에 작용한다는 것을 알며, LSD는 그 수용체들 중에서 전두엽에 있는 한 수용체를 자극함으로써 환각을 일으킨다고 추정한다).

이는 아주 훌륭한 결과였다. 그 연구를 하는 동안 나는 도미니크에게서 고양이를 이용한 실험을 설계하는 법과 전기 측정기와 자극용 장치들을 다루는 법을 배웠다. 나 스스로 놀랐지만, 나의 첫 실험실 경험은 대학과 의과대학 교실에서 배운 건조한 과학의 이미지와 전혀 달리 강한 흡인력을 발휘했다. 실험실에서 과학은 자연에 관한 흥미로운 질문을 제기하고, 그 질문이 중요하며 잘 짜여져 있는가에 대하여 토론하고, 그 특수한 질문에 대한 잠정적인 대답들을 시험하기 위한 실험을 고안하는 일이다.

그런드페스트와 퍼퓨라가 제기하고 있던 질문들은 자아나 초자아, 또는 이드와 직접 연관되지 않았지만, 나는 그 질문들에서 신경과학이 정신분열병의 지각 왜곡과 환각과 같은 주요 정신병적 증상에 대한 생각들을 검증할 능력을 갖추기 시작했다는 것을 깨달았다.

더 중요한 것은 그런드페스트와 퍼퓨라와의 토론이 정말 재미있었다는 점이다. 그들은 예리한 통찰력을 가지고 있었고, 때로는 다른 과학자들의 연구와 경력과 성생활에 대하여 믿기 어려울 정로도 수다를 떨었다. 도미니크는 대단히 영리했고, 기술적으로 뛰어났으며, 정말로 재미있는 사람이었다(훗날 나는 그에게 신경생물학계의 우디 앨런이라는 별명을 붙였다). 나는 과학이 특히 미국의 실험실에서 지닌 독특한 점은 실험 그 자체에만 있는 것이 아니라 사회적 맥락에도 있다는 것을 깨닫기 시작했다. 미국 실험실에서 학생과 선생은 평등했고, 잔인할 정도로 솔직하게 끊임없이 대놓고 의견과 비판을 교환했다. 그런드페스트와 퍼퓨라는 서로를 존중하고 실험의 설계에 함께 참여했지만, 그런드페스트는 마치 다른 실험실에서 온 경쟁자인 듯이 도미니크의 데이터를 비판하곤 했다. 그런드페스트는 자기 자신과 도미니크의 실험에 대하여 최소한 다른 사람들의 실험에 대해서만큼 깐깐했다.

나는 생물학 연구에서 막 출현하던 주요 발상들을 배운 것 외에도 그런드페스트와 퍼퓨라에게서, 또 나중에는 그런드페스트의 젊은 동료인 스탠리 크레인(Stanley Crain)에게서 방법과 전략을 배웠다. 넓은 시각으로 보면, 어린 시절 1938년 빈에서 겪은 일에 대한 고통스런 기억이 이후의 나를 결정한 것 못지않게, 스물다섯 살 때 접한 긍정적인 실험실 경험과 생각들은 내 평생에 중요한 영향을 미쳤다.

세로토닌과 LSD에 관한 발견들에 고무된 도미니크는 포유류 피질에서 할 수 있는 분석의 기술적 한계까지 나아갔다. 우리는 시각피질을 활성화하기 위해 섬광을 이용했었다. 그 자극은 시각피질 뉴런들의 수상돌기에서 끝나는 경로를 활성화시켰다. 그때까지 수상돌기에 대해서 알려진 바는 거의 없었다. 예컨대 수상돌기들이 축삭돌기처럼 활동전위를 산출할 수 있는지조차 모르는 상태였다. 퍼퓨라와 그런드페스트는 수상돌기가 제한된 전기적 성질을 가졌다고 주장했다. 즉, 시냅스전위는 산출할 수 있지만 활동전위는 산출할 수 없다고 주장했다.

그러나 그런드페스트와 퍼퓨라는 그 주장이 잠정적이라는 것을 잘 알고 있었다. 왜냐하면 그들은 자신들의 실험 방법이 수상돌기에 대한 연구에 적합한지 확신이 없었기 때문이다. LSD에 의한 시냅스 전달의 변화를 탐지하고자 하는 그런드페스트와 퍼퓨라는 시각피질 뉴런의 수상돌기에서 일어나는 일을 한 번에 수상돌기 하나씩 세포 내부에서 측정할 필요가 있었다. 즉, 카츠가 개별 근육섬유에 박았고 에클스가 개별 운동뉴런에 박았던 것과 유사한 작은 유리 전극을 쓸 필요가 있었다. 얼마간 토론을 한 다음에 그들은 세포 내부에서의 측정은 성공 가능성이 희박하다는 결론에 이르렀다. 왜냐하면 시각피질의 뉴런들은 카츠와 에클스가 연구한 세포들보다 훨씬 작았기 때문이다. 더구나 세포 본체의 1/20 크기에 불과한 수상돌기는 측정이 불가능한 표적처럼 보였다.

나는 이 토론의 맥락에서 다시 한 번 스티븐 커플러를 만났다. 어느 날 저녁 그런드페스트는 내 실험실에 〈일반생리학 저널(Journal of General Physiology)〉

한 권을 던져 놓았다. 그 저널에는 가재의 신경세포와 수상돌기에 관한 연구 결과를 담은 커플러의 논문 세 편이 실려 있었다. 나는 가재를 연구하는 동시대의 신경생리학자가 지닌 생각이 한마디로 대단하다고 느꼈다. 프로이트가 처음 쓴 과학논문 중 하나는 그가 겨우 스물여섯 살이었던 1882년에 출판되었고, 그 주제는 가재의 신경세포였다! 프로이트는 그 연구의 과정에서 카할에 의존하지 않고 신경세포의 본체와 모든 돌기들이 단일한 단위이며 뇌의 신호 전달 단위라는 발견에 거의 이르렀다.

나는 커플러의 논문들을 최선을 다해 읽었다. 비록 그것들을 완전히 이해하지 못했지만, 한 가지 점은 즉각 눈에 띄었다. 커플러는 퍼퓨라와 그런드페스트가 하려 했지만 포유류의 뇌에서는 성취할 수 없었던 일을 하고 있었다. 그는 개별 신경세포를 분리하여 수상돌기를 연구하고 있었던 것이다. 그렇게 분리한 신경세포에서 커플러는 수상돌기의 개별 가지들을 실제로 보면서 그 내부의 전기적 변화가 일으키는 귀결들을 기록할 수 있었다.

커플러의 논문들은 실험이 성공하려면 어떤 해부학적 시스템을 선정하는가가 결정적으로 중요하며 무척추동물은 단순한 시스템의 보고(寶庫)라는 것을 깨닫게 해주었다. 또 그 논문들은 실험할 시스템을 선택하는 일은 생물학자가 내리는 가장 중요한 결정 중 하나라는 것을 내게 가르쳐 주었다. 나는 이 가르침을 호지킨과 헉슬리가 행한 오징어의 거대 축삭돌기에 대한 연구에서, 그리고 오징어의 거대 시냅스에 대한 카츠의 연구에서도 얻은 바 있었다.

이 깨달음은 내게 큰 충격이었으며, 나는 그 새로운 연구 전략을 나 스스로 직접 시험해 보고 싶어졌다. 나는 구체적인 생각을 가지고 있지 않았지만, 생물학자처럼 생각하기 시작했던 것이다. 나는 모든 동물이 자신의 신경계의 구조를 반영하는 모종의 정신적 삶을 가진다는 것을 확실히 배웠고, 내가 원하는 것은 신경계의 기능에 대한 세포 수준의 연구라는 것을 알고 있었다. 그 외에 이 무렵 내가 알았던 것은 언젠가 내가 무척추동물을 가지고 내 생각을 검증하게 되리라는 것뿐이었다.

1956년에 의과대학을 졸업한 나는 뉴욕 시 몬테피오르 병원에서 수련의로 1년을 보냈다. 1957년 봄, 수련의 과정에서 짧게 주어지는 선택 수강 기간에 나는 그런드페스트의 실험실로 돌아가서 단순한 시스템의 대가인 스탠리 크레인과 여섯 주를 보냈다. 크레인이 중요한 문제들을 다루는 실험에 적절한 시스템을 찾는 세포생물학자였기 때문에 그를 선택했다. 그는 뇌에서 분리되어 다른 모든 세포들로부터 격리된 채 조직배양액에서 자란 단일 신경세포의 성질들을 연구한 최초의 과학자 중 한 명이었다. 크레인이 다루는 것보다 더 단순한 시스템은 없었다.

내가 무척추동물, 특히 가재에 점점 더 흥미를 느낀다는 것을 안 그런드페스트는 크레인의 도움을 받아 전기적 기록 시스템을 만들 것을 내게 제안했다. 나는 그 시스템을 이용하여, 가재가 꼬리를 움직여 포식자로부터 달아나는 행동을 통제하는 대형 축삭돌기를 대상으로 한 호지킨과 헉슬리의 실험을 재현할 수 있을 것이었다. 가재의 축삭돌기는 오징어의 그것보다 작지만 그래도 매우 크다.

크레인은 개별 축삭돌기에 삽입할 작은 유리 전극을 만드는 법과 그 전극에서 전기 기록을 얻고 해석하는 법을 가르쳐 주었다. 그 실험들은 거의 실험 연습에 가까웠다. 왜냐하면 과학적인 신천지나 개념적인 신대륙을 탐험하는 일이 아니었기 때문이다. 그럼에도 나는 처음으로 내가 독립적으로 연구하고 있다고 느끼며 흥분했다. 나는 30년 전에 에이드리언이 했던 것처럼 전기신호 기록용 증폭기의 출력을 스피커에 연결했다. 나 역시 세포 속에 전극을 넣을 때마다 활동전위가 내는 소리를 들을 수 있었다. 나는 총소리를 좋아하지 않지만, 그때 들은 활동전위의 쿵! 쿵! 쿵! 소리는 황홀했다. 축삭돌기에 성공적으로 진입하여 가재의 뇌가 메시지를 운반하는 소리를 실제로 듣고 있다고 생각하니 기적처럼 느껴졌다. 나는 진짜 정신분석가가 되어 가고 있었다. 나는 내 가재의 깊숙이 숨은 생각들을 듣고 있었다.

가재의 단순한 신경계에 관한 초기의 실험에서 내가 얻은 아름답고 명확한 결과들 — 안정막전위와 활동전위의 측정값, 활동전위는 전부-아니면-전무적이며 단지 안정막전위를 무화하는 것이 아니라 그 이상으로 치솟는다는 사실의 재확인 — 은 내게 심오한 인상을 주었으며 연구에 적절한 동물을 선택하는 일의 중요성을 새삼 느끼게 해주었다. 나의 실험 결과는 전혀 독창적이지 않았지만 내게는 너무너무 훌륭했다.

그런드페스트는 내가 그의 실험실에서 보낸 두 차례의 짧은 기간에 경험한 바에 근거하여 나를 국립보건원(NIH)의 정신의학 부서인 국립정신보건원(National Institute of Mental Health, NIMH)의 연구원으로 추천하겠다고 제안했다. 거기에서 일하면 병역을 면제받을 수 있었다. 한국전쟁 후 몇 년 동안 의사들은 군인과 그 가족들을 위한 의료 활동에 동원되었다. 당시에 연안경비대의 일부였던 공중위생국에서 일하는 것은 병역의 대안이었고, 국립보건원은 공중위생국의 여러 산하 기관들 중 하나였다. 그런드페스트의 추천을 받은 나는 국립정신보건원 산하 신경생리학연구소의 소장 웨이드 마셜(Wade Marshall)의 낙점을 받았고 1957년 7월까지 입소하라는 통보를 받았다.

웨이드 마셜은 1930년대 후반에 미국 뇌과학계에서 아마도 가장 성공적이고 촉망되는 젊은 과학자였다(그림 7-2). 지금은 고전이 된 일련의 논문에서 그는 이렇게 물었다. 신체 표면 — 손, 얼굴, 가슴, 등 — 의 촉감 수용체들은 개와 고양이의 뇌 속에서 어떻게 표상(represent)되는가? 마셜과 동료들은 내적인 촉감 표상들이 공간적으로 조직된다는 것을 발견했다. 즉, 신체 표면의 인접한 영역들은 뇌 속에서도 인접한다.

마셜이 연구를 시작할 무렵에는 대뇌피질의 해부학에 관하여 이미 아주 많은 것들이 알려져 있었다. 피질은 전뇌(forebrain)의 대칭적인 반구 두 개를 덮고 있는 매우 복잡한 구조물이며 네 부분, 즉 네 엽 — 전두엽,

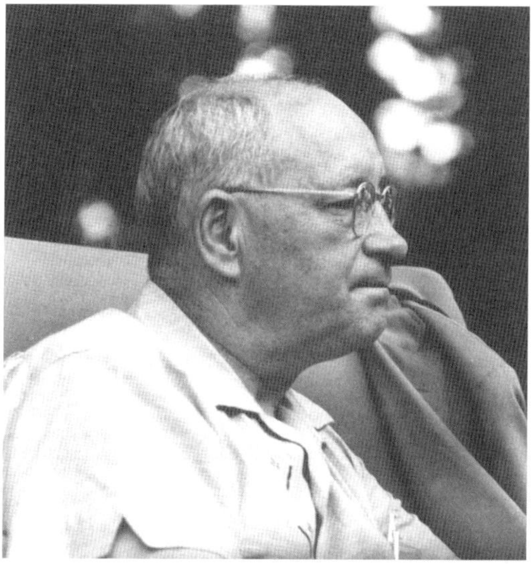

7-2 웨이드 마셜(1907~1972). 대뇌피질에서 촉각과 시각이 위치한 자리를 나타낸 지도를 최초로 그린 과학자다. 그는 1947년에 국립보건원으로 직장을 옮겨 1950년에는 국립정신보건원 산하 신경생리학연구소의 소장이 되었다. 나는 1957년에서 1960년까지 그의 지휘를 받으며 일했다(루이즈 마셜 제공).

두정엽(마루엽), 측두엽, 후두엽 — 으로 나뉜다. 인간 대뇌피질의 주름을 전부 펴면, 그 크기는 천으로 된 큼직한 식사용 냅킨 정도이고 그보다 두께만 약간 더 두껍다. 대뇌피질에는 약 1,000억 개의 뉴런이 있고, 각각의 뉴런은 약 1,000개의 시냅스를 가진다. 따라서 대뇌피질 속의 시냅스 연결은 약 100조 개다.

마셜은 시카고 대학교 대학원생이던 1936년에 촉감에 대한 연구를 시작했다. 그는 고양이 다리의 털을 움직이거나 피부를 건드리면 체감각피질의 특정 뉴런군에 전기 반응이 일어난다는 것을 발견했다. 체감각피질은 두정엽의 한 구역으로 촉각을 관장한다. 그 연구는 촉감이 뇌에 표상된다는 것만 보여 주었지만, 마셜은 자신의 분석을 훨씬 더 발전시킬 수 있음을 즉각 깨달았다. 그는 피부의 인접한 영역들이 체감각피질의 인접한 영역들에 표상되는지, 아니면 무작위하게 분산된 영역들에 표상되는지 알고 싶었다.

이 질문에 답하려는 연구를 위한 지침을 얻기 위해 마셜은 필립 바드(Philip Bard) 밑에서 박사후 수련을 하기로 했다. 바드는 존스홉킨스 의과대학 생리학부의 수장이었고 미국 생물학계의 거물이었다. 마셜은 바드와 힘을 합하여 원숭이를 대상으로 연구를 했고, 신체의 표면 전체가 체감각피질에 일대일 대응 신경 지도의 형태로 표상된다는 것을 발견했다. 서로 인접한 신체 표면의 부분들, 예컨대 손가락들은 체감각피질에서 서로 인접한 위치에 표상된다. 몇 년 후, 대단한 재능을 가진 캐나다 신경외과 의사 와일더 펜필드(Wilder Penfield)는 원숭이에서 사람으로 연구를 확장하여 신체 표면에서 접촉에 가장 민감한 부분들은 체감각피질에서 가장 큰 영역들에 표상된다는 것을 발견했다.

그다음으로 마셜은 눈의 망막에 있는 빛 수용체들 역시 후두엽의 한 영역인 1차 시각피질(primary visual cortex)에 질서 있게 표상된다는 것을 발견했다. 마지막으로, 그는 측두엽이 소리의 진동수에 대한 감각 지도를 가지고 있다는 것을 보여 주었다. 즉, 다양한 음높이의 소리들은 뇌에 체계적으로 표상된다.

이 연구들은 감각 정보가 뇌에서 어떻게 조직되고 표상되는가에 대한 우리의 이해를 혁명적으로 바꿔 놓았다. 서로 다른 감각 시스템은 다른 유형의 정보를 운반하고 대뇌피질의 다른 영역에서 끝나지만, 그 시스템 모두가 하나의 조직화 논리를 공유한다는 것을 마셜은 보여 주었다. 즉, 모든 감각 정보는 뇌 속에서 지형학적으로 조직된다. 즉, 눈의 망막, 귀의 고막, 신체 표면의 피부와 같은 감각 수용체들을 나타낸 정확한 지도의 형태로 조직된다.

그 감각 지도를 가장 쉽게 보여 주는 사례는 체감각피질의 촉감 표상이다. 촉감은 자극 에너지—예컨대 꼬집는 동작이 전달한 에너지—를 감각뉴런들 속의 전기신호로 번역하는 피부의 수용체들에서 시작된다. 그 신호는 정확한 경로를 따라 뇌로 이동하고, 여러 처리 과정, 혹은 중계를 거친다. 그 과정들은 체감각피질에 도달하기 전까지 뇌간과 시상에서 일어나는 단계들이다. 각각의 단계에서 피부의 인접한 지점들에서 온 신호들은 서로 가까이 있는 신경섬유들에 의해 운반된다. 이런 식으로 예컨대 인접한 두 손가락이 받은 자극은 뇌 속의 인접한 신경세포들을 활성화한다.

뇌의 감각 지도들에 대한 지식과 감각의 지형학적 조직화 방식에 대한 이해는 환자를 진료하는 데 어마어마한 도움을 주었다. 그 지도들은 믿기 어려울 정도로 정확하기 때문에, 임상신경학은 이미 오래전에 정확한 진단이 가능한 분야가 되었다. 최근에 뇌 영상화 기법들이 개발되기 전까지는 매우 단순하고 원시적인 도구들에만 의지했는데도 말이다. 예컨대 촉각 검사에 솜뭉치를, 통각 검사에 안전핀을, 청각 검사에 소리굽쇠를, 반사작용 검사에 망치를 썼는데도 말이다. 감각 시스템과 운동 시스템의 장애들은 대단한 정확도로 그 위치를 확인할 수 있다. 왜냐하면 신체 부위와 뇌 영역 사이에 일대일 대응 관계가 있기 때문이다.

그 관계를 보여 주는 극적인 예는 잭슨 감각 발작(Jacksonian sensory march)이다. 이것은 영국의 신경학자 존 휼링스 잭슨(John Hughlings Jackson)이 1878년에 처음으로 기술한 간질 발작의 특정 유형인데, 이 발작에서는 마비와 타는 듯한, 혹은 찌르는 듯한 감각이 한 지점에서 시작되어 전신으로 퍼진다. 예컨대 마비는 손가락 끝에서 시작되어 몇 분 뒤에 손과 팔, 어깨, 등, 그리고 아래로 내려가 다리로 퍼질 수 있다. 이 순서는 신체의 감각 지도의 배열을 통해 이렇게 설명할 수 있다. 그 발작은 뇌 속의 비정상적 전기 활동의 파동이며, 손이 표상된 체감각피질의 측면에서 시작되어 피질을 가로질러 다리가 표상된 정중선(正中線)까지 퍼진다.

그러나 마셜은 경이로운 과학적 성취를 위해 희생을 치러야 했다. 그의 실험들은 육체적으로 고되었고, 흔히 한 번에 24시간 넘게 계속되었다. 자주 잠을 거른 그는 완전히 소진되었다. 게다가 바드와의 갈등도 있었다. 1942년에 마셜은 실제로 바드를 물리적으로 위협한 다음에 급성 정신성 편집병 증세를 보이며 무너졌다. 그 정신병 증세 때문에 마셜은 18개월 동안 입원해야 했다.

1940년대 후반에 신경과학계에 복귀한 마셜은 과거와 전혀 다른 문제들에 초점을 맞췄다. 그는 확산적 피질 기능 저하(spreading cortical depression), 즉 실험을 통해 대뇌피질의 전기 활동을 가역적으로 중단하는 것을 연구했다. 내가 국립보건원에 도착했을 때, 그는 이미 찬란한 경력의 정점을 지난 상태였다. 여전히 그는 이따금씩 실험을 하는 것을 즐겼지만, 과학적 열정과 명쾌한 안목을 잃은 뒤였고, 자기가 지닌 활력과 관심의 많은 부분을 행정 업무에 쏟았으며 그 업무를 잘 해냈다.

비록 괴짜에다 변덕스럽고 의심이 많아 약간 예측하기 힘든 인물이었지만, 마셜은 자신이 맡은 젊은이들을 전력으로 지원하는 후한 연구 책임자였다. 나는 그에게서 과학 실험실 특유의 엄격함과 정숙함에 대하여 많은 것을 배웠다. 그는 과학자의 행동에 대하여 높은 기준과 훌륭한 유머 감각을 가지고 있었다. 그 유머 감각은 그가 적시에 떠올리곤 하던 훌륭한 경구들에 반영되었다. 자신의 발견들이 도전에 직면할 때마다 그가 즐겨 읊던 경구는 "우리도 혼란스러웠고 그들도 혼란스러웠지만, 우리는 혼란스러움에 더 익숙했다"였다. 또 때로는 "한동안 이런 식으로 계속될 테고, 그다음에 우린 더 나빠질 것이다"라는 경구를 읊었다.

나는 마셜에게서 겸손을 배웠을 뿐 아니라 개인적인 힘과 충분한 시간이 있으면 심각한 정신병에서 상당히 회복될 수 있다는 것을 배웠다(당시에는 정신병 치료용 약물이 없었다). 또 그런 심각한 장애에서 회복한 사람이 얼마나 많은 것을 성취할 수 있는가를 배웠다. 나중에 과학계에서 매우 높은 지위까지 올라간 많은 젊은이들과 나 자신에게 처음에, 그리고 나중에 성공에 이르렀을 때 웨이드 마셜은 개인적·직업적 모범이었다. 나는 확실히 미숙한 연구원이었는데도 그는 자신이 관심을 기울이는 문제들만 연구할 것을 내게 요구하지 않았다. 오히려 그는 내가 하고 싶은 것이 무엇인지 생각해 보는 것을 허용했다. 그것은 뇌세포 속에서 학습과 기억이 어떻게 이루어지는가에 대한 연구였다. 과학은 우리에게 아이디어를 시도할 기회를 준다. 그리고 만일 우리가 실패를 겁내지 않는다면, 생생하고 중요하고 과감한 아이디어를 시험할 기회를 준다. 마셜은 내게 창조적인 사고를 시도할 자유를 주었다.

그런드페스트, 퍼퓨라, 크레인, 마셜, 그리고 나중에 스티븐 커플러는 내게 큰 영향을 끼쳤다. 그들은 내 인생을 변화시켰다. 그들, 그리고 내가 하버드 대학에 갈 수 있게 해준 캄파냐 씨는 한 사람의 지적 발달에서 스승과 제자의 관계가 얼마나 중요한가를 예증한다. 또 그들은 우연적인 영향과 젊은이를 북돋우는 관대한 격려가 얼마나 중요한가를 잘 보여 준다. 다른 한편으로, 젊은이들도 열린 마음을 가지려고 노력해야 하고 일류 지식인들 곁으로 가기 위해 애써야 한다.

8.

서로 다른 기억들, 서로 다른 뇌 영역들

웨이드 마셜의 실험실에 도착할 무렵 나는 자아와 이드, 초자아를 뇌 속에서 발견하겠다는 순박한 생각에서 한 발 더 나아가 기억의 생물학적 토대를 발견하는 일이 고등한 정신 과정들을 이해하기 위한 효과적인 접근법일 수 있다는 약간 덜 막연한 생각을 가지고 있었다. 학습과 기억은 정신분석과 정신 치료에서 핵심적이라고 나는 생각했다. 따져 보면, 많은 심리적 문제들은 학습된 것이며, 정신분석은 학습된 것을 학습되지 않은 것으로 만들 수 있다는 원리를 토대로 삼는다. 더 일반적으로, 학습과 기억은 우리의 정체성 자체에 핵심적이다. 그것들은 우리가 누구인가를 결정한다.

그러나 그 무렵에 학습과 기억의 생물학은 혼란스러웠다. 그 분야는 하버드 대학의 심리학 교수 칼 스펜서 래슐리(Karl Spencer Lashley)의 사상에 의해 주도되었다. 그는 대뇌피질에 기억을 위한 특수한 영역이 존재하지 않는다는 주장으로 많은 과학자들의 동의를 얻었다.

내가 국립정신보건원에 도착한 직후에 두 명의 과학자가 모든 것을 바뀌 놓았다. 맥길 대학 산하 몬트리올 신경학연구소의 심리학자 브렌다 밀너(Brenda Milner)와 코네티컷 주 하트퍼드의 신경외과 의사 윌리엄 스코빌(William Scoville)은 연구 논문을 발표하여 기억이 뇌의 특정 영역에 저장된다는 것을 발견했다고 보고했다. 이 소식은 나를 비롯한 많은 연구자들에게 큰 충격이었다. 왜냐하면 그 소식은 인간의 정신에 관한 아주 오래된 논쟁을 종결시키는 결정적인 일격인 듯이 보였기 때문이다.

20세기 중반까지 기억이 있는 자리를 찾으려는 노력은 뇌가 — 특히 대뇌피질이 — 어떻게 작동하는가에 대한 두 가지 경쟁하는 견해에 의해 지배되었다. 하나는 대뇌피질이 각각 특수한 기능을 하는 영역들로 이루어졌다는 견해였다. 이를테면 한 영역은 언어를 표상하고, 다른 영역은 시각을 표상하는 식으로 말이다. 또 다른 견해는 정신의 능력들이 대뇌피질 전체의 종합적 활동에 의한 산물이라는 것이었다.

특정한 정신 능력이 피질의 특정 영역에 위치한다는 생각을 최초로 주장한 사람은 1781년부터 1802년까지 빈 대학에서 가르친 독일 의사 겸 신경해부학자 프란츠 요제프 갈(Franz Joseph Gall)이었다. 그는 정신과학에 길이 남을 두 가지 개념적 기여를 했다. 첫째, 그는 모든 정신 과정이 생물학적이며 따라서 뇌에서 일어난다고 주장했다. 둘째, 그는 대뇌피질이 각각 특수한 정신 기능을 관장하는 다수의 독특한 영역들을 가진다고 주장했다.

갈은 정신 과정들이 생물학적이라는 이론을 폈기 때문에 당대의 지배적 이론이었던 이원론과 대립했다. 수학자이며 근대 철학의 아버지인 르네 데카르트(René Descartes)에 의해 1632년에 선포된 이원론은 인간이 이중적인 본성을 지녔다고 주장했다. 즉, 인간은 물질적인 몸과, 몸 밖에 있으며 비물질적이고 파괴할 수 없는 영혼으로 이루어졌다고 주장했다. 이 이중 본성은 실체의 두 유형을 반영한다. 첫째 유형인 펼쳐진 것(res extensa, 연장 실체), 즉 뇌를 포함한 신체를 채운 물리적 실체는 신경을 통해 운행하며 근육에 동물 영혼을 불어넣는다. 둘째, 생각하는 것(res cogitans, 사유 실체)은 비물리적인 생각의 바탕이며 인간에게만 고유하다. 생각하는 것은 합리적 사고와 의식을 낳고, 영혼의 정신적인 본성을 반영한다. 반사작용과 기타 많은 물리적 행동은 뇌에 의해 수행되지만, 정신 과정들은 영혼에 의해 수행된다. 데카르트는 이 두 작용자가 뇌 중앙 깊숙이 자리 잡은 작은 구조물인 송과선(pineal gland)을 통해 상호작용한다고 믿었다.

로마 가톨릭 교회는 해부학의 새로운 발견들이 자신의 권위를 위협한다고 느끼면서 과학과 종교의 영역을 분리하는 이원론을 받아들였다. 갈의 급진적인 유물론적 정신관은 비생물학적 영혼의 개념을 끝장내기 때문에 과학계의 호응을 받았지만 강력한 보수 세력을 위협했다. 실제로 오스트리아 황제 프란츠 1세는 갈이 공적으로 강의하는 것을 금지했고 그를 오스트리아에서 추방했다.

갈은 또한 피질의 어떤 영역이 어떤 일을 하는지에 대해 사변했다. 당시의 심리학은 27가지 정신 능력을 거론했다. 갈은 그 능력들을 피질의 27개 영역에 할당하고, 그 영역 각각을 '정신 기관(mental organ)'으로 명명했다(훗날 갈과 다른 학자들에 의해 더 많은 영역이 추가되었다). 그 정신 능력들—예컨대 사실 기억, 조심성, 비밀 지키기, 희망, 신에 대한 믿음, 숭고함, 부성애, 낭만적 사랑—은 추상적이고 복잡했지만, 갈은 그 각각이 뇌의 단일한 별개의 영역에 의해 통제된다고 주장했다. 이 같은 국소 기능 이론은 이후 100년 동안 지속된 논쟁을 촉발했다.

물론 원리는 옳았지만, 갈의 이론은 많은 세부적 결함을 가지고 있었다. 첫째, 갈의 시대에 각각 구별되는 정신 기능으로 여겨진 '능력들' 대부분은 대뇌피질의 단일 영역에서 발생하기에는 너무 복잡하다. 둘째, 기능들을 뇌의 특정 영역에 할당하는 갈의 방법이 옳지 않았다.

갈은 뇌의 일부를 잃은 사람들의 행동에 대한 연구를 불신했고, 따라서 임상 관찰을 무시했다. 오히려 그는 두개골 연구에 기초한 접근법을 개발했다. 그는 대뇌피질의 각 영역이 쓰면 쓸수록 성장하고, 그 성장으로 두개골에 굴곡이 생긴다고 믿었다.

갈의 사상은 그가 어렸을 때부터 점진적으로 발전했다. 학교에서 그는 가장 똑똑한 학우들이 돌출된 이마와 눈을 가졌다고 느꼈다. 반면에 그가 만난 매우 낭만적이고 매력적인 어느 과부는 뒤통수가 돌출되어 있었다. 따라서 지능이 높으면 뇌의 앞부분이 커지고, 낭만적 열정이 많으면 뇌의 뒷부분이 커진다고 갈은 믿게 되었다. 또 그 각각의 경우에 두개골은 뇌의 성장으로 돌출된다. 갈은 특정 능력이 뛰어난 사람의 두개골의 굴곡을 검사함으로써 그 능력이 어느 위치에 있는지 알아낼 수 있다고 믿었다.

그는 빈에 있는 정신병원에서 젊은 의사로 근무하며 자신의 생각을 더욱 체계화했다. 그곳에서 그는 범죄자들의 두개골을 검사했고, 육식동물에서 볼 수 있는 것과 유사한 돌출부가 귀 위에 있다는 것을 발견했다. 갈은 그 돌출부를 뇌의 영역과 연결시키고, 그 영역이 가학적·파괴적 행동의 원인이라고 믿었다. 이렇게 정신 능력들의 자리를 확인하려는 노력은 성격과 인품을 두개골 모양과 연관 짓는 체계인 골상학으로 발전했다.

1820년대 후반에 갈의 사상과 골상학은 심지어 대중들 사이에서도 매우 큰 인기를 끌었다. 프랑스의 실험신경학자 피에르 플루랭스(Pierre Flourens)는 갈의 생각을 검증해 보기로 결심했다. 그는 다양한 동물을 이용한 실험을 통해 갈이 특정한 정신 기능과 연결한 대뇌피질의 영역들을 하나씩 하나씩 절제했다. 그러나 그는 갈이 예측한 행동의 결손을 전혀 발견할 수 없었다. 실제로 플루랭스는 어떤 행동 결손도 피질의 특정 영역과 연결할 수 없었다. 중요한 것은 절제한 영역의 위치나 그곳과 연관된 행동의 복잡성이 아니라 다만 절제한 영역의 크기뿐이었다.

그러므로 대뇌반구들의 모든 영역은 동등하게 중요하다고 플루랭스는 결론지었다. 피질의 모든 영역 각각은 뇌의 모든 기능을 수행할 수 있다고, 즉 피질은 동등한 힘을 지녔다고 그는 주장했다. 따라서 대뇌피질 특정 영역의 손상은 다른 능력들보다 어떤 특정한 능력에 더 많은 영향을 미치지 않을 것이었다. "모든 지각과 모든 의지는 그 대뇌 기관들 안에서 동일한 자리를 점유한다. 따라서 지각 능력, 개념화 능력, 의지 능력은 본질적으로 단일한 하나의 능력일 뿐"이라고 플루랭스는 썼다.

플루랭스의 견해는 급속히 확산되었다. 그 급속한 확산은 확실히 그의 실험적 연구가 신뢰할 만했기 때문이기도 하지만, 다른 한편 갈의 유물론적 정신관에 대한 종교적·정치적 반발을 반영했다. 만일 유물론적 견해가 옳다면, 인간의 인지 기능을 위해 영혼이라는 필수적인 매개자를 상정할 필요가 없을 터였기에, 반발이 있는 것이 당연했다.

갈 추종자들과 플루랭스 추종자들 사이의 논쟁은 이후 수십 년간 뇌에 관한 생각을 물들였다. 그 논쟁은 19세기 후반기에 두 명의 신경학자가 등장할 때까지 해결되지 않았다. 한 명은 파리의 피에르 폴 브로카(Pierre-Paul Broca)였고, 다른 한 명은 독일 브레슬라우의 카를 베르니케(Carl Wernicke)였다. 이들은 특수한 언어장애인 실어증(aphasia)을 가진 환자들을 연구하는 과정에서 몇 가지 중요한 발견을 했다. 전체적으로 볼 때 그 발견들은 인간 행동에 대한 연구에서 가장 흥미로운 대목이다. 그 발견들은 인간의 복잡한 인지능력 중 하나인 언어의 생물학적 토대에 대한 최초의 통찰이었다.

브로카와 베르니케는 갈의 생각을 검증하기 위해 정상적인 뇌를 탐구한 것이 아니라 플루랭스처럼 병적인 상태들—당시의 의사들은 병적인 상태를 자연의 실험(nature's experiment)이라고 불렀다—을 연구했다. 그들은 특수한 언어장애들을 대뇌피질 특정 영역들의 손상과 연관 짓고, 따라서 적어도 몇몇 고등한 정신 기능은 그 영역들에서 발생한다는 믿을 만한 증거를 제시하는 데 성공했다.

대뇌피질은 두 가지 중요한 특징을 가진다. 첫째, 대뇌의 두 반구는 서로의 거울상처럼 보이지만, 구조와 기능이 각각 다르다. 둘째, 각각의 반구는 주로 반대쪽 신체의 감각과 운동에 관여한다. 다시 말해 몸의 왼편—예컨대 왼손—에서 나와 척수에 도달한 감각 정보는 대뇌피질로 향하면서 신경계의 오른편으로 건너간다. 마찬가지로 우뇌의 운동 영역들은 몸 왼편의 운동을 통제한다.

외과 의사이자 인류학자이기도 했던 브로카는 오늘날 우리가 신경심리학(neuropsychology)이라고 부르는 분야를 창시했다. 이 과학 분야는 뇌 손상으로 생기는 정신 과정의 변화를 연구한다. 1861년에 브로카는 르보르뉴(Leborgne)라는 파리의 갖바치를 연구한 결과를 발표했다. 갖바치는 그때 쉰한 살이었고 21년 전에 뇌졸중을 경험한 바 있었다. 그 뇌졸중의 결과로 르보르뉴는 유창하게 말하는 능력을 상실했다. 표정과 행동으로 다른 사람들의 말을 매우 잘 이해한다는 것을 표현할 수 있는데도 말이다. 르보르뉴는 발화에 영향을 미칠 만한 운동 기능의 결함을 가지고 있지 않았다. 그는 혀와 입과 성대를 자유롭게 놀렸다. 심지어 외마디 단어들을 내뱉고 멜로디를 읊조리기도 했지만, 문법적으로 말하거나 완전한 문장을 만들어 내지 못했다. 게다가 르보르뉴의 문제는 구어에만 있는 것이 아니었다. 그는 자기 생각을 글로도 표현할 수 없었다.

르보르뉴는 브로카의 검사를 받은 후 일주일 만에 죽었다. 사후 검사에서 브로카는 오늘날 브로카 영역으로 불리는 전두엽의 한 영역에서 손상된 부위, 즉 병변(病變)을 발견했다. 계속해서 그는 말하기 능력을 잃은 다른 환자 여덟 명의 뇌를 그들이 사망한 뒤에 검사했다. 그들 역시 좌뇌 전두엽에 비슷한 병변을 가지고 있었다. 브로카의 발견은 잘 정의된 정신 능력을 피질의 특정 영역에 할당할 수 있다는 것을 보여 주는 최초의 경험적 증거였다. 검사한 모든 환자의 병변이 좌뇌에 있었으므로, 브로카는 두 대뇌반구가 겉보기에 대칭적일지라도 서로 다른 역할을 한다는 결론을 내렸다. 이 발견에 고무된 그는 1864년에 뇌 기능에 관한 가장 중요한 원리 중 하나를 다음과 같이 선포했다. "우리는 좌뇌로 말한다!"

브로카의 발견은 다른 행동 기능들의 위치를 피질에서 찾는 연구를 북돋웠다. 9년 후에 독일의 생리학자 구스타프 테오도르 프리치(Gustav Theodor Fritsch)와 에두아르트 히치히(Eduard Hitzig)는 개의 대뇌피질 특정 영역을 전기적으로 자극하면 개가 예측할 수 있는 방식으로 사지를 움직인다는 것을 보여 주어 과학계를 발칵 뒤집었다. 더 나아가 프리치와 히치히는 그 움직임을 일으키는 개별 근육들을 통제하는 작은 피질 영역들을 정확히 지적했다.

1879년에 카를 베르니케는 또 다른 유형의 실어증에 관한 연구를 발표했다. 그가 연구한 장애는 말을 못하는 장애가 아니라 말이나 글을 이해하지 못하는 장애였다. 그가 연구한 실어증 환자들은 말을 할 수 있었지만, 그들의 말은 누가 들어도 일관성이 전혀 없었다. 브로카의 실어증과 마찬가지로 이 실어증은 뇌의 왼편에 있는 병변 때문에 발생한다. 그러나 이 경우에는 오늘날 베르니케 영역으로 불리는 뇌의 뒤쪽 부위에 병변이 존재한다.

베르니케는 브로카의 연구와 자신의 연구에 기초하여 피질이 언어를 위해 어떻게 배선되어 있는가에 대한 이론을 내놓았다. 그 이론은 비록 오늘날 우리의 언어 이해보다 단순하지만 그럼에도 우리가 현재 뇌를 보는 시각과 일치한다. 첫 번째 원리로 베르니케는 모든 각각의 복잡한 행동은 뇌의 단일한 영역의 산물이 아니라 특수화되고 서로 연결된 여러 영역들의 산물이라고 주장했다. 언어의 경우에는 베르니케 영역(언어 이해)과 브로카 영역(언어 표현)이 관여한다. 베르니케도 알았듯이, 이 두 영역은 하나의 신경 경로로 연결되어 있다. 또 그는 언어를 관장하는 영역들처럼 특수화되어 서로 연결된 영역들의 연결망은 사람들이 정신 활동을 이음새 없는 단일한 것으로 경험하게 해준다는 것을 파악했다.

뇌의 여러 영역들이 다양한 목적을 위해 특수화되어 있다는 생각은 현대 뇌과학의 핵심이며, 베르니케의 서로 연결된 특수한 영역들의 연결망 모형은 뇌 연구에서 지배적인 주제다. 연구자들이 오랫동안 이 결론에 이르지 못한 이유 중 하나는 신경계의 또 다른 조직 원리에서 찾을 수 있다. 즉, 뇌 회로가 내재적인(built-in) 잉여를 가지고 있기 때문이다. 많은 감각, 운동, 인지 기능들은 하나 이상의 신경 경로에 의해 뒷받침된다. 즉, 동일한 정보가 여러 뇌 영역에서 동시에 나란히 처리된다. 따라서 한 영역이나 경로가 손상되면, 다른 경로들이 적어도 부분적으로 손실을 만회할 수도 있다. 그런 만회가 일어나 행동의 결손이 분명히 드러나지 않을 경우, 연구자들은 손상된 뇌 부위와 행동을 연결하는 데 어려움을 겪게 된다.

언어가 뇌의 특정 영역들에서 산출되고 이해된다는 것이 알려지고 나자, 각각의 감각을 관장하는 영역들이 확인되어 훗날 웨이드 마셜이 촉각과 시각과 청각의 감각 지도를 발견하는 데 기틀을 놓았다. 이런 연구들이 기억을 표적으로 삼는 것은 시간문제였다. 실제로 당시에는 기억이 그 자체로 독특한 신경 과정인지 아니면 운동 및 감각 과정들과 연관되는지조차 아직 밝혀지지 않은 상태였다.

기억을 관장하는 뇌 영역을 지적하거나 기억을 독특한 정신 과정으로 기술하려는 최초의 시도들은 실패로 돌아갔다. 칼 래슐리는 1920년대에 행한 유명한 실험에서 쥐를 훈련하여 단순한 미로를 빠져나가게 만들었다. 이어서 그는 쥐 대뇌피질의 여러 영역들을 절제하고 20일 후에 그 쥐가 훈련한 바를 얼마나 많이 보유하고 있는지 알아보기 위해 다시 미로 실험을 했다. 이 실험들에 근거하여 래슐리는 양작용(量作用)의 법칙(law of mass action)을 정립했다. 이 법칙에 따르면, 기억 손상의 정도는 제거된 피질 영역의 크기와 관련되고 그 영역의 위치와 무관하다. 그리하여 래슐리는 한 세기 전의 플루랭스처럼 이렇게 썼다. "쥐의 습관은 일단 형성되면 대뇌피질의 어떤 단일한 영역에 국소화되지 않는 것이 분명하다. 그 습관의 실행은 온전한 조직의 양에 의해 모종의 방식으로 조건 지어진다."

여러 해 뒤에 래슐리의 실험 결과는 몬트리올 신경학연구소의 와일더 펜필드와 브렌다 밀너에 의해 재해석되었다. 더 많은 과학자들이 쥐를 가지고 실험을 하게 되면서, 미로는 기억 기능의 위치를 연구하는 데 적합하지 않다는 사실이 분명해졌다. 미로 학습은 다양한 감각 및 운동 능력들이 관여하는 활동이다. 동물은 한 종류의 감각(예컨대 촉각)을 잃었을 때에도 여전히 다른 감각들(이를테면 시각이나 후각)을 써서 위치를 상당히 잘 인지할 수 있다. 그뿐 아니라 래슐리는 뇌의 바깥층인 대뇌피질에 연구의 초점을 맞췄다. 그는 뇌 속에 더 깊숙이 자리 잡은 구조물들을 탐구하지 않았다. 후속 연구들은 많은 형태의 기억들은 그 심층 영역들을 한 곳 이상 필요로 한다는 것을 보여 주었다.

인간 기억의 일부 측면들은 뇌의 특수한 영역들에 저장될 가능성이 있다는 주장은 1948년에 펜필드의 신경외과학 연구에서 최초로 제기되었다. 펜필드는 로즈 장학생으로 찰스 셰링턴과 함께 생리학을 공부했다. 그는 뇌의 제한된 영역들에 발작을 일으키는 국소 간질의 치료에 수술을 이용하기 시작했다. 그는 간질성 조직을 제거하되 환자의 정신 과정들에 관여하는 부분의 손상을 피하거나 최소화하는 방식으로 제거하는 수술법을 개발했는데, 그 기법은 오늘날에도 쓰인다.

뇌에는 통증 수용체가 없기 때문에, 수술은 국부 마취만을 하고도 이루어질 수 있다. 따라서 펜필드의 환자들은 수술 중에 온전한 의식을 유지했고 자신이 느끼는 바를 보고할 수 있었다.(펜필드는 과학자 경력 내내 고양이와 원숭이를 연구했던 셰링턴에게 이 이야기를 전하면서 이렇게 덧붙이지 않을 수 없었다. "당신에게 대꾸할 수 있는 실험 재료를 가지고 있다고 상상해 보시오.") 펜필드는 수술 중에 환자의 대뇌피질 여러 부위에 전기 자극을 가했고, 그 자극이 환자의 언어 표현 및 이해 능력에 미치는 효과를 관찰했다. 환자들의 대답을 통해 그는 브로카 영역과 베르니케 영역을 정확히 확인하고 간질성 조직을 제거할 때 그 영역들의 손상을 피하려 노력할 수 있었다.

여러 해 동안 펜필드는 1,000명 이상의 대뇌피질을 탐구했다. 어떤 경우에는 전기 자극을 받은 환자가 복잡한 지각 혹은 경험을 보고했다. "단어를 말하는 목소리 같았는데 너무 희미해서 알아들을 수 없었어요." 또는 "개와 고양이의 그림이 보여요. …… 개가 고양이를 뒤쫓고 있네요." 이런 반응들은 드물었고(전체의 8퍼센트에 불과했다) 예외 없이 뇌의 측두엽에서 발생했다. 펜필드가 보기에 그 반응들은, 측두엽에 대한 전기 자극에 의해 유발된 경험들은 개인의 삶 속의 경험 흐름의 편린, 기억의 조각이라는 것을 시사했다.

내가 에른스트 크리스를 통해 알게 된 정신분석가 로렌스 커비는 몬트리올로 가서 펜필드의 환자들이 한 말을 녹음해 놓은 것을 들었다. 그는 측두엽이 선의식적 무의식 정보(the preconscious unconscious information)라는 특정 유형의 무의식 정보를 저장하고 있다고 확신하게 되었다. 나는 의과 대학생 때 커비가 쓴 중요한 논문을 읽었고 그런드페스트의 실험실에서 일할 때 커비의 강연을 여러 번 들었으며 측두엽에 대한 그의 열정에 영향을 받았다.

다른 한편, 측두엽이 기억 저장소라는 펜필드의 견해에 대하여 즉시 의문이 제기되었다. 첫째, 그가 다룬 모든 환자들은 간질 환자이기 때문에 비정상적인 뇌를 가지고 있었다. 게다가 거의 절반의 사례에서 자극에 의해 유발된 정신 경험은 발작에 흔히 동반되는 환각적인 정신 경험과 동일했다. 이런 점들 때문에 대부분의 뇌과학자들은 펜필드가 전기 자극으로 간질 발작과 유사한 현상을 일으킨 것이라고 확신했다. 펜필드가 간질 발작 초기에 나타나는 전조(aura, 환각 경험)를 일으켰다는 것이었다. 둘째, 정신적 경험에 대한 보고들은 환상뿐 아니라 그럴듯하지 않은 상황이나 불가능한 상황도 포함하고 있었다. 보고된 내용은 기억이라기보다 꿈에 가까웠다. 마지막으로 전극으로 자극한 지점의 뇌 조직을 제거해도 환자의 기억은 말소되지 않았다.

그럼에도 여러 신경외과 의사들이 펜필드의 연구에서 영감을 얻었다. 그들 중 한 명인 윌리엄 스코빌은 인간의 기억에서 측두엽이 결정적인 역할을 한다는 직접적인 증거를 확보했다. 내가 국립보건원에 도착하여 읽은 논문에서 스코빌과 브렌다 밀너는 한 환자에 관한 기이한 이야기를 보고했다. 그 환자는 H.M.이라는 이니셜로만 과학계에 알려져 있다.

H.M.은 아홉 살 때 자전거를 탄 사람과 부딪혀 넘어졌다. 그 때문에 머리에 부상을 입었고, 결국 간질 환자가 되었다. 세월이 지나면서 그의 병세는 점차 악화되어 일주일에 대발작(major seizure) 1회와 블랙아웃(blackout) 10회를 겪을 정도가 되었다. 스물일곱 살이 되었을 때 그는 심각한 무능력자였다.

H.M.의 간질은 측두엽에서 기원한 것으로 판단되었기에 스코빌은 마지막 수단으로 양쪽 측두엽의 안쪽 표면과 측두엽 내부 깊숙이 들어 있는 해마를 절제하기로 결정했다. 그 수술은 성공적으로 이루어져 H.M.의 발작을 경감시켰다. 그러나 그는 심각한 기억상실에 빠졌고 결국 회복하지 못했다. 1953년에 이루어진 이 수술 이후에도 H.M.은 늘 그랬듯이 영리하고 친절하고 재미있는 남성이었지만, 새 기억을 영구적인 기억으로 변환하는 능력을 상실했다.

밀너는 일련의 논문을 통해 H.M.이 상실한 기억 능력과 여전히 보유한 기억 능력, 그리고 그 각각과 연관된 뇌 영역들을 매우 상세하게 보고했다. 그녀는 H.M.이 보유한 능력이 대단히 특수하다는 것을 발견했다. 우선 그는 완벽할 정도로 좋으며 몇 분 동안 지속되는 단기기억의 능력을 보유했다. 그는 긴 숫자열이나 시각 이미지를 학습한 다음에 짧은 기간 동안 쉽게 기억해 낼 수 있었다. 또 너무 오래 끌거나 너무 많은 화제를 다루지만 않는다면 정상적으로 대화를 할 수 있었다. 이 단기기억 기능은 나중에 작업기억(working memory)으로 명명되었고, H.M.에게서 절제하지 않은 전전두엽피질(prefrontal cortex)이라는 영역이 그 기능에 관여한다는 것이 밝혀졌다. 둘째, H.M.은 수술을 받기 전에 일어난 사건들에 대하여 완벽하게 좋은 장기기억을 가지고 있었다. 그는 영어를 기억할 수 있었고, 지능은 좋았으며, 어린 시절의 많은 일들을 생생히 회상했다.

H.M.에게 매우 심각하게 결여된 것은 새로운 단기기억을 새로운 장기

기억으로 변환하는 능력이었다. 이 능력이 없기 때문에 그는 방금 전에 일어난 일을 망각했다. 그는 새 정보에 주의를 기울이고 있는 한에서는 그 정보를 보유했지만, 관심을 딴 데로 돌리고 1~2분이 지나면 좀 전의 화제나 그가 생각했던 바를 기억할 수 없었다. 식사를 하고 채 한 시간도 지나기 전에 그는 자기가 무엇을 먹었는지 기억하지 못했고, 심지어 먹었다는 사실조차 기억하지 못했다. 브렌다 밀너는 H.M.을 거의 30년 동안 매달 관찰했는데, 매번 그녀가 방에 들어가 인사할 때마다 그는 그녀를 알아보지 못했다. 그는 최근에 찍은 사진 속의 자기나 거울 속의 자기를 알아보지 못했다. 왜냐하면 그는 수술 전의 자기만 기억하기 때문이었다. 그는 자기의 바뀐 외모에 대하여 기억이 없었다. 그의 정체성은 수술을 받은 시점으로부터 지금까지 50년 넘게 고정되었다. 나중에 밀너는 H.M.에 대하여 이렇게 말했다. "그는 새로운 지식을 조금도 획득할 수 없다. 그는 과거에 묶여 오늘을 일종의 유아적 세계에서 산다. 그의 개인사는 그 수술로 중단되었다고 할 수 있다."

H.M.에 대한 체계적인 연구로부터 밀너는 복잡한 기억의 생물학적 토대에 관한 세 가지 중요한 원리를 도출했다. 첫째, 기억은 별개의 정신 기능으로 다른 지각, 운동, 인지능력들과 확실히 구별된다. 둘째, 단기기억과 장기기억은 따로따로 저장될 수 있다. 내측 측두엽(medial temporal lobe), 특히 해마를 잃으면 새로운 단기기억을 새로운 장기기억으로 변환하는 능력이 파괴된다. 셋째, 적어도 한 가지 유형의 기억은 뇌의 특정 위치에 할당할 수 있다. 내측 측두엽과 해마가 손상되면 새로운 장기기억을 저장하는 능력에 심각한 장애가 생기는 반면, 뇌의 다른 영역들을 잃으면 그런 장애가 생기지 않는다.

이렇게 밀너는 래슐리의 양작용이론을 반박했다. 장기기억을 형성하는 데 필요한 다양한 감각 정보들이 수렴하는 곳은 오직 해마뿐이다. 래슐리는 그의 실험에서 피질의 표면 아래로 한 번도 내려가지 않았다. 그뿐 아니라 H.M.이 수술 전에 일어난 사건들에 대하여 훌륭한 장기기억을 가졌

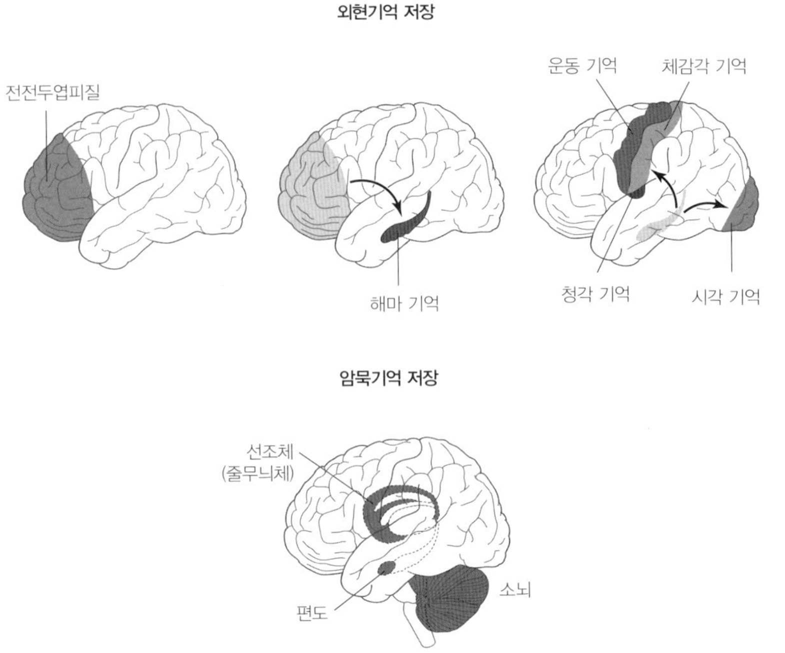

8-1 외현기억과 암묵기억은 뇌의 다양한 영역에서 처리되고 저장된다. 사람과 사물, 장소, 사실, 사건에 대한 외현기억은 단기적으로 전전두엽피질에 저장된다. 이 기억들은 해마에서 장기기억으로 변환된 다음, 관련 감각들을 관장하는 피질 부위들에 저장된다. 즉, 해당 정보를 처음에 처리했던 영역들에 저장된다. 솜씨와 습관, 조건화에 대한 암묵기억은 소뇌, 선조체, 편도에 저장된다.

다는 점은 내측 측두엽과 해마가 영구적인 기억 저장소가 아니라는 것을 보여 주었다. 장기 저장소에 들어간 기억은 해마에 있지 않다.

오늘날 우리는 장기기억이 피질에 저장된다고 믿을 근거를 가지고 있다. 더 나아가 장기기억은 처음에 그 정보를 처리한 곳과 동일한 곳에 저장된다. 즉, 시각 이미지의 기억은 시각피질의 다양한 영역에 저장되고 촉각 경험의 기억은 체감각피질에 저장된다(그림 8-1). 그렇기 때문에 래슐리는 성공적인 실험을 할 수 없었던 것이다. 그는 다양한 감각에 기초한 복잡한 임무를 쥐에게 부여했기 때문에, 몇몇 선택된 피질 영역들을 제거함으로써 그 쥐의 기억을 완전히 제거하는 데 실패했던 것이다.

오랜 세월 동안 밀너는 H.M.의 기억 결함이 철저하다고, 그는 어떤 단기기억도 장기기억으로 변환할 수 없다고 생각했다. 그러나 1962년에 그녀는 기억의 생물학적 기초에 관한 또 하나의 원리—하나 이상의 기억 유형이 존재한다는 것—를 증명했다. 밀너는 해마를 필요로 하는 의식적 기억 외에 해마와 내측 측두엽 외부에 자리 잡은 무의식적 기억이 존재한다는 것을 발견했다(외현기억과 암묵기억의 구분은 1950년대에 인지심리학의 창시자 중 한 명인 하버드 대학의 제롬 브루너가 행동을 근거로 하여 제안했다).

그렇게 밀너는 두 형태의 기억이 서로 다른 해부학적 시스템을 필요로 한다는 것을 보임으로써 외현기억과 암묵기억의 구분을 증명했다(그림 8-1). 그녀는 H.M.이 몇 가지 것들을 학습하고 장기간 기억할 수 있다는 것을 발견했다. 즉, 그는 내측 측두엽이나 해마에 의존하지 않는 유형의 장기기억을 가지고 있었다. 그는 별의 윤곽을 거울에 그리는 일을 학습했고, 그의 솜씨는 뇌 손상이 없는 사람의 경우와 마찬가지로 나날이 향상되었다. 그러나 매 검사일의 시작에 그의 솜씨가 향상되었음을 확인할 수 있음에도 불구하고 H.M.은 전날에 자신이 그 과제를 수행했다는 것을 기억하지 못했다.

그리기 솜씨를 학습하는 능력은 H.M.이 온전히 보유한 여러 능력들 중 하나라는 것이 밝혀졌다. 그뿐 아니라 밀너가 연구한 그리기 학습을 비롯한 여러 학습의 능력은 해마와 내측 측두엽에 손상을 입은 다른 사람들도 상당히 보편적으로 보유한다는 것이 증명되었다. 따라서 밀너의 연구는 우리가 세계에 관한 정보를 두 가지 근본적으로 다른 방식으로 처리하고 저장한다는 것을 보여 주었다(그림 8-1). 또한 브로카와 베르니케의 연구와 마찬가지로 밀너의 연구는 임상 사례들을 면밀히 연구하면 매우 많은 것을 배울 수 있다는 것을 다시 한 번 보여 주었다.

샌디에이고 소재 캘리포니아 대학의 신경심리학자 래리 스콰이어(Larry Squire)는 밀너의 연구를 확장했다. 그는 인간과 동물의 기억 저장을 비교하면서 연구했다. 그 연구와 오늘날 하버드 대학에 있는 대니얼 섀크터(Daniel Schacter)의 연구는 두 가지 주요 기억 유형에 관한 생물학을 기술했다.

우리가 오늘날 일반적으로 의식적 기억이라 부르는 것은 스콰이어와 섀크터에 따르면 외현(explicit) 또는 서술적(declarative) 기억이다. 이것은 사람, 장소, 대상, 사실, 사건에 대한 의식적 회상이다. H.M.에게 없었던 것이 바로 이 기억이다. 오늘날 우리가 무의식적 기억이라 부르는 것은 암묵(implicit) 또는 절차적(procedural) 기억이다. 이것은 습관화, 민감화, 고전적 조건화, 그리고 자전거 타기나 테니스 서브하기와 같은 지각 및 운동 솜씨의 기반을 이룬다. 이것은 H.M.이 보유한 기억이다.

암묵기억은 단일한 기억 시스템이 아니라 피질 안쪽 깊숙이 자리 잡은 여러 다양한 뇌 시스템들이 관여하는 과정들의 총체다. 예컨대 사건과 느낌(예컨대 공포나 행복)의 연결에는 편도라는 구조물이 관여한다. 새로운 운동(그리고 아마도 인지) 습관이 형성되려면 선조체가 필요하며, 새로운 운동 솜씨나 협응된 행동의 학습은 소뇌에 의존한다. 무척추동물을 비롯한 단순한 동물에서는 습관화와 민감화, 고전적 조건화를 위한 암묵기억이 반사 경로 자체 안에 저장될 수 있다.

암묵기억은 흔히 자동성을 가진다. 이 기억은 의식적 노력이나 심지어 우리가 기억을 끌어내고 있다는 자각 없이 실행을 통해 직접적으로 재생된다. 경험은 지각 및 운동 능력을 변화시키지만, 그 경험은 의식적인 회상으로 거의 접근할 수 없다. 예컨대 일단 당신이 자전거 타기를 배우고 나면, 당신은 자전거를 그냥 탄다. 당신은 당신의 몸을 의식적으로 지휘하지 않는다. "지금 왼발을 밀고, 이제 오른발……" 하는 식으로 지휘하지 않는다. 만약 각각의 모든 운동에 그렇게 많은 주의를 기울인다면, 아마 쓰러질 것이다. 말을 할 때 우리는 문장 속 어디에 명사를 놓을지, 또는 동사를 놓을지 고민하지 않는다. 우리는 그 일을 자동적으로, 무의식적으로 한다. 이것은 행동주의자들, 특히 파블로프, 손다이크, 스키너가 연구한 학습 유형, 즉 반사적 학습(reflexive learning)이다.

많은 학습 경험은 외현기억과 암묵기억 둘 다에 의존한다. 실제로 지속적인 반복은 외현기억을 암묵기억으로 변환할 수 있다. 자전거 타기 학습은 처음에 자기 몸과 자전거에 대한 의식적인 주의 집중과 관련되지만, 결국 자전거 타기는 자동적이고 무의식적인 운동 활동이 된다.

철학자와 심리학자들은 이미 외현기억과 암묵기억의 구분을 예견했다. 활동전위의 전달 속도를 최초로 측정한 인물인 헤르만 헬름홀츠는 시각을 연구하기도 했다. 1885년에 그는 시각과 행위를 위한 정신 과정의 많은 부분은 무의식 수준에서 일어난다고 지적했다. 윌리엄 제임스(William James)는 1890년에 그의 고전적인 작품 『심리학의 원리(The Principles of Psychology)』에서 헬름홀츠의 생각을 확장하여 습관(무의식적·기계적·반사적 행위)과 기억(과거에 대한 의식적 자각)에 별개의 장(章)을 할애했다. 영국의 철학자 길버트 라일(Gilbert Ryle)은 1949년에 어떻게를 아는 것(솜씨에 대한 지식)과 무엇인가를 아는 것(사실이나 사건에 대한 지식)을 구별했다. 실제로 1900년에 『꿈의 해석(The Interpretation of Dreams)』에서 언명된 프로이트 정신분석이론의 핵심 전제는 경험이 의식적인 기억으로뿐만 아니라 무의식적인 기억으로도 저장되고 재생된다는 것이며, 이는 헬름홀츠의 생각을 확장한 것이다. 무의식적 기억은 대개 의식으로 접근할 수 없지만, 그럼에도 행동에 강력한 영향력을 행사한다.

프로이트의 사상은 흥미롭고 큰 파장을 불러일으켰지만, 많은 과학자들은 실제로 뇌가 정보를 어떻게 저장하는가에 대한 실험적 탐구가 없었기 때문에 그의 주장이 참이라고 확신하지 않았다. H.M.을 상대로 한 밀너의 별 그리기 실험은 과학자가 정신분석의 생물학적 토대를 밝힌 최초의 사례였다. 해마가 없는(따라서 의식적 기억을 저장할 능력이 없는) 사람이 활동을 기억할 수 있음을 보임으로써 밀너는 우리 활동의 대부분은 무의식적이라는 프로이트의 이론을 입증했다.

나는 브렌다 밀너의 H.M.에 관한 논문들을 다시 읽을 때마다 그것들이 기억에 관한 우리의 생각을 얼마나 많이 명료화했는가를 생각하며 새삼 경탄한다.

19세기의 피에르 플루랭스는 대뇌피질을 모든 영역들이 기능적으로 유사한 죽사발로 생각했다. 20세기가 밝고 한참 지난 후의 사람인 칼 래슐리도 그렇게 생각했다. 그들에게 기억은 고립시켜 연구할 수 있는 별개의 정신 과정이 아니었다. 그러나 다른 과학자들이 인지 과정뿐 아니라 다양한 기억 과정도 뇌의 특정 영역들에 연결시키기 시작하자, 양작용이론은 순식간에 최종적으로 폐기되었다.

그렇게 나는 밀너의 첫 논문을 읽고 기억이 뇌의 어느 부분에 저장되는가에 대해 약간의 식견을 가진 상태로, 기억이 어떻게 저장되는가 하는 질문이 내게 의미 있는 다음 질문이라고 판단하며 1957년을 맞았다. 나는 웨이드 마셜의 실험실에 둥지를 틀면서 그 질문이 이상적인 도전 과제일 것이라고 생각하기 시작했다. 더 나아가 나는 그 질문의 답을 찾으려면 특수한 외현기억의 저장에 관여하는 세포들을 탐구하는 것이 최선의 길이라고 생각했다. 나는 임상 정신분석과 신경세포에 관한 기초생물학 사이의 중간 지점에 나의 깃발을 꽂고 외현기억의 영토를 '한 번에 세포 하나씩' 탐구해 나갈 작정이었다.

9.

기억 연구에 가장 적합한 시스템을 찾아서

브렌다 밀너의 발견들이 있기 전에 많은 행동주의자와 일부 인지심리학자들은 프로이트와 스키너의 뒤를 좇으면서 생물학은 학습과 기억에 대한 연구에서 유용한 지침이 아니라고 여겼다. 그것은 그들이 데카르트와 같은 이원론자였기 때문이 아니라 생물학이 가까운 미래에 학습에 대한 연구에서 중요한 역할을 할 가능성이 희박하다고 생각했기 때문이었다. 게다가 큰 영향력을 발휘한 래슐리의 연구는 학습의 생물학은 본질적으로 이해 불가능하다는 인상을 심어 주었다. 1950년에 과학자 경력을 거의 마무리하면서 그는 이렇게 썼다. "기억 흔적의 국소화를 뒷받침하는 증거를 돌아보면서 나는 때때로 필연적인 결론은 학습은 전혀 불가능하다는 것이라고 느낀다."

밀너의 연구는 상황을 완전히 바꿔 놓았다. 뇌의 특정 영역들이 몇몇 형태의 기억에 필수적이라는 발견은 다양한 기억들이 어디에서 처리되고 저장되는가를 보여 주는 최초의 증거였다. 그러나 기억이 어떻게 저장되는가 하는 문제는 미해결로 남아 있었고, 그 문제가 나를 매혹했다. 비록 나는 기억이 신경계에 어떻게 저장되는가 하는 문제를 연구하기에는 너무 어설픈 수준이었지만, 정말로 한번 해보고 싶었다. 그리고 국립보건원의 분위기가 내 과감성을 북돋웠다. 내 주위의 모든 연구자들은 셰링턴이 처음 그 윤곽을 제시한 척수에 관한 다양한 문제들을 세포 수준에서 연구하고 있었다. 기억에 대한 세포적 연구는 궁극적으로 몇 가지 핵심 질문에 답해야 했다. 우리가 학습할 때 뇌 속에서 어떤 변화가 일어나는가? 다양한 유형의 학습은 다양한 변화와 연관되는가? 기억 저장의 생화학적 메커니즘은 무엇인가? 이 질문들이 내 안에서 소용돌이쳤다. 그러나 그런 질문들은 유용한 실험들로 쉽게 번역되지 않았다.

나는 밀너가 도달한 지점에서 출발하고 싶었다. 기억의 가장 복잡하고 흥미로운 측면, 즉 사람과 장소와 사물에 대한 장기기억의 형성을 탐구하고 싶었다. 밀너는 H.M.이 장기기억을 형성할 수 없다는 것을 발견했었다. 그러므로 나는 밀너가 새로운 장기기억 형성에 필수적이라는 것을 밝힌 해마에 초점을 맞추고 싶었다. 그러나 해마에서의 기억의 생물학을 어떻게 공략할 것인가에 대한 나의 생각은 막연할 뿐 아니라 유치했다.

첫 단계로 나는 다음과 같은 단순한 질문을 던졌다. 기억 저장에 참여하는 신경세포들은 쉽게 구별할 수 있는 특징들을 가질까? 해마의 신경세포들—기억 저장에 결정적으로 중요하다고 하는 세포들—은 포유류 중추신경계에서 유일하게 연구가 잘된 또 다른 뉴런인 척수 운동뉴런과 생리학적으로 다를까? 어쩌면 해마 뉴런의 속성들이 기억 저장에 대하여 무언가 알려 줄지도 모른다고 나는 생각했다.

내가 기술적으로 매우 어려운 이 연구에 뛰어들 용기를 낸 것은, 내 옆방에서 일하던 칼 프랭크(Karl Frank)와 오스트레일리아의 존 에클스가 작은 전극을 이용하여 고양이 척수의 개별 운동뉴런을 연구하고 있었기 때문이다. 그들이 이용하는 전극은 내가 가재 세포의 소리를 들을 때 썼던 것과 동일했다. 비록 개인적으로 프랭크는 해마를 연구하는 일이 어마어마하게 힘들고 위험하다고 생각했지만 내 용기를 꺾지 않았다.

마셜은 빈 실험실을 단 한 곳 갖고 있는 반면에, 두 명의 박사후 연구원, 즉 잭 브린리(Jack Brinley)와 나를 데리고 있었다. 잭은 미시건 대학에서 의학박사 학위를 받았고 존스홉킨스 대학에서 생물물리학 박사학위를 위한 연구를 시작한 직후에 국립보건원으로 왔다. 그가 계획한 논문은 자율신경계 뉴런의 막을 통과하는 칼륨 이온의 운동에 관한 것이었다. 그러나 웨이드가 대뇌피질을 좋아했기 때문에, 잭은 초점을 약간 옮겨 확산적 피질 기능 저하에 대한 반응으로 일어나는 칼륨의 대뇌피질 통과 운동을 연구했다. 확산적 피질 기능 저하는 마셜이 수십 년 동안 관심을 기울여 온 발작 과정이었다. 그것은 완벽하게 훌륭한 문제였지만 내 관심사는 아니었다. 잭도 해마에 별다른 관심이 없었다. 그래서 우리는 타협을 했다. 우리는 실험실을 공동으로 사용하기로 했다. 절반의 시간 동안은 그가 실험실을 쓰며 내가 그를 돕고, 나머지 절반의 시간 동안은 내가 실험실을 쓰며 그가 나를 돕기로 했다.

그렇게 한동안 잘 돌아가는데, 마셜이 갑자기 우리 실험실에 제3의 인물을 밀어 넣었다. 오리건 의과대학을 막 졸업한 신입 박사후 연구원 앨든 스펜서(Alden Spencer)였다. 이제 실험실을 각각 독자적인 프로젝트를 추진하는 세 사람이 나눠 써야 한다고 생각하니 잭과 나는 내심 걱정스러웠다. 우리는 앨든을 우리 각자의 프로젝트에 끌어들이려고 열렬히 설득했다.

기쁘게도 나는 별다른 어려움 없이 앨든과 내가 해마를 함께 연구해야 한다는 것을 앨든에게 확신시키는 데 성공했다. 나중에야 안 일이지만, 내가 성공한 것은 앨든이 방사능 칼륨을 불가피하게 이용하는 프로젝트를 추진하는 잭과는 함께 연구할 생각이 추호도 없었기 때문이었다. 앨든은 약간 건강 염려증이 있어서 방사능으로 사망하는 것을 겁냈던 것이다.

앨든의 합류는 나의 연구에 중요한 전환점이 된 행운이었다. 포틀랜드 출신인 그는 자유주의자였고 편협한 정치적 고려가 아니라 도덕에 기초를 둔 오리

9-1 앨든 스펜서(1931~1977). 그는 1958년부터 1960년까지 국립정신보건원에서 나와 함께 연구했다. 훗날 그는 뉴욕 대학 의학부와 컬럼비아 대학에서도 나의 동료였다. 그와 함께 일할 수 있었던 것은 내게 큰 행운이었다. 앨든은 해마, 학습을 통한 단순 반사의 변형, 촉각에 대한 지식에 크게 기여했다(에릭 캔델 개인 소장).

건 특유의 독립적 사상을 가지고 있었다(그림 9-1). 만년 학생이었으며 한때는 자유사상가였고 한때는 종교인이었던 앨든의 아버지는 제1차 세계대전에 대한 양심적 반대자였고 비전투 부대에 징병되었다. 전쟁 후에 그는 브리티시컬럼비아 신학교에 들어갔고 한동안 작은 교회의 목사로 일했다. 그 후 그는 스탠퍼드 대학으로 돌아와 수학과 통계학을 공부했고 나중에는 오리건에서 통계 담당 공무원으로 일했다.

앨든은 동부 해안 바깥의 삶에 대한 나의 편협한 시각을 완전히 바꿔 놓았다. 그는 매우 독립적이었고 독창적인 정신의 소유자였으며 음악과 미술에 대한 지대한 관심과 삶에 대한 열정이 있었다. 그래서 나는 그와 함께 있는 것이 좋았다. 그는 자신이 경험하는 것 대부분 — 강의, 음악회, 테니스 시합 — 에 대하여 신선한 통찰력을 발휘했다. 그는 창의력이 풍부해서 언제나 그 자신을 무언가 새로운 것을 향해 확장하고 있었다. 언제나 또 다른 문제에 빠져드는 중이었다. 앨든은 음악에도 상당한 재능이 있어서 포틀랜드 심포니 오케스트라에서 클라리넷을 연주한 경력이 있었다. 그의 아내 다이앤은 훌륭한 피아니스트였다. 그뿐 아니라 앨든은 아주 겸손해서 그 심오한 창조적 관심들을 전혀 젠체하지 않는 방식으로 표현했다. 데니스와 나는 곧 앨든 부부와 좋은 친구가 되었고, 우리 네 사람은 그 유명한 부다페스트 현악 4중주단의 연주로 매주 열리는 의회 도서관 실내악 연주회에 정기적으로 참석했다.

앨든이 지닌 수많은 재능 중에는 수술 솜씨, 뇌의 해부학적 조직에 대한 훌륭한 지식, 그리고 어떤 질문이 과학적으로 중요한가에 대한 통찰도 있었다. 그는 비록 세포 내 측정은 해본 적이 없었지만 뇌에 관한 뛰어난 전기생리학적 연구를 몇 번 한 적이 있었다. 그 연구들은 시상과 피질 사이의 경로들이 EEG(뇌전도)에 나타나는 다양한 뇌 리듬에 어떻게 기여하는가에 관한 것이었다. 앨든은 정말 좋은 동료였다. 우리는 끊임없이 과학을 이야기했고 서로의 대담성을 북돋웠다. 일단 중요하다고 판단하고 나면, 우리는 아무리 어려운 과제도 회피하지 않았다. 이를테면 온전한 뇌의 개별 피질 뉴런을 측정하는 것과 같은 과제에도 과감하게 도전했다.

공동 연구를 시작한 직후에 우리는 최초로 실험에 성공했다. 나는 그 일을 영원히 잊지 못할 것이다. 나는 고양이의 해마를 노출시키기 위한 수술을 끝내려고 오전 내내 일하고 오후에도 한동안 일했다. 오후 늦게 앨든이 나와 교대하여 해마에 전극을 집어넣는 일을 시작했다. 나는 전기신호를 화면으로 보여 주는 장치인 오실로스코프 앞에 앉아 있었다. 또 나는 해마로 들어가고 나오는 경로들을 활성화할 수 있는 자극 장치를 통제했다. 과거에 스탠리 크레인의 실험실에서 했던 것처럼 나는 전극을 스피커에 연결하여 전기신호가 확보될 경우 우리가 그것을 볼 뿐만 아니라 들을 수도 있게 만들었다. 우리의 과제는 해마 속에 있는 주요 유형의 뉴런인 추체세포(pyramidal cell)의 전기신호를 탐지하는 것이었다. 그 세포는 해마로 들어오는 정보를 수용하고 처리하여 다음 중계점으로 보내는 역할을 한다. 우리는 오실로스코프의 화면을 촬영하기 위해 카메라도 설치했다.

불현듯, 우리는 활동전위의 커다란 쿵! 쿵! 쿵! 소리를 들었다. 나는 가재 실험을 해보았기 때문에 그것이 무슨 소리인지 즉각 알아챘다. 앨든이 세포 속에 침투하는 데 성공한 것이었다. 우리는 그 세포가 추체세포라는 것을 곧바로 깨달았다. 왜냐하면 추체세포의 축삭돌기들은 다발을 이루어 해마에서 밖으로 나가는 경로(이른바 뇌활, fornix)를 이루는데, 내가 전극을 넣을 위치로 선택한 것이 그 경로였기 때문이다. 내가 매번 자극을 가할 때마다 아름답고 커다란 활동전위가 발생했다. 밖으로 나가는 축삭돌기를 자극하여 추체세포가 활동전위를 산출하게 만드는 방법은 추체세포를 확인하는 데 쓸 수 있는 강력한 기법이었다. 또 우리는 정보를 해마 안으로 나르는 경로를 자극함으로써 추체세포를 활성화하는 데에도 성공했다. 그리하여 우리는 대략 10분 동안 추체세포의 신호를 기록하여 상당량의 정보를 확보했다. 우리는 모든 순간이, 추체세포의 모든 시냅스 전위와 모든 활동전위가 필름에 포착되도록 끊임없이 카메라를 작동시켰다.

앨든과 나는 미칠 듯이 행복했다. 우리는 우리의 가장 소중한 기억들이 저장된 뇌 영역의 세포 내 신호를 최초로 확보하고 기록한 것이었다. 우리는 거의 춤을 추며 실험실 안을 뛰어다녔다. 고작 몇 분 동안 그 세포들을 기록하는 데 성공한 것에 불과했지만 우리는 낙관적인 전망에 부풀었다. 게다가 우리의 데이터는 매우 훌륭하면서도 에클스와 프랭크가 척수의 운동뉴런에서 발견한 것과 약간 달라 보였다.

이 실험과 후속 실험들은 육체적으로 고되었고 때로는 24시간 동안 계속되었다. 우리가 막 수련의 과정을 마친 사람들이라는 것이 참 고마운 일이었다. 수련의가 쉬지 않고 24시간 동안 일하는 것은 드문 일이 아니었으니까 말이다. 우리는 일주일에 3일 동안 실험을 했고, 나머지 이틀은 흔히 잭이 실험실을 쓰는 시간을 피하여 데이터를 분석하고 결과를 토론하고 또 그냥 수다를 떨었다. 많은 실험이 실패로 돌아갔지만, 결국 우리는 간단한 기술적 개선을 이루어 일주일에 한두 번 양질의 기록을 얻게 되었다.

세포생물학의 강력한 기법들을 해마에 적용한 앨든과 나는 낮은 가지에 달린 지적인 열매 몇 개를 쉽게 수확했다. 첫째, 우리는 운동뉴런과 달리 해마 뉴런의 특정 유형은 감각뉴런 등의 지시가 없어도 자발적으로 활성화된다는 것을 발견했다. 더 흥미로운 것은, 해마 추체세포의 활동전위는 세포 내부의 여러 위치에서 발원한다는 점이었다. 운동뉴런의 경우, 활동전위는 축삭돌기의 기부(base, 基部), 즉 축삭돌기가 세포 본체에서 돌출하는 지점에서만 발원한다. 우리는 해마 추체세포의 활동전위가 수상돌기에서 시작될 수도 있으며, 내후각피질(entorrhinal cortex)이라는 피질 부위에서 추체세포로 직접 들어오는 시냅스 입력에 대한, 즉 관통경로(perforant pathway)의 자극에 대한 반응으로도 발생할 수 있다는 것을 보여 주는 좋은 증거를 확보했다.

훗날 이것은 중요한 발견으로 판명되었다. 그때까지 도미니크 퍼퓨라와 해리 그런드페스트를 비롯한 대부분의 신경과학자들은 수상돌기가 흥분될 수 없고 따라서 활동전위를 산출할 수 없다고 생각했다. 국립보건원의 주요 이론가이자 모형(model) 구성자였던 윌리프레드 랠(Willifred Rall)은 운동뉴런의 수상돌기가 어떻게 작동하는가를 보여 주는 수학적 모형을 개발한 바 있었다. 그 모형은 수상돌기의 세포막이 수동적이라는 것을 근본적인 전제로 삼았다. 즉, 수상돌기의 막은 전압 감응성 나트륨 통로를 갖고 있지 않고 따라서 활동전위를 만들 수 없다는 것이었다. 우리가 기록한 세포 내 신호는 그 모형에 대한 최초의 반례였고, 우리의 발견은 훗날 뉴런 기능의 보편적 원리로 판명되었다.

우리의 기술적 성취와 흥미로운 발견은 국립보건원에 있는 선배 연구자들의 진심 어린 격려와 한없는 칭찬을 불러왔다. 포유류 뇌의 세포생리학 분야에서 최고의 과학자로 부상하고 있던 존 에클스는 국립보건원을 방문했을 때 우리 실험실에 들러 아낌없는 논평을 해주었다. 그는 앨든과 내게 오스트레일리아로 와서 자신과 함께 해마 연구를 하자고 제안했다. 우리는 한참 동안 고민하다가 그 제안을 거절했다. 웨이드 마셜은 국립정신보건원에서 앨든과 나의 연구를 요약하는 세미나를 개최하라고 요청했고, 나는 참여자들로 꽉 찬 회의실에서 세미나를 하고 우호적인 반응을 얻었다. 그러나 가장 잘나가던 때에도 우리는 우리의 성취가 국립보건원의 전형적인 일화라는 것을 자각했다. 그곳에서는 젊고 미숙한 사람들이 자기 자신의 연구를 시도할 기회를 얻었고, 도움을 줄 숙련된 사람들이 대기하고 있었다.

그러나 모든 것이 포도주와 장미였던 것은 아니다. 내가 도착한 직후에 또 한 명의 젊은 과학자 펠릭스 슈트룸바서(Felix Strumwasser)가 근처의 실험실에 왔다. 의학박사인 다른 젊은 연구자들과 달리 펠릭스는 로스앤젤레스 소재 캘리포니아 대학 출신의 신경생리학 박사였다. 우리 대부분은 뇌과학에 대해 상대적으로 무지했던 반면, 펠릭스는 대단히 유식했다. 우리는 친구가 되었고 서로의 집에서 저녁을 먹었다. 나는 그에게서 아주 많이 배웠다. 실제로 나는 펠릭스와 대화하면서 학습에 대한 신경생물학적 연구에 어떻게 접근할 것인가에 대한 나의 생각을 다듬었다. 또 펠릭스는 감정 표현과 호르몬 분비에 관여하는 뇌 영역인 시상하부에 관심을 가지도록 나를 이끌었다. 당시에 시상하부는 스트레스와 우울증을 다루는 방법에 관한 임상 토론에서 점점 더 중요해지고 있었다.

그러므로 우리의 연구에 관한 세미나를 한 다음 날 펠릭스가 나와 대화를 중단했을 때 나는 깜짝 놀라고 상처를 받았다. 나는 무슨 일인지 이해할 수 없었다. 시간이 지난 다음에야 나는 과학이 단순히 아이디어를 향한 열정만으로 채워지는 것이 아니라 경력의 여러 단계에 있는 사람들의 야심과 경쟁으로도 채워진다는 것을 깨달았다. 여러 해가 지난 다음에 펠릭스는 우리와 우정을 복구했고, 당시에 비교적 미숙한—그가 보기에 무능한—두 과학자가 흥미롭고 중요한 실험 결과를 산출한 것을 보고 분함을 느꼈었다고 해명했다.

초심자의 행운이 발한 광채가 잦아들 무렵, 앨든과 나는 우리의 발견이 아무리 매혹적이라 해도, 그것은 우리를 기억과 무관한 방향으로 이끌고 있다는 것을 깨달았다. 사실 우리는 해마 뉴런과 척수 운동뉴런의 차이가 해마의 기억 저장 능력을 설명할 수 있을 만큼 충분히 크지 않다는 것을 발견했다. 처음부터 명백했던 다음의 사실을 우리가 깨닫는 데 무려 1년이 걸렸다. 학습과 기억의 세포적 메커니즘은 뉴런 자체의 특수한 속성들에 있는 것이 아니라 뉴런이 제가 속한 뉴런회로 안에서 다른 세포들과 맺은 연결에 있다. 토론과 독서를 통해 학습과 기억의 생물학적 메커니즘에 대해 더 깊이 생각하게 되면서, 우리는 기억과 관련한 해마의 역할은 무언가 다른 방식으로, 아마도 해마가 수용하는 정보의 본성, 해마 세포들이 연결된 방식, 그리고 그 회로와 그것이 운반하는 정보가 학습에 의해 영향을 받는 방식에서 발생하는 것이 분명하다는 결론을 내렸다.

그렇게 생각을 바꾼 우리는 실험적 접근법도 바꾸었다. 어떻게 해마 신경 회로가 기억 저장에 영향을 미치는가를 이해하려면 감각 정보가 해마에 어떻게 도달하는지, 해마에서 감각 정보에 무슨 일이 일어나는지, 해마를 떠난 감각 정보가 어디로 가는지 알 필요가 있었다. 이것은 만만치 않은 과제였다. 감각 자극이 해마에 어떻게 도달하는가, 또는 해마가 뇌의 다른 영역들로 정보를 어떻게 보내는가에 대하여 당시에 알려져 있던 것은 사실상 전무했다.

그리하여 우리는 다양한 감각 자극들—촉각, 청각, 시각—이 해마 추체 뉴런의 점화(點火) 패턴에 어떤 영향을 미치는가를 탐구하는 일련의 실험을 수행했다. 우리는 이따금씩만 굼뜬 반응을 관찰했다. 다른 연구자들이 체감각피질, 청각피질, 시각피질의 신경 경로에서 발견했다고 보고한 활발한 반응에 해당할 만한 것은 없었다. 어떻게 해마가 기억 저장에 참여하는가를 이해하기 위한 마지막 시도로 우리는 관통 경로의 입력 축삭돌기가 해마의 신경세포와 형성한 시냅스의 속성들을 탐구했다. 우리는 그 축삭돌기를 초당 10회의 임펄스로 반복해서 자극했고 약 10초에서

15초 동안 시냅스의 세기가 증가하는 것을 관찰했다. 그다음에는 초당 60에서 100회의 임펄스로 자극하여 간질 발작을 산출했다. 이 모든 것들은 흥미로운 발견이었지만 우리가 찾고 있던 것은 아니었다.

해마에 더 익숙해지면서 우리는 어떻게 해마 뉴런 연결망이 학습된 정보를 처리하고 어떻게 학습과 기억 저장이 그 연결망을 변화시키는지 알아내는 일은 아주 오랜 시간을 필요로 하는 극도로 난해한 과제라는 것을 깨달았다.

처음에 나는 정신분석에 대한 관심 때문에 해마에 손을 댔다. 정신분석은 가장 복잡하고 까다로운 형태의 기억을 생물학적으로 공략하도록 나를 유혹했다. 그러나 호지킨과 카츠, 커플러가 활동전위와 시냅스 전달을 연구할 때 쓴 환원주의 전략이 학습에 대한 연구에도 유효하다는 것을 확실히 깨닫게 되었다. 기억 저장이 어떻게 일어나는가를 이해하는 데 조금이라도 다가가려면 적어도 초기에는 가장 단순한 기억 저장 사례들을 가장 단순한 신경계를 가진 동물에서 연구하는 것이 바람직할 것 같았다. 그렇게 하면 감각 입력에서부터 운동 출력까지의 정보 흐름을 추적할 수 있을 것 같았다. 그래서 나는 적은 수의 신경세포로 이루어진 단순한 신경 회로가 단순하지만 교정 가능한 행동을 통제하는 사례를 구현하고 있는 실험동물을 물색했다. 아마도 환형동물이나 파리, 달팽이 따위의 무척추동물이 적당할 것 같았다.

도대체 어떤 동물이 좋을까? 이 장면에서 앨든과 나는 갈라섰다. 그는 포유류 신경생리학에 전념하고 있었고 포유류 뇌를 고수하고자 했다. 그는 물론 무척추동물도 많은 가르침을 주겠지만 무척추동물 뇌의 조직은 척추동물 뇌의 그것과 근본적으로 다르다고 느꼈고, 그래서 자기는 무척추동물을 연구하고 싶지 않다고 했다. 더구나 척추동물 뇌의 부분들도 이미 잘 기술되어 있었다. 무척추동물에 대하여 타당한 생물학적 해답들은 그의 관심을 끌고 그를 경탄시키겠지만, 그것들이 척추동물의 뇌와 인간의 뇌에 타당하지 않다면 그의 노력을 유발하지 못할 것이었다. 그리하여 앨든은 고양이 척수의 단순한 하위 시스템들로 눈을 돌려 학습을 통해 교정되는 척수반사를 탐구했다. 이후 5년 동안 그 분야에서 앨든은 심리학자 리처드 톰슨(Richard Thompson)과 협력하여 중요한 업적을 남겼다. 그러나 비교적 단순한 척수반사 회로들도 학습에 대한 상세한 세포적 분석을 위해서는 너무 복잡하다는 것이 판명되었고, 1965년에 앨든은 척수와 학습에 대한 연구를 버리고 다른 분야로 전향했다.

나는 학습과 기억 저장의 생물학에 더 근본적이고 환원주의적인 방식으로 접근하고 싶었다. 물론 그것은 당시의 조류를 거스르는 일이었지만 말이다. 나는 학습의 생물학적 토대를 우선 개별 세포의 수준에서 연구해야 한다고 확신했으며, 더 나아가 단순한 동물의 매우 단순한 행동에 초점을 맞춘다면 그 접근법이 성공을 가져올 가능성이 가장 높다고 믿었다. 여러 해 뒤에 분자유전학의 선구자로서 예쁜꼬마선충(Caenorhabditis elegans)이라는 벌레를 생물학에 도입한 시드니 브레너(Sydney Brenner)는 이렇게 쓰게 된다.

> 당신이 해야 할 일은 문제를 실험적으로 해결하는 데 가장 좋은 시스템이 무엇인지 발견하는 것이다. 그리고 그 문제가 충분히 일반적이기만 하다면, 당신은 그 시스템에서 해답을 발견할 것이다.
>
> 실험 대상의 선택은 생물학에서 여전히 가장 중요한 일이며, 나는 그 일이 혁신적인 연구를 위한 중대한 돌파구 중 하나라고 생각한다. …… 생명 세계의 다양성은 매우 크고 모든 것은 모종의 방식으로 서로 연결되어 있으니, 우리 최선의 대상을 찾아보자.

그러나 1950년대와 60년대에 대부분의 생물학자들은 앨든과 마찬가지로 행동 연구에 철저한 환원주의 전략을 채택하기를 꺼렸다. 왜냐하면 그들은 그런 연구가 인간의 행동과 무관하다고 생각했기 때문이다. 사람들은 단순한 동물에게서 발견되지 않는 정신 능력들을 가지고 있다. 그래서 당시의 생물학자들은 인간 뇌의 기능적 조직이 단순한 동물의 그것과 매우 다름이 틀림없다고 믿었다. 물론 이 견해는 부분적으로 옳지만, 나는 그것이 콘라트 로렌츠(Konrad Lorenz), 니코 틴버겐(Niko Tinbergen), 카를 폰 프리슈(Karl von Frisch) 등의 동물행동학자들이 수행한 현장 연구에서 풍부하게 증명된 사실, 즉 몇몇 기초적인 형태의 학습은 모든 동물에게 공통적이라는 사실을 간과하고 있다고 생각했다. 진화의 과정을 거친 인간은 단순한 동물에서 발견되는 학습과 기억 저장의 세포적 메커니즘 일부를 유지하고 있으리라는 추측이 내게는 그럴듯해 보였다.

예상할 수 있는 일이었지만, 내가 이 연구 전략을 추구하겠다고 하자 신경생물학 분야의 많은 선배 과학자들이 나를 말렸다. 에클스도 그랬다. 부분적으로 그의 염려는 당시에 신경생물학에서 받아들여지던 질문들의 위계를 반영했다. 몇몇 과학자들은 무척추동물의 행동을 연구하고 있었지만, 포유류 뇌를 탐구하는 사람들 대부분은 그 연구가 중요하지 않다고 여겼다. 심지어 무척추동물 행동 연구는 대체로 무시되었다. 내게 더 큰 문제가 된 것은, 학습과 기억처럼 고등한 정신 과정에 관하여 무언가 흥미로운 것이 개별 신경세포에서—더구나 무척추동물의 세포에서—발견될 수 있으리라는 견해에 식견을 갖춘 심리학자와 정신분석가들이 회의를 표했다는 점이었다. 그러나 나는 결단을 내렸다. 남아 있는 유일한 문제는 어떤 무척추동물이 학습과 기억에 대한 세포적 연구에 가장 적합한가 하는 것이었다.

국립보건원은 연구를 위해 좋은 장소였을 뿐 아니라 생물학의 새로운 발전을 접하기에도 좋은 곳이었다. 매년 가장 훌륭한 뇌과학자들이 국립보건원을 방문했다. 그 덕분에 나는 많은 사람들과 대화하고 세미나에 참석하여 가재, 바닷가재, 꿀벌, 파리, 달팽이, 그리고 선충류에 속한 회충 따위의 다양한 무척추동물이 실험 대상으로서 갖는 장점을 배우게 되었다.

나는 커플러가 가재의 감각뉴런이 수상돌기의 성질을 연구하는 데 갖는 장점들을 생생하게 설명한 것을 기억하고 있었다. 그러나 나는 가재는 제쳐 놓았다. 가재는 매우 큰 축삭돌기를 몇 개 가지고 있지만 신경세포 본체가 그다지 크지 않기 때문이었다. 나는 단순한 반사 행동을 가지되, 입력에서 출력까지의 경로를 확인할 수 있는 소수의 커다란 신경세포에 의해 통제되며 학습에 의해 교정될 수 있는 그런 반사 행동을 가진 동물을 원했다. 그런 동물을 찾는다면, 반사 행동의 변화와 세포의 변화를 관련지을 수 있을 것이었다.

6개월 동안 신중하게 고민한 후에 나는 거대한 바다달팽이인 군소(Aplysia)가 내 연구에 적합한 동물이라는 판단을 내렸다. 나는 달팽이에 관한 강연을 두 번 듣고 깊은 인상을 받은 바 있었다. 한 번은 안젤리크 아르바니타키 샬라조니티스(Angelique Arvanitaki-Chalazonitis)의 강연이었는데, 그는 군소가 신경세포 신호 전달의 특징을 연구하는 데 유용하다는 것을 발견한 바 있는 성공적인 선배 과학자였다. 다른 한 번은 라디슬라프 타우크(Ladislav Tauc)라는 젊은 과학자의 강연이었는데, 그는 신경세포의 기능 방식에 대한 연구에 새로운 생물물리학적 관점을 도입한 인물이었다.

군소는 대(大) 플리니우스(Pliny the Elder, Gaius Plinius Secundus, 23~79)가 서기 1세기에 쓴 백과사전적 저서 『박물지(Historia Naturalis)』에서 최초로 언급되었고, 2세기에 갈레노스(Galen)에 의해 다시 언급되었다. 이 고대의 학자들은 군소를 바다토끼(lepus marinus)라고 불렀다. 왜냐하면 군소는 수축한 채로 가만히 있으면 토끼를 닮았기 때문이다. 내가 직접 군소를 연구하기 시작했을 때, 나는 과거의 많은 사람들과 마찬가지로 군소가 화가 나면 상당히 많은 양의 자주색 색소를 뿜어낸다는 것을 알았다. 한때 사람들은 그 색소가 로마 황제의 제복에 있는 줄무늬를 만드는 데 쓴 로열 퍼플(royal purple) 염료라고 잘못 생각했다(로열 퍼플 염료는 뿔고둥에서 얻는다). 군소는 그렇게 풍부한 색소를 방출하는 성

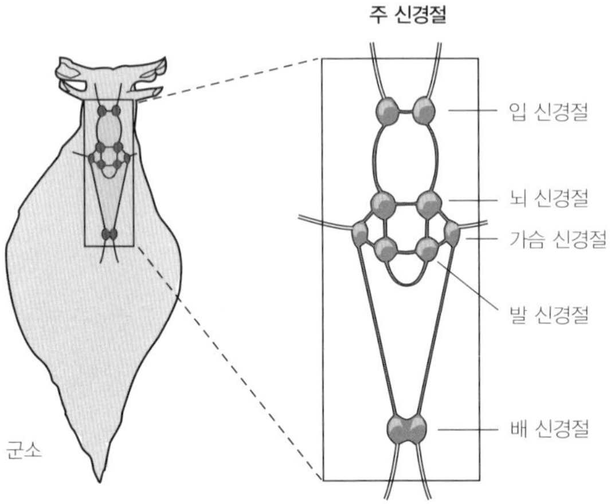

9-2 군소의 뇌는 매우 단순하다. 녀석의 뇌는 아홉 개의 집단, 즉 신경절을 이룬 2만 개의 뉴런으로 되어 있다. 각각의 신경절은 적은 수의 세포로 이루어져 있으므로, 연구자들은 그 신경절이 통제하는 단순한 행동을 분리하여 고찰할 수 있다. 더 나아가 학습에 의해 행동이 바뀔 때 특정 세포에서 일어나는 변화를 연구할 수 있다.

질이 있기 때문에, 고대의 일부 자연학자들은 군소를 신성한 동물로 생각했다.

캘리포니아 해안에 사는 미국 군소(아플리지아 캘리포니카, Aplysia californica)는 길이가 30센티미터가 넘고 무게는 몇 킬로그램까지 나간다. 나는 과학자 생애의 거의 전부를 그 녀석을 연구하며 보냈다. 녀석은 자기가 먹는 해조류처럼 적갈색을 띠는데, 몸집이 크고 자부심이 세고 매력적이며 확실히 지능이 높은 놈이다. 학습 연구의 대상으로 삼기에 딱 좋다!

내가 군소에 주목한 것은 고대의 자연사 서술이나 그 녀석의 신체적 아름다움 때문이 아니라 아르바니타키 샬라조니티스와 타우크가 유럽 군소(아플리지아 데필란스, Aplysia depilans)에 대한 강연에서 간략히 설명한 몇 가지 특징 때문이었다. 이 두 과학자는 군소의 뇌가 약 2만 개의 세포로 이루어졌다는 점을 강조했다. 그것은 포유류 뇌를 이루는 세포가 1,000억 개인 것에 비해 엄청나게 적은 세포 수였다. 그 세포들의 대부분은 아홉 개의 집단, 즉 신경절로 뭉쳐 있다(그림 9-2). 개별 신경절은 여러 가지 단순 반사 반응을 통제한다고 여겨졌으므로, 나는 단일한 단순 행동에 관여하는 세포의 개수가 적을 것이라고 생각했다. 게다가 군소의 세포들 중 일부는 동물계에서 가장 커서 그 안에 작은 전극을 삽입하여 전기 활동을 기록하기가 비교적 쉽다. 앨든과 내가 그 활동을 기록한 고양이 해마의 추체세포는 포유류 뇌의 신경세포 중에서 가장 큰 편이지만 지름이 겨우 20마이크로미터라서 고성능 현미경으로만 관찰할 수 있다. 반면에 군소의 신경계에 있는 일부 세포들은 크기가 그보다 50배나 커서 맨눈으로도 보인다.

아르바니타키 샬라조니티스는 군소가 지닌 소수의 신경세포는 혼동 없이 가려낼 수 있다는 것을 발견했다. 즉, 모든 군소 개체에서 그 세포들을 현미경으로 찾아 확인할 수 있다. 시간이 지나면서 나는 군소 신경계의 세포들 대부분이 그렇다는 것을 깨달았고, 한 행동을 통제하는 신경회로 전체의 지도를 그릴 수 있을 가능성은 밝아졌다. 결국 군소의 가장 기초적인 반사들을 통제하는 회로는 매우 단순하다는 것이 밝혀졌다. 더 나아가 나중에 나는 어떤 단일한 뉴런을 자극하면 흔히 표적 세포들에 큰 시냅스전위가 생긴다는 것을 발견했다. 그것은 두 세포 사이의 시냅스 연결이 얼마나 강력한지를 보여 주는 확실한 증거였다. 그 큰 시냅스전위는 개별 세포의 신경 연결들의 지도를 그리는 것을 가능케 했고, 결국엔 내가 특정한 행동과 관련된 정확한 신경 배선도를 처음으로 그릴 수 있게 해주었다.

여러 해 뒤에, 초파리의 학습에 대한 유전학적 연구를 처음으로 수행한 과학자 중 하나인 칩 퀸(Chip Quinn)은 학습에 대한 생물학적 연구에 이상적인 실험동물은 "세 개 이하의 유전자를 가져야 하며, 첼로를 연주하거나 적어도 고전 그리스 문헌을 암송할 수 있어야 하고, 이 과제들을 서로 다르게 염색되며 따라서 쉽게 확인할 수 있는 커다란 뉴런 10개로만 이루어진 신경계로 학습할 수 있어야" 한다고 말했다. 나는 군소가 이 조건들을 놀라울 정도로 만족시킨다는 생각을 자주 했다.

군소를 연구하기로 결정할 당시에 나는 달팽이를 해부하거나 달팽이 뉴런의 전기 활동을 기록해 본 경험이 없었다. 게다가 미국에는 군소를 연구하는 사람이 없었다. 1959년 당시에 군소를 연구하는 사람은 전 세계에 딱 두 명, 타우크와 아르바니타키 샬라조니티스뿐이었다. 그들은 둘 다 프랑스에 있었다. 타우크는 파리에, 아르바니타키 샬라조니티스는 마르세유에 있었다. 언제나 변함없이 파리 예찬자인 데니스는 파리로 가는 것이 더 낫다고 생각했다. 마르세유에 사는 것은 뉴욕 시를 놔두고 올버니에 사는 것과 같다고 그녀는 말했다. 그리하여 타우크에게 가기로 결정이 났다. 1960년 5월 국립보건원을 떠나기 전에 나는 타우크를 방문했고, 내가 하버드 대학 의학교에서 정신과 전공의 과정을 마치는 1962년 9월에 그와 합류하기로 약속했다.

1960년 6월에 국립보건원을 떠나면서 나는 깊은 슬픔을 느꼈다. 어쩐지 에라스무스 홀 고등학교를 졸업할 때와 비슷한 기분이었다. 나는 초심자로 들어왔다가 아직 부족하지만 그런대로 연구를 수행하는 과학자로 떠나는 것이었다. 국립보건원에서 나는 걷고 또 걸었다. 나는 내가 걷기를 좋아한다는 것을 알았고 내가 시도한 연구에서 꽤 성공적이라는 것을 알았다. 그러나 나는 나의 성공에 정말 놀랐다. 아주 오랫동안 그 성공이 순전한 우연, 행운, 즐겁고도 생산적이었던 앨든과의 공동 작업, 웨이드 마셜의 후한 심리적 지원, 젊은이를 우선시하는 국립보건원의 풍토 덕분이라고 느꼈다. 나는 유용한 것으로 판명된 몇 가지 아이디어를 제시했지만, 그것은 초심자의 행운이라고 생각했다. 언젠가 아이디어가 바닥나서 과학계에서 퇴출될까 봐 정말 많이 걱정했다.

새 아이디어를 떠올리는 나의 능력에 대한 이 같은 불안은 내가 존경한 존 에클스를 비롯한 선배 과학자들이 전망이 아주 밝은 포유류 해마 연구에서 잘 연구되지 않은 무척추동물의 행동으로 관심을 돌리는 내가 심각한 실수를 하고 있다고 생각했기 때문에 더욱 커졌다. 그러나 세 가지 요인이 나를 앞으로 나아가게 했다. 첫째, 생물학 연구에 대한 커플러-그런드페스트 원리가 있었다. 즉, 모든 생물학 문제에는 그 문제를 연구하기에 적합한 유기체가 존재한다는 원리가 있었다. 둘째, 나는 이제 세포생물학자였다. 나는 학습 과정에서 세포들이 어떻게 기능하는가에 대하여 생각하고 싶었고, 아이디어들을 읽고 생각하고 타인과 토론하면서 시간을 보내고 싶었다. 나는 앨든과 해마를 연구할 때 그랬던 것처럼 그저 반복해서 실험을 하면서 우연히 연구하기에 좋은 세포를 발견하는 식으로 긴 시간을 보내고 싶지 않았다. 나는 큰 세포를 연구한다는 아이디어가 좋았고, 군소가 그에 적절한 시스템이라고 확신했으며, 내가 그 달팽이의 행동을 효과적으로 연구할 수단들을 가지고 있다고 생각했다. 물론 위험이 따르리라는 것을 의식하고 있었지만 말이다.

마지막으로, 데니스와 결혼하면서 배운 것이 있었다. 나는 주저했고 결혼이 무서웠다. 심지어 결혼할 생각을 해본 다른 여자들보다 훨씬 더 많이 사랑한 데니스와 결혼하는 것조차 무서웠다. 그러나 데니스는 우리의 결혼이 옳다는 것을 확신했다. 그리하여 나는 신념의 도약을 감행하여 전진했다. 그 경험으로부터 나는 차가운 사실에만 근거해서는 결단할 수 없는 상황이 많이 있다는 것을 배웠다. 사실은 흔히 불충분하니까 말이다. 궁극적으로 사람은 자신의 무의식, 본능, 창조적 충동을 신뢰해야 한다. 나는 군소를 선택하면서 또 한 번 그렇게 했다.

10.

학습에 대응하는 신경학적 유사물

파리에서 라디슬라프 타우크를 잠시 만난 후, 데니스와 나는 1960년 5월에 빈을 방문했다. 나는 그녀에게 내가 태어난 도시를 보여 줄 수 있었다. 1939년 4월에 떠난 뒤로 그곳을 처음 방문한 것이었다. 우리는 아름다운 링슈트라세를 따라 걸었다. 링슈트라세는 빈의 주요 대로로 도시의 중요한 공공건물 대부분 — 오페라하우스, 대학, 의회 — 이 그 길을 따라 위치해 있다. 우리는 호화로운 바로크 건물이며 아름다운 대리석 계단과 합스부르크 왕가에 의해 처음 수집된 탁월한 소장품을 자랑하는 미술사박물관에서 즐거운 시간을 보냈다. 그 박물관 최고의 구경거리 중 하나는 브뢰헬이 사계절을 소재로 그린 작품들을 전시한 방이다. 우리는 상 벨베데레(Oberes Belvedere)도 방문하여 오스트리아 표현주의 화가들의 작품도 즐겼다. 거기에 있는 클림트, 코코슈카, 실레의 작품들은 내 또래의 빈 미술 애호가들의 정신에 지울 수 없는 인상을 남긴 것들이다.

가장 중요한 것은 우리 가족이 살았던 제베린가세 8번지의 아파트에 갔던 일이다. 우리는 그 아파트에 젊은 여자와 남편이 사는 것을 알았다.

그녀는 우리가 안으로 들어가 여기저기 둘러보는 것을 허락했다. 우리가 그 아파트를 매도한 적이 없으므로 그 아파트는 여전히 법적으로 우리 가족의 소유였음에도 불구하고 나는 그 좋은 사람에게 위압적으로 구는 것은 눈치 없는 짓이라고 느꼈다. 우리는 잠시만 머물렀지만, 나는 그 아파트가 정말 작다고 느끼며 놀랐다. 나는 아주 오래전 아홉 살 생일날에 내가 원격조종되는 반짝이는 파란 자동차를 몰고 다녔던 거실과 주방이 꽤 작았던 것을 기억하고 있었다. 그러나 나는 그 공간이 실제로 얼마나 작은지 느끼며 새삼 놀랐다. 흔히 있는 기억의 왜곡이었다. 그다음에 우리는 슐가세로 걸어가서 내가 다닌 초등학교를 방문했지만, 그곳은 정부의 관청으로 바뀌어 있었다. 내가 소풍 길처럼 느꼈던 학교 길을 전부 걸어가는 데 고작 5분이 걸렸고, 아버지의 가게가 있었던 쿠치커가세까지 가는 데에도 그 정도밖에 걸리지 않았다.

데니스와 함께 가게 건너편 길가에 서서 손을 들어 가게를 가리키고 있을 때 웬 늙은이가 다가와 이렇게 말을 건넸다. "자네 헤르만 캔델의 아들이 틀림없군!"

나는 말문이 막혔다. 아버지는 빈으로 돌아온 일이 없고, 나는 어릴 때 빈을 떠났다. 나는 그에게 어떻게 알았느냐고 물었다. 그는 자신이 저 앞 세 번째 건물에 산다고 밝히더니 간단히 이렇게 말했다. "자네가 헤르만을 많이 닮았어." 그도 나도 그동안 있었던 일을 이야기할 용기를 내지 못했다. 지금 돌이켜 보면 그때 우리가 이야기를 나누지 못한 것이 유감스럽다.

나는 빈에서 깊은 감동을 받았다. 데니스는 재미있어 했지만 훗날 말하기를 만일 내가 쉴 새 없이 감탄을 연발하지 않았다면 그녀는 빈이 파리에 비해 지루하다고 느꼈을 거라고 했다. 그 말을 들으며 우리가 사귀기 시작할 무렵에 내가 그녀 어머니의 집으로 초대를 받아 저녁을 먹던 날을 떠올렸다. 그날 데니스의 인상적인 아주머니인 소냐가 우리와 함께 있었다. 소냐는 키가 크고 지적 수준이 높고 약간 거만한 여자로, 제2차 세계대전 전에 프랑스 사회당의 서기관이었고 당시에는 국제연합에서 일하고 있었다.

우리가 식사에 앞서 음료를 마시려고 둘러앉았을 때, 그녀는 내게 고개를 돌려 심문하듯이 강한 프랑스 억양으로 물었다. "어디 출신이에요?"

"빈이요" 하고 나는 대답했다.

온통 과장된 몸짓과 표정을 전혀 바꾸지 않은 채 그녀는 억지로 가벼운 미소를 짓더니 이렇게 말했다. "잘됐네. 우린 빈을 작은 파리라고 부르곤 했어요."

그로부터 오랜 세월이 지난 후, 나를 분자생물학으로 이끈 친구인 리처드 액슬(Richard Axel)은 빈을 처음으로 방문할 준비를 하고 있었다. 내가 그에게 빈의 장점들을 가르쳐 줄 기회를 갖기도 전에 다른 친구가 액슬에게 자신의 견해를 이렇게 피력했다. "빈은 유럽의 필라델피아지."

나는 그 친구나 소냐나 빈을 잘 모른다고 확신한다. 빈이 상실한 웅장함, 빈이 지닌 영원한 아름다움, 또는 빈이 현재 느끼는 자기만족과 잠재적인 반유대주의를 그들은 분명 모른다.

빈에서 돌아오자마자 나는 하버드 의과대학 매사추세츠 정신건강센터에서 정신과 전공의 수련에 들어갔다. 원래 나는 그 수련을 1년 전에 시작할 계획이었다. 그러나 해마 연구가 매우 잘 진행되는 바람에 정신건강센터의 소장이며 하버드 의과대학의 정신의학 교수인 잭 이월트(Jack Ewalt)에게 편지를 보내 1년만 연기할 수 있느냐고 문의했었다. 그는 즉시 답장을 보내 필요한 만큼 국립보건원에 머물라고 지시했다. 그리하여 국립보건원에서 맞은 세 번째 해는 나와 앨든의 공동 연구를 위해서뿐 아니라 내가 과학자로 성숙하는 데에도 결정적인 기간이 되었다.

그 배려와 이후에 주고받은 우호적인 편지들을 마음에 간직한 채, 나는 도착하자마자 이월트를 방문했다. 나는 그에게 실험실을 차리려 하니 약간의 공간과 자금을 지원해 줄 수 있느냐고 물었다. 그러자 갑자기

분위기가 달라졌다. 방금 전까지 내가 전혀 다른 사람과 대화하고 있었던 것처럼 느껴졌다. 그는 나를 바라보더니 수련을 시작하는 다른 전공의 22명의 이력서를 철한 파일을 가리키면서 고함을 쳤다. "자네가 누구라고 생각하나? 무엇 때문에 자네가 이 사람들보다 더 낫다고 생각하는 거지?"

나는 그 고함의 내용에 질렸고 어투에 더욱 질렸다. 하버드 대학 학부생 시절과 뉴욕 대학 의과 대학생 시절 내내 내가 관계한 어떤 교수도 내게 그런 식으로 말을 한 적은 없었다. 나는 임상적인 솜씨에서 동료들보다 뛰어나다는 망상을 가지고 있지 않으나 3년 동안 쌓은 연구 경험을 썩히고 싶지 않다고 자신 있게 말했다. 이월트는 내게 병실로 가서 환자를 돌보라고 대꾸했다.

착잡하고 침울한 심정으로 그의 사무실을 떠난 나는 보스턴 재향군인관리국 병원으로 자리를 옮겨 전공의 수련을 받을까 하는 생각을 잠시 동안 품었다. 내 친구인 신경생물학자 제리 레트빈(Jerry Lettvin)에게 이월트와의 대화를 전하자 그는 내게 재향군인관리국 병원으로 가라면서 이렇게 말했다. "매사추세츠 정신건강센터에서 일하는 건 소용돌이 속에서 헤엄치는 것과 같아. 뭔가 바꾸거나 앞으로 나아가는 건 불가능하다구." 그럼에도 나는 정신건강센터의 전공의 과정에 대한 훌륭한 평판 때문에 내 자존심을 꿀꺽 삼키고 그곳에 머물기로 결정했다.

현명한 결정이었다. 며칠 후 나는 길 건너 의과대학에 가서 내 사정을 생리학 교수 엘우드 헤네먼(Elwood Henneman)과 의논했다. 그는 자기 실험실에 나를 위한 공간을 마련해 주었다. 여러 주 뒤에 이월트가 내게 다가와 헤네먼과 스티븐 커플러를 언급하면서 자신이 의과대학 동료들로부터 내가 투자할 가치가 있는 사람이라는 정보를 수집했다고 말했다. 그는 이렇게 덧붙였다. "뭐가 필요하죠? 내가 당신을 어떻게 도울 수 있을까요?" 그리고 그는 내가 전공의 수련을 받는 2년 동안 헤네먼의 실험실에서 내 연구를 계속하는 데 필요한 모든 것을 제공해 주었다.

전공의 수련은 신선한 자극인 동시에 약간 실망스러웠다. 동료 전공의들은 유능했고 수련 기간 내내 나와 우호적인 관계를 유지했다. 그들 중 많은 이들이 정신의학계의 주요 인물로 성장했다. 주디 라이번트 래파포트(Judy Livant Rappaport)는 아동 정신장애 연구의 권위자가 되었고, 폴 웬더(Paul Wender)는 정신분열병에 대한 유전학적 연구를 개척했고, 조지프 쉴드크라우트(Joseph Schildkraut)는 우울증에 대한 최초의 생물학적 모형을 개발했으며, 조지 발리언트(George Valliant)는 사람들이 신체적·정신적 질병의 경향을 갖게 만드는 몇 가지 요인들을 개략적으로 밝히는 데 기여했고, 앨런 홉슨(Alan Hobson)과 에른스트 하르트만(Ernst Hartmann)은 잠에 대한 연구에 중요한 공헌을 했고, 토니 크리스(Tony Kris, 안나의 형제)는 전이(transference)의 본성에 관한 중요한 책을 썼다.

임상 활동에 대한 감독은 약간 편협한 감이 있긴 했지만 훌륭했다. 첫해에 우리는 입원이 필요할 만큼 병든 환자들을 다뤘다. 그들 중 일부는 정신분열병 환자였다. 우리는 제한된 수의 환자들만 보았고, 매우 중한 환자들을 집중적으로 상대할 기회는 드물었다. 일주일에 한 시간씩 두세 번 정신 치료 시간에 그들을 만나는 것으로는 충분치 않았다. 우리는 비록 환자들의 정신 기능을 거의 회복시키지 못했지만, 단지 그들의 이야기를 듣는 것만으로도 정신분열병과 우울증에 대해 많은 것을 배웠다. 임상 담당 책임자인 엘빈 셈라드(Elvin Semrad)와 대부분의 지도교수들은 정신분석의 이론과 실천을 강하게 신봉했다. 생물학적인 생각을 하는 교수는 극소수였고, 정신약리학을 잘 아는 교수도 극소수였다. 거의 모든 교수들은 우리가 정신의학이나 정신분석 문헌을 읽는 것을 말렸다. 우리가 책이 아니라 환자로부터 배워야 한다고 생각했기 때문이다. "문헌의 말을 듣지 말고 환자의 말을 들어라"가 지배적인 교훈이었다.

어느 정도는 그들의 말이 타당했다. 우리의 환자들은 심각한 정신병의 임상적·역동적 측면들에 대하여 많은 것을 가르쳐 주었다. 우리는 무엇보다도 환자가 자기 자신과 자신의 삶에 관하여 하는 말을 매우 세심하고 지혜롭게 듣는 법을 배웠다.

그러나 우리는 정신장애에 대한 진단의 기초나 생물학적 토대에 관하여 거의 아무것도 배우지 못했다. 정신병 치료에 약물을 쓰는 것에 대한 초보적인 입문 교육을 받았을 뿐이다. 실제로 우리가 치료를 위해 약을 사용하려다가 제지당한 일이 자주 있었다. 셈라드와 우리의 지도교수들은 약이 정신 치료와 중첩되어 부작용이 생길까 봐 염려했던 것이다.

수련 프로그램이 지닌 이 같은 약점에 대한 대응으로, 나를 비롯한 전공의들은 기술정신의학(descriptive psychiatry)을 논하는 토론회를 조직하여 크리스와 하르트만이 함께 쓰는 집에서 매달 모였다. 우리는 순번을 정하여 논문을 쓰고 토론회에서 발표했다. 나는 머리를 다치거나 화학적 중독을 당했을 때 뒤따를 수 있는 급성 정신장애인 아멘티아(amentia)를 앓는 환자군에 관한 논문을 발표했다. 이 장애를 가진 환자의 일부, 예컨대 급성 알코올성 환각증 환자는 정신분열병과 유사한 정신병적 증상을 나타내지만 알코올이 분해되면 완전히 회복된다. 내 논문의 요점은, 정신병적 반응이 정신분열병에 고유한 것이 아니라 여러 장애의 최종점일 수 있다는 것이었다.

우리가 전공의로 들어오기 이전에 정신건강센터는 외부 강사를 초빙하여 전공의들에게 강의를 시킨 적이 거의 없었다. 이는 좁게는 하버드 대학, 넓게는 보스턴의 과도한 자신감의 반영이었다. 그 자신감을 가장 잘 표현한 것은 다음과 같은 어느 보스턴 아줌마의 말이었다. 누가 그녀의 여행에 관하여 묻자, 그녀는 이렇게 대꾸했다고 한다. "내가 왜 여행을 가야 하지? 난 이미 여기에 있는데."

크리스와 쉴드크라우트, 그리고 나는 병원의 모든 연구자와 의사와 다른 기관들의 주요 인물을 모아 학회를 개최하는 데 앞장섰다. 국립보건원에 있을 때 나는 국립정신보건원 원내 책임자를 역임한 시모어 케티(Seymour Kety)의 강연을 듣고 넋을 잃은 적이 있었다. 웨이드 마셜을 영입한 인물이기도 한 케티는 유전자가 정신분열병에 미치는 영향을 개관하는 강연을 했었다. 나는 우리의 강연 시리즈를 그 주제로 시작하는 것이 좋겠다고 생각했다. 그러나 1961년에 유전학과 정신병의 관계에 관하여 무언가 아는 정신과 의사를 보스턴 전체에서 단 한 명도 찾을 수 없었다. 아무튼 나는 하버드 대학의 위대한 진화심리학자 에른스트 마이어(Ernst Mayr)가 정신병의 유전학을 개척하다가 고인이 된 프란츠 칼먼(Franz Kallman)의 친구였다는 사실을 알게 되었다. 마이어는 우리를 위해 정신병의 유전학에 관해 두 차례의 강연을 하기로 흔쾌히 동의했다.

의과대학에 들어갈 때 나는 정신분석의 미래가 밝다고 확신하고 있었다. 그러나 국립보건원에서의 경험을 거친 지금, 나는 정신분석가가 되기로 한 결심을 재고하고 있었다. 또 실험실을 떠난 것이 아쉬웠다. 새로운 데이터가 그리웠고 다른 과학자들과 토론할 만한 발견에 목이 말랐다. 그러나 내가 가장 의문시한 것은 정신분열병 치료에서 정신분석의 유용성이었다. 심지어 프로이트조차 이 문제에 대해서만큼은 낙관적이지 않았다.

그 시절에 전공의는 일이 아주 고되지 않았다. 오전 8시 반부터 오후 5시까지 일했고 밤 근무나 주말 근무는 드물었다. 따라서 나는 펠릭스 슈트룸바서의 제안을 실행에 옮길 수 있었다. 시상하부 신경내분비 세포들을 연구하라는 제안을 말이다. 그 세포들은 특이하고 뇌 속에 매우 드물게 있다. 그것들은 뉴런처럼 보이지만 시냅스 연결을 통해 직접 다른 세포들에 신호를 보내는 대신에 혈류에 호르몬을 방출한다. 신경내분비 세포들이 내게 특히 흥미로웠던 것은 심한 우울증 사례에서 시상하부의 신경내분비 세포의 활동이 저하된다는 것을 시사하는 몇몇 연구가 있었기 때문이다. 나는 금붕어가 아주 큰 신경내분비 세포를 가졌다는 것을 알고 있었고, 여유 시간을 이용하여 그 세포들이 평범한 뉴런과 똑같이 활동전위를 산출하며 다른 신경세포들로부터 시냅스 신호를 수용한다는 것을 보여 주는, 독창적이라 할 만한 일련의 실험을 했다. 데니스는 금붕어 수족관을 만드는 일을 도왔고, 행주와 철사 옷걸이로 멋진 그물을 만들어 주었다.

나의 연구는 호르몬을 방출하는 신경내분비 세포가 완전한 기능을 갖춘 내분비 세포인 동시에 완전한 기능을 갖춘 신경세포라는 것에 대한 직접적인 증거를 산출했다. 그 세포는 신경세포의 복잡한 신호 전달 능력을 모두 갖고 있다. 나의 연구는 무언가 새로운 것을 보여 주었기 때문에 좋은 반응을 얻었다. 또 내게 개인적으로 중요한 사실은, 내가 그 연구를 헤네먼의 실험실 뒷전에서 보통 다른 사람들이 없는 자투리 시간에 혼자 힘으로 해냈다는 점이었다. 이 연구를 마친 후에 나는 나의 능력을 더 확신하기 시작했다. 해마 연구에서 신경내분비 세포 연구로의 전환은 적어도 내게는 독특한 널뛰기가 아니었다. 나는 새 연구에서도 내가 국립정신보건원에서 가졌던 생각을 그대로 채택했다. 이 조막만 한 창의력의 폭발이 얼마나 오래 지속될까? 나는 고개를 갸웃거렸고, 계속해서 내 아이디어가 바닥나는 날이 곧 오리라고 염려했다.

그러나 그것은 내 걱정 중에서 가장 작은 것이었다. 아들 폴이 태어난 직후인 1961년 3월에 데니스와 나는 심각한 위기를 맞았다. 우리 인생에서 가장 심각한 위기였다. 나는 우리가 대단히 조화로운 관계를 맺고 있다고 생각했다. 데니스는 직업인으로서 분투하는 나를 강력하게 지원했고, 정신 건강과 관련된 주제를 연구하는 사회학자들을 교육하기 위해 마련된 매사추세츠 정신건강센터 프로그램에 참여하는 박사후 연구원이었다. 우리는 서로를 밤에 볼 뿐 아니라 낮에도 지나치며 볼 수 있었다.

그러던 어느 일요일 오후 내가 실험실에서 일하고 있을 때 그녀가 나타나 다짜고짜 언성을 높였다. 폴을 품에 안은 채, 그녀는 외쳤다. "당신, 이런 식으론 더 이상 안 돼! 당신하고 당신 일만 생각하잖아! 우리 둘을 완전히 무시하면서 말이야!"

나는 놀랐고 깊은 상처를 입었다. 나는 내 과학에 완전히 코가 꿰어 있었다. 과학을 즐겼고 실험이 실패로 돌아가면 걱정했다. 그러는 동안 나는 데니스와 폴을 무시하거나 어떤 식으로든 얕잡아 본다는 생각은 꿈에도 안 했다. 그들에 대한 내 사랑을 철회한다는 생각은 더더욱 안 했다.

나는 흥분했고, 그토록 갑자기 그토록 거칠게 쏟아진 항의에 화가 났다. 나는 토라졌고, 골이 났고, 며칠이 지나서야 정상으로 돌아왔다. 시간이 지나면서 나는 내 행동이 데니스의 입장에서 어떻게 보였을지를 깨닫기 시작했다. 나는 더 많은 시간을 집에서 그녀와 폴과 함께 보내기로 결심했다.

이때와 이후의 많은 경우에 데니스는 과학에만 쏠려 있었을 뻔한—또 가끔은 실제로 쏠려 있었던—내 관심을 아이들에게 돌리는 데 성공했다. 폴과 1965년에 태어난 딸 미누슈에게 나는 관심과 성의가 있는 아버지였지만 이상적인 아버지는 아니었던 것 같다. 나는 폴이 출전한 리틀 야구 경기의 최소한 절반을 관람하지 못했다. 한 경기에서 폴은 주자가 있는 상황에서 타석에 들어서 깨끗한 안타로 2타점을 올렸는데, 나는 그 경기를 못 봤다. 나는 폴의 활약을 지구 반대편에 있는 우리 집에서 전해 들었다. 그 활약을 못 본 것이 지금도 후회된다.

2004년에 우리는 나의 일흔다섯 번째 생일잔치를 진짜 생일보다 세 달 먼저 했다. 우리 아이들과 그 배우자들, 그리고 네 명의 손자들이 코드 곶(Cape Cod)에 있는 우리의 여름 별장에 모일 수 있게 하려고 그랬다. 미누슈와 사위인 릭 샤인펠드, 외손자인 다섯 살 이지와 세 살 마야, 그리고 폴과 며느리인 에밀리, 친손자인 열두 살 앨리슨과 여덟 살 리비가 모였다. 미누슈는 예일대와 하버드 법대를 졸업하고 샌프란시스코에서 공익법 전문 법률가로 일한다. 그녀의 주된 관심은 여성 문제와 여성의 권리다. 릭은 변호사이며 병원과 보건 관련 사안들을 주로 다룬다. 폴은 학부 때 해버퍼드에서 경제학을 공부한 후 컬럼비아 비즈니스스쿨에 진학했다. 지금은 드레퓌스 펀즈에서 돈을 만진다. 에밀리는 브린 마워 칼리지와 파슨스 디자인 학교를 졸업했고, 지금은 실내 디자인 회사를 경영한다.

생일 만찬에서 나는 아이들과 그 배우자들과 네 명의 손자들을 위해 축배를 들었다. 내가 겨우 B+짜리 아빠였는데도 아이들이 이렇게 지조 있고 재미있는 사람이 된 것, 그들이 제 자식들에게 매우 사려 깊은 부모가 된 것이 자랑스럽다고 나는 말했다. 그러자 나를 놀리기 좋아하는 미누슈가 이렇게 외쳤다. "학점 부풀리기다!"

미누슈가 아버지로서의 나에 대하여 이야기를 꺼냈다. "아빠는 훌륭했어요. 내가 뭐든지 이성적으로 할 수 있다는 생각을 심어 주었거든요. 아빠는 내가 어릴 때 자주 책을 읽어 주었고 고등학교 때, 대학 때, 법과대학 때, 그리고 심지어 지금도 내 생각과 일에 깊은 관심을 쏟는 분이잖아요. 그런데 내 어린 시절의 기억으론, 아빠가 나를 데리고 의사에게 검진을 받으러 간 적은 단 한 번도 없어요!"

내가 과학을 하는 데 한없이 매료되고 과학에 대한 나의 몰두가 거의 무한히 확대될 수 있다는 것을 내 아이들이 이해하기는 힘들었다. 그것은 지금도 마찬가지다. 아이들이 그것을 용서하는 건 더욱 힘든 일이고, 나도 그런 그들을 이해한다. 내가 의식적으로 노력하고, 내가 아는 정신분석과 데니스의 도움을 받아 더 현실적이게 되고, 시간을 잘 운용하여 미누슈와 폴과 손자들과 함께하는 내 인생의 즐거움과 책임을 위해 여백을 남기는 수밖에 없다.

집에서 데니스와 폴과 더 많은 시간을 보내다 보니 군소의 학습을 어떻게 연구할 것인가를 생각할 시간도 많아졌다. 앨든 스펜서와 나는 기억 저장에 참여하는 뉴런과 그렇지 않은 뉴런 사이의 차이를 몇 가지 발견했었다. 그 발견은 기억이 신경세포 그 자체의 속성에 의존하는 것이 아니라 뉴런들 사이의 연결과 뉴런들이 감각 정보를 처리하는 방식에 의존한다는 생각을 뒷받침했다. 그 때문에 나는 행동을 매개하는 회로에서 기억은 특정 패턴의 감각적 자극에 의해 일어나는 시냅스 세기의 변화에서 비롯될 것이라는 생각에 도달했다.

모종의 시냅스 변화가 학습에서 중요한 의미를 갖는다는 기초적인 생각은 1894년에 카할에 의해 제기되었다.

> 정신적 훈련은 사용되는 뇌 부분의 원형질 장치와 부대 신경이 더욱 발달하게 만든다. 이런 식으로 세포 집단들 사이에 존재하는 기존의 연결들이 말단 가지들의 증가에 의해 재강화될 수 있다. …… 그러나 기존의 연결들은 새로운 부대 신경의 형성과 확장에 의해 재강화될 수도 있다.

이 가설의 현대화된 형태는 1948년에 폴란드 신경생리학자 예르지 코르노르스키(Jerzy Kornorski)에 의해 제시되었다. 파블로프의 제자인 코르노르스키는 감각 자극은 신경계에 두 가지 변화를 일으킨다고 주장했다. 그가 흥분성(excitability), 혹은 흥분적 변화라고 부른 첫 번째 변화는 감각 자극에 대한 반응으로 신경 경로에 하나 혹은 그 이상의 활동전위가 발생할 때 생긴다. 활동전위가 점화되면 추가적인 활동전위가 발생하는 데 필요한 문턱(threshold)이 잠깐 동안 높아진다. 이는 잘 알려진 현상으로, 그 잠깐 동안을 불응기(refractory period)라고 한다. 두 번째 변화는 더 흥미로운 것으로, 코르노르스키는 이를 가소성(plasticity) 또는 가소적 변화라고 불렀다. 그의 글에 따르면, 이 변화는 "적절한 자극들이나 그것들의 조합의 결과로 특정 뉴런 시스템에 영구적인 기능 변화"를 일으킨다.

특정 뉴런 시스템들이 매우 융통성 있고 적응적이어서 영구적으로—아마도 시냅스들의 세기 변화 때문에—변화될 수 있다는 생각은 당시의 내게 매우 설득력이 있었다. 그리하여 나는 다음과 같은 질문을 던졌다. 그 변화들은 어떻게 일어나는 것일까? 존 에클스는 시냅스들이 과도한 사용에 대한 반응으로 변화할 가능성에 매우 큰 관심을 가지고 있었고, 그것들이 잠깐 동안만 변화한다는 것을 발견했다. 그는 이렇게 썼다. "과도한 사용이 시냅스 효율의 장기적 변화를 산출한다는 것을 실험적으로 증명하는 것은 안타깝게도 불가능했다." 학습과 관계가 있으려면 시냅스들이 장기간—극단적인 경우에는 동물의 일생 내내—변화해야 한다고 나는 생각했었다. 그리고 이제 나는 파블로프가 학습을 산출하는 데 성공한 것은 그가 사용한 단순한 감각 자극 패턴들이 특정한 자연적 활동 패턴을 촉발했고, 그 활동 패턴이 시냅스 전달에 장기적인 변화를 산출하기에 적합했기 때문이라는 생각에 도달했다. 이 생각은 나를 사로잡았다. 그러나 어떻게 이 생각을 검증할 것인가? 그 적합한 활동 패턴을 어떻게 촉발할 것인가?

더 많이 고민한 후에 나는 파블로프가 학습 실험에서 사용한 감각 자극 패턴들을 군소의 신경세포에서 구현해 보기로 결정했다. 비록 인위적으로 촉발시킨 것이라 할지라도 그런 활동 패턴들은 시냅스에서 일어날 수 있는 장기적이고 가소적인 변화에 대하여 무언가 알려 줄 것 같았다.

이런 생각들을 진지하게 하기 시작했을 때, 나는 학습이 뉴런들 사이 시냅스 연결의 세기를 변화시킨다는 카할의 이론을 재구성할 필요를 느꼈다. 카할은 학습을 단일한 과정으로 생각했다. 그러나 나는 파블로프의 행동주의적 연구와 더 나중에 수행된 브렌다 밀너의 인지심리학 연구를 잘 알고 있었으므로, 다양한 자극 패턴과 그 조합에 의해 산출되는 매우 다양한 형태의 학습이 존재하고 그로부터 서로 매우 다른 두 가지 형태의 기억 저장이 일어난다는 것을 깨달았다.

그리하여 카할의 생각을 다음과 같이 확장했다. 나는 다양한 형태의 학습이 다양한 뉴런 활동 패턴들을 일으키고, 그 활동 패턴 각각이 시냅스 연결의 세기를 특정 방식으로 변화시킨다고 전제했다. 그런 변화들이 영속적이라면, 결과적으로 기억 저장이 일어난 것이다.

카할의 이론을 이렇게 재구성하고 나니 파블로프의 행동에 관한 보고를 생물학에 관한 보고로 번역할 방법을 고려할 수 있게 되었다. 따지고 보면, 습관화·민감화·고전적 조건화—파블로프가 연구한 세 가지 학습—에 대한 보고는 학습을 산출하려면 어떻게 감각 자극을 단독으로 또는 다른 감각 자극과 조합하여 제공해야 하는가를 기술한 내용에 다

릅 아니다. 나의 생물학적 연구는 파블로프의 학습 형태들을 모범으로 삼은 다양한 형태의 자극들이 다양한 형태의 시냅스 가소성을 산출하는지를 확인하는 데 초점을 맞출 것이었다.

예컨대 습관화에서 약하거나 중립적인 감각 자극을 반복해서 받은 동물은 그 자극이 중요하지 않다는 것을 배워 그것을 무시한다. 민감화에서처럼 자극이 강하면 동물은 그 자극이 위험하다고 인지하며, 달아나기 위한 준비로 방어 반사들을 강화하는 것을 배운다. 강한 자극 직후에는 심지어 무해한 자극을 주어도 강화된 방어 반응이 촉발될 것이다. 고전적 조건화에서처럼 중립적인 자극이 잠재적으로 위험한 자극과 함께 주어지면 동물은 중립적인 자극이 위험 신호인 것처럼 반응하는 것을 배운다.

나는 이 세 가지 학습 훈련을 받은 동물 속에서 일어난 것들과 유사한 활동 패턴들을 군소의 신경 경로에서 촉발시킬 수 있어야 한다고 생각했다. 그렇게 할 수 있다면 다양한 형태의 학습을 모방한 자극 패턴들에 의해 시냅스 연결이 어떻게 변화하는지 확인할 수 있을 것이었다. 나는 이 접근법을 학습의 신경 유사물(analog) 탐구로 명명했다.

나는 이 아이디어를 마침 내가 군소 실험을 어떻게 시작할 것인가를 고민하고 있을 때 보고된 한 실험을 실마리로 삼아 얻었다. 1961년에 앤아버에 있는 미시건 대학의 로버트 도티(Robert Doty)는 고전적 조건화에 관한 주목할 만한 발견을 했다. 그는 개의 뇌에서 시각을 관장하는 부분에 약한 전기 자극을 주었고, 그 자극이 시각피질 뉴런의 전기 활동을 산출하지만 운동은 산출하지 않는다는 것을 발견했다. 반면에 운동피질에 가한 또 다른 전기 자극은 개의 발이 움직이게 만들었다. 도티는 그 두 자극을 함께 가하는 실험을 여러 번 반복했고, 결국 개는 시각피질에 가한 약한 자극만으로도 발을 움직였다. 이로써 도티는 뇌에서의 고전적 조건화는 동기부여를 필요로 하지 않는다는 것을 명확히 보여 주었다. 고전적 조건화는 단지 두 자극을 조합하는 것만으로 충분하다.

이 성과는 학습에 대한 환원주의적 접근법을 뒷받침하는 중요한 한 걸음이었다. 그러나 내가 원하는 학습의 신경 유사물 개발을 위해서는 두 걸음이 더 필요했다. 첫째, 나는 온전한 동물 전체를 대상으로 실험을 하는 것이 아니라 신경계를 해부하여 단일한 신경절만 대상으로 삼아 연구를 할 작정이었다. 약 2,000개의 신경세포로 이루어진 단일한 집단만 대상으로 삼아서 말이다. 둘째, 나는 그 신경절에서 단일한 세포 하나—표적 세포 하나—를 선택하여 학습의 결과로 일어나는 모든 시냅스 변화의 모델로 삼을 생각이었다. 그다음에 나는 다양한 형태의 학습을 모델로 삼은 다양한 전기 자극 패턴을 군소의 몸 표면에 있는 감각뉴런들에서 나와 그 표적 세포로 뻗은 특정 축삭돌기 다발에 가할 것이다.

습관화를 모방하기 위해 나는 그 신경 경로에 약한 전기 펄스를 반복해서 가할 것이다. 민감화를 모방하기 위해서는 또 다른 신경 경로를 한 번 또는 여러 번 매우 강하게 자극하고서 그 자극이 첫 번째 경로를 통한 약한 자극에 대한 표적 세포의 반응에 어떤 영향을 미치는지 관찰할 것이다. 마지막으로 고전적 조건화를 모방하기 위해서 두 번째 경로에 대한 강한 자극과 첫 번째 경로에 대한 약한 자극을 조합하되 약한 자극 뒤에 항상 강한 자극이 주어지도록 만들 것이다. 이런 식으로 나는 세 가지 패턴의 자극이 표적 세포의 시냅스 연결을 바꾸는지, 또 그렇다면 어떻게 바꾸는지 알아낼 수 있을 것이다. 그 세 가지 전기 자극 패턴에 대한 반응으로 일어난 시냅스 세기 변화들은 세 가지 형태의 학습을 받은 군소의 신경계에 일어난 시냅스 변화의 유사물—생물학적 모형—일 것이다.

나는 그 신경 유사물로 이 핵심적인 질문에 답할 수 있게 되기를 바랐다. 세 가지 주요 학습에 대한 실험에서 쓰인 감각 자극을 흉내 낸 전기 자극 패턴들에 의해 시냅스들이 어떻게 변화할까? 예컨대 고전적 조건화에서처럼 방금 한 경로로 지나간 약한 자극이 또 다른 경로로 강한 자극이 전해질 것을 예언할 경우, 시냅스들은 어떻게 변화할까?

이 질문에 답하기 위해 나는 1962년 1월 국립보건원에 박사후 연구비 신청서를 냈다. 연구원이 되면 타우크의 실험실에서 연구할 수 있을 것이었다. 내가 제시한 연구 목표는 다음과 같았다.

> 연구 목표는 단순한 신경 연결망에서 전기생리학적 조건화와 시냅스 사용의 세포적 메커니즘을 연구하는 것이다. …… 이 탐험적인 연구는 단순한 표본 동물을 조건화하는 방법과 그 과정과 관련한 몇몇 신경학적 요소들을 분석하는 방법을 개발하려 노력할 것이다. …… 장기적인 목표는 가능한 최소의 신경 집단에 조건화된 반응을 '가두어(trap)' 그 반응에 참여하는 세포들의 활동을 다수의 미세전극으로 탐구할 수 있게 만드는 것이다.

지원서의 끝부분에는 이런 말을 써넣었다.

> 이 연구의 명시적인 가정은, 기초적인 형태의 조건화된 가소적 변화의 잠재력은 단순하건 복잡하건 상관없이 모든 중추신경 집단이 본래적으로 가진 근본적인 속성이라는 것이다.

나는 학습과 기억의 기저에 놓인 세포적 메커니즘이 진화 과정에서 보존되었고, 따라서 인위적인 자극을 가하는 방법으로도 단순한 동물들에서 그 메커니즘을 발견할 수 있을 것이라는 생각을 검증하려는 것이었다.

독일 작곡가 리하르트 슈트라우스는 아내와 다투고 난 다음에 최고의 작품을 쓴 일이 자주 있었다고 말했다. 내 경우에는 늘 그랬던 것은 아니다. 그러나 더 많은 시간을 자신과 폴을 위해 보내라는 데니스의 항의와 그에 따른 다툼은 정말로 내게 휴식을 취하고 생각을 할 기회를 주었다. 그리고 그 기회에 나는 고된 생각이, 특히 그 생각이 유용한 아이디어를 낳을 경우에는, 단순한 실험을 반복하는 것보다 훨씬 더 값지다는 명백한 교훈을 얻었다. 훗날 나는 빈 태생의 영국 구조생물학자 맥스 퍼루츠(Max Perutz)가 제임스 왓슨에 관하여 했던 언급을 떠올렸다. "제임스는 고된 일과 고된 생각을 혼동하는 실수를 절대로 범하지 않았다.”

1962년 9월, 데니스와 폴과 나는 연간 1만 달러의 후한 연구비를 약속한 국립보건원 장학증서를 품에 안고 14개월 동안의 파리 생활을 향해 출발했다.

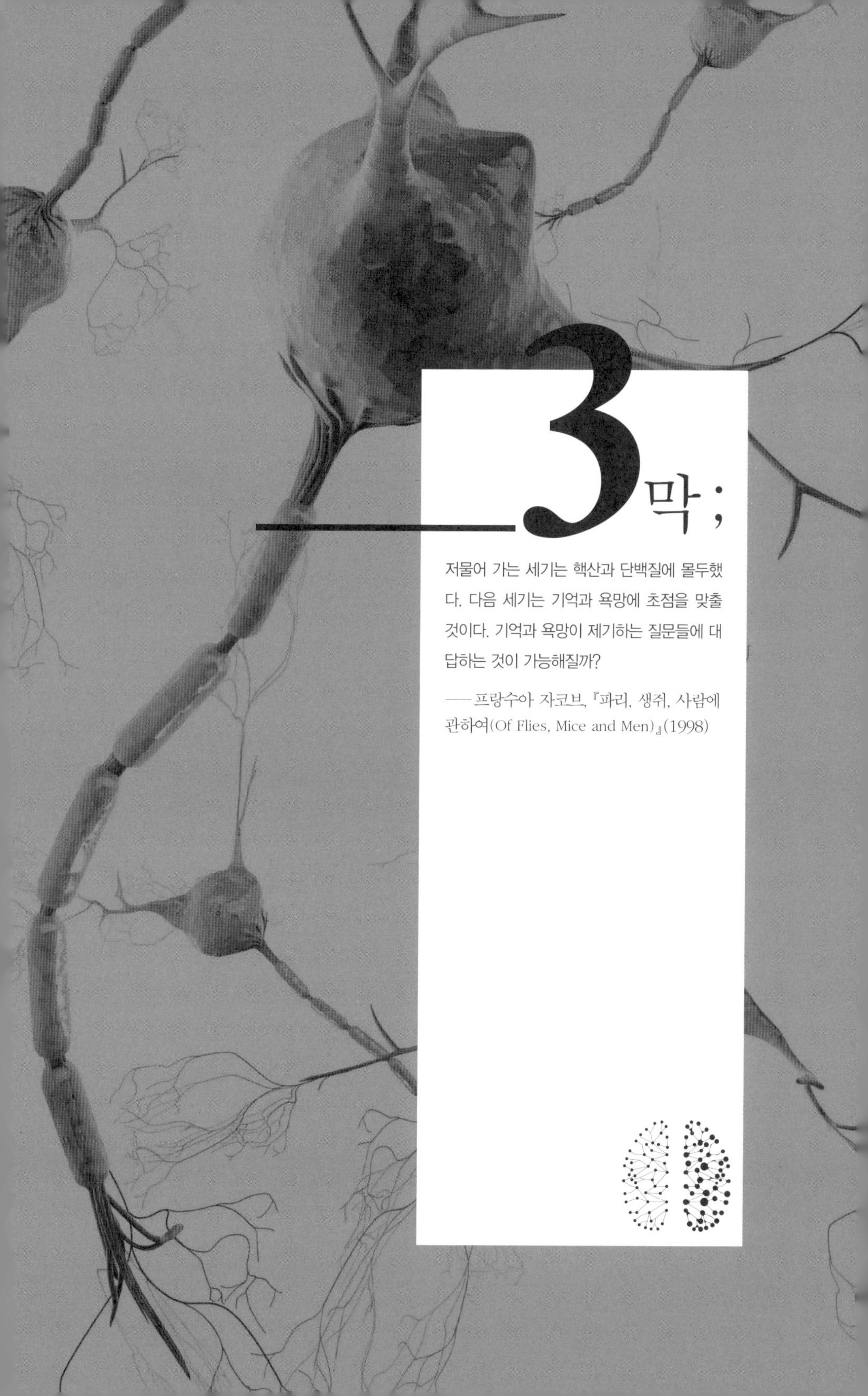

3막;

저물어 가는 세기는 핵산과 단백질에 몰두했다. 다음 세기는 기억과 욕망에 초점을 맞출 것이다. 기억과 욕망이 제기하는 질문들에 대답하는 것이 가능해질까?

── 프랑수아 자코브, 『파리, 생쥐, 사람에 관하여(Of Flies, Mice and Men)』(1998)

11.

시냅스 연결 강화하기

: 습관화, 민감화, 고전적 조건화

파리는 멋진 곳이었다. 나는 매주 데니스와 폴을 데리고 시내를 걸어 다니며 시간을 보내는 데 점차 익숙해졌다. 그 산책은 우리 모두에게 프랑스 생활의 고마움을 느끼게 해준 값진 경험이었다. 그뿐 아니라 나는 다시 전업 과학자가 된 것이 기뻤다. 라디슬라프 타우크와 나는 서로의 관심과 전문 분야를 보완했고, 그는 그럴 줄 아는 훌륭한 동료였다. 타우크는 군소를 너무나 잘 알 뿐 아니라 세포생리학의 토대인 물리학과 생물물리학에도 조예가 깊었다. 그 두 분야에 대한 배경 지식이 약했던 나는 그에게서 많은 것을 배웠다.

체코슬로바키아에서 태어난 타우크는 대형 식물세포의 전기적 성질에 대한 연구로 박사학위를 받았다. 대형 식물세포들은 신경세포와 유사하게 안정전위와 활동전위를 가진다. 그는 그 주제를 확장하여 군소의 배신경절에서 가장 큰 세포를 연구했다. 훗날 나는 그 세포를 R2로 명명했다. 타우크는 R2 내부에서 활동전위가 발생하는 자리를 기술했다. 그의 초점은 신경세포의 생물물리학적 성질들에 있었으므로, 그는 뉴런회로나 동물 행동을 연구한 적이 없었고 포유류 뇌에 관한 나의 생각을 지배한 주제인 학습과 기억에 대하여 생각한 바가 거의 없었다.

많은 박사후 연구원들의 좋은 경험이 그렇듯이, 내 경험도 선배 과학자의 대단한 경험과 배경 지식의 덕을 보는 것 이상이었다. 나는 나 자신의 지식과 경험으로 공동 연구에 참여함으로써 선배에게 보탬이 될 수 있었다. 원래 타우크는 군소를 대상으로 학습을 세포 수준에서 연구하려는 시도에 대하여 약간 회의적이었다. 그러나 시간이 지나면서 그는 군소 배 신경절의 단일 세포들에서 학습의 유사물을 연구하겠다는 내 계획에 열광하게 되었다.

이 연구를 구상할 때 이미 계획한 대로 나는 2,000개의 신경세포로 이루어진 배 신경절을 떼어 내 산소를 주입한 바닷물이 담긴 작은 그릇에 담았다. 나는 세포 하나—대개 R2 세포였다—에 미세 전극들을 삽입한 다음, 그 세포로 수렴하는 신경 경로에 다양한 자극을 주면서 그 세포의 반응을 기록했다. 파블로프의 개 연구를 기초로 삼은 나는 세 가지 학습, 즉 습관화와 민감화와 고전적 조건화의 유사물을 얻기 위해 세 가지 패턴의 자극을 사용했다. 고전적 조건화에서 동물은 유효하거나 위협적이거나 부정적인 자극에 대한 반응과 똑같은 반응을 중립적인 자극에 대하여 나타내는 것을 배운다. 즉, 그 동물은 중립적인 자극과 부정적인 자극을 연결하게 된다. 습관화와 민감화에서 동물은 한 유형의 자극에 반응하되, 그 자극을 다른 자극과 연결하지 않는다. 나의 실험들은 예상했던 것보다 더 효과적이었다.

가장 단순한 형태의 학습인 습관화를 통해서 동물은 무해한 자극을 인지하는 것을 배운다. 동물이 갑작스러운 소음을 지각하면, 처음에는 그에 대한 반응으로 자율신경계에 여러 방어적인 변화들이 일어난다. 예컨대 동공이 확장되고 심장박동과 호흡이 빨라진다. 만일 그 소음이 여러 번 반복되면, 동물은 그 자극을 무시해도 좋다는 것을 배운다. 이제 그 자극이 주어져도 동공은 확장되지 않고 심장박동도 빨라지지 않는다. 만일 그 자극을 한동안 주지 않다가 다시 주면, 그 동물은 다시 반응할 것이다.

습관화는 사람들이 잡음이 많은 환경에서 효율적으로 일할 수 있게 해준다. 우리는 공부방의 시계 소리와 우리 자신의 심장박동과 위의 움직임, 기타 신체적 감각들에 익숙해진다. 익숙해진 감각들이 우리의 자각에 진입하는 것은 특별하고 드문 사정이 있을 때뿐이다. 이런 의미에서 습관화는 무시해도 좋은 반복적 자극을 인지하는 것을 배우는 학습이다.

또 습관화는 부적절하거나 과도한 방어 반응을 제거한다. 한 예로 다음의 우화를 보자(이솝에게 양해를 구한다).

> 거북이를 한 번도 못 본 어느 여우가 숲 속에서 거북이 한 마리와 마주치자 너무 놀라서 거의 까무러칠 지경이 되었어요. 그 여우가 거북이를 두 번째 만났을 때, 여우는 여전히 놀랐지만 처음만큼 놀라진 않았어요. 그 거북이를 세 번째 만났을 때 여우는 아주 대담하게 거북이에게 가서 친밀한 대화를 나누기 시작했답니다.

유용한 목적에 도움이 안 되는 반응들이 제거되면 동물은 집중된 행동을 할 수 있다. 어린 동물들은 흔히 위협적이지 않은 자극들에 도주 반응을 보인다. 그러나 그 동물들이 그런 자극들에 습관화되고 나면, 새로운 자극 또는 쾌락이나 위험과 연결된 자극에 집중할 수 있다. 그러므로 습관화는 지각의 조직화에서 중요한 역할을 한다.

습관화는 도주 반응에 국한되지 않는다. 습관화에 의해 성적인 반응의 빈도도 감소할 수 있다. 수용적인 암컷에 자유롭게 접근할 수 있을 경우, 숫쥐는 한두 시간 동안 예닐곱 번 교미를 한다. 그다음에 숫쥐는 성적으로 소진된 듯이 보이고, 30분이나 그 이상 동안 성적인 행동을 하지 않는다. 이는 피로 때문이 아니라 성적인 습관화 때문이다. 외견상 소진된 듯한 수컷은 새 암컷을 만나면 즉각 교미를 재개할 것이다.

습관화는 익숙한 대상에 대한 인지를 검사함으로써 간단히 확인할 수 있기 때문에 유아의 시각과 기억의 발달을 연구하는 데 가장 효과적인 수단이다. 전형적인 유아는 새로운 이미지에 확장된 동공과 빨라진 심장박동과 호흡으로 반응한다. 그러나 한 이미지를 반복해서 보여 주면, 유아는 그것에 반응하기를 그칠 것이다. 예컨대 원을 반복해서 본 유아는 원을 무시할 것이다. 그러나 그 유아가 사각형을 보면, 유아의 동공은 다시 확장되고 심장박동과 호흡은 빨라질 것이다. 이는 그 유아가 원과 사각형을 구별할 수 있다는 증거다.

나는 습관화를 모형화하기 위하여 R2로 이어진 축삭돌기 다발 하나에 약한 전기 자극을 열 번 반복해서 가했다. 나는 그 자극에 대한 반응으로 세포가 산출한 시냅스전위가 반복될수록 점차 약해진다는 것을 발견했다. 열 번째 자극에 대한 반응의 세기는 첫 반응 세기의 약 1/20에 불과했다. 중립적인 자극이 반복해서 주어질 때 동물의 행동 반응이 잦아드는 것과 마찬가지 결과였다. 나는 이 과정을 '같은 시냅스 저하(homosynaptic depression)'로 명명했다. 이때 '저하'는 시냅스 반응이 줄어들었다는 뜻이며, '같은 시냅스'는 저하가 같은 신경 경로에서 일어났다는 뜻이다(homo는 그리스어로 '같다'를 의미한다). 나는 10~15분 동안 자극을 멈췄다가 다시 가했고, 세포의 반응이 최초의 세기를 거의 회복하는 것을 발견했다. 나는 이 과정을 '같은 시냅스 저하로부터의 회복'으로 명명했다.

민감화는 습관화의 거울상이다. 민감화는 동물에게 자극을 무시하라고 가르치는 것이 아니라 두려움을 가르친다. 민감화는 일종의 학습된 공포로, 동물이 위협적인 자극을 받은 후에 거의 모든 자극에 더 주의를 기울이고 왕성하게 반응하도록 만든다. 예컨대 동물의 발에 충격을 가하면 그 직후에 그 동물은 종소리나 음성, 혹은 부드러운 손길에 과도한 움츠림과 도주 반응을 보일 것이다.

습관화와 마찬가지로 민감화도 사람에게 흔히 있는 과정이다. 방금 총소리를 들은 사람에게 말을 걸거나 어깨를 만지면, 그 사람은 과도한 반응을 보이며 펄쩍 뛸 것이다. 콘라트 로렌츠는 이 학습된 형태의 각성이 심지어 단순한 동물에서도 생존 가치를 지닌다는 것을 상세히 설명한다. "방금 지빠귀에게 잡아먹힐 뻔한 벌레는 …… 유사한 자극에 대하여 상당히 낮은 문턱으로 반응하는 것이 바람직하다. 왜냐하면 그 새가 다음 몇 초 동안 여전히 근처에 있을 것이 거의 확실하기 때문이다."

나는 민감화를 모형화하기 위해 습관화 실험에서 이용한 것과 동일한, R2로 이어진 신경 경로에 약한 자극을 가했다. 나는 그 경로를 한두 차례 자극하여 시냅스전위를 발생시켰고, 그 전위를 그 세포의 반응도에 대한 기준으로 삼았다. 그다음에는 R2로 이어진 다른 경로에 강한 자극(불쾌하거나 해롭도록 의도한 자극)을 다섯 번 가했다. 그 강한 자극을 받은 후, 첫 번째 경로의 자극에 대한 세포의 시냅스 반응은 크게 향상되었다. 이는 그 경로의 시냅스 연결이 강화되었다는 증거였다. 그 향상된 반응은 최장 30분 동안 지속되었다. 나는 이 과정을 '다른 시냅스 강화(hetero-synaptic facilitation)'로 명명했다. 이때 '강화'는 시냅스 세기가 강해졌다는 뜻이며, '다른 시냅스'는 첫 번째 경로의 축삭돌기 자극에 대한 강화된 반응이 다른 경로에 대한 강한 자극에서 비롯되었다는 뜻이다(hetero는 그리스어로 '다르다'를 의미한다). 첫 번째 경로에 대한 강화된 반응은 오로지 다른 경로에 가해진 자극의 세기에만 의존했다. 약한 자극과 강한 자극을 어떻게 조합하는가는 아무 상관이 없었다. 따라서 내가 얻은 결과는 비연결 학습의 한 형태인 행동의 민감화와 유사했다.

마지막으로 나는 혐오적인 고전적 조건화(aversive classical conditioning)를 모형화하는 시도를 했다. 이 형태의 고전적 조건화는 동물이 예컨대 전기 충격과 같은 하나의 불쾌한 자극을 평소에 아무 반응도 일으키지 않는 또 다른 자극과 연결하도록 가르친다. 중립적인 자극은 해로운 자극에 항상 선행해야 하며, 그럼으로써 해로운 자극의 전조가 된다. 예컨대 파블로프는 해로운 자극으로 개의 발에 충격을 주었다. 충격을 받은 개는 벌떡 일어나 발을 움츠렸다. 그것은 공포 반응이었다. 파블로프는 그 충격과 종소리를 함께—먼저 종소리를 내고 그다음에 충격을 가한다—가하는 실험을 여러 차례 하고 나니 충격이 뒤따르지 않고 종소리만 울릴 때에도 개가 발을 움츠리는 것을 발견했다. 결론적으로, 혐오적인 고전적 조건화는 연결적인 형태의 학습된 공포다.

혐오적인 고전적 조건화는 한 감각 경로의 활동이 다른 감각 경로의 활동을 향상시킨다는 점에서 민감화와 유사하지만 두 가지 점에서 민감화와 다르다. 첫째, 고전적 조건화에서는 짧은 시차를 두고 연속되는 두 자극 사이에 연결이 형성된다. 둘째, 고전적 조건화는 실험에 사용된 그 중립적 자극에 대한 방어 반응만 강화하지, 민감화처럼 주변의 자극들 일반에 대한 방어 반응을 강화하지 않는다.

그러므로 나는 군소를 대상으로 혐오적인 고전적 조건화를 실험하면서 한 신경 경로에 대한 약한 자극과 또 다른 경로에 대한 강한 자극을 반복해서 함께 가했다. 이때, 약한 자극이 먼저 가해져 강한 자극에 대한 경고의 역할을 했다. 그렇게 두 자극을 함께 가하자 약한 자극에 대한 세포의 반응이 크게 향상되었다. 게다가 그 향상된 반응은 민감화 실험에서 그 약한 자극에 대하여 세포가 보인 반응보다 훨씬 더 컸다. 얼마나 더 큰가는 약한 자극이 주어지는 시점에 의해 결정되었고, 약한 자극은 반드시 강한 자극에 선행하여 그 전조가 되어야 했다.

이 실험들은 내가 추측한 바를 입증했다. 즉, 행동 연구에서 학습을 유발하기 위해 사용한 패턴들을 흉내 내어 고안한 자극 패턴이 뉴런과 다른 신경세포들 간에 이루어지는 소통의 효율성을 변화시킬 수 있다는 것을 입증했다. 그 실험들은 시냅스 세기가 고정되어 있지 않다는 것을 명백히 보여 주었다. 시냅스 세기는 다양한 활동 패턴에 의해 다양하게 바뀔 수 있다. 구체적으로 말해서, 민감화와 혐오적인 고전적 조건화의 신경 유사물들은 시냅스 연결을 강화한 반면, 습관화의 유사물은 그 연결을 약화했다.

그리하여 타우크와 나는 두 가지 중요한 원리를 발견했다. 첫째, 신경세포들 간 시냅스 소통의 세기는 동물의 학습된 행동을 위한 훈련 방법에서 도출한 다양한 패턴의 자극을 가함으로써 꽤 오랫동안 달라지게 만들 수 있다. 둘째, 동일한 시냅스가 다양한 자극 패턴에 의해 강화될 수도 있고 약화될 수도 있다. 이 발견들에 고무된 타우크와 나는 〈생리학 저널(Journal of Physiology)〉에 실린 우리의 논문에 이렇게 썼다.

> 행동 조건화 패러다임을 흉내 내어 고안한 실험을 가지고서 신경세포들 사이의 연결을 30분 넘게 강화할 수 있다는 사실은 시냅스 세기 변화의 기저에 온전한 동물에서 일어나는 것과 같은 모종의 정보 저장이 있을지도 모른다는 것을 시사한다.

우리를 가장 놀라게 한 것은 자극 패턴을 바꿈으로써 시냅스 세기를 아주 쉽게 변화시킬 수 있다는 점이었다. 이 점은 시냅스 가소성이 화학적 시냅스의 본성 자체에, 즉 시냅스의 분자적 구조 자체에 내재한다는 것을 시사했다. 더 넓게 보면, 뇌의 다양한 신경 회로 속 정보 흐름을 학습을 통해 교정할 수 있다는 것을 시사했다. 우리는 시냅스 가소성이 행동하는 온전한 동물에서 일어나는 실제 학습의 한 요소인지 아닌지 몰랐지만, 우리의 실험 결과는 그럴 가능성을 탐구할 가치가 충분히 있다는 것을 시사했다.

군소는 매우 많은 것을 알려 주는 실험 대상 그 이상으로 판명되어 가고 있었다. 녀석은 정말 재미있는 상대였다. 처음에 나는 실험에 적합한 동물을 찾겠다는 희망으로 녀석에게 열중했지만 나중엔 정말 애착을 갖게 되었다. 게다가 군소의 세포들은 크기 때문에(특히 R2 세포는 거대하다. 그 세포의 지름은 1밀리미터여서 맨눈으로도 보인다), 해마 속의 세포를 상대할 때보다 기술적인 어려움이 덜했다.

또 군소 실험은 더 여유로울 수 있었다. 그렇게 거대한 세포에 작은 전극을 찔러 넣는 작업은 세포의 손상을 사실상 일으키지 않기 때문에, 실험자는 R2 세포의 전기 활동을 다섯 시간에서 열 시간 동안 별다른 어려움 없이 측정할 수 있다. 나는 식당으로 가서 점심을 먹고 돌아와 세포가 여전히 완벽하게 건강한 것을 발견하곤 했다. 내가 좀 전에 하던 실험을 마저 하라는 듯이, 녀석은 나를 기다리고 있었다. 앨든과 나는 해마의 추체세포를 10분에서 30분 동안, 그것도 가끔씩만 측정할 수 있었기 때문에 수없이 많은 밤을 뜬눈으로 새웠었다. 반면에 군소에 대한 전형적인 실험은 여섯 시간에서 여덟 시간이면 완결할 수 있었다. 따라서 그 실험들은 내게 정말 재미있는 일거리였다.

이런 유쾌한 기분으로 군소 연구의 1단계를 수행하면서 나는 버나드 카츠가 그의 스승인 런던 유니버시티 칼리지의 위대한 생리학자 A. V. 힐에 관하여 했던 이야기를 떠올렸다. 힐은 서른여섯 살이었던 1924년에 근육 수축에 대한 연구의 공로로 노벨상을 받은 직후 미국을 방문하여 어느 학회에서 그 연구에 관한 강연을 했다. 그 강연의 막바지에 어느 늙수그레한 신사가 일어나 힐의 연구에 어떤 실용적 가치가 있느냐고 물었다.

힐은 순전히 지적 호기심을 만족시키기 위해 실행된 실험들에서 인류에게 커다란 혜택을 준 산물이 비롯된 사례들을 열거할까 하고 한동안 고민했다. 그러나 그는 그렇게 하지 않기로 결심하고, 그 신사를 향해 미소 지으며 이렇게 말했다. "솔직히 말씀드리면, 우린 이게 유용해서 하는 게 아닙니다. 재미있어서 하는 거죠."

개인적인 차원에서 군소 연구는 독립적인 과학자로서 나 자신에 대해 확신을 갖는 데 결정적인 역할을 했다. 처음에 내가 이곳에 와서 학습과 학습의 유사물에 대해 이야기했을 때, 다른 박사후 연구원들의 눈은 그저 멍할 뿐이었다. 1962년에 세포신경생물학자들 대부분에게 학습에 관하여 이야기하는 것은 거의 쇠 귀에 경 읽기였다. 그러나 내가 떠날 때가 되니 실험실 안의 토론 분위기가 달라져 있었다.

또 나는 내가 특별한 과학 수행 스타일을 발전시키고 있음을 느꼈다. 비록 몇몇 분야에서는 나 자신이 아직 훈련이 부족하다고 느꼈지만, 나는 과학적 문제에 접근하는 방식이 대단히 과감했다. 나는 내가 흥미롭고 중요하다고 생각한 실험들을 했다. 나도 모르는 사이에 나는 내 목소리를 찾았다. 그건 작가가 만족스러운 소설을 몇 편 쓴 다음에 경험할 만한 느낌이었다. 그리고 자신감을 얻었다. 계속 과학을 할 수 있겠다는 느낌을 얻었다. 타우크 곁에서 연구원 생활을 한 이후 나는 내 아이디어가 바닥날 것이라는 걱정을 다시는 하지 않았다. 수많은 실망과 낙담과 소진의 순간들을 맞았지만, 논문을 읽고 실험실에 출근하여 매일매일 산출되는 데이터를 들여다보고 학생과 박사후 연구원들과 토론함으로써 다음번엔 무엇을 할까 궁리할 힘을 얻었다. 언제나 그랬다. 그리고 우리는 그 아이디어들을 거듭거듭 토론하곤 했다. 새로운 문제를 공략할 때 나는 완전히 몰입하여 그 문제에 관한 논문들을 읽었다.

군소를 연구 대상으로 선택할 때 그랬던 것처럼, 나는 나의 본능을 신뢰하는 법을, 무의식적으로 나의 직감을 따르는 법을 배웠다. 과학자로서 성숙한다는 것은 많은 뜻을 가지고 있다. 그러나 적어도 내게 핵심적인 뜻은 맛을 알게 된다는 것이었다. 미술의 맛을 알고 음악의 맛을 알고 음식과 포도주의 맛을 알듯이 말이다. 어떤 문제가 중요한지 직감하는 법을 배워야 한다. 흥미로운 것과 그렇지 않은 것을 구별하는 미각. 나는 내가 바로 그 미각을 발전시키고 있음을 느꼈다. 또 흥미로운 것들 중에서 실행 가능한 것을 골라내는 미각도.

우리가 프랑스에서 체류한 14개월은 과학의 즐거움을 만끽한 기간이었을 뿐 아니라 데니스와 내가 변신을 경험한 기간이었다. 우리는 파리를 정말 좋아했고 군소는 정말 연구하기 쉬웠기 때문에, 나는 몇 년 만에 처음으로 매일 저녁 7시에 집에서 밥을 먹고 주말에 일하지 않을 수 있었다. 우리는 여유 시간을 파리와 그 근교를 구경하는 데 썼다. 우리는 정기적으로 미술관과 박물관에 가기 시작했고, 재정 사정을 진지하게 고민한 후에 미술품을 사기 시작했다. 그중 한 작품은 클로드 바이스부시의 훌륭한 유화 자화상이었다. 바이스부시는 최근에 젊은 화가상을 받은 알자스 출신의 화가로 코코슈카를 연상케 하는 빠르고 힘찬 붓질을 구사했다. 우리는 아키라 다나카의 부드러운 유화 〈어머니와 아이(Mother and Child)〉도 샀다. 우리가 감행한 가장 큰 투자는 1934년에 발표된 피카소의 볼라르 판화집 82번, 작가와 모델들이 함께 나오는 에칭 작품을 산 것이었다. 이 굉장한 작품에는 네 명의 여자가 각각 다른 스타일로 그려져 있는데, 데니스는 그중 세 명은 피카소의 인생에서 각각 다른 시점에 중요했던 여자들이라고 했다. 올가 코흘로바, 사라 머피, 마리 테레제 발터가 그 모델이라고 데니스는 생각했다. 이제껏 언급한 아름다운 세 작품을 우리는 지금도 즐겨 본다.

라디슬라프 타우크가 다룬 프랑스 군소는 대서양산이었다. 그 바다달팽이의 공급 체계는 그다지 안정적이지 않아서 파리에서는 녀석을 구하기가 어려웠다. 그리하여 우리는 1962년과 1963년의 가을 거의 전부를 보르도에서 그리 멀지 않은 작고 아름다운 휴양지 아르카숑에서 보냈다. 나는 군소 실험의 대부분을 아르카숑에서 한 다음에 파리에 와서 데이터를 분석했고, 파리에서도 땅에 사는 달팽이로 몇 가지 실험을 했다.

아르카숑에서 몇 달 동안 머무는 것도 충분한 바캉스가 아니라는 듯이, 타우크와 실험실 직원들, 그리고 모든 프랑스인은 8월의 바캉스를 신성시했다. 우리도 그들의 신앙에 동참했다. 피렌체에서 한 시간 반 정도 떨어진 이탈리아 지중해 연안의 마을 마리나 디 피에트라 산타에 집을 빌리고 피렌체를 일주일에 서너 번 관광했다. 다른 휴일에는 가까운 곳으로, 또 먼 곳으로 여행을 떠나곤 했다. 베르사유, 파리 근교, 그리고 데니스가 전쟁 중에 숨어 있었던 수녀원을 보기 위해 프랑스 남부의 카오르를 방문했다.

카오르에서 우리는 데니스를 기억하고 있는 수녀와 이야기를 나눴다. 그녀는 우리에게 데니스가 썼던 방의 사진과 데니스가 같은 반 학우들과 찍은 사진을 보여 주었다. 데니스의 방에는 양쪽 벽에 코트 열 벌이 가지

런히 걸려 있었다. 그 수녀는 사진 속 소녀들 중에 유대인이 한 명 더 있었지만 데니스도 그 소녀도 서로가 유대인이라는 걸 몰랐다고 말했다. 어떤 학생도 학우들 중에 유대인이 있다는 것을 몰랐다. 그건 그 유대인 소녀들을 보호하기 위해서였다. 수녀원장은 유대인 소녀 각각에게 비밀 탈출로를 일러 주었다. 만일 비밀국가경찰인 게슈타포가 와서 유대인 학생들을 찾는 일이 생기면, 그 탈출로를 이용하라는 것이었다.

우리는 카오르에서 30킬로미터 정도 떨어진 인구 200명의 아주 작은 마을에서, 데니스의 형제를 숨겨 주었던 제빵업자 알프레드 에이마르와 그의 아내 루이즈를 만났다. 카오르 방문은 우리가 프랑스에 머문 1년여 동안 가장 인상 깊은 며칠이었다. 공산주의자인 에이마르는 꼭 유대인을 좋아해서가 아니라 나치를 증오했기 때문에 데니스의 형제 장 클로드를 거뒀다. 그러나 그는 몇 달 지나지 않아 장 클로드를 사랑하게 되었고 전쟁이 끝나 그와 헤어질 때는 큰 슬픔을 느꼈다. 그의 진실한 슬픔을 공감한 비스트린 가족은 전후 몇 년 동안 여름마다 에이마르 부부 곁에서 바캉스를 보냈다. 우리가 에이마르를 방문했을 때, 그는 자고 가라고 고집을 부렸다. 그는 최근에 뇌졸중을 당해 말투가 어눌하고 몸 왼쪽이 부분적으로 마비되어 있었지만, 그럼에도 쾌활하고 지나칠 정도로 너그러웠다. 그는 그들 부부가 쓰는 침실을 내주고 전선을 늘여 와서 조명을 더 밝혔다. 내가 안 된다고 거듭 손사래를 쳤지만, 에이마르와 그의 아내는 손님인 우리가 제일 좋은 방을 쓰고 자기들은 주방에서 자야 한다고 고집했다. 저녁을 먹을 때 우리는 장 클로드에 관한 이야기를 쉬지 않고 해서 에이마르의 친절에 보답하려 노력했다. 헤어진 지 17년이 지났는데도 에이마르는 여전히 장 클로드를 그리워하고 있었다.

남프랑스의 중세 성곽도시 카르카손에서 보낸 하룻밤도 쉽게 잊혀지지 않을 것 같다. 우리는 저녁 늦게 그곳에 도착해 방을 구하느라 애를 먹다가 마침내 작은 호텔의 방 하나를 얻었다. 그런데 그 방엔 큼직한 침대가 달랑 하나만 있었다. 우리는 폴을 한가운데 눕히고 잠옷으로 갈아

입은 다음 폴의 양편에 누웠다. 혼자 자는 데 익숙한 폴은 즉각 반발하며 우렁차게 울기 시작했다. 우리는 아이를 달래려고 애쓰다가 침대를 포기하고 바닥으로 내려왔다. 데니스와 나는 바닥에 누움으로써 얻은 고요를 처음에는 고맙게 생각했다. 그러나 10분 정도 뒤척이고 나니 바닥에서 잠드는 것이 쉬운 일이 아니라는 생각이 들었다. 그리하여 우리는 진보적인 부모에서 엄격한 부모로 탈바꿈했다. 다시 침대로 올라가 결연한 마음가짐으로 버텼다. 몇 분 지나지 않아 고요가 모든 것을 평정했고 우리 셋은 밤새도록 달콤하게 잤다.

프랑스에 사는 덕분에 나는 형을 정기적으로 볼 수 있었다. 1939년에 빈을 떠나 뉴욕에 도착했을 때, 루이스는 열네 살이었고 그때까지 늘 학교에서 스타로 대접받았었다. 학문적 야심에도 불구하고 그는 우리 가족의 생계에 보탬이 되는 것이 자신의 임무라고 느꼈다. 아버지의 수입이 적었고, 대공황이 아직 끝나지 않았기 때문이었다. 그래서 그는 학문의 길을 걷는 대신에 뉴욕 특수직업고등학교에 진학해 인쇄 기술을 배웠다. 그는 책을 아주 좋아했기 때문에 그 일을 즐겼다. 고등학교 시절 내내, 그리고 브루클린 칼리지에 입학하고 처음 2년 동안 루이스는 파트타임으로 인쇄 일을 했다. 그렇게 번 돈으로 그는 우리 가족의 생계를 도왔을 뿐 아니라 바그너 오페라에 대한 애정을 키웠다. 입석 티켓으로 만족하면서 말이다. 열아홉 살에 미군에 징집된 형은 유럽으로 파견되어 싸우다가, 궁지에 몰린 독일이 진격하는 미군을 상대로 배수진을 치고 벌인 벌지 대전투에서 파편에 맞았다.

명예 전역을 한 루이스는 예비군이 되어 대위까지 승진했다. 당시에 모든 제대군인은 원호법에 의해 원하는 대학에 무료로 다닐 수 있었다. 루이스는 브루클린 칼리지로 돌아가 공학과 독문학 공부를 계속했다. 그는 졸업 직후에 대학에서 만난 빈 출신 이민자인 엘리제 빌커와 결혼했고, 브라운 대학교 대학원에 독문학 전공으로 입학했다. 1952년에 그는 언어학과 중세 고지 독일어에 관한 박사논문을 쓰기 시작했다. 그 박사논문과 한국전쟁이 한창 진행되고 있을 때, 루이스는 파리 주재 미국 대사관에서 일하겠느냐는 제안을 받았다. 그는 그 기회를 움켜잡았고, 1953년 출항하기에 앞서 엘리제와 함께 뉴욕에 들러 가족을 방문했다. 어느 날 형과 형수가 밖에서 저녁 식사를 하고 있을 때, 누군가가 그들의 차에 침입해 루이스의 연구 노트와 논문 초고를 비롯한 모든 것을 훔쳐 갔다. 처음에 형은 논문을 복구하려 노력했으나 결국 이 좌절을 극복하지 못했다.

대사관에서 일한 후에 루이스는 역시 프랑스 내에서 두 번째 직책을 받았다. 바르-르-뒤크 미공군 기지의 민간 감사원이 된 것이다. 결국 그는 프랑스에서의 삶을 너무 좋아하게 되었고 아이도 다섯 명으로 늘어나 학계에 복귀하려던 계획을 접었다. 그는 프랑스에 남기로 결정하고 명품 포도주와 치즈를 감식하는 장인이 되었다.

루이스와 엘리제의 막내인 빌리는 1961년에 태어났다. 생후 몇 주 만에 빌리는 감염으로 인한 고열에 시달렸고 엘리제는 겁을 집어먹었다. 그녀와 루이스는 기지의 침례교 목사와 친분이 있었는데, 그 목사는 더 큰 종교적 위안을 구하는 그녀를 사로잡았다. 엘리제는 만일 빌리가 죽지 않는다면 그리스도 덕분임을 인정하고 기독교로 개종하겠다고 약속했다. 빌리는 살아남았고, 엘리제는 개종했다.

루이스가 엘리제의 개종 소식을 전화로 알렸을 때, 엘리제가 신앙을 찾아 개종을 했다는 것을 납득할 수 없었던 내 어머니는 극도로 분개했다. 그녀로서는 이 일이 단지 기독교도 며느리를 집안에 받아들이는 문제가 아니었다. 루이스와 나는 비유대인 여성들과 관계를 맺은 적이 있었고, 어머니는 우리가 비유대인과 결혼할 수 있다는 것을 받아들였다. 그러나 엘리제의 개종은 어머니에게 전혀 다른 문제였다. 엘리제는 유대인이었다. 빈에서 태어나 반유대주의를 경험하고 살아남았는데, 이제 와서 유대교를 버린 것이었다. 우리의 문화유산을 버릴 것이었다면, 왜 유대인으로서 살아남으려 발버둥을 쳤느냐는 것이 어머니의 주장이었다. 그녀에게 유대교의 핵심은 신의 개념에 있다기보다는 그녀가 보는 유대교의 사회적·지적 가치관에 있었다. 어머니는 엘리제의 행동을 내 장모의 행동과 비교하지 않을 수 없었다. 데니스의 어머니는 정신적인 평화와 딸의 안전까지 희생하면서 데니스가 유대인으로서 문화적·역사적 전통을 계승하게 했었다.

엘리제와 나는 친했는데도 그녀는 더 큰 영적인 가치를 추구한다거나 개종하고 싶다는 식의 말을 내게 한 번도 하지 않았다. 나는 사태를 파악하기 어려웠고, 그녀의 행동이 빌리의 출생에 따른 심리적 위기를 반영하는 것이 아닐까 염려스러웠다. 어쩌면 산후 우울증일 거라는 생각이 들었다. 전화로 엘리제를 설득하는 데 실패한 어머니는 바르-르-뒤크로 날아가 루이스 부부와 2주일을 보냈지만, 엘리제의 신념을 바꾸지 못했다.

프랑스에 사는 동안 데니스와 폴과 나는 여러 번 바르-르-뒤크를 방문했고, 엘리제와 루이스와 조카들은 파리로 와서 우리를 방문했다. 그런 기회에 우리는 좀 더 홀가분한 분위기에서 엘리제의 새 신앙에 대해 토론했고, 나는 점차 그녀가 깊은 믿음을 추구한다는 것을 깨달았다. 얼마 후 엘리제는 다섯 명의 아이도 개종시켰다. 나는 놀랐고, 어머니는 당황했다. 루이스는 개종하지 않았지만 아내의 결정에 개입하지 않았다.

1965년에 이르자 루이스와 엘리제는 아이들을 미국에서 키우고 싶어졌다. 루이스는 펜실베이니아 주 토비하나 공군기지로 일터를 옮겼다. 2년 후에 그는 뉴욕시 보건 및 병원 관리국의 관리직을 얻어 주중에는 뉴욕에서 부모와 지내고 주말에는 토비하나에서 지냈다. 다른 한편, 엘리제는 침례교도에서 감리교도가 되었다. 그 후 10년 사이에 그녀는 장로교도가 되었다가, 언젠가 내가 농담 삼아 예언한 대로 가톨릭교도가 되었다.

이제 멀리 떨어져서 보면, 엘리제의 변화는 심층적인 공포를 기독교로 억누르려 한 사람이 점점 더 큰 구조, 더 큰 안정을 찾아 헤맨 순례처럼 보인다. 그러나 당시에는 엘리제가 공포를 갖고 있는지 여부가 내게 불투명했다. 나는 그녀 자신의 행동에 놀랐고, 자녀들을 개종시킨 것에 더욱 경악했다. 나는 예시바에 다녔고 몇몇 사람들에게는 깊은 종교적 신념이 무엇을 의미하는지에 대해서 막연한 느낌을 가지고 있었지만, 그럼에도 엘리제의 행동은 경악스러웠다.

더 나아가 나는 우리 모두가 우리 각자의 역사, 각자의 문제들, 개인적인 악령들을 떨쳐 낼 수 없으며 그 경험과 공포가 우리의 행동에 지대한 영향을 끼친다는 것을 너무나 잘 알고 있었다. 우리의 프랑스 생활은 내가 1939년에 빈을 떠난 이후 처음으로 유럽에 장기간 체류한 기간이었다. 그 기간에 나는 나 자신의 악령들을 확실히 자각했다. 생산적인 연구와 즐거운 문화 체험을 만끽하고 있었는데도 나는 때때로 지독한 외로움을 느꼈다. 프랑스 사회와 프랑스 과학은 위계적이었고, 나는 그 사다리의 밑바닥에 있는 비교적 알려지지 않은 과학자였다.

파리로 가기 전 해에 나는 타우크를 보스턴으로 초빙하여 일련의 세미나를 주관하게 했다. 그는 우리 집에 묵었고, 우리는 그를 위한 환영 만찬을 베풀었다. 그런데 프랑스에 와보니 위계가 있었다. 타우크를 비롯한 연구소의 연장자들은 누구도 우리나 다른 박사후 연구원들을 집으로 초대하지 않았고, 사교적으로 교류하지 않았다. 게다가 나는 미묘한 반유대주의를 경험했다. 특히 실험실의 기술 인력들, 즉 기술자와 사무원에게서 내가 빈을 탈출한 이후 느껴 보지 못한 반유대주의를 느꼈다. 나의 불안감은 타우크의 기술자인 클로드 레이에게 내가 유대인이라고 밝히면서 시작되었다. 그는 못 믿겠다는 듯이 나를 바라보더니 내가 유대인처럼 생기지 않았다고 주장했다. 내가 재차 유대인이라고 하자, 그는 세계를 통제하려는 국제적인 유대인들의 음모에 가담했냐고 물으며 나를 희롱했다. 나는 이 기분 나쁜 대화를 타우크에게 전했다. 타우크는 프랑스 노동자의 상당수는 유대인에 대해서 그런 생각을 가지고 있다고 알려 주었다. 이 경험을 통해 나는 혹시 엘리제가 오랫동안 미국을 떠나 있다 보니 그와 유사한 반유대주의를 체험했고, 그 악령이 그녀를 개종으로 몰고 간 것이 아닌가 하는 생각을 갖게 되었다.

1969년에 루이스는 신장암에 걸렸다. 종양은 성공적으로 절제되었고,

외견상 병의 흔적은 남지 않았다. 그러나 12년 뒤에 암은 예고 없이 재발하여 루이스의 인생이 57세에서 마감되게 했다. 형이 죽은 뒤로 나는 엘리제와 조카들을 만나는 빈도가 크게 줄어들었다. 우리는 지금도 서로를 보지만 몇 주나 몇 달이 아니라 몇 년에 한 번 본다.

이 시절에 형은 내게 엄청난 영향을 끼쳤다. 바흐, 모차르트, 베토벤, 그리고 클래식 음악 일반에 대한 내 관심, 바그너와 오페라에 대한 사랑, 새로운 배움에 대한 열정은 상당 부분 형 때문에 생겼다. 이제 인생의 황혼에 이르러 미각의 즐거움을 느끼기 시작한 나는 심지어 이 분야에서도, 그러니까 좋은 음식과 포도주와 관련해서도 형이 내게 쏟은 노력이 완전히 헛되지는 않았다는 것을 인정하게 된다.

1963년 10월, 내가 파리를 떠나기 직전에 타우크와 나는 호지킨, 헉슬리, 에클스가 신경계의 신호 전달에 관한 연구로 노벨 생리의학상을 받았다는 소식을 라디오로 들었다. 우리는 전율했다. 우리 분야가 매우 중요한 방식으로 인정을 받았고 그 선두 주자들이 노벨상의 영예를 안았다고 느꼈다. 나는 타우크에게 학습 문제가 이렇게 중요하며 미개척 상태이기 때문에 누구든 그 문제를 풀면 언젠가 노벨상을 받게 될 것이라는 말을 하지 않을 수 없었다.

12.

신경생물학 및 행동 센터

나는 타우크의 실험실에서 보낸 매우 생산적인 14개월을 뒤로 하고 1963년 11월에 매사추세츠 정신건강센터로 복귀하여 교수단에서 가장 낮은 직급인 전임강사가 되었다. 나의 일은 정신 치료 수련을 하는 전공의들을 감독하는 것이었다. 나는 그 일을 장님이 장님 인도하기라고 불렀다. 전공의는 특정 환자와의 상담 내용을 나와 토론했고, 나는 도움이 되는 조언을 주려고 노력했다.

3년 전 정신과 전공의 과정을 시작하기 위해 정신건강센터에 처음 왔을 때 나는 말하자면 예상치 않은 보너스를 받았다. 내게 지대한 영향을 끼친 스티븐 커플러가 존스홉킨스 대학을 떠나 내 직장에 와 있었던 것이다. 그는 하버드 의과대학 약학부에 신경생리학과를 창설하기 위해 영입되었다. 커플러는 자기 실험실에 박사후 연구원으로 있던 대단히 유능한 과학자들을 여러 명 데리고 왔다. 데이비드 허블(David Hubel), 토르스텐 비셀(Torsten Wiesel), 에드윈 퍼슈판, 데이비드 포터가 그들이었다. 단 한 번의 손놀림으로 커플러는 미국 최고의 신경과학 연구팀을 만들어 냈다.

언제나 일류 실험가였던 그는 미국 신경과학계에서 가장 존경받고 가장 생산적인 지휘자로 변신했다.

파리에서 돌아온 후 나는 커플러와 교류하는 일이 잦아졌다. 그는 군소 연구를 좋아했고 지원을 아끼지 않았다. 1980년에 사망할 때까지 그는 내게 가늠할 수 없는 힘과 너그러움을 지닌 친구이자 조언자였다. 그는 사람들과 그들의 경력과 가족에 관심이 대단히 많았다. 내가 하버드를 떠난 이듬해에 그는 이따금씩 주말에 전화를 해서 그가 흥미를 느낀 내 논문에 대해 토론하거나 그저 내 가족의 안부를 묻곤 했다. 그는 1976년에 존 니콜스(John Nicholls)와 함께 『뉴런에서 뇌까지(From Neuron to Brain)』라는 책을 써서 내게 한 권을 부쳐 주었다. 그 책에 이런 문구가 적혀 있다. "폴과 미누슈한테 주는 거라네."(당시에 폴과 미누슈는 열다섯 살, 열한 살이었다.)

하버드 의과대학에서 가르친 2년 동안 나는 내 경력에 심대한 영향을 끼칠 세 가지 선택지를 놓고 고심했다. 첫 번째는 내가 서른여섯 살의 나이로 보스턴 베스 이스라엘 병원의 정신과 과장으로 초빙을 받은 것이었다. 막 물러난 전임 정신과 과장 그레테 바이브링(Grete Bibring)은 일류 정신분석가이자 빈에서 마리안네 크리스와 에른스트 크리스의 동료였던 인물이다. 몇 년 전이었다면, 나는 그 초빙에 반색하며 응했을 것이다. 그러나 1965년에 내 생각은 아주 다른 방향으로 이동해 있었다. 나는 데니스의 강력한 격려를 받으며 그 초빙을 물리쳤다. 그녀는 간단히 이렇게 말했다. "기초 연구랑 임상 활동이랑 행정 업무랑 잘 절충해서 경력을 쌓아 가는 게 어때?"

둘째, 나는 정신분석가의 길을 포기하고 전업 생물학자가 되기로 하는 더 근본적이고 어려운 결정을 했다. 나는 내 바람과 달리 기초 연구와 정신분석 임상 활동을 성공적으로 결합할 수 없음을 깨달았다. 내가 정신의학에서 거듭 목격한 문제는 젊은 의사들이 자기 능력을 훨씬 넘어서는 일에 손을 댄다는 점이었다. 이 문제는 시간이 지날수록 점점 더 악화되고 있었다. 나는 도저히 그럴 수 없고, 또 그러지 말아야 한다고 결심했다.

마지막으로 나는 하버드 의과대학의 임상적인 분위기를 떠나 모교인 뉴욕 의과대학의 기초과학부에 취직하기로 결정했다. 그곳에서 생리학과 내에 작은 연구팀을 꾸려 행동의 신경생물학에 초점을 맞출 작정이었다.

내가 학부 시절과 전공의 시절 2년을 보냈고 또 교수단의 젊은 인력으로 있었던 하버드는 멋진 곳이었다. 보스턴은 살기에도, 아이들을 키우기에도 좋은 곳이었다. 그뿐 아니라 하버드 대학은 거의 모든 학문 분야에서 특별히 깊은 수준에 도달해 있었다. 그 최고의 지적 환경을 버리는 것은 쉽지 않은 일이었다. 그럼에도 나는 버렸다. 데니스와 나는 1965년 딸 미누슈가 태어나 우리 가족을 완성한 지 몇 달 후에 뉴욕으로 이주했다.

이런 결정들을 내리던 때에 나는 보스턴에서 받기 시작한 개인적인 정신분석 치료도 마무리해 가고 있었다. 그 정신분석은 그 어렵고 부담스러운 시기에 내게 큰 도움이 되었다. 나로 하여금 합당한 선택을 하기 위해 부수적인 고민들을 무시하고 근본적인 사안들에 초점을 맞출 수 있게 해 주었다. 나를 담당한 분석가는 매우 협조적이었고, 작고 특수화된 진료소를 열어 일주일에 한 번만 특정 장애를 지닌 환자들을 보는 것이 어떻겠느냐고 내게 제안했다. 그러나 그는 당시에 내가 매우 외곬의 마음가짐을 갖고 있어서 이중 직업을 성공적으로 수행할 수 없다는 점을 기꺼이 이해해 주었다.

나는 정신분석을 받아서 효과가 있었느냐는 질문을 자주 받았다. 적어도 내 경우에는 의심의 여지가 거의 없다. 정신분석 치료는 나 자신의 행위와 타인들의 행위에 대한 새로운 통찰을 주었고, 나를 약간 더 좋은 아버지와 약간 더 온정적이고 섬세한 사람으로 만들어 주었다. 나는 예전에 내가 자각하지 못한 내 행동들 사이의 관계와 무의식적 동기를 이해하기 시작했다.

임상 활동을 포기한 것에 대한 질문도 자주 받았다. 만일 내가 보스턴에 머물렀다면, 나는 결국 나를 담당한 분석가의 조언을 따라 작은 진료소를 열었을 것이다. 1965년의 보스턴에서 그것은 내게 쉬운 일이었다. 그러나 내 임상 능력을 충분히 잘 알고 환자에게 나를 소개할 의사가 거의 없는 뉴욕에서는 진료소를 열기가 훨씬 더 어려웠을 것이다. 그리고 무엇보다 사람은 자기 자아를 알아야 한다. 나는 한 번에 하나에 집중할 때 최고의 참된 능력을 발휘한다. 나는 그때 내가 풋내기 과학자로서 감당할 수 있는 것은 군소의 학습을 연구하는 일 하나뿐이라는 것을 알고 있었다.

뉴욕 대학이 제안한 일자리를 받아들이고 뉴욕 시에 거주하는 것에는 세 가지 매력적인 점이 있었다. 결국 그것들이 결정적으로 중요했음이 확인되었다. 첫째, 나와 데니스는 내 부모와 그녀의 어머니 곁에서 살게 될 것이었다. 그분들은 모두 연로했고 건강에 문제가 있어서 우리가 가까이 있는 것이 좋았다. 또 아이들이 할머니 할아버지 곁에 있는 것이 좋을 것이라고 우리는 생각했다. 둘째, 데니스와 나는 파리에 있을 때 주말마다 자주 미술관과 박물관에 들렀고 보스턴에서 독일과 오스트리아의 표현주의 화가들이 종이에 그린 작품들을 모으기 시작했는데, 그 취미는 세월이 갈수록 깊어졌다. 1960년대 중반에 보스턴에는 갤러리가 아주 드물었던 반면, 뉴욕은 미술계의 중심이었다. 더구나 나는 의과 대학생 시절에 루이스에게 이끌려 메트로폴리탄 오페라와 사랑에 빠졌었다. 뉴욕으로 돌아가면 데니스와 함께 그 옛사랑에 탐닉할 수 있을 것이었다.

그뿐 아니라 뉴욕 대학의 일자리는 다시 앨든 스펜서와 함께 일할 수 있는 기적 같은 기회였다. 국립보건원에서 일한 후에 앨든은 오리건 의과대학의 조교수 직을 수락했다. 그는 그곳에서 강의 때문에 연구할 시간이 없어 실망했다. 나는 하버드에 그의 일자리를 만들려고 노력했지만 허사였다. 뉴욕 대학의 제안은 내가 중견 신경학자를 한 명 더 데려올 수

12-1 제임스 슈워츠(1932~). 내가 1951년 여름에 처음 만난 친구이며 뉴욕 대학 의학박사 학위와 록펠러 대학 생화학박사 학위를 소지한 재원이었다. 그는 군소의 생화학을 개척했고 학습과 기억의 분자적 기초에 관한 중요한 업적들을 남겼다(에릭 캔델 개인 소장).

있다는 조건을 포함했고, 앨든은 뉴욕으로 오는 데 동의했다.

그는 뉴욕을 좋아했다. 그 도시는 그와 다이앤이 음악에 대한 사랑을 마음껏 분출할 수 있는 곳이었다. 그들이 도착한 직후부터 다이앤은 내 하버드 대학 동창생이자 유능한 하프시코드 연주자인 이고르 키프니스와 함께 공부하면서 하프시코드 연주에 뛰어들었다. 앨든은 내 실험실 옆방에 둥지를 틀었다. 비록 우리는 실제로 실험을 함께 하지는 않았지만(앨든은 고양이를, 나는 군소를 연구하고 있었다) 매일 행동의 신경생물학을 비롯한 거의 모든 화제를 놓고 대화했다. 11년 후에 그가 때 이른 죽음을 맞을 때까지 줄곧 그랬다. 과학에 대한 내 생각에 앨든만큼 많은 영향을 끼친 사람은 아무도 없다.

1년이 채 안 되어 앨든이나 나와 상관없이 의과대학에 의해 영입된 생화학자 제임스 H. 슈워츠(그림 12-1)가 우리 곁에 왔다. 제임스와 나는 1951년 하버드 여름학교에서 한방을 쓴 친구였고, 뉴욕 의과대학에서 그는 내 2년 후배였다. 그러나 내가 1956년에 의과대학을 떠난 이후 우리는 교류가 없었다.

제임스는 의과대학을 졸업한 후 록펠러 대학에서 효소 메커니즘과 박테리아의 화학을 연구하여 박사학위를 받았다. 우리가 1966년 봄에 다시 만났을 때, 제임스는 탁월한 젊은 과학자로 인정을 받고 있었다.

그는 나와 과학에 관한 대화를 나누다가 연구 분야를 박테리아에서 뇌로 바꿀 의향이 있다고 밝혔다. 군소의 신경세포들은 매우 크고 하나하나 식별할 수 있기 때문에, 생화학적 동일성을 즉, 분자 수준에서 한 세포가 다른 세포와 어떻게 다른가를 연구하기에 좋은 대상일 것 같았다. 제임스는 군소의 다양한 신경세포들이 신호 전달을 위해 사용하는 화학 전달물질들을 연구하기 시작했다. 그와 앨든, 그리고 나는 내가 뉴욕 대학에 신설한 신경생물학 및 행동 분과(Division of Neurobiology and Behavior)의 핵이 되었다.

우리 연구팀은 하버드 대학 스티븐 커플러의 팀으로부터 아주 많은 영향을 받았다. 그 팀이 무엇을 해놓았는가뿐 아니라 현재 무엇을 하지 않고 있는가도 우리에게 지대한 영향을 끼쳤다. 커플러는 신경계에 대한 전기생리학적 연구와 생화학과 세포생물학을 통합하여 최초로 신경생물학과를 설립했다. 그것은 매우 강력하고 흥미롭고 영향력 있는 시도였고 현대 신경과학의 모범이었다. 커플러는 단일한 세포와 단일한 시냅스에 초점을 맞췄다. 그는 다수의 훌륭한 신경과학자들과 마찬가지로 뉴런의 세포생물학과 행동 사이의 미개척 지대가 너무 커서 내다볼 수 있는 장래에(이를테면 우리가 살아 있는 동안에) 그 간극이 답사되고 메워질 수는 없다는 견해를 가지고 있었다. 그래서 하버드 연구팀은 초기에 행동이나 학습 연구의 전문가를 영입하지 않았다.

스티븐 커플러는 가끔 포도주를 한두 잔 걸치고 나면 뇌의 고등한 기능들에 관하여, 그리고 학습과 기억에 관하여 허심탄회하게 말하곤 했지만, 맑은 정신일 때는 자신은 그 기능들이 세포 수준에서 공략하기에는 너무 복잡하다고 생각한다고 말했다. 또 그는 자신이 행동에 관하여 아는 바가 적고 행동을 연구하는 것이 꺼림칙하다고 느꼈다. 나는 그 느낌이 정당화될 수 없다고 생각했다.

앨든과 제임스와 나는 그 점에서 커플러와 달랐다. 우리는 커플러처럼 우리가 모르는 것에 속박되지 않았고 그 미개척 지대와 그곳의 중요한 문제들에 매력을 느꼈다. 그리하여 우리는 뉴욕 대학의 신설 분과는 어떻게 신경계가 행동을 산출하고 어떻게 행동이 학습에 의해 교정되는가를 연구해야 한다고 제안했다. 우리는 세포신경생물학과 단순한 행동에 대한 연구를 융합하고 싶었다.

1967년에 앨든과 나는 이 같은 방향을 '학습 연구에서 세포신경생리학적 접근법(Cellular Neurophysiological Approaches in the Study of Learning)'이라는 제목의 글로 발표했다. 그 글에서 우리는 행동이 학습에 의해 교정될 때 시냅스 수준에서 실제로 무슨 일이 일어나는가를 발견하는 것이 중요하다고 지적했다. 그다음 단계는 학습의 유사물을 발견하는 것을 넘어서 뉴런 시냅스의 변화와 현실적인 학습 및 기억의 사례들을 연결하는 작업이다. 우리는 이 과제에 대한 체계적인 세포학적 접근법을 개관하고 실험에 사용할 만한 다양한 단순 시스템들—달팽이, 환형동물, 곤충, 물고기, 기타 단순한 척추동물들—의 장단점을 논했다. 원리적으로 이 동물들 각각은 학습에 의해 교정할 수 있는 행동을 가지고 있어야 마땅했지만, 실제로 군소가 그러하다는 사실은 아직 증명되지 않은 상태였다. 또 그 행동들의 신경 회로를 기술하면 어디에서 학습—유발된 변화—이 일어나는가를 알 수 있을 것이었다. 그다음에는 세포신경생리학의 강력한 기법들을 동원하여 그 변화의 본성을 분석한다는 것이 우리의 의도였다.

앨든과 내가 그 글을 쓰고 있을 때, 나는 이미 하버드 대학에서 뉴욕 대학으로 거점을 옮겼을 뿐 아니라, 시냅스 가소성의 세포신경생물학에서 행동과 학습의 세포신경생물학으로 중심을 옮긴 상태였다.

우리가 쓴 글—아마도 내가 쓴 가장 중요한 글일 것이다—의 충격파는 오늘날에도 지속되고 있다. 그 글에 고무된 여러 연구자들은 학습과 기억에 대한 연구에 환원주의적 접근법을 쓰기 시작했고 학습 연구를 위한 단순한 실험동물들이 곳곳에서 등장하기 시작했다. 거머리, 육생 민달팽이 리막스(Limax), 바다달팽이 트리토니아(Tritonia)와 헤르미센다(Hermissenda), 꿀벌, 바퀴벌레, 가재, 바닷가재 등이었다. 이 녀석들에 대한 연구는 자연적인 서식지에 사는 동물들의 행동을 연구하는 동물행동학자들에 의해 처음 실행되었고, 학습은 생존에 필수적이기 때문에 진화 과정에서 보존된다는 생각을 뒷받침했다. 동물은 사냥감과 포식자를 구별하고, 유용한 먹이와 독이 있는 먹이를 구별하고, 쾌적하고 안전한 쉴 곳과 붐비고 위험한 쉴 곳을 구별하는 법을 배워야 한다.

우리가 제안한 생각들의 충격파는 척추동물 신경생물학에도 미쳤다. 1973년에 포유류 뇌의 시냅스 가소성에 대한 현대적인 연구를 개척한 페르 안데르센(Per Andersen)은 이렇게 썼다. "그런 생각들은 이 분야에서 연구하는 과학자들에게 1973년 이전에 영향을 끼쳤을까? 내가 보기에 대답은 자명하다."

앨든과 나의 글은 우리의 우호적인 경쟁자였고 나중에 동료이자 컬럼비아 대학교 예술 및 과학대 부총장이 된 데이비드 코언(David Cohen)에게 단순한 시스템의 가치에 대한 확신을 심어 주었다. 그는 척추동물에 몰두해 있었기 때문에 스키너가 즐겨 쓴 실험동물인 비둘기로 관심을 돌렸다. 그러나 스키너가 뇌를 무시한 것과 달리 코언은 민감화와 고전적 조건화에서 비롯되는, 뇌에 의해 제어된 심장박동의 변화에 초점을 맞췄다.

역시 우리의 글에 감명을 받은 조지프 르두(Joseph LeDoux)는 고전적 조건화에 대한 코언의 보고를 수정하여 쥐에 적용했고, 그가 개발한 실험 시스템들은 포유류의 학습된 공포에 대한 세포 메커니즘 연구에 가장 적합한 것으로 판명되었다. 르두는 대뇌피질 아래 깊숙이 자리 잡았으며 위험의 감지를 위해 특수화된 구조물인 편도에 초점을 맞췄다. 몇 년 후 유전적으로 변형된 쥐를 생산할 수 있다는 것이 밝혀졌고, 나는 편도로 눈을 돌렸다. 르두의 연구에서 영향을 받은 나는 군소의 학습된 공포에 대한 분자생물학을 쥐의 학습된 공포로 확장했다.

13.

단순한 행동도 학습에 의해 교정될 수 있다

1965년 12월에 뉴욕 대학에 도착했을 때, 나는 큰 걸음을 내디딜 때가 되었다는 것을 알고 있었다. 타우크의 실험실에서 나는 파블로프 학습에 쓰인 것과 유사한 다양한 자극 패턴들에 대한 반응으로 시냅스가 장기적인 변화를 겪을 수 있고, 그 변화는 분리된 신경절 속의 두 신경세포 간 소통의 세기에 영향을 미친다는 것을 발견했다. 그러나 그것은 인위적인 상황이었다. 행동하는 동물에서 일어나는 실제 학습이 시냅스들의 효율성을 변화시킨다는 것에 대한 직접적인 증거는 아직 확보되지 않았다. 분리된 신경절 속의 개별 세포들에서 학습을 흉내 내는 단계를 넘어서, 행동하는 온전한 동물의 신경 회로 속에 구현된 학습과 기억의 사례들을 연구할 필요가 있었다.

그리하여 다음 몇 년 동안의 과제로 두 가지 목표를 설정했다. 첫째, 군소의 행동들에 대한 자세한 목록을 만들고 어떤 행동들이 학습에 의해 교정될 수 있는가를 판단한다. 둘째, 학습에 의해 교정될 수 있는 행동 하나를 선택하여 그 행동의 신경 회로에서 어떻게 학습이 일어나고 기억이 저장되는지 탐구한다. 나는 하버드에 있을 때 이미 이 목표들을 마음에 품고 있었고, 무척추동물의 학습에 특별한 관심이 있어서 나와 함께 연구할 만한 박사후 연구원을 물색하기 시작했다.

시카고 대학 출신의 유능한 특이행동학자(idiosyncratic behaviorist) 어빙 커퍼만(Irving Kupfermann)을 얻은 것은 행운이었다. 그는 내가 하버드를 떠나기 몇 달 전에 보스턴에 왔고, 나와 함께 뉴욕 대학으로 직장을 옮겼다. 어빙은 전형적인 시카고 대학 지식인이었다. 키 크고 날씬하고 책을 엄청 좋아하고 약간 괴짜인 그는 두꺼운 안경을 썼고 젊은데도 거의 대머리였다. 훗날 그에게서 배운 어느 학생은 그를 "길고 가는 막대기 끝에 달린 커다란 뇌"로 묘사했다. 어빙은 설치류와 고양이에 알레르기가 있어서 어쩔 수 없이 작은 체절(體節)들로 이루어진 무척추동물인 쥐며느리로 박사논문을 썼다. 알고 보니 그는 매우 박식하고 창조적인 행동 연구자였고 실험을 설계하는 데에도 재능이 뛰어났다.

우리는 학습 연구에 이용할 만한 행동을 찾기 위해 군소의 행동을 탐구하기 시작했다. 우리는 그 녀석의 먹이 섭취 행동, 일상적인 이동 패턴, 색소 방출, 산란 행동의 특징을 거의 모두 낱낱이 숙지했다. 우리는 녀석의 성 행동(sexual behavior)에 감탄했다. 그것은 군소의 가장 확실하고 인상적인 사회적 행동이다. 이 달팽이는 자웅동체라서 때와 파트너에 따라 암컷도 될 수 있고 수컷도 될 수 있으며, 심지어 동시에 암컷이면서 수컷일 수도 있다. 서로를 인지한 녀석들은 인상적인 교미 사슬을 형성할 수 있다. 그 사슬에서 각각의 군소는 앞에 있는 녀석에게 수컷으로, 뒤에 있는 녀석에게 암컷으로 봉사한다.

이 행동들을 분석하고 고찰한 결과 우리는 그것들이 너무 복잡하다는 것을 깨달았다. 몇몇 행동은 군소 신경계의 신경절이 두 개 이상 관여하고 있었다. 우리에게 필요한 것은 한 신경절의 세포들에 의해 통제되는 매우 단순한 행동이었다. 따라서 우리는 내가 파리에서 연구해서 가장 잘 아는 배 신경절에 의해 통제되는 몇 가지 행동들에 집중했다. 겨우 2,000개의

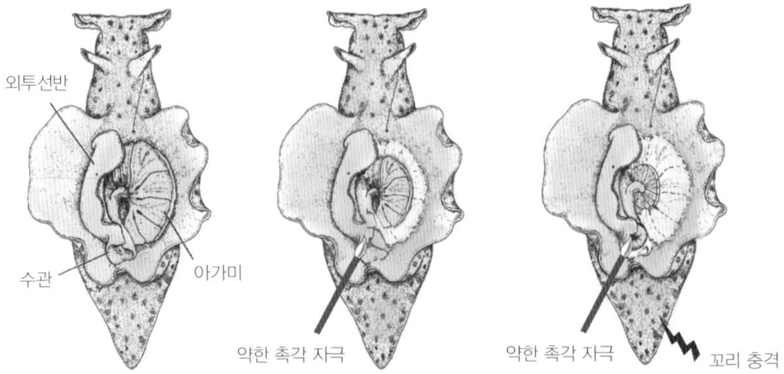

A. 군소의 호흡기관인 아가미는 평소에 이완되어 있다.

B. 수관을 건드려 군소를 놀래면 아가미는 외투강 속으로 움츠러든다. 이 단순한 반응조차도 습관화와 민감화, 그리고 고전적 조건화에 의해 교정될 수 있다.

C. 수관을 약하게 건드리는 자극을 반복해서 주면, 군소는 그 자극에 습관화되고 움츠림 반사는 약화된다. 그러나 그 약한 건드림이 꼬리에 가한 충격과 조합되면, 군소는 민감화되어 약한 건드림만 받아도 강한 아가미 움츠림 반사로 반응한다.

13-1 군소의 가장 단순한 행동인 아가미 움츠림 반사

신경세포로 이루어진 배 신경절은 심장박동, 호흡, 산란, 색소 방출, 점액 분비, 아가미(gill)와 수관(siphon)의 움츠림을 통제한다. 1968년에 우리는 가장 단순한 행동인 아가미 움츠림 반사를 최종적으로 선택했다.

아가미는 군소가 호흡할 때 쓰는 외부 기관으로, 체벽에 있는 구멍인 외투강(mantle cavity) 속에 있으며 외투선반(mantle shelf)이라는 껍질로 덮여 있다. 외투선반은 외투강으로부터 바닷물과 배설물을 방출하는 근육질 주둥이인 수관에서 끝난다(그림 13-1-A). 그 수관을 살짝 건드리면 수관과 아가미가 외투강 속으로 신속하게 움츠러드는 방어 반응이 산출된다(그림 13-1-B). 이 움츠림 반사의 목적은 필수적이고 연약한 기관인 아가미를 보호하는 것임이 분명하다.

어빙과 나는 매우 단순한 이 반사조차도 두 가지 형태의 학습—습관화와 민감화—에 의해 교정될 수 있으며, 그 학습 각각이 몇 분 동안 지속하는 단기기억을 발생시킨다는 것을 발견했다. 처음 수관을 가볍게 건드리면 아가미가 활기차게 움츠러든다. 그러나 가볍게 건드리기를 반복하면 습관화가 일어나고, 군소가 그 자극이 별것 아니라는 것을 인지하는 법을 배움에 따라 반사는 점차 약해진다. 우리는 군소의 머리나 꼬리에 강한 충격을 줌으로써 민감화를 일으켰다. 군소는 그 강한 자극이 해롭다는 것을 인지했고, 그다음에는 동일한 가벼운 수관 건드림에 과도한 아가미 움츠림 반응을 산출했다(그림 13-1-C).

1971년에 리버사이드 소재 캘리포니아 대학 출신의 생리심리학자 톰 커루(Tom Carew)가 우리와 합류했다. 유능하고 열정적이고 사교적인 그는 우리 연구팀의 장기기억 연구의 막을 열었다. 커루는 뉴욕 대학 신경생물학 및 행동 연구팀에 있는 것을 꾸밈없이 사랑했다. 그는 제임스 슈워츠와 앨든 스펜서, 그리고 나의 좋은 친구가 되었다. 마치 마른 스펀지처럼 커루는 연구팀의 문화를 흡수했다. 과학뿐 아니라 우리가 나누는 과학자들에 관한 수다, 미술, 음악에 대한 관심도 빨아들였다. 커루와 내가 둘이서 말하곤 했듯이, "다른 사람들이 이런 대화를 하면 그건 수다고, 우리가 할 때면 그건 지성사의 위대한 장면"이었다.

커루와 나는 사람에서와 마찬가지로 군소에서 장기기억을 산출하려면 중간에 휴식 기간들을 두면서 훈련을 반복해야 한다는 것을 발견했다. 연습은 심지어 달팽이도 완벽하게 만든다. 예컨대 자극을 연속해서 40회 가하면 겨우 하루 동안 지속되는 아가미 움츠림 습관화가 산출되지만, 나흘 동안 하루에 10회씩 자극을 주면 몇 주일 동안 지속되는 습관화가 산출된다. 훈련과 훈련 사이에 쉬는 기간을 두면 군소가 장기기억을 확립하는 능력이 향상된다.

커퍼만과 커루, 그리고 나는 단순 반사가 두 가지 비연결적 학습에 의해서 교정될 수 있고, 그 각각의 학습에 의해 단기기억과 장기기억이 산출될 수 있다는 것을 증명했다. 1983년에 우리는 아가미 움츠림 반사에 대한 고전적 조건화를 신뢰할 만하게 산출하는 데 성공했다. 이것은 중요한 진보였다. 왜냐하면 그 반사가 연결 학습에 의해서도 교정된다는 것을 증명한 쾌거였기 때문이다.

15년 넘게 힘든 연구를 계속한 뒤인 1985년 당시에 우리가 거둔 성과는 군소의 단순한 행동 하나가 다양한 형태의 학습에 의해 교정될 수 있음을 증명한 것이었다. 이 성과는 몇몇 형태의 학습은 진화 과정 내내 보존되어 매우 단순한 행동의 단순한 신경 회로에서도 발견될 것이라는 나의 희망을 강화했다. 더 나아가 이제 나는 어떻게 중추신경계에서 학습이 일어나고 기억이 저장되는가 하는 질문을 넘어서 어떻게 다양한 형태의 학습과 기억이 세포 수준에서 서로 연관되는가 하는 질문으로 나아갈 가능성을 내다볼 수 있었다. 구체적으로 떠오르는 질문은 이것이었다. 어떻게 뇌 속에서 단기기억이 장기기억으로 변환되는가?

이 시기에 우리의 연구는 아가미 움츠림 반사에 대한 행동학적 탐구에만 국한되지 않았다. 사실 그 탐구는 가장 중요한 두 번째 목표를 위한 터 닦기 작업이었다. 그리고 그 목표는 동물이 학습할 때 뇌 속에서 무슨 일이 일어나는가를 알기 위한 실험을 고안하는 것이었다. 따라서 우리는 군소의 아가미 움츠림 반사와 관련된 학습에 초점을 맞추기로 결정했으므로, 배신경절이 어떻게 그 학습을 일으키는지 배우기 위해 그 반사의 신경 회로를 조사할 필요가 있었다.

신경 회로를 알아내는 것은 또 다른 개념적 어려움을 동반한 과제였다. 한 신경 회로에 속한 세포들 사이의 연결은 얼마나 정확하고 특수할까? 1960년대 초에 몇몇 칼 래슐리 추종자들은 대뇌피질의 다양한 뉴런들은 그 속성들이 매우 유사해서 어느 모로 보나 실질적으로 동일하고 그것들의 상호 연결은 무작위적이고 대체로 동등하다고 주장했다.

다른 과학자들, 특히 무척추동물 신경계를 연구하는 사람들은 많은 뉴런들이 유일무이하고, 어쩌면 모든 뉴런들이 그러하다는 생각을 지지했다. 이 생각은 1908년에 독일 생물학자 리하르트 골트슈미트(Richard

Goldschmidt)에 의해 처음 제기되었다.

골트슈미트는 소화관에 기생하는 원시적인 선충류인 회충의 신경절 하나를 연구했다. 그는 모든 각각의 회충이 그 신경절 속의 정확히 동일한 위치에 동일한 개수의 세포를 가지고 있다는 것을 발견했다. 그는 독일 동물학회에서 행한, 오늘날 유명해진 강연에서 "신경계 요소들의 거의 경이적인 불변성"을 언급하면서 "중앙 신경절 세포들은 결코 더도 덜도 아니고 162개다"라고 보고했다.

안젤리크 아르바니타키 샬라조니티스는 골트슈미트의 회충 연구를 알고 있었고, 1950년대에 개별적으로 확인 가능한 세포들을 찾기 위해 군소의 배 신경절을 탐구했다. 그녀는 여러 세포들이 모든 각각의 군소 개체에서 유일무이하며 확인 가능하다는 것을 발견했다. 그녀가 제시한 확인 기준은 세포의 위치, 염색 상태, 크기였다. 그런 세포들 중 하나인 R2는 내가 라디슬라프 타우크와 함께 학습을 연구할 때 집중적으로 탐구한 놈이었다. 나는 하버드 대학과 뉴욕 대학에서도 그 실마리를 놓지 않았고, 1967년에 이르자 골트슈미트와 아르바니타키 샬라조니티스처럼 나도 군소의 배 신경절에 있는 두드러진 세포들 대부분을 쉽게 구별할 수 있게 되었다.

뉴런들이 각각 유일무이하고, 동일한 세포가 모든 각각의 개체 속 동일한 위치에 있다는 발견은 새로운 질문을 낳았다. 그 유일무이한 뉴런들 사이의 시냅스 연결들도 똑같을까? 어떤 개체에서나 특정 세포는 동일한 표적 세포에게만 신호를 보내고 다른 세포들에게는 보내지 않을까?

나는 세포들 사이의 시냅스 연결을 쉽게 지도로 그릴 수 있다는 것을 발견했다. 나도 그 발견에 놀랐다. 한 개의 표적 세포에 미세 전극을 삽입하고 다른 세포들에 활동전위가 발생하도록 만듦으로써 나는 그 표적 세포와 소통하는 시냅스전 세포들을 다수 확인할 수 있었다. 임의의 동물에서 개별 세포들 사이의 시냅스 연결 지도를 그리는 것이 가능하다는 사실이 최초로 증명된 것이었다. 이 성과를 바탕으로 삼으면, 어떤 행동

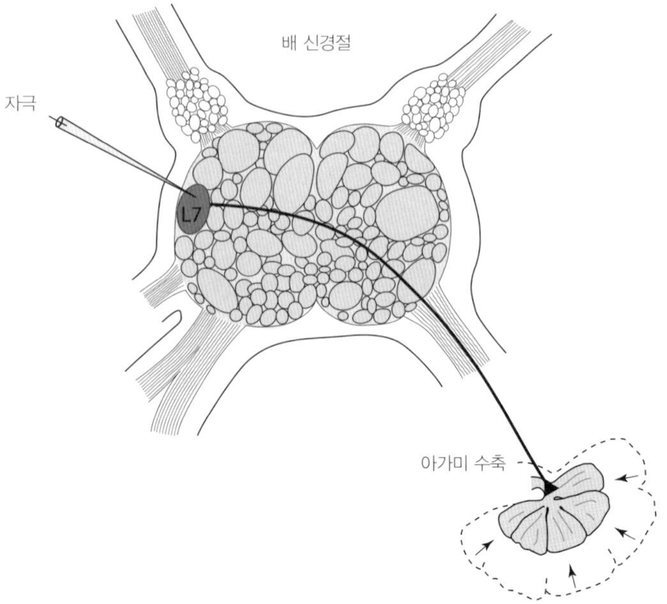

13-2 군소에서 특정 행동을 산출하는 운동뉴런의 발견. 군소의 배 신경절에 있는 개별 신경세포들을 확인하고 나자 그것들의 연결을 지도로 그릴 수 있었다. 예컨대 운동세포인 L7 세포를 자극하면, 군소의 아가미가 화들짝 수축한다.

하나를 통제하는 신경 회로를 알아낼 수 있을 것이었다.

나는 산티아고 라몬 이 카할이 뉴런 집단 사이의 연결에서 발견한 것과 동일한 특이성(specificity)을 개별 뉴런들 사이의 연결에서 발견했다. 더 나아가 뉴런들과 그것들의 시냅스 연결들이 정확하고 불변인 것과 마찬가지로 그 연결들의 기능도 불변이었다. 이 놀라운 불변성은 뉴런 연결들의 단순한 집합 속에 학습을 '가두어' 어떻게 학습이 기억을 산출하는가를 세포 수준에서 살펴보겠다는 나의 오랜 꿈을 더 쉽게 실현할 수 있게 해줄 것이었다.

1969년까지 커퍼만과 나는 아가미 움츠림 반사를 만드는 신경세포들을 거의 모두 확인하는 데 성공했다. 그 확인을 위해 우리는 군소를 잠시 마취한 후 목을 약간 절개하여 조심스럽게 배 신경절과 거기에 부착된 신경들을 꺼내 밝게 조명한 실험대 위에 놓았다. 우리는 세포를 자극하고 측정할 때 쓰는 이중 미세 전극을 여러 뉴런에 삽입했다. 이런 식으로 살아 있는 동물을 열어 놓음으로써 우리는 녀석의 신경계와 모든 정상적인 연결들을 온전히 보존하면서 배 신경절에 의해 통제되는 모든 기관들을 관찰할 수 있었다. 우리는 먼저 아가미 움츠림 반사를 통제하는 운동뉴런들을 탐색했다. 즉, 중추신경계에서 아가미로 뻗은 축삭돌기를 가진 운동세포들을 찾았다. 이를 위해 미세 전극으로 세포를 한 번에 하나씩 자극하면서 그 자극이 아가미의 움직임을 산출하는지 관찰했다.

1968년 가을의 어느 오후, 나는 혼자 실험하면서 세포 하나를 자극했고, 강력한 아가미 수축이 일어나는 것을 보며 깜짝 놀랐다(그림 13-2). 군소에서 특정한 행동 하나를 통제하는 운동뉴런 하나를 최초로 확인한 순간이었다! 어빙에게 보여 주지 않고는 못 배길 것 같았다.

세포 하나를 자극한 결과로 산출된 강력한 행동을 보며 우리는 둘 다 놀랐고, 다른 운동세포들을 확인하는 것도 어렵지 않으리라고 예감했다. 실제로 이후 두세 달 만에 어빙은 운동세포를 다섯 개 더 발견했다. 우리는 그 여섯 개의 세포가 아가미 움츠림 반사의 운동 요소일 것이라고 추측했다. 왜냐하면 그 세포들의 점화를 막으면 반사가 일어나지 않았기 때문이다.

1969년에 빈센트 카스텔루치(Vincent Castellucci)라는 쾌활하고 교양 수준이 높은 캐나다 과학자와, 전기공학을 공부했고 기술적인 재능이 있는 대학원생 잭 번(Jack Byrne)이 우리 팀에 합류했다. 빈센트는 생물학 지식이 풍부했고 테니스 시합에서 내게 정기적으로 패배를 안겨 주었다. 잭은 우리 연구에 전기공학의 엄밀성을 들여왔다. 우리 세 사람은 아가미 움츠림 반사의 감각뉴런들을 공동으로 발견했다. 그다음으로는 그 뉴런들의 직접 연결 외에도 감각뉴런이 중간뉴런을 통해 운동뉴런과 간접 시냅스 연결을 형성한다는 것을 발견했다. 중간뉴런은 일종의 매개 뉴런이다. 그 두 가지 연결—직접 연결과 간접 연결—은 건드림에 관한 정보를 운동뉴런으로 전달하고, 운동뉴런은 아가미 조직과의 연결을 통해 움츠림 반사를 산출한다. 더 나아가 우리가 연구한 모든 달팽이에서 아가미 움츠림 반사에 관여하는 뉴런들은 동일했고, 동일한 세포들은 언제나 서로 동일한 연결을 형성했다. 다시 말해서 군소의 행동 중에서 적어도 하나는 뉴런 구조가 놀랍도록 정확했다. 얼마 후에 우리는 다른 행동들에서도 이와 똑같은 특이성과 불변성을 발견했다.

커퍼만과 나는 1969년에 〈사이언스〉에 공동 저자로 발표한 논문 「군소의 배 신경절에 의해 매개된 행동 반응에 대한 뉴런 통제(Neuronal Controls of a Behavioral Response Mediated by the Abdominal Ganglion of Aplysia)」를 다음과 같은 낙관적인 언급으로 마무리했다.

> 이 예비 작업이 세포신경생리학 연구에 대하여 갖는 장점들을 생각해 볼 때, 이 작업은 학습의 뉴런 메커니즘을 분석하는 데 유용할 수 있을 것이다. 첫 실험들은 행동 반사 반응이 민감화, 습관화 등의 단순한 학습에 의해 교정될 수 있음을 시사한다. …… 또 고전적 조건화나 조작적 조건화 패러다임을 통해 더 복잡한 행동을 교정하는 것에 대한 연구도 가능할 수 있다.

14.

시냅스는 경험에 의해 바뀐다

행동의 뉴런 구조가 불변적이라는 것을 발견한 후, 우리는 다음과 같은 결정적인 질문에 맞닥뜨렸다. 정확히 배선된 뉴런회로에 의해 통제되는 운동이 어떻게 경험에 의해 달라질 수 있는가? 한 가지 대답은 카할에 의해 제시되었다. 그는 학습이 시냅스의 세기를 변화시킬 수 있고, 따라서 뉴런들 사이의 소통을 강화할 수 있다고 주장했다. 흥미롭게도 프로이트의 「과학적 심리학을 위한 구상」은 정신의 뉴런 모형을 개진하며 카할이 주장한 것과 유사한 학습 메커니즘을 거론한다. 프로이트는 지각을 위한 뉴런과 기억을 위한 뉴런이 서로 별개라고 전제했다. 지각에 관여하는 신경 회로들은 고정된 시냅스 연결을 형성하여 우리가 지각하는 세계의 정확성을 보장한다. 반면에 기억에 관여하는 신경 회로는 학습에 의해 그 세기가 달라지는 시냅스 연결들을 가지고 있다. 이 시냅스 세기 변화의 메커니즘은 기억과 고등한 인지 기능의 토대를 이룬다.

파블로프와 행동주의자들의 연구, 그리고 브렌다 밀너와 인지심리학자들의 연구는 나로 하여금 다양한 형태의 학습이 다양한 형태의 기억을 낳는다는 것을 깨닫게 해주었다. 그리하여 나는 카할의 아이디어를 재구성하여 군소에서 학습의 유사물을 연구하는 데 토대로 삼았다. 그 연구의 결과는 다양한 자극 패턴들이 시냅스 연결의 세기를 다양한 방식으로 변화시킨다는 것을 보여 주었다. 그러나 타우크와 나는 실제 행동이 어떻게 변화하는가를 탐구하지 않았고, 따라서 학습이 실제로 시냅스 세기의 변화에 의존한다는 증거를 확보하지 못했다.

사실 당시에는 시냅스가 학습에 의해 강화될 수 있고, 따라서 기억 저장에 기여할 수 있다는 생각 자체가 전혀 보편적인 인정을 받고 있지 않았다. 카할의 제안이 있은 지 20년 뒤에 하버드 대학의 탁월한 생리학자 알렉산더 포브스(Alexander Forbes)는 기억이 스스로 흥분하는 뉴런들의 닫힌 회로 안에서 일어나는 역동적인 변화에 의해 유지된다고 주장했다. 이 아이디어를 뒷받침하기 위해 포브스는 카할의 제자인 라파엘 로렌테 드 노(Rafael Lorente de No)의 그림을 인용했다. 그 그림은 뉴런들이 서로 연결되어 닫힌 경로를 형성한 것을 보여 준다. 이 아이디어는 심리학자 D. O. 헵(Hebb)이 1949년에 출간한 영향력 있는 책 『행동의 조직화: 신경심리학적 이론(The Organization of Behavior: A Neuropsychological Theory)』에서 더 정교하게 발전되었다. 헵은 단기기억이 반사회로에서 비롯된다고 주장했다.

대뇌피질의 생물학에 대한 연구를 선도한 B. 델라이슬 번스(B. Delisle Burns)도 시냅스의 물리적 변화가 기억 저장의 메커니즘일 수 있다는 생각에 반발했다.

> 기억에 대한 설명의 후보로 제안된 시냅스 강화 메커니즘들은 …… 실망스러운 것으로 판명되었다. 그것들 중 어느 것을 조건화된 반사 형성에 동반되는 세포적 변화로 받아들일 수 있으려면, 관찰에서 드러난 그 메커니즘들의 작동 시간을 대폭 확대해야 한다. 시냅스 강화로 기억을 설명하려는 시도가 어김없이 실패로 돌아간 것을 생각하면, 어쩌면

신경생리학자들이 틀린 메커니즘을 탐색해 온 것이 아닌가 하는 의문을 품게 된다.

어떤 학자들은 고정된 신경 회로에서 학습이 일어날 수 있다는 것 자체에 의문을 표했다. 그들이 보기에 학습은 미리 설정된 뉴런 경로들에 부분적으로, 또는 전적으로 독립적이어야 했다. 이 견해의 지지자는 래슐리와 형태심리학자(Gestalt psychologist)들이었다. 형태심리학은 초기 인지심리학에서 큰 영향력을 발휘한 유파였다. 이 견해의 한 변형은 1965년에 신경생리학자 로스 애디(Ross Adey)에 의해 제안되었다. 그는 "다른 뉴런들로부터 자연적으로나 인위적으로 고립된 상태에서 일상적인 의미의 기억에 해당하는 정보 저장 능력을 나타낸 뉴런은 없다"는 말로 논증의 포문을 열었다. 이어서 그는 뉴런들 사이의 공간을 통과하는 흐름이 "정보 교환에서, 그리고 더 중요하게는 정보의 축적과 회상에서 뉴런 점화와 최소한 동급인" 정보를 운반할 가능성이 있다고 주장했다. 래슐리와 마찬가지로 애디가 보기에 학습은 완전히 신비로운 과정이었다.

아가미 움츠림 반사의 신경 회로를 연구하고 그 회로가 학습에 의해 교정될 수 있다는 것을 발견한 나와 동료들은 위에 언급한 견해들이 과연 타당한가 하는 질문을 던질 자격이 있었다. 1970년에 〈사이언스〉에 발표한 세 편의 연속 논문 중 첫 번째에서 우리는 우리가 지난 연구에서 채택했고 앞으로 30년 동안 우리의 생각을 이끌게 될 연구 전략의 개요를 밝혔다.

학습과 기타 유사한 행동 교정의 신경 메커니즘에 대한 분석을 위해서는 교정 가능한 행동과 세포학적 분석이 가능한 신경계를 가진 동물이 필요하다. 이 논문과 이어지는 두 편의 논문에서 우리는 습관화와 민감화를 겪는 행동 반사를 연구하기 위해 행동주의적 접근법과 세포신경생리학적 접근법을 조합하여 해양 연체동물 군소에 적용했다. 우리는

> 그 반사의 신경 회로를 점차 단순화하여 개별 뉴런들의 작용을 전체 반사와 연관시켰다. 그 결과 지금은 그 행동 교정의 메커니즘과 위치를 분석할 수 있게 되었다.

후속 논문들에서 우리는 기억이 스스로 흥분하는 뉴런들의 회로에 의존하지 않는다는 것을 보여 주었다. 군소에서 연구한 세 가지 단순한 형태의 학습과 관련하여 우리는 학습이 행동을 매개하는 뉴런회로 속의 특정 세포들 간 시냅스 연결의 세기에, 따라서 소통의 효율성에 변화를 일으킨다는 것을 발견했다.

우리의 데이터가 전하는 메시지는 명확하고 극적이었다. 우리는 개별 감각뉴런과 운동뉴런을 측정하여 아가미 움츠림 반사의 해부학적·기능적 작동을 기술했다. 우리는 피부를 건드리면 여러 감각뉴런들이 함께 활성화되어 운동뉴런들 각각에 큰 신호—큰 시냅스전위—를 산출하고, 그로 인해 운동뉴런들이 여러 개의 활동전위를 점화한다는 것을 발견했다. 운동뉴런의 활동전위는 행동을, 아가미의 움츠림을 산출한다. 정상적인 조건에서 감각뉴런들은 운동뉴런들과 효율적으로 소통한다는 것을, 즉 운동뉴런들에 적절한 신호를 보내 아가미 움츠림 반사를 일으킨다는 것을 우리는 확인할 수 있었다.

이제 우리는 감각뉴런과 운동뉴런 사이의 시냅스로 관심을 돌렸다. 우리는 피부를 반복해서 건드려 습관화를 일으키면 아가미 움츠림 반사의 세기가 점차 감소하는 것을 관찰했다. 이 학습된 행동 변화는 시냅스 연결의 점진적인 약화와 동시에 일어났다. 군소의 꼬리나 머리에 충격을 가하여 민감화를 일으키면, 아가미 움츠림 반사가 강화되고, 그와 동시에 시냅스 연결이 강화되었다. 우리는 습관화가 일어날 때 감각뉴런의 활동전위는 운동뉴런에 약한 시냅스전위를 일으켜 덜 효율적인 소통을 하는 반면, 민감화가 일어날 때는 운동뉴런에 강한 시냅스전위를 일으켜 더 효율적인 소통을 한다고 결론지었다.

1980년에 우리는 환원주의적 접근법을 더 확장하여 고전적 조건화가 일어날 때 시냅스에서 무슨 일이 생기는지 탐구했다. 이 연구를 위해 스탠퍼드 대학 출신의 젊고 총명한 심리학자 로버트 호킨스(Robert Hawkins)가 커루와 나의 편이 되었다. 학자 집안의 자제인 로버트는 뉴욕에 오기 전에도 이미 시야가 넓었다. 그는 고전음악과 오페라의 열렬한 팬이었다. 훌륭한 운동선수인 그는 스탠퍼드 대학 축구팀의 일원이었고 운동에 대한 타고난 열정을 점차 요트 경기에 집중했다.

우리는 고전적 조건화에서 무해한(조건화된) 자극과 유해한(조건화되지 않은) 자극에서 비롯된 신경 신호들이 정확한 순서로 발생해야 한다는 것을 발견했다. 즉, 꼬리에 충격이 가해지기 직전에 수관을 건드리면—따라서 꼬리의 충격이 예고되면—감각뉴런들은 꼬리로부터 신호를 받기 직전에 활동전위를 점화할 것이다. 감각뉴런에서 활동전위가 정확한 시점에 점화된 직후의 정확한 시점에 꼬리로부터 충격 신호가 도착하면, 감각뉴런과 운동뉴런 사이의 시냅스가 민감화에서처럼 수관이나 꼬리에서 별개로 신호가 올 때보다 훨씬 더 강력해진다.

습관화와 민감화, 고전적 조건화에 관한 이 같은 여러 결과들은 발생 및 발달 과정이 경험과 어떻게 상호작용하여 정신 활동의 구조를 결정하는가에 대한 생각으로 불가피하게 이어졌다. 발생 및 발달 과정은 뉴런들 사이의 연결을 지정한다. 즉, 어떤 뉴런들이 언제 어떤 뉴런들과 시냅스 연결을 형성하는가를 지정한다. 그러나 그 과정은 그 연결들의 세기를 지정하지 않는다. 그 세기—시냅스 연결의 장기적 효율성—는 경험에 의해 규제된다. 이 견해는 유기체의 행동들 중 다수를 위한 잠재력이 뇌에 내장되어 있고, 그런 한에서 발생 및 발달의 통제하에 놓인다는 것을 함축한다. 그러나 유기체의 환경과 학습은 기존 경로들의 효율성을 변화시키고, 따라서 새로운 행동 패턴을 표출시킨다. 우리가 군소에서 발견한 것들이 이 견해를 뒷받침했다. 가장 단순한 형태의 학습에서, 학습은 미리 준비된 풍부한 연결들 중에서 몇몇을 선택적으로 강화한다.

우리의 연구 결과를 돌아보면서 나는 17세기 이후 서양 사상을 지배한 상반되는 두 철학—경험론과 합리론—을 떠올리지 않을 수 없었다. 영국의 경험론자 존 로크는 정신이 선천적인 지식을 가지고 있지 않으며, 오히려 경험에 의해 채워지는 빈 서판과 같다고 주장했다. 우리가 세계에 관하여 아는 모든 것은 학습된 것이며, 우리가 어떤 관념을 더 자주 만나고 그것을 다른 관념들과 더 효율적으로 연결할수록 그 관념이 정신에 가하는 힘은 더 지속적이게 된다는 것이었다. 반면에 독일의 합리론 철학자 임마누엘 칸트는 우리가 특정한 앎의 틀을 내장하고 태어난다고 주장했다. 칸트가 선험적 지식이라 부른 그 틀은 감각 경험을 수용하고 해석하는 방식을 결정한다.

정신분석과 생물학 사이에서 진로를 고민하던 나는 정신분석과 그 조상인 철학이 뇌를 미지의 블랙박스로 대하기 때문에 생물학을 선택했었다. 철학도 정신분석도 정신에 대한 경험론적 견해와 합리론적 견해 사이의 분쟁을 해결하지 못했다. 그 해결이 뇌에 대한 직접적 탐구를 요구하는 한에서 말이다. 군소라는 아주 단순한 유기체의 아가미 움츠림 반사에서 우리는 경험론과 합리론이 모두 타당하다는 것을 확인했다. 실제로 그 두 견해는 상호 보완적이다. 신경 회로의 해부학은 칸트가 말한 선험적 지식의 단순한 예이며, 신경 회로 속 특정 연결들의 세기 변화는 경험의 영향을 반영한다. 더 나아가 연습이 완벽함을 만든다는 로크의 생각에 맞게, 기억의 기반에는 그런 세기 변화의 지속성이 있다.

래슐리를 비롯한 학자들은 복잡한 학습에 대한 연구가 실질적으로 불가능하다고 생각했지만, 달팽이의 아가미 움츠림 반사가 지닌 깔끔한 단순성은 나와 동료들이 처음에 나를 생물학으로 이끈 여러 철학적·정신분석학적 질문들에 실험적으로 접근할 수 있게 해주었다. 나는 이 사실이 경이롭고 또한 해학적이라고 느꼈다.

1970년에 〈사이언스〉에 발표한 우리의 세 번째 논문은 다음과 같은 논평으로 마무리되었다.

데이터는 습관화와 민감화가 둘 다 기존 흥분 연결들의 기능적 효율성 변화와 관련된다는 것을 시사한다. 즉, 적어도 단순한 예들에서 행동 교정의 능력은 행동 반사의 신경 구조에 직접 내장되어 있는 것 같다.

마지막으로, 이 연구들은 행동 교정 연구의 전제 조건은 행동의 기반에 있는 배선도(wiring diagram)의 분석이라는 전제를 강화한다. 실제로 우리는 일단 행동의 배선도가 알려지면 그것의 교정에 대한 분석은 훨씬 쉬워진다는 것을 발견했다. 이 분석은 비록 비교적 단순하고 단기적인 행동 교정에만 타당하지만, 아마도 이와 유사한 접근법을 더 복잡하고 장기적인 학습 과정에도 적용할 수 있을 것이다.

극단적인 환원주의를 고수함으로써—매우 단순한 행동 반사와 단순한 형태의 학습을 탐구하고, 반사 신경 회로를 개별 세포 차원에서 기술하고, 그 회로의 어디에서 변화가 일어나는가에 초점을 맞춤으로써—나는 내가 1961년에 국립보건원에 제출한 연구비 신청서에서 그 윤곽을 밝힌 장기적인 목표에 도달했다. 나는 "조건화된 반응을 가능한 한 최소의 세포 집단에, 즉 두 세포 사이의 연결에 가두는 데" 성공한 것이었다.

그렇게 환원주의적 접근법은 우리가 학습 및 기억에 관한 세포생물학의 여러 원리들을 발견할 수 있게 해주었다. 첫째, 우리는 행동 학습의 기반에 있는 시냅스 세기 변화가 신경 연결망과 그것의 정보처리 능력을 재설정할 만큼 충분히 클 수도 있다는 것을 발견했다. 예컨대 군소의 특정 감각세포 하나는 여덟 개의 운동세포와 소통한다. 그 중 다섯 개는 아가미의 움직임을 일으키고, 나머지 세 개는 색소샘의 수축과 색소 방출을 일으킨다. 훈련 이전에 이 감각세포의 활성화는 다섯 개의 아가미-자극 운동세포를 적당히 흥분시켜 아가미가 수축하게 만들었다. 또 세 개의 색소샘-자극 운동뉴런들을 흥분시키지만 아주 약하게만 흥분시켜 활동전위나 색소 방출을 일으키지 않았다. 따라서 학습 이전에 아가미 움츠림은 수관 자극에 대한 반응으로 일어나지만 색소 방출은 일어나지 않았다. 그러나 민감화 이후, 감각세포와 여덟 개의 운동세포 사이의 시냅스 소통은 강화되어 세 개의 색소샘-자극 운동뉴런들도 활동전위를 점화하게 만들었다. 따라서 학습의 결과로, 수관이 자극을 받으면 강력한 아가미 수축과 함께 색소 분비가 일어났다.

둘째, 내가 재구성한 카할의 이론과 학습의 유사물에 대한 나의 초기 연구에 맞게, 우리는 두 뉴런 사이의 특정 시냅스 연결들이 다양한 형태의 학습에 의해 강화될 수도 있고 약화될 수도 있다는 것을 발견했다. 다시 말해 습관화는 시냅스를 약화하는 반면, 민감화나 고전적 조건화는 강화한다. 이 지속적인 시냅스 연결 세기 변화는 학습과 단기기억의 기반에 있는 세포적 메커니즘이다. 게다가 그 변화는 아가미 움츠림 반사 신경 회로의 여러 위치에서 일어나므로, 기억은 그 회로 전체에 분산되어 저장되는 것이지 특별한 한 위치에 저장되는 것이 아니다.

셋째, 우리는 세 가지 형태의 학습 모두에서 단기기억의 지속은 시냅스가 약화되거나 강화되는 시간의 길이에 의해 결정된다는 것을 발견했다.

넷째, 주어진 화학적 시냅스의 세기는 두 가지 방식으로 교정될 수 있다는 것을 우리는 이해하기 시작했다. 즉, 학습에 의해 매개회로(mediating circuit)가 활성화되는가 아니면 조절회로(modulatory circuit)가 활성화되는가에 따라 두 가지 방식으로 교정될 수 있다. 군소에서 매개회로는 수관과 연결된 감각뉴런들과 중간뉴런들, 그리고 아가미 움츠림 반사를 통제하는 운동뉴런들로 이루어진다. 다른 한편, 조절회로는 몸의 전혀 다른 부위인 꼬리와 연결된 감각뉴런들로 이루어진다. 매개회로의 뉴런들이 활성화되면 '같은 시냅스 세기 변화'가 일어난다. 습관화가 그런 경우다. 즉, 아가미 움츠림 반사를 통제하는 감각뉴런과 운동뉴런은 반복된 감각 자극에 대한 직접적 반응으로 반복해서 특정 패턴으로 점화한다. 다른 한편, 조절회로의 뉴런들이 활성화되면 '다른 시냅스 세기 변화'가 일어난다. 민감화가 그런 경우다. 즉, 꼬리에 가해진 강력한 자극이 매개 뉴런들의 시냅스 전달 세기를 통제하는 조절회로를 활성화한다.

훗날 우리는 고전적 조건화가 같은 시냅스 변화와 다른 시냅스 변화를 모두 동원한다는 것을 발견했다. 민감화와 고전적 조건화의 관계에 대한 우리의 연구는 심지어 학습이란, 마치 우리가 알파벳으로 단어를 만드는 것처럼 다양한 기초적인 형태의 시냅스 가소성을 조합하여 더 복잡한 형태의 시냅스 가소성을 만드는 일이라는 것을 시사한다.

이제 나는 동물의 뇌에서 화학적 시냅스가 전기적 시냅스보다 월등히 많은 것은 다양한 형태의 학습과 기억 저장을 매개하는 데 화학적 전달이 전기적 전달에 비해 근본적으로 유리하기 때문일 것이라는 점을 깨닫기 시작했다. 이런 관점에서 보니, 아가미 움츠림 회로에 있는 감각뉴런과 운동뉴런 사이의 시냅스들은 다양한 유형의 학습에 참여하도록 진화했고, 그래서 학습에서 아무 역할도 하지 않는 시냅스들보다 훨씬 더 쉽게 변한다는 것을 명확히 이해할 수 있었다. 우리의 연구는 학습에 의해 교정된 회로에서 시냅스들은 비교적 적은 양의 훈련만으로도 크고 지속적인 세기 변화를 겪을 수 있다는 점을 극적으로 보여 주었다.

기억의 근본적인 특징 중 하나는 기억이 여러 단계를 거쳐 형성된다는 것이다. 단기기억은 몇 분 동안 지속하는 반면, 장기기억은 며칠 혹은 그보다 더 오랫동안 지속한다. 행동학적 실험들은 단기기억이 자연적으로 장기기억으로 전환되며, 그 전환은 반복에 의해 일어난다는 것을 보여 준다. 역시나 완벽해지려면 연습을 해야 한다.

어떻게 연습은 완벽함을 만드는 것일까? 어떻게 연습이 단기기억을 영속적이고 자족적인 장기기억으로 변환하는 것일까? 그 과정은 동일한 자리—감각세포와 운동세포 사이의 연결—에서 일어나는 것일까, 아니면 새로운 자리가 필요할까? 이제 우리는 이런 질문들에 대답할 준비를 갖추었다.

이 시기에 과학은 다시 한 번 나의 정신을 온통 빼앗았고, 나는 다른 활동을 할 겨를이 없었다. 그러나 군소에게 온 마음을 바치고 있던 내게

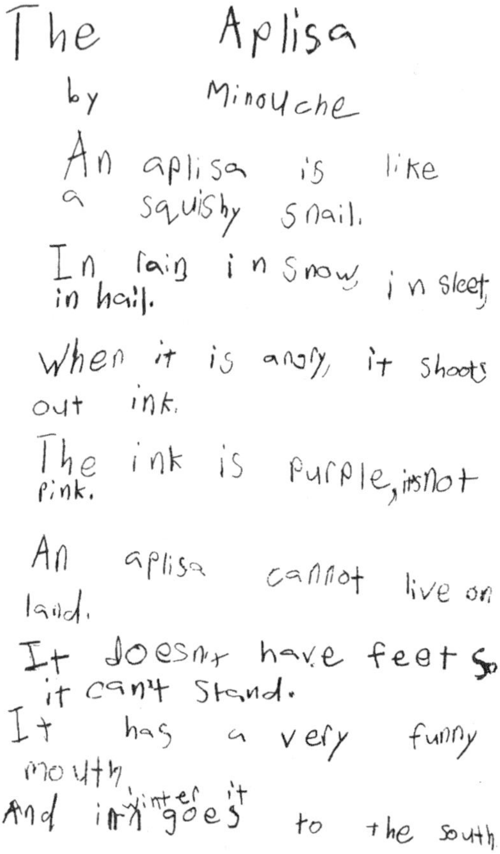
The Aplisa
by Minouche
An aplisa is like a squishy snail.
In rain in snow, in sleet, in hail.
When it is angry, it shoots out ink.
The ink is purple, its not pink.
An aplisa cannot live on land.
It doesnt have feet so it can't stand.
It has a very funny mouth.
And in winter it goes to the south

(출처: *Behavioral Biology of Aplysia*, E. R. Kandel, W. H. Freeman and Company. 1979.)

예기치 않은 동맹군이 나타났다. 내 딸 미누슈였다. 1970년에 다섯 살이 되어 읽기를 시작한 미누슈는 우리 집 거실에 있는 멋진 그림책인 『라루스 동물 백과사전(Larousse Encyclopedia of Animal Life)』에 나온 군소의 사진을 우연히 보았다. 미누슈는 그 사진이 그냥 좋았고, 사진을 가리키며 “군도, 군도(Aplisa)”(다섯 살짜리 미누슈는 Aplysia를 제대로 발음하지 못하고 Aplisa로 발음했던 모양이다. 아쉬운 대로 혀 짧은 아이의 소리로 ‘군도’라고 번역했다 – 옮긴이) 하고 앵무새처럼 웅얼거리곤 했다. 2년 뒤에 일곱 살이 된 미누슈는 나의 마흔세 살 생일을 기념하여 다음의 시를 지었다.

군도(Aplisa)

－미누슈

군도는 질퍽거리는 달팽이 같다.
비 속에, 눈 속에, 진눈깨비 속에
우박 속에.
화가 나면, 먹물을 쏜다.
그 먹물은 자주색, 분홍색 아니다.
군도는 땅 위에서 살지 못한다.
발이 없어 일어설 수 없다.
입이 아주 재밌게 생겼다.
그리고 겨울엔 남쪽으로 간다.

미누슈가 다 말해 버렸다. 나보다 훨씬 낫다.

15.

개체성의 생물학적 토대

나는 군소 연구를 통해 행동의 변화는 그 행동을 산출하는 뉴런들 간 시냅스 세기의 변화를 동반한다는 것을 배웠다. 그러나 나의 연구는 어떻게 단기기억이 장기기억으로 변환되는가에 대하여 아무것도 알려 주지 않았다. 심지어 장기기억의 세포적 메커니즘에 대하여 알려진 바도 전혀 없었다.

학습과 기억에 대한 내 초기 연구의 토대는 행동주의자들이 채택한 학습 패러다임이었다. 행동주의자들은 지식이 어떻게 획득되고 단기기억으로 저장되는가에 주로 집중했다. 그들은 장기기억에 별다른 관심이 없었다. 장기기억에 대한 관심은 인지심리학의 선구자들에 의해 이루어진 인간의 기억에 대한 연구에서 비롯되었다.

에드워드 손다이크가 컬럼비아 대학에서 실험동물로 학습 연구를 시작하기 10년 전인 1885년, 독일 철학자 헤르만 에빙하우스(Hermann Ebbinghaus)는 인간의 기억에 대한 분석을 내성적(內省的)인 연구에서 실험과학으로 바꿔 놓았다. 그는 지각에 대한 연구에 엄밀한 기법들을 도입한 세 명의 과학자—생리학자 에른스트 베버(Ernst Weber), 물리학자 구스타프 페히너(Gustav Fechner)와 헤르만 헬름홀츠—에게서 영향을 받았다. 예컨대 헬름홀츠는 피부의 촉감이 얼마나 빠르게 뇌로 이동하는지 측정했다. 당시에 일반적인 생각은 신경을 통한 전달이 광속에 버금갈 정도로 빨라서 측정할 수 없다는 것이었다. 그러나 헬름홀츠는 그 속도가 초속 약 27미터라는 것을 발견했다. 더 나아가 피실험자가 자극에 반응하는 데 걸리는 시간—반응 시간—은 그보다 훨씬 더 길었다. 이 때문에 헬름홀츠는 뇌의 지각 정보 처리의 상당량은 무의식적으로 이루어진다고 주장했다. 그는 그 처리를 '무의식적 추론(unconscious inference)'으로 명명했고, 그 처리가 신경 신호를 의식적인 자각 없이 평가하고 변환하는 활동에 기초를 둔다고 주장했다. 지각과 자발적 운동 중에 신호들이 움직이고 여러 위치에서 처리되는 것에서 이른바 무의식적 추론이 비롯된다는 것이었다.

헬름홀츠와 마찬가지로 에빙하우스도 정신 과정은 본성상 생물학적이며 물리학이나 화학과 같은 엄밀한 과학을 통해 이해할 수 있다는 입장을 취했다. 예컨대 반응을 일으키는 데 쓰인 감각 자극이 객관적이고 정량적인 한에서 지각은 경험적으로 연구될 수 있다. 에빙하우스는 그와 유사한 실험적 접근법으로 기억을 연구하겠다는 생각을 품었다. 그가 기억을 측정하기 위해 고안한 기법들은 오늘날에도 쓰인다.

어떻게 새 정보가 기억되는가에 관한 실험들을 고안할 때 에빙하우스는 자신이 연구하는 사람들이 이미 학습한 연결들에 의지하지 않고서 새 연결을 형성하게 만들 필요가 있었다. 그는 피실험자가 무의미한 단어들을 학습하게 만들기로 하고, 두 개의 자음과 그 사이의 모음 한 개로 이루어진 무의미한 단어들(RAX, PAF, WUX, CAZ 등)을 고안했다. 그 각각의 단어는 무의미하므로, 학습자가 이미 지닌 연결망에 들어맞지 않는다. 에빙하우스는 그런 단어를 약 2,000개 고안하여 카드에 한 단어씩 적어 섞은 다음, 무작위로 몇 장을 뽑아 일곱 개에서 36개의 무의미한 단어들로 이루어진 목록을 만들었다. 그 목록들을 암기하는 고된 과제에 직면한 그는 파리로 가서 아름다운 도시의 지붕들이 굽어보이는 다락방을 세냈다. 거기에서 그는 분당 50단어의 속도로 소리 내어 읽는 방법으로 각각의 목록을 암기했다. 데니스가 말하곤 했듯이, "파리가 아닌 다른 곳에서는 그런 지루한 실험을 한다는 생각조차 못했을 것이다."

자기 자신을 피실험자로 삼은 그 실험에서 에빙하우스는 두 가지 원리를 얻었다. 첫째, 그는 기억이 점진적으로 향상된다는 것을 발견했다. 다시 말해서, 연습은 완벽함을 만든다. 첫날 훈련을 반복한 횟수와 이튿날 기억한 단어의 개수 사이에 비례관계가 성립했다. 그러므로 장기기억은 단지 단기기억의 확장인 것처럼 보였다. 둘째, 단기기억과 장기기억은 메커니즘이 외견상 유사함에도 불구하고, 예닐곱 단어는 한 번의 훈련만으로 학습하고 기억할 수 있는 반면, 더 긴 목록은 반복적인 훈련이 필요하다는 점을 에빙하우스는 깨달았다.

다음으로 그는 망각 곡선을 그렸다. 그는 여러 목록을 학습한 이후 다양한 시점에 처음 학습할 때만큼 정확하게 각각의 목록을 다시 학습하려면 얼마나 긴 시간이 걸리는지 실험했다. 그는 시간이 절약된다는 것을 발견했다. 즉, 과거에 학습한 목록을 재학습할 때는 처음에 학습할 때보다 시간도 덜 걸리고 훈련 횟수도 줄어들었다. 가장 흥미로운 것은 망각에 최소한 두 단계가 있다는 점이었다. 학습 이후 한 시간 동안 가장 급격한 기억 감퇴가 일어나고, 그다음에는 약 한 달 동안 계속되는 훨씬 더 점진적인 감퇴가 일어났다.

1890년에 윌리엄 제임스는 에빙하우스의 2단계 망각 이론과 자기 자신의 놀라운 직관에 기초하여 기억에 최소한 두 가지 서로 다른 과정이 있다는 결론을 내렸다. 그 하나는 제임스 자신이 '1차 기억'으로 명명한 단기 과정이고, 다른 하나는 그가 '2차 기억'으로 명명한 장기 과정이었다. 그가 장기기억을 2차 기억으로 명명한 까닭은 그 기억은 일차적인 학습 이후 어느 정도 시간이 지난 다음에 기억을 되살리는 것을 포함하기 때문이었다.

에빙하우스와 제임스의 뒤를 이은 심리학자들은 장기기억에 대한 이해의 다음 단계는 그것이 어떻게 확고해지는가를 아는 것이라는 점을 점차 분명하게 깨달았다. 다시 말해 오늘날 고착화(consolidation)라 부르는 과정을 이해하는 것이 그들의 과제가 되었다. 기억이 지속되려면, 입력 정보가 철저하고 심도 있게 처리되어야 한다. 따라서 그 정보에 주의를 집중하고 그것을 이미 잘 정착된 지식과 체계적으로 의미 있게 연결해야 한다.

새로 저장된 정보가 장기 저장을 위해 더 안정화된다는 것에 대한 최초의 단서는 1900년에 독일 심리학자 게오르크 뮐러(Georg Müller)와 알폰스 필체커(Alfons Pilzecker)에 의해 확보되었다. 그들은 에빙하우스의 기법들을 이용하여 일군의 자원자들에게 무의미한 단어의 목록을 24시간 후에도 기억할 수 있도록 충분히 학습하게 했다. 자원자들은 그 학습을 쉽게 해냈다. 그다음에는 두 번째 군에게도 그와 동일한 목록을 주어 학습하게 했다. 하지만 두 번째 군에게는 첫 번째 목록을 학습한 직후에 추가로 또 하나의 목록을 학습하게 했다. 그러자 두 번째 군의 자원자들은 24시간 후에 첫 번째 목록을 기억하는 데 실패했다. 반면에 첫 번째 목록을 학습하고 두 시간이 지난 뒤에 두 번째 목록을 학습한 세 번째 군은 24시간 후에 첫 번째 목록을 기억하는 데 거의 어려움이 없었다. 이 결과는 훈련 직후, 즉 첫 번째 목록이 단기기억에, 그리고 어쩌면 장기기억의 초기 단계에까지 위치한 시기에는 기억이 아직 와해되기 쉽다는 것을 시사했다. 장기기억이 고정되려면, 혹은 고착되려면 얼마간의 시간이 필요한 것 같았다. 한두 시간 동안 고착된 기억은 상당한 시간 동안 안정을 유지하며 덜 쉽게 와해된다.

기억의 고착화 이론은 두 가지 임상 관찰에 의해 뒷받침된다. 첫째, 머리의 부상이나 충격은 역행성 건망증(retrograde amnesia)이라는 기억상실을 일으킬 수 있다는 사실이 19세기 말에 밝혀졌다. 예컨대 5라운드에 머리를 얻어맞고 뇌진탕을 일으킨 권투 선수는 대개 경기에 출전한 것까지 기억할 뿐, 그다음의 일은 모조리 잊어버린다. 그 한 방을 얻어맞기 전에 그의 단기기억에는 당연히 여러 사건들이 입력되었을 것이다. 예컨대 링에 들어설 때의 흥분, 처음 4라운드 동안 상대 선수의 움직임, 심지어 날아오던 그 한 방의 주먹과 그것을 피하려던 노력이 입력되었을 것이다. 그러나 그 기억들이 고착되기 전에 뇌에 충격이 가해졌고, 그래서 그것들은 와해된 것이다. 두 번째 임상 관찰은 간질 발작에 흔히 뒤따르는 역행성 건망증이다. 간질 환자들은 발작 직전에 있었던 사건들을 기억하지 못한다. 발작은 그 이전 사건들에 대한 기억에 아무 영향을 미치지 않는데도 말이다. 이는 초기의 기억 저장이 역동적이고 와해되기 쉽다는 것을 시사한다.

기억의 고착화에 대한 최초의 엄밀한 실험은 1949년에 미국 심리학자 C. P. 덩컨(Duncan)에 의해 이루어졌다. 그는 학습 중이나 직후에 동물의 뇌에 전기 자극을 가하여 경련을 일으킴으로써 기억을 와해하고 역행성 건망증을 일으켰다. 훈련 후 여러 시간이 지난 다음에 발작을 일으키면, 동물이 기억을 되살리는 데 거의 혹은 전혀 지장이 없었다. 그로부터 거의 20년 후에 펜실베이니아 대학의 루이스 플렉스너(Louis Flexner)는 뇌 속의 단백질 합성을 억제하는 약물들을 학습 중이나 직후에 투여하면 장기기억은 붕괴되고 단기기억은 붕괴되지 않는다는 사실을 발견했다. 이 발견은 장기기억 저장이 새로운 단백질의 합성을 필요로 한다는 것을 시사했다. 이 두 연구를 종합해 볼 때, 기억 저장은 적어도 두 단계로 일어난다는 것이 입증된 것 같았다. 즉, 몇 분 동안 지속하는 단기기억이 새로운 단백질의 합성을 필요로 하는 고착화 과정에 의해 며칠이나 몇 주, 또는 더 오래 지속하는 장기기억으로 전환된다는 사실이 입증된 듯했다.

곧 다양한 2단계 기억 모델이 제안되었다. 한 견해에 따르면, 단기기억과 장기기억은 해부학적으로 서로 다른 위치에서 일어난다. 반면에 일부

심리학자들은 기억이 한 장소에 위치하며 단지 시간이 흐르면서 점진적으로 강력해진다고 주장했다. 단기기억과 장기기억이 별개의 두 장소를 필요로 하는가, 아니면 한 위치에 자리 잡을 수 있는가 하는 질문은 학습의 분석에서 결정적으로 중요하다. 특히 기억을 세포 수준에서 분석할 때 그러하다. 또 확실히 이 질문은 행동학적 분석만으로는 해결할 수 없고 세포학적 분석을 필요로 한다. 군소를 연구하고 있던 우리는 이 질문에 도전할 자격이 있었다. 단기기억과 장기기억은 동일한 신경 과정인가 아니면 별개의 신경과정인가, 그리고 동일한 장소에서 일어나는가 아니면 별개의 장소에서 일어나는가, 하는 질문에 말이다.

커루와 나는 훈련을 반복하면 습관화와 민감화—가장 단순한 학습 형태들—가 장기간 유지될 수 있음을 1971년에 발견했었다. 따라서 그 두 학습을 장기기억과 단기기억의 차이를 검사하는 데 유용하게 쓸 수 있을 것이었다. 결국 우리는 군소에서 장기 민감화에 동반되는 세포적 변화가 포유류 뇌에서 장기기억의 기저에 놓인 변화와 유사하다는 것을 발견했다. 즉, 장기기억은 새 단백질의 합성을 필요로 했다.

우리는 단순한 형태의 장기기억이 단기기억과 동일한 자리—동일한 뉴런 집단과 동일한 시냅스들—를 사용하는지 여부를 알고 싶었다. 브렌다 밀너의 H.M.에 대한 연구로부터 나는 사람에게서 복잡하고 외현적인 장기기억—며칠에서 몇 년 동안 지속하는 기억—은 피질뿐 아니라 해마도 필요로 한다는 것을 알고 있었다. 하지만 더 단순하고 암묵적인 기억은 어떨까? 커루와 카스텔루치, 그리고 나는 단기 습관화와 민감화에서 변화를 겪은 감각뉴런과 운동뉴런 사이의 시냅스 연결들이 장기 습관화와 민감화에서도 변화를 겪는다는 것을 발견했다. 더 나아가 그 두 경우 모두에서 시냅스 변화는 우리가 관찰한 행동 변화를 동반했다. 장기 습관화에서 시냅스는 몇 주 동안 약화된 반면, 장기 민감화에서는 몇 주 동안 강화되었다. 이 발견은, 가장 단순한 사례들에서는 동일한 자리가 상이한 형태의 학습에 의해 단기기억과 장기기억을 모두 저장할 수 있음을 시사했다.

이제 메커니즘에 대한 질문이 떠올랐다. 단기기억과 장기기억의 메커니즘은 동일할까? 만일 그렇다면, 장기기억이 고착되는 과정의 본성은 무엇일까? 장기기억 저장에 동반되는 장기 시냅스 변화는 단백질 합성을 필요로 할까?

나는 한동안 장기기억은 해부학적 변화에 의해 고착될 것이라고 생각했다. 그런 변화를 위해 새 단백질이 필요한 것이라고 생각했다. 우리가 곧 기억 저장의 구조를 분석하게 되리라고 나는 예감했다. 1973년에 나는 단기기억에서 장기기억으로의 이행에 동반되는 구조적 변화를 탐구하기 위해 유능하고 창조적인 젊은 세포생물학자 크레이그 베일리(Craig Bailey)를 영입하는 데 성공했다.

베일리와 그의 동료 메리 첸(Mary Chen), 그리고 커루와 나는 장기기억이 단지 단기기억의 확장에 불과하지 않다는 것을 발견했다. 장기기억이 고착되면, 시냅스 세기의 변화가 더 오래 지속될 뿐 아니라 놀랍게도 회로 속 시냅스들의 개수도 달라진다. 구체적으로 장기 습관화에서 감각뉴런과 운동뉴런 사이 시냅스전 연결의 개수는 줄어드는 반면, 장기 민감화에서는 감각뉴런들이 기억이 유지되는 동안 지속되는 새 연결들을 형성한다. 또 각각의 경우에 운동세포에서도 유사한 변화가 일어난다.

이 해부학적 변화는 여러 방식으로 표출된다. 베일리와 첸은 단일한 감각뉴런이 대략 1,300개의 시냅스전 말단을 가지고서 25개의 표적 세포—운동뉴런, 흥분 중간뉴런, 억제 중간뉴런—와 접촉한다는 것을 발견했다. 그 1,300개의 시냅스전 말단 중에서 활동적인 시냅스를 가진 것은 40퍼센트에 불과하고, 그 시냅스들만 신경전달물질 방출을 위한 장치를 가진다. 나머지 말단들은 안정 상태다. 장기 민감화에서 시냅스 말단의 개수는 두 배 이상(1,300개에서 2,700개로) 증가하고, 활동 시냅스의 비율은 40퍼센트에서 60퍼센트로 향상된다. 그뿐 아니라 운동뉴런도 추가로 돌기를 뻗어 새 연결들을 수용한다. 시간이 지나 기억이 퇴색하고 강화되었던 반응이 정상화되면, 시냅스전 말단의 개수는 2,700개에서 약 1,500개로 줄어 원래보다 약간 많은 상태가 된다. 이 잔여 증가량은 동물이 어떤 과제를 배울 때 처음보다 두 번째에 더 쉽게 배우는 까닭인 것으로 보인다. 다른 한편, 장기 습관화에서 시냅스전 말단의 개수는 1,300개에서 약 850개로 떨어지고, 활동 말단의 개수는 500개에서 약 100개로 감소한다. 이는 시냅스 전달이 거의 완전히 차단된다는 것을 의미한다.

이렇게 군소에서 우리는 뇌 속 시냅스의 개수가 고정적이지 않다는 것을 최초로 확인할 수 있었다. 그 개수는 학습에 의해 바뀐다. 더 나아가 장기기억은 해부학적 변화가 유지되는 만큼 지속된다.

이 연구들은 기억 저장에 관한 두 경쟁 이론에 대한 명확한 통찰을 최초로 제공했다. 그 두 이론은 상이한 방식으로 둘 다 옳았다. '한 과정 이론(one-process theory)'이 주장한 대로, 습관화와 민감화에서는 동일한 자리가 단기기억과 장기기억을 모두 발생시킬 수 있다. 그뿐 아니라 단기기억과 장기기억은 둘 다 시냅스 세기의 변화를 동반한다. 그러나 '두 과정 이론(two-process theory)'이 주장한 대로, 단기 변화와 장기 변화의 메커니즘은 근본적으로 다르다. 단기기억은 시냅스 기능의 변화를 일으켜 기존 연결들을 강화하거나 약화한다. 반면에 장기기억은 해부학적 변화를 필요로 한다. 반복된 민감화 훈련은 뉴런들이 새 말단들을 뻗도록 만들고 장기기억이 발생하게 만드는 반면, 반복된 습관화 훈련은 뉴런들이 기존 말단들을 움츠리게 만든다. 이렇게 학습은 근본적인 구조적 변화를 산출함으로써 비활동 시냅스를 활동 시냅스로, 또는 활동 시냅스를 비활동 시냅스로 만들 수 있다.

기억이 유용하려면 되살릴 수 있어야 한다. 기억 되살림은 동물이 자기의 학습 경험과 연결할 수 있는 적절한 단서를 제공받는가에 달려 있다. 그 단서는 습관화와 민감화와 고전적 조건화에서의 감각 자극처럼 외적인 것일 수도 있고, 충동이나 관념에 의해 촉발된 내적인 것일 수도 있다. 군소의 아가미 움츠림 반사에서 기억 되살림을 위한 단서는 외적이다. 즉 반사를 유발하는 수관 건드림이다. 그 자극의 기억을 되살리는 뉴런들은 처음에 활성화되었던 것들과 동일한 감각뉴런과 운동뉴런들이다. 그러나 그 뉴런들 사이 시냅스 연결의 강도와 개수가 학습에 의해 달라졌기 때문에, 수관 건드림에 의해 산출되는 활동전위는 시냅스전 말단들에 도달하여 시냅스의 새로운 상태를 '읽어내고(read out)', 기억 되살림은 더 강력한 반응을 일으킨다.

단기기억에서나 장기기억에서나 변화한 시냅스 연결은 신경 회로를 재설정하기에 충분할 만큼 많을 수도 있다. 그러나 장기기억에서는 시냅스의 변화가 해부학적이다. 예컨대 훈련 이전에, 군소의 감각뉴런에 가한 자극은 아가미로 이어진 운동뉴런들이 활동전위를 점화할 만큼 강하면서 색소샘으로 연결된 운동뉴런들이 활동전위를 점화할 만큼 강하지는 않을 수 있다. 훈련은 감각뉴런과 아가미로 이어진 운동뉴런 사이의 시냅스들만 강화하는 것이 아니라 감각뉴런과 색소샘으로 이어진 운동뉴런 사이의 시냅스들도 강화한다. 훈련 후에 자극을 받은 감각뉴런은 강화된 반응의 기억을 되살리고, 아가미 운동뉴런과 색소샘 운동뉴런이 모두 활동전위를 점화하게 만든다. 따라서 아가미 움츠림뿐 아니라 색소 방출도 일어난다. 그렇게 군소의 행동 형태가 달라지는 것이다. 훈련은 행동의 크기—아가미 움츠림의 폭—만 변화시키는 것이 아니라 군소의 행동 목록도 변화시킨다.

군소의 뇌가 경험에 의해 물리적으로 변화한다는 것을 보여 준 우리의 연구는 자연스럽게 다음의 질문으로 이어졌다. 경험은 영장류의 뇌를 변화시킬까? 경험은 인간의 뇌를 변화시킬까?

1950년대에 내가 의과대학에 다닐 때, 우리는 웨이드 마셜이 발견한 체감각피질 지도가 고정적이며 평생 바뀌지 않는다고 배웠다. 지금 우리는 그 생각이

틀렸다는 것을 안다. 그 지도는 경험에 의해 끊임없이 교정된다. 이 점과 관련하여 특히 교훈적인 연구 두 건이 1990년대에 이루어졌다.

첫째, 샌프란시스코 소재 캘리포니아 대학의 마이클 머제니치(Michael Merzenich)는 피질 지도의 세부가 개별 원숭이에 따라 상당히 다르다는 것을 발견했다. 예컨대 어떤 원숭이는 다른 원숭이보다 손을 대표하는 영역이 훨씬 더 넓었다. 머제니치의 초기 연구는 경험의 영향과 유전의 영향을 분리하지 않았고, 따라서 대표 영역의 차이를 유전적으로 확정하는 것이 가능했다.

그 후에 머제니치는 유전자와 경험의 상대적인 기여를 알아내기 위한 실험을 추가로 했다. 그는 원숭이들이 가운데 손가락 세 개로 회전하는 원반을 건드려 먹이를 얻도록 훈련했다. 그렇게 여러 달이 지나자 가운데 손가락들—특히 원반을 건드릴 때 쓰는 손가락 끝들—에 할당된 피질 영역이 대폭 확장되었다. 또 가운데 손가락들의 촉각도 향상되었다. 다른 연구들은 색이나 형태를 시각적으로 구별하는 훈련도 뇌의 해부학을 변화시키고 지각 솜씨를 향상시킨다는 것을 보여 주었다.

둘째, 독일 콘스탄츠의 토마스 에베르트(Thomas Ebert)와 그 동료들은 바이올린 연주자와 첼로 연주자의 뇌 영상과 비(非)음악가들의 뇌 영상을 비교했다. 현악기 연주자들은 왼손의 네 손가락을 이용하여 현의 소리를 조절한다. 활을 움직이는 오른손의 손가락들은 그런 특별한 운동을 하지 않는다. 에베르트는 오른손 손가락들에 할당된 피질 영역은 현악기 연주자와 비음악가가 다르지 않은 반면, 왼손 손가락들에 할당된 영역은 현악기 연주자가 비음악가보다 훨씬 더—무려 다섯 배나—크다는 것을 발견했다. 더 나아가 악기 연주를 열세 살 이전에 시작한 음악가들은 그 후에 시작한 음악가보다 왼손 손가락에 할당된 영역이 더 넓었다.

학습의 결과로 피질 지도에 생긴 이 같은 극적인 변화는 우리의 군소 연구가 밝혀낸 해부학적 변화의 확장이었다. 한 신체 부위가 피질에 표상되는 정도는 그 부위가 사용되는 정도와 복잡성에 달려 있다. 또 에베르트의 연구가 보여 주었듯이, 그 같은 뇌의 구조 변화는 생애의 이른 시기에 더 쉽게 일어난다. 예컨대 볼프강 아마데우스 모차르트 같은 위대한 음악가가 그토록 위대한 것은 단지 훌륭한 유전자 때문만이 아니라(물론 유전자도 도움을 주지만) 더 유연한 뇌를 가졌던 어린 시절에 음악 솜씨를 익히기 시작했기 때문이다.

더 나아가 우리의 군소 연구는 신경계의 가소성—신경세포들이 시냅스의 세기와 개수를 바꾸는 능력—이 학습과 장기기억의 기저에 있는 메커니즘이라는 것을 보여 주었다. 결론적으로 사람들은 각자 다른 환경에서 성장하고 다른 경험을 하므로, 각 개인의 뇌 구조는 유일무이하다. 심지어 동일한 유전자를 가진 일란성쌍둥이도 삶의 경험이 다르기 때문에 뇌가 다르다. 이로써 원래 단순한 달팽이에 대한 연구에서 나온 세포생물학의 원리가 인간 개체성의 생물학적 토대에 근본적인 기여를 하게 되었다.

단기기억은 기능적 변화에서 비롯되고, 장기기억은 해부학적 변화에서 비롯된다는 우리의 발견은 더 많은 질문을 낳았다. 기억 고착화의 정체는 무엇일까? 왜 그 과정은 새 단백질의 합성을 필요로 할까? 이 질문들에 답하려면 세포 속으로 들어가 세포의 분자적 구조를 연구해야 할 것이었다. 나와 동료들은 그 작업을 할 준비가 되어 있었다.

바로 그 시점에 우리는 벼락같은 소식을 들었다. 1973년 가을, 내 가장 좋은 친구이자 뉴욕 대학 신경생물학 및 행동 분과 공동 창립자인 앨든 스펜서는 팔에 힘이 없어서 테니스 시합을 하는 데 지장이 있다고 투덜거리기 시작했다. 몇 달 지나지 않아 그는 근위축성측삭경화증(ALS, 또는 루게릭병) 진단을 받았다. 예외 없이 치명적인 결과로 이어지는 병이었다. 미국 최고의 신경과 의사 중 한 명으로부터 이 진단을 받은 앨든은 의기소침해졌고 일주일 안에 사망하리라 생각하고서 마음의 준비를 했다. 그러나 그는 팔꿈치에 관절염도 있었다. 그건 ALS 환자에게 흔히 있는 질환이 아니었다. 그러므로 나는 앨든에게 류머티즘 전문의의 진료를 받아 보라고 조언했다.

앨든이 찾아간 아주 훌륭한 의사는 그가 ALS에 걸린 것이 아니라 홍반성낭창(lupus erythematosus)과 결부된 결합조직장애(일종의 콜라겐 질환)를 가진 것이라고 확언했다. 훨씬 더 낙관적인 진단을 들은 앨든은 기분이 한결 나아졌다. 몇 달 후에 그가 다시 원래의 신경과 의사를 만났을 때, 그 의사는 관절염과 상관없이 ALS에 걸린 것이 확실하다고 말했다. 그 즉시 앨든의 기분은 바닥으로 추락했다.

나는 그 신경과 의사를 찾아가 앨든이 ALS 진단을 받아들이는 데 어려움을 겪는 것이 분명하니 앨든을 돕기 위해 그에게 희망적인 말을 해줄 수 없겠느냐고 물었다. 철저히 예의 바르고 조심스러운 인물인 그 의사는 그건 앨든을 속이는 일이고 그에게 부당한 처사이므로 그렇게 할 수 없다고 고집했다. "미안하지만 난 앨든에게 해줄 게 없습니다. 그는 내게 올 필요가 없고 오지 말아야 합니다. 그가 계속 류머티즘 전문의의 진료를 받게 하십시오" 하고 그는 말했다.

나는 이 이야기를 앨든과 그의 아내 다이앤에게 따로따로 전했다. 두 사람 모두 그 의사의 생각이 옳다고 판단했다. 다이앤은 앨든이 ALS 진단을 직시하기를 원치 않는다고 확신했다.

그 후 2년 반 동안 앨든은 천천히, 그러나 멈추지 않고 미끄러져 내려갔다. 그는 처음에 지팡이를 쓰다가 나중에는 휠체어를 타고 돌아다녔다. 그러나 줄기차게 실험실에 출근해 과학을 했다. 심지어 강의를 하는 것조차 어려워졌지만, 그는 비록 몇 명 안 되는 학생들에게라도 가르치는 일을 중단하지 않았다. 우리 연구팀에서 그의 병을 제대로 아는 사람은 나밖에 없었고, 그가 특별한 종류의 관절염에 걸린 것이 아니라고 생각한 사람은 아무도 없었다. 적어도 그런 생각을 인정한 사람은 아무도 없었다. 앨든은 계속 운동을 했고, 집 근처의 장애인 수영장에서 정기적으로 특수 수영을 했다. 죽기 전 날인 1977년 11월, 그는 자기 실험실에서 감각 과정에 관한 토론에 참여했다.

앨든의 죽음은 우리 모두에게 개인적인 충격이었고, 끈끈한 정으로 맺어진 우리 팀에는 재앙이었다. 우리는 약 20년 동안 거의 매일 대화를 나누었기 때문에, 앨든이 죽고 오랜 세월이 지난 뒤에도 내 일과의 리듬은 그의 부재 때문에 삐걱거렸다. 지금도 나는 자주 앨든 생각을 한다.

나만 그런 것이 아니었다. 모든 사람이 앨든의 자기 비하적인 유머와 겸손함, 한없는 자비로움, 끝없는 창의성을 사랑했다. 우리는 그를 기리기 위해 1978년에 앨든 스펜서 강좌 및 상(Alden Spencer Lectureship and Award)을 제정했다. 그 상은 매년 아직 전성기를 앞둔 50세 미만의 훌륭한 과학자에게 주어진다. 수상자는 컬럼비아 신경생물학 및 행동 센터 전원—교수단, 대학원생, 박사후 연구원, 교수—에 의해 선정된다.

앨든이 죽은 후의 세월은 생산적이었고 따라서 외부에서 보기에 조화로운 듯했지만, 개인적으로 나는 그 몇 년이 매우 고통스러웠다. 앨든이 죽은 직후 같은 해에 내 아버지가 죽었고, 1981년에는 형이 죽었다. 나는 그 세 번의 죽음에 깊이 관여했고, 심리적으로 낙담했을 뿐 아니라 육체적으로도 고갈되었다. 나는 내 일에 열심히 집중함으로써 얻을 수 있었던 평온을 항상 고맙게 여겼다. 이 시기에 나의 도전적인 연구와 거기에서 얻은 놀라운 통찰은 되돌릴 수 없는 상실로 점철된 고통스러운 현실에서 벗어날 수 있게 해준 정말 고마운 도피처였다.

이 힘든 시기는 아들 폴이 대학 공부를 위해 1979년에 내 곁을 떠났기 때문에 더욱 고통스러웠다. 폴이 일곱 살 때, 나는 녀석에게 체스와 테니스를 배우라고 부추겼다. 녀석은 곧 둘 다 썩 잘하게 되었다. 나는 체스를 두면서 폴이 졸(卒)과 기사와 장군에 관심을 갖게 만들었다. 그러나 나는 테니스를 치지 않았다. 그래서 서른아홉의 나이에 테니스를 배우기 시작했고, 얼마 후 평범하지만 매우 즐거운 경기를 할 수 있게 되었다. 나는 지금도 정기적으로 테니스를 친다. 폴은 테니스를 처음 칠 때부터 나와 정기적으로 경기를 하는 파트너였다. 고등학교 졸업반이 되었을 때 그는 매우 훌륭한 선수였으며, 내 유일한 파트너였다. 그가 떠남으로써 나는 아들을 잃었을 뿐 아니라 테니스와 체스 파트너를 잃었다. 내가 욥(Job, 구약성서에 나오는 인물. 인고와 독신의 전형 – 옮긴이)처럼 느껴지기 시작했다.

16.

분자와 단기기억

해리 그런드페스트가 내게 뇌를 한 번에 세포 하나씩 연구할 필요가 있다고 말한 지 20년 후인 1975년에 동료들과 나는 기억의 세포학적 토대를 탐구하기 시작했다. 사람은 다른 사람들과의 만남, 자연의 경치, 강의, 의사의 진단을 어떻게 평생 기억할 수 있을까? 우리는 기억이 신경 회로 속 시냅스들의 변화에서 비롯된다는 것을 알았다. 단기기억은 기능 변화에서, 장기기억은 구조 변화에서 비롯된다는 것을 말이다. 이제 우리는 기억의 신비 속으로 더 깊이 파고들고 싶었다. 우리는 정신 과정의 분자생물학으로 진입하여 정확히 어떤 분자들이 단기기억을 일으키는지 알고 싶었다. 우리는 아무도 가보지 않은 지역으로 들어가고 있었다.

나는 군소가 기억 저장의 분자적 토대를 탐구하기 위해 대상으로 삼을 수 있는 단순한 시스템이라는 것을 점점 더 확신했다. 그 확신 때문에 우리는 덜 머뭇거리고 여행길에 오를 수 있었다. 우리는 군소 신경계 속 시냅스 연결들의 미로에 진입하여 아가미 움츠림 반사의 신경 경로를 조사했고, 그 경로를 이룬 시냅스들이 학습에 의해 강화될 수 있다는 것을 보여 주었다. 우리는 말하자면 과학적 미로의 외곽 순환도로를 이미 탐험했던 것이다. 이제 우리는 그 신경 경로의 정확히 어느 곳에서 일어난 시냅스 변화가 단기기억과 연결되는지 알고 싶었다.

우리는 달팽이의 수관에서 온 건드림 정보를 전달하는 감각뉴런과 활동전위를 점화하여 아가미가 움츠러들게 만드는 운동뉴런 사이의 결정적 시냅스에 관심을 집중했다. 이제 우리는 그 시냅스를 구성하는 그 두 뉴런이 학습에 의한 시냅스 세기 변화에 어떻게 기여하는지 알고 싶었다. 감각뉴런이 자극에 대한 반응으로 변화하여 그것의 축삭돌기가 방출하는 전달물질의 양이 줄어들거나 많아지는 것일까? 혹은 운동뉴런에서 변화가 일어나 신경전달물질에 대한 수용체의 개수가 늘어나거나 민감도가 향상되는 것일까? 우리는 그 변화가 완전히 일방적이라는 것을 발견했다. 몇 분 동안 지속되는 단기 습관화 과정에서 감각뉴런은 소량의 신경전달물질을 방출하며, 단기 민감화에서는 다량의 신경전달물질을 방출한다.

우리가 나중에 알아냈지만, 그 신경전달물질은 글루타메이트다. 이것 역시 포유류 뇌 속에 있는 주요 흥분 전달물질이다. 민감화는 감각세포가 운동세포에 보내는 글루타메이트의 양을 증가시킴으로써 운동세포에 유발되는 시냅스전위를 강화하고, 따라서 그 운동뉴런이 더 쉽게 활동전위를 점화하여 아가미 움츠림을 일으키게 만든다.

감각뉴런과 운동뉴런 사이의 시냅스전위는 몇 밀리세컨드만 유지되지만, 우리는 군소의 꼬리에 가한 충격이 몇 분 동안 글루타메이트의 방출과 시냅스 전달을 강화하는 것을 관찰했다. 어떻게 이런 일이 일어날까? 이 질문에 주의를 집중한 우리는 무언가 호기심을 끄는 것을 발견했다. 감각뉴런과 운동뉴런 사이 시냅스 연결의 강화는 감각세포에서 발견되는 매우 느린 시냅스전위를 동반했다. 그 시냅스전위는 운동뉴런에 있는 전형적인 시냅스전위가 몇 밀리세컨드만 유지되는 것과 달리 몇 분 동안 유지된다. 얼마 후 우리는 군소의 꼬리에 가한 충격이 꼬리로부터 정보를 받는 또 다른 유형의 감각뉴런들을 활성화한다는 것을 발견했다. 이 꼬리 감각뉴런들은 일군의 중간뉴런들을 활성화하고, 그 중간뉴런들은 수관으로 연결된 감각뉴런에 작용한다. 우리가 발견한 매우 느린 시냅스전위는 그 중간뉴런들에 의해 산출된 것이다. 다음으로 우리는 이런 질문을 던졌다. 그 중간뉴런들은 어떤 신경전달물질을 방출할까? 이 두 번째 신경전달물질은 어떻게 더 많은 글루타메이트가 감각뉴런의 말단들에서 방출되게 하고, 그 결과로 단기기억이 저장되도록 만들까?

우리는 군소의 꼬리에 가한 충격에 의해 활성화된 중간뉴런들이 세로토닌(serotonin)이라는 신경전달물질을 방출한다는 것을 발견했다. 더 나아가 그 중간뉴런들은 감각뉴런의 세포 본체뿐 아니라 시냅스전 말단에도 시냅스를 형성하여 느린 시냅스전위를 산출할 뿐 아니라 감각세포가 운동세포로 글루타메이트를 방출하는 것도 촉진한다. 실제로 우리는 감각뉴런과 운동뉴런 사이의 시냅스에 단지 세로토닌을 투입하는 것만으로도 느린 시냅스전위와 시냅스 세기의 강화, 그리고 아가미 움츠림 반사의 강화를 시뮬레이션할 수 있었다.

우리는 세로토닌을 방출하는 그 중간뉴런들을 조절중간뉴런(modulatory interneuron)으로 명명했다. 왜냐하면 그것들은 운동을 직접 매개하지 않고, 오히려 감각뉴런과 운동뉴런 간 연결의 세기를 강화함으로써 아가미 움츠림 반사의 세기를 조절하기 때문이다.

이 발견으로 우리는 행동과 학습에 중요한 신경 회로가 두 종류라는 것을 깨달았다. 하나는 우리가 과거에 탐구한 매개회로이며, 다른 하나는 조절회로다. 당시에 우리는 조절회로에 대한 상세한 탐구를 막 시작한 것이었다(그림 16-1). 매개회로는 직접 운동을 산출하며, 따라서 칸트가 말한 선천적인 틀의 성격을 가졌다. 이 회로는 유전적으로, 발생적으로 결정된 신경의 구조다. 우리가 연구한 매개회로는 수관과 연결된 감각뉴런들과 중간뉴런들, 그리고 아가미 움츠림 반사를 통제하는 운동뉴런들로

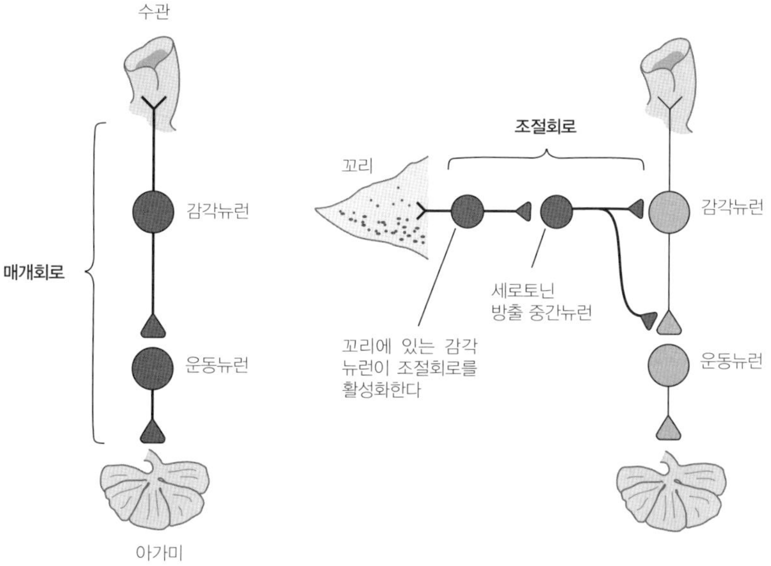

16-1 뇌 속의 두 가지 회로. 매개회로는 운동을 산출한다. 조절회로는 매개회로에 작용하여 그 속에 있는 시냅스 연결들의 세기를 조절한다.

구성된다. 학습이 일어날 때, 매개회로는 학생이 되어 새 지식을 획득한다. 반면에 조절회로는 로크의 경험론에 어울리는 성격을 가졌다. 이 회로는 선생 노릇을 한다. 행동을 산출하는 데 직접 관여하지 않는 대신에, 감각뉴런과 운동뉴런 사이 시냅스 연결의 세기를—'다른 시냅스적으로(heterosynaptically)'—조절함으로써 행동이 학습에 맞게 반응하도록 미세하게 조정한다. 수관과 전혀 다른 신체 부위인 꼬리에 가한 충격에 의해 활성화된 조절회로는 군소에게 안전을 위해 중요하니 수관에 대한 자극에 주의를 기울이라고 가르친다. 그러므로 조절회로는 본질적으로 군소가 각성하거나 안정하게 만드는 장본인이다. 나중에 보겠지만, 더 복잡한 동물에서도 이와 유사한 조절회로가 기억의 핵심 요소를 이룬다.

나는 세로토닌이 민감화를 위한 조절물질이라는 사실에 매우 놀랐다. 내가 1956년에 도미니크 퍼퓨라와 함께 한 최초의 실험들 중 일부는 세로토닌의 작용에 초점을 맞췄었다. 심지어 1956년 봄 뉴욕 의과대학 학생의 날에 나는 '구심적 피질회로에서 세로토닌과 LSD 상호작용의 전기생리학적 패턴'이라는 제목으로 짧은 강연을 하기까지 했다. 제임스 슈워츠는 친절을 베풀어 내가 강연 전에 최종 연습을 하는 것을 경청하고 연설문을 다듬는 데 도움을 주었다. 그로부터 정말 오랜 세월이 흐른 이 시점에서야 나는 삶이 순환적이라는 것을 절실히 느끼기 시작하고 있었다. 나는 거의 20년 동안 세로토닌을 연구하지 않았는데도, 이제 새로운 시각과 열정으로 처음에 탐구했던 그 물질로 돌아가고 있었던 것이다.

세로토닌이 감각뉴런의 시냅스전 말단들에서 일어나는 글루타메이트 방출을 촉진하는 조절 전달물질로 작용한다는 것을 알고 나자, 기억 저장에 대한 생화학적 분석의 길이 열렸다. 운 좋게도 나를 그 분야로 이끌고 함께 탐험할 훌륭한 길잡이가 있었다. 바로 제임스 슈워츠였다.

제임스는 뉴욕 대학으로 돌아오기 전에 록펠러 대학에서 대장균(Escherichia coli)을 연구했다. 단일한 세포로 이루어진 박테리아인 대장균은 현대 생화학과 분자생물학의 많은 근본 원리들을 밝힐 때 첫 연구 대상으로 삼은 유기체였다. 1966년에 그의 관심은 이미 군소로 이동한 뒤였고, 그는 배 신경절의 뉴런이 사용하는 화학전달물질을 기술하는 것을 연구의 출발점으로 삼았다. 1971년에 우리는 학습에 동반되는 분자적 작용을 연구하기 위해 힘을 합쳤다.

이로써 나의 생물학 공부는 두 번째 주요 단계를 맞았고, 이 단계에서 제임스는 가늠할 수 없이 큰 도움을 주었다. 우리는 몇 년 전에 생쥐와 쥐에서 장기기억은 새 단백질의 합성을 필요로 하지만 단기기억은 그렇지 않다는 것을 밝혀낸 루이스 플렉스너의 연구로부터 영향을 받았다. 단백질은 세포를 위해 온갖 일을 하는 일꾼이다. 단백질은 효소와 이온 통로, 수용체, 운반 장치를 구성한다. 우리가 발견했듯이 장기기억은 새 연결들의 성장과 관련되므로, 그 성장을 위해 새 단백질 요소들의 합성이 필요한 것은 납득할 만한 일이다.

제임스와 나는 이 생각을 군소에서 검증하되, 수관 감각뉴런과 아가미 운동뉴런 간 시냅스의 수준에서 검증하기로 했다. 만일 기억의 변화에 평행하게 시냅스 변화가 일어난다면, 우리가 이미 기술한 단기 시냅스 변화는 새 단백질 합성을 필요로 하지 않아야 한다. 실제로 우리는 정확히 그러하다는 것을 발견했다. 그렇다면 그 단기 변화는 무엇에 의해 매개되는가?

카할은 뇌가 서로 연결되어 특이한 경로들을 이룬 뉴런들로 이루어진 기관이라는 것을 보여 주었다. 나는 그 두드러진 연결 특이성을 군소의 반사 행동을 매개하는 단순한 신경 회로에서 확인했다. 그러나 제임스는 그 특이성이 분자들에까지, 즉 세포 기능의 기본 단위 노릇을 하는 원자들의 조합에까지 확장된다고 지적했다. 생화학자들은 분자들이 세포 안에서 서로 상호작용할 수 있고, 그 화학반응들은 생화학적 신호 전달 경로라는 특이한 연쇄로 조직된다는 것을 발견했다. 그 경로, 즉 화학반응들의 연쇄는 분자 형태의 정보를 세포 표면으로부터 내부로 운반한다. 이는 한 신경세포가 다른 신경세포로 정보를 운반하는 것과 유사하다. 게다가 그 경로들은 '무선(wireless)'이다. 분자들은 세포 내부에 떠다니면서 특수한 파트너 분자를 인지하고 결합하여 그것의 활동을 조절한다.

이미 동료들과 나는 내가 일찍이 품었던, 학습된 반응을 가능한 최소의 뉴런 집단 안에 가두겠다는 야심을 실현했을 뿐 아니라 단순한 기억의 한 요소를 단일 감각세포 안에 가두기까지 했다. 그러나 군소 뉴런 한 개 속에만 해도 수천 가지 단백질과 기타 분자들이 있다. 그 분자들 중에 어떤 것이 단기기억의 원인일까? 제임스와 나는 여러 가능성을 토론한 후, 꼬리에 가한 충격에 대한 반응으로 방출된 세로토닌이 감각세포 속에서 특수한 생화학반응의 연쇄가 일어나게 만듦으로써 글루타메이트의 방출을 촉진할 것이라는 생각에 초점을 맞추게 되었다.

제임스와 내가 찾는 생화학반응의 연쇄는 두 가지 근본적인 특징을 가져야 했다. 첫째, 그 연쇄는 세로토닌의 단기적인 작용을 분자들로 번역해야 하고, 그 분자 신호들은 감각뉴런 내부에 몇 분 동안 유지되어야 한다. 둘째, 그 분자들은 세로토닌이 작용하는 장소인 세포막으로부터 감각세포의 내부로, 특히 글루타메이트를 방출하는 축삭돌기 말단의 특수한 영역들로 신호를 퍼뜨려야 한다. 우리는 이런 생각들을 정교하게 다듬어 1971년 〈신경생리학 저널(Journal of Neurophysiology)〉에 논문을 발표하면서 환상 AMP(cyclic adenosine monophosphate, 고리 모양 아데노신 일인산)라는 특수한 분자가 우리가 찾는 연쇄에 관여할 것이라는 추측을 제시했다.

환상 AMP가 도대체 뭐기에, 우리는 그놈을 그럴듯한 후보자로 지목한 것일까? 우리가 환상 AMP에 주목한 이유는 그 작은 분자가 근육과 지방세포 내부에서 주된 신호 전달 조절자로 기능한다는 것이 알려져 있었기 때문이다. 제임스와 나는 자연이 보수적이라는 것을 알고 있었다. 따라서 한 조직의 세포들에서 쓰이는 메커니즘은 다른 조직의 세포들에서도 쓰일 가능성이 높다. 이미 클리블랜드에 있는 케이스 웨스턴 리저브 대학의 얼 서덜랜드(Earl Sutherland)는 에피네프린(아드레날린)이라는 호르몬이 지방세포와 근육세포의 표면에 단기적인 생화학적 변화를 일으키고, 그로 인해 세포 내부에 더 지속적인 변화가 일어난다는 것을 증명한 바 있었다. 그 지속적인 변화는 세포 내부에 환상 AMP의 양이 증가하기 때문에 일어난다.

서덜랜드의 혁명적인 발견은 2차 전달자 신호 전달 이론(second-messenger signaling theory)으로 불리게 되었다. 이 생화학적 신호 전달 이론의 핵심은 지방세포와 근육세포의 표면에 호르몬과 반응하는 새로운 유형의 수용체들이 있다는 것이었다. 일찍이 버나드 카츠는 이온성 수용체라는 신경전달물질 감응성 수용체를 발견했다. 이 수용체는 신경전달물질과 결합하면 자기 내부에 있는 이온 통로의 게이트를 열거나 닫아

화학적 신호를 전기적 신호로 번역한다. 반면에 서덜랜드가 발견한 새로운 유형의 수용체는 대사성 수용체(metabotropic receptor)라 불리며 자기 내부에 열리거나 닫히는 이온 통로를 가지고 있지 않다. 그 대신에 이 수용체의 한 부위는 세포막의 외부 표면 위로 돌출해 있어서 다른 세포들에서 온 신호를 인지하고, 다른 한 부위는 세포막의 내부 표면 위로 돌출해 있어서 효소를 끌어들인다. 이 수용체가 세포 외부의 화학전달물질을 인지하고 결합하면, 세포 내부에 있는 아데닐 시클라아제(adenyl cyclase)라는 효소가 활성화되고, 이 효소가 환상 AMP를 만든다.

이 과정은 세포의 반응을 크게 증폭시킨다는 장점이 있다. 화학전달물질 분자 한 개가 대사성 수용체에 결합하면, 그 수용체는 아데닐 시클라아제를 자극하여 환상 AMP 분자 수천 개를 만들게 한다. 이어서 환상 AMP는 세포 전체에서 일어나는 온갖 분자적 반응들을 촉발하는 핵심 단백질들에 결합한다. 또 아데닐 시클라아제는 몇 분 동안 지속적으로 환상 AMP를 만든다. 따라서 대사성 수용체의 작용은 이온성 수용체의 작용보다 더 강력하고 광범위하고 지속적인 경향이 있다. 이온성 작용들은 대개 몇 밀리세컨드 정도 지속되는 반면, 대사성 작용들은 몇 초에서 몇 분까지 지속될 수 있다. 이는 이온성 작용보다 천 배에서 만 배 정도 길게 작용하는 것이다.

서덜랜드는 대사성 수용체가 별개의 두 부위에서 하는 두 기능을 구별하기 위해 세포 외부에서 대사성 수용체와 결합하는 화학전달물질을 1차 전달자로 명명했고, 세포 내부에서 활성화되어 신호를 퍼뜨리는 환상 AMP를 2차 전달자로 명명했다. 2차 전달자는 세포 표면에서 1차 전달자로부터 받은 신호를 세포 내부로 운반하고 세포 전체에 두루 걸친 반응을 촉발한다고 그는 주장했다(그림 16-2). 2차 전달자 신호 전달 이론을 보면서 우리는 대사성 수용체와 환상 AMP는 감각뉴런 속의 느린 시냅스전위와 글루타메이트 방출의 촉진을 연결하는 고리일 수 있다는 생각을 했다. 다시 말해서, 그 느린 시냅스전위와 단기기억의 관계를 밝히

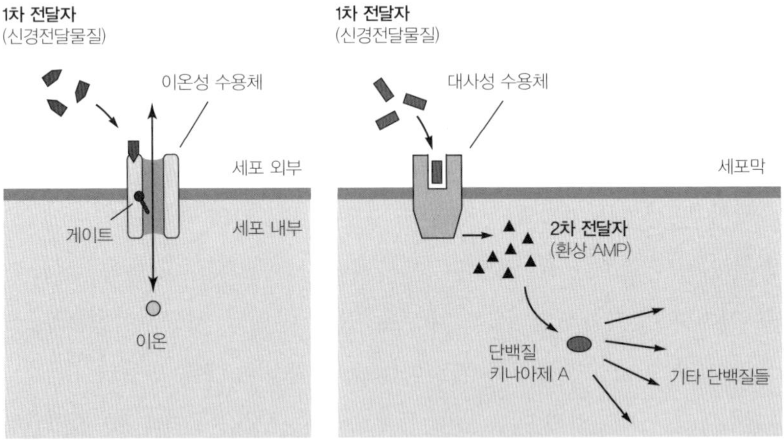

16-2 서덜랜드가 제시한 수용체의 두 유형. 이온성 수용체(왼쪽)는 몇 밀리세컨드 동안 지속되는 변화를 산출한다. 대사성 수용체(예컨대 세로토닌 수용체)는 2차 전달자를 통해 작용하고(오른쪽) 몇 초에서 몇 분까지 지속되며, 세포 전체로 퍼지는 변화를 산출한다.

는 데 대사성 수용체와 환상 AMP가 결정적인 역할을 할 수 있으리라는 생각을 했다.

1968년에 워싱턴 대학의 에드윈 크렙스(Edwin Krebs)는 환상 AMP가 어떻게 광범위한 효과를 산출하는가에 대한 최초의 통찰을 제시했다. 환상 AMP는 크렙스가 환상 AMP 의존 단백질 키나아제(kinase), 또는 단백질 키나아제 A(최초로 발견된 단백질 키나아제이기 때문에 A를 붙였다)로 명명한 효소와 결합하여 그것을 활성화한다. 키나아제는 다른 단백질에 인산 분자를 붙이는데, 이 과정을 인산화라고 한다. 인산화는 일부 단백질들을 활성화하고, 다른 단백질들을 비활성화한다. 크렙스는 인산화가 쉽게 취소될 수 있고, 따라서 단순한 분자적 스위치로 기능할 수 있음을 발견했다. 즉, 인산화 여부에 따라 단백질의 생화학적 작용성이 생기거나 없어질 수 있다.

그다음으로 크렙스는 이 분자 스위치가 어떻게 작동하는가를 탐구하기 시작했다. 그는 단백질 키나아제 A가 네 개의 단위체로 이루어진 복잡한 분자라는 것을 발견했다. 그 단위체들 중 두 개는 조절 단위체이고, 나머지 두 개는 촉매 단위체다. 촉매 단위체들은 인산화를 수행하도록 설계되어 있지만, 평소에는 조절 단위체들이 촉매 단위체들 위에 '눌러앉아' 인산화를 억제한다. 조절 단위체에는 환상 AMP와 결합하는 부위가 있다. 만일 세포 내 환상 AMP 농도가 높아지면, 조절 단위체들은 과다한 환상 AMP 분자들과 결합하게 된다. 그렇게 되면 조절 단위체들이 모양이 달라져 촉매 단위체에서 떨어지고, 촉매 단위체는 자유롭게 인산화 표적 단백질들과 반응할 수 있게 된다.

이런 연구 성과들을 보면서 우리는 한 가지 질문을 떠올렸다. 서덜랜드와 크렙스가 발견한 메커니즘은 지방세포와 근육세포에 대한 호르몬의 작용에만 적용될까, 아니면 뇌 속에 있는 것을 포함한 다른 전달물질들에도 적용될까? 만일 후자가 맞다면, 그것은 이제껏 알려지지 않은 새로운 시냅스 전달 메커니즘일 것이었다.

이 대목에서 우리는 폴 그린가드(Paul Greengard)의 연구에서 도움을 받았다. 그린가드는 유능한 생화학자로 생리학도 공부했으며, 가이기 약학연구소의 생화학 책임자로 있다가 최근에 예일 대학으로 일터를 옮겼다. 그는 직장을 옮기는 사이에 1년 동안 서덜랜드의 연구팀에 합류했다. 이때 뇌 속 신호 전달 메커니즘의 새로운 유형을 발견할 가능성을 포착한 그린가드는 1970년에 쥐의 뇌에서 대사성 수용체들을 찾아 분류하기 시작했다. 그리고 이제 아비드 칼슨(Arvid Carlsson)과 폴 그린가드, 그리고 나를 과학적 동지로 연결하게 될 멋진 우연의 일치가 일어났다. 우리 세 사람은 결국 그렇게 우연히 결합되어 2000년 스톡홀름에서 신경계 내 신호 변환에 대한 연구의 공로로 노벨 생리의학상을 공동 수상했다.

스웨덴의 위대한 약학자인 아비드 칼슨은 1958년에 도파민이 신경계 속의 전달물질이라는 것을 발견했다. 그 후에 그는 토끼에서 도파민 농도가 감소하면 파킨슨병과 유사한 증상이 발생한다는 것을 보여 주었다. 그린가드는 뇌 속의 대사성 수용체들을 탐구할 때 도파민 수용체를 출발

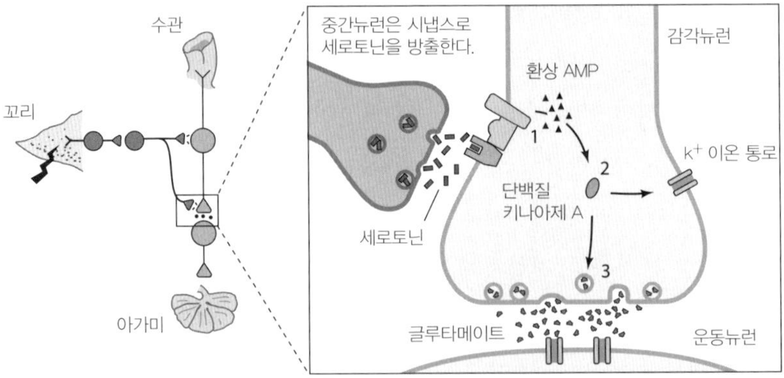

16-3 단기기억의 생화학적 단계들. 군소의 꼬리에 가한 충격은 중간뉴런을 활성화하여 화학적 전달자인 세로토닌을 시냅스로 방출하게 만든다. (1) 세로토닌은 시냅스 틈새를 건너 감각뉴런에 있는 수용체와 결합하고, 이로 인해 환상 AMP가 생산된다. (2) 환상 AMP는 단백질 키나아제 A의 촉매 단위체를 자유롭게 만든다. (3) 단백질 키나아제 A의 촉매 단위체는 신경전달물질인 글루타메이트의 방출을 촉진한다.

점으로 삼았고, 그 수용체가 어떤 효소를 자극하며 그 효소가 뇌 속의 환상 AMP 농도를 높이고 단백질 키나아제 A를 활성화한다는 것을 발견했다.

이들의 뒤를 좇은 제임스 슈워츠와 나는 민감화 과정에서 환상 AMP 2차 전달자 신호 전달 역시 세로토닌에 의해 켜진다는 것을 발견했다. 앞서 언급했듯이 군소의 꼬리에 충격을 가하면 조절중간뉴런들이 활성화되어 세로토닌을 방출한다. 세로토닌은 감각뉴런의 시냅스전 말단들에서 몇 분 동안 환상 AMP 생산이 증가하도록 만든다(그림 16-3). 그러므로 모든 것이 잘 맞아 들어간다. 환상 AMP 증가가 유지되는 시간은 느린 시냅스전위가 유지되는 시간, 감각뉴런과 운동뉴런 사이 시냅스의 세기가 증가하는 시간, 그리고 동물의 꼬리에 가한 충격에 대한 반응으로 일어난 동물의 행동 강화가 유지되는 시간과 거의 같다.

환상 AMP가 단기기억 형성에 관여한다는 사실에 대한 직접적인 증명은 1976년에 우리 연구팀의 이탈리아 박사후 연구원 마르첼로 브루넬리(Marcello Brunelli)에 의해 최초로 이루어졌다. 브루넬리는 세로토닌이 감각뉴런에게 환상 AMP 농도를 높이라는 신호를 보내면 감각뉴런은 말단에서 방출되는 글루타메이트의 양을 증가시킨다는 생각을 검사했다. 우리는 환상 AMP를 군소의 감각세포에 직접 주입했고, 그로 인해 글루타메이트 방출량이 극적으로 증가하고 감각뉴런과 운동뉴런 사이의 시냅스의 세기도 극적으로 증가하는 것을 관찰했다. 게다가 환상 AMP를 주입할 때의 시냅스 세기 증가는 감각뉴런에 세로토닌을 가하거나 군소의 꼬리에 충격을 가할 때의 시냅스 세기 증가를 완벽하게 재현했다. 이 대단한 실험은 환상 AMP와 단기기억을 연결했을 뿐 아니라 학습의 분자적 메커니즘에 대한 최초의 통찰을 제공했다. 단기기억의 기본적인 분자 요소들을 포착하기 시작한 우리는 그 요소들을 가지고서 기억 형성을 시뮬레이션할 수 있게 되었다.

1978년에 제임스와 나는 그린가드와 함께 연구하기 시작했다. 우리 세 사람은 환상 AMP가 단기기억 효과를 단백질 키나아제 A를 통해 발휘하는지 여부를 알고 싶었다. 우리는 단백질 키나아제 A를 추출하여 그것의 촉매 단위체만 감각뉴런에 직접 주입했다. 그리고 그 단위체가 환상 AMP와 정확히 같은 작용을 하는 것을 발견했다. 그 단위체는 글루타메이트 방출을 촉진하여 시냅스 연결을 강화했다. 그다음으로 우리는 더 확실한 검증을 위해 단백질 키나아제 A를 억제하는 물질을 감각뉴런에 주입했고, 그 물질이 세로토닌의 글루타메이트 방출 촉진 효과를 정말로 봉쇄하는 것을 발견했다. 그렇게 환상 AMP와 단백질 키나아제 A가 둘 다 감각뉴런과 운동뉴런 간 연결 강화의 필요충분조건임을 발견한 우리는 단기기억 저장으로 귀결되는 생화학적 사건들의 연쇄에서 처음 단계들을 확실히 제시할 수 있었다.

그러나 어떻게 세로토닌과 환상 AMP가 느린 시냅스전위를 산출하는지, 또 어떻게 그 시냅스전위가 글루타메이트 방출 촉진과 연결되는지에 대해서는 아직 아는 바가 없었다. 1980년에 나는 파리 콜레주 드 프랑스에서 세미나를 주관하다가 스티븐 시겔봄(Steven Siegelbaum)을 만났다. 그는 단일 이온 통로의 속성을 전문적으로 연구하는 유능한 젊은 생물물리학자였다. 우리는 정말 죽이 잘 맞았고, 운명의 도움이었는지 그는 최근에 컬럼비아 대학 약학부의 일자리를 수락한 상태였다. 그리하여 우리는 그가 뉴욕에 도착하는 대로 힘을 합하여 느린 시냅스전위의 생물물리학적 본성을 탐구하기로 했다.

스티븐은 환상 AMP와 단백질 키나아제 A의 표적들 중 하나를 발견했다. 그것은 감각뉴런에 있으며 세로토닌에 반응하는 칼륨 이온 통로였다. 이 통로는 세로토닌에 반응하고 스티븐 시겔봄에 의해 발견되었으므로 우리는 그것에 S 통로라는 명칭을 붙였다. 그 통로는 뉴런이 안정 상태일 때 열려 있고 안정막전위의 형성에 기여한다. 스티븐은 그 통로가 시냅스전 말단에 있고, 세로토닌(1차 전달자)을 세포막 외부에 가하거나 환상 AMP(2차 전달자)나 단백질 키나아제 A를 세포 내부에 가하면 그 통로가 닫히게 만들 수 있음을 발견했다. 그 칼륨 이온 통로가 닫히면, 우리가 애초에 환상 AMP보다 먼저 주목했던 느린 시냅스전위가 발생한다.

그 통로의 폐쇄는 글루타메이트 방출의 증가에도 도움을 준다. 그 통로는 열려 있을 때 다른 칼륨 통로들과 함께 안정막전위의 형성에 기여하고 활동전위의 하강기에 칼륨이 외부로 나가는 데 기여한다. 그러나 그 통로가 세로토닌에 의해 닫히면, 이온들이 세포 밖으로 나가는 속도가 약간 줄어들어 활동전위의 지속 시간이 약간 길어진다. 스티븐은 그렇게 활동전위가 느려지면 칼슘이 시냅스전 말단으로 유입될 수 있는 시간이 많아진다는 것을 증명했다. 그런데 카츠가 오징어의 거대 시냅스에서 증명했듯이, 칼슘은 글루타메이트 방출에 필수적이다. 더 나아가 환상 AMP와 단백질 키나아제 A는 시냅스 소포를 방출하는 장치에 직접 작용하여 글루타메이트의 방출을 더욱 촉진한다.

환상 AMP에 관한 이 같은 괄목할 만한 결과들은 얼마 안 있어 초파리의 학습에 대한 중요한 유전학적 연구들에 의해 보완되었다. 초파리는 반세기 넘게 연구자들의 사랑을 받아 온 동물이었다. 1907년에 컬럼비아 대학의 토머스 헌트 모건(Thomas Hunt Morgan)은 드로소필라(Drosophila), 즉 초파리를 유전학 연구의 모델로 이용하기 시작했다. 초파리는 크기가 작고 생식 주기(12일)가 짧기 때문이었다. 그것은 운 좋은 선택으로 판명되었다. 왜냐하면 초파리는 겨우 네 쌍의 염색체를 갖고 있어서 유전학적으로 연구하기가 비교적 쉬운 동물이기 때문이다. 동물이 지닌 많은 물리적 특징—몸의 모양, 눈 색, 속력 등—이 유전된다는 점은 오래전부터 명백히 알려져 있었다. 그렇게 외적인 물리적 특징들이 유전될 수 있다면, 뇌에 의해 산출되는 정신적 특징들도 유전될 수 있을까? 기억과 같은 정신적 과정에서 유전자가 무언가 역할을 할까?

현대적인 기법으로 이 질문에 도전한 최초의 인물은 캘리포니아 공대의 시모어 벤저(Seymour Benzer)였다. 1967년에 그는 천재적인 실험을 시작했다. 그는 단일 유전자에 무작위한 돌연변이를 일으키기 위해 고안한 화학물질들을 초파리에 가한 다음, 그 돌연변이들이 학습과 기억에 미치는 효과를 검사했다. 벤저의 제자인 칩 퀸과 야딘 두다이(Yadin Dudai)는 초파리의 기억을 연구하기 위하여 고전적 조건화를 이용했다. 그들은 초파리들을 작은 통에 넣고 순차적으로 두 냄새에 노출시켰다. 그러면서 냄새1이 있을 때는 파리들에게 전기 충격을 주어 녀석들이 그 냄새를 피하도록 학습시켰다. 나중에 파리들은 두 냄새의 원천이 양 끝에 있는 또 다른 상자로 옮겨졌다. 그러자 그 조건화된 파리들은 냄새1이 있는 쪽을 피하고 냄새2가 있는 쪽으로 몰렸다.

퀸과 두다이는 이 훈련을 통해 냄새1이 충격을 동반한다는 것을 기억하지 못하는 파리들을 골라낼 수 있었다. 1974년까지 그들은 수천 마리의 초파리를 골라냈고, 단기기억에 결함이 있는 돌연변이체를 얻는 데 최초로 성공했다. 벤저는 그 돌연변이체를 열등생(dunce)으로 명명했다. 1981년에 벤저의 제자 덩컨 바이어스(Duncan Byers)는 군소 연구를 본

받아 열등생에서 환상 AMP 경로를 탐구하기 시작했고, 환상 AMP 처리를 담당하는 유전자에서 돌연변이를 발견했다. 그 돌연변이 때문에 열등생 초파리는 환상 AMP를 너무 많이 축적한다. 그래서 녀석의 시냅스들은 포화 상태가 되어 더 이상의 변화에 둔감하게 되고 최적의 기능을 하지 못하게 되는 것으로 보인다. 기억 유전자들의 다른 돌연변이들도 속속 밝혀졌다. 그것들 역시 환상 AMP 경로와 관련이 있었다.

군소에 대한 연구와 초파리에 대한 연구가—서로 매우 다른 그 두 실험동물은 상이한 학습 유형에 대한 상이한 방법의 연구에 쓰였다—서로를 뒷받침한다는 사실은 매우 고무적이었다. 두 연구는 단순한 형태의 암묵기억의 기저에 있는 세포적 메커니즘은 사람을 비롯한 많은 동물 종에서 동일할 가능성이 높고, 다른 많은 학습 형태들의 기저에도 그와 동일한 메커니즘이 있을 가능성이 높다는 것을 분명히 보여 주었다. 왜냐하면 그 메커니즘은 진화 속에서 보존되었기 때문이다. 생화학, 그리고 더 나중에 분자생물학은 다양한 유기체들의 생물학적 메커니즘에 존재하는 공통점들을 드러내는 강력한 도구가 되었다.

군소와 초파리에서 이룬 발견들은 다음과 같은 중요한 생물학적 원리도 부각했다. 진화는 새로운 적응 메커니즘을 산출하기 위해 새롭고 특수한 분자들을 필요로 하지 않는다. 환상 AMP 경로는 기억 저장에만 한정되어 쓰이지 않는다. 서덜랜드가 보여 주었듯이, 심지어 그 경로는 뉴런들에만 고유하지 않다. 창자와 콩팥과 간도 지속적인 대사적 변화를 산출하기 위해 환상 AMP 경로를 이용한다. 실제로 지금까지 알려진 모든 2차 전달자들 중에서 환상 AMP 시스템은 아마도 가장 원시적일 것이다. 그 시스템은 가장 중요하며, 몇몇 사례에서는 대장균 박테리아와 같은 단세포 유기체에서 발견된 유일한 2차 전달자 시스템이다. 환상 AMP 시스템은 대장균에서 배고픔 신호를 전달한다. 다시 말해서 기억의 기저에 있는 생화학적 작용들은 특별히 기억을 위해 발생하지 않았다. 오히려 뉴런들은 다른 세포들이 다른 목적에 쓰는 효과적인 신호 전달 시스템을 채택하여 기억 저장에 필요한 시냅스 세기 변화를 산출하는 것이다.

분자유전학자 프랑수아 자코브가 지적했듯이, 진화는 새 문제를 완전히 새로운 해법으로 풀려고 하는 독창적인 설계자가 아니다. 진화는 서투른 땜장이다. 똑같은 유전자들을 약간씩 다른 방식으로 반복해서 이용한다. 진화는 기존의 것들을 변형함으로써 작동한다. 무작위한 유전자 구조의 변이는 기존 단백질과 약간 다른 변형들을 산출하거나 단백질이 세포 내에서 쓰이는 방식을 약간 변화시킨다. 대부분의 변이는 중립적이거나 심지어 유해해서 시간의 시험을 통과하여 살아남지 못한다. 오직 개체의 생존과 생식능력을 강화하는 드문 변이만이 보존될 가능성이 있다. 자코브는 이렇게 썼다.

> 자연선택의 작용은 흔히 기술자의 역할에 비유되었다. 그러나 이 비유는 적절하지 않은 것 같다. 첫째, …… 기술자는 미리 세운 계획에 따라 작업한다. 둘째, 새 구조를 준비하는 기술자가 반드시 옛 구조들을 출발점으로 삼을 필요는 없다. 전구는 초에서 기원하지 않았고, 제트 엔진은 내연기관의 자손이 아니다. …… 마지막으로 기술자가—적어도 훌륭한 기술자라면—새로 만든 물건들은 당대의 기술로 가능한 수준의 완벽함에 도달한다.
>
> 기술자와 달리 진화는 아예 처음부터 새로운 것을 만들지 않는다. 진화는 이미 있는 것을 토대로 삼아 작동한다. 어떤 시스템을 변형하여 새로운 기능을 부여하거나 여러 시스템들을 조합하여 더 복잡한 시스템을 산출한다. 그럼에도 비유를 하고 싶다면, 진화의 작동은 기술자의 작업이라기보다 땜장이의 작업, 즉 프랑스어로는 브리콜라주(bricolage)라고 해야 할 것이다. 기술자의 작업은 가공되지 않은 재료와 기술자의 의도에 정확히 맞는 도구에 의존하지만, 땜장이는 우연히 주어진 것들을 가지고 일을 해낸다. …… 땜장이는 주변에 있는 모든 것을 이용한

다. 낡은 판지, 끈 토막, 나무나 금속 조각 따위를 가지고서 무언가 쓸 만한 물건을 만든다. 땜장이는 우연히 손에 들어온 물건을 취하여 그것에 예상 외의 기능을 부여한다. 그는 낡은 자동차 바퀴로 선풍기를 만들고 부서진 테이블로 파라솔을 만들 것이다.

살아 있는 유기체에서 새 능력은 기존의 분자를 약간 변형하고 그것과 다른 분자들의 상호작용을 조정함으로써 획득된다. 인간의 정신 과정들은 오래전부터 인간에게만 고유하다고 생각되었기 때문에, 몇몇 초기의 뇌 연구자들은 우리의 뇌 속에 새로운 단백질들이 많이 있으리라고 예상했다. 그러나 정말로 인간의 뇌에만 고유하게 존재하는 단백질은 놀라울 정도로 극소수이고, 인간의 뇌에만 고유한 신호 전달 시스템은 전혀 없다. 뇌 속의 거의 모든 단백질은 신체의 다른 세포에서 유사한 기능을 하는 다른 단백질과 유사하다. 뇌에만 고유한 과정에 쓰이는 단백질들, 예컨대 신경전달물질의 수용체로 기능하는 단백질들도 예외가 아니다. 우리의 생각과 기억의 기반을 이루는 생명까지 포함해서 모든 생명은 똑같은 구성 요소로 이루어졌다.

나는 단기기억의 세포생물학에 대한 최초의 정합적인 통찰을 1976년에 출판된 책 『행동의 세포적 기초(Cellular Basis of Behavior)』에 요약했다. 그 책에서 나는 행동을 이해하려면 다른 생물학 분야에서 매우 효율적임이 판명된 극단적인 환원주의적 접근법을 채택해야 한다는 신념을—거의 선언의 형태로—발표했다. 거의 같은 때에 스티븐 커플러와 존 니콜스는 세포적 접근법의 위력을 강조한 책 『뉴런에서 뇌까지』를 출판했다. 그들은 신경세포들이 어떻게 작동하고 어떻게 뇌 속의 회로들을 형성하는가를 설명하는 데 세포생물학을 이용했고, 나는 뇌와 행동을 연결하는 데 세포생물학을 이용했다. 스티븐 역시 뇌와 행동의 연결을 감지했고, 신경생물학이라는 분야가 또 한 번의 도약을 목전에 두었다고 믿었다.

그러므로 나는 1980년 8월에 스티븐과 함께 여행을 할 기회를 얻고 매우 기뻐했다. 우리가 오스트리아 생리학회 명예회원으로 추대되어 빈을 방문하게 되었던 것이다. 스티븐은 1938년에 빈을 탈출했었다. 우리는 빌헬름 아우어발트(Wilhelm Auerwald)의 초대로 빈 대학 의학부를 방문했다. 아우어발트는 과학적 업적이 거의 없는 현학적인 인물로, 빈에서 태어난 우리 두 사람이 오스트리아를 떠난 것은 어떤 불미스러운 일 때문이 아니라는 투로 행동했다. 그 교수님은 커플러가 빈 의과대학에 다녔고 나는 말 그대로 대학 모퉁이에 있는 제베린가세에 살았다고 유쾌하게 떠벌렸다. 우리가 빈에서 실제로 겪은 일들에 대한 그의 침묵은 많은 말을 해주었다. 스티븐도 나도 그의 떠벌림에 대꾸하지 않았다.

이틀 후, 우리는 빈에서 배를 타고 도나우 강을 따라 부다페스트로 가서 국제 생리학자 회의에 참석했다. 그것은 스티븐이 마지막으로 참석한 주요 과학자 모임이었다. 그는 아주 훌륭한 강연을 했다. 그로부터 얼마 지나지 않은 1980년 10월에 그는 매사추세츠 주 우즈홀(Woods Hole)에 위치한 그의 주말 별장에서 장시간 수영을 하고 돌아온 직후 심장마비로 사망했다.

신경과학계의 거의 모든 사람들과 마찬가지로 나는 스티븐이 죽었다는 소식에 큰 충격을 받았다. 우리 모두는 그에게 빚을 졌고 어떤 식으로든 그에게 의존하고 있었다. 스티븐을 가장 충실히 따른 제자 중 하나인 잭 맥마한(Jack McMahan)은 많은 사람들이 느낀 감정을 이렇게 표현했다. “어떻게 스티븐이 우리에게 이럴 수 있지?”

그해에 나는 신경과학회 회장으로서 준비위원회와 함께 11월의 신경과학회 연례 모임을 조직할 책임을 맡고 있었다. 그 모임은 스티븐이 죽은 지 불과 몇 주 후에 로스앤젤레스에서 열렸고, 약 1만 명의 신경과학자들이 참석했다. 데이비드 허블은 고인에게 인상적인 찬사를 바쳤다. 그는 슬라이드를 동원하여 스티븐이 얼마나 선견지명과 통찰이 뛰어났고 우호적이었는지, 그리고 그가 우리 모두에게 얼마나 큰 의미였는지를 생생하게 보여 주었다. 나는 당시 미국 과학계에 스티븐 커플러보다 더 영향력이 크고 존경을 받은 인물은 없었다고 생각한다. 잭 맥마한은 스티븐을 기리는 책을 기획했다. 나는 그 책에 실은 글에 이렇게 썼다. "이 글을 쓰면서 나는 그가 여전히 여기에 있음을 절실히 느낀다. 스티븐 커플러는 고인이 된 과학자 동료 가운데 내가 앨든 스펜서 다음으로 가장 많이 생각하고 그리워하는 사람이다."

스티븐 커플러의 죽음은 한 시대의 종결을 의미했다. 그 시대에 신경과학계는 아직 비교적 작았고, 뇌 조직의 단위인 세포에 초점을 맞추었다. 스티븐의 죽음과 같은 시기에 분자생물학과 신경과학이 융합했다. 이 융합으로 신경과학의 범위와 거기에 참여하는 과학자의 수는 극적으로 팽창했다. 나 자신의 연구도 이 변화를 반영한다. 학습과 기억에 대한 나의 세포학 및 생화학 연구는 1980년에 대체로 종결되었다. 이 시기에 나는 단일한 학습 시도에 대한 반응으로 일어나는 세로토닌 방출과 환상 AMP의 증가와 신경전달물질 방출의 촉진은 겨우 몇 분만 지속한다는 것을 점점 더 분명하게 깨닫고 있었다. 며칠 또는 몇 주 동안 지속되는 장기적인 고착화에는 무언가 더 많은 것들이 관여하는 것이 분명했다. 어쩌면 해부학적 변화뿐 아니라 유전자 발현의 변화도 관여하는 것 같았다. 그리하여 나는 유전자 연구로 방향을 돌렸다.

나는 이 전환을 위한 준비가 되어 있었다. 장기기억이 내 상상력에 불을 지르고 있었다. 어떻게 사람은 어린 시절의 일을 일생 동안 기억할 수 있을까? 데니스의 어머니 사라 비스트린은 딸인 데니스와 아들인 장 클로드, 그리고 그들의 배우자와 자녀들에게 그녀의 장식 예술 취향—아르누보 가구, 꽃병, 등에 대한 선호—을 심어 놓았는데, 나와 과학에 대하여 대화한 적은 드물었다. 하지만 그녀는 내가 유전자와 장기기억을 공략할 준비가 되었다는 것을 어떤 식으로든 감지했던 것이 분명하다. 내 쉰 번째 생일인 1979년 11월 7일에 그녀는 빈에서 제작된 아름다운 테플리스트 꽃병(그림 16-4)을 사서 다음과 같은 내용의 쪽지와 함께 내게 선물했다.

16-4 테플리스트 꽃병
(에릭 캔델 개인 소장).

친애하는 에릭,

테플리스트가 만든 이 꽃병
빈 숲의 광경
나무
꽃
빛
석양에서
뿜어져 나오는 향수가
네게 기억을 전해 줄 거야
다른 시간으로부터
네 어린 시절의 추억을
또 네가
리버데일 숲의 나무들 곁에서
달리기를 할 때
빈 숲의 추억이
너를 감쌀 거야
그리고 잠깐 동안
네가 일상의 일들을 잊게 할 거야

사랑으로,
사라.

사라 비스트린은 나의 과제를 명확하게 제시했다.

17.

장기기억으로의 변환

프랑수아 자코브는 박테리아에 대한 자신의 유전학 연구를 돌이키면서 과학적 탐구를 두 범주로 구분했다. 낮 과학(day science)과 밤 과학(night science)이 그것이다. 낮 과학은 합리적·논리적·실용적이며, 정확히 설계된 실험에 의해 수행된다. "낮 과학은 톱니처럼 맞물린 추론을 이용하며 확실한 결과들을 성취한다"고 자코브는 썼다. 반면에 밤 과학은 "말하자면 가능한 것들의 제작소다. 그곳에서 미래에 과학의 재료가 될 것들이 제작된다. 그곳의 가설들은 막연한 예감, 흐릿한 느낌의 형태를 띤다."

1980년대 중반에 나는 군소의 단기기억에 대한 우리의 연구가 낮 과학의 한계에 다가가고 있다고 느꼈다. 우리는 군소의 학습된 단순 반응을 그것을 매개하는 뉴런과 시냅스로 환원하는 데 성공했고, 학습이 감각뉴런과 운동뉴런 사이의 기존 연결의 세기를 일시적으로 변화시킴으로써 단기기억을 산출한다는 것을 발견했다. 그 단기적인 변화는 시냅스에 이미 있던 단백질들과 기타 분자들에 의해 매개된다. 우리는 환상 AMP와 단백질 키나아제 A가 감각뉴런 말단의 글루타메이트 방출을 촉진한다는 것과 이 촉진이 단기기억 형성의 핵심 요소라는 것을 발견했다. 간단히 말해서 우리는 군소라는 실험적 시스템의 분자적 성분들을 실험적으로 조작할 수 있는 수준에 도달했다.

그러나 기억 저장의 분자생물학이 직면한 중심 문제는 여전히 남아 있었다. 어떻게 단기기억이 지속적인 장기기억으로 변환되는가? 이 신비는 내게 밤 과학의 주제가 되었다. 낭만적인 상상과 단편적인 아이디어들의 주제가 되었다. 우리는 이 신비를 어떻게 낮 과학의 실험들을 통해 해결할 수 있을지를 몇 달 동안 숙고했다.

제임스 슈워츠와 나는 장기기억 형성이 새 단백질들의 합성에 의존한다는 것을 이미 발견했다. 시냅스 세기의 지속적인 변화를 동반하는 장기기억은 감각뉴런의 유전적 장치의 변화로 환원될 수 있을 것이라고 나는 추측했다. 이 막연한 아이디어를 추구한다는 것은 기억 형성에 대한 분석을 더 심화하여 뉴런 속 분자들의 미로에 뛰어든다는 것을 의미했다. 유전자들의 거처이며 그것들의 활동이 통제되는 장소인 세포핵에 뛰어든다는 것을 말이다.

늦은 밤의 몽상 속에서 나는 새로 개발된 분자생물학의 기법들을 써서 감각뉴런의 유전자와 시냅스가 나누는 대화를 엿듣는 것을 꿈꾸었다. 그 시절은 이 꿈을 이루기에 가장 적당한 때였다. 1980년에 이르자 분자생물학은 생물학 안에서 주도적이고 통합적인 힘을 발휘하는 분야가 되었다. 그 후 얼마 지나지 않아 그 분야는 신경과학으로 세력을 확장하여 새로운 정신과학의 탄생에 기여하게 되었다.

왜 분자생물학, 특히 분자유전학이 그토록 중요해진 것일까? 분자생물학의 탄생과 초기의 영향력은 1850년대까지 추적할 수 있다. 그때에 그레고르 멘델(Gregor Mendel)은 유전정보가 부모에게서 자식에게로 오늘날 우리가 유전자라고 부르는 이산적인(discrete) 생물학적 단위를 통해 전달된다는 것을 최초로 깨달았다. 1915년경에 토머스 헌트 모건은 초파리에서 각각의 유전자가 염색체의 특정 위치, 즉 자리에 있다는 것을 발견했다. 파리와 기타 더 고등한 유기체에서 염색체들은 두 개씩 쌍을 이룬다. 한 쌍을 이룬 두 염색체 중 하나는 어머니에게서 온 것이고 다른 하나는 아버지에게서 온 것이다. 그러므로 자식은 각각의 부모가 지닌 유전자 각각의 복제본을 지닌다. 오스트리아 출신의 이론물리학자 에르빈 슈뢰딩거(Erwin Schrödinger)는 1942년에 더블린에서 연속 강연을 했다. 그 강연문은 훗날 『생명이란 무엇인가?(What is Life)』라는 제목의 작은 책으로 출판되었다. 그 책에서 슈뢰딩거는 한 동물 종을 다른 종과 구별하고 인간을 다른 동물들과 구별하는 것은 유전자의 차이라고 지적했다. 유전자는 유기체에게 각자의 독특한 특징을 부여한다고 그는 썼다. 유전자는 생물학적 정보를 안정적인 형태의 암호로 지니고 있고, 그 암호는 신뢰할 수 있게 복제되어 다음 세대로 전달된다는 것이었다. 그러니까 세포가 분열할 때 쌍을 이룬 염색체들이 분리되면, 염색체 각각에 있는 유전자들은 정확히 복제되어 새 염색체상의 유전자들이 되어야 한다. 생명의 핵심적인 과정들—생물학적 정보를 저장하고 한 세대에서 다음 세대로 전달하는 과정—은 염색체의 복제와 유전자의 발현을 통해 수행된다.

슈뢰딩거의 생각은 물리학자들의 관심을 사로잡아 여러 물리학자가 생물학에 뛰어들게 만들었다. 더 나아가 그의 생각은 생물학의 핵심 분야 중 하나인 생화학이 효소와 에너지의 변환에(즉, 세포 내에서 에너지가 어떻게 산출되고 이용되는가에) 관심을 기울이는 분야에서 정보의 변환에(세포 내에서 정보가 어떻게 복제되고 전달되고 교정되는가에) 관심을 기울이는 분야로 탈바꿈하게 만들었다. 이 새로운 관점에서 볼 때 염색체와 유전자의 중요성은 그것들이 생물학적 정보의 운반자라는 것에 있다. 헌팅턴병과 파킨슨병을 비롯한 여러 신경학적 질환과 정신분열병과 우울증을 비롯한 다양한 정신병이 유전적 요인을 지녔다는 사실은 1949년에 이미 명백했다. 그러므로 유전자의 정체가 무엇인가는 생물학 전체의 중심 질문이 되었다. 궁극적으로 뇌의 생물학 역시 그 질문을 회피할 수 없었다.

유전자의 정체는 무엇일까? 유전자는 무엇으로 이루어졌을까? 록펠러 연구소의 오스왈드 에이버리(Oswald Avery), 매클린 매카티(Maclyn McCarty), 콜린 매클라우드(Colin MacLeod)는 1944년에 당대의 많은 생물학자들의 생각과 달리 유전자는 단백질이 아니라 디옥시리보핵산(DNA)으로 이루어졌다는 획기적인 발견을 했다.

그로부터 9년 후인 1953년 4월 25일자 〈네이처〉에 발표한 논문에서 제임스 왓슨과 프랜시스 크릭은 DNA 구조 모형을 기술했다. 그들은 구조생물학자 로절린드 프랭클린(Rosalind Franklin)과 모리스 윌킨스(Maurice Wilkins)가 촬영한 X선 사진의 도움을 받아 DNA가 서로를 나선 모양으로 감는 두 개의 긴 가닥으로 이루어졌다는 것을 추론할 수 있었다. 그 가닥 각각은 뉴클레오타이드 염기(nucleotide base)—아데닌, 티민, 구아닌, 시토신—라는 네 개의 작은 단위들의 반복으로 이루어졌다는 것을 안 왓슨과 크릭은 그 네 개의 뉴클레오타이드가 정보 운반자라고 전제했다. 이 전제는 DNA의 두 가닥이 상보적이며 한 가닥의 뉴클레오타이드 염기들은 다른 가닥의 특정 뉴클레오타이드와 쌍을 이룬다는 놀라운 발견으로 그들을 이끌었다. 한 가닥의 아데닌(A)은 다른 가닥의 티민(T)과만 결합하여 쌍을 이루고, 한 가닥의 구아닌(G)은 다른 가닥의 시토신(C)과만 결합하여 쌍을 이룬다. 그렇게 여러 지점에서 뉴클레오타이드들이 쌍을 이루기 때문에 DNA의 두 가닥은 흩어지지 않고 함께 있다.

왓슨과 크릭의 발견으로 슈뢰딩거의 생각은 분자적인 틀을 얻었고, 분자생물학은 비약했다. 슈뢰딩거가 지적했듯이 유전자의 핵심적인 기능은 복제다. 왓슨과 크릭은 자신들의 고전적인 논문을 이제는 유명해진 다음과 같은 문장으로 마무리했다. "우리가 전제한 뉴클레오타이드들의 특정한 쌍 형성은 유전물질의 복제 메커니즘을 즉각적으로 시사한다는 점을 우리는 간과할 수 없었다."

이중나선 모형은 유전자 복제가 어떻게 이루어지는지를 보여 준다. 복제 과정에서 DNA의 두 가닥이 풀리면, 어미 가닥 각각은 상보적인 딸 가닥의 형성을 위한 주형(template)으로 작용한다. 어미 가닥에서 정보 보유 뉴클레오타이드들의 서열은 이미 정해져 있으므로, 딸 가닥에서의 서열도 정해질 것이다. 즉 A는 T와, G는 C와 결합할 것이다. 그다음에 딸 가닥은 또 다른 가닥의 형성을 위한 주형의 역할을 할 수 있다. 세포가 분열할 때 이런 식으로 다수의 DNA 복제본들이 정확히 복제될 수 있고, 그 복제본들은 딸 세포들에 분배될 수 있다. 이 패턴은 정자와 난자도 포함해서 유기체의 모든 세포들에 미치며, 따라서 유기체 전체가 한 세대에서 다음 세대로 복제될 수 있게 해준다.

유전자 복제에서 단서를 잡은 왓슨과 크릭은 더 나아가 단백질 합성의 메커니즘을 제안했다. 각각의 유전자는 특정 단백질의 생산을 지휘하므로, 그들은 각 유전자 속 뉴클레오타이드 염기들의 서열이 단백질 합성을 위한 암호를 지닌다고 추론했다. 유전자 복제에서와 마찬가지로 단백질을 위한 유전암호를 '읽어 내는' 과정은 DNA 가닥에 있는 뉴클레오타이드 염기들의 상보적 복제본을 만드는 과정이다. 그러나 훗날의 연구가 보여 주었듯이, 단백질 합성에서는 암호가 전령RNA(messenger RNA)(RNA=리보핵산, ribonucleic acid)라는 매개 분자에 의해 운반된다. 전령RNA는 DNA와 마찬가지로 네 가지 뉴클레오타이드로 이루어진 핵산이다. 그중 세 가지—아데닌, 구아닌, 시토신—는 DNA의 뉴클레오타이드들과 동일하지만, 마지막 뉴클레오타이드는 티민이 아니라 RNA에만 고유한 우라실(uracil)이다. 한 유전자의 DNA 가닥 두 개가 분리될 때, 한 가닥은 전령RNA로 복제된다. 전령RNA 속 뉴클레오타이드들의 서열은 나중에 단백질로 번역된다. 이로써 왓슨과 크릭은 다음과 같은 분자생물학의 중심 교리를 정식화했다. DNA는 RNA를 만들고, RNA는 단백질을 만든다.

다음 단계는 유전암호를 해독하는 일, 즉 전령RNA 속 뉴클레오타이드들이 기억 저장에 중요한 단백질을 비롯한 수많은 단백질의 아미노산들로 번역되는 규칙을 알아내는 작업이었다. 이 작업이 진지하게 시작된 것은 1956년이었다. 그해에 크릭과 시드니 브레너는 어떻게 DNA 속의 네 가지 뉴클레오타이드가 20가지 아미노산의 암호를 보유할 수 있는가에 연구의 초점을 맞추었다. 각각의 뉴클레오타이드가 단일한 아미노산에 대응하는 일대일 시스템으로는 네 가지 아미노산밖에 산출할 수 없을 것이었다. 다양한 뉴클레오타이드 쌍을 이용한 암호도 16가지 아미노산만 산출할 것이었다. 그리하여 브레너는 20가지 아미노산을 산출하려면 암호 시스템이 세 뉴클레오타이드의 조합에 기초해야 한다고 주장했다. 그러나 세 개의 뉴클레오타이드를 조합하면 나올 수 있는 결과가 20가지가 아니라 64가지다. 그러므로 3중 조합에 기초한 암호는 퇴화적(과잉적)이라고 브레너는 주장했다. 이는 두 가지 이상의 뉴클레오타이드 3중 조합이 동일한 아미노산에 대한 암호를 가진다는 것을 의미한다.

1961년, 브레너와 크릭은 유전암호가 뉴클레오타이드 3중 조합으로 이루어지며, 그 조합 각각이 특정 아미노산의 형성을 위한 지침이라는 것을 증명했다. 그러나 그들은 어떤 3중 조합이 어떤 아미노산을 위한 암호인지 밝혀내지 못했다. 그 업적은 같은 해에 국립보건원의 마셜 니런버그(Marshall Nirenberg)와 위스콘신 대학의 하르 고빈드 코라나(Har Gobind Khorana)에 의해 이루어졌다. 그들은 브레너와 크릭의 생각을 생화학적으로 검증했고, 각각의 아미노산에 대한 암호인 특정 뉴클레오타이드 조합을 명시함으로써 유전암호를 해독했다.

1970년대 말에 하버드의 월터 길버트(Walter Gilbert)와 영국 케임브리지의 프레더릭 생어(Frederick Sanger)는 새로운 생화학 기법을 개발하여 DNA 서열을 신속하게 읽어 낼 수 있게 만들었고, 따라서 주어진 유전자가 어떤 단백질의 암호인지를 비교적 쉽게 알아낼 수 있게 만들었다. 이것은 중요한 진보였다. 이 덕분에 과학자들은 동일한 DNA 구간들이 다양한 유전자에 나타나고 다양한 단백질의 동일한 또는 유사한 영역들을 뜻하는 암호를 보유한다는 것을 관찰할 수 있었다. 그 확인 가능한 영역들, 즉 도메인들(domains)은 그것들이 어느 단백질에 있건 상관없이 동일한 생물학적 기능을 매개한다. 따라서 주어진 유전자의 뉴클레오타이드 서열 일부를 보는 것만으로도 과학자들은 그 유전자가 암호화한 단백질이 어떻게 작동할지에 대하여 중요한 정보를 얻을 수 있었다. 예컨대 그 단백질이 키나아제인지, 이온 통로인지, 아니면 수용체인지에 대하여 중요한 단서를 얻을 수 있었다. 더 나아가 서로 다른 단백질에 있는 아미노산들의 서열을 비교함으로써, 신체의 상이한 두 세포에 있거나 심지어 전혀 다른 두 유기체에 있는 식으로 전혀 다른 맥락에 있는 단백질들 간의 유사성을 파악할 수 있었다.

이러한 서열들과 서열들의 비교로부터 세포들이 어떻게 작동하고 서로 신호를 주고받는가에 대한 청사진이 만들어져 많은 생명 과정을 이해하기 위한 개념적 틀이 되었다. 특히 이 연구들은 다양한 세포들—심지어 다양한 유기체들—이 동일한 재료로 이루어졌다는 것을 다시 한 번 보여 주었다. 모든 다세포생물은 환상 AMP를 합성하는 효소를 가지고 있으며, 예외 없이 여러 키나아제와 이온 통로 등등을 가지고 있다. 실제로 인간 게놈에서 발현되는 유전자의 절반은 예쁜꼬마선충이나 초파리, 군소 따위의 훨씬 더 단순한 무척추동물에도 존재한다. 쥐는 인간 게놈 암호 서열의 90퍼센트 이상을 가졌고, 고등한 유인원들은 98퍼센트를 가졌다.

DNA 서열 확인 이후 분자생물학에서 이루어진 핵심적인 진보이며 나를 분자생물학으로 이끈 사건은 DNA 재조합 및 복제 기술의 탄생이었다. 그 기술은 유전자들을 확인하고 그 기능을 알아낼 수 있게 해준다. 이는 뇌에서 발현하는 유전자들도 마찬가지다. 첫 단계는 사람이나 쥐, 또는 달팽이에서 연구하고자 하는 유전자를—특정 단백질의 암호인 DNA 조각을—분리하는 일이다. 이를 위해 먼저 염색체상에서 그 유전자의 자리를 알아낸

다음, 그것을 분자적인 가위—DNA의 적당한 위치를 자르는 효소들—로 잘라낸다.

다음 단계는 그 유전자의 복제본을 여러 개 만드는 일이다. 이 과정은 복제(cloning)라고 한다. 이 과정에서는 잘라낸 유전자의 양 끝을 박테리아와 같은 또 다른 유기체의 DNA 구간에 붙여 이른바 재조합 DNA를 만든다. 한 유기체에서 잘라낸 유전자를 다시 다른 유기체의 게놈에 붙이기 때문에 재조합이라는 표현이 들어간 것이다. 박테리아의 게놈은 약 20분마다 분열하여 원래 유전자와 동일한 복제본을 많이 양산한다. 마지막 단계는 그 유전자가 암호화한 단백질이 무엇인지 알아내는 일이다. 이 작업은 유전자의 분자적 구성 요소인 뉴클레오타이드들의 서열을 읽어냄으로써 수행된다.

1972년에 스탠퍼드 대학의 폴 버그(Paul Berg)는 최초의 재조합 DNA 분자를 만드는 데 성공했고, 1973년에 샌프란시스코 소재 캘리포니아 대학의 허버트 보이어(Herbert Boyer)와 스탠퍼드 대학의 스탠리 코언(Stanley Cohen)은 버그의 기법을 발전시켜 유전자 복제 기술을 개발했다. 1980년에 이르러 보이어는 인간 인슐린 유전자를 박테리아 게놈에 붙이는 데 성공했다. 이 성과로 인간 인슐린을 무한정 얻을 길이 열렸고, 이로써 생명공학 산업이 탄생했다. DNA 구조의 공동 발견자인 제임스 왓슨은 이 성취들을 신의 역할에 비유했다.

> 우리는 오늘날 워드프로세서가 할 수 있는 일과 동등한 것을 성취하고자 했다. 유전암호를 해독한 다음에 …… DNA를 자르고, 붙이고, 복제하고자 했다. …… 그러나 지난 육칠십 년 동안 이루어진 발견들은 예기치 않은 행운으로 종합되어 1973년에 이른바 '재조합 DNA' 기술—DNA를 편집하는 능력—을 낳았다. 이는 범상한 실험실 기술이 아니었다. 갑자기 과학자들은 DNA 분자들을 재단하고, 지금껏 자연에 한 번도 없었던 DNA 분자들을 만들어 낼 수 있게 되었다. 우리는 모든

생명의 분자적 토대를 가지고서 '신의 역할'을 할 수 있게 되었다.

그로부터 얼마 후에 박테리아와 효모, 그리고 신경세포 이외의 세포들의 유전자와 단백질 기능을 분석하는 데 쓰이는 훌륭한 도구와 분자생물학적 통찰들을 뇌 연구를 위해 적극적으로 받아들이는 신경과학자들이 등장했다. 특히 내가 그 대표자였다. 나는 그 분자생물학 기법들을 전혀 경험한 바 없었다. 그것들은 내게 완전히 밤 과학이었다. 그러나 나는 캄캄한 밤에도 분자생물학의 위력을 알 수 있었다.

18.

기억 유전자

기억 연구에 분자생물학을 적용하겠다는 나의 계획이 밤 과학에서 낮 과학으로 바뀐 것은 세 가지 사건 덕분이었다. 첫 번째 사건은 1974년에 내가 나의 스승인 해리 그런드페스트의 후임이 되어 컬럼비아 대학의 의학 및 외과의학 칼리지로 일터를 옮긴 것이었다. 컬럼비아 대학은 훌륭한 과학적 의학의 전통을 지닌 큰 대학이었고 특히 신경학과 정신의학이 강했기 때문에 내게 매력적이었다. 1754년에 왕립 칼리지로 창설된 그곳은 미국에서 다섯 번째로 오래된 대학이었고 최초로 의학박사 학위를 수여한 곳이기도 했다. 우리가 이주하게 된 결정적인 요인은 데니스가 컬럼비아 의학 및 외과의학 칼리지에서 일하고 있었고 우리가 그곳에서 가까운 리버데일에 집을 매입했다는 점이었다. 그러므로 내가 뉴욕 대학에서 컬럼비아 대학으로 일터를 옮기면서 내 통근 시간은 극적으로 단축되었고, 우리 부부는 같은 직장에서 독립적인 직업 생활을 할 수 있게 되었다.

컬럼비아로의 이주는 두 번째 사건으로 이어졌다. 그것은 리처드 액슬(그림 18-1)과의 공동 연구였다. 내 생물학자 경력의 첫 단계에 그런드페

18-1 리처드 액슬(1946~). 그와 나는 컬럼비아 대학 시절 초기에 친구가 되었다. 우리의 과학적 교류를 통해, 나는 분자생물학을 배웠고 리처드는 신경계를 연구하기 시작했다. 리처드와 그의 박사후 연구원이었다가 동료가 된 린다 벅(1947~)은 2004년에 후각에 대한 고전적인 연구의 공로로 노벨 생리의학상을 받았다(에릭 캔델 개인 소장).

스트가 나의 스승으로서 뇌 기능을 세포 수준에서 연구하라고 조언했던 것처럼, 또 두 번째 단계에 제임스 슈워츠가 나의 길잡이로서 단기기억의 생화학 탐구를 도왔던 것처럼, 리처드 액슬은 나를 생물학자 경력의 세 번째 단계로 이끈 동료였다. 그와 함께한 그 세 번째 단계에 나는 장기기억의 형성 과정에서 뉴런의 유전자와 시냅스가 주고받는 대화에 초점을 맞추게 된다.

리처드와 나는 1977년에 인사위원회 모임에서 만났다. 모임이 끝나자 그가 내게 다가와 이렇게 말했다. "나는 이 모든 유전자 복제에 신물이 날 지경입니다. 무언가 신경계에 관한 연구를 하고 싶어요. 당신과 대화를 했으면 합니다. 어쩌면 보행의 분자생물학에 관하여 무언가 할 수 있을 것 같습니다." 이 제안은 내가 해리 그런드페스트에게 했던 제안, 즉 자아와 초자아와 이드의 생물학적 토대를 연구하겠다는 제안 못지않게 유치하고 거창했다. 그럼에도 나는 리처드에게 아마 보행은 현재 수준의 분자생물학으로 공략할 수 없을 것이라고 진지하게 말하지 않을 수 없었다. 군소의 단순한 행동, 예컨대 아가미 움츠림이나 색소 방출, 또는 산란이라면 더 쉽게 공략할 수 있겠지만, 하고 나는 말하지 않을 수 없었다.

나는 리처드를 알아 가면서 신속하게 그가 얼마나 재미있고 지적이고 우호적인가를 실감했다. 로버트 와인버그(Robert Weinberg)는 암의 기원에 관한 자신의 책에서 리처드의 호기심과 예리한 지성을 다음과 같이 훌륭하게 묘사했다.

> 키 크고 홀쭉하고 어깨가 구부정한 액슬의 강인하고 각진 얼굴은 그가 항상 착용하는 반짝이는 강철테 안경 때문에 더욱 강인해 보였다. 액슬은 …… 내가 면밀한 관찰을 통해 발견한 후 우연한 기회에 실험실 동료들에게 설명한 '액슬 증후군'의 원흉이었다. 나는 액슬이 참석한 여러 차례의 과학적 모임에서 그 증후군의 존재를 처음으로 파악했다.
>
> 액슬은 맨 앞줄에 앉아 연사의 말 한마디 한마디를 열심히 듣곤 했다. 그다음에 그는 느리고 신중한 어투로 모든 음절을 세심하고 명확하게 발음하면서 날카롭고 예리한 질문들을 던지곤 했다. 그의 질문들은 예외 없이 강연의 심장으로 날아들어 연사의 데이터나 논증에 있는 약점들을 들춰냈다. 자신의 과학에 대한 완벽한 확신이 없는 연사들은 액슬에게서 날아올 예리한 질문을 예상하며 극도의 불안에 시달렸다.

리처드의 안경은 사실 언제나 금테였다. 하지만 다른 점에서는 위의 묘사가 정곡을 찌르고 있다. 리처드는 학자들이 겪는 불안증의 목록에 '액슬 증후군'을 추가했을 뿐 아니라 재조합 DNA 기술에 중요한 기여를 했다. 그는 임의의 유전자를 배양된 조직의 임의의 세포 속으로 옮기는 일반적인 방법을 개발했다. 동시전이(co-transfection)라고 불리는 이 방법은 과학자들의 연구와 제약 회사의 약품 생산에 널리 쓰인다.

리처드는 오페라 애호가이기도 했다. 우리는 친구가 된 직후부터 함께 오페라를 보러 다녔다. 항상 입장권 없이 갔다. 처음 간 날은 바그너의 〈발퀴레(Walküre)〉가 공연되는 날이었다. 리처드는 주차장과 연결된 입구로

들어가자고 고집했다. 그 입구에서 표를 받는 안내인은 리처드를 곧바로 알아보고 우리를 들여보내 주었다. 우리는 무대 바로 밑에 서서 불이 꺼질 때까지 기다렸다. 그러자 우리가 입장할 때 리처드를 알아본 또 다른 안내인이 다가와 빈 좌석 두 개를 가리켰다. 리처드는 그에게 슬그머니 돈을 쥐어 주었는데, 얼마를 주었는지는 이야기하지 않았다. 기가 막힌 공연이었다. 그러나 나는 이튿날 〈뉴욕타임스(New York Times)〉에 "컬럼비아 대학 교수 두 명, 메트로폴리탄 오페라에 숨어들다 적발"이라는 표제가 실리는 것을 상상하며 자꾸만 등골이 오싹해졌다.

우리가 공동 연구를 시작한 직후에 리처드는 자기 실험실 사람들에게 "누구 신경생물학 공부할 사람 없어요?" 하고 물었다. 그러자 리처드 셸러(Richard Scheller)만 앞으로 나섰다. 그는 우리 두 사람에게 공동으로 소속된 박사후 연구원이 되었다. 알고 보니 셸러는 매우 값진 인력이었다. 뇌 연구를 자원한 것에서 짐작할 수 있듯이, 그는 창의적이고 과감했다. 또 그는 유전공학을 많이 알고 있었다. 그는 대학원 시절에 중요한 기술적 혁신들에 기여한 바 있었고 내가 분자생물학을 배우는 것을 돕는 데 아낌이 없었다.

어빙 커퍼만과 나는 군소의 다양한 세포와 세포 집단의 행동 기능을 탐구하다가 각각 약 200개의 동일한 세포로 이루어진 두 개의 대칭적인 세포군을 발견했다. 우리는 그 세포들을 자루세포(bag cell)로 명명했다. 어빙은 자루세포들이 산란을 유발하는 호르몬을 방출한다는 것을 발견했다. 산란은 본능적이고 고정적이며 복잡한 행동 패턴이다. 군소의 알은 기다란 끈 모양의 젤라틴 주머니에 싸여 있는데, 각각의 주머니에는 100만 개 이상의 알이 들어 있다. 산란 호르몬에 대한 반응으로 군소는 머리 근처에 위치한 생식기에 있는 구멍으로 알끈(egg string)을 밀어낸다. 그때 군소의 심장박동과 호흡은 빨라진다. 그다음에 군소는 빠져나오는 알끈을 입으로 물고 머리를 앞뒤로 흔들어 생식관 밖으로 잡아당기고, 알끈을 접어 공 모양을 만든 후 바위나 해초에 내려놓는다.

셸러는 산란을 통제하는 유전자를 분리하는 데 성공했고, 그 유전자가 자루세포들에서 발현하는 어떤 펩타이드(peptide) 호르몬—짧은 아미노산 사슬—의 암호를 보유하고 있다는 것을 증명했다. 그는 그 펩타이드 호르몬을 합성하여 군소에 주입했고, 그 결과로 군소의 산란 행동 전체가 시작되는 것을 관찰했다. 이는 당시에 대단한 성취였다. 왜냐하면 단 하나의 짧은 아미노산 사슬이 복잡한 행동의 연쇄를 촉발할 수 있다는 것을 보여 준 쾌거였기 때문이다. 액슬과 셸러와 내가 공동으로 진행한 복잡한 행동—산란—의 분자생물학 연구는 신경생물학에 대한 액슬과 셸러의 장기적인 관심을 유발했고 분자생물학의 미로 속으로 더 깊이 들어가려는 나의 욕망을 부채질했다.

1970년대에 수행한 학습과 기억에 대한 우리의 연구는 세포생물학을 단순 행동의 학습에 연결했다. 그리고 나와 셸러와 액슬이 1970년대 후반에 시작한 연구는 나와 액슬에게 분자생물학과 뇌생물학, 그리고 심리학을 통합하여 새로운 분자행동과학을 창조할 수 있다는 확신을 심어주었다. 우리는 산란의 분자생물학을 다룬 우리의 첫 논문 도입부에서 이 확신을 공표했다. "우리는 군소에서 그 행동 관련 기능이 알려져 있는 펩타이드 호르몬에 대한 암호를 지닌 유전자들의 구조, 발현, 변화를 조사하는 데 유용한 실험 시스템을 기술한다."

이 공동의 프로젝트를 위해 나는 재조합 유전자 기술을 배웠다. 그 기술은 이후 나의 장기기억 연구에 결정적인 도구가 되었다. 그뿐 아니라 나와 액슬의 공동 연구는 중요한 과학적·개인적 우정의 발판이 되었다. 그러므로 나는 내가 노벨상 위원회의 인정을 받은 지 4년 후인 2004년 10월 10일에 리처드와 그의 옛 박사후 연구원인 린다 벅(Linda Buck)이 탁월한 분자신경생물학 연구의 공로로 노벨 생리의학상을 받았다는 소식을 듣고 기뻐했으며 전혀 놀라지 않았다. 리처드와 린다는 쥐의 코에 냄새에 대한 수용체가 대략 1,000종 존재한다는 놀라운 발견을 했다. 이 방대한 수용체들의—전혀 예상치 못한—존재는 왜 우리가 수천 종의 방향 물질을 감지할 수 있는가를 설명하며, 뇌의 냄새 분석의 중요한 한 측면은 코의 수용체들에 의해 수행된다는 것을 시사한다. 그 후 리처드와 린다는 각자 독립적으로 그 수용체들을 연구하여 후각 시스템 속 뉴런들 사이의 연결을 정밀하게 보여 주었다.

분자생물학을 배우고 그것을 기억 연구에 이용하겠다는 나의 목표에 도움을 준 세 번째 사건은 1983년에 일어났다. 그해에 하워드 휴스 의학연구소의 신임 소장 도널드 프레드릭슨(Donald Fredrickson)은 슈워츠와 액슬과 나에게 새로운 정신과학—분자인지과학—의 핵심 연구팀이 되어 달라고 요청했다. 그 연구소가 지원하는 미국 곳곳의 연구팀은 지명에 따라 명명되었다. 그리하여 우리는 컬럼비아 하워드 휴스 의학연구소가 되었다.

하워드 휴스(Howard Hughes)는 창조적이고 특이한 사업가로, 영화를 만들고 경주용 비행기를 설계하기도 했다. 그는 아버지로부터 휴스 공구 회사(Hughes Tool Company)의 주식 상당량을 물려받아 제국이라 할 만한 거대한 사업체를 건설했다. 그는 휴스 공구 회사 산하에 비행기를 만드는 휴스 비행기 회사를 설립했고, 그 회사는 주요 방위산업체가 되었다. 1953년에 그는 의학 연구기관인 하워드 휴스 의학연구소를 설립하고 하워드 휴스 비행기 회사를 통째로 그 연구소에 넘겼다. 휴스가 죽고 8년 뒤인 1984년에 그 연구소는 미국에서 가장 큰 민간 생의학 연구 지원 기관이 되었다. 2004년에 그 연구소의 지원금은 110억 달러를 상회했고, 미국의 수많은 대학에 소속된 350명의 연구자들이 그 혜택을 받았다. 그 연구자들 중 약 100명은 국립과학아카데미 회원이었고, 10명은 노벨상 수상자였다.

하워드 휴스 의학연구소의 원칙은 "프로젝트가 아니라 사람"이다. 그 연구소는 뛰어난 연구자들에게 자원과 함께 과감한 첨단 연구를 수행할 지적인 자유가 제공될 때 과학이 번창한다고 믿는다. 1983년에 그 연구소는 새로운—신경과학, 유전학, 대사조절 연구에 대한—지원 프로그램

세 가지를 신설했다. 나는 신경과학 분야의 선임 연구원이 되어 달라는 요청을 받았다. 이 행운은 나와 액슬의 과학자 경력에 아주 큰 영향을 미쳤다.

새로 구성한 연구소 덕분에 우리는 하버드에서 톰 제슬(Tom Jessell)과 게리 스트럴(Gary Struhl)을 영입하고 컬럼비아를 떠날 예정이었던 스티븐 시겔봄에게 그대로 머물 것을 요청할 수 있었다. 이들은 컬럼비아 휴스 연구팀과 신경생물학 및 행동 센터에 더할 나위 없이 소중한 인력이었다. 제슬은 곧 척추동물 신경계의 발생에 대한 연구를 선도하는 과학자로 부상했다. 그는 천재적인 연구들을 통해 척수의 다양한 신경세포들(셰링턴과 에클스가 연구했던 세포들이다) 각각에 정체성을 부여하는 유전자들을 찾아냈다. 더 나아가 그는 그 유전자들이 축삭돌기의 성장과 시냅스 형성을 통제한다는 것을 보여 주었다. 시겔봄은 이온 통로에 대한 뛰어난 통찰을 발판으로 삼아 어떻게 그 통로들이 신경세포의 흥분성과 시냅스 연결의 세기를 통제하는지, 그리고 어떻게 그 통로들이 활동과 다양한 조절 신경전달물질에 의해 조절되는지 연구했다. 스트럴은 상상력이 풍부한 유전학적 접근법으로 초파리의 신체 모양이 어떻게 발생하는가를 탐구했다.

분자생물학의 도구들과 하워드 휴스 의학연구소의 지원을 손에 쥔 우리는 이제 유전자와 기억에 관한 질문들에 접근할 수 있었다. 1961년 이래로 나의 실험 전략은 단순한 형태의 기억을 최대한 작은 신경세포 집단에 가두고 다중 미세 전극을 이용하여 세포의 활동을 추적하는 것이었다. 우리는 온전한 동물의 단일 감각세포와 운동세포에서 몇 시간 동안 신호를 측정할 수 있었다. 그 정도 기술이면 단기기억을 연구하기에 충분하고도 남았다. 그러나 장기기억을 연구하려면 하루나 이틀 동안 세포의 활동을 측정할 필요가 있었다. 그러려면 새로운 접근법을 채택해야 했고, 따라서 나는 감각세포와 운동세포의 조직배양으로 눈을 돌렸다.

동물 성체에서 감각세포와 운동세포를 그냥 떼어 내어 키울 수는 없다. 왜냐하면 성숙한 세포들은 배양 과정에서 잘 살아남지 않기 때문이다. 그 대신에 매우 어린 동물의 신경계에서 세포들을 떼어 내야 하고 그것들이 성숙한 세포로 성장할 수 있는 환경을 마련해야 한다. 이 목표를 향한 결정적인 진보는 의과학 복합학위(M.D.-Ph.D.) 과정의 학생 아놀드 크릭스타인(Arnold Kriegstein)에 의해 성취되었다. 우리 실험실이 컬럼비아로 옮겨 오기 직전에 크릭스타인은 실험실에서 군소를 알 덩어리 속의 배아 단계로부터 성체까지 키우는 데 성공했다. 그것은 생물학자들이 거의 한 세기 동안 노력했지만 이루지 못한 성과였다.

성장 과정에서 군소는, 투명하고 물속에 떠다니며 단세포 조류를 먹는 유생(幼生)에서 헤엄치고 해초를 먹는 청소년 달팽이로 변한다. 청소년 달팽이는 성체의 축소판이라고 할 수 있다. 그처럼 극단적인 신체 형태의 변화를 이루기 위해 유생은 특정 종의 해초에 의지해야 하고 특정 화학물질에 노출되어야 한다. 군소 유생의 변태(metamorphosis)를 자연에서 관찰한 사람은 당시까지 아무도 없었다. 따라서 그 과정이 어떻게 진행되는지 아는 사람은 없었다. 크릭스타인은 미성숙한 야생 군소를 관찰했고 녀석들이 흔히 특정 종의 해초에 붙는다는 점에 주목했다. 그는 그 해초를 군소 유생에게 제공하는 실험을 했고, 거기에 붙은 유생들이 청소년 달팽이로 변화하는 것을 발견했다. 1973년 11월에 있었던 크릭스타인의 훌륭한 세미나에 참석한 우리 대부분은 그의 설명을 쉽게 잊지 못할 것이다. 그는 어떻게 유생들이 로렌시아 파시피카(Laurencia pacifica)라는 붉은 해초를 찾아 거기에 붙어서 변태를 촉발하는 데 필요한 화학물질들을 뽑아내는지 설명했다. 크릭스타인이 최초로 촬영한 작은 청소년 달팽이의 사진을 보여 주었을 때, 지금도 기억하노니 나는 이렇게 중얼거렸다. "아기들은 언제 봐도 진짜 예뻐!"

크릭스타인의 발견 이후 우리는 그 해초를 기르기 시작했고, 얼마 안 있어 신경계의 세포들을 배양하기 위해 필요한 청소년 달팽이들을 충분히 확보했다. 그다음 주요 과제—어떻게 개별 신경세포들을 배양하고, 어떻게 그것들이 시냅스를 형성하게 만들 것인가?—는 과거에 나의 학생이었던 세포생물학자 새뮤얼 쉐커(Samuel Schacher)가 맡았다. 머지않아 쉐커는 박사후 연구원 두 명의 도움을 받아 아가미 움츠림 반사에 관여하는 개별 감각뉴런과 운동뉴런과 중간뉴런을 배양하는 데 성공했다.

이제 우리는 배양된 학습회로를 확보했다. 그 회로는 우리가 단일 감각뉴런과 단일 운동뉴런에 초점을 맞춤으로써 기억 저장의 요소를 연구할 수 있게 해주었다. 우리의 실험은 그 고립된 감각뉴런들과 운동뉴런들이 온전한 동물 속에서와 정확히 동일한 시냅스 연결들을 형성하고 동일한 생리학적 행동을 나타낸다는 것을 보여 주었다. 자연 상태에서 꼬리에 가한 충격은 세로토닌을 방출하는 조절중간뉴런들을 활성화하고, 따라서 감각뉴런과 운동뉴런 사이의 연결을 강화한다. 우리는 그 조절중간뉴런들이 세로토닌을 방출한다는 것을 이미 알고 있었으므로, 몇 번의 실험 후에는 그 뉴런들을 배양할 필요가 없다는 것을 깨달았다. 단지 감각뉴런과 운동뉴런 사이의 시냅스에 세로토닌을 주입하기만 하면 충분했다. 정확히 말하면, 온전한 동물 속에서 조절중간뉴런의 말단이 감각뉴런에 닿아 세로토닌을 방출하는 그 자리에 세로토닌을 주입하기만 하면 되었다. 생물학적 시스템을 장기간 연구할 때 느끼는 큰 기쁨 가운데 하나는 오늘의 발견이 내일의 실험을 위한 도구가 되는 것을 목격하는 것이다. 여러 해에 걸쳐 진행한 우리의 신경 회로 연구, 세포들 내부와 사이에서 전달되는 핵심적인 화학신호들을 분리하는 우리의 능력은 우리가 그와 동일한 신호들을 써서 시스템을 조작하고 더 심층적으로 탐구할 수 있게 해주었다.

우리는 세로토닌을 짧게 한 번 주입하면 감각뉴런의 글루타메이트 방출이 촉진되어 감각뉴런과 운동뉴런 사이의 시냅스 연결이 몇 분 동안 강화된다는 것을 발견했다. 온전한 동물에서와 마찬가지로 이 단기적인 시냅스 세기 강화는 기능적 변화라서 새 단백질의 합성을 필요로 하지 않는다. 다른 한편 꼬리에 다섯 번 충격을 가한 상황을 시뮬레이션할 의도로 세로토닌을 다섯 차례 주입하니 시냅스 연결이 며칠 동안 강화되었고 새로운 시냅스 연결들이 성장했다. 이는 새 단백질의 합성을 포함한 해부학적 변화다. 이 발견은 우리가 배양된 조직의 감각뉴런에서 새 시냅스가 성장하게 만들 수 있음을 보여 주었다. 그러나 여전히 장기기억을 위해 중요한 단백질들이 무엇인지 알 필요가 있었다.

이 시점에서 신경생물학자로서 나의 진로는 현대 생물학의 가장 큰 지적 모험들 중 하나와 교차했다. 그 모험은 유전자를 제어하는 분자적 장치를 해명하는 일, 즉 지구상의 모든 생명 형태들의 핵심에 있는 암호화된 유전정보를 해독하는 일이었다.

그 모험은 1961년에 파리 소재 파스퇴르 연구소의 프랑수아 자코브와 자크 모노(Jacques Monod)가 「단백질 합성에서 유전적 조절 메커니즘(Genetic Regulatory Mechanisms in the Synthesis of Protein)」이라는 논문을 발표하면서 시작되었다. 이들은 박테리아를 모델 시스템으로 이용하여 유전자들이 제어될 수 있다는 놀라운 발견을 했다. 즉, 유전자들은 전등 스위치와 마찬가지로 켜지거나 꺼질 수 있다.

자코브와 모노는 오늘날 옳다는 것이 밝혀진 추론을 했다. 즉, 인간과 같은 복잡한 유기체에서도 게놈을 이루는 모든 유전자의 거의 전부가 모든 각각의 세포에 들어 있다고 추론했다. 모든 각각의 세포는 그 핵 속에 유기체의 염색체 전부를 가지고 있고, 따라서 유기체 전체를 형성하는 데 필요한 유전자들을 전부 가지고 있는 것이 분명하다. 그런데 이 추론은 심각한 생물학적 질문을 야기했다. 왜 신체의 모든 각각의 세포에서 모든 유전자들이 똑같은 방식으로 기능하지 않는가? 자코브와 모노는 결국 옳은 것으로 판명된 제안을 했다. 즉, 간세포가 간세포이고 뇌세포가 뇌세포인 것은 각각의 세포 유형에서 오로지 특정 유전자들만 켜져서 발현하고, 다른 유전자들은 꺼져 억제되기 때문이라고 제안했다. 따라서 각세포 유형은 특정 단백질들의 집합을 지니는데, 그 집합은 그 세포가 가질 수 있는 단백질 전체의 부분집합이다. 이 단백질 집합은 그 세포가 특수한 생물학적 기능을 수행할 수 있게 해준다.

유전자들은 세포가 최적의 기능에 도달하는 데 기여하는 방향으로 켜지거나 꺼진다. 어떤 유전자들은 거의 유기체의 일생 내내 억제된다. 또 에너지 생산에 관여하는 것들을 비롯한 다른 유전자들은 항상 발현한다. 그 유전자들이 암호화한 단백질들은 생존에 필수적이기 때문이다. 그러나 모든 각각의 세포 유형에서 일부 유전자들은 특정 시기에만 발현하는 반면, 다른 유전자들은 신체 내부에서 혹은 환경에서 온 신호에 반응하여 켜지고 꺼진다. 이런 주장을 접한 나는 어느 날 밤 이런 질문이 섬광처럼 떠올랐다. 학습이란 환경에서 온 감각적 신호들의 집합이 아닌가? 그리고 다양한 감각 신호 패턴들에 의해 다양한 형태의 학습이 이루어지지 않는가?

어떤 종류의 신호들이 유전자의 활동을 제어할까? 유전자들은 대체 어떻게 켜지고 꺼질까? 자코브와 모노는 박테리아에서 유전자들이 다른 유전자들에 의해 켜지고 꺼진다는 것을 발견했다. 이 발견에 기초하여 그들은 실행유전자(effector gene)와 조절유전자(regulatory gene)를 구분했다. 실행유전자는 특수한 세포 기능을 매개하는 효소와 이온 통로 등의 실행단백질들에 대한 암호를 가지고 있다. 조절유전자는 유전자 조절 단백질이라 불리며 실행유전자를 켜거나 끄는 기능을 하는 단백질들에 대한 암호를 가지고 있다. 그리고 자코브와 모노는 이런 질문을 던졌다. 어떻게 조절유전자의 단백질이 실행유전자에 영향을 끼칠까? 그들은 모든 각각의 실행유전자가 자신의 DNA에 특정 단백질을 암호화한 구역뿐 아니라 조절 구역, 즉 오늘날 프로모터(promoter)로 불리는 구역도 가지고 있다고 추측했다. 조절단백질은 실행유전자의 프로모터에 결합하여 그 유전자가 켜지거나 꺼지는 것을 결정한다.

실행유전자가 켜지기에 앞서 그것의 프로모터에 조절단백질이 조립되어 DNA의 두 가닥이 분리되는 것을 도와야 한다. 이제 분리가 일어나 노출된 가닥들은 전사(transcription)라는 과정을 통해 전령RNA로 복사된다. 전령RNA는 단백질 합성에 관한 유전자의 지시를 핵에서 세포질로 운반하고, 세포질에서는 리보솜(ribosome)이라는 구조물들이 전령RNA를 단백질로 번역한다. 이렇게 단백질이 발현하고 나면, DNA의 두 가닥은 다시 맞붙고, 유전자는 다음번에 조절단백질들이 전사를 촉발할 때까지 꺼진 상태로 머문다.

자코브와 모노는 유전자 조절 이론의 개요를 제시했을 뿐 아니라 유전자 전사 조절자들을 최초로 발견했다. 그 조절자들은 두 가지 형태다. 즉, 유전자들을 끄는 조절단백질에 대한 암호를 지닌 유전자인 억제자(repressor)와 유전자들을 켜는 조절단백질에 대한 암호를 지닌 유전자인 활성자(activator)가 있다. 천재적인 추론과 통찰력이 돋보이는 유전학 실험들을 통해 자코브와 모노는 장내에 흔히 있는 박테리아인 대장균에게 먹이가 될 수 있는 유당을 풍부하게 공급하면, 그 박테리아가 유당을 분해하는 효소를 암호화한 유전자를 켠다는 것을 발견했다. 반면에 유당이 없으면, 그 소화 효소를 암호화한 유전자는 순식간에 꺼진다. 어떻게 이런 일이 일어날 수 있을까?

유당이 없을 경우, 억제 유전자는 소화효소를 암호화한 유전자의 프로모터에 결합하는 단백질을 생산하여 그 유전자의 DNA가 전사되는 것을 막는다는 것을 자코브와 모노는 발견했다. 그러나 그들이 박테리아 배양액에 유당을 다시 공급하자, 유당은 세포 속으로 들어가 억제 단백질들과 결합하여 그것들이 프로모터에서 떨어지게 만들었다. 그리하여 그 프로모터는 활성화 유전자에 의해 생산된 단백질들과 자유롭게 결합할 수 있게 되었다. 활성화 단백질들은 실행유전자를 켜서 유당을 소화하는 효소가 생산되게 만든다.

이 연구는 대장균이 환경에 대한 반응으로 특정 유전자의 전사율(rate of transcription)을 조절한다는 것을 보여 주었다. 훗날의 연구들은 박테리아가 포도당 농도가 낮은 환경에 있으면, 세포가 다른 당을 소비할 수 있게 해주는 과정을 촉발하는 환상 AMP를 합성한다는 것을 밝혀냈다.

환경이 세포 외부의 신호 전달 분자들(예컨대 다양한 당들)이나 내부의 신호 전달 분자들(환상 AMP 등의 2차 전달자들)을 통해 요구하는 바에 따라 유전자 기능이 상향 또는 하향으로 조절될 수 있다는 발견은 내게 혁명적인 것이었다. 거기에서 힌트를 얻은 나는 어떻게 단기기억이 장기기억으로 전환되는가 하는 문제를 분자적인 용어로 재구성했다. 나는 이제 이렇게 물었다. 특수한 형태의 학습, 즉 환경에서 온 신호에 반응하는 조절유전자들의 정체는 무엇인가? 또 그 조절유전자들은 어떻게 단기기억에 필수적인 단기 시냅스 변화를 장기기억에 필수적인 장기 시냅스 변화로 바꾸는가?

척추동물에 대한 여러 연구들과 마찬가지로 무척추동물에 대한 우리의 연구는 장기기억이 새 단백질의 합성을 필요로 한다는 것을 보여 주었다. 이 사실은 기억 저장의 메커니즘이 모든 동물에서 매우 유사할 가능성이 높다는 것을 시사했다. 게다가 크레이그 베일리는 군소에서 장기기억이 지속되는 것은 감각뉴런이 새로운 축삭돌기 말단들을 키워 운동뉴런과의 시냅스 연결을 강화하기 때문이라는 놀라운 발견을 이미 이루었다. 하지만 장기기억으로의 전환을 위해 정확히 무엇이 필요한지는 아직 오리무중이었다. 장기 민감화를 산출하는 학습 패턴이 특정 조절유전자들을 활성화하고, 그 유전자들이 암호화한 단백질들이 새 축삭돌기 말단의 형성을 지시하는 실행유전자들을 켜는 것일까?

배양된 감각세포와 운동세포를 연구함으로써 우리는 우리의 행동 시스템을 이런 질문들에 다가갈 수 있을 만큼 충분히 단순화했다. 우리는 장기기억의 핵심 요소가 두 세포 사이의 시냅스 연결에 있다고 판단했다. 이제 우리는 재조합 DNA 기술을 이용하여 이렇게 물을 수 있을 것이었다. 조절유전자들이 그 시냅스 연결의 강화를 일으키고 유지하는가?

이즈음에 나는 과학자로서 공식적인 인정을 받기 시작했다. 1983년에 나는 버넌 마운트캐슬(Vernon Mountcastle)과 함께 래스커 기초의과학상(Lasker Award in basic medical sciences)을 받았다. 그 상은 미국에서 가장 중요한 과학상이다. 또 나는 뉴욕 유대신학교에서 처음으로 명예 학위를 받았다. 그 신학자들이 나의 연구를 안다는 것만 해도 내겐 감동이었다. 그들은 아마 내 동료이며 나로 하여금 처음으로 정신분석과 뇌에 관심을 갖게 만든 정신분석가들 중 하나인 모티머 오스토우에게서 내 연구에 관한 이야기를 들었을 것이다.

이때 아버지는 이미 돌아가신 뒤였지만 어머니는 명예 학위 수여식에 오셨다. 신학교의 학장인 거슨 D. 코언(Gerson D. Cohen)은 나를 소개하면서 내가 플랫부시 예시바에서 훌륭한 히브리어 교육을 받았다고 언급했고, 그 언급은 유대인인 어머니의 가슴을 자부심으로 부풀게 했다. 어머니의 아버지, 즉 외할아버지가 내게 히브리어를 잘 가르쳐 주었다는 인정은 어머니에게, 몇 달 뒤에 내가 받은 래스커상보다 더 큰 의미가 있었을 것이라고 나는 생각한다.

19.

유전자와 시냅스 사이의 대화

1985년에 나는 마침내 밤 과학—유전자 발현을 조절하는 단백질들에 대한 수개월에 걸친 생각—에서 축적한 통찰들을 낮의 틀에 적용하여 유전자 발현과 장기기억을 연구하기 시작했다. 조절단백질들에 대한 생각은 박사후 과정 학생 필립 골레트(Philip Goelet)가 컬럼비아에 온 후에 더욱 명료해졌다. 골레트는 영국 케임브리지 의학연구위원회 실험실에서 시드니 브레너와 함께 수련한 경력이 있었다. 골레트와 나는 다음과 같은 추론을 했다. 장기기억은 새 정보가 등록된 후 고착화되어 더 영구적인 저장소로 들어가는 것을 필요로 한다. 장기기억이 새 시냅스 연결들의 성장을 필요로 한다는 것을 발견함으로써 우리는 더 영구적인 저장소가 어떤 형태인가에 대하여 약간의 통찰을 얻었다. 그러나 우리는 아직 중간에 있는 분자적이고 유전적인 단계들—기억 고착화의 본성—을 이해하지 못하고 있었다. 덧없는 단기기억이 어떻게 안정적인 장기기억으로 전환되는 것일까?

자코브-모노 모델에서 세포의 환경에서 온 신호는 유전자 조절단백질을 활성화하고, 그 단백질은 특정 단백질을 암호화한 유전자를 켠다. 이 점에 착안한 골레트와 나는 민감화에서 장기기억을 켜는 결정적인 단계도 그와 유사한 신호 및 유전자 조절단백질과 관련이 있지 않을까 생각했다. 우리는 반복적인 학습이 신호를 핵으로 보내 핵에게 조절단백질의 암호를 보유한 조절유전자를 활성화하라고 말하고, 조절단백질은 새 시냅스 연결의 성장에 필요한 실행유전자를 켜는 것이며, 그렇기 때문에 장기 민감화에서 반복적인 학습이 중요하다고 추측했다. 그렇다면 기억이 고착화되는 단계는 조절단백질이 실행유전자를 켜는 동안일 것 같았다. 우리 생각대로라면, 결정적인 기간—즉 학습 중과 직후—에 새 단백질의 합성을 막으면 새 시냅스 연결의 성장과 단기기억의 장기기억으로의 전환이 차단되는 것을 유전학적으로 설명할 수 있을 것 같았다. 조절단백질의 합성을 막는 것은 시냅스 성장과 장기기억 저장에 필수적인 단백질 합성을 촉발하는 유전자의 발현을 막는 것을 의미한다는 것이 우리의 추론이었다.

1986년에 우리는 이 같은 견해를 요약하여 〈네이처〉에 「장기기억의 길고 짧음(The Long and Short of Long-Term Memory)」이라는 개략적인 논문을 발표했다. 이 글에서 우리는 만일 시냅스에 있는 단기기억을 장기기억으로 전환하는 데 유전자 발현이 필요하다면, 학습에 의해 자극된 시냅스가 모종의 방식으로 핵에 신호를 보내 특정 조절유전자를 켜라고 말해야 한다고 주장했다. 단기기억에서 시냅스는 더 많은 신경전달물질의 방출을 요청하기 위해 세포 내부에서 환상 AMP와 단백질 키나아제 A를 사용한다. 골레트와 나는 장기기억에서는 그 키나아제가 시냅스에서 핵으로 움직여 유전자 발현을 조절하는 단백질을 모종의 방식으로 활성화한다는 가설을 세웠다.

이 가설을 검증하려면 시냅스에서 핵으로 가는 신호를 찾고, 그 신호에 의해 활성화되는 조절유전자들을 찾고, 그 조절자에 의해 켜지는 실행유전자들—장기기억 저장의 기저에 있는 새 시냅스의 성장을 관장하는 유전자들—을 찾아야 할 것이었다.

우리가 조직배양으로 창조한 단순화된 신경 회로—시냅스로 연결된 단일 감각뉴런과 단일 운동뉴런—는 위의 생각들을 검증해 볼 수 있는 완비된 생물학적 시스템이었다. 우리의 배양접시에서 세로토닌은 민감화에 의해 유발된 각성 신호 역할을 했다. 한 번의 세로토닌 주입—한 번의 충격, 한 번의 훈련 시도와 동등하다—은 세포에게 자극이 일시적이며 단기적인 문제라고 알린 반면, 다섯 번의 세로토닌 주입—다섯 번의 훈련 시도와 동등하다—은 자극이 지속적이며 장기적인 문제라고 알렸다. 우리는 고농도의 환상 AMP를 감각뉴런에 주입하면 시냅스 세기의 단기적인 강화뿐 아니라 장기적인 강화도 산출된다는 것을 발견했다. 이 장면에서 우리는 샌디에이고 소재 캘리포니아 대학의 로저 첸(Roger Tsien)과 손을 잡고 그가 개발한 기법을 이용했다. 그 기법은 뉴런 속 환상 AMP와 단백질 키나아제 A의 위치를 볼 수 있게 해주었다. 우리는 한 번의 세로토닌 주입은 주로 시냅스에서 환상 AMP와 단백질 키나아제 A의 양을 증가시키는 반면, 반복적인 세로토닌 주입은 더 높은 농도의 환상 AMP를 산출하여 단백질 키나아제 A가 핵으로 진입해 유전자들을 활성화하게 만든다는 것을 발견했다. 훗날의 연구들은 단백질 키나아제 A가 또 다른 키나아제인 MAP(Mitogen Activated Protein) 키나아제를 동원한다는 것을 밝혀냈다. MAP 키나아제 역시 핵으로 진입하며 시냅스 성장에 관여한다. 이로써 우리는 반복된 민감화 훈련의 효과 중 하나는—연습이 완벽함을 만드는 이유는—키나아제 형태의 신호가 핵에 들어가게 만드는 것이라는 우리의 생각을 입증했다.

핵에 진입한 키나아제들은 무슨 일을 할까? 우리는 최근에 발표된 비신경세포에 관한 논문을 통해 단백질 키나아제 A가 CREB(환상 AMP 반응 요소 결합 단백질, cyclic AMP response element-binding protein)라는 조절단백질을 활성화할 수 있고, 그 단백질은 특정 프로모터(환상 AMP

반응 요소)에 결합한다는 사실을 알고 있었다. 이는 CREB가 시냅스 결합의 단기 강화를 장기 강화로 전환하는 스위치와 새 결합 성장의 핵심 성분일 수 있다는 것을 시사했다.

박사후 학생 프라모드 대시(Pramod Dash)와 벤저민 호크너(Benjamin Hochner)가 팀에 합류한 1990년에 우리는 CREB가 군소의 감각뉴런 속에 존재하며 실제로 민감화의 기저에 있는 장기적인 시냅스 연결 강화에 필수적이라는 것을 발견했다. 우리는 배양된 감각뉴런의 핵 속에 있는 CREB의 작용을 차단함으로써 시냅스 연결의 단기 강화는 허용하면서 장기 강화만 막을 수 있었다. 이것은 놀라운 발견이었다. 단 하나의 조절 단백질만 차단했는데도 장기적인 시냅스 변화의 과정 전체가 막혀 버렸으니 말이다. 창조적이며 기술적으로 뛰어난 박사후 연구원 두산 바치(Dusan Bartsch)는 더 나중에 단백질 키나아제 A에 의해 인산화된 CREB를 감각뉴런의 핵에 주입하는 것만으로도 시냅스 연결의 장기 강화를 산출하는 유전자를 켤 수 있다는 것을 발견했다.

나는 이미 오래전에 뇌의 유전자들은 행동의 통제자이며 우리 운명의 절대적인 주인이라고 배웠음에도 불구하고, 우리의 연구는 뇌에서건 박테리아에서건 유전자들은 환경의 하인이기도 하다는 것을 보여 주었다. 유전자들은 외부 세계의 사건들에 의해 인도된다. 환경의 자극—동물의 꼬리에 가한 충격—은 세로토닌을 방출하는 조절중간뉴런들을 활성화한다. 세로토닌은 감각뉴런에 작용하여 환상 AMP의 양을 증가시키고 단백질 키나아제 A와 MAP 키나아제가 핵으로 이동하여 CREB를 활성화하게 만든다. 그리고 CREB의 활성화는 세포의 기능과 구조를 변화시키는 유전자들의 발현으로 이어진다.

1995년에 바치는 자코브-모노 모델이 예견한 것과 대략 유사하게 CREB에 두 형태가 있다는 것을 발견했다. 한 형태(CREB-1)는 유전자 발현을 활성화하고, 또 다른 형태(CREB-2)는 유전자 발현을 억제한다. 반복적인 자극은 단백질 키나아제 A와 MAP 키나아제가 핵으로 이동하게

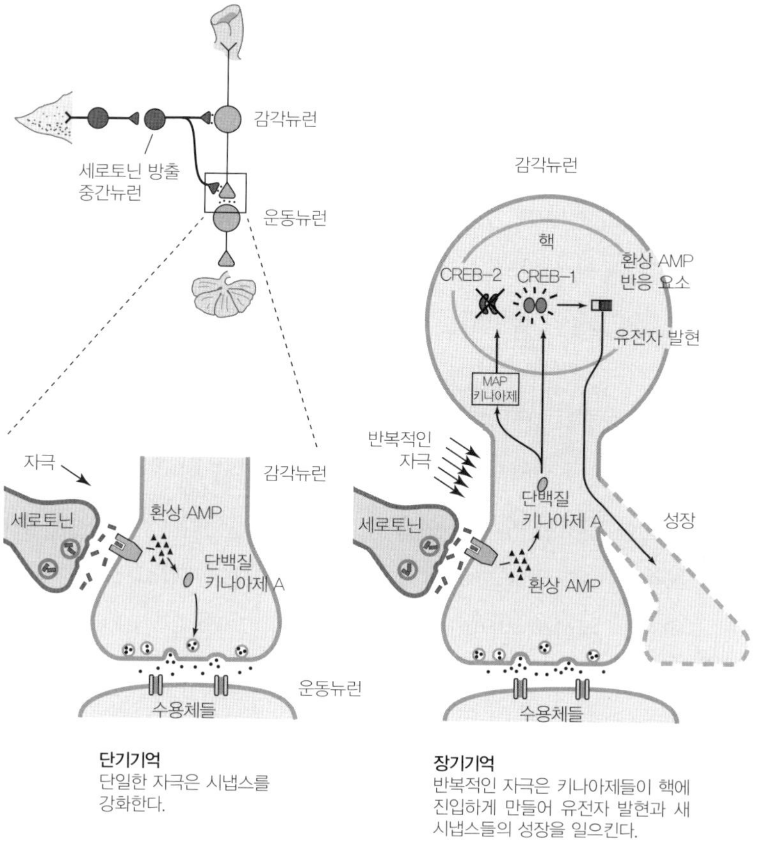

19-1 단기 강화와 장기 강화의 분자적 메커니즘

만들고, 핵에서 단백질 키나아제 A는 CREB-1을 활성화하고 MAP 키나아제는 CREB-2를 비활성화한다. 따라서 시냅스 연결의 장기 강화는 일부 유전자들의 켜짐뿐 아니라 다른 유전자들의 꺼짐도 필요로 한다(그림 19-1).

이런 흥분되는 발견들이 실험실에서 이루어지는 동안 나는 두 가지 사실에 충격을 받았다. 첫째, 우리는 자코브-모노 유전자 조절 모델이 기억 저장 과정에 적용된다는 것을 확인하고 있었다. 둘째, 우리는 뉴런이 통합적으로 작용한다는 셰링턴의 발견이 세포핵 수준에서도 타당하다는 것을 확인하고 있었다. 나는 그 평행 관계에 경탄했다. 세포 수준에서 흥분 시냅스 신호와 억제 시냅스 신호는 하나의 신경세포로 수렴하는 반면, 분자 수준에서 한 형태의 CREB 조절단백질은 유전자 발현을 촉진하고 또 다른 형태의 CREB 조절단백질은 그것을 억제한다. 그리고 이 두 CREB 조절자들의 상반되는 작용은 통합된다.

실제로 CREB들의 상반되는 조절 작용은 기억 저장에 문턱이 설정되게 만든다. 이는 중요하고 생명에 도움이 되는 경험들만 학습되도록 만들기 위해서일 것이다. 꼬리에 반복해서 가한 충격은 군소에게 중요한 학습 경험이다. 이를테면 피아노 연습이나 프랑스어 동사 어미변화 암기가 우리에게 중요한 것처럼 말이다. 연습은 완벽함을 만든다. 장기기억을 위해서는 반복이 필수적이다. 그러나 예컨대 자동차 사고처럼 매우 고양된 감정을 동반하는 경험은 장기기억의 제약들을 원리적으로 건너뛸 수 있다. 그런 상황에서는 충분한 양의 MAP 키나아제 분자들이 신속하게 핵에 보내져 모든 CREB-2 분자들을 비활성화할 것이며, 따라서 단백질 키나아제 A가 쉽게 CREB-1을 활성화하고 해당 경험을 곧장 장기기억에 넣을 수 있게 할 것이다. 이른바 섬광 기억(flashbulb memories), 즉 감정을 동반하면서 세부까지 생생하게 되살아나는 기억들—예컨대 나와 미치 사이에 있었던 일에 대한 나의 기억—은 그런 경우에 해당한다고 할 수 있을 것이다. 그런 기억은 마치 완벽한 한 장의 그림이 뇌에 눈 깜짝할 사이에 뚜렷이 새겨지는 것처럼 저장된다.

또 일부 사람들이 보여 주는 특별히 우수한 기억력은 무언가 유전적인 차이 때문에 억제 단백질인 CREB-2의 작용이 제한되는 데서 비롯되는 것 같다. 전형적으로 장기기억은 중간에 휴식 기간을 두고 띄엄띄엄 떨어진 반복 훈련을 필요로 하지만, 때로는 감정이 실리지 않은 단 한 번의 경험에 의해서도 발생한다. 유명한 러시아 암기사(memorist) S. V. 셰레셉스키(Shereshevski)는 그런 단판 학습(one-trial learning)을 특히 잘했던 사람이다. 그는 단 한 번 경험하여 학습한 것을 10년 넘게 지난 후에도 전혀 망각하지 않는 것 같았다. 대개의 암기사들은 그보다 더 제한된 능력을 가지고 있다. 그들은 특정 유형의 지식을 기억하는 데 예외적으로 뛰어나지만 다른 유형에 대해서는 그렇지 않다. 어떤 사람들은 시각 이미지나 악보, 체스 게임, 시, 얼굴을 놀랍도록 잘 기억한다. 몇몇 폴란드 출신의 탈무드 암기사들은 시각적 기억으로부터 12권짜리 바빌로니아 탈무드의 모든 페이지, 모든 단어를 마치 그 페이지가 지금 눈앞에 있기라도 한 것처럼 되살릴 수 있다.

반대로 노화에 따른 기억력 감퇴(노화성 건망증)의 한 가지 특징은 장기기억을 고착화하는 능력이 없어진다는 것이다. 이 문제는 CREB-1을 활성화하는 능력이 약해지는 것뿐 아니라 CREB-2의 기억 고착화 차단 작용을 제거하는 신호가 불충분해지는 것을 반영하는 것 같다.

장기기억을 위한 CREB 스위치는 단기기억의 세포적 메커니즘과 마찬가지로 여러 동물 종에서 동일하다는 것이 밝혀졌다. 이 사실은 그 스위치가 진화 속에서 보존되었음을 시사한다. 1993년, 뉴욕 롱아일랜드 소재 콜드 스프링 하버 연구소의 행동유전학자 팀 툴리(Tim Tully)는 파리의 학습된 공포에 대한 장기기억을 탐구하기 위하여 멋진 실험 계획을 세웠다. 1995년에 툴리는 분자유전학자 제리 인(Jerry Yin)과 손을 잡았고, 두 사람은 초파리에서 CREB 단백질들이 장기기억을 위해 필수적이라는 것을 발견했다. CREB 활성자와 억제자는 군소에서와 마찬가지로 초파리에서도 결정적인 역할을 했다. CREB 억제자는 단기기억이 장기기억으로 전환되는 것을 막았다. 더 흥미로운 점은, CREB 활성자를 더 많이 생산하도록 교배한 돌연변이 파리들은 인간의 섬광 기억에 해당할 만한 기억을 가질 수 있었다. 특수한 냄새를 충격과 함께 제공하는 훈련을 몇 차례 하고 나면 정상 파리들은 그 냄새에 대한 공포를 단기적으로만 기억한 반면, 똑같은 횟수만큼 반복 훈련을 받은 돌연변이 파리들은 그 공포를 장기적으로 기억했다. 얼마간 시간이 지나면, 동일한 CREB 스위치가 꿀벌에서부터 생쥐와 사람에 이르기까지 다양한 동물 종에서 많은 형태의 암묵기억을 위해 중요하다는 사실이 명백히 밝혀질 것이다.

이처럼 행동 분석을 먼저 세포신경과학과 연결하고 그다음엔 분자생물학과 연결함으로써 우리는 기초적인 정신 과정의 분자생물학을 정초하는 데 기여할 수 있었다.

단기기억을 장기기억으로 전환하는 스위치가 단순한 과제들을 학습하는 다양한 단순한 동물들에서 동일하다는 사실은 고무적이었고, 기억 저장의 핵심 메커니즘은 종의 차이를 넘어서 보존되었다는 우리의 믿음을 더 견고하게 만들었다. 그러나 그 사실은 뉴런의 세포생물학에 중요한 문제를 던져 주었다. 단일한 감각뉴런은 1,200개의 시냅스 말단을 가지며 약 25개의 표적 세포와 접촉한다. 그 표적 세포들은 아가미 운동뉴런, 수관 운동뉴런, 색소샘 운동뉴런, 흥분 및 억제 중간뉴런이다. 우리는 그 시냅스들 중 일부에서만 단기 변화가 일어나고 나머지에서는 일어나지 않는다는 것을 이미 발견한 바 있었다. 납득할 수 있는 발견이었다. 왜냐하면 꼬리에 가한 한 번의 충격이나 한 번의 세로토닌 주입은 환상 AMP의 양을 국소적으로 특정 시냅스들의 집합에서만 증가시키니까 말이다. 반면에 장기적인 시냅스 변화는 유전자 전사를 필요로 하고, 유전자 전사는 핵에서 이루어져 새 단백질의 생산을 촉발한다. 그러므로 새로 합성된 단백질들이 뉴런에 있는 모든 시냅스 말단들로 운반되리라고 자연스럽게 예상할 수 있을 것이다. 따라서 만일 세포 내의 어떤 특수한 메커니즘이 특정 시냅스들만 변화하도록 제한하지 않는다면, 뉴런의 모든 시냅스 말단들이 장기기억 고착화의 영향을 받게 될 것이다. 만일 그렇게 된다면, 모든 각각의 장기적인 변화가 뉴런의 모든 시냅스들에 저장될 것이다. 이 결론 앞에서 다음의 질문을 던지지 않을 수 없다. 어떻게 장기적인 학습 및 기억 과정은 특정 시냅스들에 국소화될 수 있는가?

골레트와 나는 이 질문을 오랫동안 숙고했고 1986년에 〈네이처〉에 발표한 논문에서 오늘날 '시냅스 표시(synaptic marking)'로 불리는 이론의 개요를 제시했다. 우리는 주어진 시냅스에 단기기억에 의해 생긴 일시적 변형이 모종의 방식으로 표시를 남긴다는 가설을 세웠다. 그 표시는 그 시냅스가 단백질들을 인지하고 안정화할 수 있게 해줄 것이다.

어떻게 세포가 단백질들을 특정 시냅스들로 보내는가 하는 문제는 대단히 유능한 세포생물학자 켈시 마틴(Kelsey Martin)에게 아주 잘 맞는 질문이었다. 예일 대학에서 의과학 복합학위를 받은 그녀는 하버드 대학 학부를 졸업한 후 남편과 함께 평화봉사단에 지원하여 아프리카에서 일했다. 컬럼비아로 올 당시에 그들은 이미 벤이라는 이름의 아들을 데리고 있었다. 그녀는 우리 실험실에 있는 동안 딸 마야를 낳았다. 켈시는 우리 실험실에서 특별한 존재였다. 그것은 그녀가 일급 과학자였기 때문만이 아니라, 우리의 작은 회의실 겸 휴게실을 매일 오후 4시에서 6시까지 영리한 아이들이 뛰노는 즐거운 유치원으로 바꿔 놓아 우리 모두의 정신을 고양시켰기 때문이기도 하다.

단백질 키나아제 A가 핵으로 이동하는 것을 추적하고 핵 속에서 CREB 조절자들을 발견함으로써 우리는 시냅스에서 핵으로 이어진 분자적 경로를 파악했다. 이제 우리의 과제는 그 반대 방향의 이동을 이해하는 것이었다. 켈시와 나는 자극되어 장기적인 구조 변화를 겪는 시냅스가 자극되지 않은 시냅스와 어떻게 다른지를 단일 감각세포에서 탐구할 필요가 있었다. 이를 위해 우리는 새롭고 멋진 세포배양 시스템을 개발했다.

우리는 크게 두 갈래로 갈라져 두 개의 운동뉴런과 시냅스 연결들을 형성한 축삭돌기 하나를 가진 단일 감각뉴런을 키웠다. 그리고 과거와 마찬가지로 세로토닌을 주입함으로써 행동 훈련을 시뮬레이션했다. 하지만 과거와 달리 이 경우에는 세로토닌을 두 개의 시냅스 연결들의 집합 중 하나에 선택적으로 주입할 수 있었다. 한 시냅스 집합에 한 번 세로토닌을 주입하니 예상대로 그 집합의 시냅스들만 단기적으로 강화되었다. 또 한 시냅스 집합에 다섯 번 세로토닌을 주입하니 오직 그 시냅스들에서만 장기적인 연결 강화와 새로운 시냅스 말단들의 성장이 일어났다. 이 결과는 예상 밖이었다. 왜냐하면 장기 강화와 성장은 CREB에 의한 유전자 활성화를 필요로 하고 이 작용은 세포의 핵 속에서 일어나므로, 이론적으로 그 효과는 세포의 모든 시냅스들에 미쳐야 하기 때문이다. 켈시는 핵 속 CREB의 작용을 차단하는 실험을 했고, 그 차단으로 인해 세로토닌으로 자극된 시냅스에서 연결 강화와 말단 성장이 일어나지 않는다는 것을 발견했다.

이 발견은 우리에게 뇌의 계산 능력에 대해 매우 중요한 깨우침을 주었다. 즉, 하나의 뉴런은 다양한 표적 세포들과 1,000개 이상의 연결을 형성할 수 있지만, 개별 시냅스들은 단기기억과 장기기억에 의해 각각 독립적으로 변화할 수 있다는 것을 일깨워 주었다. 이러한 시냅스들의 독립성은 뉴런에게 엄청난 계산적 융통성을 제공한다.

이 대단한 선택성은 어떻게 확보되는 것일까? 우리는 두 가지 가능성을 고려했다. 뉴런들은 전령RNA와 단백질들을 장기기억 저장을 위해 표시된 시냅스들에만 보내는 것일까? 아니면, 전령RNA와 단백질들은 모든 시냅스로 운반되는데 오직 표시된 시냅스들만 그것들을 이용하여 성장할 수 있는 것일까? 우리는 먼저 시험해 보기 용이한 두 번째 가설부터 검증했다.

그 '표시된 성장' 과정은 어떻게 가능할까? 켈시는 표시된 시냅스에서 두 가지 일이 일어나야 한다는 것을 발견했다. 첫째는 간단히 단백질 키나아제 A의 활성화다. 만일 그 시냅스에서 단백질 키나아제 A가 활성화되지 않는다면, 연결 강화는 결코 일어나지 않을 것이다. 둘째는 국소적 단백질 합성을 제어하는 장치의 활성화다. 이는 매우 놀라운 발견이었고, 당시까지 제대로 이해되지 않았고 따라서 대체로 무시되었던 신경세포생물학의 한 발견이 지닌 중요성을 새삼 부각했다. 1980년대 초에 어바인 소재 캘리포니아 대학의 오스왈드 스튜어드(Oswald Steward)는 거의 모든 단백질 합성은 뉴런의 세포 본체에서 일어나지만, 일부는 시냅스 자체에서 국소적으로 일어나기도 한다는 것을 발견했다.

우리의 발견은 국소적 단백질 합성의 한 가지 기능이 시냅스 연결의 장기 강화를 유지하는 것임을 시사했다. 우리는 특정 시냅스에서의 국소적 단백질 합성을 억제하는 실험을 했는데, 그 억제에도 불구하고 장기 강화 과정이 시작되어 새 말단들이 성장했다. 이는 세포 본체에서 시냅스로 보내진 단백질들이 사용되었음을 의미했다. 그러나 새로운 성장은 유지될 수 없었고 하루가 지나자 원상태로 복귀했다. 요컨대 세포 본체에서 합성되어 말단으로 운반된 단백질들만으로도 시냅스 성장이 시작될 수 있었지만, 그 성장이 유지되려면 국소적으로 합성된 단백질이 필요했다.

이 결론들은 장기기억에 대한 새로운 이해를 가능케 했다. 그것들은 두 개의 독립적인 메커니즘이 작동한다는 것을 시사했다. 한 메커니즘은 단백질 키나아제 A를 핵으로 보내 CREB를 활성화하고 새 시냅스 연결의 성장에 필요한 단백질들의 암호를 가진 실행유전자들을 켬으로써 장기 시냅스 강화 과정을 개시한다. 다른 메커니즘은 새로 성장한 시냅스 말단들을 유지함으로써 기억 저장을 영속화한다. 그리고 이 두 번째 메커니즘은 국소적 단백질 합성을 필요로 한다. 이렇게 우리는 개시를 위한 메커니즘과 유지를 위한 메커니즘이 별개라는 것을 깨달았다. 그렇다면 그 두 번째 유지 메커니즘은 어떻게 작동하는 것일까?

바로 이 시점, 즉 1999년에 대단히 독창적이고 효율적인 과학자 코시크 시(Kausik Si)가 우리 실험실에 합류했다. 코시크는 인도의 작은 마을에서 태어났는데, 그의 아버지는 그 마을의 고등학교 선생이었다. 코시크의 아버지는 아들이 생물학에 관심이 있다는 것을 알고는 동료 생물학 선생에게 코시크를 지도해 줄 것을 부탁했다. 그 생물학 선생은 코시크에게 많은 것을 가르쳐 주었고, 유전 메커니즘에 대한 그의 관심을 북돋웠다. 또 미국의 대학원에 진학하여 생물학을 공부하라고 조언했다. 그리하여 코시크는 결국 컬럼비아의 내 곁에서 박사후 수련을 하게 되었다.

코시크는 효모의 단백질 합성에 대한 연구로 박사학위를 받았고, 컬럼비아에 온 후에 군소에서 국소적 단백질 합성 문제를 숙고하기 시작했다. 우리는 전령RNA 분자들이 핵에서 합성되고 특정 시냅스들에서 단백질로 번역된다는 것을 알고 있었다. 따라서 이런 질문이 제기되었다. 전령RNA는 활성 상태에서 말단들로 보내지는 것일까? 아니면 휴지 상태에서, 그러니까 표시된 시냅스들에서 말하자면 어떤 분자 왕자님의 입맞춤을 받고 깨어날 잠든 공주처럼 보내지는 것일까?

코시크는 잠든 공주 가설을 선호했다. 그는 휴지 전령RNA 분자들은 오직 표시된 시냅스에 도달하여 특정 신호를 만날 때만 활성화된다고 주장하면서, 흥미롭게도 이런 종류의 조절이 개구리의 발달에서 일어난다는 점을 지적했다. 개구리 알이 수정되어 성숙하면, 휴지 전령RNA 분자들은 국소적 단백질 합성을 조절하는 새로운 단백질에 의해 깨어나 활성화된다. 이 단백질은 CPEB(세포질 폴리아데닐화 요소 결합 단백질, cytoplasmic polyadenylation element-binding protein)로 불린다.

우리는 기억의 기저에 놓인 분자적 과정들의 미로 속으로 더 깊이 들어갔다. 그 과정에서 코시크는 군소가 지닌 새로운 형태의 CPEB가 정말로 우리가 찾는 왕자라는 것을 발견했다. 그 분자는 신경계에만 있고 뉴런의 모든 시냅스들에 위치하며 세로토닌에 의해 활성화되고, 활성화된 시냅스들이 단백질 합성과 새 말단들의 성장을 유지하는 데 필요하다. 그러나 코시크의 발견은 질문을 한층 더 심화했다. 대부분의 단백질은 합성 후 몇 시간이 지나면 퇴화하고 파괴된다. 그보다 더 긴 시간에 걸쳐 말단의 성장을 유지시키는 것은 무엇일까? 내가 미치와 나 사이에 있었던 일을 평생 기억하게 만든 것은 무엇일까?

코시크는 새로운 CPEB의 아미노산 서열을 면밀히 검토했고 매우 특이한 점을 발견했다. 그 단백질의 한 끝은 프리온(prion)의 모든 특징을 갖고 있었다.

프리온은 아마도 현대 생물학이 알고 있는 가장 수상한 단백질일 것이다. 그 단백질은 샌프란시스코 소재 캘리포니아 대학의 스탠리 프루시너(Stanley Prusiner)에 의해 소의 광우병(소 스펀지형 뇌증)과 인간의 크로이츠펠트야콥병(어빙 커퍼만은 과학자로서 전성기를 구가하던 2002년에 안타깝게도 이 병으로 죽었다)을 비롯한 여러 미지의 신경 퇴행성 병들의 병원체로 처음 발견되었다. 프리온은 기능적으로 상이한 두 모양 혹은 구조로 접힐 수 있다는 점에서 다른 단백질과 다르다. 그 두 모양 중에서 하나는 우성이고 다른 하나는 열성이다. 프리온의 암호를 지닌 유전자들은 열성 형태를 산출하지만, 그 형태는 순전히 우연적으로(아마 어빙의 병이 이 경우에 해당할 것이다), 또는 활성 형태의 프리온을 함유한 음식을 먹음으로써 우성 형태로 변환될 수 있다. 우성 형태의 프리온은 다른 세포들에 치명적일 수 있다. 프리온과 다른 단백질들 사이의 두 번째 차이는 우성 형태의 프리온은 자기 영속적이라는 점에 있다. 그 프리온은 다른 열성 형태의 프리온들이 모양을 바꿔 우성 형태가 되도록 만든다(그림 19-2).

어느 날 코시크가 내 사무실로 들어왔다. 내 기억으로는 2001년 봄 뉴욕의 어느 아름다운 오후였는데, 햇살이 내 사무실 창밖 허드슨 강의 잔물결에 부서져 반짝이고 있었다. 코시크가 물었다. "CPEB가 프리온과 유사한 성질을 가졌다고 말씀드린다면, 선생님은 무슨 말을 하시겠어요?"

너무 과감한 발상이야! 하지만 만일 그것이 사실이라면, 어떻게 장기기억이 단백질의 끊임없는 퇴화와 교체에도 불구하고 한정 없이 유지되는지 설명할 수 있을 것이었다. 당연한 말이지만, 자기 영속적인 분자는 시냅스에 무한정 머물면서 새로 성장한 시냅스 말단을 유지하는 데 필요한 국소적 단백질 합성을 제어할 수 있을 것이었다.

밤늦도록 장기기억에 관하여 골똘히 생각하면서 나는 한동안 프리온이 모종의 방식으로 장기기억 저장에 관여할지도 모른다는 생각을 이리저리 굴려 본 적이 있었다. 더구나 나는 프리온과 관련 질병들에 관한 프루시너의 획기적인 연구를 잘 알고 있었다. 그는 그 공로로 1997년에 노벨 생리의학상을 수상했다. 따라서 나는 새로운 형태의 CPEB가 프리온

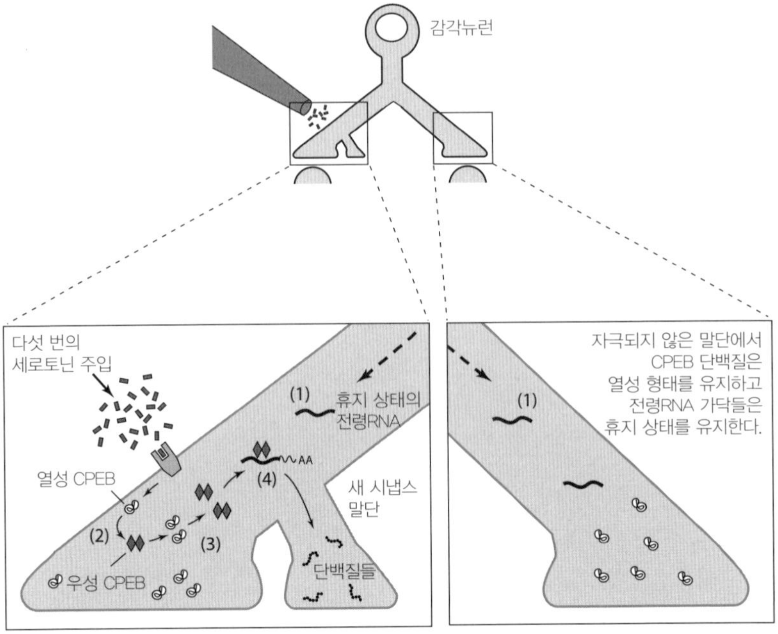

19-2 프리온과 유사한 CPEB 단백질과 장기기억. (1) 이미 주어진 자극의 결과로 감각세포의 핵은 휴지 전령RNA(mRNA)를 모든 축삭돌기 말단으로 보냈다. (2) 한 말단에 다섯 번 주입한 세로토닌은 모든 시냅스에 있으며 프리온과 유사한 단백질(CPEB)을 우성이며 자기 영속적인 형태로 변환한다. (3) 우성 CPEB는 열성 CPEB들을 우성 형태로 변환할 수 있다. (4) 우성 CPEB는 휴지 전령RNA를 활성화한다. 활성화된 전령RNA는 새 시냅스 말단에서 단백질 합성을 조절하여 그 시냅스를 안정화하고 기억을 영속화한다.

일 수도 있다는 생각을 전혀 해보지 않았지만, 코시크의 발상에 즉시 매료되었다.

프리온은 주로 효모에서 연구되었다. 그러나 코시크가 뉴런에서 CPEB의 새 형태를 발견할 때까지 아무도 프리온의 정상적인 기능을 알아내지 못했다. 그러므로 그의 발견은 학습과 기억에 대한 심오한 통찰을 제공했을 뿐 아니라 생물학의 새 장을 열었다. 우리는 곧 아가미 움츠림 반사를 매개하는 감각뉴런들에서 세로토닌의 통제에 의해 비활성 비증식성(non-propagating) CPEB 형태가 활성 증식성 CPEB 형태로 변환된다는 것을 발견했다. 세로토닌은 단기기억이 장기기억으로 전환되는 데 필요한 전달물질이다(그림 19-2). 자기 증식성 형태의 CPEB는 국소적인 단백질 합성을 유지한다. 더 나아가 그 자기 증식성 형태는 쉽게 열성 형태로 변환되지 않는다.

CPEB라는 새로운 프리온은 이 두 특징 때문에 기억 저장에 매우 적합하다. 단백질의 자기 영속성은 국소적 단백질 합성에 결정적으로 중요하며, 정보가 선택적으로 한 시냅스에 영속적으로 저장되도록 해준다. 코시크가 곧 발견했듯이, 그 정보는 뉴런이 다른 표적 세포들과 형성한 다른 많은 시냅스들에는 저장되지 않는다.

새 프리온인 CPEB가 기억의 영속과, 더 나아가 뇌의 기능과 유관하다는 것을 발견한 것을 넘어서, 코시크와 나는 프리온들의 생물학적 특징 두 가지를 새로 발견했다. 첫째, 정상적인 생리학적 신호 — 세로토닌 — 는 CPEB가 한 형태에서 다른 형태로 변환되는 데 결정적인 역할을 한다. 둘째, CPEB는 생리학적 기능 — 시냅스 강화와 기억 저장의 영속화 — 을 한다는 것이 알려진 최초의 자기 증식적 형태의 프리온이다. 기존에 연구된 모든 자기 증식적 형태의 프리온은 신경세포를 죽이거나 드물게는 비활성으로 만듦으로써 병이나 사망을 일으키는 것들이었다.

우리는 코시크의 발견이 새로운 생물학적 빙산의 일각에 불과하다는 믿음을 갖게 되었다. 원리적으로 그 메커니즘 — 단백질이 비유전적·자기 영속적 변화를 겪는 것 — 은 발달과 유전자 전사를 비롯한 다른 많은 생물학적 맥락에도 적용될 수 있을 것이다.

내 실험실에서 이루어진 이 대단한 발견은 기초과학이 놀라운 반전을 지닌 훌륭한 추리소설과 유사할 수 있다는 것을 예증한다. 생명의 후미진 구석에 웅크리고 있던 놀라운 과정이 뒤늦게 폭넓은 중요성을 가진 것으로 밝혀진다. 코시크의 발견은 일군의 기이한 뇌 질병들의 기저에 있는 분자적 과정들이 건강한 뇌 기능의 근본적인 측면인 장기기억의 기저에도 있다는 것을 보여 주었다는 점에서 예사롭지 않았다. 일반적으로는 기초생물학이 병적 상태에 대한 이해에 기여하지, 그 반대 방향의 기여는 좀처럼 이루어지지 않는다.

돌이켜 생각해 보면, 장기 민감화에 대한 우리의 연구와 프리온과 유사한 메커니즘의 발견은 군소뿐 아니라 인간을 비롯한 모든 동물의 기억 저장에 관한 세 가지 새로운 원리를 부각했다. 첫째, 장기기억의 활성화는 유전자의 켜짐을 필요로 한다. 둘째, 어떤 경험이 기억에 저장되는가에 대한 생물학적 제약이 존재한다. 장기기억을 위한 유전자들을 켜기 위해서는 CREB-1 단백질들이 활성화되어야 하고, 기억 촉진 유전자들을 억제하는 CREB-2 단백질들은 비활성화되어야 한다. 사람들은 학습한 것을 모조리 기억하지는 못한다. 또 아무도 그러기를 바라지 않을 것이다. 따라서 억제 단백질의 암호를 지닌 유전자들은 단기기억이 장기기억으로 변환되는 것에 높은 문턱을 설정하는 것이 분명하다. 그래서 우리는 특정 사건과 경험만 오랫동안 기억하게 된다. 우리는 대부분의 일들을 그냥 잊어버린다. 그 같은 생물학적 제약을 제거하면 장기기억으로의 스위치가 켜진다. CREB-1에 의해 활성화된 유전자들은 새 시냅스 성장에 필요하다. 장기기억 형성을 위해 유전자가 켜져야 한다는 사실은 유전자가 단순히 행동의 결정자인 것이 아니라 학습과 같은 환경적 자극에 반응하기도 한다는 것을 명백히 보여 준다.

마지막으로, 새 시냅스 말단들의 성장과 유지는 기억이 영속하게 한다. 그러니까 당신이 이 책을 읽고 나서 그 내용을 조금이라도 기억한다면, 그것은 당신의 뇌가 약간 달라졌기 때문이다. 이렇게 경험의 결과로 새 시냅스 연결들을 성장시키는 능력은 진화 과정 내내 보존된 것으로 보인다. 예컨대 더 단순한 동물들에서와 마찬가지로 인간에서 신체 표면 감각의 피질 지도는 감각 경로들에서 온 입력의 변화에 반응하여 끊임없이 교정된다.

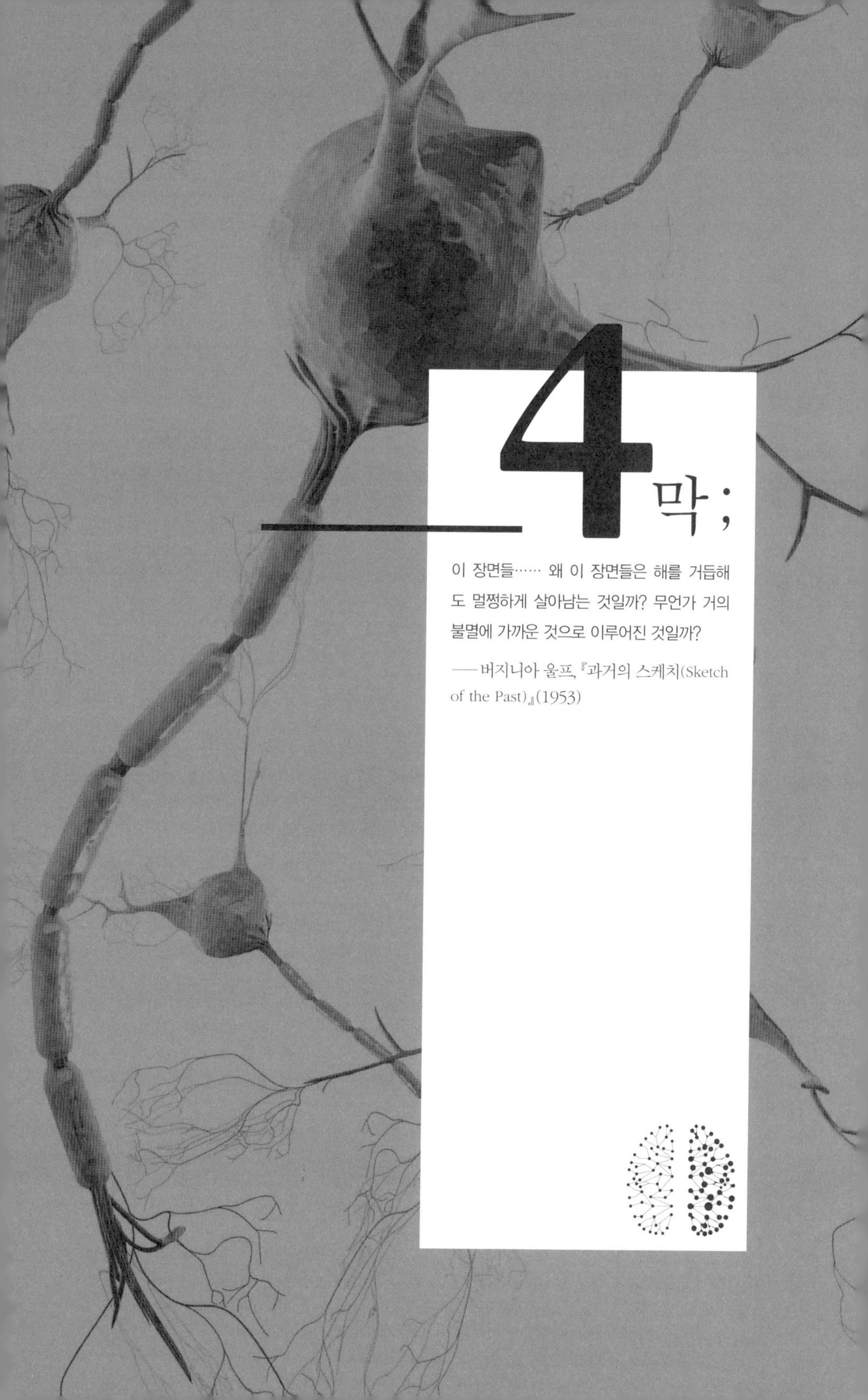

4막;

이 장면들…… 왜 이 장면들은 해를 거듭해도 멀쩡하게 살아남는 것일까? 무언가 거의 불멸에 가까운 것으로 이루어진 것일까?

—— 버지니아 울프, 『과거의 스케치(Sketch of the Past)』(1953)

20. 복잡한 기억으로의 회귀

기억의 생물학적 토대를 처음 연구하기 시작했을 때 나는 가장 단순한 세 가지 형태의 학습에 의해 성취되는 기억 저장에 초점을 맞췄다. 그 세 형태는 습관화, 민감화, 고전적 조건화였다. 나는 단순한 운동 행동이 학습에 의해 교정될 때, 그 교정은 그 행동을 관장하는 신경 회로에 직접 영향을 미쳐 기존 연결들의 세기를 바꾼다는 것을 발견했다. 일단 신경 회로에 저장된 기억은 언제든 즉시 되살릴 수 있다.

이 발견은 우리에게 암묵기억의 생물학에 대한 최초의 통찰을 주었다. 암묵기억이란 의식적으로 되살리지 않는 형태의 기억이다. 암묵기억은 단순한 지각 및 운동 솜씨의 원인일 뿐 아니라, 발레리나 마고 폰테인의 회전 솜씨, 윈튼 마살리스의 트럼펫 연주 기술, 안드레 아가시의 정확한 그라운드 스트로크, 자전거를 타는 소녀의 다리 동작의 원인이기도 하다. 암묵기억은 우리가 의식적으로 통제되지 않는 일상을 안정되게 살아갈 수 있도록 이끈다.

처음에 내 흥미를 끌었던 더 복잡한 기억—사람과 대상과 장소에 대한 외현기억—은 의식적으로 되살려지며 대개 이미지나 단어로 표현될 수 있다. 외현기억은 내가 군소에서 연구한 단순 반사보다 훨씬 더 복잡하다. 그 기억은 해마와 내측 측두엽의 정교한 신경 회로에 의존하며, 기타 여러 장소에 저장될 수도 있다.

외현기억은 매우 개인적이다. 어떤 사람들은 평생 그런 기억들을 가지고 산다. 버지니아 울프도 그런 유형에 속한다. 그녀의 유년시절에 대한 기억은 언제나 그녀의 의식 가장자리에 있었고, 언제든 호출되어 일상과 통합될 준비가 되어 있었다. 그리고 그녀는 되살린 경험들을 세부적으로 묘사하는 데 탁월한 재능이 있었다. 예컨대 어머니가 죽고 여러 해가 지난 뒤에도 그녀에 대한 울프의 기억은 여전히 생생했다.

> …… 유년이라는 커다란 성당 안 한가운데 그녀가 있었다. 거기에 맨 처음부터 있었다. 나의 첫 기억은 그녀의 자장가다. …… 또 나는 흰 가운을 입고 베란다에 있는 그녀를 본다. …… 그녀는 내가 열세 살 때 죽었음에도 불구하고 내가 마흔네 살이 될 때까지 나를 사로잡았다. 이건 철저한 진실이다. …… 이 장면들 …… 왜 이 장면들은 해를 거듭해도 멀쩡하게 살아남는 것일까? 무언가 거의 불멸에 가까운 것으로 이루어진 것일까?

다른 사람들은 가끔씩만 과거를 떠올린다. 나는 간간이 과거를 돌아보며 크리스탈나흐트에 우리 아파트로 들어와 퇴거를 명했던 두 경찰관을 회상한다. 이 기억이 내 의식에 들어오면, 나는 그들의 현전을 다시금 보고 느낄 수 있다. 나는 어머니의 얼굴에 새겨진 근심의 표정을 눈앞에 보고 내 몸의 긴장을 느끼고, 수집한 동전과 우표를 찾아 나오는 형의 행동에서 자신감을 읽어 낼 수 있다. 내가 이 요소들을 우리가 살던 작은 아파트의 공간 구조와 연관시키면, 나머지 세부 사항들이 놀랍도록 명확하게 내 정신에 떠오른다.

사건을 그렇게 세부적으로 기억하는 것은 우리 자신이 등장하는 영화를 관람하거나 꿈을 회상하는 것과 유사하다. 심지어 과거의 감정 상태까지 되살릴 수 있다. 비록 훨씬 더 단순화된 형태로 되살아나는 경우가 많지만 말이다. 지금 이 순간까지도 나는 나와 우리 집 가정부 미치의 관계에 얽혀 있던 감정적 맥락의 일부를 기억한다.

테네시 윌리엄스가 『우유 열차는 더 이상 여기에 서지 않는다(The Milk Train Doesn't Stop Here Anymore)』에서 우리가 지금 외현기억으로 칭하는 것을 묘사하면서 썼듯이, "그런 생각을 해본 적 있는가. …… 삶이 전부 기억이라는 생각, 잡을 수 없을 만큼 재빨리 지나가는 단 한순간을 제외하고는 전부 기억이라는 생각. 정말로 삶은 전부 기억이다. …… 지나가는 매 순간만 빼고."

우리 모두가 알고 있듯이, 외현기억은 공간과 시간을 뛰어넘는 것을 가능케 하고, 과거로 사라졌지만 모종의 방식으로 우리 정신 속에 살아 있는 사건과 감정 상태를 불러낸다. 그러나 기억을 에피소드처럼 되살리는 일은—그 기억이 얼마나 중요하든 간에—단지 앨범 속의 사진을 응시하는 것과는 다르다. 기억의 회상은 창조적 과정이다. 뇌가 저장하는 것은 오직 핵심 기억뿐이라고 여겨진다. 그 핵심 기억은 되살려질 때 빼고 보태고 다듬고 비트는 과정에 의해 정교해지고 재구성된다. 어떤 생물학적 과정이 있기에 나는 나 자신의 역사를 그토록 감정적으로 생생하게 재음미할 수 있는 것일까?

나는 60세 생일을 맞으면서 드디어 해마와 외현기억에 대한 연구로 되돌아갈 용기를 짜냈다. 오래전부터 나는 우리가 군소의 단순 반사회로에서 배운 기본적인 분자적 원리들이 포유류 뇌의 복잡한 신경 회로에도 적용되는지 궁금했다. 1989년, 세 가지 중요한 혁신이 일어나 위의 질문을 실험실에서 탐구할 수 있게 만들었다.

첫 번째는 해마의 추체세포들이 동물의 공간 지각에 결정적인 역할을 한다는 발견이었다. 두 번째는 장기 증강(long-term potentiation)이라는 놀라운 시냅스 강화 메커니즘이 해마에서 발견된 것이었다. 많은 연구자들은 이 메커니즘이 외현기억의 기반을 이룰 것이라고 생각했다. 세 번째이자 나 자신의 분자생물학적 학습 연구에 가장 직접적으로 연관된 혁신은 생쥐를 유전적으로 변형하는 강력한 신기술들의 발명이었다. 나와 동료들은 군소의 암묵기억을 연구할 때처럼 분자적인 수준에서 세부적으로 해마의 외현기억을 탐구하기 위하여 그 신기술들을 뇌에 적용하게 된다.

해마 연구의 새로운 시대는 1971년에 시작되었다. 그해에 런던 유니버시티 칼리지의 존 오키프(John O'Keefe)는 해마가 감각 정보를 처리하는 방식에 관한 놀라운 발견을 했다. 그는 쥐의 해마에 있는 뉴런들이 단일 감각 양태—빛, 소리, 감촉, 아픔—에 관한 정보를 등록하는 것이 아니라 주위 공간에 관한 정보를 등록한다는 것을 발견했다. 그런 공간 정보는 여러 감각에서 온 정보들에 의존한다. 더 나아가 그는 쥐의 해마가 외부 공간에 대한 표상—지도—을 가지며, 그 표상의 단위들은 장소에 관한 정보를 처리하는 추체세포들이라는 것을 보여 주었다. 실제로 그 뉴런들의 활동전위는 특정 공간 영역과 고유하게 연결되기 때문에, 오키프는 그 뉴런들을 '장소세포'로 명명했다. 오키프의 발견 직후에 이루어진 설치류에 대한 실험들은 해마의 손상이 공간 정보에 의존한 과제를 학습하는 능력에 심각한 악영향을 끼친다는 것을 보여 주었다. 이 발견은 공간 지도가 공간 인지와 주위 환경 속 우리 자신에 대한 자각에서 결정적인 역할을 한다는 것을 시사했다.

공간은 여러 감각 양태들을 통해 얻은 정보와 관련되므로 다음의 질문들이 제기된다. 그 양태들은 어떻게 종합되는가? 공간 지도는 어떻게 확립되는가? 일단 확립된 공간 지도는 어떻게 유지되는가?

첫 단서는 1973년에 잡혔다. 그해에 오슬로에 있는 페르 안데르센의 실험실에 소속된 박사후 연구원 테르예 뢰모(Terje Lømo)와 팀 블리스(Tim Bliss)는 잠깐 동안의 폭발적인 신경 활동에 의해 토끼의 해마로 이어진 신경 경로들이 강화될 수 있다는 것을 발견했다. 뢰모와 블리스는 오키프의 연구를 몰랐고, 우리가 군소의 아가미 움츠림 반사를 탐구한 방식과 달리 해마의 기능을 기억이나 특정한 행동의 맥락에서 연구하려 하지 않았다. 오히려 그들은 라디슬라프 타우크와 내가 1962년에 채택했던 것과 유사한 접근법을 채택했다. 즉, 학습의 신경 유사물을 개발했다. 그들은 그 신경 유사물을 습관화와 민감화, 고전적 조건화 등의 통상적인 학습 패러다임에 정초하는 대신에 신경 활동 그 자체에 정초했다. 그들은 매우 빠르게 이어지는 전기 자극(초당 100회의 임펄스)을 해마로 이어진 신경 경로에 가했고, 그 경로가 여러 시간에서 하루 또는 그 이상 강화되는 것을 발견했다. 뢰모와 블리스는 이런 형태의 시냅스 강화를 장기 증강으로 명명했다.

얼마 지나지 않아 장기 증강은 단일한 과정이 아니며 해마 속에 있는 세 개의 경로 모두에서 일어난다는 것이 밝혀졌다. 오히려 장기 증강은 약간씩 다른 메커니즘들의 통칭이며, 그 메커니즘 각각은 다양한 속도와 패턴의 자극에 대한 반응으로 시냅스의 세기를 증가시킨다. 장기 증강은 시냅스 연결의 세기를 증가시킨다는 점에서 군소의 감각뉴런과 운동뉴런 간 연결의 장기 강화와 유사하다. 그러나 군소에서 장기 강화는 시냅스들을 같은 시냅스 경로에 작용하는 조절 전달물질을 통해 '다른 시냅스적으로(heterosynaptically)' 강화하는 반면, 많은 장기 증강은 '같은 시냅스적인' 활동만으로도 일어날 수 있다. 그러나 우리를 비롯한 연구자들이 훗날 알아냈듯이, 신경조절자들(neuromodulators)은 대개 단기 '같은 시냅스 가소성'을 장기 '다른 시냅스 가소성'으로 변환하기 위해 동원된다.

1980년대 초에 안데르센은 쥐의 뇌에서 해마를 떼어 내어 얇은 조각들로 잘라 실험용 접시에 놓음으로써 뢰모와 블리스의 연구 방법을 대폭 단순화했다. 그렇게 함으로써 그는 해마의 특정 박편에서 여러 신경 경로들을 관찰할 수 있었다. 그런 뇌 박편들은 적절한 조치를 취할 경우 놀랍게도 몇 시간 동안 기능할 수 있다. 이 진보 덕분에 연구자들은 장기 증강의 생화학을 분석할 수 있었고, 다양한 신호 전달 요소들을 차단하는 약물들의 효과를 관찰할 수 있었다.

그런 연구들에 의해 장기 증강에 관여하는 핵심 분자들이 밝혀지기 시작했다. 1960년대에 제프리 왓킨스(Geoffrey Watkins)와 함께 연구한 데이비드 커티스(David Curtis)는 흔한 아미노산인 글루타메이트가 척추동물의 뇌에서 주요 흥분 전달자라는 것을 발견했다(우리가 나중에 발견했듯이, 무척추동물의 뇌에서도 마찬가지다). 그 후 왓킨스와 그레이엄 콜린그리지(Graham Collingridge)는 글루타메이트가 해마에 있는 두 유형의 이온성 수용체에 작용한다는 것을 발견했다. 그 두 유형은 AMPA 수용체와 NMDA 수용체다. AMPA 수용체는 정상적인 시냅스 연결을 매개하며 시냅스전 뉴런의 개별 활동전위에 반응한다. 반면에 NMDA 수용체는 예외적으로 빠른 자극 연쇄에만 반응하며 장기 증강을 위해 필수적이다.

시냅스후 뉴런이 블리스와 뢰모의 실험에서처럼 반복적으로 자극되면, AMPA 수용체는 강력한 시냅스전위를 산출하고, 그 전위에 의해 세포막은 무려 20에서 30밀리볼트까지 전위차가 줄어든다. 이 감극(depolarization)으로 NMDA에 있는 이온 통로가 열리고 칼슘이 세포 내부로 들어온다. 샌프란시스코 소재 캘리포니아 대학의 로저 니콜(Roger Nicoll)과 어바인 소재 캘리포니아 대학의 게리 린치(Gary Lynch)는 그렇게 시냅스후 세포로 들어온 칼슘 이온이 (환상 AMP처럼) 2차 전달자로 작용하여 장기 증강을 촉발한다는 것을 각자 독립적으로 발견했다. 그렇게 NMDA 수용체는 전기신호인 시냅스전위를 화학신호로 번역할 수 있다.

이 생화학 반응들은 세포 전체로 퍼져 장기 시냅스 변화에 기여할 수 있는 분자 신호들을 유발하기 때문에 중요하다. 구체적으로 말해서 칼슘은 어떤 키나아제(칼슘/칼모듈린-의존 단백질 키나아제, calcium/calmodulin-dependent protein kinase)를 활성화하고, 그 키나아제는 시냅스 세기를 약 한 시간 동안 강화한다. 더 나아가 니콜은 칼슘 유입과 그 키나아제의 활성화로 인해 AMPA 수용체들이 추가로 산출되어 시냅스후 세포의 막

에 삽입됨으로써 시냅스 세기가 강화된다는 것을 발견했다

NMDA 수용체가 어떻게 기능하는가에 대한 분석은 신경과학자들 사이에서 큰 흥분을 불러일으켰다. 왜냐하면 그 분석은 그 수용체가 일치탐지기(coincidence detector)로 작용한다는 것을 보여 주었기 때문이다. 그 수용체는 두 신경학적 사건, 시냅스전 사건과 시냅스후 사건의 일치가 탐지될 때, 그리고 오직 그때만 자신의 통로로 칼슘이 흐르는 것을 허용한다. 시냅스전 뉴런은 활성화되어 글루타메이트를 방출해야 하고, 시냅스후 세포의 AMPA 수용체는 글루타메이트와 결합하여 세포를 감극시켜야 한다. 오직 그럴 때만 NMDA 수용체들은 활성화되어 칼슘이 세포 내부로 유입되는 것을 허용하고, 이를 통해 장기 증강을 촉발할 것이다. 흥미롭게도 1949년에 심리학자 D. O. 헵은 학습 중에 뇌 속에서 모종의 신경학적 일치탐지기가 작동해야 한다고 예언한 바 있었다. "세포 A의 축삭돌기가 세포 B를 흥분시키고 반복적으로 또는 지속적으로 그 세포의 점화에 가담하면, 한 세포나 두 세포 모두에 모종의 성장 과정이나 대사적 변화가 일어나 A의 효율성이 증가된다."

아리스토텔레스와 훗날의 영국 경험론 철학자들, 그리고 기타 많은 사상가들은 학습과 기억이 두 관념 또는 자극을 정신적으로 연결하고 그 연결을 유지하는 정신의 연상 능력에서 비롯된다고 주장했다. 신경과학자들은 NMDA 수용체와 장기 증강을 발견함으로써 그 연상 과정과 관련된 분자적·세포적 과정을 발굴했다.

21.

시냅스들은 우리가 가장 좋아하는 기억들도 보유한다

해마에 관한 새로운 발견들—장소세포, NMDA 수용체, 장기 증강—은 신경과학에게 가슴 벅찬 전망을 열어 주었다. 그러나 어떻게 공간 지도와 장기 증강이 서로, 또는 외현기억 저장과 관련되는가는 전혀 분명하지 않았다. 먼저 해마에서의 장기 증강은 광범위하고 흥미로운 현상임이 분명하지만, 그것은 시냅스 세기를 변화시키는 매우 인위적인 방식이었다. 이 인위성 때문에 뢰모와 블리스조차도 "동위상적이고 반복적인 연속 자극에 의해 밝혀진 속성을 온전한 동물이 실제 삶에서 이용하는지 여부"에 대하여 의문을 품었다. 실제로 학습 과정에서 그와 동일한 패턴의 점화가 일어날 가능성은 희박해 보였다. 많은 과학자들은 장기 증강에 의한 시냅스 세기 변화가 공간 기억이나 공간 지도의 형성 및 유지에 무언가 역할을 한다는 것조차 의문시했다.

나는 그 관계들을 탐구하는 이상적인 방법은 유전학을 통한 방법이라는 것을 깨닫기 시작했다. 시모어 벤저가 초파리를 가지고서 학습의 유전학을 연구했던 것처럼 말이다. 1980년대에 생물학자들은 선택교배와 재조합 DNA 기술을 조합하여 유전자 변형 생쥐를 만들어 냈다. 이 기술들은 장기 증강의 기저에 있는 유전자들을 조작할 수 있게 해주었고, 따라서 내가 관심을 기울인 중요한 질문들에 답할 수 있게 해주었다. 장기 증강은 군소에서의 장기 강화와 마찬가지로 여러 단계를 거칠까? 그 단계들은 공간 기억의 단기 저장과 장기 저장에 해당할까? 만일 그렇다면, 우리는 장기 증강의 한 단계나 다른 단계를 방해하여 동물이 새 환경을 학습하고 기억할 때 해마 속의 공간 지도에 실제로 무슨 일이 일어나는지 알아낼 수 있을 것이었다.

나는 다시 찾은 옛사랑인 해마에게 돌아가는 것이 즐거웠다. 해마 연구의 진보를 늘 지켜보고 있었기에 30년 만에 옛사랑에게 돌아가는 것처럼 느껴지지 않았다. 페르 안데르센과 로저 니콜은 좋은 친구들이었다. 그러나 무엇보다도 강력하게 나를 움직인 것은 국립보건원에서 앨든 스펜서와 함께 경험한 일들에 대한 기억이었다. 나는 다시 한 번 무언가 새로운 것을 목전에 두고 있다는 흥분을 느끼고 있었다. 그러나 이번에는 앨든과 내가 꿈도 꿀 수 없었던 힘과 전문성을 지닌 분자적·유전학적 기법들이 내 뒤를 받치고 있었다.

분자유전학의 이 같은 진보는 생쥐의 선택교배에 지적인 뿌리를 두고 있었다. 20세기 벽두의 실험들은 생쥐의 다양한 계열들이 유전적 구성뿐 아니라 행동에서도 서로 다르다는 것을 보여 주었다. 일부 계열들은 다양한 과제들을 학습하는 데 특별한 재능이 있는 반면, 다른 계열들은 그 과제들을 배우는 데 특별히 열등했다. 이런 관찰은 유전자가 학습에 기여한다는 것을 보여 주었다. 이와 마찬가지로 동물의 공포심, 사교성, 자식 교육 능력에도 정도 차이가 있다. 행동유전학자들은 상호교배를 통해 비정상적으로 겁이 많은 계열과 그렇지 않은 계열을 만들어 냄으로써 자연선택의 무작위성을 극복했다. 이처럼 선택교배는 특정 행동의 원인인 유전자를 분리하는 첫걸음이었다. 오늘날 재조합 DNA 기술은 각각의 행동, 감정 상태,

학습 능력의 기저에 있는 시냅스 변화에 필요한 유전자들을 찾아내고 그것들의 역할을 탐구할 수 있게 해준다.

1980년까지 생쥐에 대한 분자유전학 연구는 순(順)유전학(forward genetics)이라는 고전적 분석에 의존했다. 순유전학이란 벤저가 초파리에 쓴 방법으로, 생쥐들을 화학물질에 노출시키는 것에서 출발한다. 대개의 경우 그 화학물질은 생쥐의 게놈에 있는 1만 5,000개의 유전자 가운데 한 개만 손상시킨다. 그러나 그 손상은 무작위하게 일어나므로, 어떤 유전자가 손상되었는가는 아무렇게나 추측해도 상관없다. 다음으로 생쥐들에게 다양한 과제를 부여하고 어떤 녀석이 무작위하게 변형된 유전자의 영향을 받는지 관찰한다. 순유전학은 생쥐를 여러 세대에 걸쳐 키워야 가능하므로 고되고 시간적으로 매우 비효율적인 반면, 선입견 없는 연구를 가능케 한다는 큰 장점이 있다. 이런 식의 유전자 선별은 아무 가설도 없이 진행되며 따라서 선입견에 지배되지 않는다.

재조합 DNA 혁명은 분자생물학자들이 덜 고되고 시간을 덜 잡아먹는 전략인 역(逆)유전학(reverse genetics)을 개발할 수 있게 해주었다. 역유전학에서는 생쥐 게놈에서 특정 유전자를 제거하거나 거기에 특정 유전자를 집어넣고 시냅스 변화와 학습에 미치는 영향을 검사한다. 역유전학은 선입견을 가진다. 즉, 특정 유전자와 단백질이 특정 행동에 관여하는가 따위에 대한 특수한 가설을 검증하기 위해 설계된다.

쥐에 대한 역유전학 연구는 개별 유전자를 변형하는 두 방법에 의해 가능해졌다. 첫 번째 방법인 형질전환(transgenesis)은 이식유전자(transgene)로 불리는 외래 유전자를 생쥐 난자의 DNA에 집어넣는 것이다. 그 난자가 수정되면, 이식유전자는 어린 생쥐의 게놈의 일부가 된다. 그 후에 성체가 된 형질전환 생쥐들을 교배하여 유전적으로 순수한 혈통을 얻는다. 그 혈통의 모든 생쥐에서는 이식유전자가 발현한다. 두 번째 유전자 조작 방법은 생쥐 게놈의 유전자 하나를 '녹아웃(knock out, 무력화)'하는 것이다. 선택된 유전자가 기능장애를 일으켜 거기에 암호화된 단백질이 생쥐의 몸에서 제거되도록 만드는 유전물질을 생쥐의 DNA에 집어넣으면 그런 무력화를 일으킬 수 있다.

이 같은 유전공학의 진보를 지켜보면서 나는 생쥐가 다양한 형태의 장기 증강에 관여하는 유전자와 단백질을 식별하는 연구에 매우 적합한 실험동물이라는 것을 점점 더 확신하게 되었다. 그런 연구를 통해 유전자 및 단백질과 공간 기억 저장을 연관지을 수 있을 것이었다. 생쥐는 비록 비교적 단순한 포유류이지만 인간의 뇌와 해부학적으로 유사한 뇌를 가졌고, 인간에서와 마찬가지로 생쥐에서 해마는 장소와 대상에 대한 기억 저장에 관여한다. 게다가 생쥐는 고양이, 개, 원숭이, 사람 등의 비교적 큰 포유류에 비해 훨씬 빨리 번식한다. 따라서 동일한 유전자들을 지닌 대규모 집단을 몇 달 만에 길러 낼 수 있다. 그러니까 동일한 이식유전자나 녹아웃 유전자를 가진 집단도 신속하게 길러 낼 수 있다.

이 새롭고 혁명적인 실험 기술들은 커다란 생물의학적(biomedical) 효과도 발휘했다. 인간 게놈의 거의 모든 유전자는 서로 다른 여러 변이 양태로 존재한다. 그 변이 양태들은 대립유전자(allele)라 불리는데, 이것들은 인간 집단의 여러 구성원들 속에 있다. 인간의 신경장애와 정신장애에 대한 유전학적 연구들은 정상적인 사람들에서 행동의 차이를 만들어 내는 대립유전자들과 근위축성측삭경화증, 조발성 알츠하이머병, 파킨슨병, 헌팅턴병, 여러 형태의 간질 등의 많은 신경장애의 기반에 있는 대립유전자들을 식별할 수 있게 해주었다. 병을 일으키는 대립유전자를 쥐의 게놈에 삽입한 후 어떻게 그것이 뇌와 행동을 파괴하는지 연구하는 능력은 신경학에 혁명을 일으켰다.

유전적으로 조작된 생쥐에 대한 연구로 나를 이끈 마지막 동인은 우리 실험실에 있는 여러 유능한 박사후 연구원들이었다. 그들 중에는 세스 그랜트(Seth Grant)와 마크 메이포드(Mark Mayford)가 있었다. 그랜트와 메이포드는 쥐 유전학을 나보다 훨씬 더 잘 알고 있었고, 우리 연구의 방향에 지대한 영향을 미쳤다. 그랜트는 내가 유전적으로 변형된 생쥐에 대한 연구를 시작하도록 만든 장본인이었고, 메이포드의 비판적 생각은 더 나중에 우리가 쥐의 행동 연구에 대한 첫 세대 연구에서 우리를 비롯한 연구자들이 채택한 방법론을 개량하기 시작할 때 중요해졌다.

형질전환 생쥐를 얻기 위해 우리가 원래 채택한 방법들은 쥐의 몸에 있는 모든 세포에 영향을 끼쳤다. 우리는 우리의 유전자 조작을 뇌에, 특히 외현기억의 신경 회로를 이루는 영역들에 국한시키는 방법을 찾아야 했다. 메이포드는 새로 이식한 유전자들의 발현을 뇌의 특정 영역들에 제한하는 방법들을 개발했고, 뇌 속에서 유전자가 발현하는 시기를 조절하는 방법도 개발함으로써 이식유전자를 켜고 끌 수 있게 만들었다. 이 두 묘수는 우리의 연구에 새 장을 열었고 다른 연구자들에 의해 널리 채택되었다. 그 방법들은 지금도 유전자 변형 생쥐의 행동 분석에서 주춧돌 역할을 하고 있다.

장기 증강과 공간 기억을 연결하려는 최초의 시도는 1980년대 후반에 이루어졌다. 에든버러 대학의 생리학자 리처드 모리스(Richard Morris)는 NMDA 수용체를 약리학적으로 차단함으로써 장기 증강을 막고 따라서 공간 기억을 방해할 수 있다는 것을 보여 주었다. 그랜트와 컬럼비아 대학의 나, 그리고 매사추세츠 공과대학의 도네가와 스스무(Susumu Tonegawa)와 그의 박사후 연구원 알사이노 실바(Alcino Silva)는 각각 독립적으로 모리스의 분석을 한 단계 더 발전시켰다. 우리는 장기 증강에 관여한다고 여겨진 핵심 단백질 하나를 가지지 않은 유전자 변형 생쥐 혈통들을 만들었는데, 그것들은 서로 달랐다. 그리고 우리는 그런 유전자 변형이 생쥐의 학습과 기억에 어떤 영향을 끼치는지를 정상 생쥐와 비교하며 관찰했다.

우리는 잘 확립된 여러 공간적 과제를 생쥐에게 부과하는 검사를 했다. 예컨대 크고 흰색이고 조명이 환하며 둘레에 40개의 구멍이 있는 원반의 중심에 생쥐를 놓았다. 그 구멍들 중 하나만 다른 방으로 통하는 탈출구였다. 원반은 작은 방 안에 있었고, 그 방의 벽들은 서로 구별되는 표시로 장식되어 있었다. 생쥐는 열린 공간, 특히 밝은 공간을 싫어한다. 그런 공간에서 생쥐는 자신이 무방비라고 느껴 도망치려 한다. 생쥐가 그 원반을 벗어나는 유일한 길은 다른 방으로 통하는 구멍을 찾는 것이다. 결국 생쥐는 구멍과 벽의 표시들 사이의 공간적 관계를 학습함으로써 그 구멍을 찾았다.

생쥐들은 탈출을 시도하면서 세 가지 전략을 차례로 썼다. 먼저 무작위로 찾기, 다음에는 순차적으로 찾기, 그리고 마지막으로 공간적으로 찾기가 전략으로 채택되었다. 이 전략들은 생쥐가 탈출구를 찾을 수 있게 해주었지만, 각각의 효율성은 크게 달랐다. 처음에 생쥐들은 아무 구멍으로나 무작위하게 다가가고, 이 전략이 비효율적이라는 것을 신속하게 학습한다. 다음으로 녀석들은 한 구멍에서 시작하여 인접한 구멍들을 순차적으로 검사하여 탈출구를 찾는다. 이것은 더 나은 전략이지만 여전히 가장 효율적이지는 않다. 언급한 두 전략은 공간적이지 않다. 즉, 생쥐가 환경의 공간적 정향에 대한 내적인 지도를 뇌 속에 저장할 것을 요구하지 않는다. 또 해마를 필요로 하지 않는다. 마지막으로 생쥐들은 해마를 필요로 하는 공간적 전략을 쓴다. 녀석들은 어떤 표시가 있는 벽이 탈출구와 같은 방향에 있는지 알아내는 법을 학습하고서 벽의 표시를 길잡이로 이용하여 탈출구로 곧장 나아간다. 대부분의 생쥐들은 처음 두 전략을 신속하게 거친 후 얼마 지나지 않아 공간적 전략을 쓰는 법을 학습한다.

다음으로 우리는 섀퍼 곁가지 경로(Schaffer collateral pathway)라는 해마 영역에서의 장기 증강에 초점을 맞췄다. 샌디에이고 소재 캘리포니아 대학의 래리 스콰이어는 이 한 경로의 손상이 브렌다 밀너의 환자인 H.M.이 경험한 것과 유사한 기억 결함을 일으킨다는 것을 이미 보여 준 바 있었다. 우리는 장기 증강을 위해 중요한 단백질 하나의 암호를 지닌 특정 유전자를 무력화(녹아웃)하면 섀퍼 곁가지 경로에서의 시냅스 증강을 방해할 수 있다는 것을 발견했다. 게다가 그 유전적 결함은 생쥐의 공간 기억의 결함과 맞물렸다.

콜드 스프링 하버 연구소(Cold Spring Harbor Laboratory)는 매년 생물학의 주요 주제 하나만을 다루는 학회를 개최한다. 1992년의 주제는 '세포 표면'이었는데, 쥐에서 유전자와 기억의 관계에 관한 도네가와 스스무와 우리의 연구가 워낙 흥미로워서 세포 표면과 무관한 새 분과가 꾸려졌고, 도네가와와 나는 잇달아 강연을 할 수 있었다. 우리는 단일 유전자의 무력화가 해마 속 한 경로에서의 장기 증강과 공간 기억을 어떻게 방해하는가에 관한 각자의 실험을 발표했다. 당시에 그것은 장기 증강과 공간 기억을 가장 직접적으로 연결한 발표였다. 얼마 후 우리 두 사람은 한 걸음 더 나아가 어떻게 장기 증강이 해마에 표상된 외부 환경의 공간적 지도와 관련되는지 탐구했다.

이 학회가 있을 당시에 도네가와와 나는 이미 서로를 조금 알고 있었다. 1970년대에 도네가와는 항체 다양성의 유전학적 기초를 밝혀 면역학에 대단한 기여를 했고, 그 공로로 1987년에 노벨 생리의학상을 받았다. 그는 이 성취를 뒤로 하고 새로운 과학적 세계를 정복하기 위해 뇌로 관심을 돌리려 했다. 그는 리처드 액슬과 친한 사이였고, 액슬은 그에게 나와 상의하라고 조언했다.

1987년에 나를 만나러 왔을 때 도네가와가 가장 흥미를 가졌던 문제는 의식이었다. 나는 뇌 연구에 대한 그의 열정을 북돋우면서도, 당시에 분자 수준에서 접근하기에는 너무 난해했고 너무 빈약하게 정의되었던 의식을 주제로 삼는 것은 말리려고 노력했다. 스스무는 면역계를 연구하기 위해 유전자 변형 생쥐들을 이용하기 시작했으므로 학습과 기억으로 초점을 옮기는 것이 자연스럽고 훨씬 더 현실적이었다. 그는 실바가 그의 실험실에 합류한 후 그렇게 연구의 초점을 옮겼다.

1992년 이후 많은 연구팀들이 우리가 얻은 것과 유사한 결과들을 얻었다. 물론 장기 증강의 와해와 공간 기억의 결함 사이의 연결에 대한 중요한 예외가 가끔 등장했지만, 그럼에도 그 연결에 대한 연구는 장기 증강의 분자적 메커니즘과 기억 저장에서 그 분자들이 하는 역할을 연구하는 데 좋은 출발점이라는 것이 밝혀졌다.

나는 쥐에서 공간 기억이 군소와 초파리에서 암묵기억처럼 두 요소를 가진다는 것을 알고 있었다. 그 두 요소는 단백질 합성을 필요로 하지 않는 단기기억과 필요로 하는 장기기억이다. 이제 나는 단기 외현기억과 장기 외현기억 저장도 독특한 시냅스적·분자적 메커니즘을 갖는지 여부를 알고 싶었다. 군소에서 단기기억은 단기 시냅스 변화를 필요로 하고, 그 변화는 오직 2차 전달자 신호 전달에 의존한다. 반면에 장기기억은 유전자 발현의 변화에도 의존하는 더 영속적인 시냅스 변화를 필요로 한다.

나와 동료들은 유전자 변형 생쥐에서 절제한 해마 박편들을 검사했고, 해마의 주요 경로 세 개 모두에서 장기 증강이 군소에서의 장기 강화와 유사하게 두 단계를 가진다는 것을 발견했다. 단일한 전기 자극 연쇄는 초기 단계의 일시적인 장기 증강을 산출하는데, 그 변화는 겨우 한 시간에서 세 시간만 지속하고 새 단백질의 합성을 필요로 하지 않는다. 그 자극 연쇄에 대한 뉴런들의 반응은 로저 니콜이 기술한 그대로였다. 즉, 시냅스후 세포의 NMDA 수용체들이 활성화되어 시냅스후 세포로 칼슘 이온이 유입된다. 이때 칼슘은 2차 전달자 역할을 하여 AMPA 수용체들의 글루타메이트에 대한 기존의 반응을 촉진하고 새 AMPA 수용체들이 시냅스후 세포의 막에 삽입되도록 자극함으로써 AMPA 수용체들의 글루타메이트에 대한 기존의 반응을 촉진한다. 또 시냅스후 세포는 특정 패턴의 자극에 대한 반응으로 시냅스전 세포로 신호를 보내 더 많은 글루타메이트를 요구한다.

전기 자극 연쇄를 반복해서 가하면 장기 증강의 나중 단계가 산출되고, 그 변화는 하루 이상 지속된다. 우리는 당시까지 광범위하게 탐구되지 않았던 이 단계의 속성들이 군소에서의 시냅스 세기의 장기 강화와 매우 유사하다는 것을 발견했다. 군소와 생쥐 모두에서 장기 증강의 나중 단계는 조절중간뉴런들의 영향을 강하게 받는다. 생쥐에서 조절중간뉴런들은 단기 '같은 시냅스 변화'를 장기 '다른 시냅스 변화'로 전환하는 데 동원된다. 생쥐에서 그 뉴런들은 도파민을 방출하는데, 도파민은 포유류 뇌에서 주의 집중과 재강화(reinforcement)를 위해 흔히 일반적으로 동원되는 신경전달물질이다. 군소에서 세로토닌과 마찬가지로, 도파민은 해마에 있는 수용체가 환상 AMP의 양을 늘리는 효소를 활성화하게 만든다. 그러나 쥐 해마에서 환상 AMP 증가의 상당 부분은 시냅스후 세포에서 일어난다. 반면에 군소에서 그 증가는 시냅스전 뉴런에서 일어난다. 각각의 경우에 환상 AMP는 단백질 키나아제 A와 다른 단백질 키나아제들을 동원하여 CREB를 활성화하고 실행유전자들을 켠다.

군소에서 기억을 연구하면서 우리가 이룬 충격적인 발견들 중 하나는 CREB-2 단백질을 생산하는 기억-억제 유전자의 존재였다. 군소에서 그 유전자의 발현을 봉쇄하면 장기 강화와 관련된 시냅스들의 개수와 세기의 증가가 촉진된다. 우리는 생쥐에서 이 유전자와 기타 유사한 기억-억제 유전자들의 봉쇄는 해마에서의 장기 증강과 공간 기억 모두를 촉진한다는 것을 발견했다.

이 같은 연구를 하는 동안 나는 어느새 다시 한 번 스티븐 시겔봄과 즐거운 공동 작업을 하게 되었다. 우리는 시냅스 강화를 방해하는 특정 이온 통로에, 그것도 특정 수상돌기들에 있는 그 이온 통로에 관심이 있었다. 앨든 스펜서와 나는 1959년에 그 수상돌기들을 연구하여 그것들이 관통 경로에서의 활동에 반응하여 활동전위를 산출한다고 추론했었다. 이때 관통 경로란 내후각피질과 해마를 연결하는 통로다. 스티븐과 나는 그 특정 이온 통로를 위한 유전자가 없는 생쥐들을 키웠다. 우리는 관통 경로의 자극에 대한 반응으로 생기는 장기 증강이 그 생쥐들에서, 부분적으로 수상돌기 활동전위에 의해 크게 촉진된다는 것을 발견했다. 따라서 그 생쥐들은 똑똑했다. 녀석들은 정상 생쥐보다 훨씬 더 강력한 공간 기억력을 가지고 있었다.

또 동료들과 나는 포유류 뇌에서의 외현기억이 군소나 초파리에서의 암묵기억과 달리 CREB 외에 여러 유전자 조절자들을 필요로 한다는 것을 발견했다. 비록 증거는 아직 불충분하지만, 생쥐에서 유전자들의 발현은 해부학적 변화, 특히 새 시냅스 연결의 성장도 산출하는 것 같다.

암묵기억과 외현기억 사이에는 커다란 행동학적 차이가 있음에도 불구하고, 무척추동물의 암묵기억 저장의 일부 측면들은 수백만 년에 걸친 진화 속에서 보존되어 척추동물에서 외현기억이 저장되는 메커니즘으로 유지되었다. 위대한 신경생리학자 존 에클스는 내가 젊은 과학자일 때 끈적끈적하고 뇌도 없는 바다달팽이를 위해 멋진 포유류 뇌를 버리지 말라고 충고했었지만, 이제 모든 동물들이 몇 가지 핵심적인 분자적 기억 메커니즘을 공유한다는 사실이 명백해졌다.

22.

뇌가 가진 외부 세계의 그림

쥐에서의 공간에 대한 외현기억 연구는 불가피하게 풋내기 과학자 시절에 나를 정신분석으로 이끈 더 큰 질문들로 이어졌다. 나는 의식(consciousness)과 주의 집중(attention)의 본성에 관하여 생각하기 시작했다. 그 정신 상태들은 단순한 반사 행동과 유관한 것이 아니라 복잡한 심리적 과정들과 관련된다. 나는 어떻게 공간—생쥐가 돌아다니는 환경—이 표상되고, 어떻게 그 표상이 주의 집중에 의해 교정되는가에 초점을 맞추고 싶었다. 그리하여 나는 잘 이해했다고 할 수 있는 군소의 시스템을 떠나 약간의 매력적인 결과들만 산출되었을 뿐(어떤 면에서는 지금도 여전히 그러하다) 미해결 질문들이 즐비한 포유류 뇌의 시스템들로 옮겨 가기 시작했다. 하지만 인지에 대한 분자생물학을 한 걸음 더 진보시킬 때가 왔다는 것만큼은 분명해 보였다.

군소의 암묵기억을 탐구하면서 나는 파블로프와 행동주의자들이 놓은 토대 위에서 기초적인 정신 과정들을 규명하는 신경생물학적·분자적 접근법을 구축했다. 그들의 방법들은 엄밀했으나 행동에 대한 협소하고 제한된 정의를 반영했다. 그 정의는 운동 행동에 초점을 맞췄다. 이와 대조적으로 외현기억과 해마에 대한 우리의 연구는 어마어마한 지적 모험이었다. 그 이유의 상당 부분은, 공간 기억의 저장과 되살림이 의식적인 주의 집중을 요구한다는 점에 있었다.

공간에 대한 복잡한 기억과 그것의 해마 속 표상을 숙고하기 위한 첫 걸음으로 나는 행동주의를 버리고 인지심리학을 택했다. 인지심리학자들은 정신분석학자들의 과학적 후예이며 외부 세계가 우리 뇌 속에서 어떻게 재창조되고 표상(재현)되는가를 체계적으로 성찰한 최초의 과학자들이다.

인지심리학은 1960년대 초에 행동주의의 한계에 대한 대응으로 출현했다. 인지심리학자들은 행동주의의 실험적 엄밀성을 유지하려 노력하면서도 더 복잡하고 정신분석의 영역에 더 가까운 정신 과정들에 초점을 맞췄다. 과거에 정신분석가들이 그랬던 것처럼, 새로운 인지심리학자들은 감각 자극에 의해 촉발된 운동 반응들을 단순히 기술하는 것으로 만족하지 않았다. 오히려 그들은 자극과 반응 사이에 개입하는 뇌 속의 메커니즘들을 탐구하는 데 관심을 기울였다. 감각 자극을 행동으로 변환하는 메커니즘들에 말이다. 인지심리학자들은 눈과 귀에서 온 감각 정보가 어떻게 뇌 속에서 이미지나 단어나 행동으로 변환되는가를 추론할 수 있게 해주는 행동학적 실험들을 고안했다.

인지심리학자들의 생각은 두 가지 근본적인 전제에서 힘을 얻었다. 첫째는 뇌가 선험적인 지식, 즉 '경험에 독립적인 지식'을 가지고 태어난다는 칸트의 사상이었다. 이 사상은 훗날 유럽의 형태심리학파에 의해 발전되었다. 형태심리학은 정신분석과 함께 현대 인지심리학의 선조다. 형태심리학자들은, 우리의 정합적인 지각은 세계의 속성들로부터 의미를 도출하는, 뇌에 내장된 능력의 최종 결과이며 말초적인 감각기관들에 의해 감지되는 세계의 특징들은 제한적이라고 주장했다. 뇌가 이를테면 시각적 장면에 대한 제한적 분석으로부터 의미를 도출할 수 있는 이유는 시각 시스템이 마치 사진기처럼 단순히 수동적으로 장면을 기록하지 않기 때문이다. 오히려 지각은 창조적이다. 시각 시스템은 눈의 망막에 맺힌 2차원 패턴들을 논리적으로 일관되고 안정적인 3차원 감각 세계에 대한 해석으로 변환한다. 뇌의 신경 회로들에 내장된 것은 복잡한 추측 규칙들이다. 그 규칙들은 뇌가 비교적 빈약한 신경 신호들의 입력 패턴으로부터 정보를 추출하여 그 정보를 의미 있는 이미지로 변환할 수 있게 해준다. 따라서 뇌는 탁월한 애매함 해소 기계(ambiguity-resolving machine)다. 형태심리학자들은 그렇게 주장했다.

인지심리학자들은 이 같은 뇌의 능력을 착시, 즉 뇌가 시각 정보를 오독하는 현상에 대한 연구를 통해 예증했다. 예컨대 삼각형의 윤곽이 불완전하게 그려진 이미지는 그 불완전성에도 불구하고 뇌가 특정 이미지의 형성을 기대하기 때문에 삼각형으로 보인다. 뇌의 기대는 시각 경로의 해부학적·기능적 구조 안에 내장되어 있다. 그것은 부분적으로 경험에서 비롯되지만, 대부분 선천적인 시각신경 배선에서 비롯된다.

진화를 통해 획득한 이 같은 솜씨를 제대로 이해하기 위해, 뇌의 계산 능력을 인공적인 계산, 혹은 정보처리 장치들의 능력과 비교할 필요가 있다. 당신이 길가 카페에 앉아 행인들을 바라볼 때, 당신은 최소한의 단서만으로도 쉽게 남자와 여자, 친구와 낯선 사람을 구별할 수 있다. 대상과 사람을 지각하고 재인지하는(recognize) 것은 누워서 떡 먹기 같다. 그러나 컴퓨터과학자들은 지능을 가진 기계를 만드는 노력 속에서 그런 지각 구별이 어떤 컴퓨터도 범접할 수 없는 계산을 필요로 한다는 것을 깨달았다. 단지 사람을 알아보는 것만 해도 엄청난 계산적 성취다. 우리의 모든 지각들—시각, 청각, 후각, 촉각—은 분석적 위업이다.

인지심리학자들이 발전시킨 두 번째 전제는 뇌가 외부 세계의 내적 표상—인지 지도(cognitive map)—을 발전시키고 그것을 이용하여 보이고 들리는 바깥 세상에 대한 의미 있는 이미지를 산출함으로써 그러한 분석적 위업에 도달한다는 것이다. 그다음에 인지 지도는 과거의 사건들에 관한 정보와 결합되고 주의 집중에 의해 교정된다. 마지막으로, 감각 표상들은 목적이 있는 행위를 조직하고 조율하는 데 쓰인다.

인지 지도의 개념은 행동에 대한 연구에서 중요한 진보로 판명되었고, 인지심리학과 정신분석이 서로 더 가까워지게 만들었다. 또 정신에 대한 행동주의의 관점보다 훨씬 더 넓고 흥미로운 관점을 제공했다. 그러나 그 개념에 문제가 없는 것은 아니었다. 가장 큰 문제는 인지심리학자들이 추론한 내적 표상이 단지 세련된 추측에 불과하다는 사실이었다. 내적 표상들은 직접 검사될 수 없었고, 따라서 객관적인 분석으로 쉽게 접근할 수 없었다. 내적 표상을 보기 위하여—정신이라는 블랙박스 속을 들여다보기 위하여—인지심리학자들은 생물학자들과 손을 잡아야 했다.

다행스럽게도, 인지심리학이 출현하던 1960년대에 뇌의 고등한 기능에 관한 생물학이 성숙하고 있었다. 1970년대와 80년대에 행동주의자와 인지심리학자는 뇌과학자와 함께 연구하기 시작했다. 그 결과, 뇌 과정에 관심을 둔 생물과학인 신경과학은 정신 과정에 관심을 둔 행동주의 심리학 및 인지심리학과 융합하기 시작했다. 그런 교류에서 비롯된 종합은 내적 표상의 생물학에 초점을 맞추며 주로 두 계열의 탐구에 의지하는 새로운 분야인 인지신경과학을 낳았다. 그 두 계열은 감각 정보가 동물의 뇌 속에 어떻게 표상되는가에 대한 전기생리학적 연구, 그리고 행동하는 온전한 인간의 뇌 속에 있는 감각 표상과 기타 복잡한 내적 표상들을 영상화하는 연구다.

이 두 접근법은 내가 연구하고자 한 내적인 공간 표상을 검사하는 데 쓰였고, 실제로 공간은 가장 복잡한 감각 표상이라는 것을 보여 주었다. 공간 표상을 조금이라도 이해하려면 먼저 더 간단한 표상에 대한 연구 성과를 검토할 필요가 있었다. 내게는 다행스럽게도, 그 분야의 주요 기여자들 중에는 웨이드 마셜, 버넌 마운트캐슬, 데이비드 허블, 그리고 토르스텐 비셀이 있었다. 나는 이 네 사람을 아주 잘 알았고 그들의 연구에 친숙했다.

감각 표상에 대한 전기생리학적 연구는 나의 스승인 웨이드 마셜에 의해 시작되었다. 마셜은 어떻게 촉각과 시각과 청각이 대뇌피질에 표상되는가를 최초로 연구한 인물이다. 그는 촉각에 대한 연구를 출발점으로 삼아 1936년에 고양이의 체감각피질이 신체 표면의 지도를 보유한다는 것을 발견했다. 그다음에는 필립 바드, 클린턴 울시(Clinton Woolsey)와 함께 연구하여 원숭이 뇌 속의 신체 표면 표상에 대한 매우 상세한 지도를 그리는 데 성공했다. 몇 년 뒤에 와일더 펜필드는 인간 체감각피질의 지도를 그렸다.

이 생리학적 연구들은 감각 지도에 관한 두 가지 원리를 드러냈다. 첫째, 인간과 원숭이 모두에서 신체의 각 부위는 피질에 체계적으로 표상된다. 둘째, 감각 지도들은 신체 표면의 지형(topograpy)을 그대로 복사한 뇌 속의 그림이 아니다. 오히려 신체의 형태를 극적으로 왜곡한다. 신체의 각 부위는 그 크기에 비례하게 표상되는 것이 아니라 감각 지각에서 그것이 차지하는 중요성에 비례하게 표상된다. 예컨대 촉각 지각에서 대단히 민감한 구역인 손끝과 입은 면적은 더 넓지만 건드림에 대해 덜 민감한 등의 피부보다 더 크게 표상된다. 이런 왜곡은 다양한 신체 부위의 감각신경 분포 밀도를 반영한다. 나중에 울시는 다른 실험동물들에서 유사한 왜곡을 발견했다. 예컨대 토끼에서 얼굴과 코는 뇌 속에 가장 크게 표상된다. 왜냐하면 그 부위들은 토끼가 환경을 탐색할 때 쓰는 주요 수단이기 때문이다. 또 앞에서 이미 언급했듯이, 이 지도들은 경험에 의해 교정될 수 있다.

1950년대 초에 존스홉킨스의 버넌 마운트캐슬은 단일 세포들을 측정하고 기록함으로써 감각 표상에 대한 분석을 확장했다. 그는 체감각피질의 개별 뉴런들은 피부의 제한된 영역에서 온 신호에만 반응한다는 것을 발견하고서 그 영역을 그 뉴런의 수용야(receptive field, 受容野)로 명명했다. 예컨대 좌뇌 체감각피질의 손 영역에 있는 어떤 세포는 오른손 가운뎃손가락 끝에 가한 자극에만 반응하고 다른 자극에는 반응하지 않을 것이다.

마운트캐슬은 촉감이 여러 하위 양태들로 이루어졌다는 것도 발견했다. 예컨대 촉감은 피부에 대한 강한 누름에 의해 산출된 감각과 가벼운 쓰다듬에 의해 산출된 감각을 포함한다. 그는 그 하위 양태들이 뇌 속에서 각각 고유한 경로를 가지며, 이 같은 분리는 뇌간과 시상에서 정보 전달의 매 단계에 유지된다는 것을 발견했다. 이러한 분리의 가장 주목할 만한 예는 체감각피질에서 뚜렷하게 볼 수 있다. 체감각피질은 위쪽 표면에서 아래쪽 표면까지 이어진 신경세포의 열(column)들이 모여 이루어진다. 각 열은 하나의 하위 양태와 하나의 피부 영역에 바쳐진다. 따라서 한 열에 속한 모든 세포들은 검지 끝에서 온 가벼운 건드림에 대한 정보를 수용할 것이다. 반면에 다른 열의 세포들은 검지에서 온 강한 누름에 대한 정보를 수용할 것이다. 마운트캐슬의 연구는 촉감 메시지가 어느 정도까지 해체되는지 보여 주었다. 각각의 하위 양태는 별개로 분석되며 정보처리의 나중 단계들에서야 비로소 조합되고 재구성된다. 또 마운트캐슬은 그 감각세포들의 열이 피질의 기초적인 정보처리 모듈(module, 기능 단위)이라는, 오늘날 일반적으로 수용되는 생각을 제시했다.

다른 감각 양태들도 유사한 방식으로 조직된다. 지각에 대한 분석은 다른 어떤 감각보다 시각과 관련하여 가장 발달했다. 우리는 망막에서 대뇌피질로 이어진 경로를 따라 한 점에서 다른 점으로 중계되는 시각 정보도 정확한 방식으로 변환된다는 것을 안다. 시각 정보는 우선 해체된 다음 재구성된다. 그 모든 과정은 우리가 전혀 자각하지 못하는 가운데 일어난다.

1950년대 초에 스티븐 커플러는 망막에 있는 단일 세포들의 신호를 기록했고, 그 세포들이 빛의 절대 수준(level)에 대한 신호를 전달하는 것이 아니라 빛과 어둠의 대비에 대한 신호를 전달한다는 놀라운 발견을 했다. 따라서 그는 망막세포를 가장 효율적으로 흥분시키는 자극은 넓게 퍼진 빛이 아니라 작은 점에 집중된 빛이라는 것을 알아냈다. 데이비드 허블과 토르스텐 비셀은 이와 유사한 원리가 시상에 위치한 그다음 중계 단계에 작동한다는 것을 발견했다. 그러나 그들은 신호가 피질에 도달한 다음에는 놀랍게도 사정이 달라진다는 것을 발견했다. 피질에 있는 대부분의 세포들은 작은 빛점에 활발히 반응하지 않는다. 오히려 윤곽선에, 어두운 영역과 밝은 영역 사이의 길게 이어진 가장자리에 반응한다. 즉, 우리 환경에 있는 대상들을 구별 짓는 경계선에 반응하는 것이다.

매우 놀랍게도 1차 시각피질의 세포 각각은 특정 방향의 명암 윤곽에만 반응한다. 예컨대 우리 눈앞에서 정육면체가 서서히 회전하여 모서리들이 놓인 각도가 천천히 변화하면, 그 다양한 각도에 반응하여 다양한 세포들이 점화할 것이다. 어떤 세포들은 모서리가 수직으로 놓일 때 가장 잘 반응하는 반면 다른 세포들은 수평으로 놓일 때 가장 잘 반응하며, 또 다른 세포들은 비스듬히 놓일 때 가장 잘 반응한다. 시각적 대상을 다양한 방향의 선분들로 해체하는 것은 우리 환경 속 대상들의 형태를 코드화(encode, 부호화)하는 첫 단계인 것 같다. 그다음으로 허블과 비셀은 체감각 시스템에서와 마찬가지로 시각 시스템에서 유사한 속성을 지닌(정향 축이 유사한) 세포들은 한 열에 모여 있다는 것을 발견했다.

나는 이 연구가 대단히 매력적이라고 느꼈다. 그것은 20세기의 벽두에 이루어진 카할의 연구 이후 대뇌피질의 조직화에 대한 우리의 이해에 가장 근본적으로 기여한 업적이었다. 카할은 개별 신경세포 집단들 사이의 연결이 정확히 이루어진다는 것을 밝혀냈다. 마운트캐슬과 허블, 그리고 비셀은 그 연결 패턴의 기능적 의미를 밝혀냈다. 그들은 그 연결들이 피질로, 또 피질 내부에서 전달되는 감각 정보를 거르고 변형한다는 것과 피질은 기능적 구획들, 즉 모듈들로 이루어졌다는 것을 보여 주었다.

마운트캐슬과 허블과 비셀의 연구 덕분에 우리는 인지심리학의 원리들을 세포 수준에서 찾아내는 작업에 착수할 수 있다. 이 과학자들은 우리의 지각이 정확하고 직접적이라는 믿음은 착각 — 지각적 착각(perceptual illusion) — 이라는 것을 보여 줌으로써 형태심리학자들의 추론을 입증했다. 뇌는 감각을 통해 수용한 미가공 데이터를 그냥 취하여 그것을 충실히 재생산하지 않는다. 오히려 각각의 감각 시스템은 미가공 입력 정보를 우선 분석하고 해체한 다음 자기 고유의 내장된 연결과 규칙에 따라 재구성한다. 임마누엘 칸트의 그림자가 느껴지지 않는가!

감각 시스템은 가설 생산자다. 우리는 세계를 직접, 또는 정확하게 대면하지 않는다. 오히려 마운트캐슬이 지적했듯이,

> …… '저 바깥'에 있는 것과 이삼백만 개의 연약한 감각신경섬유들로 연결된 뇌. 그 섬유들은 우리의 유일한 정보 통로, 실재로 이어진 우리의 생명선이다. 또 그 섬유들은 삶 그 자체에 필수적인 것, 즉 의식이 있는 상태를 유지시키는 구심적인 흥분(afferent excitation), 자아에 대한 의식을 제공한다.
>
> 감각은 감각신경 말단들의 코드화 기능에 의해, 그리고 중추신경계의 통합 메커니즘에 의해 형성된다. 구심적 신경섬유들은 고도로 신뢰할 만한 기록자들이 아니다. 그것들은 특정 자극 특징들을 강조하고 다른 특징들을 무시하기 때문이다. 중추신경계의 뉴런은 신경섬유들에 관한 이야기꾼(story-teller)이며 질과 정도의 왜곡을 허용하므로 결코 완전히 신뢰할 만하지 않다. …… 감각은 실재 세계의 모사(replication)가 아니라 추상(abstraction)이다.

시각 시스템에 대한 후속 연구는 대상이 선분들로 분해될 뿐 아니라 시지각의 다른 측면들 — 움직임, 깊이, 형태, 색 — 도 분리되어 별개의 경로를 통해 뇌로 운반되며 뇌에서 통일된 지각으로 짜맞추어진다는 것을 보여 주었다. 이 분리의 중요한 한 부분은 피질의 1차 시각 영역에서 일어난다. 그

영역은 두 개의 평행한 경로들을 발생시키는데, 한 경로는 '무엇(what)' 경로로서, 대상의 형태에 관한 정보를 운반한다. 즉, 대상이 무엇을 닮았는가에 대한 정보를 전달한다. 또 다른 경로는 '어디(where)' 경로로서, 대상의 운동에 관한 정보, 대상이 어디에 있는가에 대한 정보를 운반한다. 이 두 신경 경로는 더 복잡한 처리를 담당하는 상위 피질 영역으로 이어진다.

시지각의 여러 측면들이 뇌의 여러 영역에서 다루어질 수도 있다는 생각은 19세기 말에 프로이트에 의해 예견되었다. 그는 몇몇 환자들이 시각적인 세계의 특정 성질들을 인지하지 못하는 것은 감관의 문제(망막이나 시신경의 손상) 때문이 아니라 피질에 문제가 있어서 시지각의 측면들을 결합하여 의미 있는 패턴을 만드는 능력에 결함이 생겼기 때문이라고 주장했다. 프로이트가 실인증(agnosia, 인지 상실)으로 명명한 그 결함은 매우 특수할 수 있다. 예컨대 '어디' 경로나 '무엇' 경로에 손상이 있어서 발생한 특수한 결함들이 존재한다. '어디' 시스템의 결함 때문에 깊이실인증(depth agnosia)을 가진 사람은 깊이를 지각할 수 없지만 나머지 시각은 온전하다. 그런 사람은 "보여진 대상의 깊이나 두께를 알아차리지 못했다. …… 매우 두툼한 물건도 움직이는 판지로 된 모형으로 보는 것 같다. 모든 것이 완전히 납작하다." 마찬가지로 운동실인증을 가진 사람들은 운동을 지각하지 못하지만 나머지 지각 능력은 정상이다.

충격적인 증거들은 '무엇' 경로의 특정 영역이 얼굴 인지를 위해 특수화되었다는 것을 시사한다. 뇌졸중을 겪은 후에 일부 사람들은 얼굴을 얼굴로 인지할 수 있고 얼굴의 부분들, 심지어 얼굴 표정에 나타난 특수한 감정들도 인지할 수 있지만 그 얼굴이 특정 인물의 얼굴이라는 것을 알아차리지 못한다. 이 장애(prosopagnosia, 안면실인증)를 가진 사람들은 흔히 가까운 지인들의 얼굴을 알아보지 못하거나 심지어 거울에 비친 자기 얼굴을 알아보지 못한다. 그들은 개인의 정체성을 인지하는 능력을 잃은 것이 아니라 얼굴과 정체성을 연결하는 능력을 잃은 것이다. 이런 환자들이 가까운 친구나 친척을 인지하려면 목소리나 기타 비시각적인 단서에 의지해야 한다. 유능한 신경학자 겸 신경심리학자인 올리버 색스(Oliver Sacks)의 고전적 에세이 「아내를 모자로 착각한 남자(The Men Who Mistook His wife for a Hat)」는 어느 안면실인증 환자에 관한 이야기다. 그 환자는 옆에 앉아 있는 아내를 알아보지 못하고서 색스의 진료실을 떠나면서 그녀를 들어 제 머리에 얹으려 했다.

별개의 신경 경로로 운반된 운동, 깊이, 색, 형태에 관한 정보는 어떻게 일관된 지각으로 조직될까? 이 문제는 결합 문제(binding problem)로 불리며, 의식적인 경험의 통일성과 관련이 있다. 즉, 자전거 탄 소년을 볼 때 우리는 이미지 없이 운동을 보거나 멈춰 있는 이미지를 보는 것이 아니라 정합적이고 3차원적이며 운동하는 소년을 총천연색으로 보는데, 이것이 어떻게 가능한가라는 문제와 관련이 있다. 사람들은 별개의 기능을 가진 여러 독립적인 신경 경로들이 일시적으로 연합됨으로써 결합 문제가 해결된다고 생각했다. 그 연합은 어디에서 어떻게 일어날까? 시각 연구의 선두 주자인 런던 유니버시티 칼리지의 세미르 제키(Semir Zeki)는 이 문제를 다음과 같이 요약했다.

> 얼핏 보면 통합 문제는 아주 간단한 것처럼 여겨질 수도 있다. 논리적으로는 특수한 시각 영역들에서 온 신호들이 전부 합쳐지기기만 하면 된다. 그 영역들의 작용 결과들이 단일한 주(master, 主) 피질 영역에 '보고'되기만 하면 된다. 그러면 그 주 영역이 그 모든 다양한 원천에서 온 정보를 종합하여 우리에게 최종 이미지를 제공할 것이라고 생각할 수도 있겠다. 그러나 뇌는 자기 자신의 고유한 논리를 가지고 있다. …… 모든 시각 영역들이 단일한 주 피질 영역에 보고한다면, 그 단일 영역은 누구에게 혹은 무엇에게 보고할까? 더 생생하게 표현한다면, 그 주 영역이 제공한 시각 이미지를 누가 '보고 있을까?' 이 문제는 시각 이미지나 시각피질에 국한되지 않는다. 예컨대 주 청각 영역이 제공한 음악을 누

가 들을까? 주 후각피질이 제공한 냄새를 누가 맡을까? 사실 이 거창한 질문들을 추구하는 것은 부질없는 짓이다. 왜냐하면 여기에서 우리는 중요한 해부학적 사실에 맞닥뜨리기 때문이다. 덜 거창할지 몰라도 아마 결국엔 더 교훈적일 그 사실은 시각 시스템을 비롯한 그 어떤 시스템에도 다른 모든 피질 영역들의 보고를 독점하는 단일한 피질 영역은 없다는 것이다. 간단히 말해서 피질은 통합된 시각 이미지를 산출하기 위해 무언가 다른 전략을 쓰는 것이 분명하다.

인지신경과학자는 실험동물의 뇌를 내려다본다. 그때 그 과학자는 어떤 세포들이 점화하는지 볼 수 있고 뇌가 무엇을 지각하는지 읽어 내고 이해할 수 있다. 그러나 뇌가 자기 자신을 읽어 낼 때 쓰는 전략은 무엇일까? 의식적인 경험의 통일적 본성과 관련해서 결정적으로 중요한 이 질문은 새로운 정신과학이 풀지 못한 많은 신비 중 하나로 남아 있다.

초기의 접근법은 국립보건원의 에드 에버츠(Ed Evarts), 로버트 우츠(Robert Wurtz), 마이클 골드버그(Michael Goldberg)에 의해 개발되었다. 그들은 주의 집중과 행위(action)를 요하는 인지 과제에 몰두하고 있는 온전한 원숭이의 뇌 속 개별 신경세포들의 활동을 읽어 내는 방법들을 개척했다. 그들의 새로운 기법들은 뉴욕 대학의 앤서니 모브숀(Anthony Movshon), 스탠퍼드 대학의 윌리엄 뉴섬(William Newsome) 등의 연구자들이 개별 뇌세포의 활동과 복잡한 행동—지각과 행위—을 연결하고 작은 세포 집단의 활동을 촉진하거나 억제할 때 지각과 행위에 어떤 영향이 미치는지 관찰할 수 있게 해주었다.

또 그 연구들은 지각 및 운동 처리에 관여하는 개별 신경세포의 점화가 주의 집중과 결단에 의해 어떻게 교정되는지를 탐구할 수 있게 해주었다. 따라서 오로지 자극에 대한 반응에서 비롯된 행동에만 초점을 맞추는 행동주의나 추상적인 내적 표상 개념에 집중하는 인지심리학과 달리, 서로 융합된 인지심리학과 세포신경생물학은 행동으로 이어지는 실재적이고 물리적인 표상—뇌 속의 정보처리 능력—을 보여 주었다. 이 성취는 1860년에 헬름홀츠가 기술한 무의식적 추론, 즉 자극과 반응 사이에 개입하는 무의식적 정보처리를 세포 수준에서 연구할 수 있음을 증명했다.

대뇌피질에 있는 감각 및 운동 세계에 대한 내적 표상을 세포 수준에서 연구하는 활동은 1980년대에 뇌 영상화 기법이 등장하면서 확장되었다. 양전자방출단층촬영법, 기능적 자기공명영상법과 같은 그 기법들은 여러 복잡한 행동 기능들의 뇌 속 위치를 드러냄으로써 폴 브로카, 카를 베르니케, 지그문트 프로이트, 영국 신경학자 존 휼링스 잭슨, 그리고 올리버 색스의 연구를 대폭 진보시켰다. 그 신기술로 무장한 연구자들은 뇌 속을 들여다보면서 신경세포뿐 아니라 활동하는 신경 회로도 관찰할 수 있었다.

나는 공간 기억의 분자적 메커니즘을 이해하는 열쇠는 공간이 해마 속에 어떻게 표상되는가를 이해하는 것이라는 확신을 갖게 되었다. 해마가 외현기억에서 중요한 역할을 한다는 점에서 예상할 수 있듯이, 환경에 대한 공간적 기억은 해마 속에 두드러지게 표상된다. 이 사실은 심지어 해부학적 증거에서도 확인된다. 예컨대 여러 장소에 먹이를 저장하는 새들에게는 공간 기억이 특히 중요한데, 그런 새들은 다른 새들보다 해마가 더 크다.

런던의 택시 운전사들은 또 하나의 증거다. 다른 곳과 달리 런던의 택시 운전사들은 자격증을 따기 위해 엄격한 시험을 통과해야 한다. 런던의 모든 거리 이름을 알고 임의의 두 지점을 잇는 가장 효율적인 경로를 알아야 그 시험을 통과할 수 있다. 기능적 자기공명영상법은 2년 동안 그 엄격한 도로망 학습을 거친 런던 택시 운전사들이 동년배의 다른 사람들보다 해마가 더 크다는 것을 보여 주었다. 게다가 그들의 해마 크기는 경력이 쌓임에 따라 계속 커진다. 더 나아가 뇌 영상화 연구들은 특정 목적지에 도달하는 방법을 떠올리라는 요구를 받은 택시 운전사가 주행을 상상하고 있을 때 해마가 활성화된다는 것을 보여 주었다. 그렇다면 공간은 해마 속 세포 수준에서 어떻게 표상되는 것일까?

이 질문에 접근하기 위하여 나는 분자생물학의 기법과 통찰을 생쥐의 내적인 공간 표상에 대한 기존 연구에 접목했다. 우리는 유전자 변형 생쥐를 이용하여 특정 유전자들이 해마에서의 장기 증강과 외현 공간 기억에 끼치는 영향을 연구하는 것을 출발점으로 삼았다. 이제 우리는 어떻게 장기 증강이 내적인 공간 표상을 안정화하고 어떻게 외현기억 저장의 결정적인 특징인 주의 집중이 공간 표상을 조절하는지 연구할 준비가 되었다. 분자에서부터 정신에까지 걸친 이 복합적인 접근법은 인지와 주의 집중에 관한 분자생물학의 가능성을 열었고, 새로운 정신과학을 향한 종합의 윤곽을 완성했다.

23. 주의 집중의 비밀

달팽이에서부터 사람에 이르기까지 모든 생물에서 공간 지식은 행동에서 결정적인 역할을 한다. 존 오키프가 지적하듯이, "공간은 우리의 모든 행동에서 역할을 한다. 우리는 공간 속에 살고, 공간을 통해 움직이며, 공간을 탐색하고, 공간을 방어한다." 공간은 결정적인 감각일 뿐 아니라 매혹적인 감각이다. 왜냐하면 다른 감각들과 달리 공간은 특수화된 감각기관에 의해 분석되지 않기 때문이다. 그렇다면 공간은 뇌 속에 어떻게 표상될까?

인지심리학의 선조들 중 하나인 칸트는 공간을 표상하는 능력은 우리 정신에 내장되어 있다고 주장했다. 그는 사람들이 공간적·시간적 순서를 정하는 원리들을 가지고 태어나며, 따라서 다른 감각들은—대상이건 멜로디건 촉감이건 간에—발생하는 족족 자동적으로 공간 및 시간과 특수한 방식으로 얽힌다고 생각했다. 오키프는 공간에 관한 이 같은 칸트의 논리를 외현기억에 적용했다. 그는 외현기억의 많은 형태들(예컨대 사람에 대한 기억과 대상에 대한 기억)은 공간 좌표를 사용한다고, 즉 전형적으로 우리는 사람과 사건을 공간적 맥락 안에서 기억한다고 주장했다. 이것은 새로운 생각이 아니다. 로마의 위대한 시인이자 웅변가인 키케로는 기원전 55년에, 집의 방들을 차례로 떠올리면서 각각의 방과 단어들을 연결한 다음 그 방들을 올바른 순서로 거치면서 걷는 것을 상상함으로써 단어들을 외우는 그리스인들의 기술(오늘날에도 일부 배우들이 쓰는 기술이다)을 설명했다.

우리는 공간에 바쳐진 감각기관을 가지고 있지 않으므로, 공간 표상은 본질적으로 인지적 감각(cognitive sensibility)이다. 공간 표상은 정말 두드러진 결합 문제다. 뇌는 여러 다양한 양태의 감각에서 온 입력을 조합하여 어떤 입력에도 독점적으로 의존하지 않는 완성된 내적 표상을 산출해야 한다. 일반적으로 뇌는 공간에 관한 정보를 많은 영역에 다양한 방식으로 표상하고, 각 표상의 속성들은 그 목적에 따라 다르다. 예컨대 몇몇 공간 표상들에서 뇌는 전형적으로 자아 중심 좌표(egocentric coordinates, 감각 수용체를 중심으로 삼은 좌표)를 써서 빛이 망막 중심에 대하여 어디에 있는가, 또는 신체를 기준으로 할 때 냄새나 건드림이 어디에서 오는가를 등록한다. 자아 중심 표상은 사람이나 원숭이가 갑작스러운 소음을 듣고 눈을 움직여 소음의 방향으로 향할 때, 초파리가 불쾌한 연상을 동반한 냄새를 피할 때, 군소가 아가미 움츠림 반사를 할 때도 쓰인다. 그러나 다른 행동들에서는 쥐나 사람의 공간 기억에서처럼 유기체 자신의 외부 세계에 대한 상대적 위치와 외부 대상들의 상호 위치 관계를 등록하는 것이 필수적이다. 이런 목적들을 위해서 뇌는 타자 중심 좌표(allocentric coordinates, 세계를 중심으로 삼은 좌표)를 쓴다.

자아 중심 좌표에 기초한 더 단순한 감각 지도인 뇌 속 촉각 지도와 시각 지도에 대한 연구들은 더 복잡한 타자 중심 공간 표상을 연구하기 위한 발판을 제공했다. 그러나 1971년에 오키프에 의해 발견된 공간 지도는 어떤 특정한 감각 양태에 의존하지 않는다는 점에서 웨이드 마셜, 버넌 마운트캐슬, 데이비드 허블, 토르스텐 비셀이 발견한 자아 중심적인 촉각 및 시각 지도와 근본적으로 다르다. 실제로 1959년에 앨든 스펜서와 나는 어떻게 감각 정보가 해마로 들어오는가를 규명하려 애쓰는 과정에서 다양한 개별 감관들을 자극하면서 개별 신경세포들을 측정했지만 활발한 반응을 얻는 데 실패했다. 우리는 해마가 환경에 대한 지각에 관여하고 따라서 다중 감각 경험을 표상한다는 것을 알지 못했다.

쥐의 해마가 개체 외 공간(extrapersonal space)에 대한 다중 감각 표상을 보유한다는 것을 처음으로 깨달은 사람은 존 오키프였다. 그는 동물이 우리 안에서 돌아다닐 때 몇몇 장소세포들은 동물이 특정 구역에 진입할 때만 활동전위를 점화하는 반면, 다른 장소세포들은 동물이 다른 장소로 갈 때만 점화한다는 것을 발견했다. 뇌는 마치 모자이크를 만들듯이 주위 공간을 작고 서로 겹치는 다수의 영역으로 분해하며, 그 각각의 영역은 특정 해마 세포들의 활동에 의해 표상된다. 이 내적인 공간 지도는 쥐가 새 환경에 진입한 후 몇 분 안에 발생한다.

나는 1992년에 공간 지도에 대하여 생각하기 시작했고, 그것이 어떻게 형성되는가, 어떻게 유지되는가, 그리고 주의 집중이 그것의 형성과 유지를 어떻게 지휘하는가를 궁금하게 여겼다. 오키프를 비롯한 연구자들은 단순한 장소의 감각 지도조차도 즉시 형성되는 것이 아니라 쥐가 새 환경에 진입한 후 10분에서 15분 만에 형성된다는 것을 발견했고, 나는 그 사실에 놀랐다. 그것은 지도의 형성이 학습 과정이라는 점을 시사했다. 공간과 관련해서도 연습은 완벽함을 낳는다. 최적의 조건에서 그 지도는 기억과 마찬가지로 몇 주 혹은 심지어 몇 달 동안 안정적으로 유지된다.

칸트적인 선험적 지식에 기초를 두며 미리 배선되는 시각, 촉각, 후각과 달리 공간 지도는 새로운 유형의 표상이다. 그것은 선험적 지식과 학습의 조합에 기초를 둔다. 공간 지도를 형성하는 일반적인 능력은 정신에 내장되어 있지만 특수한 지도는 그렇지 않다. 감각 시스템의 뉴런들과 달리 장소세포들은 감각 자극에 의해 켜지지 않는다. 장소세포들의 집단적인 활동은 동물이 제 자신이 있다고 생각하는 위치를 표상한다.

이제 나는 해마에 대한 우리의 실험들에서 장기 증강과 공간 감각을 유도하기 위해 필요했던 분자적 경로가 공간 지도를 형성하고 유지하기도 하는지 알고 싶었다. 오키프는 장소세포를 1971년에 발견했고, 블리스와 뢰모는 해마에서의 장기 증강을 1973년에 발견했지만, 이 두 발견을 연결하려는 시도는 이때까지 이루어진 적이 없었다. 우리가 1992년에 공간 지도를 연구하기 시작했을 때, 공간 지도 형성의 분자적 단계들에 대해서는 알려진 바가 전혀 없었다. 이 사정은 분야들의 경계에서 — 이 경우에는 장소세포의 생물학과 세포 내 신호 전달의 분자생물학 사이의 경계에서 — 행하는 연구가 왜 매우 생산적일 수 있는가를 다시 한 번 예증한다. 과학자가 한 실험에서 무엇을 탐구하는가는 상당 부분 그 과학자가 속한 지적인 맥락에 의해 결정된다. 다른 분야에 새로운 사고방식을 도입하는 것만큼 신선하고 유쾌한 일은 거의 없다. 이 같은 분야 간 이종교배는 일찍이 1965년에 제임스 슈워츠와 앨든 스펜서와 내가 뉴욕 대학에서 우리의 팀을 '신경생물학 및 행동' 연구팀으로 명명할 때 염두에 두었던 것이다.

장소세포 연구의 선구자 중 하나인 로버트 멀러(Robert Muller)와의 공동 연구에서 우리는 장기 증강을 일으키는 분자적 작용들의 일부가 공간 지도를 장기간 보존하는 데 필수적이라는 것을 발견했다. 우리는 단백질 키나아제 A가 유전자들을 켜서 장기 증강의 나중 단계에 필수적인 단백질 합성을 촉발한다는 것을 알고 있었다. 우리는 그와 유사하게, 최초의 지도 형성에는 단백질 키나아제 A나 단백질 합성이 필요하지 않지만 그 지도가 장기간 '고정'되어 생쥐가 동일한 공간에 진입할 때마다 그 동일한 지도를 되살리려면 단백질 키나아제 A와 단백질 합성이 필수적이라는 것을 발견했다.

그 발견은 또 다른 질문을 불러일으켰다. 우리가 해마에서 포착한 공간 지도는 동물이 외현기억을 가질 수 있게 만드는가? 즉, 동물이 주어진 환경에 익숙한 듯이 행동하게 만드는가? 그 지도는 실제로 내적 표상인가? 즉, 외현 공간 기억의 신경학적 상관물인가? 초기의 이론에서 오키프는 그 인지 지도를 동물이 위치를 알면서 돌아다니기 위해 쓰는 내적인 공간 표상으로 여겼다. 다시 말해서 그는 그 지도를 기억 자체의 표상이라기보다 항법 표상(navigational representation)에 가까운 것으로, 즉 나침반과 유사한 것으로 보았다. 우리는 이 질문을 탐구했고, 단백질 키나아제 A나 단백질 합성을 차단하면 공간 지도의 장기적 안정성뿐 아니라 장기 공간 기억 보유 능력도 방해된다는 것을 발견했다. 다시 말해서 그 지도가 공간 기억과 상관된다는 직접적인 유전학적 증거를 확보했다. 더 나아가 우리는 군소에서 아가미 움츠림 반사의 기저에 있는 단순한 암묵 기억에서와 마찬가지로 공간 기억에서 지도의 획득(그리고 몇 시간 동안의 보유)에 관여하는 과정과 그 지도를 장기간 안정적인 형태로 유지하는 데 관여하는 과정이 구별된다는 것을 발견했다.

몇 가지 유사성에도 불구하고 사람에서 외현 공간 기억과 암묵기억은 근본적으로 다르다. 외현기억은 등록과 되살림을 위해 선택적 주의 집중을 필요로 한다. 따라서 신경 활동과 외현기억 사이의 관계를 탐구하고자 한 우리는 주의 집중의 문제를 건드리지 않을 수 없었다.

선택적 주의 집중은 지각과 행위와 기억에서, 궁극적으로 의식적 경험의 통일성에서 강력한 힘을 발휘한다고 널리 인정된다. 임의의 순간에 동물들은 무수한 감각 자극을 받지만 하나 또는 매우 적은 수의 감각 자극에 주의를 기울이고 나머지는 무시하거나 억압한다. 뇌의 감각 자극 처리 능력은 수용기들의 환경 포착 능력보다 더 제한적이다. 그러므로 주의 집중은 필터의 역할을 하여 이후의 처리를 위해 특정 대상들을 선택한다. 내적 표상이 외부 세계의 모든 세부를 모사하지 않는 것과 감각 자극만으로 모든 운동 행위를 예측할 수 없는 것은 주로 선택적 주의 집중 때문이다. 매 순간의 경험에서 우리는 특정 감각 정보에 초점을 맞추고 나머지는 (다소) 배제한다. 만일 당신이 이 책에서 눈을 들어 방에 들어오는 사람을 본다면, 당신은 더 이상 이 페이지에 인쇄된 단어들에 주의를 집중하지 않는다. 또한 방의 장식이나 방에 있는 다른 사람들에게 주의를 기울이지도 않는다. 나중에 누군가가 당신이 경험한 바를 보고하라고 요구하면, 당신은 이를테면 벽에 작은 흠집이 있었다는 것보다 어떤 사람이 방에 들어왔다는 것을 기억할 가능성이 높다. 이렇게 감각 장치를 어딘가에 집중하는 것은 윌리엄 제임스가 1890년에 독창적인 책 『심리학의 원리』에서 지적했듯이 모든 지각의 핵심적인 특징이다.

> 내 감각기관들 앞에는 내 경험에 결코 제대로 진입하지 못하는 것들이 무수히 존재한다. 왜 그럴까? 그것들은 내게 흥미롭지 않기 때문이다. 내 경험의 내용은 내가 주의를 집중하기로 동의한 내용이다. …… 누구나 주의 집중이 무엇인지 안다. 그것은 정신이 동시적으로 가능해 보이는 여러 대상들이나 생각의 연쇄들 가운데 하나를 분명하고 생생한 형태로 소유하는 것을 말한다. 초점화(focalization), 의식의 집중은 주의 집중의 핵심이다. 그것은 어떤 것들을 효과적으로 다루기 위해 다른 것들로부터 물러나는 것을 의미한다.

주의 집중은 또한 다양한 공간 이미지 요소들을 통일된 전체로 결합하게 해준다. 박사후 연구원 클리프 켄트로스(Cliff Kentros)와 나는 주의 집중과 공간 기억 사이의 연관을 공략하기 위해 주의 집중이 공간 지도를 위해 필요한가 여부를 탐구하기로 했다. 만일 필요하다면, 주의 집중은 공간 지도의 형태나 안정성을 바꾸는 것일까? 이 생각을 검증하기 위해 우리는 주의 집중을 요구하는 정도가 각각 다른 네 가지 조건에 생쥐를 가져다 놓았다. 첫째, 기초(basal) 주의 집중 혹은 주변(ambient) 주의 집중은 더 이상의 자극이 없을 때에도 존재한다. 그때 생쥐들은 주의를 흩어뜨리는 자극이 없는 가운데 우리 안에서 돌아다녔다. 둘째, 우리는 생쥐들이 먹이를 찾아서 먹도록 요구했다. 그것은 주의 집중을 약간 더 필요로 하는 과제였다. 셋째, 우리는 생쥐들이 두 환경을 구별하도록 요구했다. 그리고 마지막으로, 우리는 녀석들이 실제로 공간적 과제를 학습하도록 요구했다. 우리는 생쥐가 우리 안에서 돌아다닐 때 녀석이 싫어하는 빛과 소리가 주기적으로 발생하도록 장치를 꾸몄다. 생쥐가 그 빛과 소리를 끄는 유일한 방법은 아무 표시도 없는 작은 목표 구역을 찾아 그곳에 가만히 앉아 있는 것이었다. 생쥐들은 이 과제를 매우 잘 학습했다.

우리는 주변 주의 집중만으로도 공간 지도가 형성되어 몇 시간 동안 안정화되는 데 충분하지만, 그런 지도는 세 시간에서 여섯 시간이 지나면 불안정해진다는 것을 발견했다. 장기적인 안정성은 생쥐가 환경에 특별한 주의를 집중할 것을 요구받는 정도와 강하게, 또한 체계적으로 연관된다. 예컨대 새 공간을 탐험하는 것과 동시에 공간적 과제를 학습하도록 만들어 생쥐가 새 환경에 많은 주의를 기울이도록 강제하면, 공간 지도는 며칠 동안 안정성을 유지하고 생쥐는 그 환경에 대한 지식에 기초를 둔 과제를 쉽게 기억한다.

이 같은 주의 집중 메커니즘은 뇌 속에 어떻게 존재할까? 어떻게 그 메커니즘은 공간에 관한 정보가 강력하게 등록되고 장기간 쉽게 되살려지는 데 기여할까? 나는 주의 집중이 그저 뇌 속의 신비로운 힘이 아니라 조절 과정이라는 것을 이미 알고 있었다. 국립보건원의 마이클 골드버그와 로버트 우츠는 시각 시스템에서 주의 집중은 자극에 대한 뉴런들의 반응을 촉진한다는 것을 발견했다. 주의 집중 관련 현상들이 강력하게 시사한 조절 경로는 도파민에 의해 매개되는 경로였다. 도파민을 생산하는 세포들은 중뇌(mid-brain)에 모여 있고, 그것들의 축삭돌기는 해마로 뻗어 있다. 실제로 우리는 해마에서 도파민의 작용을 차단하면 주의를 집중하고 있는 동물에서 공간 지도의 안정화가 차단된다는 것을 발견했다. 반대로 해마에서 도파민 수용체들을 활성화하자 주의를 집중하지 않고 있는 동물의 공간 지도가 안정화되었다. 중뇌에 있는 도파민 생산 뉴런들의 축삭돌기는 해마와 전전두엽피질을 비롯한 여러 곳에 신호를 보낸다. 자발적 행위에 동원되는 전전두엽피질은 다시 중뇌로 신호를 보내 도파민 생산 뉴런들의 점화를 조절한다. 자발적 행동에 동원되는 뇌 영역들의 일부가 주의 집중 과정에도 동원된다는 우리의 발견은 선택적 주의 집중이 의식의 통일성에 결정적으로 중요하다는 생각을 재강화했다.

『심리학의 원리』에서 윌리엄 제임스는 주의 집중에 여러 형태가 있다고 지적했다. 적어도 두 가지 유형, 즉 자발적 주의 집중과 비자발적 주의 집중이 존재한다. 비자발적 주의 집중은 자동적인 신경 과정에 의해 지탱되며 암묵기억에서 명확하게 확인된다. 예컨대 고전적 조건화에서 동물들은 조건화된 자극이 두드러지거나 놀라울 때, 그리고 오직 그때만 두 자극을 연결하는 것을 학습한다. 비자발적 주의 집중은 외부 세계의 속성—자극—에 의해 활성화되고, 제임스에 따르면 "큰 것들, 밝은 것들, 움직이는 것들, 또는 피"에 꽂힌다. 반면에 운전할 때 도로와 교통에 주의를 기울이는 것과 같은 자발적 주의 집중은 외현기억의 한 특징이며 자동적으로 두드러진 것은 아닌 자극들을 처리해야 할 내적인 필요성에서 비롯된다.

제임스는 인간에서 자발적 주의 집중은 분명히 의식적인 과정이며 따라서 대뇌피질에서 시작될 가능성이 높다고 주장했다. 환원주의적 관점에서 보면, 언급한 두 유형 모두는 조절 신경전달물질 등의 생물학적인 두드러짐(salience) 신호를 동원하고, 그 신호는 신경 연결망의 기능이나 배열을 조절한다.

군소와 생쥐를 대상으로 한 우리의 분자적 연구들은 두 가지 형태의 주의 집중, 즉 비자발적 주의 집중과 자발적 주의 집중이 존재한다는 제임스의 주장을 뒷받침한다. 그 두 유형 사이의 핵심적인 차이는 두드러짐이 있는가 여부가 아니라 두드러짐 신호가 의식적으로 지각되는가 여부다. 예컨대 리버데일에 있는 집에서 웨스트체스터에 있는 내 아들 폴의 집에 가는 길을 학습할 필요가 있을 때 나는 의식적으로 주의를 집중할 것이다. 그러나 도로에서 운전을 하고 있을 때 갑자기 다른 차가 내 앞을 막으면 나는 자동적으로 브레이크를 밟을 것이다. 또 우리의 연구들은 기억이 암묵적인가 아니면 외현적인가 하는 문제는 두드러진 것에 대한 주의 집중 신호가 동원되는 방식에 의해 결정된다는 제임스의 주장이 옳음을 시사한다.

앞에서 보았듯이, 두 가지 유형의 기억 모두에서 단기기억의 장기기억으로의 변환은 유전자의 활성화를 필요로 하고, 각각의 유형에서 조절 전달자는 자극의 중요성을 표시하는 주의 집중 신호를 운반하는 것처럼 보인다. 그 신호에 대한 반응으로 유전자들이 켜지고 단백질들이 생산되어 모든 시냅스로 보내진다. 예컨대 군소에서는 세로토닌이 단백질 키나아제 A를 유발하고, 생쥐에서는 도파민이 단백질 키나아제 A를 유발한다. 그러나 이 두드러짐 신호들은 군소에서 민감화의 기저에 있는 암묵기억을 위해 동원될 때와 쥐에서 공간 지도 형성에 필요한 외현기억을 위해 동원될 때 그 방식이 근본적으로 다르다.

암묵기억 저장에서 주의 집중 신호는 비자발적으로(반사적으로), 아래에서 위로 동원된다. 즉, 충격을 받아 활성화된 꼬리의 감각뉴런들이 세로토닌을 분비하는 세포들에 직접 작용한다. 공간 기억에서 도파민은 자발적으로, 위에서 아래로 동원되는 것처럼 보인다. 즉, 대뇌피질이 도파민을 분비하는 세포들을 활성화하고, 도파민은 해마의 활동을 조절한다.

우리는 이렇게 유사한 분자적 메커니즘들이 하향식 주의 집중 과정과 상향식 주의 집중 과정 모두에 쓰인다는 생각과 조화를 이루는 발견을 했다. 즉, 그 두 과정 모두에서 기억의 안정화에 관여하는 것처럼 보이는 단일한 메커니즘을 발견했다. 쥐의 해마는 코시크 시가 군소에서 발견한 것과 유사한 프리온형 단백질을 적어도 한 종 보유하고 있다. 독일 출신의 박사후 학생 마르틴 타이스(Martin Theis)와 나는 군소에서 세로토닌이 CPEB 단백질의 양과 상태를 조절하는 것과 대체로 동일한 방식으로 생쥐 해마에서 도파민이 프리온형 CPEB 단백질(CPEB-3)의 양을 조절한다는 것을 발견했다. 이 발견은, 동물의 주의 집중이 해마에서 도파민 분비를 유발하고, 그 도파민이 CPEB에 의해 매개되는 자기 영속적 상태를 촉발할 때, 공간 지도가 고정된다는 흥미로운 추측을 하게 만든다.

공간 지도의 안정화에서 주의 집중이 중요하다는 사실은 또 다른 질문을 야기한다. 학습에 의해 형성된 공간 지도는 우리 모두에서 유사할까? 예컨대 남성과 여성은 환경 속에서 길을 찾기 위해 동일한 전략을 사용할까? 현재 생물학자들은 이 매혹적인 질문을 탐구하기 시작했다.

최초로 해마에서 장소세포를 발견한 오키프는 공간 정향에 대한 연구를 확장하여 성별의 차이를 감안하는 방향으로 나아갔다. 그는 여성과 남성이 주위 공간에 주의를 집중하고 방향을 찾는 방식에 명백한 차이가 있다는 것을 발견했다. 여성은 근처의 단서나 특색 있는 지점을 이용한다. 그래서 누군가 길을 물으면, 여성은 이런 식으로 대답할 가능성이 높다. “월그린 약국에서 우회전한 다음, 왼쪽에 녹색 덧창들이 있는 흰색 고전풍 이층집이 보일 때까지 달리세요.” 남성은 내적인 기하학적 지도에 더 의존하기 때문에 이렇게 대답할 가능성이 높다. “북쪽으로 5킬로미터 달린 다음, 우회전해서 동쪽으로 500미터 가세요.” 뇌 영상은 남성과 여성에서 공간을 생각할 때 활성화되는 영역이 다르다는 것을 보여 준다. 남성은 왼쪽 해마가 활성화되고 여성은 오른쪽 두정엽과 오른쪽 전전두엽 피질이 활성화된다. 이 연구들은 남성과 여성의 전략들을 이상적으로 조합하면 집단의 효율성이 강화될 수 있음을 시사한다.

공간 지도 형성에서 성별 차이는 더 넓은 맥락에서 볼 때 또 하나의 중요한 의미를 가진다. 남성과 여성의 뇌 구조와 인지 유형은 어느 정도까지 다른가? 그 차이들은 선천적인가, 아니면 학습과 사회화에서 비롯되는가? 생물학과 신경과학은 이런 질문들과 관련하여 광범위한 사회적 결정을 위한 기초적인 지침을 제공할 수 있다.

5막;

우리가 아직 이해할 필요가 있지만 그에 대하여 유용한 모형이 존재하지 않는 그런 인간성의 측면들이 많이 있다. 아마도 우리는 오직 신들만이 도덕을 알지만 만일 인간을 신들의 모형 유기체로 간주한다면 우리가 우리를 연구함으로써 신들도 이해하게 될 것이라는 식으로 핑계를 대야 할 것이다.

— 시드니 브레너, 노벨상 수상 기념 강연(2002)

24.

작고 빨간 알약

기억을 연구하는 사람은 누구나 병이나 나이 때문에 약해진 기억력을 향상시키는 약에 대한 수요가 매우 높다는 것을 민감하게 의식하게 된다. 그러나 새 약은 시장에 나오기 전에 동물 시험을 거쳐야 한다. 우리는 암묵기억 저장과 외현기억 저장에 대한 동물 모형을 확보하고 있었으므로, 기억장애에 대한 새로운 치료법 연구를 시작할 수 있었다. 이번에도 시기가 결정적으로 중요했다. 1990년대에 유전자 변형 생쥐들이 생산되어 기억과 기억장애의 본성을 분석하는 데 쓰이고 있을 때, 약을 개발하는 새로운 방법을 모색하는 새로운 산업이 등장했다.

1976년 이전에는 새로운 과학적 통찰이 치료법의 향상으로 신속하게 연결되지 않았고, 나를 비롯한 미국 학계의 과학자들은 제약 업체와 힘을 합쳐 신약을 개발하는 데 별다른 관심이 없었다. 그러나 그해에 극적인 변화가 일어났다. 당시 스물여덟 살의 벤처 사업가였던 로버트 스완슨은 유전공학이 신약 개발에서 발휘할 수 있는 잠재력을 간파하고 샌프란시스코 소재 캘리포니아 대학의 교수이며 그 분야의 개척자인 허버트 보이어를 설득해 함께 제넨테크(Genentech, 유전공학 기술genetic engineering technologies의 약자다)라는 회사를 설립했다. 그것은 유전공학으로 생산한 의료 목적의 단백질들을 상업화하는 데 초점을 맞춘 최초의 생명공학 회사였다. 스완슨과 보이어는 의기투합하여 각자 500달러를 투자했다. 그 후 스완슨은 회사를 본궤도에 올려놓기 위해 수십만 달러를 더 투자했다. 현재 제넨테크의 가치는 약 200억 달러다.

당시는 DNA 서열을 신속하게 알아내는 방법과 강력한 유전공학 기술이 분자생물학자들에 의해 개발된 직후였다. 그 기술은 특정 DNA 토막들을 염색체에서 잘라 내어 이어 붙이고 그 재조합 DNA를 대장균의 게놈에 집어넣어, 대장균이 증식하면서 그 새 유전자가 많이 복제되어 그것이 암호화한 단백질이 다량으로 생산되게 만드는 방법이었다. 보이어는 박테리아를 이용하여 더 고등한 동물의, 심지어 인간의 유전자가 발현하도록 만들 수 있다는 것을 처음으로 깨달은 분자생물학자들 중 하나였다. 실제로 보이어는 그렇게 만들기 위해 필요한 핵심 기술 몇 가지를 개발하는 데 결정적인 기여를 했다.

제넨테크는 재조합 DNA 기술을 이용하여 의학적으로 매우 중요한 인간 호르몬인 인슐린과 성장호르몬을 대량 합성하기로 계획했다. 인슐린은 췌장에 의해 혈류 속으로 분비되어 체내의 당을 조절한다. 성장호르몬은 뇌하수체에 의해 분비되어 발달과 성장을 조절한다. 제넨테크는 매우 복잡한 이 두 단백질을 합성할 수 있다는 것을 증명하기 위해 우선 소마토스타틴(somatostatin)이라는 더 단순한 단백질에 초점을 맞추었다. 이 호르몬은 뇌하수체에 의해 혈류 속으로 분비되며 인슐린 분비를 차단하는 역할을 한다.

1976년 이전에 의료에 사용할 수 있는 소마토스타틴과 인슐린, 성장호르몬 공급량은 제한되어 있었다. 인슐린과 소마토스타틴은 돼지나 소에서 추출해야 했기 때문에 공급이 부족했다. 동물 호르몬의 아미노산 서열은 인간 호르몬의 그것과 약간 다르기 때문에 인체에 들어오면 때때로 알레르기 반응을 일으켰다. 성장호르몬은 시체에서 떼어 낸 뇌하수체에서 추출했다. 이 공급원은 양이 제한되어 있을 뿐 아니라 때로는 프리온에 오염되어 있었다. 프리온은 어빙 커퍼만을 쓰러뜨린 무서운 치매인 크로이츠펠트야콥병을 일으키는 감염성 단백질이다. 재조합 DNA는 인간 유전자에서 비롯된 단백질들을 합성하고 그것들을 안전성에 대한 걱정 없이 저렴하게 무한정 생산할 가능성을 열었다. 보이어와 스완슨은 인간 유전자를 복제함으로써 위에 언급한 것들을 비롯해 의학적으로 중요한 단백질들을 양산할 수 있으며 결국엔 환자의 결함 있는 유전자를 복제된 유전자로 대체함으로써 유전병을 치유할 수 있다고 확신했다.

스완슨과 손을 잡고 1년 후인 1977년에 보이어는 새로운 유전자 복제 방법들을 개발하여 소마토스타틴을 대량 합성하는 데 성공했고, 이로써 재조합 DNA를 이용하여 의학적으로 중요하고 상업적으로 가치가 큰 약을 생산할 수 있다는 원리를 확립했다. 그로부터 3년 후에 제넨테크는 인슐린을 복제하는 데 성공했다.

제넨테크보다 2년 늦게 두 번째 생명공학 회사인 바이오젠(Biogen)이 설립되었다. 불과 2년 차이였지만, 상황은 엄청나게 달라져 있었다. 바이오젠은 독자적으로 활동하는 젊은 모험가에 의해 설립된 것이 아니라 각각 확고한 기반을 갖춘 벤처 그룹을 대표하는 성숙한 투자가인 C. 케빈 랜드리(Kevin Landry)와 대니얼 애덤스(Daniel Adams)에 의해 설립되었다. 이들은 1,000달러를 테이블에 올려놓고 악수를 한 것이 아니라 75만 달러와 생명공학 드림팀을 구성하기 위한 계약서를 올려놓고 악수를 했다. 그리고 세계 최고의 과학자들에게 접근했다. 우선 하버드의 월터 길버트(Walter Gilbert), 그다음에 MIT의 필립 샤프(Philip Sharp), 취리히 대학의 샤를 바이스만(Charles Weissman), 뮌헨 막스 플랑크 생화학연구소의 페터 한스 호프슈나이더(Peter Hans Hofschneider), 에든버러 대학의 케네스 머리(Kenneth Murray)에게 접근했다. 약간의 협상 후에 모두들 모험에 동참하기로 했고, 길버트는 과학자문 위원장을 맡는 데 동의했다.

얼마 지나지 않아 거대한 산업이 출범했다. 생명공학 산업은 제 몫의 새로운 산물들을 생산했을 뿐 아니라 제약 산업을 탈바꿈시켰다. 1976년 당시에 대형 제약 회사들의 대부분은 독자적으로 재조합 DNA 연구를 수행할 만큼 과감하거나 기민하지 못했지만, 일부 생명공학 회사들에 투자하고 다른 일부를 사들임으로써 신속하게 경쟁력을 획득했다.

생명공학 회사들은 학계도 변모시켰다. 특히 과학의 상업화에 대한 태도가 바뀌었다. 유럽 국가 대부분의 학자들과 달리 미국 학자들은 산업에 참여하는 데 부정적인 태도를 가지고 있었다. 19세기에 균이 감염성 질병을 일으킨다는 지식의 토대를 놓은 위대한 프랑스 생물학자 루이 파스퇴르(Louis Pasteur)는 산업과 깊은 관련을 맺고 있었다. 그는 포도주와 맥주 발효의 기저에 있는 생물학적 토대를 발견했다. 또 누에와 포도주, 우유를 감염시키는 박테리아를 식별하고 파괴하는 방법을 개발하여 비단 산업과 포도주 산업을 위기에서 구했고, 우유가 감염되어 못 쓰게 되는 것을 막는 저온살균법을 개발했고, 최초의 광견병 백신을 개발했다. 그의 생전에 그를 기리기 위해 설립되었으며 오늘날에도 건재한 파리의 파스퇴르 연구소는 수입의 상당 부분을 백신 개발에서 얻는다. 시냅스 전달의 화학적 토대를 발견하는 데 기여한 영국 과학자 헨리 데일은 케임브리지 대학의 교수 직과 제약 회사인 웰컴 생리학연구소의 직책을 자유롭게 넘나들다가 나중에는 런던의 영국 국립의학연구소로 들어가 학계에 복귀했다.

그러나 미국은 사정이 달랐다. 길버트는 자신을 비롯한 생물학자들이 과학과 사업을 결합하는 쪽으로 생각을 바꾸게 유도하려면 세 가지 조건이 충족되어야 한다는 것을 깨달았다. 첫째, 학자들은 회사가 무언가 유용한 일을 할 수 있다고 믿을 만한 증거를 요구했다. 둘째, 회사에 관여하는 일이 기초과학 연구를 너무 많이 방해하지 않으리라는 것을 보장해 줄 것을 요구했다. 마지막으로, 학자들은 과학자로서의 독립성—대학교수들이 가장 중시하는 가치—이 위태로워지지 않으리라는 것을 확신하고 싶어했다.

1980년에 제넨테크가 인간 인슐린을 생산하는 데 성공함으로써 첫 번째 조건—유용성—이 충족되었다. 생물학자들은 조금씩, 그러나 꾸준하게 생명공학 산업과 접촉하기 시작했다. 그들은 죄를 짓는 기분으로 새로운 세계를 경험했으나, 일단 경험하고 나자 놀랍게도 그 세계를 좋아하게 되었다. 과학이 의료에 유효한 약을 산출한다는 사실이 좋았고, 공익에 기여하면서 부유해질 수 있다는 것이, 즉 필요한 약을 개발하여 돈을 벌 수 있다는 것이 좋았다. 과거 대부분의 학자들은 산업에 관여하기를 꺼렸고 제약 회사의 자문에 응하는 동료들을 경멸했지만, 1980년 이후 상황은 완전히 달라졌다. 게다가 학자들은 적절한 계약으로 자신의 시간과 독립성을 크게 침해당하지 않을 수 있다는 것을 깨달았다. 심지어 대부분의 학자들은 산업체에서 일함으로써 자신이 과학적 지식으로 도움을 줄 뿐 아니라 과학을 하는 새로운 방법을 배우기도 한다는 것을 깨달았다.

그 결과 대학은 교수들의 사업을 장려하기 시작했다. 이 점에서 선두주자로 나선 것은 컬럼비아 대학이었다. 1982년에 리처드 액슬은 여러 동료들과 함께 배양된 조직의 세포에 있는 임의의—인간 유전자도 포함해서—유전자를 발현시키는 방법을 개발했다. 액슬은 컬럼비아 대학의 교수였으므로 컬럼비아 대학은 그 방법의 특허권자가 되었다. 그 방법은 즉시 여러 주요 제약 회사에 채택되어 중요한 새 치료약들을 만드는 데 쓰였다. 이후 특허권이 유효한 20년 동안 컬럼비아 대학은 그 한 건의 특허만으로 5억 달러를 벌었다. 그 돈은 대학이 새 인력을 충원하고 연구능력을 강화할 수 있게 해주었고, 액슬을 비롯한 발명자들은 풍부한 상여금을 받았다.

거의 같은 시기에 영국 케임브리지 소재 의학연구심의회 실험연구소의 체자르 밀슈타인(César Milstein)은 단클론항체(monoclonal antibody)를 만드는 방법을 발견했다. 단클론항체란 단백질의 한 구역만을 표적으로 삼는 고도로 특수화된 항체다. 그의 기술 역시 즉각 제약 산업에 채택되어 신약 개발에 쓰였다. 그러나 의학연구심의회와 케임브리지 대학은 아직도 구식 사고방식을 가지고 있었다. 그들은 그 방법에 대한 특허를 신청하지 않아 수입을 챙기지 못했다. 그 수입은 그들이 마땅히 얻어야 했고 많은 훌륭한 과학자들을 지원하는 데 쓸 수 있었을 텐데 말이다. 당시까지 대부분의 대학은 지적재산권 전담반을 운영하지 않았으나, 이 사건을 지켜보면서 서둘러 그런 팀을 꾸리기 시작했다.

얼마 지나지 않아 가장 자부심이 센 분자생물학자들이 이런저런 생명공학 회사의 자문위원으로 영입되었다. 이 초기에 회사들은 주로 호르몬과 항바이러스 약품에 초점을 두었지만, 1980년대 중반이 되자 사업가들은 신경과학을 이용하여 신경장애와 정신장애를 고치는 신약을 생산할 수 있지 않을까 생각하기 시작했다. 1985년에 리처드 액슬은 내게 뉴욕 시에서 열리는 바이오테크놀로지 제너럴(Biotechnology General) 사의 이사회에서 알츠하이머병에 관한 강연을 해달라고 부탁했다. 그 회사는 이스라엘에 본부를 둔 제약 회사로 액슬이 자문위원으로 관여하고 있었다. 나는 이사들에게 알츠하이머병을 간략하게 설명하면서 그 장애는 65세 이상 노령인구가 급격하게 팽창하면서 주요 유행병으로 부상하고 있다는 점을 강조했다. 치료법을 찾는다면 공공 건강에 막대한 혜택이 돌아갈 것이었다.

그때 내가 전한 사실은 신경과학계 내에서 매우 잘 알려져 있었지만 벤처 업계에는 덜 알려져 있었다. 회의가 끝난 후, 바이오테크놀로지 제너럴의 대표이사인 프레드 애들러(Fred Adler)는 나와 리처드에게 이튿날 점심을 함께 먹을 수 있겠냐고 물었다. 그리고 그 점심 식사 자리에서 그는 오로지 뇌에만 집중하면서 분자생물학 지식을 신경계의 질병을 연구하는 데 쓰는 새로운 생명공학 회사를 출범시킬 것을 우리에게 제안했다.

처음에 나는 생명공학에 뛰어드는 것이 탐탁지 않았다. 왜냐하면 그것은 재미없는 일이라고 생각했기 때문이다. 나는 생명공학 회사와 제약 회사는 단조로운 과학만 하며 상업적 모험에 관여하는 것은 지적으로 불만족스러울 것이라는, 과거에 학계의 다수가 가졌던 견해를 공유하고 있었다. 그러나 리처드는 그 일이 매우 흥미로울 수 있다고 지적하면서 내게 참여할 것을 권했다. 1987년에 우리는 뉴로제네틱스(Neurogenetics) 사를 설립했는데, 회사 이름은 나중에 시냅틱 파머수티컬스(Synaptic Pharmaceuticals)로 바뀌었다. 리처드와 애들러는 내가 과학자문 위원장을 맡기를 원했다.

나는 월터 길버트에게 자문위원이 되어 줄 것을 부탁했다. 내가 1984년에 처음 만난 월터는 20세기 후반기의 가장 영리하고 재능 있고 다방면에 조예가 깊은 생물학자이자 기인이었다. 그는 유전자 조절에 관한 모노-자코브 이론을 발전시켰고, 최초로 유전자 조절자를 분리해 내어 그것이 이론의 예측대로 DNA에 결합하는 단백질이라는 것을 증명했다. 또한 이 획기적인 성취에 머물지 않고 전진하여 DNA 서열을 읽어 내는 방법을 개발해 1980년 노벨 화학상 수상자가 되었다. 바이오젠의 공동 창립자이기도 한 월터는 사업에 대한 식견도 갖추고 있었다. 나는 이처럼 과학적 성취와 사업적 노하우를 겸비한 그가 훌륭한 재원이라고 생각했다.

월터는 1984년에 바이오젠을 버리고 하버드 대학으로 복귀하여 얼마 전부터 관심을 기울이기 시작한 분야인 신경생물학에 치중했다. 그는 뇌에 문외한이었으므로 나는 그가 우리와 손을 잡고 뇌과학을 배우는 것을 반기리라고 생각했다. 그는 동의했고, 이루 말할 수 없이 소중한 동업자가 되었다. 데니스와 나는 지금까지 계속되는 습관이 생겼다. 그것은 과학자문위원회가 열리기 전 날 밤에 대개 근사한 식당에서 월터와 함께 저녁을 먹는 습관이다.

리처드와 내가 자문위원이 되어 달라고 부탁한 다른 과학자들은 컬럼비아 대학 동료이며 유능한 발달신경생물학자인 톰 제슬, 뇌 속의 2차 전달자 신호 전달 연구의 선구자이며 예일 대학에서 록펠러 대학으로 옮겨간 폴 그린가드, 컬럼비아 대학 신경학부 학장 루이스 롤랜드(Lewis

Roland), 컬럼비아 의학 및 외과의학 칼리지 학장을 역임한 후 메모리얼 슬론-케터링 암 센터 소장이 된 폴 마크스(Paul Marks) 등이었다. 이만하면 엄청나게 강력한 팀이었다. 우리는 회사가 어느 방향으로 나아가야 할지에 대하여 여러 달 동안 숙고했다.

처음에 우리는 앨든 스펜서를 죽음으로 몰고 간 근위축성측삭경화증을 전문으로 할까 고민했고, 그다음엔 다발경화증이나 뇌종양, 또는 뇌졸중을 전문으로 할까 고민했지만, 결국 신경전달물질 세로토닌에 대한 수용체와 관련된 뭔가를 하는 것이 최선이라고 판단했다. 많은 중요한 약들—예컨대 거의 모든 항우울제—은 세로토닌을 통해 작용한다. 또 리처드는 얼마 전에 최초로 세로토닌 수용체를 분리하여 복제하는 데 성공한 바 있었다. 그 수용체들의 분자생물학을 해명한다면, 수많은 질병에 대한 연구의 서막이 열릴 수 있었다. 게다가 리처드가 복제해 낸 수용체는 대사성 수용체의 한 유형에 속한 수많은 수용체들 가운데 하나에 불과했다. 따라서 그 기술을 이용하여, 2차 전달자를 통해 작용하는 다른 전달물질에 대한 유사 구조의 수용체들을 복제하는 시도를 할 수 있었다.

우리가 그 방향으로 나아가도록 강력하게 촉구한 인물은 컬럼비아 대학의 교무처장이며 우리가 CEO로 영입한 캐슬린 멀리넥스(Kathleen Mullinex)였다. 그녀는 신경생물학을 몰랐지만, 수용체가 신약 검사에 유용할 수 있다는 생각을 가지고 있었다. 이사회는 그 생각을 정교하게 다듬었다. 우리는 세로토닌과 도파민에 대한 수용체들을 복제하여 그것들이 어떻게 기능하는지 알아내고 그것들을 통제하는 새로운 화합물을 설계하기로 했다. 폴 그린가드와 나는 그런 계획을 담은 문서를 작성했다. 우리는 리처드 액슬이 이루어 낸 최초의 세로토닌 수용체 복제를 우리의 첫 성공 사례로 제시했다.

회사는 순조로운 출발을 향해 이륙했다. 우리는 새 수용체 복제에 정통한 훌륭한 과학자들을 고용했고, 엘리 릴리(Eli Lilly) 사 및 머크(Merck) 사와 효율적인 동반자 관계를 맺었다. 우리 회사는 1992년에 상장되었고 특별했던 과학자문위원회는 해산되었다. 나는 얼마간 과학 고문 직을 유지했지만, 3년 후에 나 자신의 연구 영역에 치중하는 회사를 차렸다.

그 새로운 모험에 대한 아이디어는 1995년의 어느 밤에 데니스와 내가 월터 길버트와 함께 저녁을 먹고 있을 때 탄생했다. 월터와 나는 내가 최근에 얻은 결과들에 대해 토론하고 있었다. 그것은 늙은 쥐의 기억상실을 회복시킬 수 있다는 것을 시사했다. 그때 데니스가 노화성 기억상실을 위한 "자그마하고 빨간 알약"을 개발하는 회사를 차리자고 제안했다. 이 아이디어를 따르기로 한 월터와 나는 옥스퍼드 파트너스 그룹의 벤처 자본가이며 시냅틱 파머수티컬스 사를 지원한 바 있는 조너선 플레밍(Jonathan Fleming)과 힘을 합쳤다. 조너선은 우리를 도와 바이엘 제약 회사의 악셀 운터벡(Axel Unterbeck)을 영입했고, 1996년에 우리 네 사람은 새로운 회사인 메모리 파머수티컬스(Memory Pharmaceuticals)를 설립했다.

나의 기억 연구를 직접적인 기초로 삼은 회사를 출범시키는 것은 흥분되는 일이었지만, 회사를 운영하는 것은 자기 자신의 연구에 토대를 둔 회사라 해도 엄청나게 시간을 잡아먹는 일이었다. 일부 학자들은 회사를 운영하기 위해 대학을 떠난다. 나는 컬럼비아 대학이나 하워드 휴스 의학연구소를 떠날 마음이 없었다. 나는 일단 회사를 차리는 데 일조한 다음, 파트타임으로 과학적 자문을 담당하고 싶었다. 컬럼비아 대학과 하워드 휴스 의학연구소에 소속된 노련한 변호사들이 나를 도와 먼저 시냅틱 파머수티컬스 사와, 그다음에 메모리 파머수티컬스 사와, 내 의도와 대학 및 연구소의 방침에 맞게 자문 계약을 맺게 해주었다.

이 두 생명공학 회사에 관여하면서 내 지평은 넓어졌다. 메모리 파머수티컬스는 나의 기초 연구를 사람을 치료하는 잠재적 유용성을 가진 약으로 변신시키는 것을 도와주었다. 그뿐 아니라 회사가 어떻게 돌아가는지 경험할 수 있게 해주었다. 대개의 학문 조직에서 젊은 교수들은 독립적이다. 과학자 경력의 이른 단계에 그들은 늙은 교수들과 협동하지 말고 자기 자신의 연구 프로그램을 개발하라는 권고를 받는다. 그러나 사업의 세계에서는 사람들이 회사의 이익을 위해 지적·재정적 자원을 이용하여 각각의 잠재적 산물을 유망한 방향으로 밀고 가는 방식으로 함께 일해야 한다. 산업에서 나타나는 이 같은 협동적 특징은 일반적으로 대학에 없지만, 중요한 예외들이 존재한다. 예컨대 공익을 위해 개인들의 노력을 융합하여 추진하고 있는 인간 게놈 프로젝트가 그런 경우다.

메모리 파머수티컬스 사는 기억 연구가 응용과학으로 확장될 것이며 언젠가 기억 기능의 메커니즘에 대한 지식이 성장하면 인지장애에 대한 치료법이 등장할 것이라는 생각을 주춧돌로 삼았다. 내가 바이오테크놀로지 제너럴 사의 이사회에서 지적했듯이, 기억장애는 내가 50년 전에 의사 생활을 시작할 당시보다 사람들의 수명이 길어진 지금 더 두드러진 문제로 부상했다. 정상적이며 건강한 70세 인구에서도 겨우 40퍼센트만 30대 중반의 기억력을 유지한다. 나머지 60퍼센트는 어느 정도 기억력 감퇴를 겪는다. 이 감퇴는 초기에 다른 인지 기능들에 영향을 끼치지 않는다. 예컨대 언어 기능이나 대부분의 문제 해결 능력은 온전하게 유지된다. 그 60퍼센트의 절반은 양성 노년기 건망증(benign senescent forgetfulness)이라 불리는 경미한 기억장애를 가지는데, 이 증상은 그대로 유지되거나 나이가 들수록 천천히 심화된다. 그러나 나머지 절반(70세 이상 인구의 30퍼센트)은 뇌의 진행성 퇴화증인 알츠하이머병에 걸린다. 초기의 알츠하이머병은 양성 노년기 건망증과 구별되지 않는 경미한 인지장애가 특징이다. 그러나 다음 단계가 되면 극적인 진행성 기억 및 기타 인지 기능 결손이 일어난다. 말기의 다양한 증상들은 시냅스 결합의 감소와 신경세포의 죽음에 원인이 있다. 이 같은 조직의 퇴화는 많은 부분, 베타-아밀로이드(β-amyloid)라는 비정상적인 물질이 뇌세포들 사이 공간에 녹지 않는 플라크(plaque) 형태로 쌓이기 때문에 일어난다.

나는 1993년에 처음으로 양성 노년기 건망증에 관심을 돌렸다. 이 명칭은 약간 완곡한 표현이라고 할 수 있다. 왜냐하면 그 장애는 노년기의 사람들에게 좋지도 않고 전적으로 양성인 것도 아니기 때문이다. 어떤 이들은 사십대에 이 장애가 처음 나타나고 시간이 지날수록 증상은 대개 약간씩 더 뚜렷해진다. 나는 군소와 생쥐에서 기억 저장의 메커니즘에 대한 지식이 점차 증가하면 이 비참한 노화의 한 측면의 기저에 있는 문제를 이해하고 기억상실에 대한 치료법을 개발할 수 있으리라는 희망을 품었다.

양성 노년기 건망증에 관한 논문들을 읽으면서 나는 그 장애가 해마의 손상에서 비롯된 기억 결손과 비록 정도에서는 달라도 특징에서 유사하다는 것을 깨달았다. 그것은 새로운 장기기억을 형성하는 능력의 상실이었다. 양성 노년기 건망증을 지닌 사람들은 H.M.과 마찬가지로 정상적인 대화를 하고 단기기억을 보유할 수 있지만, 새로운 단기기억을 장기기억으로 쉽게 전환하지 못한다. 예컨대 만찬회장에서 누군가를 소개받은 늙수그레한 남자는 그 새 이름을 잠시 동안은 기억할지 몰라도 이튿날 아침엔 깡그리 잊어버린다. 내가 보기에 이 유사성은 노화성 기억상실이 해마와 관련이 있다는 단서였다. 나중에 수행한 사람과 실험동물에 대한 검사는 실제로 그러하다는 것을 보여 주었다. 추가적인 단서는, 나이가 들수록 해마에서 도파민을 방출하는 시냅스들이 줄어든다는 사실이었다. 과거에 우리는 도파민이 공간 기억의 장기 강화와 주의 집중 조절에 중요하다는 것을 발견했었다.

이런 형태의 기억상실에 대한 더 나은 지식을 얻기 위해 동료들과 나는 생쥐에서 자연적으로 발생하는 모형을 개발했다. 실험용 생쥐는 두 살이 될 때까지 생존한다. 그러므로 3개월에서 6개월이 된 녀석들은 젊은 생쥐다. 12개월짜리는 중년이고, 18개월짜리는 노년에 가깝다. 우리는 과거에 공간 기억에서 유전자의 역할을 탐구할 때 썼던 것과 유사한 미로를 이용했다. 40개의 구멍이 있는 테두리로 둘러싸인 커다란 원반에 생쥐를 올려놓으면, 녀석은 구멍과 벽에 있는 표시의 관계를 학습하여 탈출구를 찾아낸다. 우리는 젊은 생쥐들이 무작위로 찾기와 순차적으로 찾기 전략을 신속하게 거쳐 상당히 빨리 더 효율적인 공간적 전략을 쓰는 법을 학습한다는 것을 발견했다. 반면에 많은 늙은 생쥐들은 공간적 전략을 학습하는 데 어려움을 겪었다.

또한 우리는 모든 늙은 생쥐가 장애를 가진 것은 아님을 발견했다. 몇몇 늙은 생쥐들의 기억력은 젊은 녀석들 못지않게 좋았다. 게다가 장애를 가진 생쥐들의 기억 결손은 외현기억에서만 나타났다. 우리는 몇 가지 행동 실험을 했고, 녀석들의 단순 지각 및 행동 솜씨를 위한 암묵기억은 온전하다는 것을 발견했다. 마지막으로, 기억 결손은 반드시 늙은 생쥐에 국한되지 않았다. 어떤 녀석들은 중년에 기억 결손이 나타나기 시작했다. 이 모든 발견은 사람에게 타당한 것이 생쥐에게도 타당하다는 것을 시사했다.

어떤 생쥐가 공간 기억 결함을 가지고 있다면, 이는 녀석의 해마에 무언가 문제가 있음을 함축한다. 우리는 노화성 기억장애를 가진 늙은 생쥐들의 해마에서 섀퍼 곁가지 경로를 탐구했고, 우리를 비롯한 연구자들에 의해 장기 외현기억과 강한 연관이 있음이 밝혀진 장기 증강의 나중 단계에 결함이 있음을 발견했다. 그뿐 아니라 기억력이 좋은 늙은 생쥐들은 정상적인 공간 기억을 가진 젊은 생쥐들과 똑같이 정상적인 장기 증강 메커니즘을 가지고 있었다.

과거에 우리는 장기 증강의 나중 단계가 환상 AMP와 단백질 키나아제 A에 의해 매개되며, 이 신호 전달 경로가 도파민에 의해 활성화된다는 것을 발견했다. 도파민이 해마의 추체세포에 있는 도파민 수용체에 결합하면, 환상 AMP의 농도가 높아진다. 우리는 그 도파민 수용체들을 활성화하는 약물이 환상 AMP를 증가시켜 장기 증강의 나중 단계에 있는 결함을 극복한다는 것을 발견했다. 그 약물들은 해마 의존성 기억 결손도 회복시킨다.

박사후 연구원 마크 배러드(Mark Barad)와 나는 늙은 생쥐의 장기 공간 기억 결함을 환상 AMP 경로를 다른 방식으로 조작함으로써 개선할 수 있지 않을까 생각했다. 일반적으로 환상 AMP는 어떤 효소에 의해 분해되므로, 신호 전달은 무한정 유지되지 않는다. 롤리프람(Rolipram)이라는 약은 그 효소를 억제하여 환상 AMP의 수명을 연장하고 신호 전달을 강화한다. 배러드와 나는 롤리프람이 늙은 생쥐에서 해마와 관련된 학습 능력을 대폭 향상시킨다는 것을 발견했다. 롤리프람을 투여받은 늙은 녀석들은 정말로 젊은 녀석들 못지않게 기억 과제를 수행했다. 심지어 그 약은 젊은 생쥐들의 장기 증강과 해마 의존성 기억도 향상시켰다.

이 결과들은 늙은 생쥐에서 해마 의존성 학습 능력의 감퇴는 적어도 부분적으로 장기 증강의 나중 단계에 생긴 노화성 결함 때문이라는 생각을 뒷받침한다. 그리고 아마도 이 점이 더 중요할 터인데, 양성 노년기 건망증을 치유할 수 있다는 것을 시사한다. 만일 정말로 그렇다면, 가까운 미래에 노인들은 생쥐 연구에서 개발된 약물로 치료를 받게 될 것이다.

양성 노년기 건망증을 치유할 수 있다는 가능성은 메모리 파머수티컬스 사의 지도부를, 만일 우리가 기억 형성의 분자적 메커니즘에 관하여 더 많은 지식을 얻는다면 어떤 다른 형태의 기억장애들을 치료할 수 있을지 생각하도록 이끌었다. 메모리 파머수티컬스 사는 이 생각을 염두에 두고 초기 알츠하이머병으로 눈을 돌렸다.

알츠하이머병의 흥미로운 특징 중 하나는 베타-아밀로이드 플라크가 해마에 축적되기 전에 발생하는 경미한 기억 결손이다. 이 초기 알츠하이머병의 인지장애는 노화성 기억상실과 매우 유사하기 때문에, 컬럼비아 대학의 마이클 셸란스키(Michael Shelanski)는 그 두 경우에서 동일한 경로들에 문제가 생기는 것인지 여부를 궁금히 여겼다. 궁금증을 풀기 위해 그는 생쥐의 해마를 연구했다.

그는 생쥐의 해마를 베타-아밀로이드 플라크의 가장 유해한 성분인 Aβ 펩타이드에 노출시켰고, 뉴런들이 죽거나 플라크가 형성되기 전에 장기 증강에 장애가 생기는 것을 발견했다. 더구나 초기 알츠하이머병을 가진

동물 모형들은 플라크 축적이나 세포의 죽음이 탐지되기 전에 기억 결손을 보였다. 셀란스키는 Aβ 펩타이드에 노출된 해마 세포들에서 유전자 발현을 탐구하는 과정에서 그 펩타이드가 환상 AMP와 단백질 키나아제 A의 작용을 감소시킨다는 것을 발견했다. 이 발견에서 그는 그 펩타이드가 환상 AMP-단백질 키나아제 A 시스템에 해를 끼친다는 단서를 잡았다. 실제로 그는 롤리프람으로 환상 AMP를 증가시키면 생쥐의 뉴런에서 Aβ 펩타이드의 유해한 작용을 막을 수 있다는 것을 발견했다.

생쥐에서 노화성 기억상실을 막는 약들은 생쥐에서 초기 알츠하이머병의 기억장애도 막는다. 컬럼비아 대학의 오타비오 아란시오(Ottavio Arancio)는 한 걸음 더 나아가 롤리프람이 알츠하이머병에 걸린 뉴런의 손상 일부를 막는다는 것을 보여 주었다. 이것은 환상 AMP가 효율성이 떨어진 경로의 기능을 강화할 뿐 아니라 신경세포의 손상을 막는 역할도 하며 어쩌면 알츠하이머병의 생쥐 모형에서 소멸된 연결들을 복구할 가능성도 있음을 시사했다.

기억상실에 대항하는 약을 개발하는 메모리 파머수티컬스 사를 비롯한 회사들은 현재 양성 노년기 건망증과 알츠하이머병을 모두 공략하고 있다. 아니, 대부분의 회사들은 설립 이래 사업을 확장하여 현재 노화성 기억상실과 알츠하이머병을 위한 약뿐 아니라 다른 신경의학 및 정신의학적 장애에 동반된 다양한 기억 문제들을 위한 약도 개발하고 있다. 그런 장애의 한 예로 우울증이 있다. 가장 심각한 형태의 우울증은 극적인 기억상실을 동반한다. 또 다른 예는 작업기억과 실행 기능(executive functions)의 결함을 동반하는 정신분열병이다. 정신분열병 환자는 예컨대 사건의 순서를 파악하고 우선적인 일에 집중하는 데 어려움을 겪는다.

메모리 파머수티컬스 사는 현재 뉴저지 주 몬트베일에 있다. 2004년에 상장된 그 회사는 나와 동료들이 컬럼비아 대학에서 손수 개발하여 실험에 썼던 화합물들보다 훨씬 좋은 노화성 기억상실 치료용 신약을 4족(family, 族)이나 개발했다. 어떤 화합물들은 새로 학습한 과제를 몇 달 동안이나 기억할 정도로 쥐의 기억력을 향상시킨다!

새로운 생명공학의 시대는 정신병 치료용 신약 개발 전망을 매우 밝게 만들었다. 10년 후면 기억 형성의 기저에 있는 분자적 메커니즘에 대한 우리의 지식이 1990년대에는 거의 상상할 수 없었던 치료의 진보를 가져오는 것을 목격하게 될 가능성이 있다. 그 약들의 치료 효과는 분명하다. 하지만 생명공학 산업이 새로운 정신과학과 학계에 끼칠 영향은 그보다 덜 분명하다. 학자들은 자문위원회에서만 일하는 것이 아니다. 최고의 과학자들 중 일부는 대학의 훌륭한 직책을 버리고 더 좋아 보이는 생명공학계의 직장으로 옮겨 가고 있다. 뛰어난 분자생물학자이며 리처드 액슬과 내가 분자생물학을 신경계에 적용하기 위해 노력할 당시에 우리의 박사후 연구원으로 일했던 리처드 셸러는 스탠퍼드 대학과 하워드 휴스 의학연구소를 버리고 제넨테크의 연구 부사장이 되었다. 그가 제넨테크를 선택한 직후에 탁월한 발달신경학자인 마크 테시에-라비뉴(Marc Tessier-Lavigne)도 스탠퍼드 대학을 버리고 제넨테크에 합류했다. 초파리 신경계 발생에 대한 연구에서 선두 주자로 인정받는 코리 굿맨(Corey Goodman)은 버클리 소재 캘리포니아 대학을 떠나 레노비스(Renovis)라는 이름의 회사를 차렸다. 이렇게 산업체로 진출한 학자들의 명단은 계속 길어지고 있다.

생명공학 산업은 오늘날 젊은 과학자와 장년기의 과학자 모두에게 또 하나의 직업적 대안으로 자리 잡았다. 가장 좋은 회사들의 과학 수준은 매우 높기 때문에, 과학자들은 학문적 과학과 생명공학 산업 사이를 자유롭게 넘나들게 될 가능성이 높다.

메모리 파머수티컬스를 비롯한 생명공학 회사들의 등장은 기억상실의 고통이 경감되리라는 희망을 품게 했고 뇌를 연구하는 과학자들에게 새로운 직업적 진로를 열어 주었지만, 다른 한편으로 인지 향상과 관련한 윤리적 문제들을 야기했다. 정상적인 사람의 기억력을 향상시키는 것은 바람직한가? 젊은이들이 대학입학시험 전에 기억 향상 약을 사는 것은 바람직한가? 이 문제에 대하여 다양한 의견들이 존재하지만, 내 의견은 건강한 젊은이는 화학적 기억 향상 물질의 도움 없이 스스로의 힘으로 공부하고 학습할 능력이 있다는 것이다(물론 학습장애가 있는 학생들에 대해서는 생각을 달리해야 할 것이다). 학습할 능력이 있는 젊은이들에게는 당연히 열심히 공부하라는 것이 인지 향상을 위한 최선의 처방이다.

더 넓은 맥락에서 볼 때, 이 문제들은 유전자 복제와 줄기세포 생물학이 야기한 것들과 맥을 같이하는 윤리적 질문들을 일으킨다. 생물학계는 지금 정직하며 충분한 정보를 가진 사람들이 연구 산물의 윤리적 함의에 관하여 제각각의 의견을 내놓는 상황을 목격하고 있다.

우리는 과학의 진보를 과학의 윤리적 함의에 관한 적절한 토론과 어떻게 연결해야 할까? 서로 수렴하는 두 가지 논점이 있다. 첫째는 과학 연구에 관한 것이다. 연구의 자유는 언론의 자유와 유사하며, 우리의 민주사회는 매우 넓은 한계 내에서 과학 연구의 자유를 보호해야 한다. 그 연구가 과학자들을 어디로 이끌건 간에 말이다. 만일 우리가 미국에서 특정 과학 분야의 연구를 금지한다면, 그 연구는 다른 어딘가에서 이루어질 것이라고 확신해도 좋다. 또 그 어딘가는 인간의 생명을 미국보다 덜 중시하고 덜 광범위하게 고려하는 곳일 수도 있다. 두 번째 논점은 과학적 발견이 이용되는 방식에 대한 평가와 관련이 있다. 이 평가는 과학자들에게 맡기지 말아야 한다. 왜냐하면 그 방식은 사회 전반에 영향을 끼치기 때문이다. 과학자들은 과학 산물의 이용 방식에 관한 토론에 참여할 수 있지만, 최종 결정은 과학자뿐 아니라 윤리학자, 법률가, 특허권 전문가, 종교인에 의해 내려져야 한다.

철학의 하위 분야인 윤리학은 역사적으로 인류의 도덕과 관련한 문제를 다뤘다. 생명공학은 생명윤리학이라는 특수 분야를 낳았고, 그 분야는 생물학 및 의학 연구의 사회적·도덕적 함축을 다룬다. 〈뉴욕타임스〉 칼럼니스트이자 뇌과학의 대중화를 목표로 삼은 공익 기관인 DANA 재단의 회장인 윌리엄 새파이어(William Safire)는 2002년에 새로운 정신과학이 야기한 구체적인 문제들을 다루기 위해 신경윤리학(neuroethics) 분야의 연구를 촉진하라는 지시를 재단에 내렸다. 그는 이 기획을 선포하기 위하여 '신경윤리학: 새 분야에 대한 탐사(Neuroethics: Mapping the Field)'라는 제목으로 심포지엄을 개최했다. 그 심포지엄에 과학자, 철학자, 법률가, 종교인이 참석하여 새로운 정신관이 개인의 책임과 자유의지와 정신병자가 시험적인 임상 치료를 받을 권리에 대하여 갖는 함축을, 그리고 새롭게 유행하는 약리학적 치료가 사회와 개인에게 끼치는 영향을 논의했다.

나는 2004년에 펜실베이니아 대학의 마사 파라(Martha Farah), 스탠퍼드 생명 의료 윤리 센터의 주디 일레스(Judy Illes), 듀크 대학 게놈 윤리법 정치 센터의 로빈 쿡 디건(Robin Cook-Deegan) 등의 학자들과 함께 인지 향상 물질에 관한 문제들을 토론했다. 우리는 〈네이처 리뷰 뉴로사이언스(Nature Reviews Neuroscience)〉에 '신경 인지 향상: 우리가 할 수 있는 것과 해야 하는 것은 무엇인가?'라는 제목의 리뷰 기사로 우리의 선언문을 발표했다.

DANA 재단은 신경윤리학적 주제들에 관한 공개적인 토론을 계속 진행하고 있다. 하버드 대학 교무처장 스티븐 하이먼(Steven Hyman)이 최근의 DANA 간행물에서 지적했듯이 "뇌의 프라이버시에서부터 기분과 기억력의 향상까지 …… 다양한 주제들은 활발히 토론되어야 하고, 이상적일 경우 그 토론은 계속 진보하는 과학이 사회에 대응을 강요하기 전에 성숙할 것이다."

25.

생쥐, 사람, 정신병

1990년대에 외현기억을 연구하면서 내가 대학 시절에 가졌던 정신분석에 대한 관심을 되살렸던 것과 마찬가지로, 새천년의 시작에 쥐의 노화성 기억장애를 연구할 능력을 얻게 되자 나는 정신과 전공의 시절에 나를 매료시켰던 주제들로 이끌리지 않을 수 없었다. 내가 그렇게 정신장애에 다시 매료된 것은 여러 요인들 때문이었다.

첫째, 내가 수행하고 있던 기억에 대한 생물학적 연구는 복잡한 형태의 기억들 및 기억에서 선택적 주의 집중의 역할에 관한 문제들에 접근할 수 있는 수준까지 진보했고, 이에 나는 정신병의 동물 모형들을 개발할 용기를 얻었다. 더 나아가 나는 외상후 스트레스 장애, 정신분열병, 우울증 같은 몇몇 정신병들이 이런저런 유형의 기억 결손을 동반한다는 발견에 매력을 느꼈다. 기억의 분자생물학에 대한 나의 이해가 깊어지고 노화성 기억상실에 대한 생쥐 모형들의 유용성이 입증되어 감에 따라, 다른 형태의 정신병에서 기억장애의 역할에 대하여 생각해 볼 수 있게 되었다. 심지어 건강한 정신의 생물학에서 기억장애의 역할에 대해 생각하는 것도 가능해졌다.

둘째, 정신의학은 내가 과학자의 길을 걷는 동안 생물학을 향한 커다란 방향 전환을 했다. 내가 매사추세츠 정신건강센터의 전공의였던 1960년대에 거의 모든 정신과 의사들은 행동의 사회적 결정 요인들이 생물학적 요인들과 전적으로 무관하며 그 두 요인 각각이 정신의 상이한 측면에 작용한다고 생각했다. 정신병은 두 개의 주요 유형으로 분류되었다. 그 두 유형은 기질성(器質性) 병과 기능성 병이었는데, 이들은 기원이 다르다고 여겨졌다. 19세기까지 거슬러 올라가는 이 분류법은 사망한 정신병 환자의 뇌를 부검한 결과에서 비롯되었다.

당시에 뇌를 검사하는 데 쓸 수 있었던 방법들은 너무 제한적이어서 미묘한 해부학적 변화를 탐지할 수 없었다. 그 결과, 알츠하이머병과 헌팅턴병, 만성 알코올 의존증 등, 신경세포와 뇌 조직의 상당한 손상을 동반하는 정신장애들만 기질성 병으로, 즉 생물학에 토대를 둔 병으로 분류되었다. 정신분열병과 다양한 형태의 우울증, 불안증은 신경세포의 손상이나 기타 뇌 해부학의 뚜렷한 변화를 일으키지 않기 때문에 기능성 병으로, 즉 생물학에 기초를 두지 않은 병으로 분류되었다. 이른바 기능성 정신병은 흔히 특별한 사회적 지탄의 대상이었다. 왜냐하면 그 병은 "환자의 정신에 모든 것이 달린 병"으로 여겨졌기 때문이다. 이런 생각은 그 병이 부모에 의해 환자의 정신에 주입되었을 것이라는 억측을 동반했다.

오늘날 우리는 특정한 병들만 뇌의 생물학적 변화를 통해 정신 상태에 영향을 끼친다고 생각하지 않는다. 사실, 새로운 정신과학의 기반을 이루는 교훈은 모든 정신 과정은 생물학적이라는 것이다. 모든 정신 과정은 말 그대로 '우리 머리 속에서' 일어나는 세포적 과정들과 유기 분자들에 의존한다는 것이다. 그러므로 정신 과정의 장애나 변화는 생물학적 토대를 가져야 한다.

마지막으로, 나는 2001년에 맥스 코완(Max Cowan)과 함께 신경의학과 정신의학에 대한 분자생물학의 기여를 다루는 논문을 〈미국 의학협회

저널(Journal of the American Medical Association)〉을 위해 써달라는 청탁을 받았다. 코완은 나의 오랜 친구이자 하워드 휴스 의학연구소의 부소장 겸 선임 과학이사였다. 그 논문을 쓰면서 나는 분자유전학과 질병의 동물 모형이 신경의학을 근본적으로 변화시킨 반면, 정신의학은 변화시키지 못했다는 사실을 새삼 충격적으로 확인했다. 그리하여 나는 왜 분자생물학이 정신의학에 대해서는 그런 변화 효과를 발휘하지 못했는지 생각해 보게 되었다.

근본적인 이유는 신경의학적 병과 정신의학적 병이 여러 중요한 면에서 다르다는 데 있다. 신경의학은 오래전부터 뇌 속 어느 위치에 특수한 질병이 있는지 아는 것을 기초로 삼았다. 신경의학이 주된 관심을 기울이는 병—뇌졸중, 뇌종양, 퇴행성 뇌 질병들—은 확실히 식별할 수 있는 구조적 손상을 일으킨다. 그 장애들에 대한 연구는 신경의학에서는 위치가 핵심이라는 것을 가르쳐 주었다. 우리는 거의 1세기 전에 헌팅턴병은 뇌 속 꼬리핵(caudate nucleus, 尾狀核)의 장애이며, 파킨슨병은 흑질(substantia nigra, 黑質)의 장애, 근위축성측삭경화증(ALS)은 운동뉴런의 장애라는 것을 알아냈다. 우리는 이 병들 각각이 독특한 운동장애를 일으킨다는 것을 안다. 왜냐하면 각각의 병이 각각 다른 운동 시스템 요소에 영향을 끼치기 때문이다.

게다가 헌팅턴병, 프래자일엑스형 지적장애(fragile X form of mental retardation), 몇몇 형태의 ALS, 조발성 알츠하이머병 같은 여러 흔한 신경의학적 병들은 비교적 단순한 방식으로 대물림된다는 것이 밝혀졌다. 이는 이 병들 각각이 단일한 결손 유전자에 의해 일어난다는 것을 함축했다. 이 병들을 일으키는 유전자를 찾아내는 일은 비교적 쉬웠다. 일단 돌연변이가 확인되고 나면, 그 돌연변이 유전자를 쥐와 파리에서 발현시켜 그 유전자가 어떻게 병을 일으키는지 알아내는 것이 가능해진다.

병의 해부학적 위치, 정체, 특수한 유전자들의 작용 메커니즘이 밝혀진 이후, 의사들은 더 이상 신경의학적 장애들을 행동 증상에만 근거해서 진단하지 않는다. 1990년대 이래로 의사들은 진료실에서 환자를 검진하는 것 외에도, 특정 유전자와 단백질, 신경세포 요소들의 기능장애를 검사하도록 지시할 수 있고, 뇌 스캔을 통해 특정 영역들에 어떤 장애가 있는지 탐색할 수 있다.

정신병의 원인을 추적하는 일은 뇌 속의 구조적 손상을 찾아내는 일보다 훨씬 더 어려운 과제다. 과학자들은 한 세기 동안 정신병자의 뇌를 부검하며 연구했지만 신경의학적 병에서 발견한 것과 같은 국소적이고 명백한 병변을 찾아내지 못했다. 게다가 정신병들은 고등한 정신 기능의 장애다. 불안증과 다양한 형태의 우울증은 정서(emotion, 본서에서는 감정과 정서 두 가지로 번역되었다 – 옮긴이)장애인 반면, 정신분열병은 사고장애다. 정서와 사고는 복잡한 뉴런회로에 의해 매개된 복잡한 정신 과정이다. 정상적인 사고와 정서에 관여하는 신경 회로들에 관해서는 최근까지도 알려진 바가 거의 없었다.

더 나아가 대부분의 정신병은 중요한 유전적 요소를 가지고 있는 것이 사실이지만, 간단한 대물림 패턴이 없다. 왜냐하면 단일 유전자의 돌연변이에 의해 유발되는 병이 아니기 때문이다. 예컨대 정신분열병을 일으키는 단일 유전자는 존재하지 않는다. 불안장애, 우울증, 기타 대부분의 정신병에 대해서도 사정은 다르지 않다. 오히려 이 병들의 유전적 요소들은 여러 유전자와 환경의 상호작용에서 발생한다. 각각의 유전자는 비교적 작은 영향력을 발휘하지만, 함께 모이면 유전적 장애 소질 — 가능성 — 을 형성한다. 대부분의 정신장애는 이런 유전적 소질과 몇 가지 추가적인 환경 요인의 조합에 의해 일어난다. 예컨대 일란성쌍둥이는 동일한 유전자들을 가지고 있다. 만일 한 쌍둥이가 헌팅턴병에 걸리면, 다른 쌍둥이도 걸린다. 그러나 만일 한 쌍둥이가 정신분열병에 걸리면, 다른 쌍둥이는 그 병에 걸릴 확률이 50퍼센트에 불과하다. 정신분열병이 발생하려면 생애의 초기에 다른 비유전적 요인들 — 예컨대 자궁 내 감염, 영양부족, 스트레스, 늙은 아버지의 정액—이 주어져야 한다. 이렇게 대물림 패턴이 복잡하기 때문에 우리는 주요 정신병에 관여하는 유전자의 대부분을 아직 확인하지 못했다.

군소에서 암묵기억을 연구하다가 쥐에서 내적인 공간 표상과 외현기억을 연구하는 쪽으로 선회한 나는 비교적 단순한 영역에서 훨씬 더 복잡한 영역으로 옮겨 온 것이었다. 새 영역에는 인간의 행동과 관련하여 폭넓은 함축을 지닌 많은 질문들이 있었지만 확고한 통찰은 거의 없었다. 정신장애의 동물 모형을 탐색하는 것은 불확실한 영역으로 더 깊이 들어가는 것을 의미했다. 게다가 나는 군소의 암묵기억에 대한 연구에서는 선발 주자였고 쥐의 외현기억에 대한 연구에는 흥미로운 중간 시점에 뛰어들었지만, 정신장애의 생물학에서는 후발 주자였다. 다른 많은 사람들이 나보다 먼저 정신장애의 동물 모형들을 연구해 놓은 상태였다.

정신장애 관련 해부학, 유전학, 신경 회로에 대한 지식의 부족은 동물에서 정신장애를 모형화하는 일을 어렵게 만들었다. 그러나 한 가지 분명한 예외는 불안 상태였고, 초기에 나는 거기에 초점을 맞췄다. 생쥐가 정신분열병을 겪고 있는지, 망상이나 환각에 빠져 있는지 알아내기는 어렵다. 생쥐가 정신병적으로 우울하다는 걸 확인하는 것도 마찬가지로 어렵다. 그러나 잘 발달된 중추신경계를 지닌 모든 동물—달팽이에서부터 쥐와 원숭이와 사람에 이르기까지—은 겁을 먹고 불안을 느낄 수 있다. 게다가 공포는 각각의 동물에서 독특하며 쉽게 식별되는 특징을 가진다. 그러므로 동물들은 공포를 경험할 뿐 아니라, 우리는 언제 동물들이 불안한지 말할 수 있다. 즉, 적어도 불안과 관련해서는 동물들의 생각을, 말하자면 읽어 낼 수 있다. 이 통찰은 찰스 다윈이 1872년에 발표한 고전적인 연구서 『인간과 동물의 감정 표현(The Expression of the Emotions in Man and Animals)』에서 처음 제시되었다.

다윈이 포착했으며 불안 상태의 동물 모형의 개발을 촉진한 핵심적인 생물학적 사실은, 불안—공포 그 자체—은 몸이나 사회적 지위에 대한 위협에 맞닥뜨린 동물이나 사람의 보편적이고 본능적인 반응이며, 따라서 생존을 위해 결정적으로 중요하다는 것이다. 불안은 잠재적 위협을 알리는 신호를 보내고, 그 신호는 적합한 반응을 요구한다. 프로이트가 지적했듯이, 정상적인 불안은 어려운 상황을 극복하는 데 기여하고 따라서 개인의 성장에 기여한다. 정상적인 불안은 두 가지 주요 형태로 존재한다. 첫째, 본능적 불안(본능적 또는 선천적 공포)은 유기체에 내재하며 더 엄격한 유전적 통제를 받는다. 둘째, 학습된 불안(학습된 공포)은 유기체가 그 불안을 향한 유전적 소질을 가질 수도 있지만 기본적으로 경험을 통해 획득된다. 우리가 보았듯이, 본능적 불안은 학습을 통해 중립적인 자극과 쉽게 연결될 수 있다. 생존을 증진하는 모든 능력은 진화 속에서 보존되는 경향이 있으므로, 본능적 공포와 학습된 공포는 동물계 전체에 보존되었다.

공포의 두 형태는 교란될 수 있다. 본능적 불안은 행동을 마비시킬 정도로 과도하고 지속적일 때 병적인 것이다. 학습된 불안은 중립적인 자극이 뇌 속에서 본능적 불안과 연결될 때처럼 실제 위협이 아닌 사건들에 의해 유발될 때 병적인 것이다. 불안 상태는 다른 정신병에 비해 압도적으로 흔한 정신병이기 때문에 내게 특히 흥미로운 관심사였다. 일반 인구의 10~30퍼센트는 생애의 어느 한때에 불안장애를 겪는다.

사람과 실험동물들에서 본능적 공포와 학습된 공포를 연구함으로써 우리는 사람에서 본능적 공포와 학습된 공포의 행동학 및 생물학적 메커니즘에 대하여 많은 통찰을 얻었다. 처음 얻은 행동학적 통찰 가운데 하나는 프로이트와 미국 철학자 윌리엄 제임스의 이론에서 비롯되었다. 그들은 공포가 의식적 요소와 무의식적 요소를 가진다는 것을 깨달았다. 불분명하게 남겨진 것은 그 두 요소가 어떻게 상호작용하는가 하는 문제였다.

전통적으로 사람의 공포는 중요한 사건에 대한 의식적 지각에서 시작된다고 생각되었다. 예컨대 자기 집이 불타는 것을 보는 것에서 말이다.

이 인지는 대뇌피질에서 정서적 경험—공포—을 산출하고, 그 경험은 심장과 혈관, 부신(adrenal gland), 땀샘에 신호를 보내 몸이 방어나 탈출을 준비하게 만든다. 요컨대 이 견해에 따르면, 의식적이고 정서적인 사건이 나중에 뒤따르는 몸의 무의식적이고 반사적이고 자율적인 방어 반응을 유발한다.

제임스는 이 견해를 반박했다. 1884년에 발표되어 매우 큰 영향력을 발휘한 논문 「정서란 무엇인가?(What is Emotion?)」에서 그는 정서에 대한 인지 경험은 정서의 생리적 표현보다 후차적이라고 주장했다. 우리가 잠재적으로 위험한 상황에 맞닥뜨릴 때—예컨대 우리가 걷는 길 한가운데 곰이 앉아 있을 때—곰의 잔인성에 대한 우리의 평가가 의식적으로 경험된 정서 상태를 산출하는 것이 아니라고 제임스는 주장했다. 우리는 곰에게서 달아난 다음에야 공포를 경험한다. 우리는 먼저 본능적으로 행동하고, 그다음에 그 행동과 관련한 몸의 변화를 설명하기 위해 인지에 호소한다.

제임스와 덴마크 심리학자 칼 랑게(Carl Lange)는 이 아이디어에 기초하여 의식적 정서 경험은 피질이 몸의 생리적 변화에 관한 신호를 수용한 다음에 발생한다고 주장했다. 다시 말해서 의식적인 느낌에 앞서 무의식적인 생리적 변화—혈압, 심장박동, 근육 긴장의 증가나 감소—가 있다는 것이다. 예컨대 큰불을 볼 때, 당신은 당신의 심장이 방망이질 치고 무릎이 떨리고 손에 땀이 난다는 신호를 당신의 피질이 방금 받았기 때문에 두려움을 느낀다. 제임스는 이렇게 썼다. "우리는 울기 때문에 슬프고, 주먹질하기 때문에 화가 나고, 떨기 때문에 두려운 것이지, 슬프고 화가 나고 두렵기 때문에 울고 주먹질하고 떠는 것이 아니다." 이 견해에 따르면, 정서는 신체 상태로부터 상당 부분 자율신경계에 의해 매개되어 전달된 정보에 대한 인지 반응이다. 우리의 일상 경험은 신체에서 온 정보가 정서적 경험에 기여한다는 것을 입증한다.

제임스-랑게 이론의 일부 측면들은 곧 실험적으로 입증되었다. 예컨대 객관적으로 구별할 수 있는 정서들은 특수한 자율적·내분비적·수의적(voluntary, 隨意的) 반응들에 대응한다. 더 나아가 사고로 척수가 절단되어 그 절단 지점 아래 신체의 자율신경계에서 오는 피드백 신호가 차단된 사람들은 정서를 덜 강렬하게 경험하는 것처럼 보인다.

그러나 세월이 흐르면서 분명히 밝혀졌지만, 제임스-랑게 이론은 정서 행동의 한 측면만 설명한다. 만일 생리적 피드백이 유일한 통제 요인이라면, 정서는 생리적 변화보다 오래 지속되지 않아야 한다. 그러나 느낌—정서에 반응하여 생긴 사고와 행위—은 위협이 잦아든 후에도 오래 유지될 수 있다. 반대로 어떤 느낌들은 몸의 변화보다 훨씬 더 신속하게 발생한다. 따라서 정서는 몸의 생리적 변화에서 비롯된 피드백 신호의 해석에 국한되지 않는 그 이상의 무엇일 것이다.

제임스-랑게 이론에 대한 중요한 수정은 신경학자 안토니오 다마지오(Antonio Damasio)에 의해 이루어졌다. 그는 정서에 대한 경험은 본질적으로 신체 반응에 대한 더 고차원적인 표상이며, 이 표상은 안정적이고 영속적일 수 있다고 주장한다. 다마지오의 연구 덕분에 정서의 발생 방식에 대하여 보편적인 합의가 이루어지기 시작했다. 첫 단계는 자극에 대한 무의식적·암묵적 평가라고 여겨진다. 그다음에 생리적 반응이 일어나고, 마지막으로 영속적일 수도 있고 그렇지 않을 수도 있는 의식적 경험이 일어난다고 여겨진다.

최초의 정서 경험이 어느 정도까지 의식적 과정에 의존하고 또 어느 정도까지 무의식적 과정에 의존하는지 직접 판정하기 위하여 과학자들은 의식적·무의식적 인지 과정을 연구할 때 쓰는 것과 같은 세포 및 분자생물학적 도구들을 써서 내적인 정서 표상을 연구해야 했다. 또 동물 모형에 대한 연구와 사람에 대한 연구를 조합했다. 그 결과 지난 20년 동안 정서의 신경 경로들이 어느 정도 정확하게 확인되었다. 주로 동물 모형에서 확인된 무의식적 정서 요소는 자율신경계와 그것을 조절하는 시상하부의 작용을 수반한다. 정서의 의식적 요소는 사람에서 연구되었으며 대뇌피질의 평가 기능을 필요로 한다. 이때 그 기능은 대상피질(cingulate cortex, 帶狀皮質)에 의해 수행된다. 언급한 두 요소 모두에서 편도가 핵심적인 역할을 한다. 편도란 대뇌반구 깊숙이 모여 있는 핵들의 집단으로, 의식적인 느낌 경험과 정서, 특히 공포의 신체 표현을 조화시킨다고 여겨진다.

사람과 설치류에 대한 연구들은 무의식적·암묵적·정서적 기억을 저장하는 신경 시스템은 의식적·외현적으로 느끼는 상태에 대한 기억을 산출하는 시스템과 다르다는 것을 보여 주었다. 공포에 대한 기억에 관여하는 편도에 손상이 일어나면, 정서가 실린 자극이 정서적 반응을 일으키는 능력에 문제가 생긴다. 반면에 의식적 기억에 관여하는 해마에 손상이 생기면, 그 자극이 일어난 맥락을 기억하는 능력에 문제가 생긴다. 다시 말해 의식적 인지 시스템은 우리가 행동을 선택할 수 있게 해주는 반면, 무의식적·정서적 평가 메커니즘은 그 선택지들을 상황에 적절한 몇 가지로 제한한다. 이 견해의 매력은 정서에 대한 연구와 기억 저장에 대한 연구를 조화시킨다는 점에 있다. 정서적 기억에 대한 무의식적 되살림은 오늘날 암묵기억 저장과 관련이 있다는 것이 증명되었고, 다른 한편 느낀 상태에 대한 의식적 기억은 외현기억 저장과 관련이 있으며 따라서 해마를 필요로 한다는 것이 밝혀졌다.

공포와 관련한 충격적인 특징 하나는 학습을 통해 공포를 중립적인 자극들과 쉽게 연결할 수 있다는 것이다. 그런 학습이 일어나면, 중립적 자극들은 사람에서 장기적인 정서적 기억을 유발하는 강력한 계기가 될 수 있다. 그런 학습된 공포는 외상후 스트레스 장애와 사회공포증, 광장공포증(열린 공간에 대한 공포), 무대공포증 등의 핵심 요소다. 무대공포증을 비롯한 여러 형태의 예기불안(anticipatory anxiety)에서는 미래의 사건(예컨대 무대 위에 서는 것)이 무언가 잘못되리라는(대사를 잊어버릴 것이라는) 예상과 연결된다. 외상후 스트레스 장애는 생사가 달린 전투, 신체적 고문, 강간,

학대, 자연재해 같은 스트레스가 극도로 큰 사건 이후에 발생한다. 장애는 반복적인 공포 에피소드로 표출되는데, 그런 에피소드는 원래 외상을 상기시키는 계기에 의해 유발된다. 이 장애를 비롯한 학습된 공포 일반의 충격적인 특징 중 하나는 외상성 경험에 대한 기억이 수십 년 동안 강력하게 유지되고 다양한 스트레스 환경에서 쉽게 재생된다는 점이다. 심지어 편도는 단 한 번 위협에 노출된 후에 그 기억을 유기체의 일생 내내 유지할 수 있다. 어떻게 그럴 수 있을까?

내가 쥐에서 학습된 공포를 연구하기 시작한 것은 어떤 면에서 군소에 대한 연구의 자연스러운 확장이었다. 군소에서 공포의 고전적 조건화는 동물이 두 자극을 연결하도록 가르친다. 이때 한 자극(수관에 대한 가벼운 건드림)은 중립적이고, 다른 자극(꼬리에 가한 충격)은 본능적 공포를 일으키기에 충분할 만큼 강력하다. 군소의 꼬리에 가한 충격과 마찬가지로 생쥐의 발에 가한 전기 충격은 본능적인 공포 반응을 일으킨다. 생쥐는 물러나고 웅크리고 꼼짝도 하지 않는다. 단순한 소리처럼 생쥐에게 중립적인 자극은 이런 반응을 유발하지 않는다. 그러나 그 소리와 충격을 여러 번 짝지어 제공하면, 동물은 그 둘을 연결하는 것을 학습한다. 생쥐는 그 소리가 충격의 예고라는 것을 학습한다. 결국 그 소리만으로도 공포 반응이 유발된다.

쥐에서 학습된 공포의 신경 회로는 군소에서보다 훨씬 더 복잡하지만, 뉴욕 대학의 조지프 르두와 현재 에모리 대학에 있는 마이클 데이비스(Michael Davis)의 연구에 의해 그 회로의 상당 부분이 밝혀졌다. 이들은 사람에서와 마찬가지로 설치류에서도 선천적 공포와 학습된 공포는 편도에 초점을 둔 신경 회로를 동원한다는 것을 발견했다. 더 나아가 그들은 조건화된 자극에서 온 정보와 그렇지 않은 자극에서 온 정보가 어떻게 편도에 도달하고, 어떻게 편도가 공포 반응을 일으키는지 분석했다.

어떤 소리가 발에 가한 충격과 짝을 이루면, 소리에 대한 정보와 충격에 대한 정보는 처음에 별개의 경로로 운반된다. 조건화된 자극인 소리는 귀 속에서 소리를 수용하는 기관인 달팽이관의 감각뉴런들을 활성화한다. 그 감각뉴런들은 시상에 있으며, 청각에 관여하는 뉴런들의 집단으로 축삭돌기를 뻗는다. 시상의 뉴런들은 두 개의 경로를 형성한다. 한 경로는 피질과 접촉하지 않고 곧장 편도의 측핵(lateral nucleus)으로 이어지는 반면, 간접 경로는 먼저 청각피질로 이어진 다음 편도의 측핵으로 이어진다. 두 경로 모두 소리에 대한 정보를 운반하며, 편도의 측핵에 있는 주요 신경세포 유형인 추체 뉴런들에 도달하여 시냅스 연결을 형성한다.

조건화되지 않은 자극인 발의 충격에서 비롯된 고통에 대한 정보는 시상에 있는 다른 뉴런 집단에서 끝나는 경로들을 활성화한다. 그 집단은 고통스러운 자극들을 처리하는 집단이다. 시상에 있는 그 뉴런들도 편도의 측핵으로 이어진 직접 경로와 간접 경로를 형성한다. 이 경우에, 간접 경로는 체감각피질을 경유한다.

두 경로 — 피질을 경유하는 경로와 피질을 완전히 건너뛰는 경로 — 의 존재는 경악스러운 자극에 대한 무의식적 평가가 피질에 의한 의식적 평가에 선행한다는 제임스-랑게 이론의 예측을 직접적으로 입증했다. 경악스러운 자극은 피질을 건너뛰는 신속한 직접 경로를 활성화함으로써 우리가 근처에서 총탄이 발사되었다는 것을 느린 경로를 통해 의식적으로 지각하기 전에 우리의 심장이 방망이질 치고 우리 손에 땀이 나게 만들 수 있다.

편도의 측핵은 조건화된 자극(소리)과 조건화되지 않은 자극(충격)에 대한 정보가 수렴하는 장소의 역할을 할 뿐 아니라, 시상하부 및 대상피질과 형성한 연결을 통해 적절한 반응을 유발하기도 한다. 시상하부는 싸움 또는 도주(fight-or-flight) 반응(심장박동 증가, 땀 분비, 구강 건조, 근육 긴장)을 촉발함으로써 신체의 공포 표현에 결정적인 역할을 한다. 대상피질은 의식적인 공포 평가에 관여한다.

그렇다면, 학습된 공포는 쥐에서 어떻게 작동하는 것일까? 학습된 공포는 군소에서

처럼 조건화된 자극에 의해 활성화되는 경로의 시냅스 연결 세기에 변화를 일으키는 것일까? 이 질문에 답하기 위해 나와 동료들을 비롯한 여러 과학자들이 쥐의 편도를 얇게 썰어 연구했다. 초기의 연구들은 블리스와 뢰모가 해마 연구에 쓴 것과 유사한 주파수의 전기 자극을 가하면 직접 경로와 간접 경로 모두가 장기 증강과 유사한 메커니즘에 의해 강화된다는 것을 보여 주었다. 우리는 그 변형된 장기 증강을 생화학적으로 연구했고, 그것이 해마에서의 장기 증강과 약간 다르지만 군소에서 민감화와 고전적 조건화(학습된 공포의 두 형태)에 기여하는 장기 강화와 거의 동일하다는 것을 발견했다. 두 메커니즘 모두 환상 AMP, 단백질 키나아제 A, 조절유전자 CREB가 관여하는 분자적 신호 전달 경로를 가진다. 이 발견들은 장기 강화와 다양한 형태의 장기 증강들이 시냅스 연결을 장기간 강화할 수 있는 분자적 과정들의 족(family)에 속한다는 것을 다시 한 번 예증한다.

과거 르두와 함께 일했던 마이클 로건(Michael Rogan)이 2002년에 나와 합류했고, 우리는 생쥐의 뇌를 얇게 썰어 연구하는 것에서 온전한 동물을 연구하는 쪽으로 방향을 바꿨다. 우리는 편도 속 뉴런들의 소리에 대한 반응을 조사했고, 로건과 르두가 과거에 쥐에서 발견한 것과 대략 유사하게, 학습된 공포는 그 반응을 강화한다는 것을 발견했다(그림 25-1). 이 현상은 우리가 편도의 박편에서 관찰한 장기 증강과 유사했다. 우리의 공동 연구자인 하버드 대학의 바딤 볼샤코프(Vadim Bolshakov)는 학습된 공포가 어떤 온전한 생쥐의 편도 속 시냅스들을 강화했다면, 동일한 생쥐의 편도 박편에 전기 자극을 가하는 방법으로 그 시냅스들을 상당한 정도로 더 강화하는 것은 거의 불가능할 것이라고 추론했다. 그리고 실제로 그렇다는 것을 발견했다. 즉, 학습이 살아 있는 동물의 편도 속 특정 위치에 작용하는 방식은 전기 자극이 그 편도의 박편에 작용하는 방식과 유사하다.

그다음에 우리는 학습된 공포에 대한 잘 정립된 행동 검사를 이용했다.

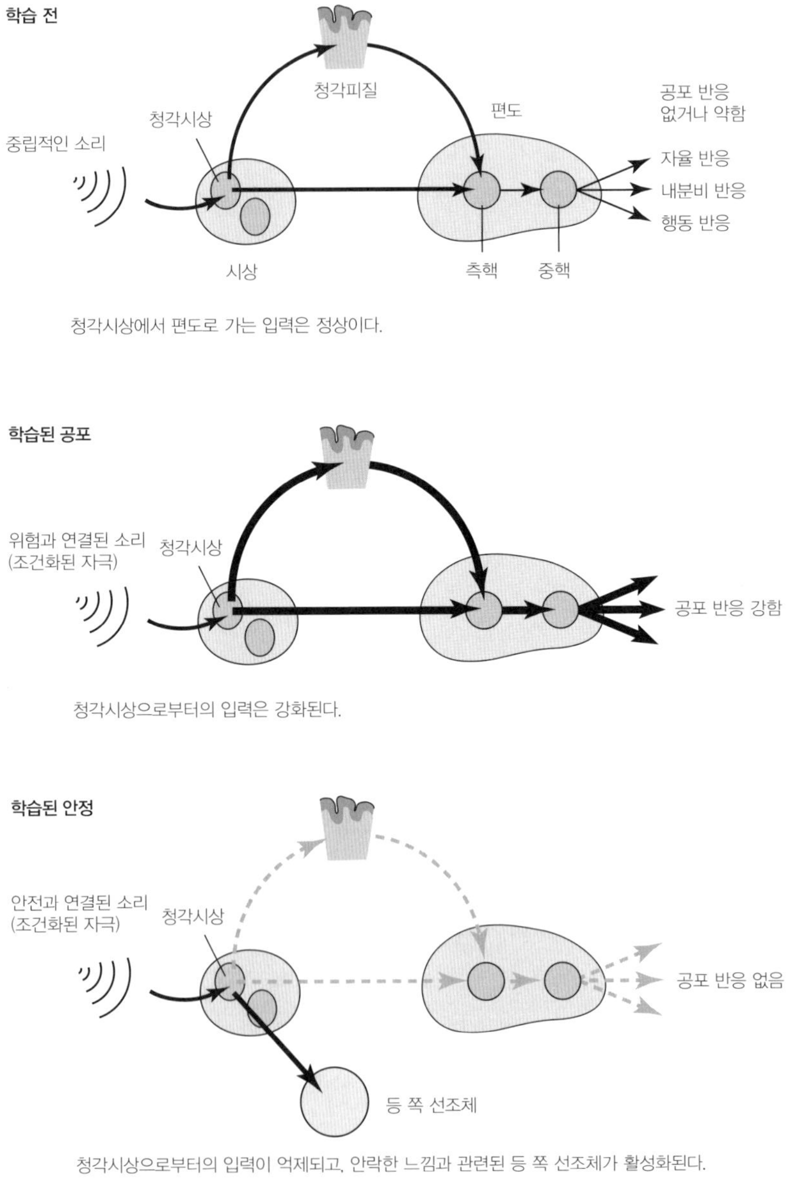

25-1 학습을 통한 공포 경로 교정

우리는 생쥐를 크고 환하게 조명된 상자 안에 놓았다. 생쥐는 야행성이고 밝은 빛을 두려워하기 때문에 일반적으로 상자의 가장자리를 따라 움직이며 가끔씩만 중앙으로 진출한다. 이 방어적인 행동은 포식자를 피하려는 욕구와 환경을 탐색하려는 욕구가 절충된 결과다. 우리가 소리를 들려주었을 때, 생쥐는 아무 일도 일어나지 않은 듯이 계속 상자의 가장자리를 따라 움직였다. 그러나 우리가 소리를 들려준 다음 전기 충격을 가하는 조작을 반복하자, 녀석은 그 소리와 충격을 연결하는 것을 학습했다. 이제 녀석은 소리를 들으면, 더 이상 가장자리를 따라 움직이거나 중앙으로 진출하지 않았다. 그 대신에 녀석은 한구석에 웅크려 대개 꼼짝도 하지 않았다.

학습된 공포의 해부학과 생리학에 대하여 위와 같은 지식을 확보한 우리는 마침내 그 공포의 분자적 토대를 탐구할 용기를 얻었다. 박사후 연구원 글레브 슈미야츠키(Gleb Shumyatsky)와 나는 우리가 연구해 온 영역인 편도의 측핵에서만 발현하는 유전자들을 찾기 시작했다. 우리는 추체세포들이 어떤 펩타이드 신경전달물질의 암호를 보유한 유전자를 발현시킨다는 것을 발견했다. 그 신경전달물질은 가스트린 방출 펩타이드(gastrin-releasing peptide)로 불린다. 추체세포들은 그 펩타이드를 글루타메이트와 함께 흥분 전달물질로 사용하며, 시냅스전 말단에서 측핵 속의 표적 세포들로 그 펩타이드를 방출한다. 다음으로 우리는 그 표적 세포들은 가스트린 방출 펩타이드에 대한 수용체를 지닌 특수한 억제 중간뉴런들이라는 것을 발견했다. 측핵에 있는 모든 억제 중간뉴런들이 그렇듯이, 이 표적 세포들은 전달물질인 가바를 방출한다. 그다음에 표적 세포들은 다시 추체세포들과 연결되며, 활성화되면 가바를 방출하여 추체세포들을 억제한다.

우리가 추적한 회로는 감산적 피드백 회로(negative feedback circuit)라고 한다. 이 회로에서는 한 뉴런이 억제 중간뉴런을 흥분시키고, 그다음에 억제 중간뉴런은 처음에 자신을 흥분시킨 뉴런을 억제한다. 유기체의 공포를 제어하기 위해 그런 억제 피드백 회로가 존재하는 것일까? 이를 알아내기 위하여 우리는 가스트린 방출 펩타이드에 대한 수용체를 가지고 있지 않아서 억제 피드백 회로가 작동하지 않는 유전자 변형 생쥐를 검사했다. 우리는 그런 생쥐에서 통제되지 않은 강력한 공포가 나타날 것이라고 예상했다.

그리고 예상대로 우리는 측핵에서 극적으로 강화된 장기 증강을 발견했고, 대폭 강화되고 오래 지속되는 공포 기억을 발견했다. 이 효과는 유독 학습된 공포에서만 나타나는 것으로 판명되었다. 그 동일한 돌연변이 생쥐는 다른 다양한 검사에서 정상적인 선천적 공포를 나타냈다. 이 발견은 학습된 공포와 선천적 공포가 근본적으로 구별된다는 점을 예증했다. 이렇게 세포학과 유전학을 결합한 접근법으로 우리는 학습된 공포를 제어하는 중요한 신경 회로를 찾아낼 수 있었다. 이 발견은 외상후 스트레스 장애와 공포증 등에 수반된 학습된 공포를 억제하는 약물의 개발로 이어질 수 있다.

그렇다면 공포의 반대는 어떨까? 안전과 확신과 행복의 느낌은 어떨까? 이 대목에서 나는 사회적으로 용납할 수 없는 연애의 비극적인 귀결을 다룬 레프 톨스토이의 소설 『안나 카레니나』의 첫 문장을 떠올리지 않을 수 없다. “행복한 가족들은 다 비슷한 반면, 불행한 가족들은 저마다의 방식으로 불행하다.” 과학적인 힘보다는 문학적인 힘을 더 많이 가진 이 문장에서 톨스토이는 불안과 우울은 많은 형태를 가질 수 있지만 긍정적인 정서들—안전, 행복, 보호의 느낌—은 공통된 특징들을 가진다고 주장한다.

이 생각을 염두에 두고 로건과 나는 학습된 안정의 신경생물학적 특징을 탐구했다. 학습된 안정은 행복의 한 형태라고 할 수 있을 것이다. 우리는 다음과 같이 추론했다. 소리가 충격과 짝을 이루면, 동물은 소리가 충격을 예고한다는 것을 학습한다. 따라서 만일 소리와 충격이 항상 별개로 주어진다면, 동물은 소리가 결코 충격을 예고하지 않는다는 것을 학습할 것이다. 오히려 소리는 안전의 예고로 받아들여질 것이다. 이 추론을 실험한 우리는 예측한 결과가 그대로 나오는 것을 발견했다. 소리와 충격을 따로따로 받은 생쥐가 새로운 환경에서 소리를 들으면, 녀석은 방어적인 행동을 멈춘다. 녀석은 마치 그 환경이 자기 땅인 양, 공포의 기색 없이 중앙으로 진출한다. 안정 훈련을 거친 생쥐들의 측핵을 검사한 결과, 우리는 장기 증강의 반대 현상을 발견했다. 즉, 소리에 대한 신경 반응이 장기적으로 저하된 것을 발견했다. 이는 편도로 가는 신호가 극적으로 줄었다는 것을 시사했다(그림 25-1).

다음으로 우리는 안정 훈련이 참된 안정과 자기 확신을 일으키는지, 아니면 단지 우리 모두에게 항상 있는 기본적인 공포를 낮출 뿐인지를 탐구했다. 이 두 가능성을 구별하기 위하여 우리는 선조체의 활동을 측정했다. 선조체는 일반적으로 긍정적이고 좋은 느낌에 관여하는 뇌 영역이다(코카인을 비롯한 습관성 약물에 의해 활성화되는 영역이 바로 선조체다. 습관성 약물은 긍정적 강화 신경 시스템을 강탈하고, 그 약물을 더 자주 사용하도록 사람을 유혹한다). 우리는 동물이 공포를 학습하면—소리를 충격과 연결하는 것을 학습하면—소리가 주어진 후 선조체에서의 신경 활동은 달라지지 않는다는 것을 발견했다. 그러나 동물이 소리를 안전과 연결하는 것을 학습하면, 선조체에서의 반응은 극적으로 강화된다. 이는 긍정적인 안정이 발생한다는 생각과 일치하는 결과다.

학습된 안정에 대한 우리의 연구들은 긍정적인 행복과 보호의 느낌뿐 아니라 부정적인 불안과 공포의 느낌에 대한 새로운 시각을 열었다. 그 연구들은 긍정적 정서와 관련된 또 하나의 시스템이 뇌 속 깊숙이 존재한다는 것을 보여 준다. 실제로 시상에 있으며 소리에 반응하는 뉴런들과 편도의 측핵에 있는 뉴런들은 만족과 안전에 관한 정보를 전달하기 위해 선조체로 축삭돌기를 뻗어 시냅스 연결을 형성한다. 선조체는 편도를 억제하는 전전두엽피질을 비롯한 많은 영역들과 연결된다. 따라서 안정 학습은 선조체에서 신호를 강화함으로써 안정을 강화할 뿐 아니라 편도를 억제함으로써 공포를 줄인다고 생각할 수 있다.

이 연구들이 함축하듯이, 우리는 인지와 정서에 대한 분자생물학이 개인의 안정과 자기 가치에 대한 느낌을 강화하는 방법을 제공할 수 있는 시대로 진입하고 있는지도 모른다. 특정한 불안 상태들은 예컨대 일반적으로 안정을 운반하는 신경 신호의 결함을 반영하는 것일 수 있을까? 1960년대 이래로 우리는 특정한 불안 상태들을 완화하는 약들을 가지고 있지만, 그 약들이 모든 불안장애에 유효한 것은 아니며, 리브리엄(Librium)과 발륨(Valium)을 비롯한 일부 약은 습관성이 있기 때문에 특히 조심스럽게 관리할 필요가 있다. 어쩌면 안정과 행복감을 담당하는 신경 회로의 활동을 강화하는 치료법이 불안장애에 대처하는 더 효과적인 접근법일지도 모른다.

26.

새로운 정신병 치료법

불안 상태보다 더 복잡하고 심각하고 파괴적인 정신장애들을 탐구하는 데에도 생쥐 모형을 이용할 수 있을까? 인간이 겪는 가장 끈질기고 참혹한 정신장애이며 가장 시급하게 새로운 치료법이 필요한 정신분열병을 연구하는 데 생쥐 모형을 쓸 수 있을까?

놀랍게도 정신분열병은 꽤 흔한 장애다. 전 세계 인구의 약 1퍼센트가 그 병에 걸리며, 여성보다 남성이 약간 더 흔하게 그 병의 제물이 되는 것처럼 보인다. 그 외에 전체 인구의 2~3퍼센트는 분열형 성격장애를 가지고 있다. 이 장애는 환자가 정신병적 행동을 하게 만들지 않기 때문에 정신분열병의 경미한 형태로 여겨진다.

정신분열병은 세 가지 유형의 증상을 그 특징으로 한다. 그것은 양성(positive) 증상, 음성(negative) 증상, 그리고 인지(cognitive) 증상이다. 최소한 6개월 동안 지속하는 양성 증상은 특이하거나 심지어 기괴한 행동과 정신 기능의 혼란이다. 그것은 환자가 현실을 옳게 해석하지 못하는 기간인 정신병 에피소드(psychotic episode) 중에 가장 뚜렷하게 나타난다. 그 기간에 환자는 자신의 믿음과 지각을 현실적으로 검토하거나 주위 세계에서 실제로 일어나는 일과 비교할 수 없다. 이 같은 현실 해석 능력 상실의 증거는 망상(사실들에 반하며, 또한 비합리적이라는 증거가 있어도 변하지 않는 비정상적인 믿음), 환각(행동을 명령하는 목소리를 듣는 것과 같은, 외부 자극 없이 일어나는 지각), 그리고 비논리적 사고(관념들 사이의 정상적 연결이나 연합을 상실하는 증상으로, 연상 해체 또는 탈선이라고 부르며, 심각할 때는 비일관적인 사고와 말로 귀결된다)다.

정신분열병의 음성 증상은 특정한 정상적 사회관계 및 인간관계 행동의 부재를 의미한다. 이 증상은 사회적 움츠림, 말수가 줄어듦, 감정을 느끼고 표현하는 능력을 잃는 정서의 무뎌짐과 함께 나타난다. 인지 증상은 주의력 부족, 특수한 형태의 외현 단기기억이며 하루 일과를 짜고 순서가 있는 일들을 계획하고 수행하는 따위의 실행 기능을 위해 결정적으로 필요한 작업기억의 결함 등이다. 인지적 증상은 만성적이어서 정신병 에피소드가 아닌 기간에도 지속되며, 정신분열병에서 가장 다스리기 힘든 측면이다.

정신병 에피소드 사이의 기간에 환자는 주로 음성 증상과 인지 증상을 나타낸다. 엉뚱한 행동을 하며, 사회적으로 고립되고, 정서적 각성 수준이 낮으며, 사회적 욕구가 빈약하고, 주의 집중 시간이 짧으며 동기가 부족하다.

정신분열병을 연구하는 대부분의 사람들은 한때 그 병의 다양한 증상들 전체를 쥐에서 모형화하는 것은 불가능하다고 인정했다. 양성 증상들은 쉽게 모형화할 수 없다. 왜냐하면 우리는 쥐에서 망상이나 환각을 확인할 방법을 모르기 때문이다. 음성 증상들을 모형화하는 것도 마찬가지로 어렵다. 그러나 퍼트리샤 골드먼 래킥(Patricia Goldman-Rakic)이 예일 대학에서 행한 원숭이에 대한 선구적인 연구의 뒤를 이어 나의 동료 엘리너 심프슨(Eleanor Simpson), 크리스토프 켈런동크(Christoph Kellendonk), 조너선 폴란(Jonathan Polan)은 정신분열병의 몇몇 인지 증상들의 기반에 있는 분자적 토대를 생쥐 모형을 써서 연구할 수 있는지 확인하기로 했다. 우리는 인지 증상들의 한 가지 핵심 요소인 작업기억의 결함을 모형화할 수 있다고 생각했다. 작업기억은 잘 연구되어 있고 전전두엽피질에 결정적으로 의존한다는 것이 알려져 있다. 전전두엽피질이란 전두엽의 일부로 가장 복잡한 정신 과정들을 매개한다. 또한 우리는 그 인지적 결함을 이해하면 정상적인 정신 상태일 때 전전두엽피질이 어떻게 기능하는가에 대한 지식도 향상시킬 수 있으리라고 믿었다.

전전두엽피질에 대한 연구는 1848년으로 거슬러 올라간다. 그해에 존 할로(John Harlow)는 오늘날 유명해진 철도원 반장 피니어스 게이지(Phineas Gage)의 사례를 기술했다. 게이지는 폭발 사고로 쇠막대기에 전전두엽피질을 관통당했다. 그러나 다행히 살아남은 그는 일반적인 지능과 지각과 장기기억력은 온전했지만, 성격이 바뀌었다. 사고 전에 그는 양심적이고 근면했으나, 사고 이후 술을 많이 마셨고 결국 신뢰할 수 없는 떠돌이가 되었다. 전전두엽피질에 부상을 입은 사람들에 대한 후속 연구들은 그 뇌 영역이 판단과 장기 계획에서 결정적인 역할을 한다는 것을 입증했다.

1930년대에 예일 대학의 심리학자 칼라일 제이콥슨(Carlyle Jacobsen)은 원숭이의 전전두엽 기능을 연구하기 시작했고, 그 영역이 단기기억에 관여한다는 증거를 최초로 제시했다. 그로부터 수십 년 후, 영국 인지심리학자 앨런 배들리(Alan Baddeley)는 단기기억의 한 형태를 기술하면서 그것을 작업기억이라고 명명했다. 왜냐하면 그 기억은 비교적 짧은 기간 동안에 일어나는 매 순간의 지각들을 통합하고 확립된 과거 경험의 기억과 연관시키기 때문이었다. 작업기억은 복잡한 행동을 계획하고 수행하는 데 핵심적인 요소다. 그 직후에 로스앤젤레스 소재 캘리포니아 대학의 호아킨 푸스터(Joaquin Fuster)와 골드먼 래킥은 제이콥슨의 전전두엽 연구와 배들리의 작업기억 연구를 연결했다. 그들은 원숭이의 전전두엽피질을 제거하면 단기기억 일반의 결손은 생기지 않지만, 배들리가 작업기억이라고 명명한 기능에 결손이 생긴다는 것을 발견했다.

전전두엽피질이 복잡한 행동의 계획과 수행—정신분열병이 망가뜨리는 기능—에 관여한다는 것이 밝혀지자, 연구자들은 정신분열병 환자들의 전전두엽피질을 탐구하기 시작했다. 뇌 영상들은 그 환자들의 전전두엽피질에서 대사 활동이, 심지어 특수한 정신 활동에 몰두하고 있지 않을 때에도, 정상 이하라는 것을 보여 주었다. 정상적인 사람은 작업기억을 요구하는 과제에 임하면 전전두엽의 대사 기능이 극적으로 증가한다. 반면에 정신분열병 환자의 경우에는 그 증가가 훨씬 적게 일어난다.

정신분열병이 유전적 요인을 가진다는 것을 감안할 때, 정신분열병 환자의 1차 친척들(부모, 자식, 형제) 가운데 40~50퍼센트가 비록 임상적인 정신분열병 증상은 보이지 않더라도 작업기억이 경미하게 결손되어 있다는 것은 놀라운 사실이 아닐 것이다. 게다가 그 친척들은 전전두엽피질의 기능이 비정상적이다. 이 점은 정신분열병의 유전적 발현에서 그 뇌 영역이 얼마나 중요한가를 웅변한다.

정신분열병의 인지 증상들이 실험동물에서 전두엽을 뇌의 나머지 부분으로부터 외과적으로 분리했을 때 나타나는 행동 결함과 유사하다는 사실은 다음의 질문을 야기했다. 전전두엽피질에서 작업기억 결손의 분자적 기초는 무엇일까?

우리가 정신분열병의 생물학에 대하여 아는 지식의 많은 부분은 그 장애를 개선하는 약에 대한 연구에서 얻어진다. 1950년대에 프랑스 신경외과 의사 앙리 라보리(Henri Laborit)는 많은 환자들이 수술 전에 겪는 불안이 다량의 히스타민(histamine) 분비 때문일지 모른다는 생각을 했다. 히스타민은 스트레스에 대한 반응으로 생산되는 호르몬과 유사한 물질로 혈관 확장과 혈압 강하를 일으킨다. 라보리는 과다한 히스타민은 마취에 동반되는 바람직하지 않은 부작용을 일으킬 수 있다고 주장했다. 예컨대 흥분과 쇼크, 돌연사를 일으킬 수 있다고 말이다. 히스타민의 작용을 차단하고 환자를 진정시키는 약을 찾는 과정에서 그는 프랑스 제약 회사 롱프랑(Rhone-Poulence)이 최근에 개발한 클로르프로마진(chlorpromazine)을 알게 되었다. 라보리는 클로르프로마진의 진정 작용에 주목하고 그 약이 정신장애를 지닌 환자들에게도 유효할지 궁금해하기 시작했다. 프랑스 정신과 의사 장 들레(Jean Delay)와 피에르 데니커(Pierre Denike)가 라보리의 뒤를 이어 연구를 수행했고, 다량의 클로르프로마진을 투여하면 정신분열병 증상이 있는 환자들의 흥분과 공격성을 정말로 억누를 수 있다는 것을 발견했다.

시간이 지나면서 클로르프로마진과 기타 관련 약들은 환자들을 진정시키는 효과를 발휘할 뿐 아니라 정신분열병의 증상을 극적으로 감소시키는 항정신병 약이라는 것이 밝혀졌다. 주요 정신장애에 효과를 발휘하는 최초의 물질이었던 그 약들은 정신의학에 혁명을 가져왔다. 또한 정신의학계가 항정신병 약들이 어떻게 효과를 발휘하는가라는 문제에 관심을 집중하도록 만들었다.

클로르프로마진의 작용 메커니즘에 대한 최초의 단서는 그 약의 부작용으로 발생하는 파킨슨병과 유사한 증후군에 대한 분석에서 나왔다. 1960년에 스웨덴 예테보리 대학의 약리학 교수 아비드 칼슨—그는 훗날 나와 함께 노벨상을 공동 수상하게 된다—은 세 가지 놀라운 사실을 발견하여 파킨슨병과 정신분열병에 대한 결정적인 통찰을 제공했다. 첫째, 그는 도파민을 발견했고, 그 물질이 뇌 속의 신경전달물질이라는 것을 증명했다. 그다음으로 그는 실험동물의 뇌 속 도파민 농도를 임계량만큼 낮추면 파킨슨병의 모형을 얻을 수 있다는 것을 발견했다. 이 발견을 토대로 그는 파킨슨병은 운동 통제에 관여하는 뇌 영역들에서 도파민 농도가 낮아질 때 발생하는 것 같다고 주장했다. 그를 비롯한 여러 학자들이 이 생각을 검증했고, 환자에게 도파민을 추가로 투여함으로써 파킨슨병 증상을 개선할 수 있다는 것을 발견했다.

이 연구를 하는 와중에 칼슨은 환자에게 지나치게 많은 도파민을 투여하면 정신분열병에서 나타나는 것과 유사한 정신병 증상이 발생한다는 것을 알아냈다. 이 발견을 토대로 그는 정신분열병의 원인은 과도한 도파민 전달이라고 주장했다. 따라서 항정신병 약들은 도파민 수용체들을 방해함으로써 효과를 발휘한다는 것이 그의 추론이었다. 그 약들은 여러 중요한 신경 경로의 도파민 전달을 감소시키고, 따라서 과다한 도파민 생산의 귀결들을 완화한다는 것이었다. 칼슨의 주장은 훗날 실험적으로 입증되었다. 그의 생각을 뒷받침하는 또 다른 증거는 환자를 치료하는 과정에서 항정신병 약들이 흔히 부작용으로 파킨슨병 증상을 산출한다는 사실이었다. 그 사실은 그 약들이 뇌 속 도파민의 작용을 방해한다는 것을 또 다른 방식으로 시사했다.

칼슨이 보기에 도파민 생산 뉴런들의 과도한 활동은 모든 정신분열병 증상—양성 증상, 음성 증상, 인지 증상—의 원인이었다. 해마와 편도와 기타 관련 구조물로 통하는 경로에서 도파민이 과다하면 양성 증상들이 나타나고, 피질로 통하는 경로, 특히 전전두엽피질과 시냅스 연결을 풍부하게 형성한 경로에서 도파민이 과다하면 음성 증상과 인지 증상이 발생한다고 그는 주장했다. 시간이 지나면서, 정신분열병 증상들을 완화하는 모든 약은 D2 수용체라는 특정 유형의 도파민 수용체를 주요 표적으로 삼는다는 것이 밝혀졌다. 존스홉킨스 대학의 솔로몬 스나이더(Solomon Snyder)와 토론토 대학의 필립 시먼(Philip Seeman)은 항정신병 약들의 효력과 D2 수용체 차단력 사이에 강한 상관성이 있음을 발견했다. 그러나 다른 한편, 항정신병 약들은 정신분열병의 양성 증상에만 효과를 발휘한다는 점도 분명해졌다. 그 약들은 망상과 환각, 그리고 몇몇 유형의 비정상적인 사고를 완화하거나 심지어 완전히 없애지만 음성 증상이나 인지 증상에는 효과가 없다. 이 상반된 효력을 설명하는 것은 어려운 일이었다.

2004년에 정신분열병의 유전적 소질 가운데 하나는, 앞서 우리가 보았듯이 일반적으로 좋은 느낌에 관여하는 뇌 영역인 선조체에 비정상적으로 많은 D2 수용체가 존재하는 것이라는 점이 여러 연구자들에 의해 발견되었다. 도파민과 결합할 수 있는 D2 수용체가 예외적으로 많으면 도파민 전달이 활발할 수밖에 없다. 심프슨과 켈런동크와 폴란, 그리고 나는 이 유전적 소질이 정신분열병의 인지 결함을 산출하는 데 어떤 역할을 하는가를 탐구하려고 선조체에 과다한 D2 수용체가 생기게 만드는 유전자를 지닌 형질 변환 생쥐를 생산했고, 그런 생쥐들은 정말로 작업기억에 결함이 있다는 것을 발견했다. 이는 칼슨의 가설을 뒷받침하는 발견이었다.

우리는 왜 D2 수용체를 차단하는 약들이 정신분열병의 인지 증상은 개선하지 못하는지 알아내려고 우리가 10년 전에 개발한 유전학적 도구를 이용하여 또 다른 실험을 했다. 우리는 생쥐가 성체가 된 다음에 과도한 도파민 수용체를 만드는 이식유전자를 껐고, 그 생쥐의 작업기억 결함이 개선되지 않는다는 것을 발견했다. 다시 말해서, 성숙한 뇌에서 분자적인 결함을 교정해도 인지 결함은 교정되지 않았다.

이 결과는 발달 과정에서 D2 수용체의 과다가 생쥐의 뇌에 일으킨 변화가 성숙한 후에도 유지된다는 것을 시사했다. 항정신병 약들이 정신분열병의 인지 증상에 효과가 없는 것은 그 변화 때문인 것 같았다. 선조체에서 D2 수용체의 과다 생산은 정신분열병 자체가 발생하기 훨씬 전인 발달 초기에 그 효과를 발휘한다. 아마도 어딘가 다른 뇌 부위의 도파민 시스템에 돌이킬 수 없는 변화를 일으키는 것 같다. 그 변화가 일어나면, 인지 증상과 관련된 전전두엽피질에 기능 결함이 생기고, 그 결함은 D2의 개수를 정상으로 줄여도 개선할 수 없는 것 같다.

현재 우리는 D2 수용체가 과다 생산되어 전전두엽피질에서 발생하는 변화를 적어도 한 가지 알아냈다. 그것은 또 다른 도파민 수용체인 D1 수용체의 활동 감소다. 일찍이 골드먼 래킥이 수행한 실험들은 D1 수용체의 활동 감소는 환상 AMP의 감소로 이어져 작업기억의 결함을 초래한다는 것을 시사했다.

이 실험들은 유전자 변형 생쥐가 복잡한 정신병들을 단순하고 분석하기 쉬운 분자적 요소들로 분해할 수 있게 해줌으로써 그 병들의 소중한 모형으로 기능할 수 있다는 것을 예증한다. 우리는 돌연변이 생쥐에서 정신분열병의 유전적 소인을 탐구할 수 있을 뿐 아니라 자궁 안에서와 발달의 초기에 생쥐의 환경을 조작하여 어떤 유전자-환경 상호작용이 정신분열병을 촉발하는지 탐구할 수 있다.

또 다른 흔한 병이며 정신적 복지를 파괴하는 우울증은 기원전 5세기에 그리스 의사 히포크라테스에 의해 최초로 기술되었다. 그는 기분이 네 가지 체액, 즉 혈액·점액·황담즙·흑담즙의 균형에 의해 결정된다고 생각했다. 흑담즙이 너무 많으면 우울증이 발생한다고 믿어졌다. 실제로 우울증을 의미하는 고대 그리스어 멜랑콜리아(melancholia)는 '흑담즙'을 뜻한다. 우울증에 대한 히포크라테스의 설명은 오늘날 공상처럼 보이는 것이 사실이지만, 심리적 장애가 생리적 과정을 반영한다는 그의 근본적인 견해는 일반적으로 인정되고 있다.

우울증의 임상적 특징은 쉽게 요약할 수 있다. 다음과 같은 햄릿의 대사를 들어보라. "이 세상의 모든 효용은 내게 얼마나 따분하고 흔해빠지고 단조롭고 헛되어 보이는가!" 치료를 받지 않을 경우 우울증 에피소드는 대개 4개월에서 1년 동안 지속된다. 그 기간의 특징은 해가 뜰 때부터 질 때까지 대부분의 시간 동안 떠나지 않는 불쾌한 기분과 강렬한 정신적 고통, 기쁨을 느끼는 능력의 부재, 그리고 세상에 대한 관심의 일반적 상실이다. 우울증은 흔히 수면장애, 식욕 감퇴, 체중 감소, 활력 상실, 성욕 부진, 사고 속도의 저하를 동반한다.

전 세계 인구의 약 5퍼센트는 생애의 어느 시기에 우울증에 걸린다. 미국에서는 매 순간 800만 명이 우울증으로 고생한다. 심한 우울증은 환자를 근본적으로 쇠약하게 만들 수 있다. 극단적인 경우에 환자는 기초적인 개인위생 유지와 식사를 그만둔다. 어떤 사람들은 우울증 에피소드를 단한 번만 경험하지만, 대개의 경우 우울증은 반복해서 나타난다. 큰 우울증 에피소드를 한 번 겪은 사람의 70퍼센트는 최소한 한 번 더 겪게 된다. 평균적인 우울증 발병 나이는 약 28세이지만, 최초의 에피소드는 거의 모든 연령에서 나타날 수 있다. 심지어 어린아이들도 우울증에 걸릴 수 있다. 다만 그런 우울증이 흔히 인지되지 않을 뿐이다. 노인도 우울증에 걸릴 수 있다. 우울증에 걸린 노인은 과거에 우울증 에피소드를 겪지 않은 사람일 경우가 많고, 치료하기가 더 어렵다. 여성은 남성보다 두 배에서 세 배 더 흔하게 우울증에 걸린다.

효과적인 항우울증 약이 여러 종 개발되었다. 최초의 약 모노아민 산화효소 억제제(MAOI, monoamine oxidase inhibitor)는 원래 결핵 약으로 개발된 것이었다. MAOI는 세로토닌과 노르에피네프린의 분해를 감소시켜 그 신경전달물질들이 시냅스에서 더 많이 방출될 수 있게 만든다. 의사들은 MAOI를 투여받은 환자들이 심각한 병에 걸렸음에도 불구하고 놀라울 정도로 낙관적이게 되는 것을 곧 알아챘고, 머지 않아 그 약이 결핵보다 우울증에 더 큰 효과를 발휘한다는 것을 깨달았다. 이 통찰은 오늘날 심한 우울증 환자의 70퍼센트에서 효과를 발휘하는 일군의 약이 개발되는 결과로 이어졌다.

항정신병 약의 발견에 이어 항우울증 약이 발견됨으로써 정신의학은 새로운 시대로 진입했다. 과거에 정신의학은 심각한 환자에 대한 효과적 치료법이 없는 분야였으나, 이제 의학의 다른 분야와 어깨를 나란히 할 만큼의 치료 도구를 갖춘 분야가 되었다.

우울증에 듣는 약들은 주로 뇌 속의 두 가지 조절 전달물질 시스템에 작용한다. 그 하나는 세로토닌 시스템이고, 다른 하나는 노르에피네프린 시스템이다. 세로토닌과 관련한 증거는 매우 명백하다. 그 전달물질은 인간의 기분과 강한 상관성을 가진다. 높은 농도의 세로토닌은 행복한 느낌과 연결되고, 낮은 농도의 세로토닌은 우울증의 증상들과 연결된다. 실제로 자살을 하는 사람들은 뇌 속 세로토닌 농도가 극단적으로 낮다.

가장 효과적인 항우울증 약은 선택적 세로토닌 재흡수 억제제다. 이 유형의 약은 시냅스전 뉴런에 의해 세로토닌이 방출되는 곳인 시냅스 틈새에서 세로토닌을 제거하는 분자적 운반 시스템을 억제함으로써 세로토닌 농도를 증가시킨다. 이 약의 발견에 기초하여 우울증은 뇌 속에 세로토닌이나 노르에피네프린, 또는 그 두 물질 전부가 부족할 때 생긴다는 가설이 제기되었다.

이 가설은 항우울증 약에 대한 환자들의 일부 반응을 설명하는 것이 사실이지만, 여러 중요한 현상들을 설명하지 못한다. 예컨대 우울증 증상을 완화하는 데 걸리는 시간은 최소한 3주인데, 항우울증 약들이 뉴런들에서 세로토닌이 재흡수되는 것을 억제하는 데 걸리는 시간은 불과 몇 시간 정도인 이유를 설명하지 못한다. 만일 항우울증 약들의 효과 전체가 시냅스에 있는 세로토닌의 재흡수를 억제하고 축적을 촉진하는 것에서 나온다면, 증상 완화가 그렇게 뒤늦게 나타나는 것을 어떻게 설명할 것인가? 아마도 세로토닌 증가가 뇌 전역의 주요 신경 회로들에 영향을 미치는 데—뇌가 다시 행복해지는 법을 '학습'하는 데—최소한 3주가 걸리는 것 같다. 더 나아가 현재 우리는 항우울증 약들이 세로토닌의 재흡수와 축적 말고도 다른 과정들에 영향을 끼친다는 것을 안다.

우울증에 대한 중요한 단서 하나는 예일 대학의 로널드 듀먼(Ronald Duman)과 컬럼비아 대학의 리니 헨(Rene Hen)의 연구에서 확보되었다. 그들은 항우울증 약들이 해마 속의 작은 영역인 치아이랑(dentate gyrus)의 능력을 향상시켜 새로운 신경세포들을 산출하게 만드는 작용도 한다는 것을 발견했다. 신경세포의 대부분은 분화하지 않지만, 그 작은 줄기세포 집단은 분화하여 특수한 신경세포들을 산출한다. 항우울증 약들이 효과를 발휘하는 데 걸리는 시간인 2주에서 3주가 지나면 소수의 세포들이 치아이랑의 뉴런 연결망 속에 편입된다. 이 줄기세포들의 기능은 아직 불확실하다. 헨은 그 기능을 탐구하기 위해 우울증의 생쥐 모형에 방사

선을 쪼여 치아이랑을 파괴했다. 그런 조작을 가하면, 생쥐들은 그 줄기 세포들을 잃게 된다. 그리고 헨은 그런 생쥐들에서는 항우울증 약들이 더 이상 우울증 행동을 완화하는 효과를 발휘하지 못한다는 것을 발견했다.

이 새롭고 놀라운 발견은 항우울증 약들이 부분적으로 해마 속 뉴런 생산을 촉진함으로써 행동을 교정하는 효과를 발휘할 가능성을 시사한다. 이 생각은 우울증이 흔히 심각한 기억력 감소를 동반한다는 사실과 조화를 이룬다. 어쩌면 우울증에 의해 뇌에 생긴 손상을 해마의 새 신경세포 생산 능력을 복구함으로써 극복할 수 있을지도 모른다. 이는 놀라운 아이디어이며, 향후 수십 년 동안 신세대 정신의학 연구자들이 상상력과 솜씨를 동원하여 풀게 될 과제다.

분자생물학은 이미 신경의학과 관련해서 이루기 시작한 성취를 정신의학과 관련해서도 이루게 될 것이 분명하다. 따라서 주요 정신병에 대한 유전학적 생쥐 모형들은 최소한 두 가지 방식으로 유용할 수 있을 것이다. 첫째, 인간 환자들에 대한 연구가 인간 정신병 소질인 것처럼 보이는 다양한 유전자(예컨대 정신분열병 위험 인자인 변형 D2 수용체 유전자)를 발견하는 성과로 이어졌다면, 그 유전자들을 생쥐에 집어넣어 특정 정신병의 기원 및 진행에 관한 특수한 가설들을 검증하는 데 쓸 수 있다. 둘째, 생쥐에 대한 유전학적 연구들은 인간 환자에 대해서는 불가능한 정확도와 세밀함의 수준에서 병의 기저에 놓인 복잡한 분자적 경로들을 탐구할 수 있게 해줄 것이다. 그런 기초적인 신경생리학 연구들은 정신장애를 진단하고 분류하는 능력을 향상시킬 것이며 새로운 분자 치료법의 개발을 위한 합리적 토대를 제공할 것이다.

큰 맥락에서 볼 때 우리는 뇌 기능의 신비를 탐험하던 10년으로부터 뇌 기능장애에 대한 치료법을 탐구하는 10년으로 이행하고 있다. 내가 의학에 발을 들여놓은 지 50년이 지난 지금 기초과학과 임상과학은 더 이상 별개의 세계가 아니다. 오늘날 신경과학에서 가장 흥미로운 몇 가지 질문들은 신경의학 및 정신의학의 절박한 안건들과 직접 연결된다. 따라서 중개 연구(translational research, 생물학 기초연구 성과를 신약 개발로 발전시키는 연구－옮긴이)는 더 이상 흰 가운을 입은 소수에 의해 이루어지는 제한적인 활동이 아니다. 오히려 잠재적 치료 효용은 신경과학에서 수행되는 연구의 많은 부분을 이끄는 힘이다.

뇌의 10년으로 불리는 1990년대에 우리 모두는 중개연구자가 되었다. 21세기의 첫 10년인 지금 우리의 진로는 뇌 치료법의 10년으로 바뀌고 있다. 그 결과 정신의학과 신경의학은 서로 더 가까워지고 있다. 심장병 의학과 소화기 장애 의학처럼 서로 많이 다른 분야를 전공할 의사들이 1년 동안 똑같이 내과 전공의 수련을 거치는 것처럼, 정신의학 전공의와 신경의학 전공의가 1년 동안 함께 수련하는 광경을 그리 멀지 않은 장래에 보게 될 것이라고 예상할 수 있다.

27.

정신분석의 르네상스와 생물학

20세기의 첫 10년에 빈에서 정신분석이 등장했을 때, 그것은 정신과 정신장애에 대한 혁명적인 사고방식이었다. 무의식적 정신 과정에 대한 이론을 둘러싼 열광은 20세기 중엽에 이를 때까지 가열되었고, 정신분석은 독일과 오스트리아에서 온 이민자들에 의해 미국에 전해졌다.

하버드 대학 학부생이었던 나는 그 열정을 공유했다. 그것은 정신분석이 대단한 설명력을 가진 것처럼 보이는 정신관을 제시했기 때문이기도 했지만, 20세기 초 빈의 지적 분위기를 연상시켰기 때문이기도 했다. 나는 그 분위기를 동경하고 그리워했다. 사실 내가 안나 크리스와 그녀의 부모를 둘러싼 지적인 삶에서 정말로 즐겼던 것은 1930년대 빈에서의 삶에 대한 시각과 통찰이었다. 우리는 빈의 가장 중요한 신문인 〈신자유 언론(Die Neue Frei Presse)〉에 대해 이야기했다. 크리스 가족에 따르면, 그 신문은 대단히 새롭지도 않고 대단히 자유롭지도 않았다. 그들은 문화비평가이며 언어 연구자인 카를 크라우스의 생생하고 심지어 연극적인 강의도 회상했다. 내가 아주 많이 존경했던 크라우스는 빈의 위선을 통렬히 비판했고, 그의 위대한 희곡 『인류 최후의 나날(The Last Days of Mankind)』은 다가올 제2차 세계대전과 홀로코스트를 예언했다.

그러나 내가 정신의학 임상 수련을 시작한 1960년에 나의 열정은 이미 한풀 꺾여 있었다. 경험사회학자인 데니스와의 결혼, 그리고 나의 연구 경험들—처음에 컬럼비아 대학 해리 그런드페스트의 실험실에서, 그다음에는 국립정신보건원 웨이드 마셜의 실험실에서—은 정신분석에 대한 내 열정을 누그러뜨렸다. 나는 여전히 정신분석이 도입한 풍부하고 미묘한 정신관을 존중했지만, 정신분석이 경험적인 학문이 되고 자신의 생각들을 검증하는 방향으로 거의 진보하지 않았음을 임상 수련을 하는 동안 알고 실망했다. 또 하버드 대학에서 만난 많은 선생들에게도 실망했다. 그 의사들은 나처럼 인본주의적 관심에서 정신분석적 정신의학에 입문했으며 과학에는 거의 관심이 없었다. 나는 정신분석이 비과학적 단계로 퇴보하고 있으며 정신의학을 함께 퇴보시키고 있다고 느꼈다.

제2차 세계대전 후 수십 년 동안 정신의학은 정신분석의 영향 아래, 신경의학과 밀접하게 연관된 실험적 의학 분야에서 정신 치료 기술에 초점을 둔 비경험적 전문 분야로 탈바꿈했다. 1950년대에 대학의 정신의학은 생물학과 실험적 의학에 두었던 뿌리의 일부를 포기하고 점차 정신분석이론에 기초를 둔 치료 분야가 되었다. 그리하여 기이하게도 경험적 증거나 정신활동을 담당하는 기관으로서의 뇌에 무관심했다. 대조적으로 이 시기에 의학은 처음에 생화학에서, 그다음에는 분자생물학에서 비롯된 환원주의적 접근법을 기초로 삼아 치료 기술에서 치료 과학으로 진화했다. 나는 의과대학에 다니면서 이 진화를 목격했고 그로부터 영향을 받았다. 그러므로 나는 의학 내에서 정신분석이 차지한 독특한 지위를 눈여겨보지 않을 수 없었다.

정신분석은 환자의 정신적 삶을 조사하는 새로운 방법을 도입했다. 그 방법은 자유로운 연상과 해석에 기초를 둔다. 프로이트는 정신과 의사들에게 환자의 말을 새로운 방식으로 주의 깊게 들으라고 가르쳤다. 그는 환자의 말이 지닌 숨은 의미와 명시적인 의미 모두에 민감해야 한다는 것을 강조했다. 또 그는 서로 무관하고 비일관적인 듯한 말들을 해석하기 위한 잠정적인 틀을 창조했다.

이 접근법은 대단히 새롭고 강력해서 프로이트뿐 아니라 지적이고 창조적인 다른 정신분석가들도 환자와 분석가의 정신 치료적 만남은 정신에 대한, 특히 무의식적 정신 과정에 대한 과학적 탐구를 위한 최선의 맥락이라고 오랫동안 주장할 수 있었다. 실제로 초기의 정신분석가들은 단지 환자의 말을 주의 깊게 듣는 일과 정상 아동의 발달—예컨대 아동의 성욕—을 관찰하고 분석함으로써 얻은 생각들을 시험하는 일만으로도 유용하고 독창적인 결론을 수없이 얻어 정신에 대한 우리의 지식에 기여했다. 다른 독창적인 기여로는 다양한 유형의 무의식적 과정과 선의식적 과정, 동기의 복잡성, 전이(과거의 관계들을 환자의 현재 삶에 옮겨 놓기), 저항(환자의 행동을 변화시키려는 치료자의 노력에 무의식적으로 반대하는 경향성)의 발견 등이 있다.

그러나 탄생 이후 60년이 흐르자 정신분석은 신선한 연구 역량의 대부분을 잃어버렸다. 1960년에 이르렀을 때는 심지어 나까지 포함해서 누가 보아도 개별 환자를 관찰하고 그의 말을 주의 깊게 들음으로써 얻을 수 있는 새로운 지식이나 통찰은 거의 남지 않았다는 것이 명백했다. 정신분석은 그 야심에서는 역사적으로 과학적이었지만—정신분석은 항상 경험적이고 검증 가능한 정신과학을 개발하고자 했다—그 방법에서는 거의 과학적이지 않았다. 그 이론은 자신의 전제들을 재현 가능한 방식으로 실험하는 데 실패했다. 사실 전통적으로 정신분석은 아이디어를 검증하는 것보다 산출하는 것에 더 뛰어났다. 그 결과 정신분석은 다른 몇몇 심리학 및 의학 분야들처럼 진보하지 못했다. 내가 보기에 정신분석은 심지어 길을 잃은 것 같았다. 경험적으로 검증할 수 있는 것들에 초점을 맞추는 대신에 범위를 확장하여 정신분석으로 다루기에 적절치 않은 정신장애와 신체장애를 다루고 있는 것 같았다.

원래 정신분석은 이른바 신경증적인 병들을 다스리는 데 쓰였다. 그런 병으로는 공포증, 강박장애, 히스테리 상태 및 불안 상태가 있다. 그러나 정신분석 치료는 점차 우울증과 정신분열병을 비롯한 거의 모든 정신병으로 범위를 확장했다. 1940년대 후반에 많은 정신과 의사들은 전투 중에 정신적 문제를 얻은 군인들을 성공적으로 치료한 것에 부분적으로 고무되어, 좀처럼 약에 반응하지 않는 의학적 병들을 치료하는 데 정신분석의 통찰들이 유용할 수 있다는 믿음을 가지게 되었다. 고혈압, 천식, 위궤양, 궤양성 대장염 등의 병들은 심신상관성이라고, 즉 무의식적인 갈등에서 비롯된다고 생각되었다. 그리하여 1960년대에 정신분석이론은 많은 정신과 의사들에게, 특히 미국의 동부 해안과 서부 해안의 정신과 의사들에게 모든 정신적 병과 몇몇 신체적 병에 대한 이해에서 주도적인 모델이었다.

이처럼 확장된 치료 범위는 표면적으로 정신분석의 설명력과 임상적 통찰을 강화하는 듯했지만, 실제로는 정신의학의 효율성을 약화했고 정신의학이 생물학과 연계된 경험적 분야가 되는 것을 방해했다. 프로이트가 1894년에 행동에서 무의식적 정신 과정의 역할을 최초로 탐구할 당시에, 그는 경험적 심리학을 개발하려는 노력도 병행했다. 그는 행동의 신경학적 모형을 구성하려 노력했지만, 당시 뇌과학의 미숙함 때문에 생물학적 모형을 포기하고 주관적 경험에 대한 언어 보고에 기초한 모형을 채택했다. 내가 하버드 대학에서 정신의학 수련을 받기 시작했을 때, 생물학은 고등한 정신 과정들에 대한 이해에서 중요한 진보들을 이루어 내고 있었다. 그 진보에도 불구하고 여러 정신분석가들은 훨씬 더 극단적인 입장을 취했다. 그들은 생물학은 정신분석과 무관하다고 주장했다.

생물학에 대한 경멸까지는 아니더라도 무관심을 보였던 것이다. 그런 무관심은 내가 전공의 수련을 하면서 맞닥뜨린 두 가지 문제 중 하나였다. 더 심각한 또 다른 문제는 정신분석가들이 객관적 연구에, 또는 심지어 연구자의 선입견을 통제하는 데 관심이 없다는 점이었다. 다른 의학 분야들은 은폐 실험(blind experiment)을 통해 선입견을 통제했다. 은폐 실험에서 연구자는 어느 환자가 시험적인 치료를 받고 있고 어느 환자가 받고 있지 않은지 모른다. 반면에 정신분석 상담에서 수집된 자료는 거의 항상 사적이다. 환자의 언급, 연상, 침묵, 자세, 움직임, 기타 행동들은 특권을 부여받는다. 물론 프라이버시는 분석가가 마땅히 얻어야 하는 신뢰를 위해 매우 중요하다. 그리고 거기에 난점이 있다. 거의 모든 사례에서 유일한 보고(報告)는 분석가의 믿음에 대한 분석가 자신의 주관적 설명이다. 정신분석 연구자 하트비히 달(Hartvig Dahl)이 상세히 지적했듯이, 그런 해석은 대부분의 과학적 맥락에서 증거로 받아들여지지 않는다. 그러나 정신분석가들은 치료적 상담에 대한 설명이 필연적으로 주관적이라는 사실을 고민하는 경우가 드물다.

정신의학 전공의 수련을 시작할 당시에 나는 정신분석이 생물학과 힘을 합하면 엄청나게 풍부해질 수 있으리라고 느꼈다. 또 20세기 생물학이 인간의 정신에 관한 오래된 질문들에 답해야 한다면, 그 답들은 정신분석과의 협동 속에서 산출될 때 더 풍부하고 의미심장할 것이라고 생각했다. 그런 협동은 또한 정신분석에게 더 확고한 과학적 토대를 제공할 것이었다. 생물학은 정신분석의 핵심에 있는 여러 정신 과정들의 물리적 토대를 규명할 수 있을 것이다. 다시 말해서, 무의식적 정신 과정들, 심적 결정성(psychic determinism, 어떤 행위나 행동도, 심지어 단순한 말실수도 전적으로 무작위하거나 임의적이지 않다는 사실), 정신병리에서 무의식이 하는 역할(무의식 속에서 서로 아주 먼 심리적 사건들이 연결되는 것), 정신분석 자체의 치료 효과 등을 생물학을 통해 물리적 차원에서 규명할 수 있을 것이다. 당시에 나는 그렇게 믿었고, 지금은 더욱 강력하게 그렇게 믿는다. 나는 기억의 생물학에 관심을 두고 있었으므로, 나를 특히 매료한 것은 정신 치료가 뇌에 구조적 변화를 일으킬 가능성, 그리고 우리가 이제 그 변화를 직접 관찰하고 평가할 가능성이었다. 정신 치료는 환자가 변화를 학습할 수 있는 환경을 창출하는 것에 부분적인 의미를 둔다고들 하니까 말이다.

다행스럽게도 정신분석학계의 모든 사람이 경험적 연구는 정신분석의 미래와 무관하다고 생각한 것은 아니었다. 내가 임상 수련을 마친 이후 40년 동안 두 경향이 점차 힘을 얻었고 현재 정신분석 사상에 상당한 영향력을 발휘하기 시작했다. 한 경향은 증거에 기초한 정신 치료를 강조하는 것이다. 더 복잡한 두 번째 경향은 정신분석을 새롭게 출현하는 정신생물학과 연계하려는 노력이다.

첫 번째 경향을 주도한 가장 중요한 인물은 아마도 펜실베이니아 대학의 정신분석가 애런 벡(Aaron Beck)일 것이다. 현대 인지심리학의 영향을 받은 벡은 환자의 주된 인지 스타일—개인이 세계를 지각하고 표상하고 사고하는 방식—이 우울증, 불안장애, 강박 상태와 같은 여러 장애의 핵심 요소라는 것을 발견했다. 인지 스타일과 자아 기능을 강조함으로써 벡은 하인츠 하르트만, 에른스트 크리스, 루돌프 뢰벤슈타인의 뒤를 잇고 있었다.

의식적 사고 과정이 정신장애에서 하는 역할에 대한 벡의 강조는 신선했다. 전통적으로 정신분석은 정신적 문제들이 무의식적 갈등에서 비롯된다고 가르쳤다. 예컨대 벡이 연구를 시작할 당시인 1950년대 후반에 우울증은 일반적으로 '내향적 분노(introjected anger)'로 여겨졌다. 프로이트는 우울증에 걸린 환자들은 사랑하는 사람에게 분노와 적대감을 느낀다고 주장했었다. 그런 환자들은 중요하고 필요하고 소중한 누군가에 대한 부정적 감정을 감당할 수 없기 때문에, 그 감정을 억압하고 무의식적으로 자기 자신에게로 돌린다. 바로 이러한 자기를 향한 분노와 증오는 자기에 대한 낮은 존중감과 무가치감으로 이어진다.

벡은 우울증에 걸린 환자들의 꿈과 그렇지 않은 환자들의 꿈을 비교함으로써 프로이트의 생각을 검증했다. 그는 우울증 환자들이 다른 환자들보다 더 많은 적개심을 표출하는 것이 아니라 더 적은 적개심을 표출한다는 것을 발견했다. 이 연구를 진행하면서 환자들의 말을 귀담아듣는 과정에서 벡은 우울증 환자들은 적개심을 표출한다기보다 인생에 대한 사고방식에서 체계적인 부정적 편견을 표출한다는 것을 발견했다. 그들은 거의 예외 없이 자기에 대한 기대가 비현실적으로 높고, 실망스러운 사건에 극단적으로 과도하게 반응하고, 기회가 있을 때마다 자기를 윽박지르고, 미래에 대하여 비관적이다. 벡은 이런 왜곡된 사고 패턴은 단지 증상, 즉 영혼 깊숙이 자리 잡은 갈등의 반영이 아니라 우울장애의 실제 진행과 지속에서 핵심적인 동력이라는 것을 깨달았다. 그리하여 그는 부정적인 믿음과 사고 과정, 행동을 식별하고 다스림으로써 환자가 그것들을 버리고 건강하고 긍정적인 믿음들을 취하도록 도울 수 있다는 급진적인 주장을 했다. 더 나아가 성격 요소들이나 무의식적 갈등과 무관하게 그런 변화를 일으킬 수 있다고 주장했다.

이 생각을 임상적으로 검증하기 위해 벡은 환자들에게 그들 자신의 경험과 행위와 성취에서 나온 증거들을 제시하여 그들의 부정적인 견해를 반박하고 교정했다. 그러자 많은 환자들이 놀라운 속도로 호전되어 한두 차례의 상담 후에 감정과 기능이 향상되었다. 이 긍정적 결과에 고무된 벡은 환자의 무의식적 갈등이 아니라 의식적 인지 스타일과 왜곡된 사고방식에 초점을 맞추어 체계적인 단기 우울증 치료법을 개발했다.

벡과 그의 조수들은 이 새로운 치료의 효율성을 평가하기 위해 위약(플라시보) 및 항우울증 약을 받는 환자들과 새 치료를 받는 환자들을 비교하는 통제된 임상 실험을 진행했다. 그들은 새로운 인지 행동 치료가 경미하거나 웬만한 우울증 환자를 다루는 데 있어서 대개 항우울증 약 못지않게 효율적이며, 일부 사례에서는 재발을 막는다는 점에서 약보다 우월하다는 것을 발견했다. 더 나중의 통제된 임상 실험에서 인지 행동 치료는 불안장애, 특히 공황 발작, 외상후 스트레스 장애, 사회공포증, 섭식장애, 강박장애에 성공적으로 확장 적용되었다.

벡은 새로운 형태의 정신 치료를 도입하고 그것을 경험적으로 검증한 것에 머물지 않았다. 그는 우울증을 비롯한 정신장애의 증상과 정도를 평가하는 기법과 단위를 개발했다. 그 척도들은 정신 치료에 기초를 둔 연구에 새로운 과학적 엄밀성을 제공했다. 더 나아가 그와 동료들은 그 치료를 어떻게 실행해야 하는가에 관한 지침서들을 썼다. 이렇게 벡은 정신분석 치료에 비판적 태도를, 경험적 데이터에 대한 추구를, 그리고 주어진 치료법이 유효한지 여부를 알아내려는 욕구를 들여왔다.

벡의 접근법에 영향을 받은 제럴드 클러먼(Gerald Klerman)과 미르나 와이스먼(Myrna Weissman)은 과학적으로 타당한 두 번째 형태의 단기 정신 치료를 개발했다. 대인관계 정신 치료(interpersonal psychotherapy)라고 불리는 그 방법은 환자의 그릇된 믿음을 교정하고 타인들과의 다양한 관계에서 환자가 행하는 소통의 본성을 변화시키는 데 초점을 맞춘다. 인지 행동 치료와 마찬가지로 이 치료도 경미하거나 웬만한 우울증에 대한 통제된 실험에서 효율성이 증명되었고 교육용 지침서들로 정리되었다. 대인관계 치료는 배우자나 자녀를 잃는 것과 같은 상황적 위기에 특히 효과적인 것으로 보인다. 반면에 인지 치료는 만성 장애를 다스리는 데 특히 효과적인 듯하다. 아직 충분히 연구되지 않았지만, 위의 두 치료와 유사한 세 번째 치료로 피터 사이프니어스(Peter Sifneous)와 하비브 다반루(Habib Davanloo)가 정식화한 단기 역동 치료가 있다. 이 방법은 환자의 방어와 저항에 초점을 맞춘다. 또 오토 컨버그(Otto Kernberg)는 전이에 초점을 둔 정신 치료를 도입했다.

전통적인 정신분석과 달리 위의 네 가지 단기 정신 치료법들은 경험적 데이터를 수집하여 치료법의 효율성을 평가하는 데 쓰려고 노력한다. 그 결과 그 치료법들은 단기 치료(심지어 장기 치료)가 실행되는 방식에 커다란 변화를 가져왔고, 정신분석을 과정과 결과에 대한 경험에 기초한 연구로 탈바꿈시키고 있다.

그러나 새로운 치료법들의 장기적인 효과는 아직 불확실하다. 그것들은 흔히 5~15회 이내의 상담 기간에 치료와 기초 지식 모두에서 성과를 내지만, 그 효과가 항상 오래 지속되는 것은 아니다. 사실 일부 환자들의 경우에는 지속적인 호전을 성취하려면 한두 해 동안 치료가 지속되어야 하는 것으로 보인다. 그것은 아마도 기저에 있는 갈등을 다스리지 않고 환자의 장애 증상만 치료하는 것이 때로는 비효율적이기 때문일 것이다. 과학적 입장에서 볼 때 더 중요한 것은, 벡을 비롯한 증거 중심 치료법 옹호자의 대부분이 생물학의 실험 전통이 아니라 정신분석의 관찰 전통을 본향(本鄕)으로 삼는다는 것이다. 드문 예외가 있긴 하지만, 이 정신 치료 경향의 주도자들은 아직 관찰된 행동의 토대를 이해하기 위해 생물학으로 눈을 돌리지 않았다.

필요한 것은 정신 치료에 대한 생물학적 접근이다. 정신역동적 생각을 검증하거나 여러 치료법의 효율성을 평가하는 생물학적으로 확실한 방법은 최근까지도 거의 없었다. 그러나 이제 효과적인 단기 정신 치료와 뇌 영상화를 결합하면 바로 그 방법을 얻을 수 있을 것이다. 정신의 역동과 살아 있는 뇌의 활동을 동시에 드러내는 방법을 말이다. 생각해 보자. 만일 정신 치료를 통한 변화가 장기간 유지된다면, 다양한 형태의 정신 치료가 다른 형태의 학습과 마찬가지로 뇌 속에 다양한 구조적 변화를 산출한다고 결론 내리는 것이 합당하다.

뇌 영상화를 이용하여 다양한 정신 치료의 성과를 평가한다는 생각은 강박장애에 대한 연구들이 보여 주었듯이 불가능한 꿈이 아니다. 오랫동안 강박장애는 기저핵의 문제를 반영한다고 생각되었다. 기저핵이란 뇌 속 깊숙이 있으며 행동을 조절하는 데 결정적인 역할을 하는 구조물들의 집단이다. 기저핵에 속한 구조물의 하나인 꼬리핵은 대뇌피질과 기타 뇌 영역들에서 온 정보를 일차적으로 수용한다. 뇌 영상화는 강박장애가 꼬리핵의 대사 작용 증가와 연관된다는 것을 보여 주었다. 로스앤젤레스 소재 캘리포니아 대학의 루이스 R. 백스터 주니어(Lewis R. Baxter, Jr.)와 동료들은 인지 행동 정신 치료로 강박장애를 완화할 수 있음을 발견했다. 또 약을 써서 세로토닌의 재흡수를 억제함으로써 강박장애를 완화할 수도 있다. 그 약과 정신 치료는 모두 꼬리핵의 대사 작용 증가를 완화한다.

우울증 환자의 뇌 영상은 대개 전전두엽피질의 등쪽에 활동 감소가 있고 배쪽에 활동 증가가 있음을 보여 준다. 이 경우에도 정신 치료와 약 모두가 문제를 완화하는 효과를 발휘한다. 만약 프로이트가 「과학적 심리학에 관하여(On a Scientific Psychology)」를 쓴 1895년에도 뇌 영상화가 가능했더라면, 그는 정신분석을 아주 다른 방향으로 이끌었을 것이다. 그는 위 에세이에서 언급한 대로 생물학과 긴밀한 관계를 유지하면서 정신분석을 발전시켰을 것이다. 이런 의미에서 뇌 영상화와 정신 치료를 결합하는 일은 하향식 연구이며, 프로이트가 원래 계획했던 과학적 프로그램의 계승이다.

앞에서 보았듯이 단기 정신 치료는 현재 최소한 네 가지 형태가 존재한다. 뇌 영상화는 그 형태들을 구별하는 과학적 수단이 될 수 있을 것이다. 만일 그렇다면, 뇌 영상화는 모든 효과적인 정신 치료들이 동일한 해부학적·분자적 메커니즘을 통해 작동한다는 것을 드러낼 가능성이 있다. 그러나 더 그럴듯한 것은 또 다른 가능성이다. 즉, 뇌 영상화는 정신 치료들이 각각 별개의 뇌 속 메커니즘을 통해 효과를 발휘한다는 것을 드러낼 가능성이 있다. 따라서 정신 치료들도 약과 마찬가지로 바람직하지 않은 부작용을 가질 가능성이 높다. 정신 치료들에 대한 경험적 검증은 약에 대한 검증과 마찬가지로 그 중요한 치료법들의 안전성과 효율성을 극대화하는 데 기여할 수 있을 것이다. 또 특정 유형의 정신 치료가 낼 성과를 예측하고 환자를 가장 적절한 정신 치료로 안내하는 데 기여할 수 있을 것이다.

단기 심리 치료와 뇌 영상화의 결합은 결국 정신분석이 새로운 정신과학에 나름의 독특한 기여를 하게 해줄지도 모른다. 물론 아주 이른 미래에 그렇게 되지는 않겠지만 말이다. 경미하거나 웬만큼 심각한 다양한 정신병을 치료하는 효과적인 수단에 대한 대중의 요구는 어마어마하게 크다. 하버드 대학의 로널드 케슬러(Ronald Kessler)가 연구한 바에 따르면, 전체 인구의 거의 50퍼센트는 삶의 한 시기에 정신의학적 문제를 겪는다. 과거에 그런 사람들의 다수는 약으로 치료를 받았다. 약은 정신의학에게 엄청난 은혜였지만, 부작용을 유발할 수 있다. 게다가 약만으로는 효과가 없는 경우가 흔히 있다. 많은 환자들은 약과 함께 정신 치료를 받을 때 결과가 더 좋고, 상당수의 환자들은 정신 치료만으로 꽤 회복된다.

케이 재미슨(Kay Jamison)은 『조울병 나는 이렇게 극복했다(An Unquiet Mind)』에서 심각한 병에 대해서도 두 가지 치료를 병행할 때 얻을 수 있는 혜택들을 기술했다. 그녀가 겪은 병은 조울병(양극성 장애)이다. 리튬염 요법은 그녀의 극단적인 조증을 막았고, 그녀가 입원하지 않을 수 있게 해주었고, 자살을 예방함으로써 그녀의 목숨을 구했고, 장기적인 정신 치료를 가능케 했다. "그러나 정신 치료의 치유력은 이루 말할 수 없을 정도다. 정신 치료는 혼동을 어느 정도 깨닫게 해주고, 끔찍한 생각과 느낌을 제어하고, 그 모든 것으로부터 배울 가능성과 배우겠다는 희망과 그 배움에 대한 통제력을 되돌려준다. 약은 편안히 현실로 돌아가게 해주지 않고, 그럴 능력도 없다"고 그녀는 썼다.

재미슨의 통찰에서 내가 아주 매력적이라고 느끼는 것은 그녀가 정신 치료를 그녀의 경험의 가닥들과 그녀의 삶의 이야기를 종합할 수 있게 해주는 배움의 경험으로 본다는 점이다. 한 사람의 생애를 정합적인 전체로 짜는 것은 당연히 기억이다. 정신 치료가 더 엄격한 효율성 검증을 받고 정신 치료의 효과에 대한 생물학적 연구가 더 이루어지면, 우리는 기억과 정신의 작동을 탐구할 수 있게 될 것이다. 예컨대 다양한 사고 스타일을 탐험하면서 그것들이 우리가 세계를 느끼고 그 안에서 행동하는 방식에 어떤 영향을 끼치는지 확인할 수 있게 될 것이다.

정신분석에 대한 환원주의적 접근도 우리로 하여금 인간 행동에 대한 더 깊은 이해에 도달할 수 있게 해줄 것이다. 이 방향의 가장 중요한 단계들은 아동발달에 대한 연구에서 성취되었다. 아동발달은 에른스트 크리스의 상상력을 자극한 분야였다. 프로이트의 영리한 딸인 안나는 제2차 세계대전 중에 일어난 가정 와해의 외상 효과들을 연구했고, 스트레스 기간 동안에 부모와 자식 사이의 긴밀한 관계가 중요하다는 확실한 증거를 최초로 발견했다. 가정 와해의 효과에 대한 연구는 뉴욕의 정신분석가 린 스피츠(Rene Spitz)에 의해 계승되었다. 그는 어머니로부터 분리된 유아들을 두 집단으로 분류하여 연구했다. 한 집단은 고아원에서 보모의 손에 컸고, 각각의 보모는 일곱 명의 아이를 담당했다. 또 다른 집단은 여성 교도소에 딸린 보육원에서 컸다. 그곳에서 유아들은 낮에 잠깐 동안 자기 어머니의 돌봄을 받았다. 첫해가 지나자 고아원에 있는 아동의 운동 기능 및 지적 기능은 교도소 보육원에 있는 아동보다 훨씬 뒤처졌다. 고아원의 아동들은 수줍었고 호기심이나 쾌활함을 거의 나타내지 않았다. 이 고전적인 연구는 아동에 대한 관찰 연구를 창시한 세 사람, 즉 안나 프로이트, 하인츠 하르트만, 에른스트 크리스가 편집한 세 권짜리 논문집 『아동에 대한 정신분석 연구(The Psychoanalytic Study of the Child)』에 발표되었다.

위스콘신 대학의 해리 할로(Harry Harlow)는 어떻게 환원주의가 심리적 과정에 대한 우리의 이해를 증진할 수 있는가에 대한 모범을 보여 주었다. 그는 아동발달에 대한 연구를 확장하여 모성 결핍의 동물 모형을 개발했다. 그는 갓난 원숭이들이 6개월에서 1년 동안 고립되었다가 뒤늦게 다른 원숭이들과 무리를 이루면, 그 원숭이들은 신체적으로는 건강하지만 행동적으로 참담한 상태가 된다는 것을 발견했다. 그 녀석들은 우리의 귀퉁이에 웅크리고 앉아 심한 정신장애나 자폐증을 가진 아동처럼 몸을 앞뒤로 흔들었다. 다른 원숭이들과 싸우거나 놀지 않았고 성적인 관심도 나타내지 않았다. 반면에 더 큰 원숭이를 그 정도의 기간 동안 고립시키면 해로운 결과가 생기지 않았다. 따라서 사람에게나 원숭이에게

나 사회적 발달을 위한 결정적 시기가 존재한다고 할로는 결론 내렸다.

그다음에 할로는 갓난 시절에 고립된 원숭이들에게 천을 씌운 목제 모형 원숭이를 어미의 대용품으로 제공함으로써 그런 참담한 상태를 다소 완화할 수 있다는 것을 발견했다. 이 대용품은 고립된 원숭이의 매달리기 행동을 유발했지만 완전히 정상적인 사회 행동을 발달시키기에는 부족했다. 정상적인 사회 행동은 어미의 대용품을 제공하는 것과 더불어 고립된 원숭이가 하루에 두세 시간씩 무리와 함께 지내는 정상적인 어린 원숭이와 접촉하게 허용할 때만 구제되었다.

안나 프로이트와 스피츠, 할로의 연구는 존 볼비(John Bowlby)에 의해 확장되었다. 그는 무방비 상태의 유아는 그가 '애착 시스템(attachment system)'으로 명명한 정서 및 행동 반응 패턴들의 체계를 통해 보호자에 대한 친밀감을 유지한다고 주장했다. 볼비는 애착 시스템은 유아의 기억 과정을 조직하여 어머니와의 근접성과 소통을 추구하도록 이끄는 선천적이고 본능적인 시스템이라고 생각했다. 진화론의 관점에서 볼 때, 애착 시스템은 유아의 미숙한 뇌가 부모의 성숙한 기능들을 이용하여 유아 자신의 삶의 과정을 조직하게 해줌으로써 유아의 생존 확률을 확실히 높인다. 유아의 애착 메커니즘은 유아의 신호에 대하여 부모가 정서적으로 민감하게 반응하는 것과 짝을 이룬다. 부모의 반응은 유아의 긍정적 정서를 증폭하고 재강화하는 역할과 유아의 부정적 정서를 약화하는 역할을 한다. 이 반복적인 경험은 절차기억에 유아의 안정에 기여하는 기대들로 수록된다.

아동발달 연구를 위한 이 같은 다양한 접근법들은 오늘날 유전자 변형 생쥐에서 탐구되고 있다. 새로운 연구들은 부모-자녀 관계의 본성에 대한 더 깊은 통찰을 추구한다.

정신의 기능에 관한 정신분석의 생각들을 검사하는 다른 실험적 수단들도 존재한다. 예컨대 우리의 지각 및 운동 솜씨를 위한 기억에서 나타나는 절차적(암묵적) 정신 과정을 다른 두 유형의 무의식적 정신 과정—우리의 갈등과 성적 갈망과 억압된 사고 및 행위를 반영하는 역동 무의식(the dynamic unconscious), 그리고 조직화와 계획에 관여하며 쉽게 의식화할 수 있는 선의식적 무의식—과 구별하는 방법들이 있다.

생물학은 원리적으로 세 유형의 무의식적 과정 모두를 탐구할 수 있다. 그렇게 하는 한 가지 방법—다음 장에서 설명할 것이다—은 무의식적 지각 상태에 의해 발생한 활성화 영상과 의식적 지각 상태에 의해 발생한 활성화 영상을 비교하고 각각이 동원하는 뇌 영역들을 확인하는 것이다. 우리 인지 과정의 측면들 대부분은 무의식적 추론에, 우리의 자각 없이 일어나는 과정에 기초를 둔다. 우리가 세계를 별 어려움 없이 통일된 전체로—산과 들이 앞에 있고 지평선이 그 너머에 있는 것으로—보는 것은 다양한 시각 이미지 요소들을 결합하는 시지각이 우리의 자각 없이 일어나기 때문이다. 따라서 뇌 연구자의 대부분은 프로이트와 마찬가지로 우리가 인지 과정의 대부분을 의식하지 못하며 오직 그 과정의 최종 결과만 의식한다고 믿는다. 자유의지에 대한 우리의 의식적 느낌에 대해서도 이와 유사한 원리가 적용되는 듯하다.

정신분석의 아이디어들에 생물학을 적용하는 일은 현대 의학에서 정신의학의 역할을 강화하고, 경험적으로 정초된 정신분석 사상이 현대 정신과학에 동참하도록 북돋울 것이다. 이 융합의 목표는 기초생물학을 추진하는 극단적 환원주의와, 정신의학과 정신분석을 추진하는, 인간 정신을 이해하려는 인본주의적 노력을 결합하는 것이다. 결국 뇌과학의 궁극적 목표는 자연 세계에 대한 물리학적·생물학적 연구들과, 그 세계에서 인간 정신과 인간 경험의 내밀한 결을 이해하면서 살아가는 거주자들을 연결하는 것이다.

28.

의식을 이해하는 문제

정신분석은 우리를 다양한 형태의 무의식으로 안내했다. 현재 뇌를 연구하는 많은 과학자들이 그러하듯이, 나는 오래전부터 뇌에 관한 가장 큰 질문에 매료되었다. 그것은 의식의 본성에 대한 질문, 그리고 다양한 무의식적 정신 과정들이 의식적 사고와 어떻게 관계하는가 하는 질문이다. 내가 해리 그런드페스트와 프로이트의 정신 구조 이론—자아, 이드, 초자아—에 관하여 처음 대화했을 때, 내 생각의 초점은 다음의 질문에 있었다. 의식적 과정과 무의식적 과정은 뇌 속에 표상된 상태에서 서로 어떻게 다를까? 그러나 새로운 정신과학은 겨우 최근에야 이 질문을 실험적으로 탐구하기 위한 도구를 개발했다.

새로운 정신과학은 의식에 대한 생산적인 통찰을 발전시키기 위해 먼저 의식에 대한 작업 정의(working definition)를 마련해야 했다. 그 정의에 따르면, 의식이란 지각적 자각 상태(state of perceptual awareness), 혹은 선택적 주의 집중(selective attention)이다. 핵심만 말하자면, 사람에서 의식은 자각, 즉 깨닫고 있음에 대한 깨달음이다. 다시 말해 의식은 단순히 쾌락이나 고통을 경험하는 능력을 가리키는 것이 아니라, 그 경험에 주의를 집중하고 우리의 즉각적인 삶과 우리 삶의 역사의 맥락에서 그 경험을 반성하는 능력을 가리킨다. 의식적 주의 집중은 우리가 주변적인 경험을 배제하고 우리 앞에 놓인 결정적인 사건에 집중할 수 있게 해준다. 그 사건이 쾌락이든, 고통이든, 푸른 하늘이든, 베르메르(Vermeer)의 회화에 나오는 시원한 북유럽의 오로라이든, 아니면 우리가 해변에서 경험하는 아름다움과 고요이든 간에 상관없이 말이다.

의식을 이해하는 일은 과학이 당면한 모든 과제들 가운데 가장 탁월하게 어려운 과제다. 이 단언이 참이라는 사실은 20세기 후반기에 활동한 가장 창조적이고 영향력이 큰 생물학자라고 할 수 있는 프랜시스 크릭의 경력에서 가장 잘 확인할 수 있다. 크릭이 제2차 세계대전 후 처음 생물학에 뛰어들 당시에 과학의 능력을 초월한다고 여겨진 커다란 질문은 다음의 두 가지였다. 살아 있는 것과 살아 있지 않은 세계는 무엇에 의해 구별되는가? 의식의 생물학적 본성은 무엇인가? 크릭은 우선 살아 있는 물질과 그렇지 않은 물질을 구별하는 더 쉬운 문제로 눈을 돌렸고 유전자의 본성을 탐구했다. 1953년, 그와 제임스 왓슨은 공동 연구를 한 지 불과 2년 만에 그 수수께끼를 푸는 데 공헌했다. 훗날 왓슨이 『이중나선(The Double Helix)』에서 묘사했듯이, "점심 시간에 프랜시스가 이글(식당)로 뛰어 들어오며 우리가 생명의 비밀을 발견했다고 주위의 모든 사람이 다 듣게 외쳤다." 이후 20년 동안 크릭은 유전암호를 해독하는 일을 도왔다. 그는 어떻게 DNA가 RNA를 만들고 RNA가 단백질을 만드는지 알아내는 데 기여했다.

1976년, 60세가 된 크릭은 남아 있는 과학의 수수께끼인 의식의 생물학적 본성으로 눈을 돌렸다. 그는 남은 생애 전부를 쏟아 부어 젊은 계산 신경과학자 크리스토프 코흐(Christof Koch)와 함께 그 수수께끼를 연구했다. 그는 특유의 지성과 낙관주의로 그 질문을 공략했을 뿐 아니라, 그

때까지 의식을 무시했던 과학계가 의식에 초점을 맞추게 만들었다. 그러나 거의 30년 동안 지속된 크릭의 노력에도 불구하고 그 문제는 거의 꿈쩍도 하지 않았다. 실제로 정신을 연구하는 일부 과학자들과 철학자들은 여전히 의식은 너무 불가사의해서 결코 물리적으로 설명될 수 없다고 여긴다. '어떻게 생물학적 시스템이, 생물학적 기계가 무언가를 느낄 수 있겠는가'라고 그들은 묻는다. 더구나 어떻게 생물학적 시스템이 자기 자신을 생각할 수 있는가, 하는 질문에 답한다는 것은 더욱더 가망이 없는 일이라고 그들은 생각한다.

이 질문들은 새롭지 않다. 그것들은 서양 사상에서 기원전 5세기에 히포크라테스와 아테네 아카데미를 창설한 철학자 플라톤에 의해 처음으로 제기되었다. 히포크라테스는 미신을 물리친 최초의 의사였고, 임상 관찰에 기초하여 사상을 전개했으며, 모든 정신 과정들은 뇌에서 흘러나온다고 주장했다. 플라톤은 관찰과 실험을 배격했고, 우리 자신과 우리의 덧없는 신체에 관하여 우리가 생각할 수 있는 유일한 합리적 명제는 우리가 비물질적이며 불멸하는 영혼을 지녔다는 것이라고 믿었다. 불멸의 영혼에 대한 생각은 기독교 사상에 채택되었고 13세기에 성 토마스 아퀴나스에 의해 정교하게 다듬어졌다. 아퀴나스와 더 나중의 종교 사상가들은 영혼—의식의 원천—은 신체와 구별될 뿐 아니라 신적인 기원을 가진다고 주장했다.

17세기에 르네 데카르트는 인간이 이중적인 본성을 지녔다는 생각을 발전시켰다. 인간은 물질적인 실체로 이루어진 신체와 영혼의 영적인 본성에서 도출되는 정신을 지녔다는 생각이었다. 영혼은 신체로부터 신호들을 수용하며 신체의 활동에 영향을 끼칠 수 있지만, 영혼 그 자체는 인간에게만 고유한 비물질적인 실체로 이루어졌다고 데카르트는 주장했다. 그의 사상은 먹기와 걷기 등의 활동, 감각 지각, 욕구, 정념(passion), 심지어 단순한 형태의 학습은 뇌에 의해 매개되고 과학적으로 연구될 수 있지만, 정신은 신성하며 그런 한에서 과학이 다룰 만한 적절한 주제가 아니라는 견해로 이어졌다.

놀랍게도 이 17세기의 사상은 1980년대에도 여전히 성행했다. 빈 태생의 과학철학자 카를 포퍼와 노벨상을 수상한 신경생물학자 존 에클스는 평생 동안 이원론을 신봉했다. 그들은 아퀴나스의 편에 서서 영혼은 불멸하며 뇌로부터 독립적이라고 생각했다. 영국의 과학철학자 길버트 라일은 영혼을 '기계 속의 정령(the ghost in the machine)'으로 칭했다.

오늘날 정신을 연구하는 대부분의 철학자들은 우리가 의식이라 부르는 것이 물리적인 뇌에서 비롯된다는 것에 동의하지만, 몇몇은 의식을 과학적으로 탐구할 수 있는지 여부에 대하여 크릭과 다른 견해를 표명한다. 콜린 맥긴(Colin McGinn)을 비롯한 소수의 철학자들은 뇌의 구조가 인간의 인지능력에 한계를 설정하기 때문에 의식은 결코 연구될 수 없다고 믿는다. 맥긴의 견해에 따르면, 인간의 정신은 특정 문제들을 풀 능력이 단적으로 없을 수 있다. 반대쪽 극단에 있는 대니얼 데닛(Daniel Dennett) 같은 철학자는 의식 연구가 문제시된다는 것 자체를 부정한다. 데닛은 한 세기 전의 신경학자 존 휼링스 잭슨처럼 의식은 뇌가 지닌 별개의 작용이 아니라고 주장한다. 오히려 의식은 정보처리의 나중 단계에 관여하는 고등한 뇌 영역들의 계산 작업이 종합된 결과라는 것이다.

마지막으로 존 설(John Searle)과 토머스 네이글(Thomas Nagel) 등의 철학자들은 중도적인 입장을 취하여 의식은 별개의 생물학적 과정들의 집합이라고 주장한다. 그 과정들은 분석될 수 있지만 매우 복잡하며 구조적으로 그 부분들의 총합 이상의 어떤 것이기 때문에, 그것들을 이해하는 데 있어서 우리는 거의 전진하지 못했다. 그러므로 의식은 우리가 이해하는 뇌의 그 어떤 속성보다 훨씬 더 복잡하다고 그들은 생각한다.

설과 네이글은 의식적인 상태에 두 가지 특성을 귀속시킨다. 그 특성은 통일성(unity)과 주관성(subjectivity)이다. 의식이 통일성을 가진다는 말은 우리의 경험들이 우리에게 통일된 전체로 다가온다는 사실을 가리킨다. 모든 다양한 감각 양태들은 단일하고 정합적이며 의식적인 경험으로 융합된다. 예컨대 내가 리버데일에 있는 내 집 근처의 웨이브 힐 식물원에서 장미덤불에 다가갈 때, 나는 장미꽃의 절묘한 향기를 맡음과 동시에 장미꽃의 아름다운 빨간색을 본다. 그리고 나는 허드슨 강과 그 너머 팰리세이드 산의 절벽을 배경으로 그 장미 덤불을 지각한다. 나의 지각은 내가 그것을 경험하는 순간에 하나의 전체일 뿐 아니라 몇 주 후에 내가 회상에 잠겨 그 순간을 되살릴 때에도 하나의 전체다. 후각과 시각을 위한 기관이 서로 다르며 각각이 고유한 개별적 경로를 사용한다는 사실에도 불구하고, 후각과 시각은 뇌 속에서 수렴하고 나의 지각은 통일된다.

의식의 통일성은 난해한 문제이지만, 도저히 감당할 수 없는 문제인 것 같지는 않다. 이 통일성은 깨질 수 있다. 두 대뇌반구 사이의 연결을 끊는 수술을 받은 환자는 두 개의 의식적인 정신을 가지며, 이때 그 정신 각각은 고유한 통일된 지각을 가진다.

의식의 두 번째 특성인 주관성은 과학적으로 다루기가 더 까다로운 문제다. 우리 각자는 개인적이며 유일무이한 감각들로 이루어진 세계를 경험하며, 그 세계는 우리에게 타인들의 경험보다 훨씬 더 실재적이다. 우리 각자는 자신의 관념과 기분과 감각을 직접 경험하는 반면, 타인의 경험은 관찰하거나 경청함으로써 간접적으로만 헤아릴 수 있다. 그러므로 우리는, 당신이 보는 파란색과 당신이 냄새 맡는 재스민에 대한 당신의 반응—그것들이 당신에 대하여 갖는 의미—은 내가 보는 파란색과 내가 냄새 맡는 재스민과 그것들이 나에 대하여 갖는 의미와 동일한가, 하고 물을 수 있다.

이 질문은 고립된 감각 그 자체(perception per se)에 관한 것이 아니다. 우리 각자가 동일한 파란색의 매우 유사한 색조를 보는지 여부가 문제가 아니다. 이 문제는 여러 개인의 시각 시스템에 있는 단일 신경세포들의 신호를 측정함으로써 비교적 쉽게 판정할 수 있다. 뇌가 대상에 대한 우리의 지각을 재구성한다는 것은 물론 사실이다. 그러나 지각된 대상 — 파란색이나 피아노의 가온음 — 은 반사된 빛의 파장이나 울려 퍼진 소리의 진동수와 같은 물리적 속성들에 부합하는 것처럼 보인다. 오히려 문제는 그 파란색과 그 음이 우리 각자에 대하여 갖는 의미다. 우리가 이해하지 못하는 것은 어떻게 뉴런의 전기 활동이 그 색과 그 소리에 우리가 부여하는 의미를 발생시키는가 하는 것이다. 의식적 경험이 개인 각자에게 유일무이하다는 사실은 모든 사람이 공유한 의식의 특성을 객관적으로 확정하는 것이 과연 가능할까, 하는 질문을 야기한다. 이 질문을 던지는 사람들의 논증은, 만일 궁극적으로 감각들이 완벽하게 개인에게 속하는 주관적 경험을 산출한다면, 개인적인 경험에 기초하여 의식을 일반적으로 정의하는 것은 불가능하다는 주장으로 이어진다.

네이글과 설은 의식의 주관성을 물리적으로 설명하는 일의 어려움을 다음과 같이 예증한다. 연구 대상이 된 개인이 의식적인 주의 집중을 요구하는 어떤 과제를 수행하고 있는 동안에, 그 사람의 뇌 속에서 의식에 중요하다고 밝혀진 한 영역의 뉴런들의 전기 활동을 기록하는 데 성공했다고 가정해 보자. 예컨대 내가 웨이브 힐에서 장미꽃의 빨간 이미지를 보고 의식할 때 점화하는 세포들을 우리가 확인했다고 해보자. 그렇다면 우리는 의식 연구의 첫걸음을 내디뎠다. 다시 말해 우리는 크릭과 코흐가 의식의 신경 상관물(neural correlate)이라고 부른 것을 이 하나의 지각과 관련하여 발견했다. 우리 대부분이 보기에 이는 커다란 진보일 것이다. 왜냐하면 이 발견은 의식적 지각의 물질적 수반항(concomitant)을 명확히 지적하기 때문이다. 이를 발판으로 삼아 우리는 그 상관물들 역시 정합적인 전체로, 허드슨 강과 팰리세이드 산으로 이루어진 배경으로 융합되는지 여부를 확인하는 실험을 수행할 수 있을 것이다. 그러나 네이글과 설이 보기에 이것은 의식에 관한 쉬운 질문에 불과하다. 어려운 질문은 두 번째 신비, 즉 주관적 경험의 신비다.

내가 장미의 빨간 이미지에 대하여 독특한 나의 느낌을 가지고서 반응하는 것은 어떻게 된 일인가? 다른 예를 들어 보자. 어머니가 자식을 바라볼 때 느끼는 감정을, 그리고 그 감정과 자식의 이미지를 회상하는 어머니의 능력을, 안면 인지에 관여하는 그녀의 피질 영역에서 일어나는 세포들의 점화를 가지고 설명할 수 있다고 믿을 근거가 무엇인가?

어떻게 특정 뉴런들의 점화가 의식적 지각의 주관적 요소로 이어지는지에 대하여 우리는 가장 단순한 사례에 대해서조차 아직 아는 바가 없다. 심지어 설과 네이글에 따르면, 우리는 어떻게 뇌 속 전기신호와 같은 객관적 현상이 고통과 같은 주관적 경험을 일으키는가에 대한 적절한 이론을 가지고 있지 않다. 그리고 우리가 지금 하는 과학은 복잡한 사건들에 대한 환원주의적·분석적 이해이고 의식은 환원 불가능하게 주관적이므로, 방금 언급한 적절한 이론은 현재 우리의 한계 바깥에 있다.

네이글에 따르면 과학은 방법론을 크게 바꾸지 않는 한, 주관적 경험의 원리들을 확인하고 분석하는 것을 가능케 하는 방법론적 변화가 없는 한, 의식을 감당할 수 없다. 그 원리들은 뇌 기능의 기초 요소들이지만 우리가 아직 상상하지 못하는 형태로 존재할 가능성이 높다. 마치 원자와 분자가 물질의 기초 요소인 것처럼 말이다. 과학에서 일상적으로 행하는 환원은 문제될 것이 없다고 네이글은 주장한다. 생물학은 어떻게 특정 유형의 물질이 지닌 속성들이 그 물질을 이루는 분자들의 객관적 속성에서 비롯되는지 쉽게 설명할 수 있다. 과학이 갖고 있지 않은 것은 어떻게 객체들(서로 연결된 신경세포들)의 속성에서 주관적 속성들(의식)이 비롯되는가를 설명하는 규칙들이다.

우리가 주관적 경험의 원리들을 전혀 통찰하지 못하고 있다 하더라도, 우리가 의식의 신경 상관물들을 발견하고 의식적 현상을 뇌 속의 세포적 과정과 연결하는 규칙들을 발견할 가능성을 배제하지는 말아야 한다고 네이글은 주장한다. 사실, 우리는 오직 그런 정보들을 축적함으로써만 주관적인 것을 물리적이고 객관적인 것으로 환원하는 일에 대하여 생각할 자격을 갖출 수 있을 것이다. 그러나 이 환원을 뒷받침하는 이론에 도달하려면, 먼저 주관적 의식의 원리들을 발견해야 할 것이다. 이 발견은 그 중요성과 함축이 어마어마할 것이며 생물학의 혁명을 요구할 것이라고, 더 나아가 과학적 사고의 전면적인 탈바꿈을 요구할 가능성이 매우 높다고 네이글은 말한다.

의식을 연구하는 신경과학자들 대부분의 목표는 이 웅대한 시각이 함축할 만한 것들보다 훨씬 더 보잘것없다. 그들은 의도적으로 과학적 사고의 혁명을 향하여, 혹은 그 혁명을 예견하며 연구하지 않는다. 그들은 의식적 현상을 실험적으로 정의하는 어려운 과제를 놓고 씨름해야 하지만, 그 어려움이 기존 패러다임하에서의 실험적 연구 전체를 무용지물로 만든다고 보지 않는다. 신경과학자들과 그들에게 동조하는 사람 중 한 명인 설은, 우리가 개인의 경험을 설명하지 않고서도 지각과 기억의 신경생물학을 이해하는 데 상당한 진보를 이루어 왔다고 믿는다. 예컨대 인지신경과학자들은 우리 각자가 동일한 파란색에 어떻게 반응하는가 하는 질문을 다루지 않으면서도 파란색 지각의 신경학적 토대를 이해하는 데 진보를 이루었다.

우리가 이해하지 못하고 있는 것은 어려운 의식 문제, 즉 '어떻게 신경 활동에서 주관적 경험이 비롯되는가'라는 수수께끼다. 크릭과 코흐는 우리가 쉬운 의식 문제, 즉 의식의 통일성 문제를 해결하고 나면 신경 시스템들을 실험적으로 조작하여 어려운 의식 문제를 풀 수 있을 것이라고 주장했다.

의식의 통일성 문제는 시각 연구에서 처음 제기된 결합 문제의 변형이다. 웨이브 힐 식물원에서 내가 주관적 기쁨을 경험할 수 있었던 것은, 내가 지각한 장미의 모습과 냄새가 서로 결합되고, 더 나아가 내가 본 허드슨 강과 팰리세이드 산의 광경과 기타 내 지각을 이룬 다른 모든 이미지들과 통일되었기 때문이다. 내 주관적 경험을 이룬 이 요소들 각각은 내 시각 시스템과 후각 시스템과 감정 시스템 내의 다양한 뇌 영역들에 의해 매개된다. 내 의식적 경험의 통일성은 어떤 식으로든 결합 과정이 일어나 그 별개의 뇌 영역들 전부를 연결하고 통합해야 한다는 것을 함축한다.

쉬운 의식 문제를 풀기 위한 첫걸음으로 우리는 의식의 통일성—선택적 주의 집중을 매개하는 신경 시스템들에 의해 성취된다고 여겨지는 통일성—의 신경 상관물들이 하나나 소수의 위치에 국한되어 우리가 그 위치들을 생물학적으로 조작하는 것이 가능할까 하는 질문을 던질 필요가 있다. 이 질문에 대한 대답은 전혀 명확하지 않다. 뇌와 의식에 관한 선도적인 이론가인 제럴드 에들먼(Gerald Edelman)은 의식의 통일성을 위한 신경 메커니즘이 피질과 시상 전체에 폭넓게 분산되어 있을 가능성이 높다는 것을 설득력 있게 논증했다. 따라서 우리가 단순한 신경 상관물들의 집합을 통해 의식을 발견할 가능성은 낮다고 에들먼은 단언한다. 다른 한편, 크릭과 코흐는 의식의 통일성이 직접적인 신경 상관물들을 가질 것이라고 믿는다. 왜냐하면 그 상관물들에는 특수한 분자적 혹은 신경해부학적 특징을 가진 특수한 뉴런 집합이 포함될 가능성이 아주 높기 때문이라는 것이다. 그 신경 상관물들은 아마도 탐조등으로, 즉 주의 집중의 스포트라이트로 기능하는 작은 뉴런 집단만 필요로 할 것이라고 그들은 주장한다. 그들에 따르면, 첫 번째 과제는, 의식적 경험의 통일성과 가장 잘 상관된(correlate) 활동을 하는 작은 뉴런 집단을 뇌 속에서 찾고 그 집단이 속한 신경 회로를 알아내는 것이다.

우리는 의식의 통일성을 매개하는 그 작은 신경세포 집단을 어떻게 찾아낼 수 있을까? 그 집단은 어떤 조건들을 충족시켜야 할까? 크릭과 코흐의 마지막 논문(크릭은 2004년 7월 28일 사망을 몇 시간 앞두고 병원으로 이동하는 동안에도 그 논문을 수정하고 있었다)에서 저자들은 대뇌피질 밑에 위치한 뇌 조직의 층인 전장(claustrum)을 경험의 통일성을 매개하는 부위로 보고 거기에 집중했다. 전장에 대해서는 그곳이 피질의 거의 모든 감각 및 운동 영역들뿐 아니라 감정에 중요한 역할을 하는 편도와도 연결되어 정보를 주고받는 것이 알려져 있을 뿐, 그 외에는 알려져 있는 바가 거의 없다. 크릭과 코흐는 전장을 교향악단의 지휘자에 비유한다. 실제로 전장의 신경해부학적 연결 상태는 지휘자의 조건을 충족시킨다. 즉,

전장은 의식의 통일성을 위해 필요한 다양한 뇌 영역들을 결합하고 통합한다.

생의 마지막에 크릭을 사로잡은 아이디어—전장은 주의 집중의 스포트라이트이며 지각의 다양한 요소들을 결합하는 장소라는 생각—는 그가 전개한 중요한 생각들의 마지막 단계다. 크릭의 엄청난 생물학적 공헌(DNA의 이중나선 구조와 유전암호의 본성 규명, 전령RNA 발견, 전령RNA를 단백질의 아미노산 서열로 번역하는 메커니즘 발견, 의식에 대한 생물학의 정통성 회복)은 그를 코페르니쿠스, 뉴턴, 다윈, 아인슈타인과 어깨를 나란히 하게 만든다. 그러나 평생에 걸쳐 과학과 정신의 삶을 집요하게 파고든 것은 크릭만이 아니다. 과학계의 수많은 사람들도 그와 다름없이 문제에 강박적으로 매달린다. 그리고 그 강박은 과학을 가장 잘 대변하는 상징이다. 크릭의 친구이자 동료인 인지심리학자 빌라야누르 라마찬드란(Vilayanur Ramachandran)은 크릭이 최후의 몇 주 동안 전장에 집중한 것에 관하여 이렇게 썼다.

> 그가 사망하기 3주 전에 나는 라호야에 있는 그의 집을 방문했다. 그는 88세였고 말기 암환자였고 통증을 느꼈고 화학요법을 받고 있었다. 그럼에도 그는 최후의 프로젝트를 쉼 없이 밀어붙이고 있었던 것이 분명하다. 그가 쓰는 아주 큰 책상—방의 절반을 차지했다—은 논문과 편지, 봉투, 〈네이처〉 최근호들, (그는 컴퓨터를 싫어했음에도 불구하고) 개인용 컴퓨터, 최신 신경해부학 서적들로 덮여 있었다. 내가 그곳에 머문 두 시간 내내 그의 병에 관한 대화는 이루어지지 않았다. 오로지 의식의 신경학적 토대에 관한 아이디어들만 난무했다. 그는 전장이라는 작은 구조물에 특별한 관심을 갖고 있었고, 그 부위가 주류 학자들에 의해 대체로 무시되었다고 느꼈다. 내가 떠날 때 그는 말했다. "라마, 난 말이야, 의식의 비밀이 전장에 있다고 생각해, 자네 생각은 어떤가? 그렇지 않다면 왜 그 작은 구조물이 그토록 많은 뇌 영역들과 연결되어

있겠나?" 그러면서 내게 음모자들에게나 어울릴 법한 교활한 윙크를 보냈다. 그것이 내가 본 그의 마지막 모습이었다.

전장에 관해서는 알려진 바가 거의 없으므로, 크릭은 그 부위의 기능을 집중적으로 연구하는 모임을 창설하려 했다. 특히 그는 주어진 자극에 대한 감각기관들의 무의식적·잠재의식적 지각이 의식적 지각으로 전환될 때 전장이 커지는지 여부를 알아내려고 했다.

크릭과 코흐의 관심을 사로잡은 스위칭(switching, 전환)의 한 예는 양안 경쟁(binocular rivalry)이다. 양안 경쟁을 일으키려면, 두 가지 이미지—예컨대 수직 줄무늬와 수평 줄무늬—를 한 사람에게 동시에 제공하되, 각각의 눈이 한 가지 이미지만 보도록 제공하면 된다. 그렇게 이미지를 제공받은 사람은 두 이미지를 조합하여 격자무늬가 보인다고 보고할 수도 있지만, 더 흔한 경우에는 먼저 한 이미지를 보고 그다음에 다른 이미지를 보는 식으로, 자발적으로 수직 줄무늬와 수평 줄무늬를 교대로 볼 것이다.

런던 유니버시티 칼리지의 에릭 러머(Eric Lumer)와 동료들은 사람의 의식적 주의 집중이 한 이미지에서 다른 이미지로 전환될 때 활동하는 뇌 영역이 전두엽피질과 두정엽피질이라는 것을 자기공명영상으로 확인했다. 이 두 영역은 공간 속 대상에 의식적 관심을 집중하는 데 특별한 역할을 한다. 다른 한편 전전두엽과 두정엽 뒷부분은 어떤 이미지가 시각 시스템으로 올라가 의식에 들어오는가에 대한 결정을 중계하는 것처럼 보인다. 실제로 전전두엽피질에 손상을 입은 사람들은 양안 경쟁 상황에서 한 이미지에서 다른 이미지로의 전환에 어려움을 겪는다. 이 같은 발견에 대응하여 크릭과 코흐는 전장이 주의 집중을 한 눈에서 다른 눈으로 전환하고 각각의 눈이 의식에 제공한 이미지를 통일하는데, 그 전장에 의해 전두엽과 두정엽의 피질 영역들이 동원된다고 주장할 수도 있을 것이다.

이 논증들이 명백히 보여 주듯이, 의식은 여전히 어마어마한 문제다.

그러나 한편으로 에들먼의 노력과 다른 한편으로 크릭과 코흐의 노력은 우리에게 구체적이며 검증 가능한 두 가지 이론을 안겨 주었다. 그 이론들은 탐구해 볼 가치가 있다.

정신분석에 관심을 가진 사람으로서 나는 동일한 자극에 대한 무의식적 지각과 의식적 지각을 비교한다는 크릭-코흐 패러다임을 더 발전시키고자 했다. 나는 어떻게 시각 지각에 감정이 부여되는지 알아내고 싶었다. 단순한 시각 지각과 달리 감정이 실린 시각 지각은 개인차가 날 가능성이 높다. 그러므로 무의식적·감정적 지각이 어디에서 어떻게 처리되는가 하는 질문이 제기된다.

과감하고 창조적인 의과학 협동 과정 학생 애미트 에트킨(Amit Etkin)과 나는 컬럼비아 대학의 뇌 영상화 전문가 조이 허시(Joy Hirsch)와 함께 감정적 자극에 대한 무의식적 지각과 의식적 지각을 연구했다. 우리의 접근법은 크릭과 코흐가 인지 영역에 썼던 것을 감정 영역에 적용한 것이

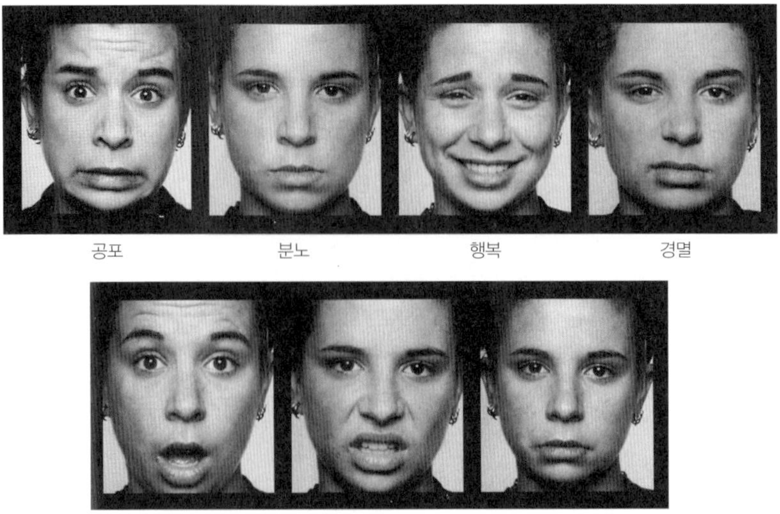

28-1 에크먼의 일곱 가지 보편적 얼굴 표정(폴 에크먼 제공).

라 할 수 있다. 우리는 정상적인 사람들이 명백히 중립적인 표정을 지은 사람의 사진과 공포의 표정을 지은 사람의 사진에 의식적·무의식적으로 어떻게 반응하는지 탐구했다. 사진은 샌프란시스코 소재 캘리포니아 대학의 피터 에크먼(Peter Ekman)에게서 얻었다.

10만 개 이상의 인간 표정의 목록을 작성한 에크먼은, 과거에 찰스 다윈이 증명했듯이, 일곱 가지 얼굴 표정 — 행복, 공포, 역겨움, 경멸, 분노, 놀람, 슬픔 — 에 대한 의식적 지각은 성별이나 문화에 상관없이 모든 사람에게 거의 동일한 의미를 갖는다는 것을 보여 줄 수 있었다(그림 28-1). 따라서 우리는 공포의 표정을 지은 얼굴들은 우리가 연구한 젊고 건강한 의과대학 재학생 및 졸업생 지원자들로부터 유사한 반응을 이끌어 내야 한다고 논증했다. 지원자들이 그 자극을 의식적으로 지각하건 무의식적으로 지각하건 간에 상관없이 말이다. 우리는 지원자들이 어떤 유형의 표정을 보았는지 보고할 수 없을 정도로 신속하게 얼굴 사진을 보였다 가리는 방법으로 무의식적 지각을 산출했다. 심지어 지원자들은 얼굴 사진을 보았다는 것조차 확신할 수 없었다.

정상인들조차 위협에 대한 민감도에 개인차가 있으므로, 우리는 모든 지원자들에게 설문지를 돌려 평소에 겁이 얼마나 많은지를, 즉 배경 불안(background anxiety)의 정도를 조사했다. 대부분의 사람들이 새로운 상황에서 느끼는 일시적 불안과 달리 배경 불안은 지속하는 기본 성향(baseline trait)을 반영한다.

우리가 지원자들에게 공포의 표정을 지은 사진들을 보여 주었을 때, 예상대로 우리는 편도에서 두드러진 활동을 발견했다. 편도는 뇌 깊숙이 위치하여 공포를 매개하는 구조물이다. 놀라운 것은 의식적 자극과 무의식적 자극이 편도의 서로 다른 영역에 영향을 끼친다는 점이었다. 또 그 영역들이 얼마나 다른가는 사람마다 각자의 기본 불안이 어느 정도인가에 따라 달랐다.

공포에 찬 얼굴에 대한 무의식적 지각은 기저측핵(basolateral nucleus)

을 활성화했다. 생쥐에서와 마찬가지로 사람에서 편도의 일부인 이 영역은 입력되는 감각 정보의 대부분을 수용하며 편도가 피질과 소통할 때 쓰는 주요 수단이다. 공포 표정에 대한 무의식적 지각에 의해 기저측핵이 활성화되는 정도는 지원자의 배경 불안에 정비례했다. 지원자의 배경 불안의 정도가 높을수록 반응이 컸다. 반면에 배경 불안이 낮은 사람들은 전혀 반응을 보이지 않았다. 반면에 공포에 찬 얼굴에 대한 의식적 지각은 편도의 등 쪽 구역을 활성화했다. 그 영역은 중핵(central nucleus)을 포함한다. 또 그 활성화 정도는 개인의 배경 불안과 무관했다. 편도의 중핵은 자율신경계의 일부인—각성과 방어 반응에 관여하는—뇌 영역들에 정보를 보낸다. 요약하자면, 무의식적으로 지각된 위협은 배경 불안이 높은 사람들에게서 과도한 반응을 일으킨 반면, 의식적으로 지각된 위협은 모든 지원자에게서 '싸움 혹은 도주' 반응을 일으켰다.

우리는 또한 공포에 찬 얼굴에 대한 무의식적 지각과 의식적 지각이 편도 외부에서 서로 다른 신경 연결망들을 활성화한다는 것을 발견했다. 이번에도 무의식적으로 지각된 위협에 의해 활성화되는 연결망들은 겁이 많은 지원자들에서만 활성화되었다. 또한 놀랍게도, 무의식적 지각조차도 대뇌피질에 속한 영역들의 활성화를 동반했다.

따라서 위협적인 자극에 대한 시각 지각은 서로 다른 두 가지 뇌 시스템을 활성화한다. 한 시스템은 의식적이며 아마도 하향식인 주의 집중을 포함하는 반면, 다른 시스템은 무의식적이며 상향식인 주의 집중, 혹은 경계심을 포함한다. 이는 군소와 생쥐에서 두드러짐 신호가 외현기억과 암묵기억에서 서로 다르게 작용하는 것과 유사하다.

이것은 멋진 결과다. 첫째, 이 결과는 지각의 영역과 마찬가지로 감정의 영역에서도 자극은 무의식적으로 지각될 수도 있고 의식적으로 지각될 수도 있음을 보여 준다. 또한 지각에서 별개의 뇌 영역들이 자극의 의식적 자각과 무의식적 자각에 상관된다는 크릭과 코흐의 생각을 뒷받침한다. 둘째, 이 결과는 무의식적 감정의 중요성에 대한 정신분석학의 견해를 생물학적으로 입증한다. 자극이 의식적으로 지각될 때보다 상상으로 남을 때 불안이 뇌 속에서 가장 극적인 효과를 발휘한다는 것을 우리의 연구는 입증한다. 공포에 찬 얼굴의 이미지를 의식적으로 대면하고 나면, 겁이 많은 사람들조차도 그것이 참된 위협인지 여부를 정확하게 평가할 수 있다.

프로이트가 정신병은 무의식적 수준에서 일어나는 분쟁에서 비롯되며 그 분쟁의 원천을 의식적으로 대면하면 정신병을 완화할 수 있다고 주장한 지 한 세기 뒤에 이루어진 우리의 뇌 영상화 연구는 그 분쟁 과정이 뇌 속에서 매개되는 방식을 시사한다. 더 나아가 지원자의 배경 불안과 무의식적 신경 과정 사이의 상관성에 대한 발견은 무의식적 정신 과정들은 뇌의 정보처리 시스템의 일부라는 프로이트적인 생각을 생물학적으로 입증한다. 프로이트의 사상이 100년 넘게 존속하는 동안, 어떻게 사람들이 무의식적으로 감정을 처리하는 방식에서 사람들의 행동과 세계 해석의 차이가 비롯되는가를 설명하기 위한 뇌 영상화 연구는 우리의 연구 이전에 없었다. 무의식적 공포 지각이 편도의 기저측핵을 개인의 기본 불안에 비례하는 정도로 활성화한다는 발견은 불안 상태의 진단을 위한, 그리고 다양한 약과 정신 치료의 효율성 평가를 위한 생물학적 지표를 제공한다.

신경 회로의 활동과 무의식적·의식적 위협 지각 사이의 상관성을 인식했다는 것은 공포라는 감정의 신경 상관물을 규명하는 일을 시작했다는 것을 의미한다. 그 상관성에 대한 기술은 의식적으로 지각된 공포에 대한 과학적 설명으로 우리를 이끌지도 모른다. 어떻게 신경적 사건들이 우리 의식에 들어오는 정신적 사건들을 일으키는가에 대한 근사적인 설명을 제공할지도 모른다. 이처럼 내가 정신분석을 버리고 정신의 생물학을 선택한 지 반세기가 지난 지금, 새로운 정신의 생물학은 의식과 정신분석에게 핵심적으로 중요한 몇 가지 주제들을 공략할 준비를 갖춰 가고 있다.

그런 주제들 중 하나는 자유의지의 본성이다. 프로이트가 발견한 심리적 결정성—우리의 인지적·감정적 삶의 대부분은 무의식적이라는 사실—을 생각할 때, 개인적인 선택은, 행동의 자유는 어떻게 되는가?

샌프란시스코 소재 캘리포니아 대학의 벤저민 리벳(Benjamin Libet)은 1983년에 이 질문과 관련된 결정적인 실험을 했다. 그는 독일 신경과학자 한스 코른후버(Hans Kornhuber)의 발견을 출발점으로 삼았다. 코른후버는 실험에서 지원자들에게 오른손 검지를 움직이라고 요청했다. 그런 다음에 그는 이 자발적인 운동을 미세변형측정계(strain gauge)로 측정함과 동시에 뇌의 전기 활동을 두개골에 설치한 전극으로 측정했다. 수백 회의 시도 끝에 코른후버는 매번 운동에 앞서 뇌에서 순간적인 전위가 발생한다는 것을 발견했다. 그것은 말하자면 자유의지의 스파크인 셈이다! 그는 그 전위를 '준비전위(readiness potential)'로 명명했고, 그것이 자발적 운동보다 1초 먼저 발생한다는 것을 발견했다.

리벳은 코른후버의 뒤를 이어 지원자들에게 스스로 그러고 싶은 욕구를 느낄 때마다 손가락을 들라고 요청했다. 그는 지원자의 두개골에 전극을 설치했고, 지원자가 손가락을 들기 1초 전 즈음에 준비전위가 발생한다는 것을 입증했다. 그다음에 그는 지원자가 운동을 마음먹는 데 드는 시간과 준비전위가 발생하는 순간을 비교했다. 놀랍게도 리벳은 지원자가 손가락을 움직이고 싶은 욕구를 느낀 다음에 준비전위가 발생하는 것이 아니라, 그 느낌보다 200밀리세컨드 먼저 준비전위가 발생한다는 것을 발견했다. 따라서 단지 뇌의 전기 활동을 관찰하는 것만으로 리벳은 지원자가 어떤 행동을 하겠다는 결정을 실제로 자각하는 것보다 더 먼저 그가 무슨 행동을 할지 예견할 수 있었다.

이 발견은 정신을 연구하는 철학자들을 다음의 질문으로 이끌었다. 만일 우리가 행동하기로 결정하기 전에 뇌에서 선택이 내려진다면, 자유의지는 어디에 있는가? 우리가 우리 자신의 운동을 의지(will)했다고 느끼는 것은 단지 착각이며 일어난 일에 대한 사후 정당화인가? 그게 아니라면, 선택은 자유롭게 내려지지만, 의식적으로 내려지지는 않는 것인가? 만일 그렇다면, 지각에서 무의식적 추론이 중요한 것과 마찬가지로, 행동 선택

과정은 무의식적 추론의 중요성을 반영할지도 모른다. 리벳은 자발적 행위를 시작하는 과정은 뇌의 무의식적 부분에서 일어나지만, 행위가 시작되기 직전에 의식이 동원되어 행위를 인가하거나 거부한다고 주장한다. 손가락이 들리기 200밀리세컨드 전에 의식은 손가락을 움직일지 말지를 결정한다는 것이다.

결정과 자각 사이에 시차가 존재하는 이유가 무엇이든 간에, 리벳의 발견은 도덕적 질문도 야기한다. 의식적 자각 없이 내려진 결정에 대하여 도덕적 책임을 물을 수 있는가? 심리학자 리처드 그레고리(Richard Gregory)와 빌라야누르 라마찬드란은 도덕적 책임을 둘러싼 논쟁에 확고한 한계선을 그었다. 그들은 "우리의 의식적 정신은 의지할 자유는 갖지 않을지도 모르나, 의지하지 않을 자유는 가진다"고 지적한다. 인지신경과학의 선구자 중 하나이며 미국 생명윤리위원회 위원인 마이클 가자니가(Michael Gazzaniga)는 "뇌는 자동적이지만, 사람은 자유롭다"라고 덧붙였다. 우리는 뇌 속의 신경 회로 몇 개를 들여다보는 것만으로 신경 활동 전체를 추론할 수 없다.

6막;

진정으로 빈을 사랑하는 사람은 빌려 온 기억으로 산다. 달콤쌉싸름한 향수의 그늘 속에서 그는 자신이 안 적이 없는 것들을 회상한다. …… 결코 존재한 적이 없는 빈은 역사상 가장 웅대한 도시다.

— 오손 웰스, 『빈(Vienna)』(1968)

29.

스톡홀름을 거쳐 빈을 다시 만나다

2000년 10월 9일 속죄일, 나는 새벽 5시 15분에 울린 전화벨 소리에 잠을 깼다. 전화기가 데니스 쪽에 있었기 때문에 그녀가 전화를 받았고, 곧 내 옆구리를 찔렀다.

"에릭, 스톡홀름에서 온 전화야. 당신 게 틀림없어. 내 전화가 아니라구!"

전화를 건 사람은 노벨 재단의 사무총장 한스 요른발(Hans Jörnvall)이었다. 내가 신경계에서의 신호 변환에 관한 연구의 공로로 노벨 생리의학상을 받았으며, 아비드 칼슨과 내 평생의 친구 폴 그린가드가 공동 수상자라는 그의 말을 나는 잠자코 들었다. 꿈속의 대화처럼 느껴졌다.

스톡홀름의 노벨상 심사는 아마도 세상에서 가장 보안이 철저한 수상자 선정 과정임이 틀림없다. 누설은 사실상 전혀 존재하지 않는다. 따라서 매년 10월에 누가 상을 받을지 미리 아는 것은 거의 불가능하다. 그럼에도 노벨상을 받는다는 사실 자체에 화들짝 놀라는 수상자는 극소수다. 자격이 있는 사람들은 대부분 자신이 물망에 올랐다는 것을 느낀다. 동료들이 그렇게 이야기하기 때문이다. 게다가 카롤린스카 연구소는 세계 최고의 생물학자들을 스톡홀름에 모으려는 의도로 심포지엄을 정기적으로 개최한다. 나는 그 세미나에 참석하고 돌아온 후 몇 주 만에 요른발의 전화를 받았다. 그럼에도 나는 그 전화를 기대하지 않았었다. 노벨상을 받을 자격이 있다고 이야기되는 많은 저명 후보자들이 수상자가 되지 못하고 내가 인정을 받을 가능성은 낮다고 생각했다.

믿기지 않는 상태에서 나는 고맙다는 말밖에 하지 못했다. 요른발은 아침 여섯시에 언론이 통보를 받을 때까지 아무에게도 전화하지 말라고 했다. 그다음에는 마음대로 전화해도 좋다고 했다.

데니스는 걱정을 하고 있었다. 내가 끝나지 않을 듯 긴 시간 동안 귀에 송수화기를 대고 꿀 먹은 벙어리마냥 누워 있었기 때문이다. 그녀는 그 무소통 상태를 나와 연결할 수 없었고, 따라서 내가 어떤 소식에 감정적으로 압도되었다고 추측하며 불안해했다. 내가 전화를 끊고 방금 들은 소식을 알려 주자, 그녀는 두 배로 전율하고 기뻐했다. 내가 살아 있고 건강해서 기뻤고, 내가 노벨상을 받아서 기뻤다. 그러고 나서 이렇게 말했다. "여보, 아직 이른 시간이야. 좀 더 자지 그래?"

나는 "농담하는 거야?" 하고 대꾸하며 덧붙였다. "내가 어떻게 잠들 수 있겠어?"

나는 반시간 동안 끈기 있게 기다린 다음, 모든 사람에게 전화를 걸기 시작했다. 먼저 폴과 미누슈에게 전화했다. 서부 해안에 사는 미누슈는 한밤중에 잠을 깼다. 그다음엔 폴 그린가드에게 전화해서 우리가 행운을 함께 나눈 것을 자축했다. 컬럼비아 대학의 친구들에게도 전화했다. 소식을 전하기 위해서만이 아니라 언론의 요구에 따라 오후에 개최해야 할 것으로 보이는 기자회견을 준비시키기 위해서였다. 오늘이 유대인들에게 가장 엄숙한 명절인 속죄일이라 해도, 기자회견은 열릴 것이 뻔했다.

내가 첫 통화들을 채 마치기도 전에 초인종이 울렸고, 놀랍고 기쁘게도 리버데일에 사는 이웃인 톰 제슬과 그의 아내 제인 도드와 세 딸이 포도주 한 병을 들고 문 앞에 서 있었다. 포도주 마개를 따기에는 너무 이른 시각이었지만, 그들은 가장 반가운 손님이었다. 노벨의 이상한 나라에 나타난 한 움큼의 현실이었다. 데니스는 모두 함께 아침을 먹자고 제안했고, 우리는 울리는 전화벨을 무시하고 밥을 먹었다.

온갖 곳에서 전화가 왔다. 라디오, 텔레비전, 신문, 우리의 친구들. 가장 흥미로운 것은 빈에서 걸려온 전화였다. 또 한 명의 오스트리아인 노벨상 수상자가 생겨서 오스트리아가 얼마나 기뻐하는지 내게 알려 주려는 전화였기 때문이다. 나는 지금 전화를 받는 사람은 미국인 노벨상 수상자라고 일깨워 주어야 했다. 그다음에는 오후 1시 30분에 동창회 강당에서 열리는 기자회견에 참석하라고 부탁하는 전화를 컬럼비아 대학 보도국으로부터 받았다.

기자회견장으로 가는 길에 나는 잠시 우리의 유대교회당에—속죄와 찬양을 위해—들렀고, 그다음엔 실험실에 가서 환호를 받았다. 나는 완전히 압도되었다. 모두에게 내가 얼마나 고마워하는지 말했고, 내 노벨상은 우리 모두의 공동 수상이라고 말했다.

기자회견에 수많은 동료 교수들이 참석해 과분하게도 기립 박수를 보내 주었다. 대학의 학문적 지도자들도 참석했다. 의과대학의 학장인 데이비드 허시(David Hirsh)가 나를 언론에 짧게 소개한 뒤, 나는 대학과 가족에 대한 감사의 말을 몇 마디 했다. 이어서 나는 내 연구를 아주 간략하게 설명했다. 그 후 며칠 동안 이메일과 편지와 전화가 1,000통 이상 쏟아져 들어왔다. 수십 년 동안 못 본 사람들도 소식을 보냈다. 고등학교 때 데이트를 했던 여자들이 갑자기 다시 관심을 보였다. 그 야단법석에 휩쓸리다 보니, 내가 일찍이 해놓은 약속 하나가 예기치 않은 행운으로 다가왔다. 나는 10월 17일에 이탈리아에서 파도바 대학의 존경받는 교수 마시밀리아노 알로이시(Massimiliano Aloisi)를 기리는 강연을 하기로 몇 달 전에 약속을 했었다. 이는 데니스와 내가 이 소란을 벗어날 훌륭한 기회로 보였다. 파도바는 쾌적한 곳이었으며, 조토의 장엄한 프레스코화들이 있는 스크로베니 예배당을 방문할 기회를 제공했다. 나는 또한 파도

바 방문이 내가 명예학위를 받기로 예정된 토리노 대학에서의 연설과 연결되도록 일정을 짰다.

파도바에서, 그리고 그다음에 잠시 방문한 베네치아에서 우리는 데니스가 스톡홀름 노벨상 시상식에서 입을 옷을 찾아다녔다. 결국 추천을 받아 토리노에서 여류 디자이너 아드리아네 파스트로네를 만났다. 데니스는 그녀의 디자인이 마음에 들어 드레스를 여러 벌 샀다. 나는 우리가 함께한 세월 동안 나와 내 연구를 지원한 데니스에게 깊은 사랑과 더불어 한없는 고마움을 느낀다. 그녀는 물론 컬럼비아 대학에서 유행병학을 연구하며 멋지게 직업 생활을 했지만, 내가 과학에 매달려 생긴 틈을 메우기 위해 자기 일과 여가를 희생했다는 점에 대해서는 의심의 여지가 없다.

11월 29일, 우리가 스톡홀름으로 출발하기 직전에 주미 스웨덴 대사가 일곱 명의 미국인 수상자들을 워싱턴으로 초청하여 수상자 본인들과 배우자들이 서로 사귈 기회를 마련했다. 그 방문의 백미는 클린턴 대통령의 집무실에서 열린 환영 행사였다. 대통령은 직접 행사에 참석해 경제학상 수상자와 거시경제학을 논했고, 고맙게도 나와 데니스를 비롯한 수상자 부부 각각과 사진을 찍어 주었다. 대통령 직에서 물러나기 직전이었던 클린턴은 자기 일에 대해 우호적으로 이야기했고, 자신이 사진 촬영을 위해 사람들을 세우는 일에 매우 익숙해졌기 때문에 백악관 사진사와 함께 사업을 시작해도 될 정도라는 점을 강조했다. 대통령 집무실 방문에 이어 스웨덴 대사관에서 만찬이 열렸다. 데니스와 나는 그 자리에서 타 분야 수상자들과 수다를 떨었다.

노벨상은 알프레드 노벨(Alfred Nobel)이라는 한 개인의 놀라운 식견 덕분에 생겨났다. 1833년에 스톡홀름에서 태어난 그는 아홉 살에 스웨덴을 떠난 후 잠깐씩만 그곳에 머물렀다. 그는 스웨덴어, 독일어, 영어, 프랑스어, 러시아어, 이탈리아어를 유창하게 했지만 진정한 조국은 없었다. 천재적인 발명가인 노벨은 300개가 넘는 특허품을 개발했고 평생 동안 과학에 깊은 관심을 기울였다.

그를 돈방석에 앉힌 발명품은 다이너마이트였다. 1866년에 그는 니트로글리세린 액체를 규산화된 흙의 일종인 규조토에 흡수시키면 안정적인 폭발물을 얻을 수 있다는 것을 발견했다. 그런 형태의 니트로글리세린은 막대 모양으로 가공하여 안전하게 사용할 수 있었다. 그렇게 가공하고 나면 뇌관이 있어야만 폭발시킬 수 있기 때문이었다. 다이너마이트 막대는 19세기에 예기치 못한 토목 사업과 광산업의 팽창을 위한 길을 열었다. 철도, 운하(수에즈운하도 이때 건설되었다), 항만, 도로, 교량이 비교적 쉽게 건설되었는데, 막대한 양의 흙을 움직이는 다이너마이트의 힘이 가장 큰 역할을 했다.

평생 결혼을 하지 않은 노벨은, 1896년 12월 10일에 사망하면서 3,100만 스웨덴 크로네를 유산으로 남겼다. 그것은 당시의 달러 가치로 900만 달러에 해당하는 엄청난 금액이었다. 그의 유언은 이러했다. "내가 남긴 현금화할 수 있는 재산 전부로…… 기금을 조성하여 매년 그 이자를 그 전해에 인류에게 최대의 혜택을 제공한 사람들에게 상의 형태로 나누어 주어야 한다." 이어서 노벨은 그 상이 주어질 다섯 개의 분야를 나열했다. 그것들은 물리학상, 화학상, 생리의학상, 문학상, 그리고 "국가 간 우애를 위해 최대 또는 최선의 일을 한 사람"을 위한 노벨 평화상이었다.

이렇게 명확하고 비전이 분명했음에도 불구하고 이 유언은 여러 해 동안 해결되지 않은 문제들을 야기했다. 우선 여러 파벌들이 노벨의 유산을 탐냈다. 노벨의 친척들, 몇몇 스웨덴 아카데미들, 스웨덴 정부, 그리고 가장 중요하게는 프랑스 정부가 그 파벌들이었다. 프랑스인들은 노벨의 법적 거주지는 프랑스라고 주장했다. 그는 아홉 살 이후 스웨덴을 가끔씩만 방문했고, 한 번도 그곳에 세금을 납부하지 않았으며(세금 납부는 일반적으로 국적에 대한 증명이다) 30년 가까이 프랑스에서 살았다는 주장이었다. 그러나 노벨은 프랑스 국적을 신청한 적이 전혀 없었다.

노벨의 행정 조수 겸 유언 집행자인 라그나 솔만(훗날 노벨 재단의 집행

책임자가 되어 장기적인 안목과 효율성으로 재단을 운영하게 된다)은 첫 단계로 스웨덴 정부와 연합하여 노벨이 스웨덴 사람이라는 것을 증명했다. 노벨은 스웨덴에서 유언장을 작성했고 스웨덴 사람을 유언 집행자로 임명했으며 여러 스웨덴 아카데미에 유언 조항의 이행을 맡겼으므로 그를 법적으로 스웨덴 사람으로 간주하는 것이 마땅하다는 논리였다. 1897년에 스웨덴 정부는 법무장관에게 노벨의 유언을 스웨덴의 사법권하에서 지키라는 공식적인 지시를 내렸다.

그러나 문제의 한 부분이 해결된 것에 불과했다. 아직 스웨덴 아카데미들의 망설임이 남아 있었다. 시상을 위해서는 식견이 있는 추천자와 번역자와 조언자와 평가자가 필요할 텐데 노벨의 유언은 이를 위한 비용을 책정하지 않았다고 스웨덴 아카데미들은 지적했다. 결국 솔만은 각각의 위원회에 위원들과 조언자들을 위한 사례금과 비용 명목으로 상금의 일부를 떼어 주는 법이 통과되게 만들었다. 위원들에게 주어지는 보수는 교수 연봉의 3분의 1 정도에 해당했다.

최초의 노벨상은 1901년 12월 10일, 노벨의 사망 5주기 기념일에 시상되었다. 솔만은 노벨의 유산을 지혜롭게 투자했다. 이때 이미 노벨 기금은 39억 스웨덴 크로네, 즉 10억 달러 남짓으로 불어나 있었다. 각각의 상에 주어지는 상금은 900만 스웨덴 크로네였다. 과학과 문학 분야의 상은 스톡홀름에서 열린 시상식에서 주어졌다. 이때 이후 노벨상 시상식은 제1차 세계대전과 제2차 세계대전 기간만 제외하고 매년 같은 날에 스톡홀름에서 거행되어 왔다.

데니스와 내가 12월 2일에 스칸디나비아 항공 탑승 수속 창구에 도착했을 때, 우리 앞에는 레드카펫이 깔려 있었다. 스톡홀름에 도착했을 때에도 마찬가지였다. 요른발 교수가 우리를 마중 나와 체류 기간 동안 우리가 사용할 리무진과 운전사를 배당해 주었다. 스웨덴 외무부 직원 이레네 카츠만은 우리를 위해 행정 처리를 맡아 주었다. 스톡홀름의 특급 호텔인 그랜드 호텔에서 우리는 항구가 내다보이는 아름다운 특실을 배정받았다. 그 첫날 저녁에 우리는 이레네와 그녀의 남편과 자녀들과 함께 식사를 했다. 이튿날 이레네는 우리의 요구에 응하여 개인적으로 유대 박물관을 관람할 수 있게 해주었다. 그 박물관은 스웨덴의 유대인 공동체가 히틀러 통치 기간에 덴마크의 유대인 상당수를 구하는 데 어떻게 기여했는가를 증언하고 있었다.

다른 활동들도 이어졌는데, 제각각 의미 있고 매력적이었다. 12월 7일에는 아비드 칼슨과 폴 그린가드와 내가 기자회견을 가졌다. 그날 저녁 우리는 우리를 수상자로 선정한 노벨 생리의학위원회와 함께 식사를 했다. 위원들은 자신들이 우리를 10년 넘게 상세히 연구했기 때문에 우리의 배우자들만큼 우리를 잘 알 것이라고 말했다.

우리 자식들이 스톡홀름으로 와서 우리와 합류했다. 미누슈와 사위인 릭 샤인필드, 폴과 며느리인 에밀리, 그리고 제법 성장한 손자들, 그러니까 폴과 에밀리의 딸들인 여덟 살짜리 앨리슨과 다섯 살짜리 리비가 왔다(미누슈는 스톡홀름에 왔을 때 마야를 배고 있었고, 그녀의 아들인 이지는 그때 두 살이라서 릭의 부모 곁에 머물렀다).

데니스와 나는 또한 컬럼비아 대학의 고참 동료들도 초대했다. 제임스 슈워츠와 캐시 슈워츠, 스티븐 시겔봄, 에이미 베딕(Amy Bedik), 리처드 액슬, 톰 제슬, 제인 도드, 존 키스터(John Koester), 캐시 힐튼(Kathy Hilten)이 그들이었다. 그들 모두는 내가 많은 빚을 진 오랜 친구들이었다. 두 집단 사이의 교량 역할을 한 것은 루스 피시바흐(Ruth Fischbach)와 제리 피시바흐(Gerry Fischbach)였다. 루스는 데니스의 육촌이자 컬럼비아 대학 생명윤리학 센터 소장이며, 제리는 탁월한 신경과학자이자 미국 과학계의 지도자 중 한 명이다. 우리가 스톡홀름으로 떠나기 직전에 제리는 컬럼비아 대학 건강과학 부총장 직과 의학 및 외과의학 칼리지 학장 직을 제안받았었다. 스톡홀름에 도착했을 때 그는 이미 그 제안을 수락하여 나의 신임 상관이 되어 있었다.

29-1 스톡홀름에 모인 우리 가족. 뒷줄 왼쪽부터 알렉스 비스트린과 안나 비스트린(조카와 질녀), 장 클로드 비스트린(알렉스와 안나의 아버지이며 데니스의 형제), 루스 피시바흐와 제리 피시바흐(루스는 데니스의 육촌이다), 마샤 비스트린(장 클로드의 부인). 앞줄 왼쪽부터 리비, 에밀리, 폴 캔델, 데니스, 나, 미누슈와 그 남편 릭, 앨리슨(에릭 캔델 개인 소장).

놓치기엔 너무 아까운 기회였다. 일정이 없는 어느 저녁, 데니스와 나는 그랜드 호텔의 아름다운 개인 만찬장에서 우리가 스톡홀름으로 초대한 모든 손님과 친척들을 위해 저녁 파티를 열었다. 우리는 스톡홀름에 와서 이 대단한 일을 우리와 함께 경축한 모든 이들에게 감사를 표하고 싶었다. 거기에 덧붙여서, 제리가 컬럼비아 대학의 부총장 겸 학장이 된 것을 축하하고 싶었다. 유쾌한 저녁이었다(그림 29-1).

12월 8일 오후에 아비드와 폴과 나는 카롤린스카 연구소의 교수와 학생, 그리고 우리의 손님과 친구 앞에서 공동으로 노벨 강연을 했다. 나는 내 연구에 대하여 이야기했고, 군소를 소개하면서 녀석이 매우 아름다운 동물일 뿐 아니라 대단히 교양 있는 놈이라고 언급하지 않을 수 없었다. 이어서 나는 내가 지도한 최초의 대학원생 중 한 명인 잭 번이 보내 준 멋진 영상을 스크린에 띄웠다. 의기양양한 군소 한 마리가 노벨상 메달을 목에 걸

29-2 노벨상을 목에 건 군소(책 번 기증).

고 있는 사진이었다(그림 29-2). 청중은 웃음을 터뜨렸다.

매년 시상식 당일과 가장 가까운 토요일에 약 7,000명으로 이루어진 스톡홀름 유대인 공동체는 유대인 노벨상 수상자를 스톡홀름 대유대교회당으로 초대하여 랍비의 축복과 기념 선물을 받게 한다. 12월 9일에 나는 상당수의 동료와 가족을 대동하고 유대교회당으로 갔다. 예배 중에 나는 짧은 연설을 하라는 요청을 받았고, 유대교회당의 작고 아름다운 유리 모형을 선물로 받았다. 데니스는 한 여성으로부터 빨간 장미를 받았는데, 그녀 역시 전쟁 중에 프랑스에서 도피 생활을 한 경험이 있었다.

이튿날인 12월 10일, 우리는 스웨덴 왕 칼 구스타프 16세로부터 노벨상을 받았다. 스톡홀름 음악당에서 열린 시상식은 세상에서 가장 인상적이고 잊지 못할 행사였다. 모든 세부가 한 세기 동안의 경험을 통해 완벽하게 다듬어져 있었다. 알프레드 노벨의 죽음을 기억하기 위하여 음악당은 노벨이 말년을 보낸 이탈리아 산 레모(San Remo)에서 공수된 꽃들로 장식되었다. 모든 사람이 정장을 입었다. 남자들은 흰 넥타이에 연미복을 입었으며, 경이로운 축제 분위기가 가득했다. 무대 뒤편 발코니에 앉은 스톡홀름 교향악단은 행사 중에 여러 곡을 연주했다.

시상식은 오후 네시에 시작되었다. 수상자들과 노벨상 위원회가 무대에 오른 후, 왕비 실비아와 세 명의 자녀와 함께 왕이 나타났고 왕의 아주머니인 릴리안 공주도 나타났다. 왕가의 등장과 함께 객석에 앉은 2,000명의 고위 인사들이 왕을 찬양하는 노래를 합창했다. 그 모든 광경을 알프레드 노벨의 대형 초상화가 지켜보았다.

상을 수여하는 과정은 노벨 재단의 이사장인 벵트 사무엘손이 스웨덴어로 짤막한 발언을 하는 것으로 시작되었다. 그 뒤를 이어 다섯 분야의 노벨상 위원회 대표자들이 수상자들의 발견과 업적을 설명했다. 우리가 받은 생리의학상에 대한 소개는 고참 신경생리학자이며 카롤린스카 연구소 노벨 위원회 위원인 우르반 웅거스타트가 맡았다. 그는 우리 각자의 공헌을 스웨덴어로 간략히 설명한 다음, 우리를 향해 영어로 이렇게 말했다.

> 존경하는 아비드 칼슨, 폴 그린가드, 에릭 캔델 씨. '신경계에서의 신호 변환'에 관한 여러분의 발견은 뇌 기능에 대한 우리의 이해를 진정으로 변화시켰습니다.
>
> 아비드 칼슨의 연구 덕분에 우리는 지금 파킨슨병이 시냅스의 도파민 방출 결함에서 비롯된다는 것을 압니다. 우리가 그 상실된 기능을 단순한 분자인 L-DOPA로 대체할 수 있고, 그 분자가 고갈된 도파민을 보충함으로써 수백만 명의 사람들에게 더 나은 삶을 선사한다는 것을 압니다.
>
> 폴 그린가드의 연구 덕분에 우리는 이 일이 어떻게 일어나는지 압니다. 어떻게 2차 전달자가 단백질 키나아제를 활성화하여 세포 반응을 변화시키는지 압니다. 어떻게 인산화가 다양한 전달물질의 신경세포로의 유입을 조율하는 데 중심적인 역할을 하는지 이해하기 시작했습니다.

마지막으로 에릭 캔델의 연구는 어떻게 그 전달물질들이 2차 전달자와 단백질 인산화를 통해 단기기억과 장기기억을 산출하는지, 어떻게 그것들이 우리가 존재하고 세계와 의미 있게 교류하기 위해 필요한 능력의 토대를 형성하는지 보여 주었습니다.

카롤린스카 연구소 노벨 위원회를 대표하여 우리의 진심 어린 축하의 말씀을 전달하고자 하며, 여러분이 앞으로 나와 국왕 폐하로부터 직접 노벨상을 받을 것을 요청합니다.

아비드와 폴과 나는 차례로 일어나 앞으로 나갔다. 우리는 각자 왕과 악수하고 금메달이 든 가죽 함과 거기에 묶인 멋진 증서를 받았다. 메달의 한 면에는 알프레드 노벨의 얼굴이 새겨져 있고(그림 29-3), 다른 한 면에는 각각 의학의 수호신과 병든 소녀를 나타내는 두 명의 여인이 새겨져 있다. 무릎 위에 책을 펼쳐 놓은 의학의 수호신은 병든 소녀의 목마름

29-3 노벨상 시상식이 끝난 후 무대에서 찍은 사진. 손녀 리비와 앨리슨이 노벨 메달을 들고 있다(에릭 캔델 개인 소장).

을 달래기 위해 바위에서 솟는 물을 받고 있다. 트럼펫 소리가 울려 퍼지는 가운데 나는 미리 지시받은 대로 세 번 머리 숙여 인사했다. 한 번은 왕에게, 또 한 번은 노벨 위원회에게, 마지막은 데니스와 폴, 에밀리, 미누슈, 릭, 그리고 나머지 특별한 청중에게 했다. 내가 자리에 앉자 스톡홀름 교향악단은 모차르트가 작곡한 불멸의 클라리넷 협주곡 3악장을 연주했다. 나처럼 빈 특유의 감성을 지닌 사람들을 위해 작곡된 그 풍부한 멜로디의 클라리넷 독주를 노벨상 시상식에서 들으니 평소보다 더 사랑스러웠다.

시상식이 끝난 후 우리는 곧바로 시청에서 열린 연회에 참석했다. 1923년에 완공된 화려한 시청 건물은 위대한 스웨덴 건축가 라그나 오스트베리가 이탈리아 북부의 광장을 본떠 설계한 작품이다. 커다란 홀 중앙에 80명이 앉을 수 있는 탁자가 놓였다. 수상자들과 왕족, 수상, 그리고 그 밖의 고위 인사들을 위한 것이었다. 수상자들이 초대한 손님, 노벨상 관련 기관에 속한 사람들, 주요 대학 대표자들, 정부와 산업계의 고위 인사들은 중앙 탁자를 둘러싼 26개의 탁자에 앉았다. 스웨덴의 모든 대학과 몇몇 칼리지에서 온 학생들은 벽을 따라 둘러앉았다.

만찬 후 수상자나 공동 수상자들의 대표가 연단에 올라 몇 마디 발언을 했다. 나는 우리 그룹을 대표하여 이렇게 말했다.

> 델포이의 아폴론 신전 입구 위에는 "너 자신을 알라"는 경구가 새겨져 있었습니다. 소크라테스와 플라톤이 인간 정신의 본성을 최초로 숙고한 이래, 아리스토텔레스에서 데카르트까지, 아이스킬로스(Aeschylus)에서 스트린드베리(Johan August Strindberg)와 잉마르 베리만(Ingmar Bergman)까지, 진지한 사상가들은 시대를 막론하고 자기 자신과 자신의 행동을 이해하는 것이 지혜라고 생각했습니다. ……
>
> 오늘 밤 이곳에서 여러분에게 상을 받는 아비드 칼슨과 폴 그린가드와 나, 그리고 우리 세대의 과학자들은 정신에 관한 추상적인 철학적 질

문들을 경험적인 생물학의 언어로 번역하기 위해 노력했습니다. 우리의 연구를 이끄는 핵심 원리는 정신은 뇌가 수행하는 작용들의 집합이라는 것입니다. 뇌는 외부 세계에 대한 우리의 지각을 구성하고 우리의 주의를 한곳에 고정하고 우리의 행동을 통제하는 놀랍도록 복잡한 계산 장치입니다.

우리 세 사람은 세포 내부와 세포들 사이에서 신호 전달의 생화학이 어떻게 정신 과정들 및 정신병과 관련되는지 밝혀냄으로써 정신과 분자들을 연결하는 일의 첫걸음을 내디뎠습니다. 우리는 뇌의 신경 연결망은 고정된 것이 아니며, 신경세포들 사이의 소통은 이곳 스웨덴에서 여러분의 위대한 분자약리학 학파에 의해 발견된 신경전달물질 분자들에 의해 조절될 수 있다는 것을 발견했습니다.

우리 세대의 과학자들은 미래를 내다보면서 20세기에 유전자의 생물학이 과학적으로 중요했던 것만큼 이 세기에는 정신의 생물학이 중요해질 것이라는 믿음에 도달했습니다. 더 일반적인 맥락에서, 정신에 대한 생물학적 연구는 전망이 밝은 과학적 탐구 그 이상입니다. 그것은 또한 중요한 인문학적 노력입니다. 정신의 생물학은 자연 세계에 관심을 둔 과학과 인간 경험의 의미에 관심을 둔 인문학을 연결합니다. 이 새로운 종합에서 탄생할 통찰들은 단지 정신의학적·신경의학적 장애에 대한 우리의 이해를 증진시키는 차원을 넘어서 우리 자신에 대한 더 깊은 이해로 이어질 것입니다.

실제로 우리 세대에서조차 과학자들은 이미 자아에 대한 더 깊은 이해를 향한 시작 단계의 생물학적 통찰들을 얻었습니다. 앞서 언급한 경구는 비록 델포이의 돌에는 더 이상 남아 있지 않지만, 우리의 뇌에 새겨져 있음을 우리는 압니다. 까마득한 세월 동안 그 경구는 뇌 속의 분자적 과정들에 의해 인간의 기억 속에 보존되었습니다. 우리는 그 분자적 과정들을 이해하기 시작했고, 여러분은 오늘 고맙게도 그 점을 인정해 주었습니다.

연회에 이어 무도회가 열렸다. 데니스와 나는 거의 발휘해 본 적이 없는 보잘것없는 왈츠 솜씨를 보완하려고 레슨을 받았었다. 그러나 슬프게도, 또한 데니스에게는 무한히 실망스럽게도, 우리는 춤출 기회를 많이 얻지 못했다. 식사가 끝나자마자 우리의 친구들이 다가왔고, 나는 그들과 수다 떠는 것이 너무 즐거워서 춤출 짬을 내기 어려웠다.

12월 11일에 우리는 왕과 왕비로부터 왕궁의 만찬에 초대받았다. 12월 13일, 한 달 동안 계속되는 스웨덴 성탄절 축제의 첫날이자 성 루시아의 날에 폴과 아비드와 나는 우리를 위해 촛불을 들고 찾아와 성탄 축가를 부르는 젊은 대학생들—대부분 여학생—덕분에 잠을 깼다. 이어서 우리는 수도를 벗어나 웁살라 대학에서 일련의 강연을 하고 돌아와 스톡홀름 의대생들이 준비한 요란하고 매우 재미있는 성 루시아 만찬에 참석했다. 그리고 이튿날 뉴욕을 향해 출발했다.

그로부터 4년 뒤인 2004년 10월 4일, 데니스와 나는 빈에서 뉴욕으로 가는 루프트한자 비행기에 탑승해 있었다. 그때 여승무원이 다가와 내 동료이자 친구인 리처드 액슬과 과거에 그의 박사후 학생이었던 린다 벅이 컬럼비아 대학에서 수행한 후각에 대한 획기적인 연구의 공로로 노벨 생리의학상을 받았다고 알려 주었다. 2004년 12월에 우리 모두는 다시 스톡홀름에 가서 리처드와 린다의 영광을 축하했다. 정말이지 삶은 돌고 돈다.

스톡홀름으로부터 내가 노벨상을 받았다는 소식을 처음 듣고 몇 주 후에 오스트리아 대통령 토마스 클레스틸이 축하 편지를 보내왔다. 그는 빈 출신 노벨상 수상자인 내게 경의를 표하고 싶다고 밝혔다. 나는 그 기회를 이용해 '국가사회주의에 대한 오스트리아의 반응: 과학계와 인문학계에 대한 함축'이라는 제목으로 심포지엄을 개최할 것을 제안했다. 히틀러 시대에 대한 오스트리아의 반응, 즉 아무 잘못도 없다는 반응과 독일의 반응, 즉 과거를 정직하게 대면하려는 노력을 대조하려는 것이 나의 목적이었다.

클레스틸 대통령은 진심으로 동의하고 자신이 오늘날 빈의 유대인들이 처한 어색한 상황에 관하여 했던 여러 연설의 원고를 보내 주었다. 이어서 그는 교육장관 엘리자베트 게러에게 나를 소개하고 심포지엄 개최를 돕게 했다. 나는 그녀에게 심포지엄이 세 가지 목적을 달성하길 원한다고 말했다. 첫째, 제2차 세계대전 중에 유대인들을 파멸시키려는 나치의 활동에서 오스트리아가 담당한 역할을 인정하는 데 기여할 것. 둘째, 그 역할에 대한 오스트리아의 암묵적 부인을 직시하려 노력할 것. 셋째, 빈의 유대인 공동체가 사라짐으로써 학계에 일어난 변화를 평가할 것.

첫 두 주제에 관한 오스트리아의 기록은 매우 명료했다. 오스트리아가 독일과 한패가 되기 전 10년 동안 오스트리아인의 상당수는 나치당 소속이었다. 합병 이후, 오스트리아인은 대독일 제국 인구의 약 8퍼센트에 지나지 않았지만 유대인을 제거하는 임무를 맡은 공무원의 30퍼센트 이상을 차지했다. 오스트리아인들은 폴란드의 강제수용소 네 곳을 지휘했고, 제국 내에서 다른 지도자 역할도 담당했다. 히틀러 외에도 게슈타포의 수장이었던 에른스트 칼텐브루너, 몰살 프로그램을 담당했던 아돌프 아이히만이 오스트리아인이었다.

그러나 그렇게 적극적으로 홀로코스트에 가담했음에도 불구하고 오스트리아인들은 히틀러에게 공격당한 희생자로 자처했다. 오스트리아 왕위 요구자인 오토 폰 합스부르크는 연합국들이 오스트리아가 히틀러의 전쟁에 희생된 최초의 자유 국가라고 믿게 만들었다. 이 주장은 전쟁이 끝나기 전인 1943년에 미국과 소련 양측에 의해 기꺼이 수용되었다. 왜냐하면 폰 합스부르크가 이 주장을 통해 오스트리아 대중의 나치에 대한 저항을 촉발할 생각이었기 때문이다. 훗날 냉전 시대에도 연합국들은 오스트리아를 중립국으로 유지하기 위해 이 신화를 존속시켰다. 이처럼 1938년에서 1945년까지의 활동에 대한 책임 추궁이 없었기 때문에 오스트리아는 독일이 전후에 겪은 숙청과 소탕을 전혀 경험하지 않았다.

오스트리아는 죄 없이 상처 입은 자의 외투를 재빨리 둘러썼다. 이 태도는 유대인들의 금전적 배상 요구에 대한 처리를 비롯하여 오스트리아가 전후에 행한 많은 행동의 특징이었다. 오스트리아가 처음에 유대인의 배상 요구에 완강히 반대 입장을 취한 근거는 오스트리아 자신이 공격의 피해자라는 전제에 있었다. 이런 식으로, 유럽에서 가장 오래되고 가장 크고 가장 탁월한 유대인 공동체의 생존자들은 전쟁이 끝난 후에 또다시 금전적·도덕적으로 수탈당했다고 할 수 있다.

연합국들은 처음에 이 같은 무죄 주장을 인정하여 오스트리아에 전쟁 배상금을 요구하지 않았다. 연합국 점령군은 오스트리아 의회를 압박하여 1945년에 전쟁범죄자 처벌법을 통과시키게 했으나, 그 법을 집행하기 위한 수사기관은 1963년에야 설립되었다. 결국 극소수의 전쟁범죄자만 재판을 받았고 대부분은 석방되었다.

오스트리아의 지적인 손실 역시 분명하고 극적이었다. 히틀러가 입성한 후 며칠 만에 빈의 지적인 삶은 파멸을 맞았다. 대학 의학 교수의 절반가량이 유대인이라는 이유로 해고되었다(빈 대학 의학부는 유럽에서 가장 크고 우수한 의학부 중 하나였다). 빈의 의학은 이 '정화' 이후 다시는 옛 명성을 회복하지 못했다. 특히 비참한 일은, 제3제국의 몰락 이후 유대인 학자들에 대한 부당한 처우를 배상하거나 유대인 학계를 재건하려는 노력이 거의 없었다는 점이다. 초빙을 받아 빈으로 돌아간 유대인 학자는 극소수였고, 빼앗긴 재산이나 수입을 돌려받은 유대인 학자는 그보다 더 드물었다. 돌아간 학자들 중 몇은 대학에 복직하지 못했고, 거의 모두가 빼앗긴 집이나 심지어 시민권을 되찾는 데 큰 어려움을 겪었다.

이에 못지않게 불행한 사실은 전쟁 중에 빈에 남은 비유대인 의학 교수들 중 다수는 나치였는데도 전후에 교수 직을 유지했다는 것이다. 게다가 인류에 대한 범죄를 저질렀기 때문에 전쟁 직후에 대학을 떠나야 했던 몇몇 의학 교수는 나중에 복직했다.

한 예만 들어 보자. 1938년에서 1943년까지 의학부 학장을 지냈고 1943년에서 1945년까지 빈 대학 총장을 역임한 에두아르트 페른코프는 히틀러가 오스트리아에 들어오기 전부터 나치였다. 그는 1932년부터 나치당의 '지지' 회원이었고 1933년부터는 정식 당원이었다. 오스트리아가 독일에 합병되고 3주 후에 학장으로 임명된 그는 나치 군복을 입고 의학 교수단 앞에 나타났다. 그는 모든 유대인 의학 교수를 해고했고, "하일 히틀러!"로 인사했다. 전후에 페른코프는 연합군에 의해 잘츠부르크 형무소에 수감되었지만 몇 년 후에 석방되었다. 그사이 그의 지위는 전쟁범죄자에서 그보다 경미한 등급으로 바뀌었다. 또 아마도 가장 놀라운 일은 이것일 것이다. 그는 『해부학 도감(Atlas of Anatomy)』이라는 책을 완성할 수 있었다. 그 책은 오스트리아 강제수용소에서 살해된 사람들의 몸을 해부하여 얻은 지식으로 쓴 것이라고 여겨졌는데도 말이다.

페른코프는 전후에 '복권'된 수많은 오스트리아인들 중 한 명일 뿐이다. 그들의 복권은 나치 시대의 사건들을 망각하고 쉬쉬하고 부인하는 오스트리아의 경향성을 뚜렷이 보여 준다. 오스트리아의 역사책은 자국이 인류에 대한 범죄에 가담한 사실을 은폐했고, 뻔뻔한 나치들은 전후에 계속해서 새 세대의 오스트리아인들을 가르쳤다. 오스트리아 최고의 정치사학자 중 한 명인 안톤 펠린카는 이 현상을 '오스트리아의 거대한 금기'로 명명했다. 바로 이 같은 도덕적 공백 때문에 지몬 비젠탈은 독일이 아니라 오스트리아에 나치 전쟁범죄 기록 센터를 설립했다.

어떤 면에서는 나 자신을 포함한 오스트리아 유대인들의 소심함도 그 금기를 거들었다. 내가 1960년에 처음 빈을 다시 방문했을 때 나를 헤르만 캔델의 아들로 알아본 사람이 있었다. 그는 내게 다가왔지만, 그나 나나 그간 있었던 일에 대해 아무 말도 하지 않았다. 20년 후 스티븐 커플러와 나는 오스트리아 생리학회의 명예회원으로 추대되었지만, 학계의 고위 인사가 우리를 소개하면서 우리가 빈을 탈출한 사람들이라는 사실을 은폐했을 때 커플러도 나도 항의하지 않았다.

그러나 1989년에 나는 침묵의 한계에 이르렀다. 그해 봄, 훌륭한 스위스 분자생물학자 막스 비른슈틸(Max Birnstiel)이 분자병리학연구소의 개소를 기념하는 심포지엄에 참석하라고 나를 빈으로 초대했다. 막스는 빈의 과학에 활력을 불어넣으려는 것이 분명했다. 그 심포지엄은 내가 빈을 떠난 때로부터 거의 정확히 50년 후인 그해 4월에 열렸고, 나는 그 시점이 절묘하다고 느꼈다.

나는 내가 왜 빈을 떠났고 다시 방문한 이 도시에 대해 어떤 양가적인 감정을 가지고 있는가에 대한 언급으로 강연을 시작했다. 좋아하는 음악과 미술에 대해 처음 배운 곳인 빈에 대해 느끼는 호감과 더불어 그곳에서 당한 모욕으로 인한 분노와 실망과 고통을 이야기했다. 덧붙여 내가 미국으로 갈 수 있었던 것이 얼마나 큰 행운이었는지 토로했다.

내 이야기가 끝났을 때 아무도 공감하지 않았고 박수도 없었다. 아무도 한마디도 말하지 않았다. 나중에야 작고 늙은 여자가 다가와 빈 특유의 어투로 이렇게 말했다. "당신도 아시겠지만, 빈 사람들이 다 나쁜 건 아니에요!"

내가 클레스틸 대통령에게 제안한 심포지엄은 2003년 6월에 열렸다. 나의 좋은 친구이며 컬럼비아 대학 동료인 프리츠 스턴(Fritz Stern)이 그 행사를 조직하는 일을 거들었고, 그를 비롯하여 수많은 해당 분야 전문가들이 참석했다. 토론에서는 과거를 다루는 데 있어서 독일과 스위스와 오스트리아의 차이와 그토록 많은 위대한 학자들을 잃음으로써 빈의 지성계가 맞은 참담한 귀결들이 부각되었다. 빈을 떠난 위대한 학자들로는 포퍼, 비트겐슈타인, 그리고 빈 서클의 핵심 철학자들, 정신분석의 세계적인 선구자 프로이트, 빈의 위대한 의학파와 수학파의 지도자들 등이 있었다. 심포지엄의 마지막 날에는 빈을 떠난 망명객 세 사람이 미국 학계에서 얻은 자유에 대해 이야기했고, 역시 빈을 떠난 사람이며 노벨상 수상자인 샌타바버라 소재 캘리포니아 대학의 월터 콘(Walter Kohn)과 내가 빈에서 겪은 일들에 대해 이야기했다.

그 심포지엄은 또한 내가 유대인 공동체와의 접촉을 재개하고 빈에서 유대인이 겪은 일들이 왜 그토록 특별했는지에 대해 생각할 기회를 주었다. 나는 유대 박물관에서 연설했고, 청중 가운데 여러 명을 근처 식당으로 초대하여 과거와 미래에 관하여 대화했다.

그들과의 대화는 잊었던 것들을 상기시켰다. 현대 오스트리아의 문화사와 학문사는 대체로 오스트리아 유대인의 역사와 나란히 진행되었다. 합스부르크 시대 말기인 1860년에서 1916년까지 그리고 그 후 10년 동안 빈 유대인 공동체가 이룩한 생산적이고 창조적인 업적에 견줄 만한 것은 유럽 유대인 공동체의 역사 전체를 통틀어 15세기 스페인 유대인 공동체의 영화밖에 없다. 한스 티체(Hans Tietze)는 1937년에 이렇게 썼다. "유대인이 없었다면 빈은 현재의 빈이 아니었을 것이며, 빈이 없었다면 유대인들은 최근 수백 년 동안 이룬 것 가운데 가장 찬란한 업적을 이루지 못했을 것이다."

유대인들이 빈 문화에서 차지하는 중요성에 관하여 로버트 위스트리치(Robert Wistrich)는 이렇게 썼다.

> 프로이트, 비트겐슈타인, 말러, 쇤베르크, 카를 크라우스, 테오도르 헤르츨(Theodore Herzl) 없이 20세기 문화를 논할 수 있는가? …… 이 환속한 유대 지식인들은 빈의 얼굴을 바꿨고, 더 나아가 현대 세계의 얼굴을 바꿨다. 그들은 (음악만 빼고) 유럽의 지적 · 예술적 창조력의 선봉에 있지 않았던 도시를 현대 세계의 창조적 성취와 상처를 위한 실험실로 탈바꿈시켰다.

심포지엄이 끝난 후 나는 얼마 전 저녁을 함께 먹은 빈 유대인 몇 명을 다시 만나 심포지엄이 성공적이었는지에 대해 토론했다. 그들은 그 심포지엄이 오스트리아가 독일 나치에 열정적으로 동조하여 홀로코스트에 가담했다는 것을 빈의 젊은 학자들이 인정하게 하는 데 기여했다고 평가했다. 또 국제사회의 일부가 히틀러 시대에 오스트리아가 담당한 역할에 관심을 가지기 시작했다는 사실에 이목이—신문과 텔레비전, 라디오, 잡지를 통해—쏠리게 만들었다는 데에도 동의했다. 나는 점차 변화가 일어나리라는 희망을 품게 되었다.

그러나 오스트리아가 유대인 공동체에 대한 책임이라는 무거운 짐을 다루는 데 여전히 어려움을 겪는다는 것을 뚜렷이 보여 주는 사건이 있었다. 2003년 6월 우리가 빈에 있을 때, 월터 콘과 나는 빈의 유대교회당, 유대인 학교와 병원, 유대인 묘지를 담당하는 유대인 사회복지 기관인 빈 종교 공동체(Kultusgemeinde)가 언급한 시설들에 대한 파괴를 지속적으로 막느라 파산 지경에 이른 것을 알았다. 유럽의 정부들은 대개 유대인 기관에 그런 보호 비용을 보상하지만, 오스트리아 정부의 보상은 충분치 않았다. 그 결과 종교 공동체는 기부금 전체를 시설 보호에 쏟아 부어야 했다. 정부는 종교 공동체의 회장인 아리엘 무치칸트의 보조금 인상 요구를 묵살했다.

미국으로 돌아온 월터 콘과 나는 힘을 합쳐 사태를 개선할 길을 모색했다. 월터는 로스앤젤레스 주재 오스트리아 총영사 페터 라운스키 티펜탈에게 사정을 알렸고, 라운스키 티펜탈은 그 자신과 나, 무치칸트, 볼프강 쉬셀(오스트리아 수상) 등이 참석하는 회의를 소집했다.

우리는 모든 준비가 완료되었다고 생각했다. 그러나 마지막 순간에 쉬셀이 참석을 취소했다. 이유는 두 가지였다. 첫째, 그는 자신의 참석이 오스트리아 정부가 유대인 공동체에 충분한 도움을 주지 않고 있다는 증거로 여겨지는 것을 염려했다. 그 자신은 그렇지 않다고 생각하는 입장이었다. 둘째, 그는 월터 콘과는 기꺼이 이야기하려 했지만, 나와는 이야기하고 싶어하지 않았다. 나는 오스트리아에 비판적이었기 때문이다.

다행히 월터와 나는 심포지엄을 위해 빈에 있을 때 빈 시장 겸 빈 주지사인 미하엘 호이플을 만난 바 있었다. 우리는 전직 식물학자인 호이플에게 깊은 인상을 받았다. 그와 함께한 저녁은 매우 유쾌했다. 그는 유대인 기관이 홀대받고 있음을 인정했다. 쉬셀이 우리와의 대화를 거절한 후 월터는 호이플에게 편지를 썼고, 호이플은 연방정부 아래의 차원에서 행동에 뛰어들었다. 그는 오스트리아 주지사들을 설득하여 재정적 도움을 받아내는 데 성공함으로써 나와 월터를 기쁘게 했다. 2004년 6월, 오스트리아의 주들은 파산 직전까지 몰린 종교 공동체를 구제했다.

이 협상 과정에서 나는 종교 공동체가 우리의 지원을 필요로 한다고 느꼈다. 그것은 원칙의 문제요, 도덕의 문제로 여겨졌다. 내가 아는 한, 나는 개인적으로 그 기관과 관계한 적이 없었다. 몇 주 후에 나는 내가 잘못 알고 있었다는 것을 깨달았다. 나는 원칙적으로뿐만 아니라 개인적으로도 종교 공동체를 지원할 의무가 있었다.

2004년 7월에 나는 종교 공동체로부터 워싱턴 시 홀로코스트 박물관을 통해 내 아버지의 서류철을 받았다. 그 속에는 아버지가 나와 형과 부모님이 미국으로 건너갈 여비를 두 차례에 걸쳐 신청한 내용이 있었다. 간단히 말해서 나는 빈 종교 공동체의 자선 덕택에 미국에서 살게 된 것이었다.

호이플 시장의 성취에도 불구하고 일부 빈 유대인들은 자신과 자녀들에게 오스트리아는 미래가 없다고 생각한다. 빈 유대인의 수는 적다. 현재 겨우 9,000명의 유대인이 종교 공동체에 공식적으로 등록했고, 등록하지 않은 유대인은 8,000명가량으로 추정된다. 그 많던 유대인들 중에 전쟁에서 살아남은 자와 전후에 귀향한 자, 그리고 동유럽에서 이민 온 자가 겨우 그만큼인 것이다. 이 적은 수 역시 오스트리아 정부가 유대인이 떠나는 것을 막는 데 실패했고 독일처럼 동유럽의 유대인들이 자국으로 들어오도록 유인하는 데에도 실패했다는 것을 보여 준다.

오늘날 빈의 상황은 휴고 베타우어가 1922년에 쓴 풍자소설 『유대인 없는 도시: 모레에 관한 소설(The City Without Jews: A Novel About the Day After Tomorrow)』을 연상시킨다. 베타우이는 내일의 빈을 반유대주의 정부가 모든 유대인을 추방한 도시로 묘사했다. 그 정부는 기독교로 개종한 유대인들도 신뢰할 수 없기 때문에 추방했다. 유대인이 없어지자 빈의 지성적·사회적 삶은 황폐해졌고, 경제도 무너졌다. 소설 속의 한 인물은 이제 유대인이 없는 도시에 대하여 이렇게 말한다.

> 나는 아침에 물건을 살 때나 음악회에서, 오페라에서, 전차에서 항상 눈과 귀를 열어 놓는다. 그리고 나는 사람들이 과거를 점점 더 동경 어린 표정으로 회상하고, 그때는 매우 아름다웠던 것처럼 이야기하는 것을 듣는다. …… "옛날에 유대인들이 여기에 있을 때는……" 사람들은 상상할 수 있는 온갖 어조로 그런 말을 하지만 증오의 어투로 하는 경우는 결코 없다. 솔직히 말해서 나는 사람들이 유대인이 없어 쓸쓸하다고 생각한다.

베타우어의 책에 나오는 도시의 지도자들은 어쩔 수 없이 유대인들에게 빈으로 돌아오라고 애원했다. 슬프게도 그 장면은 오늘날에도 80년 전과 마찬가지로 비현실적이다.

나는 2004년 9월에 심포지엄 자료집 출판을 기념하고 공훈장(Orden pour le Merite)을 받은 사람들의 가을 모임에 참석하기 위해 다시 빈을 방문했다. 그 훈장은 원래 1748년에 프로이센의 프리드리히 대왕에 의해 만들어졌는데, 지금은 최고의 학자, 과학자, 예술가들 중에서 독일인과 독일어를 쓰는 외국인에게 각각 반수씩 주어진다. 게다가 데니스와 나는 자식들의 성화에 못 이겨 빈의 주(主) 유대교회당에서 속죄일을 보내기로 결정했다.

우리가 유대교회당에 도착했을 때, 그곳은 오스트리아인과 아랍인의 반유대 폭력에 대비하여 안전 요원들로 둘러싸여 있었다. 허가를 받고 안으로 들어간 우리는 신도들이 우리 각자를 위해 남성 구역과 여성 구역의 맨 앞줄에 자리를 비워 둔 것을 발견했다. 예배 도중에 랍비 파울 카임

아이젠베르크는 나를 명예롭게 하려고 단 위로 올라와 토라 두루마리가 담긴 궤의 휘장을 열라고 요청했다. 내 눈에 눈물이 고였다. 나는 얼어붙었다. 도저히 그 요청에 따를 수 없었다.

이튿날 나는 공훈장을 받은 사람들의 모임에 참석했다. 오스트리아의 학예 명예훈장을 받은 사람들과 함께였고, 유명하고 열정적인 80세의 도시지리학자이며 빈 링슈트라세의 사회적·경제적 구조에 대한 전문가인 엘리자베트 리히텐베르거가 유럽의 미래에 관한 반미적인 강연을 하는 것을 들었다. 점심 시간에 리히텐베르거가 나를 찾아와 오스트리아에서의 삶과 미국에서의 삶 사이의 차이에 대한 내 생각을 들려 달라고 했다. 나는 그녀에게 나는 질문을 받기에 적절한 사람이 아니라고 대답했다. 나로서는 도저히 비교할 수조차 없다고 했다. 1939년에 나는 간신히 목숨을 건져 빈을 탈출했다. 반면에 미국에서 나는 특권적인 삶을 살아왔다.

그러자 리히텐베르거는 내 귀에 대고 이렇게 속삭였다. "1938년과 1939년에 무슨 일이 있었는지 설명할 테니 들어 보세요. 1938년까지 빈은 심각한 실업난에 시달렸어요. 난 내 가족들이 가난하고 억압받는다고 느꼈죠. 유대인들이 은행이며 신문이며 모든 걸 통제했어요. 거의 모든 의사가 유대인이었고, 그 가난한 사람들에게서 마지막 한 닢까지 긁어냈어요. 그래서 그 모든 일이 일어난 거예요."

처음에 난 그녀가 농담을 하는 줄 알았지만, 그렇지 않다는 걸 깨닫고는 그녀를 뚫어지게 쳐다보며 말 그대로 고함을 질렀다. "이히 글라우베 니히트 바스 지 미어 자겐!"(Ich glaube nicht was Sie mir sagen, 난 당신이 내게 하는 말을 믿지 않아!) "당신이 내게 이런 말을 한다는 게 믿기지 않는군. 당신, 도대체 학자라는 사람이 멍청하게 나치의 반유대주의 선전문을 그대로 따라 외다니!"

몇 분 동안 우리 주위의 모든 사람은 내가 계속해서 그녀를 꾸짖는 걸 놀라며 바라보았다. 결국 내 꾸지람이 소용이 없다는 길 깨달은 나는 그녀에게 등을 돌리고 반대편 사람과 대화를 나누었다.

리히텐베르거와의 만남은 2004년 가을에 내가 빈을 방문하면서 다양한 연령대의 오스트리아인과 나눈 세 번의 의미심장한 대화 가운데 첫 번째 대화였다. 두 번째는 나와 마찬가지로 공훈장을 받은 양자물리학자 안톤 차일링거의 비서와 나눈 대화다. 그 비서는 빈에서 태어난 쉰 살쯤 된 여성이었는데, 내게 다가와 이렇게 말했다. "작년 심포지엄에서 선생님이 하신 강연을 글로 읽고 정말 기뻤습니다. 그때까지 난 크리스탈나흐트에 대해 아무것도 몰랐어요!" 마지막으로, 호텔 로비에서 젊은 오스트리아 사업가가 나를 알아보고 이렇게 말했다. "선생님이 빈에 다시 오시다니 정말 기적 같은 일입니다. 이렇게 하시기가 정말 힘드셨을 텐데!"

이 의견들은 유대인에 대한 오스트리아인의 여러 태도가 이룬 스펙트럼을 아마 정확히 반영할 것이다. 나이에 크게 의존한 그 스펙트럼을 말이다. 나는 그 세 세대의 태도 차이가 오스트리아 반유대주의의 약화를 의미하기를 바란다. 사실 빈 유대인들의 일부도 그런 경향을 실감한다.

다른 두 사건은 더욱 고무적이었다. 하나는 빈 대학의 학장 게오르크 빙클러의 초대로 도서박람회에 참석한 일이었다. 빙클러는 자신의 직책에 걸맞지 않게 대학이 나치에 협력한 것을 인정하고 사과했다. "빈 대학은 스스로를 해부하고 나치에 가담한 것을 투명하게 밝히는 일을 너무 오래 미뤄 왔습니다" 하고 그는 말했다.

두 번째 사건은 과거에 합스부르크 왕가가 점유했던 왕궁에서 열린 모임에서 일어났다. 빈에 있을 때 나는 4년 전 내게 심포지엄을 계획하라고 격려했던 클레스틸 대통령이 사망했다는 소식을 들었다. 그의 사망을 계기로 나는 새로 당선된 대통령 하인츠 피셔를 만났다. 그는 즉시 내 이름을 알아듣고서 데니스와 내게 자허 호텔(Hotel Sacher)에서 부부끼리 만나 저녁을 먹자고 초대했다. 대통령은 우리에게 자신의 장인이 1938년에 나치에 의해 강제수용소에 수용되었다가 스웨덴 비자를 얻는 바람에 석방되었다고 이야기했다. 피셔 대통령과 그의 아내는 카를 포퍼를 비롯한 망명 유대인들이 빈으로 돌아와 정착하도록 유도하기 위해 많은 노력을 했다.

신임 대통령은 전임 대통령보다 빈 유대인들의 삶에 더 많은 관심을 가지고 있다. 게다가 떠밀리듯 빈을 떠난 후 65년 만에 오스트리아 대통령의 초대를 받아 포도주와 음식과 자허 호텔의 자허 토르테(Sacher Torte, 유명한 초콜릿 케이크-옮긴이)를 앞에 놓고 빈에 사는 유대인에 대하여 개인적이고 솔직한 대화를 나누고 있다는 사실을 생각하니 나는 뿌듯했다.

10월 4일, 빈에 머문 마지막 날 데니스와 나는 공항으로 가는 길에 제베린가세 8번지에 멈췄다. 우리는 아파트에 들어가거나 내가 65년 전에 떠난 작은 방들을 둘러보려 하지 않았다. 우리는 그저 바깥에 서서 햇살이 매끈한 목제 대문에 쏟아지는 것을 바라보았다. 놀랍게도 나는 평화를 느꼈다. 살아남았다는 것이 너무 기뻤고, 비교적 별 탈 없이 그 건물과 홀로코스트를 빠져나왔다는 것이 너무 감사했다.

30.

기억으로부터 배우기

: 새로운 정신과학의 미래

50년 동안 가르치고 연구했지만 나는 여전히 대학에서—내 경우에는 컬럼비아 대학에서—과학을 하는 것이 한없이 재미있다. 어떻게 기억이 작동하는가에 대한 생각에서, 어떻게 기억이 지속하는가에 대한 특수한 아이디어에서, 학생과 동료들과의 토론을 통해 그 아이디어를 다듬으면서, 그리고 나중에 실험 결과에 의해 그 아이디어가 교정되는 과정을 지켜보면서 나는 큰 기쁨을 얻는다. 여전히 나는 천진한 기쁨과 호기심과 경탄으로 거의 어린아이처럼 과학의 세계를 탐험한다. 나는 정신의 생물학을 연구하고 있는 것이 일종의 특권이라고 느낀다. 그 분야는—내가 처음 사랑했던 정신분석과 달리—지난 50년 동안 엄청나게 성장했다.

그 세월을 돌아보노라면, 처음에 생물학이 과학자로서 내 평생을 쏟을 터전이 되리라는 징후는 거의 없었다는 점이 인상 깊게 다가온다. 만약 내가 해리 그런드페스트의 실험실에서 실제로 연구를 하는 기쁨을 맛보지 않았다면, 무언가 새로운 것을 발견하기 위해 실험을 하는 기쁨을 맛보지 않았다면, 나는 아주 다른 길을 걸었을 터이고, 추측컨대 아주 다른 인생을 살았을 것이다. 의과대학 시절의 첫 2년 동안 나는 필수과목으로 지정된 과학 과목들을 수강했지만, 실제로 연구를 해볼 때까지는 나의 과학 수업을 내가 정말로 마음을 쓰는 것—임상 의학, 환자 돌보기, 환자의 병을 이해하기, 정신분석가가 될 준비를 하기—을 하기 위한 선결 조건으로 여겼다. 실험실에서 일하는 것—재미있고 창조적인 사람들과 함께 과학을 하는 것—이 과학에 관한 수업을 듣고 책을 읽는 것과 전혀 딴판이라는 것을 발견했을 때, 나는 무척 놀랐다.

정말이지 과학을 하는 과정, 매일매일 생물학적 신비를 탐구하는 과정은 지적으로뿐만 아니라 감성적으로, 또 사회적으로도 큰 보상을 준다는 것을 나는 깨달았다. 실험을 할 때면, 세계의 경이를 새롭게 발견하는 전율을 느낀다. 더 나아가 과학은 끈끈하고 한없이 빠져들게 만드는 사회적 맥락 안에서 수행된다. 미국에서 생물학자의 삶은 토론과 논쟁으로 이어진 삶이다. 그것은 확실히 탈무드적인 전통에 부합하는 삶이다. 그러나 우리는 종교 경전에 주석을 다는 대신에 수억 년에 걸쳐 진행된 진화 과정이 쓴 텍스트에 주석을 단다. 흥미로운 발견을 함께 이룰 때만큼 젊은 동료와 늙은 동료 사이에, 학생과 스승 사이에 강력한 동지애가 생겨나는 경우는 인간사 전체를 통틀어 드물다.

미국 과학의 평등한 사회적 구조는 그 동지애를 북돋운다. 현대 생물학 실험실 내의 협력은 역동적이다. 위에서 아래로 향하는 흐름뿐 아니라 아래에서 위로 향하는 흐름도 존재한다. 미국 대학에서의 삶은 나이와 지위로 인한 간극들을 내가 늘 고무적이라고 느낀 방식으로 연결한다. 내 사고에 큰 영향을 끼친 프랑스의 분자유전학자 프랑수아 자코브는 미국을 처음 방문했을 때 가장 인상적이었던 것은 대학원생들이 세계적으로 유명한 DNA 생화학자 아서 콘버그(Arthur Kornberg)를 친구처럼 아서라고 부르는 것이었다고 내게 말했다. 그건 내게 놀라운 일이 아니었다. 그런드페스트와 퍼퓨라와 커플러는 나를 비롯한 모든 학생들을 항상 자신과 동등하게 대했다. 하지만 1955년의 오스트리아, 독일, 프랑스, 그리고 어쩌면 영국에서조차 그런 일은 없었을—있을 수 없었을—것이다. 미국에서 젊은이들은 흥미로운 얘깃거리가 있다면 발언을 하고, 그 발언은 경청된다. 그러므로 나는 스승들로부터 배웠을 뿐 아니라 대학원생과 박사후 연구원들로 이루어진 특별한 집단과 매일 교류하면서도 배웠다.

내 실험실에서 함께 일한 학생들과 박사후 연구원들에 대한 생각을 하다 보면, 르네상스 시대의 화가 안드레아 델 베로키오의 작업실이 떠오른다. 1470년에서 1475년까지 그의 작업실은 유능한 젊은 예술가들로 넘쳐났다. 레오나르도 다 빈치도 거기에서 공부하면서 베로키오의 작품에 크게 기여했다. 오늘날 사람들은 우피치 미술관에 걸려 있는 베로키오의 작품 〈그리스도의 세례(Baptism of Christ)〉를 보며 이렇게 말한다. "저기 왼쪽에 무릎을 꿇은 아름다운 천사는 1472년에 레오나르도가 그린 거야." 나도 강연에서 군소의 뉴런과 시냅스를 담은 위대한 사진들을 강의실 스크린에 투사할 때, 청중에게 이렇게 말한다. "이 새로운 조직은 켈시 마틴에 의해 배양되었고, 이 CREB 활성자와 억제자는 두산 바치에 의해 발견되었으며, 시냅스에 있는 이 멋진 프리온형 분자들은 코시크 시에 의해 발견되었습니다!"

최선의 과학 공동체는 놀라운 동지애와 공동의 목표 의식을 가진다. 미국만이 아니라 전 세계에서 그러하다. 동료들과 내가 기억 저장에 관한 지식의 탄생에 기여할 수 있었다는 것이 나는 기쁘다. 그러나 내가 더 자랑스럽게 여기는 것은 전 세계 과학자들의 노력으로 새로운 정신과학이 탄생하는 데 내가 한몫을 거들었다는 사실이다.

과학자로서 내가 살아오는 동안 생물학계는 유전자의 분자적 본성과 유전암호에 대한 이해에서 출발하여 인간 게놈 전체의 유전암호를 읽어 내고 인간을 괴롭히는 많은 병의 유전적 토대를 해명하는 데까지 거의 흔들림 없이 전진했다. 지금 우리는 정신 기능과 정신장애의 많은 측면들을 이해하기 직전의 자리에 있다. 그리고 아마 언젠가는 의식의 생물학적 기초도 이해하게 될 것이다. 총체적 성취—지난 50년 동안 생물 과학들에서 일어난 종합—는 경이적이다. 그 종합은 한때 기술(記述) 과학(descriptive science)이었던 생물학을 엄밀한 기계론적 이해의 수준으로 끌어올렸고, 물리학과 화학에서 얻은 것에 견줄 만한 과학적 흥분을 선사했다. 내가 의과대학에 입학했을 때, 대부분의 물리학자와 화학자는 생물학을 '소프트사이언스(soft science)'로 간주했다. 그런데 오늘날엔 물리학자와 화학자들이 생물학 분야들로 구름처럼 모여들고 있다. 컴퓨터과학자, 수학자, 공학자들도 마찬가지다.

생물 과학들에서 일어난 종합의 한 예를 보자. 내가 군소에서 뉴런을 뇌 기능 및 행동과 연결하기 위해 세포생물학을 이용하기 시작한 직후, 시드니 브레너와 시모어 벤저는 다른 두 가지 단순한 동물에서 뉴런을 뇌 기능 및 행동과 연결하기 위한 유전학적 접근법을 모색하기 시작했다. 브레너는 아주 작은 예쁜꼬마선충의 행동을 연구했다. 그 녀석은 신경중추에 302개의 세포만 가지고 있다. 벤저는 초파리의 행동을 연구했다. 이 실험 시스템들 각각은 나름의 장점과 단점을 가지고 있다. 군소는 크고 쉽게 접근할 수 있는 신경세포들을 가지고 있지만, 전통적인 유전학으로 다루기에는 적당하지 않다. 예쁜꼬마선충과 초파리는 유전학 실험에 매우 적합하지만 신경세포가 작아서 세포생물학 연구에는 부적합하다.

이 실험 시스템들은 20년 동안 서로 다른 전통 안에서 대체로 분리된 채 발전했다. 이들의 상관관계는 명백하지 않았다. 그러나 현대 생물학의 힘은 이들을 점차 수렴시켰다. 처음에는 재조합 DNA 기술을 가지고서, 또 지금은 거의 완성된 군소 게놈의 DNA 지도를 가지고서 우리는 군소의 개별 세포들 속 유전자를 이식하고 조작할 수 있다. 다른 한편, 세포생물학의 새로운 진보와 더 정교한 행동 분석법들은 초파리와 예쁜꼬마선충의 행동에 대한 세포적 접근을 가능케 했다. 그 결과 유전자와 단백질의 생물학이 지닌 강력한 특징이었던 분자 보존(molecular conservation)은 오늘날 세포, 신경 회로, 행동, 학습의 생물학에서 관찰되고 있다.

과학자의 길은 물론 매우 만족스럽지만 결코 쉽지 않다. 나는 그 길을 가는 동안 강렬한 기쁨의 순간들을 많이 경험했고, 하루하루의 작업은 지적인 활기를 놀랍도록 북돋웠다. 그러나 과학하기의 재미는 비교적 알려지지 않은 지역을 탐험하는 데 있다. 미지의 땅으로 과감히 들어가는 사람이 다들 그렇듯이, 나는 잘 닦이지 않은 오솔길을 가면서 때때로 외로움과 불확실성을 느꼈다. 내가 새 길에 들어설 때마다, 그러지 말라고 진정한 호의로 조언하는 사람들이 항상 있었다. 사회에서 사귄 친구들도 그랬고, 과학자 동료들도 그랬다. 나는 일찍부터 불확실성 속에서 편안함을 느끼고 핵심적인 문제들에 대한 나 자신의 판단을 신뢰하는 법을 배워야 했다.

내 경험은 나만의 것이라 할 수 없을 것이다. 연구를 하면서 약간이라도 새로운 방향을 추구해 본 적이 있는 과학자들은 대부분 나와 비슷하게, 새 길에서 만날 어려움과 절망을 아는 사람들로부터 위험에 뛰어들지 말라는 조언을 들었다는 얘기를 한다. 그러나 우리 대부분에게, 앞으로 나아가지 말라는 경고는 타오르는 모험심에 기름을 부을 뿐이다.

내 과학자 인생에서 가장 어려웠던 결정은 안정적인 정신과 의사 생활을 버리고 불확실한 연구자의 길을 선택한 것이었다. 나는 훌륭한 수련을 받은 정신과 의사였고 환자들을 상대하는 것이 즐거웠음에도 불구하고 1965년에 데니스의 격려를 받으며 전업 연구자의 길에 뛰어들었다. 결정을 내린 후 부푼 가슴으로 데니스와 나는 짧은 휴가를 즐겼다. 우리는 내 좋은 친구 헨리 넌버그의 초대에 응하여 뉴욕 주 요크타운 하이츠에 있는 헨리 부모님의 여름 별장에서 며칠을 보냈다. 당시에 헨리는 내가 근무하는 병원인 매사추세츠 정신건강센터에서 정신과 전공의 자리를 얻으려 노력하고 있었다. 데니스와 나는 그의 부모님을 그런대로 잘 알고 있었다.

헨리의 아버지 허먼 넌버그는 탁월한 정신분석가이자 내가 그 명료함에 반한 교과서를 쓴 영향력 있는 선생이었다. 그는 비록 독단적이긴 했지만 정신의학에 폭넓은 관심을 가지고 있었다. 첫날 저녁을 함께 먹을 때, 나는 군소를 연구하겠다는 새로운 계획을 열정적으로 설명했다. 허먼 넌버그는 깜짝 놀라 나를 바라보더니 이렇게 중얼거렸다. "지금 얘기하는 걸 들으니, 자네가 받은 정신분석이 충분히 성공적이지 않았던 것 같네. 자네는 전이를 완전히 해소하지 못한 것 같아."

나는 이 논평이 우습기도 하고 부적절하기도 하다고, 또 1960년대 미국의 많은 정신분석가들이 내놓을 만한 전형적인 것이라고 느꼈다. 당시에 그들은 뇌 연구에 대한 관심이 정신분석에 대한 거부를 함축할 수밖에 없다고 생각했다. 만약 허먼 넌버그가 지금 살아 있다면, 그는 정신분석에 마음을 둔 정신과 의사가 뇌과학으로 터전을 옮기는 것에 대해 그때와 같은 평가를 내리지 않을 것이다.

이 문제는 내 과학자 생애의 첫 20년 동안 반복해서 튀어나왔다. 1986년, 모턴 라이저(Morton Reiser)는 예일 대학 정신의학부 학장 직에서 물러나면서 나를 비롯한 여러 동료들을 초청하여 자신의 퇴임을 기념하는 강연을 하게 했다. 초청을 받은 사람 중 한 명은 라이저의 가까운 친구인 마셜 에들슨(Marshall Edelson)이었다. 그는 예일 대학 정신의학부 정신의학 교수 겸 교육 및 의학 연구 책임자였다. 에들슨은 강연에서 정신분석이론을 신경생물학적 토대에 연결하려는 노력, 또는 어떻게 다양한 정신 과정들이 다양한 뇌 속 시스템들에 의해 매개되는가에 관한 생각을 발전시키려는 노력은 심층적인 논리적 혼동의 표현이라고 주장했다. 정신과 신체는 별개로 다루어져야 한다면서 그는 이렇게 덧붙였다. 우리는 그 둘 사이의 인과적 연결을 탐구할 수 없다. 과학자들은 결국 정신과 신체 사이의 구별이 우리의 현재 사고방식이 지닌 불완전성에서 비롯된 일시적인 방법론적 걸림돌이 아니라 미래의 어떤 발전도 영원히 극복할 수 없는 절대적·논리적·개념적 장벽이라는 결론을 내리게 될 것이다.

내 차례가 되었을 때, 나는 달팽이의 학습과 기억에 관한 논문을 발표했다. 나는 가장 단조로운 것부터 가장 숭고한 것까지 모든 정신 과정들이 뇌에서 나온다고 지적했다. 더 나아가 모든 정신병은 증상과 상관없이 뇌 속의 분명한 변화와 연결되어야 한다. 토론 시간에 에들슨이 일어나, 자신은 정신병이 뇌 기능의 장애라는 데 동의하지만, 프로이트가 기술했고 정신분석가들이 진료실에서 접하는 그런 장애들, 예컨대 강박신경증이나 불안 상태는 뇌 기능에 기초하여 설명할 수 없다고 말했다.

에들슨의 견해와 허먼 넌버그의 더 개인적인 판정은 특이한 극단이다. 그러나 그것들은 그리 멀지 않은 과거에 놀랍도록 많은 정신분석가들이 가졌던 생각을 대표한다. 그런 견해들의 고립성, 특히 정신분석을 더 넓은 신경과학의 맥락에서 생각하기를 꺼리는 경향은 최근에 생물학이 황금기를 누리는 동안 정신분석이 성장하는 것을 방해했다. 돌이켜 생각하면 넌버그는, 또 어쩌면 에들슨조차도 진정으로 정신과 뇌가 별개라고 생각했던 것 같지 않다. 오히려 그들은 그 둘을 어떻게 결합해야 할지 몰랐던 것 같다.

1980년대 이후 정신과 뇌를 결합하는 방식은 점점 더 명확해졌다. 그 결과, 정신의학은 새 역할을 받아들였다. 정신의학은 현대 생물학 사상의 자극제인 동시에 수혜자가 되었다. 지난 몇 년 동안 나는 정신분석학계 내에 정신의 생물학에 대한 관심이 상당한 정도로 존재함을 확인했다. 현재 우리는 각각의 모든 정신 상태는 뇌 상태이며, 각각의 모든 정신장애는 뇌 기능 장애라고 이해한다. 치료는 뇌의 구조와 기능을 바꿈으로써 효과를 발휘한다.

나는 포유류 뇌에서 해마를 연구하다가 바다달팽이에서 단순한 형태의 학습을 연구하는 쪽으로 방향을 선회할 때 또 다른 종류의 부정적 반응에 맞닥뜨렸다. 당시에 포유류 뇌를 연구한 과학자들은 포유류 뇌는 물고기나 개구리 같은 하등한 척추동물의 뇌와 근본적으로 다르며 무척추동물의 뇌보다 비교할 수 없을 만큼 복잡하다고 느꼈다. 호지킨, 헉슬리, 카츠가 오징어의 거대 축삭돌기와 개구리의 신경-근육 시냅스를 연구함으로써 신경계 연구의 발판을 마련했다는 사실은 이들 포유류 우월주의자들에게 하나의 예외였다. 물론 그들은 "모든 신경세포들은 유사하다. 그러나 신경 회로와 행동은 척추동물과 무척추동물에서 매우 다르다" 고 주장했다. 척추동물과 무척추동물 사이의 이 같은 간극은 분자생물학이 진화 속에서 유전자와 단백질이 보존된다는 경이로운 사실을 밝혀낼 때까지 존속했다.

마지막으로 단순한 동물들에 대한 연구에서 드러난 학습과 기억의 세포적 혹은 분자적 메커니즘을 더 복잡한 동물로 일반화할 수 있는가에 대하여 지속적인 논쟁이 있었다. 예컨대 민감화와 습관화가 연구에 유용한 기억 형태인가에 대한 논란이 있었다. 자연적 환경에서 동물의 행동을 연구하는 동물행동학자들은 이 두 단순한 형태의 기억이 보편적이며 중요하다고 강조했다. 반면에 행동주의자들은 고전적 조건화와 도구적 조건화 같은 연결 학습 형태들을 주로 강조했다. 이 형태들은 확실히 더 복잡하다.

이 논쟁은 결국 두 가지 방식으로 해결되었다. 첫째, 벤저는 우리에 의해 군소에서 단기 민감화를 위해 중요하다는 것이 발견된 환상 AMP가 더 복잡한 동물에서 더 복잡한 형태의 학습을 위해서도 필요하다는 것을 증명했다. 즉, 초파리에서 고전적 조건화를 위해서 환상 AMP가 필요하다는 것을 발견했다. 둘째, 군소에서 처음 확인된 조절단백질 CREB가 달팽이에서부터 파리와 생쥐와 사람에 이르기까지 다양한 유형의 유기체에서 다양한 형태의 학습 과정에 단기기억이 장기기억으로 전환되는 데 중요한 역할을 한다는 사실이 발견되었다. 또 학습과 기억, 더 나아가 시냅스 가소성과 뉴런 가소성은 동일한 유형의 과정으로서, 동일한 논리와 몇 가지 핵심 요소를 공유하고 세부적인 분자 메커니즘들만 다르다는 것이 점점 더 명확해졌다.

자욱한 먼지가 가라앉은 지금 생각해 보면, 대부분의 사례에서 이 같은 논쟁들은 과학에 도움이 되었다. 질문을 예리하게 다듬었고 과학이 계속 나아가게 했다. 우리가 옳은 방향으로 나아가고 있다는 느낌, 내겐 그 느낌이 중요했다.

새로운 정신과학은 가까운 미래에 어디로 나아갈까? 기억 저장에 대한 연구에서 현재 우리는 거대한 산악 지대의 가장자리에 도달했다. 우리는 기억 저장의 몇몇 세포적·분자적 메커니즘을 이해했지만, 이 메커니즘들로부터 기억 시스템 차원의 속성들로 나아갈 필요가 있다. 다양한 유형의 기억에서 어떤 신경 회로들이 중요한가? 얼굴, 냄새, 멜로디, 경험의 내적 표상들은 뇌 속에 어떻게 기록되는가?

우리가 지금 있는 곳에서 우리가 있고자 하는 곳으로 나아가기 위해 문턱을 넘으려면 뇌를 연구하는 방식과 관련한 커다란 개념적 전환들이 일어나야 한다. 한 가지 전환은 기초적인 과정들—단일 단백질, 단일 유전자, 단일 세포—에 대한 연구에서 시스템 속성들—다수의 단백질들로 이루어진 메커니즘, 신경세포들의 복잡한 시스템, 전체 유기체의 기능, 유기체 집단들 간의 상호작용—에 대한 연구로의 전환일 것이다. 세포적·분자적 접근법들은 미래에도 계속해서 중요한 정보를 제공할 것이 분명하지만, 그것들만으로는 신경 회로나 신경 회로들의 상호작용 속에 있는 내적인 표상의 비밀을 풀어헤칠 수 없다. 그 작업이 세포 및 분자 신경과학과 인지신경과학을 이어 주는 연결고리인데 말이다.

신경 시스템을 복잡한 인지 기능과 연결할 수 있는 접근법을 개발하려면, 연구의 초점을 신경 회로 수준으로 옮겨야 할 것이며, 어떻게 다양한 신경 회로의 활동 패턴들이 하나의 정합적인 표상으로 종합되는지 알아내야 할 것이다. 어떻게 우리가 복잡한 경험들을 지각하고 회상하는지를 연구하려면, 어떻게 신경 연결망이 조직되고 어떻게 주의 집중과 의식적 자각이 그 연결망 속 뉴런들의 활동을 조절하고 재편하는지 알아낼 필요가 있다. 그러므로 생물학은 인간이 아닌 영장류들과 인간에 더 많이 집중해야 할 것이다. 이를 위해서는 개별 뉴런들의 활동과 신경 연결망들의 활동을 분해할 수 있는 뇌 영상화 기법들이 필요할 것이다.

이런 생각들을 하면서 나는 만약 내가 다시 새롭게 출발한다면 어떤 질문들을 공략할까 자문해 보았다. 나는 과학적 문제를 선택할 때 두 가지 조건을 고려한다. 첫째는 그 문제가 오랫동안 나를 사로잡을 새 영역을 열어 주어야 한다는 것이다. 나는 장기적인 헌신을 좋아한다. 덧없는 로맨스를 좋아하지 않는다. 둘째, 나는 두 분야 또는 더 많은 분야들의 경계에 있는 문제들을 좋아한다. 이 같은 선호를 염두에 두고 나는 세 가지 매력적인 질문을 찾아냈다.

첫째, 나는 어떻게 무의식적 감각 정보 처리가 일어나고 어떻게 의식적 주의 집중이 기억을 안정화하는 메커니즘들을 이끄는지 알고 싶다. 그것을 알아야 비로소 우리는 프로이트가 1900년에 처음 제시한 의식과 무의식의 갈등 및 기억에 관한 이론들에 생물학적으로 의미 있게 접근할 수 있다. 나는 선택적 주의 집중이 그 자체로 핵심적인 문제일 뿐 아니라 의식에 접근하기 위한 왕도이기도 하다는 크릭과 코흐의 주장에 많이 동조한다. 나는 어떻게 해마 속 장소세포들이 유기체가 환경에 주의를 집중할 때만 지속적인 공간 지도를 창조하는가에 초점을 맞춤으로써 주의 집중의 문제를 공략하는 환원주의적 접근법을 개발하고 싶다. 주의 집중의 본성은 무엇일까? 어떻게 주의 집중이 공간 기억에 관여하는 신경 회로 전역에 최초의 기억이 기록될 수 있게 만드는 것일까? 동물이 주의를 집중할 때, 뇌 속에서는 도파민 시스템 외에 어떤 조절 시스템들이 동원될까? 또 그 시스템들은 어떻게 동원될까? 그 시스템들은 장소세포들과 장기기억을 안정화하기 위해 프리온형 메커니즘을 이용할까? 이런 연구들을 인간으로 확장하는 것은 확실히 좋은 일일 것이다. 어떻게 주의 집중은 내가 빈에 있는 우리의 작은 아파트로 정신적 시간 여행을 떠나는 것을 가능케 하는 것일까?

첫 번째 문제와 관련이 있으면서 나를 매료하는 두 번째 문제는 인간에서 무의식적 정신 과정과 의식적 정신 과정 사이의 관계다. 우리가 우리의 정신적 삶 대부분을 자각하지 못한다는 생각은 헤르만 헬름홀츠에 의해 제기되었으며 정신분석의 핵심이다. 프로이트는 비록 우리는 정신적 처리의 사례들 대부분을 자각하지 못하지만, 주의를 집중함으로써 많은 사례들에 의식적으로 접근할 수 있다는 흥미로운 생각을 덧붙였다. 오늘날 대부분의 신경과학자들이 수긍하는 이 견해를 수용하면, 우리의 정신적 삶은 대부분 무의식적이다. 그 삶은 오로지 언어와 이미지로만 의식된다. 뇌 영상화는 이 무의식적 과정들이 병적 상태에서 어떻게 바뀌고 정신치료에 의해 어떻게 재구성되는지 밝혀냄으로써 정신분석과 뇌 해부학과 신경 기능을 연결하는 데 기여할 수 있을 것이다. 무의식적 정신 과정의 중요성을 감안할 때, 생물학이 그 과정에 대해 많은 것을 가르쳐 줄 수 있다는 생각은 우리에게 위안을 준다.

마지막으로 나는 내 분야인 정신생물학과 데니스의 분야인 사회학을 분자생물학을 통해 연결하여 현실적인 분자사회생물학을 개발한다는 생각을 즐긴다. 여러 연구자들이 이와 관련하여 훌륭한 출발을 했다. 현재 록펠러 대학에 있는 유전학자 코리 바그만(Cori Bargmann)은 먹이 섭취 패턴이 서로 다른 예쁜꼬마선충의 두 변종을 연구했다. 한 변종은 고독하고 혼자서 먹이를 구한다. 다른 변종은 사교적이고 집단으로 먹이를 구한다. 두 변종 사이의 유일한 차이는 한 가지 수용체 단백질에 있는데, 그 단백질은 두 변종 각각에서 다른 면은 완전히 동일하지만 아미노산 한 개만 다르다. 사교적인 예쁜꼬마선충에 있는 그 수용체를 고독한 예쁜꼬마선충에 이식하면, 고독한 놈이 사교적인 놈이 된다.

초파리에서 수컷의 구애는 본능적인 행동인데, 그 행동은 무결실(fruitless) 단백질로 명명된 단백질을 반드시 필요로 한다. 무결실 단백질은 수컷 초파리와 암컷 초파리에서 약간 다른 방식으로 표현된다. 에브루 데미어(Ebru Demir)와 배리 딕슨(Barry Dickson)은 그 단백질의 수컷 형태가 암컷에서 표현되면 그 암컷은 다른 암컷들이나 암컷 특유의 페로몬을 생산하도록 조작한 수컷들에 올라타 구애를 주도한다는 주목할 만한 발견을 했다. 더 나아가 딕슨은 무결실 단백질을 위한 유전자가 구애 행동과 성적 선호를 위한 신경 회로의 고정 배선(hardwiring)이 발달하는 과정에 필요하다는 것을 발견했다.

이탈리아 신경과학자 자코모 리촐라티(Giacomo Rizzolatti)는, 원숭이가 손으로 특수한 행위를 할 때, 예컨대 땅콩을 입에 넣을 때, 전운동피질(premotor cortex)의 특정 뉴런들이 활성화된다는 것을 발견했다. 그런데 놀랍게도, 다른 원숭이가(또는 심지어 인간이) 먹이를 입에 넣는 것을 원숭이가 바라볼 때도 동일한 뉴런들이 활성화되었다. 리촐라티는 그것을 '거울 뉴런(mirror neuron)'으로 명명하고서, 그것들이 모방과 동일시, 감정이입, 그리고 어쩌면 목소리 흉내 내기 능력—이 정신 과정들은 인간 사이의 상호 교류에 고유한 것들이다—에 대한 최초의 통찰을 제공한다고 주장한다. 빌라야누르 라마찬드란은 인간의 전운동피질에 리촐라티가 발견한 것과 유사한 뉴런이 있다는 증거를 확보했다.

이 세 갈래의 연구만 살펴봐도 완전히 새로운 생물학 분야가 열리고 있음을 알 수 있을 것이다. 그 생물학은 무엇이 우리를 사회적이며 서로 소통하는 존재로 만드는가에 대한 깨달음을 제공할 수 있다. 이런 유형의 야심찬 연구는 조화로운 집단의 구성원들이 서로를 인정할 수 있게 해주는 요소들을 식별하는 것을 넘어서 외부자에 대한 공포와 증오와 불관용을 아주 흔히 동반하는 종족주의를 발생시키는 요소들에 대하여 무언가 교훈을 줄지도 모른다.

"당신이 정신과 의사 수련에서 얻은 건 뭐죠?"라는 질문을 나는 흔히 받는다. 그 수련은 신경과학자로서의 경력에 도움이 되었나요?

나는 이런 질문을 받을 때마다 놀란다. 나의 정신과 의사 수련과 정신분석에 대한 관심이 내 과학적 사유의 핵심에 있다는 점이 내게는 명백하기 때문이다. 그것들은 내 연구의 거의 모든 측면에 영향을 끼친, 행동에 대한 관점을 제공했다. 만약 내가 전공의 수련을 건너뛰고 더 일찍 프랑스로 건너가 분자생물학 실험실에서 시간을 보냈다면, 나는 약간 더 일찍 유전자 조절의 분자생물학을 연구하게 되었을지도 모른다. 그러나 내 연구에 가장 큰 영향을 끼치고 의식적 기억과 무의식적 기억에 대한 내 관심을 북돋운 생각들은 정신의학과 정신분석이 내게 열어 준 정신관에서 나왔다. 따라서 내가 야심 있는 정신분석가로서 보낸 젊은 시절은 곁길로 빠졌던 시기라고 보기 어렵다. 오히려 그 시기는 이후 내가 이룬 모든 성취를 위한 교육적 밑바탕이었다.

의대를 졸업하면서 연구자의 길로 나서려는 젊은이들은 흔히 내게 기초적인 공부를 더 해야 하는지, 아니면 곧장 연구를 시작해야 하는지 묻는다. 나는 언제나 그들에게 훌륭한 실험실로 들어가라고 촉구한다. 확실히 기초적인 공부는 중요하다. 나는 국립정신보건원에 있는 동안 계속 수업을 들었고, 요즘도 세미나와 학회에서 동료와 학생들에게 배운다. 그러나 과학에 관한 추상적인 글을 읽는 것보다 훨씬 더 의미 있고 재미있는 것은 당신 자신이 관여하는 실험에 관한 과학적인 글을 읽는 것이다.

아무리 보잘것없는 것이라 해도 새로운 것을 발견하는 것보다 더 짜릿하고 흥분되는 일은 세상에 거의 없다. 새로운 발견은 발견자로 하여금 처음으로 자연의 한 부분을 보게 해준다. 무언가가 어떻게 작동하는가에 관한 퍼즐의 작은 조각 한 개를 보게 해준다. 일단 한 문제에 빠져들고 나면, 완비된 관점을 갖는 것이, 그 문제에 대한 이전 과학자들의 생각을 배우는 것이 매우 큰 도움이 된다. 나는 어떤 생각이 생산적이었나를 알려고 할 뿐 아니라 다른 방향들은 어디에서 왜 비생산적이었나도 알려고 한다. 그래서 나는 프로이트의 심리학과 학습과 기억을 연구한 초기의 학자들—제임스, 손다이크, 파블로프, 스키너, 울릭 나이서(Ulric Neisser)—에게서 매우 큰 영향을 받았다. 그들의 생각과 오류는 나의 연구를 위한 매우 풍부한 문화적 배경이었다.

또 과감성이 중요하다고, 어려운 문제들, 특히 처음에 보기에 혼잡하고 체계적이지 않은 문제들에 도전하는 것이 중요하다고 나는 생각한다. 한 분야에서 다른 분야로 옮기거나 상이한 분야들 사이의 경계에서 연구하는 등의 새로운 시도를 두려워하지 말아야 한다. 왜냐하면 가장 흥미로운 문제들 중 일부는 그런 경계에 있기 때문이다. 연구하는 과학자들은 끊임없이 새로운 것을 배우며, 익숙하지 않다는 이유로 새 영역에 진입하기를 주저하지 않는다. 본능적으로 자신의 관심을 따라 나아가면서 필요한 과학을 스스로 배운다. 스스로 배우는 데 가장 큰 자극이 되는 것은 새 영역에서의 연구다. 나는 그런드페스트와 퍼퓨라와 함께 연구를 시작하기 전에 유용한 예비 교육을 받지 않았다. 나는 제임스 슈워츠와 힘을 합쳤을 때 생화학을 아주 조금밖에 몰랐다. 리처드 액슬과 공동 연구를 시작했을 때는 분자유전학을 전혀 몰랐다. 매번 새로운 시도는 불안을 불러왔지만 기운을 북돋기도 했다. 새롭고 근본적인 것을 시도하느라 몇 년을 잃는 것은 다른 사람들이 다 하고 있고 당신 못지않게(또는 당신보다 더) 잘하는 판에 박힌 실험을 하는 것보다 낫다.

무엇보다도 중요한 것은, 여운이 긴 문제 또는 서로 연결된 문제들의 집합을 정의하는 것이라고 나는 생각한다. 나는 맨 처음부터 해마와 기억에 대한 연구에서 흥미로운 문제를 우연히 만났고, 그 후에 단순한 동물에서 학습을 연구하는 방향으로 결정적인 선회를 했다는 점에서 행운아였다. 그 두 번의 행운은 내가 수많은 실험의 실패와 절망을 헤치고 나아가는 데 도움이 될 만큼 큰 것들이었다.

결과적으로 나는 몇몇 동료들이 중년에 자기가 하는 과학에 신물이나 학계를 떠나면서 토로한 괴로움을 겪지 않았다. 나는 교과서 저술, 컬럼비아 대학과 국가의 전문 위원회 참여, 생명공학회사 설립 등 학자로서 다양한 연구 외 활동을 했다. 그러나 과학하기가 지루해서 그런 활동을 한 적은 한 번도 없다. 리처드 액슬은 데이터가 기운을 북돋워 주는 것에 — 새롭고 흥미로운 발견들을 가지고서 머릿속에서 놀이를 하는 것에 — 맛을 들이면 중독된다고 말한다. 새 데이터가 없을 때 리처드는 의기소침해진다. 나를 비롯한 많은 과학자들이 그렇다.

나의 과학 연구는 또한 데니스와 내가 공유한 음악과 미술에 대한 열정 덕분에 훨씬 더 풍부해졌다. 1964년 12월에 보스턴을 떠나 뉴욕으로 이주할 때 우리는 브롱크스 구역 리버데일에 있는 백 년 된 집을 샀다. 허드슨 강과 팰리세이드 산이 보이는 전망 좋은 집이었다. 그 후 수십 년 동안 우리는 그 집을 에칭, 드로잉, 회화 작품들로 채웠다. 빈과 프랑스에 강한 뿌리를 두고 있는 미술 형태인 20세기 장식미술 작품들로 말이다. 우리는 루이 마조렐과 에밀 갈레와 다움 형제가 만든 프랑스 아르누보 가구, 꽃병, 등(燈)을 수집한다. 이 취미는 데니스에게서 나왔다. 그녀의 어머니는 우리 결혼 선물로 갈레가 첫 전시회를 위해 제작한 아름다운 티테이블을 주어 우리를 이 취미로 이끌었다.

뉴욕에 온 후 우리는 오스트리아와 독일 표현주의 화가들의 그래픽 미술에 관심을 집중하기 시작했다. 오스트리아의 클림트, 코코슈카, 실레, 독일의 막스 베크만, 에밀 놀데, 에른스트 키르시너 등이 우리의 표적이었다. 이 취미는 내게서 나왔다. 데니스와 나는 중요한 생일에 거의 항상—때로는 조바심을 참지 못해 아무 날이나—서로에게 상대방이 좋아할 만한 것을 사준다. 대개의 경우 우리는 선물을 함께 고른다. 이런 얘기를 쓰다 보니, 어쩌면 우리의 수집 편력은 덧없이 가버린 젊음을 놓지 않으려는 몸부림일지 모른다는 느낌이 든다.

돌아보면, 빈에서 스톡홀름까지 아주 먼 길을 온 것 같다. 제때에 빈을 떠난 나는 미국에서 대단히 운 좋은 삶을 살았다. 내가 미국과 미국의 학문 기관들에서 경험한 자유는 나를 비롯한 많은 사람들의 노벨상을 가능케 했다. 인생이 얼마나 침울할 수 있는가를 일찍부터 가르쳐 주는 역사와 인문학을 공부했던 나는 여전히 망상적인 낙관주의가 넘쳐나는 생물학으로 방향을 튼 것이 기쁘다.

가끔씩 길고 피곤하고 유쾌했던 또 하루의 끝에 내 창 너머 허드슨 강이 어두워지는 걸 바라보며 과학자로서 살아온 날들을 회상하노라면 나는 내가 지금 하고 있는 일을 하고 있다는 것에 경이를 느낀다. 나는 역사가가 되려고 하버드 대학에 입학했고 정신분석가가 되려고 그곳을 떠났으나, 결국 역사학과 정신분석학을 다 버리고서, 정신에 대한 참된 이해에 이르는 길은 뇌의 세포적 경로들을 거쳐야 한다는 나의 직관을 좇았다. 나의 직감, 나의 무의식적 사고 과정, 그리고 당시에는 까마득히 멀게 들렸던 주위의 경고가 나를 이 삶으로 이끌었고, 나는 이 삶을 한없이 만끽했다.

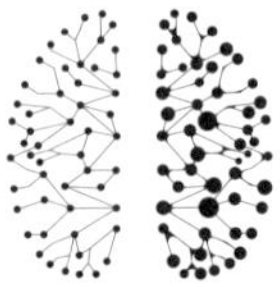

옮긴이의 말

과학자 캔델, 자유로운 문제 사냥꾼

행운아로 자처하는 과학자이자 누가 봐도 실제로 행운아인 과학자 캔델의 독특한 자서전, 캔델이 아닌 다른 과학자라면 쓸 수 없을 이 자서전을 번역하면서 옮긴이는 재미와 그 이상의 감동과 그보다 더 큰 교훈을 얻었다. 오랜만에 만난 좋은 책이다. 피난 나와 칫솔 공장 노동자로 일하는 아버지의 아들이었고 육상선수였고 독일의 문학과 역사를 공부하는 대학생이었고 정신분석가를 꿈꾸는 의학도였다가 전업 생물학자의 길에 뛰어들어 몇 번의 과감한 도약으로 과학계 최고의 지위에 오른 한 개인의 이야기가 같은 시기에 진행된 신경과학의 발전사와 맞물려 펼쳐진다.

과학자가 무슨 일을 하는지를 이토록 생생하게 보여 주는 책은 드물다. 노벨생리의학상 수상자인 저자가 한결같이 강조하는 것은 문제를 골라내는 일, 그리고 그 문제에 대한 대답을 얻기 위해 연구대상으로 삼을 생물을 선택하는 일이다. 이 강조점은 일반인들이 생각하는 과학의 이미지와 사뭇 다를 것이다. 교과서와 시험문제를 생각해 보라. 미디어에 등장하여 이러이러하고 저러저러하다고 아무 정당화 없이 단언하는 전문가들을 보라. 과학을 좋아한다는 아이들이 들고 다니며 외우는 공룡들의 목록을 보라. 지금 이 땅에서 과학의 대표적인 이미지는 확정된 대답이다. "이것은 티라노사우루스다." "태양계의 행성은 여덟 개다." 이른바 과학 영재란 이런 문장들을 줄줄 읊어 내는 아이일 것 같지 않은가? 그런데 캔델은 확정된 대답은커녕, 확정된 문제도 강조하지 않는다. 그가 강조하는 과학의 핵심은 문제 찾기다. 과학적으로 중요하고 또한 대답할 수 있는 문제를 찾아내는 일이다.

과학자 캔델이 직접 말하게 하자.

> "나는 과학적 문제를 선택할 때 두 가지 조건을 고려한다. 첫째는 그 문제가 오랫동안 나를 사로잡을 새 영역을 열어 주어야 한다는 것이다. 나는 장기적인 헌신을 좋아한다. 덧없는 로맨스를 좋아하지 않는다. 둘째, 나는 두 분야 또는 더 많은 분야들의 경계에 있는 문제들을 좋아한다." (본문 467쪽)

> "또 과감성이 중요하다고, 어려운 문제들, 특히 처음에 보기에 혼잡하고 체계적이지 않은 문제들에 도전하는 것이 중요하다고 나는 생각한다. 한 분야에서 다른 분야로 옮기거나 상이한 분야들 사이의 경계에서 연구하는 등의 새로운 시도를 두려워하지 말아야 한다. 왜냐하면 가장 흥미로운 문제들 중 일부는 그런 경계에 있기 때문이다." (본문 470~471쪽)

> "매번 새로운 시도는 불안을 불러왔지만 기운을 북돋기도 했다. 새롭고 근본적인 것을 시도하느라 몇 년을 잃는 것은 다른 사람들이 다 하고 있고 당신 못지않게(또는 당신보다 더) 잘하는 판에 박힌 실험을 하는 것보다 낫다." (본문 471쪽)

과학을 연구할 힘은 어디에서 나올까? 무엇이 과학자의 연구 의지를 북돋울까? 흔히 사람들은 순수한 진리를 알고자 하는 거의 신성한 열망을 이야기한다. 그러나 그런 구체적인 대답을 떠나서 아무튼 과학을 연구할 힘은 과학자의 삶에서 나와야 한다. 이건 너무나 당연한 말이다. 거의 평생 동안 하루 24시간 내내 과학자인 사람과 젊은 시절 한때 실험실에서 보내는 하루 열네댓 시간만 과학자인 사람이 경쟁을 한다면 결과는 뻔하다. 옮긴이가 이 책의 저자에게 가장 부러운 면은 그의 기억 연구가 그의 삶과 뗄 수 없게 얽혀 있다는 점이다. 그는 기억에 매료되어 역사를 공부했고 정신분석을 공부했고 세포생물학과 생화학과 분자생물학을 공부했다. 정말이지 기억이라는 필생의 문제가 그를 일관되게 이끌었다. 그러니 그는 하루 24시간 내내 과학자, 곧 문제 사냥꾼일 수밖에 없다.

> "50년 동안 가르치고 연구했지만 나는 여전히 대학에서…… 과학을 하는 것이 한없이 재미있다. 어떻게 기억이 작동하는가에 대한 생각에서, 어떻게 기억이 지속하는가에 대한 특수한 아이디어에서, 학생과 동료들과의 토론을 통해 그 아이디어를 다듬으면서, 그리고 나중에 실험 결과에 의해 그 아이디어가 교정되는 과정을 지켜보면서 나는 큰 기쁨을 얻는다. 여전히 나는 천진한 기쁨과 호기심과 경탄으로 거의 어린아이처럼 과학의 세계를 탐험한다." (본문 458쪽)

공룡 목록을 외우는 일은 한 사람이 할 수 있지만, 각자 주도적으로 도처에서 문제를 찾고 다함께 토론하는 분위기는 한 사람이 만들 수 없다. 많은 이들이 바라는 한국인 노벨상 과학자가 만들어지려면 무엇이 필요할까? "내가 미국과 미국의 학문 기관들에서 경험한 자유는 나를 비롯한 많은 사람들의 노벨상을 가능케 했다"고 저자는 말한다. 우물에서 숭늉을 찾는 어리석음은 우리에게 또다시 자괴감만 안겨 줄 것이다. 과학적 성과가 있기 전에 과학적 정신이 있어야 하고, 적어도 옮긴이가 캔델을 비롯한 현장의 과학자로부터 들어 아는 바로는, 과학적 정신의 핵은 자유로운 비판이다.

하늘이 검다고 말하는 교수 앞에서 눈을 내리깔고 침묵하는 박사과정 학생들이 일구는 과학은 기껏해야 권위가 보증하는 대답들의 목록일 텐데, 그것은 대중들이 떠올리는 요술방망이 과학의 이미지일지언정 진짜 과학은 결코 아니다. 그리고 진짜가 아닌 과학은 미디어에서나 먹힐 수 있다. 자유로운 우리의 삶이 그러하듯이 과학 역시 대답이기 이전에 문제이고, 기껏해야 잠정적인 대답이며, 영원한 대화요 비판이라는 깨달음이 두루 퍼질 때, 많은 이들의 한국인 노벨상 바람이 실현되리라고 옮긴이는 믿는다. 이제 은퇴할 나이도 한참 지났지만 캔델은 여전히 자유로운 문제 사냥꾼이다.

> "우리가 지금 있는 곳에서 우리가 있고자 하는 곳으로 나아가기 위해 문턱을 넘으려면 우리가 뇌를 연구하는 방식과 관련한 커다란 개념적 전환들이 일어나야 한다. 한 가지 전환은 기초적인 과정들……에 대한 연구에서 시스템 속성들……에 대한 연구로의 전환일 것이다."
>
> (본문 466쪽)

누구보다 확고하게 환원주의 노선을 따른 과학자의 입에서 나온 이 의미심장한 전환의 촉구에 찬사를 보내지 않을 수 없다. 아울러 인문학과 정신분석과 예술과 종교에 대한 그의 존중심에도 엄지손가락을 치켜든다. 역시 거장은 크다. 누구에게나 좋은 책이지만, 과학을 좋아하는 젊은이들에게 진심으로 권한다. 특히 마지막 장은 득음한 소리꾼의 비결 전수라고 해도 과언이 아니다.

기축년 봄 살구골에서

전대호

1차 전달자 first messenger: 세포 표면의 수용체에 결합하여 세포 내부의 화학물질(2차 전달자)을 활성화하는 신경전달물질이나 호르몬.

2차 전달자 second messenger: 신경전달물질이 세포 표면에 있는 특정 유형의 수용체에 결합할 때 세포 내부에서 생산되는 화합물. 뉴런에서 흔한 2차 전달자는 환상 AMP다. (참조_ 1차 전달자, 환상 AMP, 대사성 수용체)

AMPA 수용체 A-amino-3-hydroxy-5-methylisoxazole-4-proprionic acid: 글루타메이트에 대한 시냅스후 수용체의 두 유형 가운데 하나. 정상적인 시냅스 전달에 반응하여 활성화된다.(참조_ NMDA 수용체)

CPEB (Cytoplasmic Polyadenlyation Element-binding Protein, **세포질 폴리아데노신화 요소 결합 단백질**): 시냅스에서 번역(translation)을 조절하는 물질. CPEB는 장기기억의 안정화에 기여한다고 생각된다.

CREB (Cyclic AMP Response Element-binding Protein, **환상 AMP 반응 요소 결합 단백질**): 환상 AMP와 단백질 키나아제 A 경로에 의해 활성화되는 유전자 조절단백질. CREB는 장기기억에 관여하는 유전자들을 활성화한다.(참조_ 환상 AMP, 단백질 키나아제 A)

DNA (deoxyribonucleic acid, **디옥시리보핵산**): 유전자를 이루는 물질. 뉴클레오타이드라는 네 가지 하부 단위들로 이루어지며, 단백질 합성에 필요한 지시를 담고 있다. DNA에 담긴 유전정보는 다른 어떤 신체 기관보다 뇌에서 더 많이 발현된다.(참조_ 염색체)

MAP 키나아제 (Mitogen Activated Protein kinase): 흔히 단백질 키나아제 A와 함께 작용하여 장기기억 저장의 첫 단계를 수행하는 키나아제. 군소에서 MAP 키나아제는 CREB-2(CREB-매개 전사를 억제하는 물질)에 작용하는 것으로 보인다.(참조_ CREB, 단백질 키나아제 A)

NMDA 수용체 (N-methyl-D-aspartate receptor): 이 책에서 거론된 글루타메이트에 대한 시냅스후 수용체의 두 유형 가운데 하나. NMDA 수용체는 장기 증강에서 결정적인 역할을 한다.(참조_ AMPA 수용체)

RNA (ribonucleic acid, 리보핵산): DNA와 관련된 뉴클레오타이드이며 전령RNA가 속한 핵산 유형.

가바 GABA(gamma-aminobutyric acid, 감마 아미노부티르산): 뇌 속의 주요 억제 신경전달물질. 잠, 근육 이완, 정서적 활동 감소 등을 일으킬 수 있다.

가소성 plasticity: 시냅스나 뉴런, 또는 뇌의 영역들이 사용이나 자극 패턴의 변화에 반응하여 속성을 바꾸는 능력. 가소적 변화(plastic change)라고도 한다.

감각 sensation: 촉각, 통각, 시각, 청각, 후각, 미각.

감각뉴런 sensory neuron: 뉴런의 주요 기능적 유형 세 가지 중 하나. 감각뉴런들은 감각 수용체로부터 온 환경적 자극에 관한 정보를 감각 경로상의 다른 뉴런들에 전달한다.(참조_ 중간뉴런, 운동뉴런)

감응성 통로 gated channel: 특정 유형의 신호에 반응하여 열리고 닫히는 이온 통로. (참조_ 전달물질 감응성 통로, 전압 감응성 통로)

강화 facilitation: 두 세포 사이 시냅스 연결의 세기가 강해지는 과정.

같은 시냅스 가소성 homosynaptic plasticity: 한 세포나 또 다른 세포, 또는 두 세포 모두의 활동에 의해 일어난 두 세포 사이 시냅스 연결의 세기 변화(강화나 약화).

같은 시냅스 저하 homo synaptic depression: 습관화를 일으키는 신경 메커니즘. 같은 시냅스 저하에서 두 세포 사이 시냅스 연결의 세기는 한 세포나 또 다른 세포, 또는 두 세포 모두의 활동의 결과로 약해진다. 그 약화된 반응은 반복적으로 자극된 그 동일한 경로 내에서 일어난다.

게이트 없는 통로 nongated channel: 신경세포의 막에 있으며 수동적으로 이온(대개 칼륨 이온)을 통과시키는 통로. 이런 통로들로 이온이 흐르기 때문에 세포의 안정막전위가 생긴다. 안정 통로(resting channel)라고도 불린다.(참조_ 감응성 통로)

고전적 조건화 classical conditioning: 이반 파블로프가 발견한 암묵적 학습의 한 형태로, 피실험자는 이 학습에서 과거에 중립적이었던 조건화된 자극을 대개 반사 행동을 유발하는 조건화되지 않은 자극과 연결하는 것을 학습한다. 예컨대 개를 대상으로 한 실험에서 먹이 제공(조건화되지 않은 자극)은 대개 침 분비를 유발한다. 파블로프는 만일 먹이와 (과거에 중립적이었던 조건화된 자극인) 종소리를 지속적으로 짝지어 제공하면 개가 종소리와 먹이를 연결하는 것을 배우고, 따라서 먹이 제공과 상관없이 종소리를 들으면 침을 분비한다는 것을 발견했다. 반면에 종소리를 다리에 충격을 가하여 개가 다리를 들게 만드는 조작과 짝지으면, 개는 곧 종소리만 주어져도 그 반응으로 다리를 들 것이다.

골상학 phrenology: 19세기에 유행했던 이론으로 두개골의 모양과 성격 사이에 연관성이 있다고 주장했다. 두개골 아래에 있는 뇌 구조물들을 자주 사용하면 그것들이 커지고 그 변화가 두개골의 굴곡에 반영될 것이라는 생각이었다.

공간 기억 spatial memory: 공간 속에서 주체의 위치와 방향을 찾는 것과 관련된 외현기억의 한 형태.

공간 지도 spatial map: 외부 환경에 대한 내적 표상이며 해마 속에서 많은 장소세포들의 조합으로 발견된다. 인지 지도의 일종이다.

과분극 hyperpolarization: 신경세포의 막전위가 음의 방향으로 변하는 현상. 과분극은 뉴런이 활동전위를 산출할 가능성을 낮추며, 따라서 억제적이다.(참조_ 탈분극)

국소화 localization: 특수한 기능들은 신경계의 특수화된 부분들에서 수행된다는 이론.(참조_ 양작용)

글루타메이트 glutamate: 뇌와 척수에서 주요 흥분 신경전달물질로 기능하는 흔한 아미노산.

기능적 자기공명영상법 functional magnetic resonance imaging(fMRI): 거대한 자석을 이용하여 뇌 속의 혈류와 산소 소비의 변화를 탐지하는 비침습성(noninvasive) 생물의학적 영상화 기법. 예컨대 어떤 인지 과제를 수행할 때, 뉴런들의 활동이 많은 영역은 혈류와 산소 이용이 많다.

기억 memory: 학습된 정보의 저장. 기억은 적어도 두 단계, 즉 단기기억(몇 분에서 몇 시간 유지됨)과 장기기억(며칠에서 몇 주 유지됨)으로 존재한다. 또한 두 가지 형태, 즉 외현기억과 암묵기억이 있다.(참조_ 외현기억, 암묵기억)

기저핵 basal ganglia: 양쪽 대뇌반구 깊숙이 있는 뇌 구조물들의 집단으로 운동과 인지의 조절에 기여한다. 기저핵에는 경막(putamen, 조가비핵), 꼬리핵, 담창구(globus pallidus), 흑질이 포함된다. 경막과 꼬리핵은 합쳐서 선조체로 불린다.

나트륨 이온 sodium(Na^+): 양의 전하를 띤 이온으로 신경계의 기능에 필수적인 요소다. 안정 상태에 있는 뉴런 내부의 나트륨 이온 농도는 외부의 농도보다 낮다.

내분비샘 endocrine: 호르몬이라는 화합물들을 직접 혈류로 분비하는 샘들의 총칭. 그 호르몬들은 표적 조직으로 이동하여 효과를 발휘한다.

뇌 brain: 모든 정신 기능과 모든 행동을 매개하는 기관. 통상적으로 여러 주요 부분들로 세분된다. 그 부분들은 뇌간, 시상하부, 시상, 소뇌, 두 개의 대뇌반구다.

뇌간 brain stem: 세 가지 해부학적 구조물을 합쳐서 부르는 이름. 그 세 구조물은 수질(medulla, 髓質), 교(pons, 橋), 중뇌(midbrain, 中腦)인데 모두 뇌의 밑부분, 척수

위에 있다. 뇌간은 머리와 목과 얼굴의 피부와 관절에서 온 감각을 처리하고 청각, 미각, 균형감각 등의 특수화된 감각도 처리한다. 또 호흡, 심장박동, 소화 등의 특정 생명 유지 기능을 매개한다. 뇌간에 대한 감각 입력과 운동 출력은 뇌신경(cranial nerve)에 의해 운반된다.(참조_ 뇌)

뇌활 fornix: 해마로 들어오고 나가는 정보를 운반하는 축삭돌기들의 다발.

뉴런 neuron: 모든 신경계의 근본 단위. 인간의 뇌는 약 1,000억 개의 뉴런으로 되어 있고, 그 뉴런 각각은 약 1,000개의 시냅스를 형성한다. 뉴런은 세포 기능을 위한 분자적 장치를 공유한다는 점에서 다른 세포들과 유사하지만, 멀리 떨어진 다른 세포와 신속하고 매우 정확하게 소통하는 능력을 가졌다는 점에서 독특하다.

뉴런주의 neuron doctrine: 개별 뉴런이 신경계의 근본적인 신호 전달 요소라는 이론.

뉴클레오타이드 염기 nucleotide base: DNA나 RNA를 이루는 기초 요소. 유전암호에 관여하는 네 가지 뉴클레오타이드 염기들이 존재한다. DNA에서 그 넷은 티민, 아데닌, 시토신, 구아닌이며, RNA에서는 티민 대신에 우라실이 들어간다.

다른 시냅스 가소성 heterosynaptic plasticity: 제3의 세포나 세포집단의 작용에 의해 일어난 두 세포 사이 시냅스 연결의 세기 변화(강화나 약화).

다른 시냅스 강화 heterosynaptic facilitation: 민감화를 일으키는 신경 메커니즘. 다른 시냅스 강화에서 두 신경세포 사이 시냅스 연결의 세기는 또 다른 세포나 세포 집단의 작용에 의해 강화된다.

단백질 protein: 하나 이상의 아미노산 사슬이 복잡한 3차원 구조로 얽혀 이루어진 거대한 분자로 살아 있는 시스템에서 조절적·구조적·촉매적 역할을 한다.

단백질 키나아제 protein kinase: 다른 단백질들의 인산화를 촉진하여 그것들의 기능을 변화시키는 효소.

단백질 키나아제 A protein kinase A: 환상 AMP의 표적이며 다른 표적 단백질들을 인산화하는 효소. 네 개의 하부 단위로 이루어졌는데, 두 개는 조절 하부 단위로서 나머지 촉매 하부 단위 두 개를 억제한다. 촉매 하부 단위는 다른 효소들을 인산화한다.

대뇌반구 cerebral hemisphere: 뇌의 양편에 각각 한 개가 있으며 뇌량(corpus callosum, 腦梁)이라는 축삭돌기들의 대규모 집단에 의해 서로 연결된다. 뇌량은 의식적 경험의 통일성을 보장한다. 대뇌반구는 대뇌피질과 세 가지 심층 구조물로 이루어진다. 그 구조물은 기저핵, 해마, 편도다. (참조_ 뇌)

대뇌피질 cerebral cortex: 대뇌반구의 바깥 덮개. 네 개의 엽(전두엽, 두정엽, 측두엽, 후두엽)으로 구분된다.

대사성 수용체 metabotropic receptor: 세포 표면에 있으면서 전달물질이나 호르몬(1차 전달자)과 결합하여 세포 내부의 화합물(2차 전달자)을 활성화함으로써 세포 전역에 걸친 반응을 유발하는 단백질.(참조_ 이온성 수용체)

도구적 조건화 instrumental conditioning: (참조_ 조작적 조건화)

도파민 dopamine: 뇌 속에 있는 신경전달물질로 장기 증강, 주의 집중 통제, 수의 운동과 인지, 그리고 여러 흥분 물질(예컨대 코카인)의 작용에서 주요 역할을 한다. 도파민 결핍은 파킨슨병을 일으키며, 도파민 과잉은 정신분열병의 양성 증상들에 기여한다.

돌기 process: 뉴런에서 시냅스가 형성될 수 있거나 형성될 돌출부.(참조_ 축삭돌기, 수상돌기)

동원 recruitment: 특정한 생화학적 경로에 필요한 다양한 요소들이 집합되어 필요한 화학반응들이 순차적으로 일어날 수 있게 되는 과정.

두정엽 parietal lobe: 대뇌피질의 네 엽 가운데 하나로 전두엽과 후두엽 사이에 있다. 촉각, 압축감각, 통각 등의 감각을 처리하며 다수의 감각들을 단일한 경험으로 통합하는 데 중요한 역할을 한다.(참조_ 전두엽, 후두엽, 측두엽)

막 가설 membrane hypothesis: 안정 상태에도 뉴런의 막 양편에 지속적인 전압 차이가 존재한다는 생각.

막전위 membrane potential: (참조_ 안정막전위)

말초신경계 peripheral nervous system: 신경계의 한 부분으로 자율신경계를 포함하는데, 자율신경계는 척수와 뇌간 바깥에 위치한 뉴런들에 의해 매개되는 운동이나 자율 활동을 담당한다. 말초신경계는 중추신경계와 기능적으로 연결되어 있다.(참조_ 중추신경계)

매개회로 mediating circuit: 반사 작용에 관여하는 주요 회로. 운동뉴런, 감각뉴런, 반사에 직접 관여하는 중간뉴런들로 이루어진다.(참조_ 조절회로)

민감도 변화 excitability change: 활동에 따라 신경세포의 문턱이 변하는 현상.

민감화 sensitization: 비연결 학습의 한 유형으로, 이 학습에서는 유해한 자극에 대한 노출이 다른 (심지어 무해한) 자극들에 대한 반사 반응을 강화한다.(참조_ 다른 시냅스 강화)

반사 reflex: 학습되지 않았으며 의지에 따른 것이 아닌, 자극에 대한 반응. 척수에 의해 매개되는 척수반사가 일어날 때는 뇌로 신호가 전달될 필요가 없다.(참조_ 수의적 주의 집중)

발현 expression: (참조_ 유전자 발현)

번역 translation: 전령RNA로부터 유전암호에 기초하여 단백질이 생산되는 과정.

베르니케 영역 Wernicke's area: 좌측 두정엽의 한 부분으로 언어 이해에 관여한다.(참조_ 브로카 영역)

벤조디아제핀 benzodiazepines: 항불안 및 근육 이완을 위한 약의 한 유형으로 디아제팜(Valium, 상표명 발륨)과 로라제팜(Ativan, 상표명 아티반) 등이 이에 속한다. 벤조디아제핀은 억제 신경전달물질 가바에 대한 수용체들에 결합하여 가바가 뉴런에 미치는 효과를 증진함으로써 시냅스 전달을 누그러뜨린다.

복제 replication: 두 개의 가닥으로 된 DNA의 복제본이 형성되는 과정. 이때 DNA의 두 가닥은 분리되어 각각 주형, 즉 모 가닥(parent strand)으로 기능한다. 복제를 통해 새로 만들어진 가닥들, 즉 딸 가닥들은 각자의 모 가닥에 있는 물질의 보체(complement)를 지닌다.

분자생물학 molecular biology: 유전학과 생화학의 혼성 분야로, 생명 과정을 세포의 거대분자들과 그것들의 구조 및 기능의 수준에서 이해하려 노력한다.

불수의 주의 집중 involuntary attention: 특정 자극에 초점을 맞춘 주의 집중. 그 자극은 내적이거나 외적일 수 있고, 주의 집중은 그 자극의 어떤 측면에 대한 반사 반응으로 일어난다. 그런 자극은 대개 강력하거나 해롭거나 매우 새로운 자극이다.

불응기 refractory period: 뉴런이 한 활동전위를 점화한 후에 오는 짧은 기간으로, 이 기간에는 뉴런의 활동전위 발생 문턱이 더 높다.

브로카 영역 Broca's area: 좌뇌 전두엽피질의 뒷부분에 있는 영역이며 언어 표현에 결정적으로 관여한다.(참조_ 베르니케 영역)

상위 정신 처리 higher-order mental processing: 뇌의 1차 감각 영역이나 운동 영역 너머에서 일어나는 신경 처리.

상위 피질 higher-order cortex: 뇌의 1차 감각 및 운동 영역에서 온 정보를 처리하는 여러 대뇌피질 영역들.

생화학 biochemistry: 살아 있는 유기체 안에서 일어나는 다양한 화학적 경로들과 반응들을 연구함으로써 생명 과정들을 이해하려 노력하는 생물학의 한 분야. 특히 단백질들이 하는 역할을 연구한다.

섀퍼 곁가지 경로 Schaffer collateral pathway: 해마에 있는 경로로 외현기억 저장에 중요하고 따라서 기억에 필수적인 시냅스 변화를 연구하는 데 있어서 중요한 실험 모형의 역할을 했다.

선조체 striatum: 기지핵의 한 부분으로 운동과 인지에 관여한다. 선조체는 경막, 꼬리핵, 측좌핵(nucleus accumbens)으로 이루어졌다. 파킨슨병 환자의 선조체는 비정상적으로 기능한다. 꼬리핵은 쾌감을 매개하며 정신분열병 환자에서 비정상성이 나타나는 부위다.(참조_ 기저핵)

섬유 fiber: 축삭돌기.

세로토닌 serotonin: 뇌 속의 조절 신경전달물질이며 우울, 불안, 음식 섭취, 충동적 폭력과 같은 기분 상태의 조절에 관여한다.

세포배양 cell culture: 세포들을 동물에서 떼어 낸 후 배양접시에 놓고 실험실의 통제된 조건하에서 키우는 일.

세포 본체 cell body: 뉴런의 대사적 중심부. 그 안에 염색체들을 지닌 핵이 있다. 세포 본체에서 두 가지 유형의 돌출부가 발생하는데, 그것들은 축삭돌기와 수상돌기이며 둘 다 전기신호를 전달한다.

세포생물학 cell biology: 성장, 발생, 적응, 생식 등의 생명 과정을 세포와 세포 내 구조물들과 세포의 생리학적 과정들의 맥락 안에서 이해하려 노력하는 생물학의 한 분야.

세포이론 cell theory: 1830년대에 해부학자 야콥 슐라이덴과 테오도르 슈반에 의해 제기된 이론으로, 모든 동물의 몸속에 있는 모든 살아 있는 조직과 기관이 세포라는 구조적·기능적 단위를 공유하며, 모든 세포는 다른 세포들에서 비롯된다는 내용이다.

세포질 cytoplasm: 핵을 제외하고 세포 내부에 있는 모든 물질. 단백질을 만드는 장치가 세포질에 있다.

소뇌 cerebellum: 뇌의 주요 부분 중 하나로 운동 통제에 관여한다. 운동의 힘과 범위를 조절하며 운동 협응과 운동 솜씨 학습에 관여한다.(참조_ 뇌)

수상돌기 dendrite: 대부분의 세포가 가진 여러 갈래로 가지가 뻗은 구조물. 뉴런은 다른 뉴런들에서 온 신호를 수상돌기에서 수용한다.

수용세포 receptor cell: 촉감, 빛, 온도 등의 특정한 물리적 속성에 반응하도록 특수화된 감각세포.

수용야 receptive field: 감각적 세계 전체에서 특정 감각뉴런을 활성화하는 부분. 예컨대 망막에 있는 특정 감각뉴런의 수용야는 시야의 왼쪽 상단 부위에 비춰진 빛점 하나일 수 있다.

수용체 receptor: 시냅스후 세포에 있으며 시냅스전 세포에서 방출된 신경전달물질을 인지하고 결합하는 특수한 단백질. 화학적 신경전달물질에 대한 모든 수용체들은 두 가지 기능을 가진다. 즉, 신경전달물질을 인지하는 기능과 세포 내에서 어떤 과정을 실행하는 기능을 가진다. 예를 들어 수용체들은 이온 통로의 게이트를 열고 닫거나 2차 전달자를 활성화하는 기능을 할 수 있다. 게이트 여닫기 기능을 하는가, 아니면 활성화 기능을 하는가에 따라 수용체들을 두 개의 주요 범주로, 즉 이온성 수용체와 대사성 수용체로 분류한다.(참조_ 이온성 수용체, 대사성 수용체)

수의적 주의 집중 voluntary attention: 주체 자신의 경향에 따라 내적이거나 외적인 특정 자극에 주의를 집중하는 일. 이 일은 주체의 뇌 과정에 의해 내적으로 결정된다.(참조_ 반사)

수질(髓質) medulla: 뇌간의 한 부분이며 척수 바로 위에 있다. 소화, 호흡, 심장박동 통제 등 필수적인 자율 기능을 관장하는 여러 중심들을 포함한다.

순유전학 forward genetics: 대개 화학물질을 써서 단일 유전자에 무작위한 돌연변이를 만든 다음 특정 표현형을 가진 돌연변이들을 선택하는 유전학 기법.

습관화 habituation: 단순한 비연결 학습의 한 형태. 이 학습에서 피실험자는 단일하고 무해한 자극의 속성을 학습한다. 피실험자는 그 자극을 무시하는 것을 배운다.

시각 시스템 visual system: 망막에서 피질로 이어진 감각 경로로, 환경의 자극을 감지하여 외부 세계의 이미지를 산출한다.

시냅스 synapse: 두 뉴런 사이의 소통이 일어나는 특수화된 자리. 시냅스는 세 요소로 이루어진다. 시냅스전 말단, 시냅스후 세포, 그리고 이 둘이 마주보는 자리(시냅스 틈새)가 그 요소들이다. 이때 그 마주보는 자리가 어떠한가에 따라 시냅스는 전기적 시냅스와 화학적 시냅스로 분류할 수 있다. 이 두 유형의 시냅스는 각각 다른 시냅스 전달 메커니즘을 사용한다.

시냅스 가소성 synaptic plasticity: 특수한 패턴의 신경 활동 뒤에 시냅스의 세기가 단기간 혹은 장기간 강화되거나 약화되는 것. 시냅스 가소성은 학습과 기억에 결정적으로 관여한다.

시냅스 말단 synaptic terminal: (참조_ 시냅스전 말단)

시냅스 소포 synaptic vesicle: 시냅스전 말단에서 전부-아니면-전무로 방출될 신경전달물질 분자 5,000개가량을 담은 막 결합 주머니.(참조_ 양자, 시냅스 전달)

시냅스 전달 synaptic transmission: 한 뉴런이 다른 뉴런의 활동에 화학적 또는 전기적으로 영향을 끼치는 메커니즘. 화학적 시냅스 전달은 시냅스전 세포에서 신경전달물질이 방출되는 것에 의해 매개된다. 그 신경전달물질은 시냅스후 세포의 수용체들에 작용한다. 전기적 시냅스 전달은 두 뉴런의 접합점을 통해 흐르는 전류에 의해 매개된다.

시냅스전 말단 presynaptic terminal: 시냅스전 뉴런의 축삭돌기의 끝부분으로, 이곳에서 신경전달물질을 담은 시냅스 소포(synaptic vesicles)가 시냅스후 세포를 향해 방출된다(화학적 시냅스). 또는 시냅스전 말단이 전기적인 접합점을 통해 시냅스후 세포와 연결되기도 한다(전기적 시냅스).

시냅스전 세포 presynaptic cell: 시냅스에서 다른 뉴런으로 (화학적 또는 전기적) 신호를 보내는 뉴런.

시냅스전위 synaptic potential: 시냅스전 뉴런에서 온 신호(대개 화학적 신호)에 의해 산출된 시냅스후 뉴런의 막전위의 점진적 변화. 시냅스전위는 흥분적이거나 억제적일 수 있다. 흥분적 시냅스전위는 충분히 강할 경우 시냅스후 세포에서 활동전위가 발생하게 만든다. 따라서 시냅스전위는 시냅스전 말단의 활동전위와 시냅스후 세포의 활동전위를 연결하는 중간 단계다.

시냅스 틈새 synaptic cleft: 화학적 시냅스에서 두 뉴런 사이의 틈.

시냅스 표시 synaptic marking: 시냅스에 표시가 되어 장기 강화의 표적이 되는 과정.

시냅스후 세포, 시냅스후 뉴런 postsynaptic cell, postsynaptic neuron: 시냅스에서 다른 세포로부터 (화학적 또는 전기적) 신호를 받는 뉴런. 신호는 시냅스후 세포의 민감성에 영향을 끼친다.

시냅스후 수용체 postsynaptic receptor: (참조_ 수용체)

시도와 오류 학습 trial-and-error learning: (참조_ 조작적 조건화)

시상 thalamus: 뇌의 주요 중개 지점으로 여러 감각 시스템으로부터 대뇌피질에 도달하는 감각 정보와 운동피질로부터 근육으로 운반되는 운동 정보의 대부분을 처리한다.

시상하부 hypothalamus: 뇌에서 시상 바로 아래에 있으며 자율 기능, 내분비 기능, 내장 기능을 조절하는 부분.

신경 nerve: 축삭돌기들의 다발.

신경세포 nerve cell: (참조_ 뉴런)

신경전달물질 neurotransmitter: 한 뉴런에서 방출되어 다른 뉴런의 수용체에 결합하는 화학물질. 그 결합을 통해 두 번째 세포에서 전류의 흐름이나 생화학 반응들을 변화시킨다. 신경전달물질의 구체적인 작용은 수용체의 속성에 따라 달라진다. 단일한 신경전달물질에 대한 수용체가 여러 종류일 수도 있다.

신경절 ganglion: 기능적으로 연관된 뉴런 세포 본체들의 집단으로 척추동물의 말초신경계와 군소를 비롯한 무척추동물의 중추신경계에 있다.

신경 지도 neural map: 중추신경계 속 뉴런들이 이룬 질서정연한 지형적 배열이며, 1차 감각기관에서 뉴런들의 공간적 관계를 반영한다. 뇌 속에는 신경 지도와 유사하며 운동과 관련된 운동 지도(motor map)도 있다.

신경(의)학 neurology: 정상적이거나 병든 신경계를 다루는 고전적인 의학 분야. 임상 신경학은 대개 정신 과정에 큰 영향을 끼치지 않는 신경계 장애의 진단 및 치료를 담당한다. 그런 장애로는 뇌졸중, 간질, 헌팅턴병, 알츠하이머병, 파킨슨병 등이 있다. 인지신경과학이 다루는 많은 중요한 질문들은 신경학에서 유래했다. 한편, 정신의학은 정신 과정에 영향을 끼치는 뇌 장애를 다룬다.

신경 회로 neural circuit: 서로 연결되어 소통하는 여러 뉴런들의 집단

신호 signal: 시냅스전 뉴런에서 온 입력이나 감각 수용체의 활성화로 인한 시냅스후 뉴런의 막전위 변화. 신호에는 두 유형이 있다. 국소적 신호는 시냅스전위다. 이 신호는 공간적으로 국한되어 있고 능동적으로 전파되지 않는다. 반면에 전파되는 신호는 활동전위다. 활동전위는 축삭돌기를 따라 시냅스 말단까지 전파된다. 활동전위 신호는 신경계 전체에서 매우 정형화되어 있지만, 활동전위가 운반하는 '메시지'는 활성화된 뉴런이 위치한 경로에 전적으로 의존한다.

실어증 aphasia: 언어장애의 한 범주로, 뇌의 특정 구조물들에 손상이 생기면 발생한다. 그런 손상은 언어를 이해하는 능력의 상실(베르니케 실어증)이나 표현하는 능력의 상실(브로카 실어증), 또는 두 능력 모두의 상실을 일으킬 수 있다.

실인증(失認症) agnosia: 앎의 상실. 정상으로 작동하는 감각 경로들을 가지고 있으나 대상을 의식적으로 인지하는 능력을 상실한 상태. 깊이실인증, 운동실인증, 색실인증, 안면실인증(얼굴을 알아보는 인지능력의 결함) 등이 있다.

아세틸콜린 acetylcholine: 운동뉴런과 근육세포의 사이 시냅스와 뉴런들 사이의 시냅스에서 운동뉴런에 의해 방출되는 화학적 신경전달물질.

안정막전위 resting membrane potential: 신경세포막의 내부 표면과 외부 표면 사이의 전위 차이. 나트륨, 칼륨, 염소 이온의 농도가 세포 내부와 외부에서 다르기 때문에 발생한다. 대부분의 포유류 신경세포에서 안정막전위는 약 -60~-70밀리볼트다.

암묵기억 implicit memory: 되살리기 위해 의식적 주의 집중이 필요하지 않은 정보의 저장. 대개 습관, 지각이나 운동의 전략, 연결 조건화 및 비연결 조건화와 관계가 있다. 절차기억(procedural memory)이라고도 한다.(참조_ 외현기억)

양자 quantum: 약 5,000개의 신경전달물질 분자를 담은 작은 꾸러미로 축삭돌기의 시냅스전 말단에서 방출된다. 시냅스 소포로 싸여 있다.(참조_ 시냅스 전달, 시냅스 소포)

양작용 mass action: 20세기 전반기에 장 피에르 플루랭스와 칼 래슐리가 주창한 이론으로, 뇌 기능은 특수화되고 국소화된 하부 단위들로 세분되어 있지 않고 전체론적이라고 본다. 이 이론가들은 뇌 손상으로 인한 기능 상실은 손상된 조직의 위치가 아니

라 양에 정비례할 것이라고 믿었다. 집합장이론(aggregate field theory)이라고도 한다.(참조_ 국소화)

양전자방출단층촬영법 positron-emission tomography(PET): 살아 있는 유기체의 뇌 기능을 영상화하기 위한 컴퓨터 단층촬영 기법. 이 기법은 개념적으로 기능적 자기공명영상법과 유사하나 혈류나 대사작용 등의 특수한 뇌 활동을 탐지하는 데 방사능 분자들을 이용한다.(참조_ 기능적 자기공명영상법)

억제 inhibition: 막전위가 음의 방향으로 변하는 현상으로 해당 세포가 활동전위를 점화할 가능성을 차단하거나 줄인다.

억제(적) inhibitory: 표적을 과분극하여 거기에서 활동전위 점화가 일어날 가능성을 낮추는 뉴런이나 시냅스에 붙이는 술어.(참조_ 흥분)

억제자 repressor: 프로모터에 결합하여 유전자가 켜지는 것을 막는 조절단백질.

억제적 피드백 inhibitory feedback: 한 뉴런이 억제적 중간뉴런을 흥분시키면, 그 중간뉴런이 첫 번째 뉴런과 연결되어 있어서 그 뉴런의 활동을 억제하는 구조의 회로. 이런 유형의 회로는 일종의 자기 규제(self-regulation) 회로다.

역동적 분극화 dynamic polarization: 뉴런 내부의 정보가 예측 가능하며 일정한 한 방향으로 흐른다는 원리.

역유전학 reverse genetics: 특정 가설을 검증하기 위하여 생쥐의 게놈에 어떤 유전자를 삽입하거나 원래 있던 유전자를 제거한 후 그 유전적 변화의 효과를 검사하는 유전학 기법.

연결 특이성 connection specificity: 뉴런들은 특이한 기능적 상호 연결을 형성한다는 원리로 카할이 다음의 세 가지 해부학적 관찰에 근거하여 정식화했다. (1) 뉴런들은 다른 세포와 마찬가지로 세포막에 의해 따로따로 분리되어 있다. (2) 뉴런들은 무차별적으로 연결되거나 무작위한 연결망을 형성하지 않는다. (3) 각각의 뉴런은 오직 특정한 시냅스후 세포들과 특수한 자리들(시냅스들)에서만 소통한다.

연결 학습 associative learning: 피실험자(사람이나 실험동물)가 두 자극들 사이의, 또는 자극과 행동 반응 사이의 연관을 배우는 과정.

염색체 chromosome: 유기체의 유전물질을 담고 있는 구조물. 대개 탄탄하게 감긴 두 가닥의 DNA 분자가 다양한 단백질들과 얽힌 형태로 되어 있다. 염색체는 자기 복제를 함으로써 세포가 자신의 유전물질을 재생산하여 후속 세대들에게 전달할 수 있게 해준다.(참조_ DNA)

염소 이온 chloride(Cl^-): 음으로 대전된 염소 이온은 가바에 의한 뉴런 억제를 매개한다.

외현기억 explicit memory: 사람, 장소, 사물에 대한 정보 저장이며 그 정보를 되살리려면 의식적 주의 집중이 필요하다. 이런 기억은 언어로 기술될 수 있다. 일반인들이 거론하는 기억은 대부분 외현기억이다. 서술적 기억이라고도 한다.

외현학습 explicit learning: 의식적 참여가 필요하며, 사람, 장소, 사물에 관한 정보 획득을 포함한 학습 유형. 서술적 학습(declarative learning)이라고도 한다.

운동뉴런 motor neuron: 기능에 따라 분류한 뉴런의 세 가지 주요 유형 가운데 하나. 운동뉴런은 근육세포와 시냅스를 형성하여 중추신경계에서 온 정보를 운반하고 그 정보를 운동으로 변환한다.(참조_ 중간뉴런, 감각뉴런)

운동신경계 motor system: 신경계 중에서 운동과 기타 능동적 기능을 매개하는 부분으로, 자극을 수용하고 처리하는 감각신경계와 대비된다.

유기 이온 organic ion: 탄소 원자를 포함하고 전하를 띠며 (아미노산과 단백질을 함유하여) 생물학적 과정에 관여하는 분자.

유전자 gene: 염색체의 특정 위치에 있는 특수한 DNA 서열로 특정 단백질 합성을 위한 지시를 담고 있다.

유전자 발현 gene expression: 유기체의 DNA에 담긴 특수한 유전정보에 기초하여 단백질이 생산되는 과정.

의식의 신경 상관물 neural correlate of consciousness: 사람이 의식적 주의 집중을 요하는 활동을 하는 동안 뉴런들에서 일어나는 과정.

이랑 gyrus: 대뇌피질 바깥쪽 뇌회(腦回, 융기한 소용돌이 모양의 부분 – 옮긴이)의 꼭대기. 많은 이랑은 위치가 고정적이어서 피질의 영역을 식별하는 기준이 된다. 두 이랑 사이의 계곡은 고랑(sulcus)이라고 한다. 치아이랑은 해마계(hippocampal formation)의 일부이며 해마로 정보를 보낸다.

이식유전자 transgene: 다른 유기체의 게놈에 삽입된 외래 유전자.

이온 ion: 순 전하(net charge)가 양이거나 음인 원자나 분자. 신경세포 막의 안쪽이나 바깥쪽에 있는 주요 이온들은 칼륨, 나트륨, 염소, 칼슘, 마그네슘, 그리고 아미노산과 같은 유기 이온이다.

이온 가설 ionic hypothesis: 나트륨 이온과 칼륨 이온의 세포막 통과는 독립적으로 조절되며, 그 통과 움직임에 의해 활동전위와 안정전위가 발생한다는 이론으로 호지킨과 헉슬리에 의해 개발되었다.

이온성 수용체 ionotropic receptor: 세포의 표면 막에 걸쳐 있고 전날물질-결합 부위와 통로를 가지고 있는 단백질. 그 통로로 이온들이 통과한다. 적절한 전달물질이 결합

하면 즉시 이온들이 통과할 수 있게 통로가 열리거나 닫힌다.(참조_ 전달물질 감응성 통로, 대사성 수용체)

이온 통로 ion channel: (참조_ 통로)

인산화 phosphorylation: 단백질에 인산기가 결합되어 단백질의 구조나 전하량, 또는 작용이 바뀌는 과정. 인산화는 단백질 키나아제라는 특수한 유형의 효소들에 의해 수행된다.

인지신경과학 cognitive neuroscience: 정신 과정을 연구하기 위해 고안된 인지심리학과 뇌를 연구하는 신경과학의 개념과 방법을 종합한 학문. 이 종합 분야는 신경과학, 인지심리학, 행동신경학, 컴퓨터과학의 방법들을 아울러 사용한다.

인지 지도 cognitive map: 특정한 외부의 물리적 공간에 대한 뇌 속의 표상. 해마 속에 확실히 있는 것으로 보이는 공간 지도가 그 예다.

자극 stimulus: 반응을 유발하는 모든 사건. 자극은 네 가지 속성을 지닌다. 양상(modality, 경로), 강도, 지속성, 위치가 그것들이다.

자기공명영상법 magnetic resonance imaging(MRI): 거대한 자석을 이용하여 살아 있는 피실험자를 영상화하는 비침습성 기술. 뇌 속의 구조물들을 보는 데 쓴다.

자율신경계 autonomic nervous system: 말초신경계의 두 주요 부분 중 하나. 내장, 민무늬근, 외분비샘을 통제하며, 심박, 혈압, 호흡에 대한 불수의 통제를 매개한다.

작업기억 working memory: 전전두엽피질 등이 관여하여 생기는 독특한 유형의 단기기억으로 매 순간의 지각을 비교적 단기간에 걸쳐 통합하며 그것들을 과거 경험과 결합한다. 작업기억은 단순해 보이는 일상의 많은 측면에 필요하다. 예컨대 대화하기, 덧셈하기, 운전하기에 필요하다. 정신분열병 환자는 이 기억에 결함이 있다.

장소세포 place cell: 해마에 있는 뉴런으로 오직 동물이 환경 속의 특정 위치에 있을 때만 점화한다. 장소세포들은 환경에 대한 인지 지도를 형성한다. 동물이 다른 장소로 옮겨 가면, 다른 장소세포들이 활성화된다.

재조합 DNA recombinant DNA: 원래 별개의 DNA 분자들에 있던 가닥들을 조합하여 만든 DNA 분자.

전극 electrode: 유리나 금속으로 된 바늘 모양의 감지 장치. 유리 전극은 뉴런 속으로 삽입하여 표면 막 양쪽의 전기 활동을 측정하는 데 쓴다. 금속 전극은 세포 외부에서 측정할 때 쓴다.

전기적 시냅스 electrical synapse: 한 뉴런이 다른 뉴런과 연결되어 두 뉴런 사이의 접합점으로 흐르는 전류로 신호를 주고받는 자리.(참조_ 화학적 시냅스)

전달물질 감응성 통로 transmitter-gated channel: 신경전달물질과 같은 화학적 전달물질의 결합에 의해 열리거나 닫히는 이온 통로. 전달물질의 결합은 이온의 움직임을 직접 통제하거나 2차 전달자의 활성화를 일으킬 수 있다. 전달물질 감응성 통로는 흥분적이거나 억제적일 수 있으며 뉴런 대 뉴런 소통에 관여한다. 반면에 전압 감응성 통로는 단일 뉴런 내부의 활동전위 산출에 관여한다.(참조_ 전압 감응성 통로)

전두엽 frontal lobe: 대뇌피질을 이루는 네 개의 엽 가운데 하나. 전두엽은 주로 실행 기능(executive function), 작업기억, 추론, 계획, 발화, 운동에 관여한다. 정신분열병 환자는 전두엽에 장애가 있다.(참조_ 후두엽, 두정엽, 측두엽)

전령RNA messenger RNA: 세포핵 속의 DNA로부터 특정 단백질 합성을 위한 지시를 세포질의 단백질 합성 장치로 운반하는 리보핵산. 전령RNA 생산 과정은 전사라고 불린다.(참조_ 번역, 전사)

전사 transcription: DNA가 주형 역할을 하여 RNA가 제작되는 과정.

전압 감응성 통로 voltage-gated channel: 세포의 막전위의 변화에 반응하여 열리고 닫히는 이온 통로. 뉴런의 전압 감응성 통로들은 나트륨이나 칼륨, 또는 칼슘을 통과시킬 수 있으며, 예컨대 활동전위를 산출하거나 칼슘을 유입시켜 신경전달물질 방출을 촉발하는 기능을 한다. 어떤 기능을 하는가는 통로가 어떤 유형인가와 어디에 있는가에 의존한다.(참조_ 전달물질 감응성 통로)

전전두엽피질 prefrontal cortex: 전두엽피질의 맨 앞부분으로 계획, 결정, 높은 수준의 인지, 주의 집중, 여러 운동 기능에 관여한다.

전파 propagation: (1) 신경 임펄스가 뉴런을 따라 이동하는 과정. (2) 프리온에서 한 형태의 프리온이 자기를 영속화하는 과정.

절차적 기억 procedural memory: (참조_ 암묵기억)

정신의학 psychiatry: 정상 및 비정상 정신 기능들을 연구하는 의학의 분야. 임상 정신의학은 정신분열병, 우울증, 불안 상태, 약물 남용 등의 장애를 다룬다.

조건화되지 않은 자극 unconditioned stimulus: 보상이 되거나 유해한 자극으로 항상 명백한 반응을 산출한다.

조건화된 반응 conditioned response: 고전적 조건화 이후 조건화된 자극에 의해 유발된 반응. 이 반응은 원래 조건화되지 않은 자극에 의해 유발된 반응과 유사하다.(참조_ 고전적 조건화)

조건화된 자극 conditioned stimulus: 훈련 전에는 외적인 반응을 산출하지 않는 중립적인 자극. 고전적 조건화를 통해 이 자극을 조건화되지 않은 자극과 연결할 수 있다.

(참조_ 고전적 조건화)

조작적 조건화 operant conditioning: 암묵적·연결적 학습의 한 형태로, 피실험자는 이 학습에서 과거에 중립적이었던 조건화된 자극에 반응하여 어떤 행동(기존의 반사가 아닌 행동)을 하거나 하지 않는 것을 상이나 벌을 통해 배운다. 도구적 조건화(instrumental conditioning)라고도 한다.

조절회로 modulating circuit: 민감화와 고전적 조건화 등의 조절(nonreflex, 비반사) 과정을 위한 회로이며 운동에 관여하는 주요 회로의 기능을 변화시킨다.(참조_ 매개회로)

중간뉴런 interneuron: 기능에 따라 분류한 뉴런의 세 유형 가운데 하나. 중간뉴런은 다른 뉴런들을 연결하거나 조절한다. 많은 중간뉴런들은 억제적이다.(참조_ 운동뉴런, 감각뉴런)

중뇌 midbrain: 뇌간의 맨 윗부분으로 눈 운동, 시각적 반사와 청각적 반사의 협응 등 많은 감각 및 운동 기능들을 통제한다.

중추신경계 central nervous system: 신경계의 두 부분 중 하나. 다른 한 부분은 말초신경계다. 중추신경계는 뇌와 척수를 포함한다. 중추신경계와 말초신경계는 해부학적으로는 별개이지만 기능적으로 연결되어 있다.

증강 potentiation: 한 뉴런의 활동이 그것의 표적과의 시냅스 연결을 강화하는 과정. 장기 증강은 시냅스전 뉴런이 반복적으로 자극을 받은 후에 시냅스후 뉴런의 시냅스 반응이 장기간(몇 시간에서 며칠 동안) 강화되는 것을 의미한다.

척수 spinal cord: 중추신경계의 한 부분으로 사지와 몸통의 운동을 통제하고 사지와 몸통의 피부, 관절, 근육에서 온 감각 정보를 처리하며 자율 기능을 통제한다.(참조_ 뇌)

척수반사 spinal reflex: 감각 입력에 의해 촉발되며 척수에 국한된 신경 회로에 의해 산출되는 불수의 운동.

체감각 시스템 somatosensory system: 신체 표면에 있는 피부에서 온 감각(건드림, 떨림, 압력, 통증)과 사지의 위치에 대한 감각에 관여하는 감각 시스템. 신호들은 말초신경계에서 뇌로 운반된다.

체감각피질 somatosensory cortex: 두정엽에 위치한 대뇌피질의 한 부분으로, 건드림, 떨림, 압력에 대한 감각 및 사지의 위치에 대한 감각을 처리한다.(참조_ 두정엽)

추체세포 pyramidal cell: 특수한 유형의 뉴런으로 대개 활동성이 강하고 대뇌피질에 있으며 대체로 피라미드 모양이다. 추체세포는 해마에 있는 뉴런들의 주요 유형이며 해마에서 장소 기억에 관여한다.(참조_ 장소세포)

축삭돌기 axon: 뉴런에서 돌출한 긴 섬유이며 시냅스전 말단들에서 끝나고 다른 세포들로 신호를 보낸다.

측두엽 temporal lobe: 대뇌피질의 네 엽 가운데 하나. 전두엽과 두정엽 아래에 위치한 측두엽은 주로 청각 및 시각에 관여하고 학습과 기억과 감성의 여러 측면에도 관여한다.(참조_ 전두엽, 후두엽, 두정엽)

치아이랑 dentate gyrus: (참조_ 이랑)

칼륨 이온 potassium(K^{+}): 신경계의 기능에 필수적이며 양의 전하를 띤 이온. 안정 상태의 뉴런 내부의 칼륨 농도는 외부보다 높다.

칼슘 이온 calcium(Ca^{2+}): 양으로 대전된 칼슘 이온은 신경전달물질 방출에 필수적이다. 전압 감응성 칼슘 통로를 통해 신경세포 내부로 칼슘 이온이 유입되면 신경전달물질의 방출이 촉발된다.

탈분극 depolarization: 세포의 막전위가 양의 방향으로, 즉 활동전위 점화를 위한 문턱을 향하여 변하는 현상. 탈분극은 뉴런이 활동전위를 산출할 가능성을 높이며 따라서 흥분적이다.(참조_ 과분극)

통로 channel: 막에 걸쳐 있는 단백질이며 세포로 들어오거나 나가는 이온들의 흐름을 매개한다. 신경세포에서 일부 통로는 안정전위가 생기게 만들며, 다른 통로들은 막전위의 변화를 촉발하여 활동전위를 발생시키고, 또 다른 통로들은 신경세포의 민감성을 변화시킨다. 이온 통로는 막전위의 변화에 의해 열리거나 닫힐 수도 있고(전압 감응성 통로), 화학적 전달자가 결합함으로써 열리거나 닫힐 수도 있고(전달물질 감응성 통로), 수동적으로 이온들을 통과시킬 수도 있다(게이트 없는 통로, 혹은 안정 통로).(참조_ 게이트 없는 통로, 전달물질 감응성 통로, 전압 감응성 통로)

통합 integration: 뉴런이 입력된 모든 흥분 및 억제 신호들을 합산하여 활동전위 산출 여부를 결정하는 처리 과정.

편도 amygdala: 매우 특수하게 공포 등의 감정에 관여하는 뇌 영역. 자율 반응과 내분비 반응을 감정 상태와 연계하여 조율하며 정서적 기억의 기저에 놓인다. 대뇌반구의 측두엽 속 깊숙이 있는 여러 핵들의 집단이다.

프로모터 promoter: DNA에 있는 유전자 각각에 존재하는 특수한 부위로 이곳에 조절 단백질이 결합하여 유전자를 켜거나 끈다.

프리온 prion(proteinaceous infectious agent, **단백질형 감염성 작용자**): 감염성 단백질의 한 유형으로 이에 속하는 단백질은 극소수다. 프리온은 기능적으로 구별되는 두 가지 모양을 가질 수 있는데, 열성 형태는 비활성이거나 통상적인 생리적 역할을 하는 반면, 우성 형태는 자기 영속적이며 신경세포에 유해하다. 우성 형태의 프리온은 신경계에 퇴행성 질병을 일으킬 수 있다. 광우병과 인간이 걸리는 크로이츠펠트야콥병이 그런 질병이다.

학습의 신경 유사물 neural analog of learning: 학습 실험에 쓰이는 감각 자극들을 고립된 신경절의 표적 뉴런에 접한 축삭돌기들을 전기적으로 자극함으로써 흉내 내려는 노력의 산물.

해마 hippocampus: 해마는 외현기억 저장에 필요하며, 대뇌피질의 측두엽 속 깊숙이 있는 구조물이다. 해마계는 해마와 치아이랑, 해마이행부(subiculum)로 이루어진다.

핵 nucleus: (1) 세포의 처리 중심으로 모든 유전물질이 있는 곳이다. 핵은 막에 둘러싸여 세포질과 분리되어 있다. (2) 중추신경계에서 기능적으로 연관된 뉴런세포 본체들의 집단. 말초신경계나 무척추동물의 중추신경계에서는 뉴런들이 집단을 이루어 신경절이 된다.(참조_ 세포 본체. 세포질)

행동주의 behaviorism: 20세기의 벽두에 처음 개발된 이론으로, 행동을 연구하는 유일하게 적합한 방법은 피실험자의 행동을 직접 관찰하는 것이라고 주장한다. '정신적 기능'은 관찰할 수 없는 것으로 간주된다. 행동주의는 행동 연구에 대한 인지적 접근법과 대조된다. 최근 수십 년 동안에는 인지적 접근법이 심리학 연구를 주도했다.

행동학 ethology: 자연적 환경에 있는 동물의 행동을 연구하는 학문.

형질전환 transgenesis: 한 유기체의 유전자를 다른 유기체의 게놈에 삽입하여 자손에게 전달되게 만드는 일.

형태심리학 Gestalt psychology: 시각 지각을 특히 집중적으로 연구했으며 지각은 뇌가 감각 정보를 대상과 환경 사이의 관계에 대한 분석에 기초하여 재구성함으로써 일어난다는 사실을 강조한 심리학 학파.

호르몬 hormone: 신체의 내분비샘에서 생산되어 전달자로 기능하는 화합물. 호르몬은 거의 전부 내분비샘에 의해 직접 혈류로 분비되어 표적으로 이동한다.(참조_ 내분비샘)

화학적 시냅스 chemical synapse: 한 뉴런이 화학적 신호(신경전달물질)를 방출하는 자리. 그 신경전달물질은 이웃 뉴런에 있는 수용체들에 결합하여 그 뉴런을 흥분시키거나 억제한다.(참조_ 전기적 시냅스)

화학적 시냅스 전달 이론 chemical theory of synaptic transmission: 신경전달물질로 불리는 특정 화합물들이 두 뉴런 사이의 시냅스 전달을 매개한다는 이론.

환상 AMP cyclic AMP(cyclic adenosine-3', 5'-monophosphate, 환상 아데노신-3', 5'-일인산): 세포 내에서 2차 전달자로 작용하는 분자로 단백질 구조와 기능의 변화를 촉발한다. 환상 AMP는 환상 AMP-의존 단백질 키나아제(cyclic AMP-dependent protein kinase)라는 효소를 활성화하고, 이 효소는 여러 단백질에 작용하여 그 기능을 바꾸는데, 그중에는 이온 통로들과 DNA의 RNA로의 전사를 조절하는 단백질들도 포함된다.(참조_ 인산화, 단백질 키나아제 A, 2차 전달자, 전사)

환원주의적 분석, 환원주의 reductionist analysis, reductionism: 연구되는 과정에서 기능적으로 필수적이지 않은 측면들을 제거하고 가장 중요한 측면들만 골라내려 하는 과학적 접근법. 이 방법은 복잡한 과정은 효과적으로 연구하기가 너무 복잡하기 때문에 그 과정에 대한 단순 모형을 만드는 일을 포함할 수 있다.

활동전위 action potential: 크기는 1/10볼트 정도이며 1~2밀리세컨드 동안 지속하는 커다란 일시적 전기신호로 축삭돌기를 따라 뉴런의 시냅스전 말단까지 중단이나 약화 없이 전파된다. 시냅스전 말단에서 활동전위는 신경전달물질이 표적 뉴런으로 방출되도록 만든다.

후두엽 occipital lobe: 대뇌피질의 네 엽 가운데 하나로 뒷부분에 있다. 시각에서 중요한 역할을 한다.(참조_ 전두엽, 두정엽, 측두엽)

흥분(적) excitatory: 표적 뉴런을 탈분극하여 거기에서 활동전위가 점화될 확률을 높이는 뉴런이나 시냅스에 붙이는 술어.(참조_ 억제)

주석과 참고문헌

이 주석은 각 장에 나온 인용문의 출처와 기타 참고문헌들을 알리기 위한 것이다. 또한 추가적인 정보를 얻을 수 있는 문헌들도 소개한다.

들어가는 말

DNA의 구조와 그것이 복제에 대하여 갖는 의미를 선언한 두 논문: J. D. Watson and F. H. C. Crick, "Molecular structure of nucleic acids; A structure for deoxyribose nucleic acid," *Nature* 171 (1953): 737-38; and J. D. Watson and F. H. C. Crick, "Genetical implications of the structure of deoxyribonucleic acid," *Nature* 171 (1953): 964-67.

우리가 쓴 교과서의 초판: E. R. Kandel and J. H. Schwartz, *Principles of Neural Science* (New York: Elsevier, 1981).

이 책에서 언급된 자전적인 세부 내용의 일부는 나의 노벨상 수상 강연에 매우 간략하게 들어 있다. 그 강연문은 E. R. Kandel, *The Molecular Biology of Memory Storage: A Dialog Between Genes and Synapses, Les Prix Nobel*(Stockholm: Almquist & Wiksell International, 2001)에 실려 있다.

1장 : 개인적인 기억과 기억 저장의 생물학

정신적 시간 여행에 관한 논의는 D. Schacter, *Searching for Memory: The Brain, the Mind and the Past*(New York: Basic Books, 1996)를 보라.

유전학과 분자생물학의 탄생에 관한 탁월한 역사적 서술에 대해서는 H. F. Judson, *The Eighth Day of Creation*(New York: Simon & Schuster, 1979); and F. Jacob, *The Logic of Life: A History of Heredity*(New York: Pantheon, 1982)를 보라.

기억의 생물학에 관한 논의는 L. Squire and E. R. Kandel, *Memory: From Mind to Molecules* (New York: Scientific American Books, 1999)를 보라.

생물학의 역사와 관련하여 매우 값진 책들: C. Darwin, *On the Origin of Species* (1859; repr., Cambridge, Mass.: Harvard University Press, 1964); E. Mayr, *The*

Growth of Biological Thought: Diversity, Evolution and Inheritance (Cambridge, Mass.: Belknap, 1982); R. Dawkins, *The Ancestor's Tale: A Pilgrimage to the Dawn of Evolution* (New York: Houghton Mifflin, 2004); and S. J. Gould, "Evolutionary Theory and Human Origins" in *Medicine, Science, and Society*, ed. K. J. Isselbacher (New York: Wiley. 1984).

새로운 정신과학의 출현에 관한 전문적 논의로는 T. D. Albright, T. M. Jessell, E. R. Kandel, and M. I. Posner, "Neural science: A century of progress and the mysteries that remain," *Neuron* (Suppl.) 25(S2) (2000): 1-55; E. R. Kandel, J. H. Schwartz, and T. M. Jessell, *Principles of Neural Science*, 4th ed. (New York: McGraw-Hill, 2000)를 보라.

이 장에 언급된 기타 정보의 출처는 Y. Dudai, *Memory from A to Z* (Oxford: Oxford University Press, 2002)이다.

2장 : 빈에서 보낸 어린시절 – 빈, 나치, 크리스탈나흐트

나는 빈 유대인의 역사에 관한 다음의 논의에서 많은 영향을 받았다. G. E. Berkley, *Vienna and Its Jews: The Tragedy of Success, 1880s-1980s*(Cambridge, Mass.: Abt Books, 1988) and C. E. Schorske, *Fin de Siècle Vienna: Politics and Culture* (New York: Alfred A. Knopf, 1980). 버클리의 책은 "빈 사람들이 하룻밤 사이에 해낸" 일(p. 45), 빈에 대한 윌리엄 존스턴의 언급들(p. 75), 한스 루치카(p. 303), 〈라이히스포스트(Reichspost)〉의 사설(p. 307)의 출전이다. 1900년 빈의 문화적 폭발에 대한 쇼르스케의 논의는 오늘날 고전이다. 중산층 문화에 대한 인용문은 쇼르스케의 책 298쪽에서 인용했다.

합병 이전 히틀러의 예상에 관한 언급은 I. Kershaw, *Hitler, 1936-1945: Nemesis* (New York: W.W. Norton, 2000); and E. B. Bukey, *Hitler's Austria: Popular Sentiment in the Nazi Era, 1938-1945* (Chapel Hill: University of North Carolina Press, 2000)를 보라.

이니처 추기경과 히틀러의 만남에 관한 내용은 G. Brook-Shepherd, *Anschluss* (London: Macmillan, 1963), pp 201-2에서 가져왔다. 그 만남은 또한 Berkley, *Vienna and Its Jews*, p. 323, and in Kershaw, *Hitler*, pp. 81-82에서도 논의되었다.

1938년의 빈에 관한 카를 추크마이어의 묘사는 그의 자서전, *Als Wärs ein Stück*

von Mir (Frankfurt: Fischer Taschenbuch Verlag, 1966), p. 84에서 내가 직접 번역하여 인용했다. 이 책의 영역본은 *A Part of Myself: Portrait of an Epoch*, trans. Richard and Clara Winston (New York: Carroll & Graf, 1984)으로 출간되었다.

예술가로서 히틀러의 열망과 성취에 대해서는 P. Schjeldahl, "The Hitler show," *The New Yorker*, April 1, 2002, p. 87을 보라.

이웃의 재산 탈취에 대해서는 T. Walzer and S. Templ, *Unser Wien: "Arisierung" auf Österreichisch* (Berlin: Aufbau-Verlag, 2001), p. 110을 보라.

반유대주의 보급에서 가톨릭교회가 한 역할에 대해서는 F. Schweitzer, *Jewish-Christian Encounters over the Centuries: Symbiosis, Prejudice, Holocaust, Dialogue,* ed. M. Perry (New York: P. Lang, 1994), 특히 pp. 136-37을 보라.

이 장에 언급된 기타 정보는 빈 문화공동체에 있는 내 아버지의 문서철과 아래의 문헌들에서 얻었다.

- Applefeld, A. "Always, darkness visible." *New York Times,* January 27, 2005, p. A25.
- Beller, S. *Vienna and the Jews, 1867-1938: A Cultural History.* Cambridge: Cambridge University Press, 1989.
- Clare, G. *Last Waltz in Vienna.* New York: Avon, 1983, especially pp. 176-77.
- Freud, S. *The Psychopathology of Everyday Life.* Translated by James Strachey. 1901. Reprint, New York: W. W. Norton, 1989.
- Gedye, G. E. R. *Betrayal in Central Europe: Austria and Czechoslovakia, The Fallen Bastions.* New York: Harper & Brothers, 1939, especially p. 284.
- Kamper, E. "Der schlechte Ort zu Wien: Zur Situation der Wiener Juden von dem Anschluss zum Novemberprogrom 1938." In *Der Novemberprogrom 1938: Die "Reichkristallnacht" in Wien.* Vienna: Wienkultur, 1988, especially p. 36.
- Lee, A. "La ragazza," *The New Yorker,* February 16-23, 2004, pp. 174-87, especially p. 176.
- Lesky. E. *The Vienna Medical School of the Nineteenth Century.* Baltimore: Johns Hopkins University Press, 1976.
- McCragg, W O., Jr. *A History of the Hapsburg Jews, 1670-1918.* Bloomington:

Indiana University Press, 1992.
- Neusner, J. *A Life of Yohanan ben Zaggai: Ca. 1-80 C.E.* 2nd ed. Leiden: Brill, 1970.
- Pulzer, P. *The Rise of Political Anti-Semitism in Germany and Austria.* Cambridge, Mass: Harvard University Press, 1988.
- Sachar, H. M. *Diaspora: An Inquiry into the Contemporary Jewish World.* New York: Harper & Row, 1985.
- Schütz, W. "The medical faculty of the University of Vienna sixty years following Austria's annexation." *Perspectives in Biology and Medicine* 43 (2000): 389-96.
- Spitzer, L. *Hotel Bolivia.* New York: Hill & Wang, 1998.
- Stern, F. *Einstein's German World.* Princeton, N. J.: Princeton University Press, 1999.
- Weiss, D. W. *Reluctant Return: A Survivor's Journey to an Austrian Town.* Bloomington: Indiana University Press, 1999.
- Zweig, S. *World of Yesterday.* New York: Viking, 1943.

3장 : 미국에서의 새로운 삶

빈 출신 이민자들의 학문에 대한 열정에 대해서는 G. Holton and G. Sonnert, "What happened to Austrian refugee children in America?" in *Österreichs Umgang mit dem Nationalsozialismus* (Vienna: Springer Verlag, 2004)를 보라.

플랫부시 예시바는 오늘날에도 여전히 미국에서 가장 크고 우수한 유대인 주간 학교다. 1927년에 그 학교의 창립 집행부는 탁월한 교육 지도자인 조엘 브레이버먼 박사에게 교장을 맡아 달라고 부탁했다. 브레이버먼은 당시의 팔레스타인과 유럽에서 히브리어를 아는 뛰어난 교수들을 영입했고 미국의 유대인 교육을 근본적으로 바꾸는 일을 시작했다. 그 변화는 세 측면을 가졌다. 첫째, 브레이버먼은 종교 수업—전체 수업의 절반—을 당시 유대인 이민자들의 공통 언어였던 이디시어나 영어로 하는 대신에 당시 팔레스타인 외부에서는 거의 쓰이지 않던 히브리어로만 할 것을 고집했다. 예시바 플랫부시는 '히브리인은 히브리어로'라는 원리를 미국 최초로 실천한 학교였다. 둘째, 세속적인 교과들도 동등하게 강조되었고 탁월한 교수들에 의해 영어로 가르쳐졌다. 마지막으로, 플랫부시 예시바는 현대적이었고 남학생과 여학생의 수가 거의 같았다. 훗날 많은 주간 학교들이 플랫부시 예시바의 뒤를 따랐다. 플랫부시 예시바의 역사에 대해서는 Jodi Bodner DuBow, ed., *The Yeshivah of Flatbush: The First Seventy-five Years* (Brooklyn: Yeshivah of Flatbush, 2002)를 보라.

에라스무스 홀 고등학교는 1787년에 설립되었다. 처음 등록한 학생들은 남학생 26명이었으며, 학교는 뉴욕 주립대학 평의회로부터 인정을 받은 최초의 중등학교였다. 흔히 '고등학교의 어머니'라고 불리는 이 학교는 뉴욕 주의 중등학교 시스템의 발전을 주도했다. 지금도 캠퍼스 중앙에 있는 원래의 건물은 학교가 설립될 당시에 존 제이(John Jay), 애런 버(Aaron Burr), 알렉산더 해밀턴(Alexander Hamilton)이 기부한 자금으로 건축되었다. 에라스무스 홀 고등학교의 역사에 관해서는 Rita Rush, ed., *The Chronicles of Erasmus Hall High School* (New York: Board of Education, 1987)을 보라. 내가 다녔던 1948년의 교지 〈아치(*The Arch*)〉도 이 대목을 쓰는 데 이루 말할 수 없이 소중한 출처가 되었다.

하버드 대학(Harvard College)은 1636년에 매사추세츠 케임브리지에 설립되었다. 내가 하버드에 다닐 당시에, 대학을 이끈 수장은 제임스 브라이언트 코넌트였다. 일류 화학자인 코넌트는 하버드의 지적 우월성을 계속 유지할 수 있게 한 네 가지 주요 정책을 시작했다. 첫째는 모든 학자 각각의 정교수 직 임명의 적합성을 평가하기 위해 매번 독립적인 학자들로 임시 위원회를 구성하는 시스템을 도입했다. 이로써 사회적 지위나 기타 요인들에 의해서가 아니라 학문적 성취에 의해서 정교수가 임명되게 되었다. 두 번째 정책은 미국의 각 주 출신 학생 두 명에게 전액 장학금을 지급하여 지역적 다양성과 학생의 우수성을 확보하는 국가 장학생 프로그램이었다. 셋째, 코넌트는 학생들이 과학과 인문학을 모두 수강하도록 요구하는 일반 교육 프로그램을 확립했다. 넷째, 래드클리프 칼리지와 협정을 맺어 그 대학의 여학생들이 자유롭게 하버드에서 수강할 수 있게 했다. H. Hawkins, *Between Harvard and America: The Educational Leadership of Charles W. Eliot* (New York: Oxford University Press, 1972); and R. A. McCaughey, "The transformation of American academic life: Harvard University 1821-1892," *Perspectives in American History* 8 (1974): 301-5를 보라.

프로이트에 대한 논의는 P. Gay, *Freud: A Life for Our Time* (New York: W. W. Norton, 1988); and E. Jones, *The Life and Work of Sigmund Freud,* 3 vols. (New York: Basic Books, 1952-1957)를 보라.

행동주의에 대한 논의는 E. Kandel, *Cellular Basis of Behavior: An Introduction to Behavioral Neurobiology* (San Francisco: Freeman, 1976); J. A. Gray, *Ivan Pavlov* (New York: Penguin Books, 1981); and G. A. Kimble, *Hilgard and Marquis' Conditioning and Learning*, 2nd ed. (New York: Appleton-Century-Crofts, 1961)을 보라.

이 장에 언급된 기타 정보의 출처는 다음과 같다.

- Freud, S. *Beyond the Pleasure Principle*. Translated by James Strachey. 1922. Reprint, New York: Liveright, 1950; quotation on p. 83.
- Kandel, E. "Carl Zuckmayer, Hans Carossa, and Ernst Jünger: A study of their attitude toward National Socialism." Senior thesis, Harvard University, June 1952.
- Stern, F. *Dreams and Delusions*. New York: Alfred A. Knopf, 1987.
- ——. *Einstein's German World*. Princeton, N. J.: Princeton University Press, 1999.
- Vietor, K. *Georg Büchner*. Bern: A. Francke AG Verlag, 1949.
- ——. *Goethe*. Bern: A. Francke AG Verlag, 1949.
- ——. *Der Junge Goethe*. Bern: A. Francke AG Verlag, 1950.

4장 : 한 번에 세포 하나씩

정신분석과 뇌 기능에 대해서는 L. S. Kubie, "Some implications for psychoanalysis of modern concepts of the organization of the brain," *Psychoanalytic Quarterly* 22 (1953): 21-68; M. Ostow, "A psychoanalytic contribution to the study of brain function. I: The frontal lobes," *Psychoanalytic Quarterly* 23 (1954): 317-38; and M. Ostow, "A psychoanalytic contribution to the study of brain function II: The temporal lobes," *Psychoanalytic Quarterly* 24 (1955): 383-423을 보라.

세포이론과 뉴런주의의 역사에 대해서는 E. Mayr, *The Growth of Biological Thought: Diversity, Evolution and Inheritance* (Cambridge, Mass.: Belknap, 1982); P. Mazzarello, *The Hidden Structure: The Scientific Biography of Camillo*

Golgi (Oxford: Oxford University Press, 1999); and G. M. Shepherd, *Foundations of the Neuron Doctrine* (New York: Oxford University Press, 1991)을 보라.

셰링턴은 원래 D. F. Cannon, ed., *Explorers of the Human Brain: The Life of Santiago Ramón y Cajal* (New York: Henry Schuman, 1949)에 발표된 "A memorial on Ramón y Cajal"이라는 에세이에서 카할에 대해 언급했다. 이 논문은 다음의 책에 재수록되었다. J. C. Eccles and W. C. Gibson, *Sherrington: His Life and Thought* (Berlin: Springer Verlag, 1979); "in describing what the microscope showed……" p. 204; "the intense anthropomorphic descriptions……" pp. 204-5; and "Is it too much to say of him…… " p. 203.

카할의 회고록 *Recollections of My Life*는 1937년에 E. H. 크레이기와 J. 카노에 의해 번역되어 *Am Philos. Soc. Mem.* 8에 실렸다. 카할은 324-25쪽에서 세포들을 "완전히 성숙한 숲"에 비유하고 553쪽에서 자신과 골지를 "샴 쌍둥이"에 비유했다. 골지의 노벨 강연문은 그의 전집 *Opera Omnia,* ed. L. Sala, E. Veratti, and G. Sala, vol. 4 (Milan: Hoepl, 1929)에 재수록되었다. 인용문은 그 책 1259쪽에서 따왔다. 그 노벨 강연문은 다음과 같이 영어로 번역되었다. "The neuron theory: Theory and facts," in *Nobel Lectures: Physiology or Medicine, 1901-1921,* ed. Nobel Foundation (Amsterdam: Elsevier, 1967).

호지킨은 "Autobiographical essay," in *The History of Neuroscience in Autobiography,* ed. L. R. Squire, vol. 1 (Washington, D.C.: Society for Neuroscience, 1996)에서 과학자들의 질투에 대해 언급했다. 인용문은 254쪽에서 따왔다. 같은 주제에 대한 다윈의 언급은 R. K. Merton, "Priorities in scientific discovery: A chapter in the sociology of science," *Am. Soc. Rev.* 22 (1957): 635-59에서 얻었다.

셰링턴의 삶과 연구에 대한 추가 정보는 C. Sherrington, *The Integrative Action of the Nervous System* (New Haven: Yale University Press, 1906); and R. Granit, *Charles Scott Sherrington: A Biography of the Neurophysiologist* (Garden City, N. Y.: Doubleday, 1966)를 보라.

프로이트에 대한 로버트 홀트의 언급은 F. J. Sulloway, *Freud, Biologist of the Mind* (New York: Basic Books, 1979)의 17쪽에서 따왔다. 이 행복했던 시기에 대한 프로이트 자신의 언급은 W. R. Everdell, *The First Moderns* (Chicago:

University of Chicago Press, 1997), p. 131을 보라.

이 장에 실린 기타 정보의 출처는 다음과 같다.

- Cajal, S. R. "The Croonian Lecture: La fine structure des centres nerveux." *Proc. R. Soc. London Ser. B* 55 (1894): 444-67.
- ———. *Histologie du Systeme Nerveux de l'Homme et des Vertebres.* 2 vols. Madrid: Consejo Superior de Investigaciones Cientificas, 1909-1911. (English translation, *Histology of the Nervous System.* Translated by N. Swanson and L. W. Swanson. 2 vols. New York: Oxford University Press, 1995.)
- ——. *Neuron Theory or Reticular Theory: Objective Evidence of the Anatomical Unity of Nerve Cells.* Translated by M. U. Purkiss and C. A. Fox. Madrid: Consejo Superior de Investigaciones Cientificas, 1954.
- ——. "History of the synapse as a morphological and functional structure." In *Golgi Centennial Symposium: Perspectives in Neurobiology,* edited by M. Santini, 39-50. New York: Raven Press, 1975.
- Freud, S. *New Introductory Lectures on Psychoanalysis.* Translated by James Strachey. 1933. Reprint, New York: W.W. Norton, 1965.
- Kandel, E. R., J. H. Schwartz, and T. M. Jessell. *Principles of Neural Science.* 4th ed. New York: McGraw-Hill, 2000.
- Katz, B. *Electrical Excitation of Nerve.* London: Oxford University Press, 1939.
- Reuben, J. P. "Harry Grundfest—January 10, 1904-October 10, 1983." *Biog. Mem. Natl. Acad. Sci.* 66 (1995): 151-66.

5장 : 신경세포는 말한다

에이드리언은 *The Basis of Sensation: The Action of the Sense Organs* (London: Christopher, 1928)에서 임펄스에 대해 명쾌한 언급을 했다. 운동에 대한 언급: E. D. Adrian and D. W. Bronk, "The discharge of impulses in motor nerve fibers. Part I: Impulses in single fibers of the phrenic nerve," *J. Physiol.* 66 (1928):

81-101; "the motor fibers……." p. 98. 에이드리언의 셰링턴에 대한 찬사는 J. C. Eccles and W. C. Gibson, *Sherrington: His Life and Thought* (Berlin: Springer Verlag, 1979), p. 84에 나온다.

신경 임펄스의 전달, 지각, 무의식적 추론에 관한 헤르만 헬름홀츠의 괄목할 만한 기여는 E. G. Boring, *A History of Experimental Psychology,* 2nd ed. (New York: Appleton-Century-Crofts, 1950)를 보라.

율리우스 베른슈타인의 기여에 대한 논의는 A. L. Hodgkin, *The Conduction of the Nervous Impulse* (Liverpool: Liverpool University Press, 1967); A. Huxley. "Electrical activity in nerve: The background up to 1952," in *The Axon: Structure, Function and Pathophysiology,* ed. S. G. Waxman, J. D. Kocsis, and P. K. Stys, 3-10 (New York: Oxford University Press, 1995); B. Katz, *Nerve, Muscle, Synapse* (New York: McGraw-Hill,1966); and S. M. Schuetze, "The discovery of the action potential," *Trends in Neuroscience* 6 (1983):164-68을 보라.

이 장에 언급된 기타 정보의 출처는 다음과 같다.

- Adrian, E. D. *The Mechanism of Nervous Action: Electrical Studies of the Neuron.* (London: Oxford University Press, 1932).
- Bernstein, J. "Investigations on the thermodynamics of bioelectric currents." *Pflügers Arch* 92 (1902): 521-62. (English translation in *Cell Membrane Permeability and Transport,* edited by G. R. Kepner, 184-210. Stroudsburg, Pa.: Dowden, Hutchinson & Ross, 1979.)
- Doyle, D. A., J. M. Cabral, R. A. Pfuetzner, A. Kuo, J. M. Gulbis, S. L. Cohen, B. T. Chait, and R. MacKinnon. "The structure of the potassium channel: Molecular basis of K^+ conduction and selectivity." *Science* 280 (1998): 69-77.
- Galvani, L. *Commentary on the Effect of Electricity on Muscular Motion.* Translated by Robert Montraville Green. Cambridge, Mass.: E. Licht, 1953. (A translation of Luigi Galvani's 1933 *De Viribus Electricitatis in Motu Musculari Commentarius.*)
- Hodgkin, A. L. *Chance and Design*. Cambridge: Cambridge University Press, 1992.
- ———. "Autobiographical essay." In *The History of Neuroscience in*

Autobiography, edited by L. R. Squire. Vol. 1., 253-92. Washington, D.C.: Society for Neuroscience, 1996.

- Hodgkin, A. L., and A. F. Huxley. "Action potentials recorded from inside a nerve fibre." *Nature* 144 (1939): 710-11.
- Young, J. Z. "The functioning of the giant nerve fibers of the squid." *J. Exp. Biol.* 15 (1938): 170-85.

6장 : 신경세포와 신경세포 사이의 대화

그런드페스트는 에클스를 비롯한 대부분의 신경생리학자가 시냅스 전달이 화학적이라는 것을 확신한 후에도 오랫동안 스파크파로 남았다. 그가 신경 임펄스에 관한 중요한 심포지엄에서 자신의 입장을 바꾼 것은 내가 그의 실험실에 들어가기 1년 전인 1954년 9월에 이르러서였다. 그는 이렇게 썼다. "에클스는 최근에 이 [신경세포에서 신경세포로의] 전달이 화학적으로 매개된다는 견해를 채택했다. 우리 몇 명은 그 견해에 반대했다. …… 우리가 오류를 범했을 수도 있다." (D. Nachmansohn and H. H. Merrit, eds., *Nerve Impulses; Transactions* [New York: Josiah Macy Jr. Foundation, 1956], p.184).

시냅스 전달에 관한 논쟁의 역사에 대해서는 W. M. Cowan and E. R. Kandel, "A brief history of synapses and synaptic transmission," in *Synapses,* ed. W. M. Cowan, T. C. Südhof, and C. F. Stevens (Baltimore: Johns Hopkins University Press, 2000), 1-87를 보라.

버나드 카츠는 자신이 영국에 도착했을 때의 일을 다음의 글에서 설명했다. "To tell you the truth, sir, we do it because it's amusing!" in *The History of Neuroscience in Autobiography,* ed. L. R. Squire, vol. 1 (Washington, D.C.: Society for Neuroscience, 1996): 348-81. 373쪽에서 인용.

포퍼에 관한 에클스의 언급은 에클스의 글은 "Under the spell of the synapse," in *The Neurosciences: Paths of Discovery,* ed. F. G. Worden, J. P. Swazey. and G. Adelman (Cambridge, Mass.: MIT Press, 1976), 159-80을 보라. 인용문들은 162-163쪽에서 따왔다. 시냅스 연구의 역사와 수프파 대 스파크파의 논쟁에 관한 다른 회상들은 S. R. Cajal, *Recollections of My Life,* translated by E. H. Craigie and J. Cano, *Am. Philos. Soc. Mem.* 8 (1937); H. H. Dale, "The beginnings and the prospects of neurohumoral transmission," *Pharmacol. Rev.* 6 (1954): 7-13; O. Loewi, *From the Workshop of Discoveries* (Lawrence: University of Kansas Press, 1953)를 보라. 폴 패트는 다음에서 시냅스 전달에 관한 논쟁을 조망했다. "Biophysics of junctional transmission," *Physiol. Rev.* 34 (1954): 674-710; 704쪽에서 인용.

이 장에 실린 기타 언급의 출처는 다음과 같다.

- Brown, G. L., H. H. Dale, and W. Feldberg. "Reactions of the normal mammalian muscle to acetylcholine and eserine." *J. Physiol.* 87 (1936): 394-424.
- Eccles, J. C. *Physiology of the Synapses.* Berlin: Springer Verlag, 1964.
- Furshpan, E. J., and D. D. Potter. "Transmission at the giant motor synapses of the crayfish." *J. Physiol.* 145 (1959):289-325.
- Grundfest, H. "Synaptic and ephaptic transmission." In *Handbook of Physiology.* Section I: *Neurophysiology,* 147-97. Washington, D.C.: American Physiological Society. 1959.
- Kandel, E. R., J. H. Schwartz, and T. M. Jessell. *Principles of Neural Science.* 4th ed. New York: McGraw-Hill, 2000.
- Katz, B. *Electric Excitation of Nerve.* Oxford: Oxford University Press, 1939.
- ———. *The Release of Neural Transmitter Substances.* Liverpool: University Press, 1969.
- ———. "Stephen W. Kuffler." In *Steve: Remembrances of Stephen W. Kuffler,* edited by O. J. McMahan. Sunderland, Mass.: Sinauer Associates, 1990.
- Loewi, O., and E. Navratil. "On the humoral propagation of cardiac nerve action. Communication X: The fate of the vagus substance." In *Cellular Neurophysiology: A Source Book,* edited by I. Cooke and M. Lipkin Jr., 478-85. New York: Holt, Rinehart & Winston, 1972. (Original German-language publication 1926.)
- Palay, S. L. "Synapses in the central nervous system." *J. Biophys. Biochem. Cytol.* 2 (Suppl.) (1956): 193-202.
- Popper, K. R., and J. C. Eccles. *The Self and Its Brain.* Berlin: Springer Verlag, 1977.

7장 : 단순한 뉴런 시스템과 복잡한 뉴런 시스템

LSD에 대한 반응으로 일어나는 시각 경험은 A. L. Huxley, *The Doors of Perception* (New York: Harper & Brothers, 1954); J. H. Jaffe, "Drugs of addiction and drug abuse," in *The Pharmacological Basis of Therapeutics,* 7th ed., ed. L. S. Goodman and A. Gilman (New York: Macmillan, 1985); and D. W. Woolley and E. N. Shaw, "Evidence for the participation of serotonin in mental processes." *Annals N. Y. Acad. of Sci.* 66 (1957): 649-65; discussion, 665-67에 묘사되어 있다.

웨이드 마셜에 대한 회상을 재구성할 때 나는 윌리엄 란다우, 스탠리 래파포트, 웨이드 마셜의 아들 톰 마셜과의 대화에서 도움을 받았다.

마셜의 초기의 중요한 논문들: R. W. Gerard, W. H. Marshall, and L. J. Saul, "Cerebral action potentials," *Proc. Soc. Exp. Biol. and Med.* 30 (1933): 1123-25; and R. W. Gerard, W. H. Marshall, and L. J. Saul, "Electrical activity of the cat's brain," *Arch. Neurol. and psychiat.* 36 (1936): 675-735. 그의 후기의 고전적인 논문들: W. H. Marshall, C. N. Woolsey, and P. Bard, "Observations on cortical somatic sensory mechanisms of cat and monkey," *J. Neurophysiol.* 4 (1941): 1-24; and W. H. Marshall and S. A. Talbot, "Recent evidence for neural mechanisms in vision leading to a general theory of sensory acuity," in *Visual Mechanisms,* ed. H. Kluver, 117-64 (Lancaster, Pa.: Cattell, 1942).

이 장에 실린 기타 정보의 출처는 다음과 같다.

- Eyzaguirre, C., and S. W. Kuffler. "Processes of excitation in the dendrites and in the soma of single isolated sensory nerve cells of the lobster and crayfish." *J. Gen. Physiol.* 39 (1955): 87-119.
- ———. "Further study of soma, dendrite and axon scitation in single neurons." *J. Gen. Physiol.* 39 (1955): 121-53.
- Jackson, J. H. *Selected Writings of John Hughlings Jackson.* Edited by J. Taylor. Vol. 1. London: Hodder & Stoughton, 1931.
- Katz, B. "Stephen W. Kuffler." In *Steve: Remembrances of Stephen W. Kuffler.* Edited by O. J. McMahan. Sunderland, Mass.: Sinauer Associates, 1990.
- Kuffler, S. W., and C. Eyzaguirre. "Synaptic inhibition in an isolated nerve

cell." *J. Gen. Physiol.* 39 (1955): 155-84.

- Penfield, W., and E. Boldrey. "Somatic motor and sensory representation in the cerebral cortex of man as studied by electrical stimulation." *Brain.* 60 (1937): 389-443.
- Penfield, W., and T. Rasmussen. *The Cerebral Cortex of Man: A Clinical Study of Localization of Function.* New York: Macmillan, 1950.
- Purpura, D. P., E. R. Kandel, and G. F. Gestrig. "LSD-serotonin interaction on central synaptic activity." Cited in D. P. Purpura. "Experimental analysis of the inhibitory action of lysergic acid diethylamide on cortical dendritic activity in psychopharmacology of psychotomimetic and psychotherapeutic drugs." *Annals N. Y. Acad. of Sci.* 66 (1957): 515-36.
- Sulloway, F. J. *Freud: Biologist of the Mind.* New York: Basic Books, 1979.

8장 : 서로 다른 기억들, 서로 다른 뇌 영역들

갈에 대한 논의는 A. Harrington, *Medicine, Mind, and the Double Brain: A Study in Nineteenth-Century Thought* (Princeton, N.J.: Princeton University Press, 1987); and R. M. Young, *Mind, Brain and Adaptation in the 19th Century* (Oxford: Clarendon Press, 1970)를 보라.

브로카가 1864년에 좌뇌 반구가 언어를 지배한다는 내용으로 발표한 글은 다음에 재수록되었다. "Sur le siège de la faculté du langue articulé," *Bull. Soc. Antropol.* 6 (1868): 337-93. 378쪽에서 인용. 이 글은 E. A. 버커와 A. H. 버커, A. 스미스에 의해 영어로 번역되어 다음에 실렸다. "Localization of speech in the third left frontal convolution." *Arch. Neurol.* 43 (1986): 1065-72.

밀너의 H.M.에 대한 언급은 P. J. Hills, *Memory's Ghost* (New York: Simon & Schuster, 1995), p. 110을 보라.

이 장에 실린 기타 정보의 출처는 다음과 같다.

브로카와 베르니케에 관한 논의는 N. Geschwind, *Selected Papers on Language and the Brain,* Boston Studies in the Philosophy of Science 16 (Norwell, Mass.: Kluwer, 1974); and T. F. Feinberg and M. J. Farah, *Behavioral Neurology and Neuropsychology* (New York: McGraw Hill, 1997)를 보라.

- Bruner, J. S. "Modalities of memory." In *The Pathology of Memory,* edited by G. A. Talland and N. C. Waugh. New York: Academic Press, 1969.
- Flourens, P. *Recherches Expérimentales sur les Propriétes et les Fonctions du Système Nerveux, dans les Animaux Vertébrés.* Paris: Chez Crevot, 1824.
- Gall, F. J., and G. Spurzheim. *Anatomie et Physiologie du Système Nerveux en Général, et du Cerveau en Particulier, avec des Observations sur la Possibilité de Reconnaître Plusiers Dispositions Intellectuelles et Morales de l'Homme et des Animaux, par la Configuration de leurs Têtes.* Paris: Schoell, 1810.
- James, W. *The Works of William James: The Principles of Psychology.* Edited by F. Burkhardt and E. Bowers. 3 vols. 1890. Reprint, Cambridge, Mass.: Harvard University Press, 1981.
- Lashley, K. S. "In search of the engram." *Soc. Exp. Biol.* 4 (1950): 454-82.
- Milner, B, L. R. Squire, and E. R. Kandel. "Cognitive neuroscience and the study of memory." Review. *Neuron* 20 (1998): 445-68.
- Ryle, G. *Concept of Mind.* New York: Barnes & Noble, 1949.
- Schacter, D. *Searching for Memory: The Brain, the Mind and the Past.* New York: Basic Books, 1996.
- Scoville, W B., and B. Milner. "Loss of recent memory after bilateral hippocampal lesion." *J. Neurol. Neurosurg. Psychiat.* 20 (1957): 411-21.
- Searle, J. R. *Mind: A Brief Introduction.* London: Oxford University Press, 2004.
- Spurzheim, J. G. *A View of the Philosophical Principles of Phrenology,* 3rd ed. London: Knight, 1825.
- Squire, L. R. *Memory and Brain.* New York: Oxford University Press, 1987.
- Squire, L. R., and E. R. Kandel. *Memory: From Mind to Molecules.* New York: Scientific American, 1999.
- Squire, L. R., P. C. Slater, and P. M. Chace. "Retrograde amnesia: Temporal gradient in very long term memory following electroconvulsive therapy." *Science* 187 (1975): 77-79.
- Warren, R. M. *Helmholtz on Perception: Its Physiology and Development.*

NewYork: John Wiley & Sons, 1968.

- Wernicke, C. *Der Aphasische Symptomencomplex.* Breslau: Cohn & Weigert, 1874.

9장: 기억 연구에 가장 적합한 시스템을 찾아서

앨든 스펜서와 나는 해마에 관한 여러 논문을 공동으로 발표했다. 다음을 참조하라. E. R. Kandel, W. A. Spencer, and F. J. Brinley Jr., "Electrophysiology of hippocampal neurons. I: Sequential invasion and synaptic organization," *J. Neurophysiol.* 24 (1961): 225-42; E. R. Kandel and W. A. Spencer, "Electrophysiology of hippocampal neurons. II: After-potentials and repetitive firing," *J. Neurophysiol.* 24 (1961): 243-59; W. A. Spencer and E. R. Kandel, "Electrophysiology of hippocampal neurons. III: Firing level and time constant," *J. Neurophysiol.* 24 (1961): 260-71; and W. A. Spencer and E. R. Kandel, "Electrophysiology of hippocampal neurons. IV: Fast prepotentials." *J. Neurophysiol.* 24 (1961): 272-85; E. R. Kandel and W. A. Spencer, "The pyramidal cell during hippocampal seizure." *Epilepsia* 2 (1961): 63-69; and W. A. Spencer and E. R. Kandel. "Hippocampal neuron responses to selective activation of recurrent collaterals of hippocampofugal axons," *Exptl. Neurol.* 4 (1961): 149-61.

학습 기억과 관통 경로에 관한 실험들은 2004년에 수행되었고 다음에 발표되었다. M. F. Nolan, G. Malleret, J. T. Dudman, D. L. Buhl, B. Santoro, E. Gibbs, S. Vronskaya, G. Buzsáki, S. A. Siegelbaum, E. R. Kandel, and A. Morozov, "A behavioral role for dendritic integration: HCN1 channels constrain spatial memory and plasticity at inputs to distal dendrites of CA1 pyramidal neurons." *Cell* 119 (2004): 719-32.

군소의 장점과 생물학적 특징은 E. R. Kandel, *Cellular Basis of Behavior: An Introduction to Behavioral Neurobiology,* (San Francisco: Freeman, 1976); and in *The Behavioral Biology of Aplysia: A Contribution to the Comparative Study of Opisthobranch Molluscs* (San Francisco: Freeman, 1979)를 보라.

이 장에 실린 기타 정보의 출처는 다음과 같다.

- Brenner, S. *My Life in Science.* London: Biomed Central, 2002. "What you need……" is from pp. 56-60.
- ——. "Nature's gift to science." In *Les Prix Nobel/The Nobel Prizes,* edited by Nobel Foundation, 268-83. Stockholm: Almquist & Wiksell International, 2002.
- Hilgard, E. *Theories of Learning.* New York: Appleton-Century-Crofts, 1956.

10장: 학습에 대응하는 신경학적 유사물

매사추세츠 정신건강센터에 관한 초기의 논의에 대해서는 E. R. Kandel, "A new intellectual framework for psychiatry," *Am. J. Psych.* 155 (1998): 457-69를 보라. 레지던트로서 내가 수행한 연구 결과는 E. R. Kandel, "Electrical properties of hypothalamic neuroendocrine cells." *J. Gen. Physiol.* 47 (1964): 691-717이다.

행동주의에 관한 논의에 대해서는 I. P. Pavlov, *Conditioned Reflexes: An Investigation of the Physiological Activity of the Cerebral Cortex,* trans. G. V. Anrep (London: Oxford University Press, 1927); B. F. Skinner, *The Behavior of Organisms* (New York: Appleton-Century-Crofts, 1938); E. G. Boring, *A History of Experimental Psychology,* 2nd ed. (New York: Appleton-Century Crofts, 1950); G. A. Kimble, *Hilgard and Marquis' Conditioning and Learning,* 2nd ed. (New York: Appleton-Century-Crofts, 1961); and J. Kornorski, *Conditioned Reflexes and Neuron Organization* (Cambridge: Cambridge University Press, 1948; quotation from pp. 79-80)을 보라.

제임스 왓슨에 관한 맥스 퍼루츠의 인용문은 H. F. Judson, *The Eighth Day of Creation* (New York: Simon & Schuster, 1979), p. 21을 보라.

에클스의 인용문은 J. C. Eccles, "Conscious experience and memory," in *Brain and Conscious Experience,* ed. J. C. Eccles (New York: Springer, 1966):314-44에서 가져왔다. 330쪽에서 인용.

이 장에 실린 기타 정보의 출처는 다음과 같다

- Cajal, S. R. "The Croonian Lecture. La fine structure des centres nerveux." *Proc. R. Soc. London Ser. B* 55 (1894): 444-67. "Mental exercise facilitates

…… " is from p. 466.

- Doty, R. W., and C. Guirgea. "Conditioned reflexes established by coupling electrical excitation to two cortical areas." In *Brain Mechanisms and Learning,* edited by A. Fessard, R. W. Gerard, and J. Kornoski, 133-51. Oxford: Blackwell, 1961.
- Kimble, G. A. *Foundations of Conditioning and Learning.* New York: Appleton-Century-Crofts, 1967.

11장 : 시냅스 연결 강화하기 – 습관화, 민감화, 고전적 조건화

습관화와 민감화의 유사물에 대한 연구들은 R2세포에서 수행되었다. 그 세포는 과거에 군소의 거대 세포로 불렸다. 이 연구들은 다음의 글에 발표되었다. E. R. Kandel and L. Tauc, "Mechanism of heterosynaptic facilitation in the giant cell of the abdominal ganglion of *Aplysia depilans," J. Physiol.* (London) 181 (1965): 28-47. 고전적 조건화에 대한 연구들은 더 작은 신경세포들에서 수행되었다. 다음을 참조하라. E. R. Kandel and L. Tauc, "Heterosynaptic facilitation in neurons of the abdominal ganglion of *Aplysia depilans," J. Physiol.* (London) 181 (1965): 1-27; 인용 ("The fact that the connections…… ")은 p. 24에서.

환형동물에 대한 콘라트 로렌츠의 언급은 *Y. Dudai, Memory from A to Z* (Oxford: Oxford University Press, 2002), p. 225를 보라.

힐에 관한 카츠의 언급은 카츠의 글은 "To tell the you truth, sir, we do it because it's amusing!" in *The History of Neuroscience in Autobiography,* ed. L. R. Squire, vol. 1, 348-81 (Washington, D.C.: Society for Neuroscience, 1996)에 기술되어 있다.

내게 영향을 준 학습 패러다임에 관한 훌륭한 논의에 대해서는 E. Hilgard, *Theories of Learning* (New York: Appleton-Century-Crofts, 1956); and G. A. Kimble, *Foundations of Conditioning and Learning* (New York: Appleton-Century-Crofts, 1967)을 보라.

프랑스 반유대주의의 역사에 대해서는 I. Y. Zingular and S. W Bloom, eds. *Inclusion and Exclusion: Perspectives on Jews from the Enlightenment to the Dreyfus Affair* (Leiden and Boston: Brill, 2003)를 보라.

이 장에 실린 기타 정보의 출처는 다음과 같다.

- Kandel, E. R. *Cellular Basis of Behavior: An Introduction to Behavioral Neurobiology.* San Francisco: Freeman, 1976.
- Kandel, E. R., and L. Tauc. "Mechanism of prolonged heterosynaptic facilitation," *Nature* 202 (1964): 145-47.
- ——. "Heterosynaptic facilitation in neurons of the abdominal ganglion of *Aplysia depilans," J. Physiol.* (London) 181 (1965): 1-27.
- ——. "Mechanism of heterosynaptic facilitation in the giant cell of the abdominal ganglion of *Aplysia depilans." J. Physiol.* (London) 181 (1965): 28-47.

12장: 신경생물학 및 행동 센터

커플러가 있던 시절 하버드의 분위기에 대해서는 O. J. McMahan, ed., *Steve: Remembrances of Stephen W. Kuffler* (Sunderland, Mass.: Sinauer Associates, 1990); and in D. H. Hubel and T. N, Wiesel. *Brain and Visual Reception* (Oxford: Oxford University Press, 2005)에 잘 묘사되어 있다.

페르 안데르센의 인용문은 P. Andersen, "A prelude to long-term potentiation," in *LTP: Long- Term Potentiation,* edited by T. Bliss, G. Collingridge, and R. Morris (Oxford: Oxford University Press, 2004)에서 가져왔다. 앨든 스펜서와 내가 쓴 리뷰는 E. R. Kandel and W. A. Spencer, "Cellular neurophysiological approaches in the study of learning," *Physiol. Rev.* 48 (1968):65-134이다.

13장 : 단순한 행동도 학습에 의해 교정될 수 있다

확인된 세포들 사이의 연결을 지도로 나타내는 일에 관한 논의는 W. T. Frazier, E. R. Kandel, I. Kupfermann, R. Waziri, and R. E. Coggeshall, "Morphological and functional properties of identified neurons in the abdominal ganglion of *Aplysia californica," J. Neurophysiol.* 30 (1967): 1288-1351; E. R. Kandel,W. T. Frazier, R. Waziri, and R. E. Coggeshall, "Direct and common connections among identified neurons in *Aplysia,*" *J. Neurophysiol.* 30 (1967): 1352-76; I. Kupfermann and E. R. Kandel, "Neuronal controls of a behavioral response mediated by the abdominal ganglion of *Aplysia,*" *Science* 164 (1969): 847-50을 기초로 했다. 초기에 우리는 민감화 실험에서 조건화되지 않는 강력한 자극을 얻기 위해 자주 꼬리 대신 머리에 충격을 가했다.

이 장에 실린 기타 정보의 출처는 다음과 같다.

- Arvanitaki, A., and N. Chalazonitis. "Configurations modales de l'activité, propres à différents neurons d'un même centre," *J. Physiol.* (Paris) 50(1958): 122-25.
- Byrne, J., V. Castellucci, and E. R. Kandel. "Receptive fields and response properties of mechanoreceptor neurons innervating siphon skin and mantle shelf of *Aplysia,*" *J. Neurophysiol.* 37 (1974): 1041-64.
- ———. "Contribution of individual mechanoreceptor sensory neurons to defensive gill-withdrawal reflex in *Aplysia.*" *J. Neurophysiol.* 41 (1978): 418-31.
- Cajal, S. R. "The Croonian Lecture: La fine structure des centres nerveux," *Proc. R. Soc. London Ser. B* 55 (1894): 444-67.
- Carew, T. J., R. D. Hawkins, and E. R. Kandel. "Differential classical conditioning of a defensive withdrawal reflex in *Aplysia californica,*" *Science* 219 (1983): 397-400.
- Goldschmidt, R. "Das nervensystem von Ascaris lumbricoides und megalocephala: Ein versuch in den aufhaus eines einfaches nervensystem enzudringen. Erster Teil. Z. Wiss." *Zool.* 90 (1908): 73-126.
- Hawkins, R. D., V. F. Castellucci, and E. R. Kandel. "Interneurons involved in mediation and modulation of the gill-withdrawal reflex in *Aplysia*. II: Identified neurons produce heterosynaptic facilitation contributing to behavioral sensitization," *J. Neurophysiol.* 45 (1981): 315-26.
- Kandel, E. R. *Cellular Basis of Behavior: An Introduction to Behavioral Neurobiology.* San Francisco: Freeman, 1976.
- ———. *The Behavioral Biology of Aplysia: A Contribution to the Comparative*

Study of Opisthobranch Molluscs. San Francisco: Freeman, 1979.

- Köhler, W. *Gestalt Psychology. An Introduction to New Concepts of Modern Psychology.* Denver: Mentor Books/New American Library, 1947.
- Pinsker, H., I. Kupfermann, V. Castellucci, and E. R. Kandel. "Habituation and dishabituation of the gill-withdrawal reflex in *Aplysia*." *Science* 167 (1970): 1740-42.
- Thorpe, W. H. *Learning and Instinct in Animals*. Rev. ed. Cambridge, Mass.: Harvard University Press, 1963.

14장 : 시냅스는 경험에 의해 바뀐다

시냅스 가소성과 기억에 관한 프로이트의 이론에 대해서는 S. Freud, "Project for a scientific psychology," in *Standard Edition,* trans. and ed. James Strachey et al., vol. 1, 281-397 (New York: W. W. Norton, 1976); K H. Pribram and M. M. Gill, *Freud's "Project" Re-assessed: Preface to Contemporary Cognitive Theory and Neuropsychology* (New York: Basic Books, 1976); and F. J. Sulloway, *Freud: Biologist of the Mind* (New York: Basic Books, 1979)를 보라.

나와 동료들도 고전적 조건화의 메커니즘을 분석했다. 1983년에 호킨스와 커루와 나는 시냅스전 요소, 즉 민감화에 기여하는 메커니즘의 촉진을 기술했다. 1992년에 니콜라스 데일과 나는 감각뉴런이 전달물질로 글루타메이트를 사용한다는 것을 발견했다. 1994년에 과거 나의 학생이었던 데이비드 글랜즈먼이, 또 그 후에 호킨스와 내가 중요한 시냅스후 요소가 있다는 중요한 발견을 했다. 다음을 참조하라. X. Y. Lin and D. L. Glanzman, "Long-term potentiation of *Aplysia* sensorimotor synapses in cell culture regulation by postsynaptic voltage," *Biol. Sci.* 255 (1994): 113-18; and I. Antonov, I. Antonova, E. R. Kandel, and R. D. Hawkins, "Activity-dependent presynaptic facilitation and Hebbian LTP are both required and interact during classical conditioning in *Aplysia*," *Neuron* 37 (2003): 135-47.

학습 메커니즘에 대한 대안적인 견해들에 대해서는 R. Adey, "Electrophysiological patterns and electrical impedance characteristics in orienting and discriminative behavior," *Proc. Int. Physiol.Soc.* (Tokyo) 23 (1965): 324-29;

quotation form p. 235; B. D. Burns, *The Mammalian Cerebral Cortex* (London: Arnold, 1958); quotation form p. 96; S. R. Cajal, "The Croonian Lecture. La Fine structure des centers nerveux," *Proc. R. Soc. London Ser. B* 55 (1894): 444-67; and D. O. Hebb, *The Organization of Behavior: A Neuropsychological Theory* (New York: John Wiley, 1949)를 보라.

이 장에 실린 기타 정보의 출처는 다음과 같다.

- Castellucci, V., H. Pinsker, I. Kupfermann, and E. R. Kandel. "Neuronal mechanisms of habituation and dishabituation of the gill-withdrawal reflex in *Aplysia*." *Science* 167 (1970): 1745-48. "The data indicate……" is from p. 1748.
- Hawkins, R. D., T. W. Abrams, T. J. Carew, and E. R. Kandel. "A cellular mechanism of classical conditioning in *Aplysia*: Activity-dependent amplification of presynaptic facilitation." *Science* 219 (1983): 400-405.
- Kandel, E. R. *A Cell-Biological Approach to Learning*. Grass Lecture Monograph I. Bethesda, Md.: Society for Neuroscience, 1978.
- Kupfermann, I., V. Castellucci, H. Pinsker, and E. R. Kandel. "Neuronal correlates of habituation and dishabituation of the gill-withdrawal reflex in *Aplysia*." *Science* 167 (1970): 1743-45.
- Pinsker, H., I. Kupfermann, V. Castellucci, and E. R. Kandel. "Habituation and dishabituation of the gill-withdrawal reflex in *Aplysia*." *Science* 167 (1970): 1740-43. "The analysis of the neural mechanisms……" is from p. 1740.

15장 : 개체성의 생물학적 토대

무의식적 추론에 대한 헬름홀츠의 연구를 논한 내용은 다음의 글에 기초했다. C. Frith, "Disorders of cognition and existence of unconscious mental processes: An introduction," in E. Kandel et al., *Principles of Neural Science*, 5th ed. (New York: McGraw-Hill, forthcoming); R. M. Warren and R. P. Warren, *Helmholtz on Perception: Its Physiology and Development* (New York: John Wiley & Sons, 1968); R. J. Herrnstein and E. Boring, eds., *A Source Book in the History of Psychology* (Cambridge, Mass.: Harvard University Press, 1965), especially pp. 189-93; and R. L. Gregory, ed., *The Oxford Companion to the Mind* (Oxford: Oxford University Press, 1987), pp. 308-9.

에빙하우스에 대한 논의는 H. Ebbinghaus, *Memory: A Contribution to Experimental Psychology,* trans. H. A. Ruger and C. E. Bussenius (New York: Teacher's College/Columbia University, 1913); original German-language publication 1885를 보라.

군소에서의 구조적 변화에 대해서는 C. H. Bailey and M. Chen, "Long-term memory in *Aplysia* modulates the total number of varicosities of single identified sensory neurons," *Proc. Natl. Acad. Sci. USA* 85 (1988): 2373-77 and C. H. Bailey and M. Chen, "Time course of structural changes at identified sensory neuron synapses during longterm sensitization in *Aplysia*," *J. Neurosci.* 9 (1989): 1774-80; C. H. Bailey and E. R. Kandel, "Structural changes accompanying memory storage," *Annu. Rev. Physiol.* 55 (1993): 397-426을 보라.

이 장에 실린 기타 정보의 출처는 다음과 같다.

- Cajal, S. R. "The Croonian Lecture: La fine structure des centres nerveux." *Proc. R. Soc. London Ser. B* 55 (1894): 444-67.
- Dudai, Y. *Memory from A to Z.* Oxford: Oxford University Press, 2002.
- Duncan, C. P. "The retroactive effect of electroshock on learning." *J. Comp. Physiol. Psychol.* 42 (1949): 32-44.
- Ebert, T., C. Pantev, C. Wienbruch, B. Rockstroh, and E. Taub. "Increased cortical representation of the fingers of the left hand in string players." *Science* 270 (1995): 305-7.
- Flexner, J. B., L. B. Flexner, and E. Stellar. "Memory in mice as affected by intracerebral puromycin." *Science* 141 (1963): 57-59.
- Jenkins, W. M., M. M. Merzenich, M. T. Ochs, T. Allard, and E. Guic-Robles. "Functional reorganization of primary somatosensory cortex in adult owl monkeys after behaviorally controlled tactile stimulation." *J. Neurophysiol.* 63 (1990): 83-104.

환상 AMP에 대한 배경 지식에 대해서는 R. J. DeLange, R. G. Kemp, W. D. Riley, R. A. Cooper, and E. G. Krebs. "Activation of skeletal muscle phosphorylase kinase by adenosine triphosphate and adenosine 3',5'-monophosphate." *J. Biol. Chem.* 243. no. 9 (1968): 2200-2208; E. G. Krebs. "Protein phosphorylation and cellular regulation. I" in *Les Prix Nobel (The Nobel Prizes),* ed. Nobel Foundation (Stockholm: Almquist & Wiksell International, 1992); T. W. Rall and E. W. Sutherland. "The regulatory role of adenosine 3',5'-phosphate. Cold Spring Harbor Symp.," *Quant. Biol.* 26 (1961): 347-54; A. E. Gilman. "Nobel lecture. G Proteins and regulation of adenylyl cyclase." *Biosci. Reports* 15 (1995): 65-97; P. Greengard, "The neurobiology of dopamine signaling," in *Les Prix Nobel (The Nobel Prizes),* ed. Nobel Foundation, 262-81 (Stockholm: Almquist & Wiksell International. 2000)을 보라.

군소에서의 환상 AMP에 대해서는 J. H. Schwartz, V. F. Castellucci. and E. R. Kandel, "Functioning of identified neurons and synapses in abdominal ganglion of *Aplysia* in absence of protein synthesis." *J. Neurophysiol.* 34 (1971): 939-53; H. Cedar, E. R. Kandel. and J. H. Schwartz, "Cyclic adenosine monophosphate in the nervous system of *Aplysia californica*: Increased synthesis in response to synaptic stimulation." *J. Gen. Physiol.* 60 (1972): 558-69; M. Brunelli. V. Castellucci, and E. R. Kandel, "Synaptic facilitation and behavioral sensitization in *Aplysia*: Possible role of serotonin and cyclic AMP." *Science* 194 (1976): 1178-81; also, V. F. Castellucci, E. R. Kandel, J. H. Schwartz, F. D. Wilson, A. C. Nairn, and P. Greengard. "Intracellular injection of the catalytic subunit of cyclic AMP-dependent protein kinase simulates facilitation of transmitter release underlying behavioral sensitization *in Aplysia*." *Proc. Natl. Acad. Sci. USA* 77 (1980): 7492-96을 보라.

초파리에서의 환상 AMP에 대해서는 S. Benzer. "Behavioral mutants of *Drosophila* isolated by counter current distribution," *Proc. Natl. Acad. Sci.* 58 (1967): 1112-19; D. Byers, R. L. Davis, and J. R. Kiger, Jr., "Defect in cyclic AMP phosphodiesterase due to the dunce mutation of learning in *Drosophila melanogaster*," *Nature* 289 (1981): 79-81; Y. Dudai, Y. N. Jan, D. Byers, W. G.

Quinn, and S. Benzer. "Dunce, a mutant of *Drosophila* deficient in learning." *Proc. Natl. Acad. Sci. USA* 73, no. 5 (1976): 1684-88을 보라.

이 장에 실린 기타 정보의 출처는 다음과 같다.

- Castellucci, V., and E. R. Kandel. "Presynaptic facilitation as a mechanism for behavioral sensitization in *Aplysia*." *Science* 194 (1976): 1176-78.
- Dale, N., and E. R. Kandel. "L-glutamate may be the fast excitatory transmitter of *Aplysia* sensory neurons." *Proc. Nat. Acad. Sci. USA* 90 (1993): 7163-67.
- Jacob, F. *The Possible and the Actual*. New York: Pantheon, 1982; quotation from pp. 33-35.
- ———. *The Statue Within*. Translated by F. Philip. New York: Basic Books. 1988.
- Kandel, E. R. *Cellular Basis of Behavior: An Introduction to Behavioral Neurobiology*. San Francisco: Freeman, 1976.
- Kandel, E. R., M. Klein, B. Hochner, M. Shuster, S. Siegelbaum, R. Hawkins, D. Glanzman, V. F. Castellucci, and T. Abrams. "Synaptic modulation and learning: New insights into synaptic transmission from the study of behavior." In *Synaptic Function*, edited by G. M. Edelman. W. E. Gall, and W. M. Cowan, 471-518. New York: John Wiley & Sons, 1987.
- Kistler. H. B., Jr., R. D. Hawkins, J. Koester, H. W. M. Steinbusch, E. R. Kandel, and J. H. Schwartz. "Distribution of serotonin-immunoreactive cell bodies and processes in the abdominal ganglion of mature *Aplysia*." *J. Neurosci.* 5 (1985): 72-80.
- Kriegstein, A., V. F. Castellucci, and E. R. Kandel. "Metamorphosis of *Aplysia californica* in laboratory culture." *Proc. Nat. Acad. Sci. USA* 71 (1974): 3654-58.
- Kuffler, S., and J. Nicholls. *From Neuron to Brain: A Cellular Approach to the Function of the Nervous System*. Sunderland, Mass.: Sinauer Associates, 1976.
- Siegelbaum, S., J. S. Camardo, and E. R. Kandel. "Serotonin and cAMP close single K^+ channels in *Aplysia* sensory neurons." *Nature* 299 (1982): 413-17.

낮 과학과 밤 과학에 관한 프랑수아 자코브의 글은 *The Statue Within*, trans. F. Philip (New York: Basic Books, 1988), pp. 296-97에 있다.

토머스 헌트 모건에 대한 논의는 다음 두 종의 전기를 참조하라. G. E. Allen, *Thomas Hunt Morgan: The Man and His Science* (Princeton, N. J.: Princeton University Press, 1978); and A. H. Sturtevant, *Thomas Hunt Morgan* (New York: National Academy of Sciences. 1959). 또한 다음을 참조하라. E. R. Kandel. "Thomas Hunt Morgan at Columbia: Genes, chromosomes, and the origins of modern biology," pp. 29-35, and E. R. Kandel, "An American century of biology," pp. 36-39, both in *Living Legacies: Great Moments in the Life of Columbia for the 250th Anniversary,* fall 1999 issue of *Columbia: The Magazine of Columbia University.*

왓슨과 크릭이 자신들의 발견을 처음 발표한 글은 "Molecular structure of nucleic acids: A structure of deoxyribose nucleic acid." *Nature* 171 (1953):737-38이다. 인용문은 738쪽에서 따왔다. 또한 J. D. Watson and F. H. C. Crick, "Genetical implications of the structure of deoxyribonucleic acid," *Nature* 171 (1953): 964-67; J. D. Watson, *The Double Helix* (1968; reprint, New York: Touchstone/Simon & Schuster. 2001); and J. D. Watson and A. Berry, *DNA: The Secret of Life* (New York: Alfred A. Knopf. 2003)를 보라. 왓슨의 회상은 두 번째 책(p88)에서 따왔다. 슈뢰딩거의 글은 다음에 있다. E. Schrödinger, *What Is Life? The Physical Aspect of the Living Cell.* 1944. (Reprint, Cambridge: Cambridge University Press, 1947).

이 장에 실린 기타 정보의 출처는 다음과 같다.

- Avery, O. T., C. M. MacLeod, and M. McCarty. "Studies on the chemical nature of the substance inducing transformation of pneumococcal types: Induction of transformation by a desoxyribonucleic acid fraction isolated from Pneumococcus Type III." *J. Exp. Med.* 79 (1944): 137-58.
- *Chimpanzee Genome.* Special issue on chimpanzees. *Nature* 437, September 1, 2005.
- Cohen, S. N., A. C. Chang, H. W. Boyer, and R. B. Helling. "Construction of

biologically functional bacterial plasmids *in vitro*." *Proc. Natl. Acad. Sci. USA* 70, no. 11 (1973): 3240-44.

- Crick, F. H., L. Barnett, S. Brenner, and R. J. Watts-Tobin. "General nature of the genetic code for proteins." *Nature* 192 (1961): 1227-32.
- Gilbert, W. "DNA sequencing and gene structure." *Science* 214 (1981): 1305-12.
- Jackson, D. A., R. H. Symons, and P. Berg. "Biochemical method for inserting new genetic information into DNA Simian Virus 40: circular SV 40 DNA molecules containing lambda phage genes and the galactose operon of *Escherichia coli*." *Proc. Nat. Acad. Sci. USA* 69 (1972): 2904-09.
- Jessell, T. M., and E. R. Kandel. "Synaptic transmission: A bidirectional and a self-modifiable form of cell-cell communication." *Cell 72/Neuron 10* (Suppl.) (1993): 1-30.
- Matthaei, H., and M. W Nirenberg. "The dependence of cell-free protein synthesis in *E. coli* upon RNA prepared from ribosomes." *Biochem. Biophys. Res. Commun.* 4 (1961): 404-8.
- Sanger, F. "Determination of nucleotide sequences in DNA." *Science* 214 (1981): 1205-10.

18장 : 기억 유전자

자코브와 모노의 고전적인 논문: F. Jacob and J. Monod, "Genetic regulatory mechanisms in the synthesis of proteins," *J. Molec. Biol.* 3 (1961): 318-56.

이 장에 실린 기타 정보의 출처는 다음과 같다.

- Buck, L., and R. Axel. "Novel multigene family may encode odorant receptors: A molecular basis for odor recognition." *Cell* 65, no. 1 (1991): 175-87.
- Jacob, F. *The Statue Within*. Translated by F. Philip. New York: Basic Books, 1988.
- Kandel, E. R., A. Kriegstein, and S. Schacher. "Development of the central nervous system of *Aplysia* in the terms of the differentiation of its specific

identifiable cells." *Neurosci*. 5 (1980): 2033-63.

- Scheller, R. H., J. F. Jackson, L. B. McAllister, J. H. Schwartz, E. R. Kandel, and R. Axel. "A family of genes that codes for ELH, a neuropeptide eliciting a stereotyped pattern of behavior in *Aplysia*." *Cell* 28 (1982):707-19; quotation from p. 707.
- Weinberg, R. A. *Racing to the Beginning of the Road: The Search for the Origin of Cancer*. San Francisco: Freeman, 1998; quotation from pp. 162-63.

19장 : 유전자와 시냅스 사이의 대화

필립 골레트의 두 리뷰: P. Goelet, V. F. Castellucci, S. Schacher, and E. R. Kandel, "The long and short of long-term memory—a molecular framework," *Nature* 322 (1986): 419-22; and P. Goelet and E. R. Kandel, "Tracking the flow of learned information from membrane receptors to genome," *Trends Neurosci*. 9 (1986): 472-99.

환상 AMP-의존 단백질 키나아제의 전좌(translocation)에 대한 실험에서 우리는 샌디에이고 소재 캘리포니아 대학의 하워드 휴스 연구원인 로저 첸과 협력했다. 그는 환상 AMP-의존 단백질 키나아제가 핵으로 들어가는 움직임을 가시화하기 위해 우리가 사용한 방법을 개발했다. 이 연구는 다음의 글에 기술되었다. B. J. Bacskai, B. Hochner, M. Mahaut-Smith, S. R. Adams, 강봉균, E. R. Kandel, and R. Y. Tsien, "Spatially resolved dynamics of cAMP and protein kinase A subunits in *Aplysia* sensory neurons," *Science* 260 (1993): 222-26.

군소 뉴런의 조직 배양법 개발의 물꼬를 튼 것은 나의 학생인 스티븐 레이포트, 피에르 조르조 몬타롤로, 에릭 프로샨스키와 협력한 새뮤얼 쉐커였다.

학습 관련 가소성에서 CREB가 중요하다는 최초의 증거는 P. K. Dash, B. Hochner, and E. R. Kandel, "Injection of cAMP-responsive element into the nucleus of *Aplysia* sensory neurons blocks long-term facilitation," *Nature* 345 (1990): 718-21에 있다.

군소에서의 억제자 발견은 D. Bartsch, M. Ghirardi, P. A. Skehel, K. A. Karl, S. P. Herder, M. Chen, C. H. Bailey, and E. R. Kandel, "*Aplysia* CREB2 represses long-term facilitation: Relief of repression converts transient facilitation into long-term functional and structural change," *Cell* 83 (1995): 979-92에 기술되어 있다.

초파리에서의 기억 연구에 대한 새로운 실험 계획안에 대해서는 T. Tully, T. Preat, S. C. Boynton, and M. Del Vecchio, "Genetic dissection of consolidated memory in Drosophila melanogaster," *Cell* 79 (1994): 35-47을 보라.

초파리에서 CREB 억제자가 장기기억을 차단하며, CREB 활성자가 과다 발현하면 학습된 공포의 기억 저장이 강화된다는 점을 지적한 논문은 J. C. P. Yin, J. S. Wallach, M. Del Vecchio, E. L. Wilder, H. Zhuo, W G. Quinn, and T. Tully. "Induction of a dominant negative CREB transgene specifically blocks long-term memory in *Drosophila*," *Cell* 79 (1994): 49-58; J. C. P. Yin, M. Del Vecchio, H. Zhou, and T. Tully, "CREB as a memory modulator: Induced expression of a dCREB2 activator isoform enhances long-term memory in *Drosophila*." *Cell* 81 (1995): 107-15를 보라.

꿀벌에서의 CREB의 역할에 대한 증거에 대해서는 D. Eisenhardt, A. Friedrich, N. Stollhoff, U. Müller, H. Kress, and R. Menzel, "The *AmCREB* gene is an ortholog of the mammalian CREB / CREM family of transcription factors and encodes several splice variants in the honeybee brain," *Insect Molecular Biol.* 12 (2003): 373-82를 보라.

생쥐의 학습된 공포에서의 CREB의 역할에 대한 증거는 P. W. Frankland, S. A. Josselyn, S. G. Anagnostaras et al., "Consolidation of CS and US representations in associative fear conditioning," *Hippocampus* 14 (2004): 557-69; and S. Kida, S. A. Josselyn, S. P. de Ortiz et al., "CREB required for the stability of new and reactivated fear memories," *Nature Neurosci.* 5 (2002): 348-55를 보라.

인간의 학습에서의 CREB의 역할에 대한 증거는 J. M. Alarcon, G. Malleret, K. Touzani, S. Vronskaya, S. Ishii, E. R. Kandel, and A. Barco, "Chromatin acetylation, memory, and LTP are impaired in $CBP^{+/-}$ mice: A model for the cognitive deficit in Rubinstein-Taybi Syndrome and its amelioration," *Neuron* 42 (2004): 947-59를 보라.

이 장에 실린 기타 정보의 출처는 다음과 같다.

- Bailey, C. H., P. Montarolo, M. Chen, E. R. Kandel, and S. Schacher. "Inhibitors of protein and RNA synthesis block structural changes that accompany long-term heterosynaptic plasticity in *Aplysia*." *Neuron* 9 (1992): 749-58.
- Bartsch, D., A. Casadio, K. A. Karl, P. Serodio, and E. R. Kandel. "CREB-1 encodes a nuclear activator, a repressor, and a cytoplasmic modulator that form a regulatory unit critical for long-term facilitation." *Cell* 95 (1998): 211-23.
- Bartsch, D., M. Ghirardi, A. Casadio, M. Giustetto, K. A. Karl, H. Zhu, and E. R. Kandel. "Enhancement of memory-related long-term facilitation by ApAF, a novel transcription factor that acts downstream from both CREB-1 and CREB-2." *Cell* 103 (2000): 595-608.
- Casadio, A., K. C. Martin, M. Giustetto, H. Zhu, M. Chen, D. Bartsch, C. H. Bailey, and E. R. Kandel. "A transient neuron-wide form of CREB-mediated long-term facilitation can be stabilized at specific synapses by local protein synthesis." *Cell* 99 (1999): 221-37.
- Chain, D. G., A. Casadio, S. Schacher, A. N. Hegde, M. Valbrun, N. Yamamoto, A. L. Goldberg, D. Bartsch, E. R. Kandel, and J. H. Schwartz. "Mechanisms for generating the autonomous cAMP-dependent protein kinase required for long-term facilitation in *Aplysia*." *Neuron* 22 (1999): 147-56.
- Dale, N., and E. R. Kandel. "L-glutamate may be the fast excitatory transmitter of *Aplysia* sensory neurons." *Proc. Natl. Acad. Sci. USA* 90 (1993): 7163-67.
- Glanzman, D. L., E. R. Kandel, and S. Schacher. "Target-dependent structural changes accompanying long-term synaptic facilitation in *Aplysia* neurons." *Science* 249 (1990): 799-802.
- 강봉균, E. R. Kandel, and S. G. N. Grant. "Activation of cAMP-responsive genes by stimuli that produce long-term facilitation in *Aplysia* sensory neurons." *Neuron* 10 (1993): 427-35.
- Lorenz, K. Z. *The Foundations of Ethology*. New York: Springer Verlag, 1981.
- Martin, K. C., D. Michael, J. C. Rose, M. Barad, A. Casadio, H. Zhu, and E. R. Kandel. "MAP kinase translocates into the nucleus of the presynaptic cell

and is required for long-term facilitation in *Aplysia*." *Neuron* 18 (1997): 899-912.

- Martin, K. C., A. Casadio, H. Zhu, E. Yaping, J. Rose, C. H. Bailey, M. Chen, and E. R. Kandel. "Synapse-specific transcription-dependent long-term facilitation of the sensory to motor neuron connection in *Aplysia*: A function for local protein synthesis in memory storage." *Cell* 91 (1997): 927-38.
- Mayford, M., A. Barzilai, F. Keller, S. Schacher, and E. R. Kandel. "Modulation of an NCAM-related adhesion molecule with long-term synaptic plasticity in *Aplysia*." *Science* 256 (1992): 638-44.
- Montarolo, P. G., P. Goelet, V. F. Castellucci, J. Morgan, E. R. Kandel, and S. Schacher. "A critical period for macromolecular synthesis in long-term heterosynaptic facilitation in *Aplysia*." *Science* 234 (1986): 1249-54.
- Montminy, M. R., K. A. Sevarino, J. A. Wagner, G. Mandel, and R. H. Goodman. "Identification of a cyclic-AMP-responsive element within the rat somatostatin gene." Proc. *Natl. Acad. Sci. USA* 83, no. 18 (1986): 6682-86.
- Prusiner, S. B. "Prions." *Les Prix Nobel/The Nobel Prizes*, edited by Nobel Foundation. Stockholm: Almquist & Wiksell International, 1997.
- Rayport, S. G., and S. Schacher. "Synaptic plasticity *in vitro*: Cell culture of identified *Aplysia* neurons mediating short-term habituation and sensitization." *J. Neurosci.* 6 (1986): 759-63.
- Schacher, S., V. F. Castellucci, and E. R. Kandel. "cAMP evokes long-term facilitation in *Aplysia* sensory neurons that requires new protein synthesis." *Science* 240 (1988): 1667-69.
- Si, K., M. Giustetto, A. Etkin, R. Hsu, A. M. Janisiewicz, M. C. Miniaci, J.-H. Kim, H. Zhu, and E. R. Kandel. "A neuronal isoform of CPEB regulates local protein synthesis and stabilizes synapse-specific long-term facilitation in *Aplysia*." *Cell* 115 (2003): 893-904.
- Si, K., S. Lindquist, and E. R. Kandel. "A neuronal isoform of the *Aplysia* CPEB has prion-like properties." *Cell* 115 (2003): 879-91.
- Steward, O., and E. M. Schuman. "Protein synthesis at synaptic sites on

dendrites." *Annu. Rev. Neurosci.* 24 (2001): 299-325.

20장 : 복잡한 기억으로의 회귀

버지니아 울프는 자기 어머니의 기억에 관하여 「과거의 스케치」에서 언급했다. 이 글은 다음에 재수록되었다. J. Schulkind, ed., *Moments of Being* (New York: Harcourt Brace, 1985), p. 98. 다음에 인용되기도 했다. S. Nalbation, *Memory in Literature: Rousseau to Neuroscience* (New York: Palgrave Macmillan, 2003).

테네시 윌리엄스의 『우유 열차는 더 이상 여기에 서지 않는다』는 크리스토프 코흐의 책 *The Quest for Consciousness: A Neurobiological Approach* (Englewood, Col.: Roberts, 2004), p. 187에 인용되었다.

장소세포에 대한 최초의 기술은 O'Keefe and J. Dostrovsky. "The hippocampus as a spatial map. Preliminary evidence from unit activity in the freely-moving rat." *Brain Res.* 34, no. 1 (1971): 171-75를 보라.

장기 증강에 대한 훌륭한 리뷰로는 T. Bliss, G. Collingridge, and R. Morris, eds., *LTP: Long-Term Potentiation* (Oxford: Oxford University Press, 2003)이 있다. 이 책에 실린 여러 훌륭한 논문 가운데 몇을 꼽자면 다음과 같다. P. Andersen, "A prelude to long-term potentiation"; R. Malinow, "A MPA receptor trafficking and long-term potentiation"; R. G. M. Morris, "Long-term potentiation and memory"; and R. A. Nicoll, "Expression mechanisms underlying long-term potentiation: a postsynaptic view."

이 장에 실린 기타 정보의 출처는 다음과 같다.

- Baudry, M., R. Siman, E. K. Smith, and G. Lynch. "Regulation by calcium ions of glutamate receptor binding in hippocampal slices." *Euro. J. Pharmacol.* 90, no. 2-3 (1983): 161-68.
- Bliss, T. V., and T. Lømo. "Long-lasting potentiation of synaptic transmission in the dentate gyrus of the anesthethized rabbit following stimulation of the perforant path." *J. Physiol.* 232 (1973): 331-56.
- Collingridge, G. L., S. J. Kehl, and H. McLennan. "Excitatory amino acids in synaptic transmission in the Schaffer collateral-commissural pathway of the rat hippocampus." *J. Physiol.* (London) 334 (1983): 33-46.

- Curtis, D. R., J. W. Phillis, and J. C. Watkins. "The chemical excitation of spinal neurons by certain acidic amino acids." *J. Physiol.* 150 (1960): 656-82.
- Eccles, J. C. *The Physiology of Synapses.* Berlin: Springer Verlag, 1964.
- Hebb, D. O. *The Organization of Behavior: A Neuropsychological Theory.* New York: Wiley, 1949; quotation from p. 62.
- Nowak, L., P. Bregestovski, P. Ascher, A. Herbet, and A. Prochiantz. "Magnesium gates glutamate-activated channels in mouse central neurons." *Nature* 307 (1984): 462-65.
- O'Dell, T. J., S. G. N. Grant, K. Karl, P. M. Soriano, and E. R. Kandel. "Pharmacological and genetic approaches to the analysis of tyrosine kinase function in long-term potentiation." Cold Spring Harbor Symp. *Quant. Biol.* 57 (1992): 517-26.
- Roberts, P. J., and J. C. Watkins. "Structural requirements for inhibition for L-glutamate uptake by glia and nerve endings." *Brain Res.* 85, no. 1 (1975): 120-25.
- Schacter, D. L. *Searching for Memory: The Brain, the Mind and the Past.* New York: Basic Books, 1996.
- Spencer, W A. and E. R. Kandel. "Electrophysiology of hippocampal neurons. IV: Fast prepotentials." *J Neurophysiol.* 24 (1961): 272-85.
- Westbrook, G. L., and M. L. Mayer. "Glutamate currents in mammalian spinal neurons resolution of a paradox." *Brain Res.* 301, no. 2 (1984): 375-79.

21장 : 시냅스들은 우리가 가장 좋아하는 기억들도 보유한다

유전자 변형 생쥐를 만드는 방법들은 R. L. Brinster and R. D. Palmiter. "Induction of foreign genes in animals." *Trends Biochem. Sci.* 7 (1982): 438-40; and M. R. Capecchi, "High-efficiency transformation by direct microinjection of DNA into cultured mammalian cells." *Cell* 22, no. 2 (1980): 479-88을 보라.

LTP와 공간 기억에서 유전자 녹아웃의 효과에 대한 최초의 보고서들은 다음과 같다. S. G. N. Grant, T. J. O'Dell, K. A. Karl, P. L. Stein, P. Soriano, and E. R. Kandel, "Impaired long-term potentiation, spatial learning, and hippocampal development in fyn mutant mice." *Science* 258 (1992): 1903-10; A. J. Silva, R. Paylor, J. M. Wehner, and S. Tonegawa, "Impaired spatial learning in alpha-calcium-calmodulin kinase II mutant mice." *Science* 257 (1992): 206-11.

9장에서도 언급했던 스티븐 시겔봄과의 공동 실험들은 매트 놀란과 조시 더드먼에 의해 수행되었다. 그 실험들에 대한 기록은 M. F. Nolan, G. Malleret, J. T. Dudman, D. Buhl, B. Santoro, E. Gibbs, S. Vronskaya, G. Buzsáki, S. A. Siegelbaum, E. R. Kandel, and A. Morozov, "A behavioral role for dendritic integration: HCN1 channels constrain spatial memory and plasticity at inputs to distal dendrites of CA1 pyramidal neurons." *Cell* 119 (2004): 719-32을 보라.

이 장에 실린 기타 정보의 출처는 다음과 같다.

- Mayford, M., T. Abel, and E. R. Kandel. "Transgenic approaches to cognition." *Curr. Opin. Neurobiol.* 5 (1995): 141-48.
- Mayford, M., M. E. Bach, Y.-Y. Huang, L. Wang, R. D. Hawkins, and E. R. Kandel. "Control of memory formation through regulated expression of a CaMLIIα transgene." *Science* 274 (1996): 1678-83.
- Mayford, M., D. Baranes, K. Podyspanina, and E. R. Kandel. "The 3' -untranslated region of CaMLIIα is a cis-acting signal for the localization and translation of mRNA in dendrites." *Proc. Natl. Acad. Sci. USA* 93 (1996): 13250-55.
- Silva, A. J., C. F. Stevens, S. Tonegawa, and Y. Wang. "Deficient hippocampal long-term potentiation in alpha-calcium-calmodulin kinase-II mutant mice." *Science* 257 (1992): 201-6.
- Tsien, J. Z., D. F. Chen, D. Gerber, C. Tom, E. H. Mercer, D. J. Anderson, M. Mayford, E. R. Kandel, and S. Tonegawa. "Subregion and cell-type restricted gene knockout in mouse brain." *Cell* 87 (1996): 1317-26.
- Tsien, J. Z., P. T. Huerta, and S. Tonegawa. "The essential role of hippocampal CA1 NMDA receptor-dependent synaptic plasticity in spatial memory." *Cell* 87 (1996): 1327-38.

22장 : 뇌가 가진 외부 세계의 그림

인지에 대한 신경학자의 시각에 대해서는 S. Freud, *The Interpretation of Dreams,* 1900 (reprint, London: Hogarth, 1953); and O. Sacks, *The Man Who Mistook His Wife for a Hat* (New York: Alfred A. Knopf, 1985)을 보라.

인지심리학의 시각에 대해서는 G. A. Miller, *Psychology: The Science of Mental Life* (New York: Harper & Row, 1962); and U. Neisser, *Cognitive Psychology* (New York: Appleton-Century-Crofts, 1967), 3쪽에서 인용.

마운트 캐슬, 허블, 비셀의 업적에 대한 리뷰는 D. H. Hubel and T. N. Wiesel, *Brain and Visual Perception* (New York: Oxford University Press, 2005); V. B. Mountcastle, "Central nervous mechanisms in mechanoreceptive sensibility," in *Handbook of Physiology.* Section 1, *The Nervous System.* Vol. 3, *Sensory Processes,* Part 2, 789-878, ed. I. Darian Smith (Bethesda, Md.: American Physiological Society, 1984); and V. B. Mountcastle, "The view from within: Pathways to the study of perception," *Johns Hopkins Med J.* 136, no. 3 (1975): 109-31, quotation from p. 109 (original italics)를 보라.

이 장에 실린 기타 정보의 출처는 다음과 같다.

- Evarts, E. V. "Pyramidal tract activity associated with a conditioned hand movement in the monkey." J. Neurophysiol. 29 (1966): 1011-27.
- Gregory. R. L., ed. *The Oxford Companion to the Mind.* Oxford: Oxford University Press, 1987.
- Marshall, W H., C. N. Woolsey, and P. Bard. "Observations on cortical somatic sensory mechanisms of cat and monkey." *J. Neurophysiol.* 4 (1941): 1-24.
- Marshall, W H., and S. A. Talbot. "Recent evidence for neural mechanisms in vision leading to a general theory of sensory acuity." In *Visual Mechanisms,* edited by H. Kluver, 117-64. Lancaster, Pa.: Cattell, 1942.
- Movshon, J. A. "Visual processing of moving images." In *Images and Understanding: Thoughts About Images; Ideas About Understanding,* edited by H. Barlow, C. Blakemore, and M. Weston-Smith, 122-37. New York: Cambridge University Press, 1990.

- Tolman, E. C. *Purposive Behavior in Animals and Men.* New York: Century, 1932.
- Wurtz, R. H., M. E. Goldberg, and D. L. Robinson. "Brain mechanisms of visual attention." *Sci. Am.* 246, no. 6 (1982): 124.
- Zeki, S. M. *A Vision of the Brain.* Oxford: Oxford University Press, 1993; quotation from pp. 295-96(original italics).

23장 : 주의 집중의 비밀

해마와 공간에 대한 자세한 논의는 J. O'Keefe and L. Nadel, *The Hippocampus as a Cognitive Map* (Oxford: Clarendon Press, 1978)을 보라. 5쪽에서 인용.

주의 집중에 대한 논의는 W. James, *The Works of William James. The Principles of Psychology*, ed. F. Burkhardt and F. Bowers, 3 vols. (1890) (reprint, Cambridge, Mass.: Harvard University Press, 1981)를 보라. 인용은 I: 380-81쪽에서 따왔다.

주의 집중과 공간과 기억에 대해서는 F. A. Yates, *The Art of Memory* (Chicago: University of Chicago Press; London: Routledge & Kegan Paul, 1966)를 보라.

성별에 따른 차이에 관한 논의는 E. A Maguire, N. Burgess, and J. O'Keefe, "Human spatial navigation: Cognitive maps, sexual dimorphism and neural substrates," *Current Opin Neurobiol.* 9, no.2 (1999): 171-77을 보라.

이 장에 실린 기타 정보의 출처는 다음과 같다.

- Agnihotri, N. T., R. D. Hawkins, E. R. Kandel, and C. G. Kentros. "The long-term stability of new hippocampal place fields requires new protein synthesis." *Proc. Natl. Acad. Sci. USA* 101 (2004): 3656-61.
- Bushnell, M. C., M. E. Goldberg, and D. L. Robinson."Behavioral enhancement of visual responses in monkey cerebral cortex. 1: Modulation in posterior parietal cortex related to selective visual attention." *J. Neurophysiol.* 46, no. 4 (1981): 755-72.
- Kentros, C. G., N. T. Agnihotri, S. Streater, R. D. Hawkins, and E. R. Kandel. "Increased attention to spatial context increases both place field stability

and spatial memory." *Neuron* 42 (2004): 283-95.

- McHugh, T. J., K. I. Blum, J. Z. Tsien, S. Tonegawa, and M. A. Wilson. "Impaired hippocampal representation of space in CA1-specific NMDAR1 knockout mice." *Cell* 87 (1996): 1339-49.
- O'Keefe, J., and J. Dostrovsky. "The hippocampus as a spatial map: Preliminary evidence from unit activity in the freely-moving rat." *Brain Res.* 34, no. 1 (1971): 171-75.
- Rotenberg, A., M. Mayford, R. D. Hawkins, E. R. Kandel, and R. U. Muller. "Mice expressing activated CaMKII lack low frequency LTP and do not form stable place cells in the CA1 region of the hippocampus." *Cell* 87 (1996): 1351-61.
- Theis, M., K. Si, and E. R. Kandel. "Two previously undescribed members of the mouse CPEB family of genes and their inducible expression in the principal cell layers of the hippocampus." *Proc. Natl. Acad. Sci. USA* 100 (2003): 9602-7.
- Zeki, S. M. *A Vision of the Brain.* Oxford: Oxford University Press, 1993.

24장 : 작고 빨간 알약

파스퇴르의 과학과 산업에 대한 기여는 R. J. Dubos, *Louis Pasteur* (Boston: Little, Brown, 1950); and M. Perutz, "Deconstructing Pasteur," in *I Wish I'd Made You Angry Earlier: Essays on Science, Scientists and Humanity* (Plainview, N.Y.: Cold Spring Harbor Laboratory Press, 1998), pp. 119-30을 보라.

데일의 학계 및 산업계와의 관계는 H. H. Dale, *Adventures in Physiology* (London: Pergamon, 1953)를 보라.

생명공학의 초기 역사의 논의에 대해서는 S. Hall, *Invisible Frontiers: The Race to Synthesize a Human Gene* (New York: Atlantic Monthly Press, 1987); and J. D. Watson and A. Berry, *DNA: The Secret of Life* (New York: Alfred A. Knopf., 1987)를 보라. 홀의 책(p. 94)은 "죄악"과 "가장 순수한 천국"이라는 표현의 출처다.

Kenney, M. *Biotechnology. The University-Industrial Complex.* New Haven: Yale University Press, 1986.

신경윤리학에 대한 논의에 대해서는 M. J. Farah, J. Illes, R. Cook-Deegan, H. Gardner, E. R. Kandel, P. King, E. Parens, B. Sahakian, and P. R. Wolpe. "Science and society: Neurocognitive enhancement: What can we do and what should we do?" *Nat. Rev. Neurosci.* 5 (2004): 421-25; S. Hyman, "Introduction: The brain's special status," *Cerebrum* 6, no. 4 (2004): 9-12를 보라. 9쪽에서 인용. S. J. Marcus, ed. *Neuroethics: Mapping the Field* (New York: Dana Press, 2004).

이 장에 실린 기타 정보의 출처는 다음과 같다.

- Bach, M. E., M. Barad, H. Son, M. Zhuo, Y.-F. Lu, R. Shih, I. Mansuy, R. D. Hawkins, and E. R. Kandel. "Age-related defects in spatial memory are correlated with defects in the late phase of hippocampal long-term potentiation *in vitro* and are attenuated by drugs that enhance the cAMP signaling pathway." *Proc. Natl. Acad. Sci. USA* 96 (1999): 5280-85.
- Barad, M., R. Bourtchouladze, D. Winder, H. Golan, and E. R. Kandel. "Rolipram, a type IV-specific phosphodiesterase inhibitor, facilitates the establishment of long-lasting long-term potentiation and improves memory." *Proc. Natl. Acad. Sci. USA* 95 (1998): 15020-25.

25장 : 생쥐, 사람, 정신병

분자신경학의 탄생을 추진한 또 다른 주요 동력은 일찍이 등장한 환자 옹호 집단들이다. 환자와 그 가족 및 친구들의 집단은 적어도 1930년대부터 특정 질병들을 중심으로 형성되었다. 당시에 소아마비재단은 1921년에 소아마비에 걸린 바 있는 루즈벨트 대통령의 격려를 받으며 소아마비 구제 모금 운동(March of Dimes)을 벌이기 시작했다. 그 재단은 기초 및 임상 연구를 지원하여 소아마비 백신 개발을 가능케 했고 결국 그 백신으로 소아마비를 근절했다. 이는 소아마비재단이 상당한 액수를 모으고 풍부한 상상력과 노력이 요구되는 연구를 지원한 과학 고문들을 선택할 수 있었기 때문에 가능했던 놀라운 사건이었다.

1960년대에 유전성 신경계 질병들에 대항하여 비슷한 움직임이 일어났다. 자기 자신도 환자 옹호 집단의 회원이었던 역사가 앨리스 웩슬러가 썼듯이, "사회적 운동이

만개했던 1960년대는 질병의 피해를 직접 입은 가족들을 결집하기에 좋은 정치적 분위기를 만드는 데에도 기여했다. 60년대와 70년대의 시민권 운동, 여성 건강 운동, 환자의 권리 찾기 운동은 [유전성 신경계 질병을 가진 환자들의] 가족들을 격려하여 스스로를 위해 행동하게 만드는 분위기를 창출했다."(A. Wexler, *Mapping Fate: A Memoir of Family, Risk, and Genetic Research* [New York: Times Books/Random House, 1995], p. xv).

1967년에 작곡가이자 시인인 우디 거스리가 헌팅턴병으로 사망했다. 이 끔찍한 병은 그의 미망인이며 댄서인 마조리 거스리로 하여금 헌팅턴병 환자의 가족들을 결집하여 헌팅턴병과의 전쟁을 위한 위원회를 조직하게 만들었고, 이 조직은 나중에 미국헌팅턴병협회로 발전했다. 이 환자 옹호 집단은 의회에 압력을 가하여 효과적인 치료법 개발에 박차를 가하도록 만들었고, 가족을 교육하고 건강 전문가들을 훈련함으로써 헌팅턴병의 고통을 완화하는 노력을 지원하게 만들었다.

우디 거스리가 사망한 그해에 레오노레 웩슬러는 과거 그녀의 두 형제가 그랬던 것처럼 헌팅턴병 진단을 받았다. 레오노레의 남편 밀턴 웩슬러는 유능하고 먼 안목을 지닌 정신분석가로서 로스앤젤레스에서 성공적으로 활동하고 있었다. 그는 부모 중 한 명이 헌팅턴병 환자인 자신의 딸들이 50:50의 확률로 헌팅턴병에 걸릴 것이라는 점을 깨달았다. 그의 두 딸은 역사가 앨리스와 심리학자이며 훗날 컬럼비아 대학에서 나의 친구이자 동료가 된 낸시였다. 딸들을 염려하고 아내의 병에 고통을 당한 웩슬러는 유전병 재단을 설립했다. 이 재단은 거스리의 조직과 다른 방향을 선택하여 환자 옹호를 넘어서 유전적 장애에 대한 연구를 어떻게 수행할 것인가에도 영향을 끼친 패러다임 전환을 이루어 냈다.

웩슬러는 병의 치료에 초점을 맞추지 않기로 결정했다. 왜냐하면 생산적인 치료가 가능하기에는 병에 대해 알려진 바가 너무 적었기 때문이다. 대신에 그는 기초과학으로 눈을 돌려 헌팅턴병을 유발하는 돌연변이 유전자를 찾고 규명하는 데 목표를 둔 연구를 위해 기금을 모았다. 그러나 웩슬러는 과학자들에게 자금을 제공하는 일에 머물지 않았다. 그는 최고의 과학자들로 연구 집단들을 꾸려 대안적인 전략들을 토론하고 성공 가능성이 가장 높은 전략들을 제시하게 만들었다. 그다음에 그는 전략적인 솜씨를 갖춘 과학자들을 선택적으로 지원했고 그들과 자주 만나 연구의 진행을 검토하고 다음 단계의 계획을 세웠다.

밀턴 웩슬러가 시작하고 그 후 30년 동안 낸시 웩슬러가 실행한 이 전략은 놀랍도록 성공적이었다. 헌팅턴병을 지닌 사람들이 확인되었고, 그들의 가족의 병력이 확립되었으며, 조직 은행이 만들어졌다. 과학계는 이 노력을 계속 전해 들었다. 유전자의 위치를 찾아내고(낸시 웩슬러와 짐 구젤라의 업적이다) 그 유전자를 복제하고, 헌팅턴병의 동물 모형을 개발하는 등의 매 단계는 과학계의 보편적인 찬사를 받았다.

이 이야기는 A. Wexler, *Mapping Fate: A Memoir of Family, Risk, and Genetic Research* (New York: Times Books/Random house, 1995)에 수록되었다.

더구나 정신병 환자의 친지들은 유전병 재단의 성공을 모를 리 없었다. 그리하여 정신병 관련 환자 권익 단체가 여럿 결성되었고, 그 중 가장 영향력이 큰 단체는 미국정신건강연합(NARSAD)이었다. 1986년에 코니 리버와 스티브 리버, 그리고 전임 국립정신보건원 원장 허버트 파데스에 의해 설립된 NARSAD는 정신병 연구를 위한 주요 지침과 지원을 제공했다. 현재는 환자 권익 단체에 기초한 다른 여러 재단들도 정신건강 연구에 중요한 영향력을 발휘하고 있다. 예컨대 미국정신질환자연맹(National Alliance for Mental Illness), 프래자일엑스 재단(Fragile-X Foundation), '이제 자폐증을 치료하자(Cure Autism Now)'가 있다.

정서 상태의 생물학에 대한 개관에 대해서는 C. Darwin, *The Expression of Emotion in Man and Animals* (New York: Appleton, 1873); W B. Cannon, "The James-Lange theory of emotions: A critical examination and an alternative theory." *Am. J. Psychol.* 39 (1927): 106-24; W B. Cannon, *The Wisdom of the Body* (New York: W. W. Norton, 1932); A. R. Damasio, *The Feeling of What Happens: Body and Emotion in the Making of Consciousness* (New York: Harcourt Brace, 1999); M. Davis, "The role of the amygdala in fear and anxiety." *Annu. Rev. Neurosci.* 15 (1992): 353-75; J. E. LeDoux, *The Emotional Brain* (New York: Simon & Schuster, 1996); J. Panskseep, *Affective Neuroscience: The Foundations of Human and Animal Emotions* (New York: Oxford University Press, 1998); W James, "What is an emotion?" *Mind* 9 no. 34 (1884): 188-205; and C. G. Lange, *Om Sindsbe Vaegelser et Psycho* (Copenhagen: Kromar, 1885)를 보라. 제임스는 랑게의 이론을 자신의 *Principles of Psychology*에 재발표했다. 이 글은 현재 3권으로 된 제임스 전집 최종판, *The Works of William James*, ed. F. Burkhardt and F. Bowers (1890; reprint, Cambridge, Mass.: Harvard University Press, 1981)에서 읽을 수 있다.

이 장에 실린 기타 정보의 출처는 다음과 같다.

- Cowan, W M., and E. R. Kandel. "Prospects for neurology and psychiatry," *JAMA* 285 (2001): 594-600. Huang, Y.-Y., K. C. Martin, and E. R. Kandel. "Both protein kinase A and mitogen-activated protein kinase are required in the amygdala for the macromolecular synthesis-dependent late phase of long-term potentiation." *J. Neurosci.* 20 (2000): 6317-25.
- Kandel, E. R. "Disorders of mood: Depression, mania and anxiety disorders," in *Principles of Neural Science,* 4th ed., E. R. Kandel, J. H. Schwartz, and T. M. Jessell, eds. New York: McGraw Hill, 2000, pp. 1209-26.
- Rogan, M. T., M. G. Weisskopf, Y.-Y. Huang, E. R. Kandel, and J. E. LeDoux. "Long-term potentiation in the amygdala: Implications for memory." Chapter 2 in *Neuronal Mechanisms of Memory Formation: Concepts of Long-Term Potentiation and Beyond,* edited by C. Hölscher, 58-76. Cambridge: Cambridge University Press, 2001.
- Rogan, M. T., K. S. Leon, D. L. Perez, and E. R. Kandel. "Distinct neural signatures for safety and danger in the amygdala and striatum of the mouse." *Neuron* 46 (2005): 309-20.
- Shumyatsky. G. P., E. Tsvetkov, G. Malleret, S. Vronskaya, M. Hatton, L. Hampton, J. F. Battey. C. Dulac, E. R. Kandel, and V. Y. Bolshakov. "Identification of a signaling network in lateral nucleus of amygdala important for inhibiting memory specifically related to learned fear." Cell 111 (2002): 905-18.
- Snyder, S. H. *Drugs and the Brain.* New York: Scientific American Books, 1986.
- Tsvetkov, E., W. A. Carlezon, Jr., F. M. Benes, E. R. Kandel, and V. Y. Bolshakov. "Fear conditioning occludes LTP-induced presynaptic enhancement of synaptic transmission in the cortical pathway to the lateral amygdala." *Neuron* 34 (2002): 289-300.

26장 : 새로운 정신병 치료법

이 장에 실린 정보의 출처는 다음과 같다.

- Abi-Dargham, A., D. R. Hwang, Y. Huang, Y. Zea-Ponce, D. Martinez, I. Lombardo, A. Broft, T. Hashimoto, M. Slifstein, O. Mawlawi, R. VanHeertum, and M. Laruelle. "Quantitative analysis of striatal and extrastriatal D_2 receptors in humans with [^{18}F]fallypride: Validation and reproducibility." In preparation.
- Ansorge, M. S., M. Zhou, A. Lira, R. Hen, and J. A. Gingrich. "Early-life blockade of the 5-HT transporter alters emotional behavior in adult mice." *Science* 306 (2004): 879-81.
- Baddeley, A. D. *Working Memory.* Oxford: Clarendon Press, 1986.
- Carlsson, M. L., A. Carlsson, and M. Nilsson. "Schizophrenia: From dopamine to glutamate and back." *Curr. Med. Chem.* 11, no. 3 (2004): 267-77.
- Fuster, J. M. "The prefrontal cortex — an update: Time is of the essence." *Neuron* 30, no. 2 (2001): 319-33.
- Goldman-Rakic, P. "The 'psychic' neuron of the cerebral cortex." *Ann. N. Y. Acad. Sci.* 868 (1999): 13-26.
- Huang, Y.-Y., E. Simpson, C. Kellendonk, and E. R. Kandel. "Genetic evidence for the bi-directional modulation of synaptic plasticity in the prefrontal cortex by D1 receptors." *Proc. Natl. Acad. Sci. USA* 101 (2004): 3236-41.
- Jacobsen, C. F. *Studies of Cerebral Function in Primates.* Baltimore: Johns Hopkins University Press, 1936.
- Kandel, E. R "Disorders of thought: Schizophrenia." In *Principles of Neural Science.* 3rd ed. Edited by E. R. Kandel, J. H. Schwartz, and T. M. Jessell, 853-68. New York: Elsevier, 1991.
- Lawford, B. R, R., M. Young, E. P. Noble, B. Kann, L. Arnold, J. Rowell, and T. L. Ritchie. "D2 dopamine receptor gene polymorphism: Paroxetine and social functioning in posttraumatic stress disorder." *Euro. Neuropsychopharm.*

13, no. 5 (2003): 313-20.

- Santarelli, L., M. Saxe, C. Gross, A. Surget, F. Battaglia, S. Dulawa, N. Weisstaub, J. Lee, R. Duman, O. Arancio, C. Belzung, and R. Hen. "Requirement of hippocampal neurogenesis for the behavioral effects of antidepressants." *Science* 301 (2003): 805-9.
- Seeman, P., T. Lee, M. Chau-Wong, and K. Wong. "Antipsychotic drug doses and neuroleptic/dopamine receptors." *Nature* 261 (1976): 717-19.
- Snyder, S. H. *Drugs and the Brain.* New York: Scientific American Books, 1986.
- Schwartz, J. M., P. W. Stoessel, L. R. Baxter, K. M. Martin, and M. E. Phelps. "Systematic changes in cerebral glucose metabolic rate after successful behavior modification treatment of obsessive-compulsive disorders." *Arch Gen Psychiatry* 53 (1996): 109-13.

27장 : 정신분석의 르네상스와 생물학

정신분석학에 대한 소개는 C. Brenner, *An Elementary Textbook of Psychoanalysis*, rev. ed. (New York: International University Press, 1973)를 보라.

애런 벡의 연구에 대한 소개는 J. S. Beck, *Cognitive Therapy: Basics and Beyond* (New York: Guilford, 1995)를 보라.

경험적으로 뒷받침된 정신 치료에 대한 건설적 비판은 D. Westen, C. M. Novotny, and H. Thompson Brenner, "The empirical status of empirically supported psychotherapies: Assumptions, findings, and reporting in controlled clinical trials," Psychol. Bull. 130 (2004): 631-63을 보라.

이 장에 실린 기타 정보의 출처는 다음과 같다.

- Etkin, A., K. C. Klemenhagen, J. T. Dudman, M. T. Rogan, R. Hen, E. R. Kandel, and J. Hirsch. "Individual differences in trait anxiety predict the response of the basolateral amygdala to unconsciously processed fearful faces." *Neuron* 44 (2004): 1043-55.
- Etkin, A., C. Pittenger, H. J. Polan, and E. R. Kandel. "Towards a neurobiology of psychotherapy: Basic science and clinical applications." *J. Neuropsychiatry*

Clin. Neurosci. 17 (2005): 145-58.

- Jamison, K. R. *An Unquiet Mind.* New York: Alfred A. Knopf, 1995; quotation from pp. 88-89.
- Kandel, E. R. "A new intellectual framework for psychiatry." *Am. J. Psych.* 155, no. 4 (1998): 457-69.
- ———. "Biology and the future of psychoanalysis: A new intellectual framework for psychiatry revisited." *Am. J. Psych.* 156, no. 4 (1999): 505-24 (see in particular the references cited in this paper).
- ———. *Psychiatry, Psychoanalysis and the New Biology of Mind.* Arlington, Va.: APA Publishing, 2005.

28장 : 의식을 이해하는 문제

정신-뇌 이원론에 대한 논의는 P. S. Churchland, *Brain Wise Studies in Neurophilosophy* (Cambridge, Mass.: MIT Press, 2002); A. R Damasio, *Descartes: Error, Emotion, Reason and the Human Brain* (New York: Putman, 1994); R Descartes, *The Philosophical Writings of Descartes,* trans. E. S. Haldane and G. R T. Ross, vol. 1 (New York: Cambridge University Press, 1972); J. C. Eccles, *Evolution of the Brain: Creation of the Self* (London/New York: Routledge, 1989); and M. S. Gazzaniga and M. S. Steven, "Free will in the twenty-first century: A discussion of neuroscience and the law," in *Neuroscience and the Law,* ed. B. Garland (New York: Dana Press, 2004), p. 57, citing V. Ramachandran을 보라.

무의식적 지각 과정에 대해서는 C. Frith, "Disorders of cognition and existence of unconscious mental processes: An introduction," in E. R Kandel et al., *Principles of Neural Science,* 5th ed. (New York: McGraw-Hill, forthcoming)를 보라.

자유의지에 대해서는 ibid.; S. Blackmore, *Consciousness: An Introduction* (Oxford/New York: Oxford University Press, 2004); L. Deecke, B. Grozinger, and H. H. Kornhuber, "Voluntary finger movement in man: Cerebral potential and theory," *Biol. Cyber.* 23 (1976): 99-119; B. Libet, "Autobiography," in

History of Neuroscience in Autobiography, ed. L. R. Squire, vol. 1, 414-53 (Washington, D.C.: Society for Neuroscience, 1996); B. Libet, C. A. Gleason, E. W. Wright, and D. K. Pearl, "Time of conscious intention to act in relation to onset of cerebral activity (readiness-potential): The unconscious initiation of a freely voluntary act," *Brain* 106 (1983): 623-42; and M. Wegner, *The Illusion of Conscious Will* (Cambridge, Mass.: MIT Press, 2002)을 보라.

플라톤이 설립한 아테네 아카데미는 오늘날에도 존재한다. 나는 2005년에 그 아카데미의 외래회원이 되었다!

이 장에 실린 기타 정보의 출처는 다음과 같다.

- Bloom, P. "Dissecting the right brain." Book review of *The Ethical Brain*, by M. Gazzaniga. *Nature* 436 (2005): 178-79; quotation from p. 178.
- Crick., F. C., and C. Koch. "What is the function of the claustrum?" *Philos. Trans. R. Soc. Lond. B Biol. Sci.*, June 30, 2005: 1271-79.
- Durnwald, M. "The psychology of facial expression." *Discover* 26 (2005): 16-18.
- Edelman, G. *Wider than the Sky: The Phenomenal Gift of Consciousness*. New Haven: Yale University Press, 2004.
- Etkin, A., K. C. Klemenhagen, J. T. Dudman, M. T. Rogan, R. Hen, E. R. Kandel, and J. Hirsch. "Individual differences in trait anxiety predict the response of the basolateral amygdala to unconsciously processed fearful faces." *Neuron* 44 (2004): 1043-55.
- Kandel, E. R. "From nerve cells to cognition: The internal cellular representation required for perception and action." In *Principles of Neural Science*, 4th ed., edited by E. R. Kandel, J. H. Schwartz, and T. M. Jessell. New York: McGraw-Hill, 2000, pp. 381-403.
- Koch, C. *The Quest for Consciousness: A Neurobiological Approach*. Denver, Col.: Roberts, 2004.
- Lumer, E. D., K. J. Friston, and G. Rees. "Neural correlates of perceptual rivalry in the human brain." *Science* 280 (1998): 1930-34.
- Miller, K. "Francis Crick., 1916-2004." *Discover* 26 (2005): 62.

- Nagel, T. "What is the mind-brain problem?" In *Experimental and Theoretical Studies of Consciousness,* 1-13. CIBA Foundation Symposium Series 174. New York: John Wiley & Sons, 1993.
- Polonsky, A., R. Blake, J. Braun, and D. J. Heeger. "Neuronal activity in human primary visual cortex correlates with perception during binocular rivalry." *Nature Neuroscience* 3 (2000): 1153-59.
- Ramachandran, V. "The astonishing Francis Crick." *Perception* 33 (2004): 1151-54; quotation from p. 1154.
- Searle, J. R. *Mind: A Brief Introduction.* Oxford: Oxford University Press, 2004.
- ———. "Consciousness: What we still don't know." Review of *The Quest for Consciousness,* by Christof Koch. *New York Review of Books* 52 (2005): 36-39.
- Stevens, C. F "Crick and the claustrum." *Nature* 435 (2005): 1040-41.
- Watson, J. D. *The Double Helix.* 1968. Reprint, New York: Touchstone, 2001; quotation from p.115.
- Zimmer, C. *Soul Made Flesh: The Discovery of the Brain and How It Changed the World.* New York: Free Press, 2004.

29장 : 스톡홀름을 거쳐 빈을 다시 만나다

알프레드 노벨에 대한 훌륭한 평전은 여러 종 존재한다. 예컨대 다음을 참조하라. T. Frängsmyr's short portrait, *Alfred Nobel*, trans. J. Black (Stockholm: Swedish Institute, 1996); and the book by Ragnar Sohlman, Nobel's executor, *The Legacy of Alfred Nobel: The Story Behind the Nobel Prize*, trans. E. Schubert (London: Bodley Head, 1983).

노벨과 그의 뜻에 관한 간략한 역사적 서술을 포함한 노벨상 관련 논의는 B. Feldman, *The Nobel Prize* (New York: Arcade, 2000); and I. Hargittai, *Nobel Prizes, Science, and Scientists* (Oxford: Oxford University Press, 2002)를 보라.

사회학적 관점에서 미국인 노벨상 수상자들을 논한 학술서는 H. Zuckerman, *Scientific Elite: Nobel Laureates in the United States* (New York: Free Press, 1977)가 있다.

유대인 의학자들의 운명에 대해서는 special issue (February 27, 1998) of the *Wiener Klinische Wucheschrift* — Vienna's most significant medical journal — entitled *On the Sixtieth Anniversary of the Dismissal of the Jewish Faculty Members from the Vienna Medical School*을 보라. 이 책에는 피터 말리나가 쓴 에두아르트 페른코프에 대한 논의(pp. 193-201)도 들어 있다. 또한 G. Weissman's essay "Springtime for Pernkopf," Hospital Practice 30 (1985): 142-68을 보라.

조지 버클리의 *Vienna and Its Jews: The Tragedy of Success, 1880s-1980s*(Cambridge, Mass.: Abt Books, 1988)는 이 장을 쓰기 위한 매우 값진 자료였다. 홀로코스트에서 오스트리아인이 한 역할과 관련하여 언급한 인물들은 이 책의 318쪽에 나온다. 한스 티체의 인용문은 41쪽에서 따왔다.

2003년 여름 심포지엄의 결과물인 논문집은 F. Stadtler, E. R. Kandel, W. Kohn, F. Stern, and A. Zeilinger, eds. *Österreichs Umgang mit dem Nationalsozialismus Springer Wien* (Vienna: Springer Verlag, 2004)이다.

엘리자베트 리히텐베르거의 강연문 "Was war ung ist Europa?"는 Reden und Gedenkworte 32(2004): 145-56, Göttingen, Wallstein Verlag에 실렸다. 이 책이 출판되고 여러 달 뒤인 2006년 7월 25일에 그녀는 내게 편지를 보내, 2004년 10월에 우리가 나눈 대화에서 그녀가 언급한 것은 자신의 의견이 아니라 주위 사람들의 의견이었다고 전했다.

이 장에 실린 기타 정보의 출처는 다음과 같다.

- Bettauer, H. *The City Without Jews: A Novel of Our Time.* Translated by S. N. Brainin. New York: Bloch, 1926; quotation from p. 130.
- Sachar, H. M. *Diaspora: An Inquiry into the Contemporary Jewish World.* New York: Harper & Row, 1985.
- Wistrich, R. *The Jews of Vienna in the Age of Franz Joseph.* Oxford: Oxford Univeristy Press, 1989; quotation from p. viii.
- Young, J. E. *The Texture of Memory: Holocaust Memorials and Meaning.* New Haven: Yale University Press, 1993.

542

30장 : 기억으로부터 배우기 – 새로운 정신과학의 미래

레오나르도 다 빈치가 안드레아 델 베로키오의 작업실에서 수련한 것에 대한 논의는 E. T. DeWald, *History of Italian Painting, 1200-1600* (New York: Holt Rinehart & Winston, 1961), especially pp. 356-57을 보라.

이 장에 실린 기타 정보의 출처는 다음과 같다.

- De Bono, M., and C. I. Bargmann. "Natural variation in a neuropeptide Y receptor homolog modifies social behavior and food responses in *C. elegans*." *Cell* 94 (1998): 679-89.
- Demir, E., and B. J. Dickson. "Fruitless splicing specifies male courtship behavior in *Drosophila*." *Cell* 121 (2005): 785-94.
- Insel, T. R., and L. J. Young. "The neurobiology of attachment." *Nat. Rev. Neurosci.* 2 (2001): 129-36.
- Kandel, E. R. *Psychiatry, Psychoanalysis and the New Biology of Mind.* Arlington, Va.: APA Publishing, 2005.
- Rizzolatti, G., L. Fadiga, V. Gallese, and L. Fogassi. "Premotor cortex and the recognition of motor actions." *Cogn. Brain Res. 3* (1996): 131-41.
- Stockinger, P., D. Kvitsiani, S. Rotkopf, L. Tirian, and B. J. Dickson. "Neural circuitry that governs *Drosophila* male courtship behavior." *Cell* 121 (2005): 795-807.

찾 아 보 기

ㄱ

가바 GABA(gamma-aminobutyric acid, 감마 아미노부티르산) 120, 121, 383
가스트린 방출 펩타이드 gastrin-releasing peptide 383, 384
가재 crayfish 121, 130~132, 156, 167, 214
간질 epilepsy 110, 135, 146~148, 164, 240
갈, 프란츠 요제프 Gall, Franz Joseph 139~142
갈바니, 루이지 Galvani, Luigi 96, 103
감각뉴런 sensory neurons 88, 97~99, 134, 161, 167, 185, 223, 228, 229, 232, 233, 241, 242, 244, 251~257, 260~262, 271, 287, 288, 291, 295, 296, 300, 301, 306, 315, 349, 380
감각 자극 sensory stimulation 163, 182~185, 232, 237, 243, 329, 343, 345
감각 정보 sensory information 66, 91, 96, 98, 134, 143, 149, 163, 181, 314, 329, 331, 334, 343, 345, 426, 467
감각 표상 sensory representation 331, 332
감산적 피드백 회로 negative feedback circuits 383
감정(정서) emotions 15, 66, 106, 162, 298, 313, 319, 373, 376~378, 385, 386, 388, 405, 411, 419~421, 424, 426, 427, 469
강박장애 obsessive-compulsive disorders 402, 404, 405, 407, 408, 464
같은 시냅스 저하 homosynaptic depression 194
같은 시냅스 저하로부터 회복 recovery from homosynaptic depression 194
개구리 frogs 96, 112, 304, 464
개서, 허버트 스펜서 Gasser, Herbert Spencer 78, 104, 105
게놈 genomes 276, 277, 288, 320, 321, 362, 460, 461
게이지, 피니어스 Gage, Phineas 389
결합 문제 binding problem 337, 342, 420
경험론 empiricism 230, 253, 317
고셰병 Gaucher's disease 88
고전적 조건화 classical conditioning 61, 152, 183~185, 192, 195, 196, 214, 219, 229, 232, 233, 243, 263, 315, 348, 379, 381, 465
골드버그, 마이클 Goldberg, Michael 338, 347
골레트, 필립 Goelet, Philip 293, 294, 300
골상학 phrenology 141
골지, 카밀로 Golgi, Camillo 84, 88, 89, 122
공간 기억 spatial memory 318, 319, 321, 322, 324~326, 329, 339, 340, 342, 342, 346, 349, 363, 364, 467
공간 지도 spatial maps 314, 318, 319, 343~347, 349, 350, 467
공포 fear 194~196, 214, 215, 299, 374~376, 378~386, 402, 405, 425~427
관통 경로 perforant pathway 161, 163, 326
광우병 bovine spongiform encephaly(mad cow disease) 305
구아닌 guanine 273, 274
국립정신보건원 National Institute of Mental Health(NIMH) 132, 138, 400, 470
국소적 단백질 합성 local protein

synthesis 302~305, 307
군소 Aplysia 167~171, 181, 183~185, 191, 192, 196~200, 210~213, 215, 216~224, 226~234, 236, 241, 243~246, 250~255, 260, 261, 263, 264, 270, 276, 280, 282, 283, 286, 291, 296, 298, 299, 304, 308, 312~316, 319, 325~328, 342, 345, 348, 349, 363, 374, 379, 363, 374, 379~381, 426, 440, 461, 463, 465
그랜트, 세스 Grant, Seth 321, 322
그런드페스트, 해리 Grundfest, Harry 67, 75, 77~81, 95, 96, 105, 111~113, 125, 128~132, 137, 147, 161, 171, 458, 459
그린가드, 폴 Greengard, Paul 259, 261, 359, 360, 433, 434, 439, 442, 444
근위축성측삭경화증 amyotrophic lateral sclerosisamyotrophic lateral sclerosis(ALS) 88, 246, 247, 321, 360, 372
근육세포 muscle cells 88, 96, 114, 119, 120, 256, 259
글루타메이트 glutamate 120, 251, 252, 254~257, 261, 262, 271, 287, 316, 317, 325, 383
기억장애 memory disorders 353, 362, 364~366, 370
기억 저장 memory storage 18, 66, 147, 150, 151, 156, 163~166, 181, 183, 226, 233, 240, 242, 243, 250, 254, 261, 264, 265, 271, 275, 287, 291, 294, 297, 298, 300, 302, 303, 305, 307, 308, 311, 318, 321, 325, 327, 340, 349, 353, 363, 378, 460, 466
기저핵 basal ganglia 66, 407
길버트, 월터 Gilbert, Walter 275, 355, 356, 359, 361
꼬리핵 caudate nucleus 372, 407, 408

ㄴ

나트륨 이온 sodium ions 101, 106~109
나흐만손, 데이비드 Nachmansohn, David 78, 79
내분비계 endocrine system 66, 178, 179, 377
내측 측두엽 medial temporal lobe 149~151, 312
내후각피질 entorhinal cortex 161, 326
넌버그, 허먼 Nunberg, Herman 64, 462~464
네이글, 토머스 Nagel, Thomas 416, 418~420
노르에피네프린 norepinephrine 395, 396
노벨상 Nobel Prize 89, 100, 104, 113, 198, 206, 283, 391, 416, 433~436, 438, 440~442, 444~446, 450, 472
노화성 기억상실 age-related memory loss(benign senescent forgetfulness, 양성 노년기 건망증) 17, 30, 299, 361, 363~366, 370
녹아웃 유전자 knockout genes 321
뇌간 brain stem 66, 88, 112, 135, 333
뇌 손상 brain damage 142, 143, 145, 146
  전전두엽피질 prefrontal cortex 423
  편도 amygdala 378
  해마 hippocampus 149, 151, 314, 363, 378
뇌 영상화 brain imaging 26, 135, 331, 339, 407, 408, 424, 427, 466, 468
뉴런주의 neuron doctrine 77, 82, 86, 89, 93, 94, 100, 109
뉴클레오타이드 염기 nucleotide bases 27, 273~277
느린 시냅스전위 slow synaptic potentials 251, 252, 257, 260~262
니콜, 로저 Nicoll, Roger 316, 319, 325
니콜스, 존 Nicholls, John 208, 266

ㄷ

다른 시냅스 강화 heterosynaptic facilitation 195, 315
다마지오, 안토니오 Damasio, Antonio 377
다발경화증 multiple sclerosis 88, 360
다운증후군 Down's syndrome 30
다윈, 찰스 Darwin, Charles 25, 27, 60, 90, 374

단기기억 short-term memory 148, 149, 219, 220, 226, 232, 233, 236, 238~244, 246, 250~252, 254, 255, 257, 260, 261, 263, 266, 270, 217, 280, 285, 291, 293, 294, 299~302, 307, 308, 325, 349, 363, 388, 389, 465
단기 역동 치료 brief dynamic therapy 406
단백질 proteins 14, 25, 81, 101, 102, 108~110, 119, 240~242, 246, 254, 255, 257~262, 265, 266, 270, 271, 273~278, 287~291, 293~305, 307, 308, 320~323, 325, 326
단백질 키나아제 A protein kinase A 258, 260~262, 271, 294~297, 301~303, 326, 344, 349, 366
단클론항체 monoclonal antibodies 357
단판 학습 one-trial learning 298
대뇌반구 cerebral hemispheres 66, 141, 143, 378, 417
대뇌피질 cerebral cortex 66, 125, 132~134, 136, 138~146, 154, 157, 214, 220, 226, 332~334, 339, 348, 349, 376, 407, 421, 426
대립유전자 allele 321
대사성 수용체 metabotropic receptors 257~360
대상피질 cingulate cortex 378
대인관계 정신 치료 interpersonal psychotherapy 406
대장균 Escherichia coli 254, 264, 290, 354
덩컨, C. P. Duncan, C. P. 240
데미어, 에브루 Demir, Ebru 468
데일, 헨리 Dale, Henry 112, 113, 115, 116, 119, 356
데카르트, 르네 Descartes, Rene 139, 140, 155, 415, 444
도구적(조작적) 조건화 instrumental conditioning 61, 465
도네가와, 스스무 Tonegawa, Susumu 322, 324
도메인 domains 276
도주 반응 escape responses 193, 194
도티, 로버트 Doty, Robert 184
도파민 dopamine 259, 326, 347, 349, 350, 360, 363, 364, 391~393, 467
돌연변이 mutations in evolution 110, 263, 264, 299, 372, 384, 394
동시전이 co-transfection 281
두다이, 야딘 Dudai, Yadin 263
두드러짐 salience 348, 349, 426
두정엽(마루엽) parietal lobes 133, 350, 423
딕슨, 배리 Dickson, Barry 468

ㄹ

라마찬드란, 빌라야누르 Ramachandran, V1layanur 422, 429, 469
라보리, 앙리 Laborit, Henri 390, 391
라일, 길버트 Ryle, Gilbert 153, 416
랑게, 칼 Lange, Carl 376, 377, 380
래슐리, 칼 스펜서 Lashley, Karl Spencer 138, 145, 146, 149, 155, 220, 227, 230
로건, 마이클 Rogan, Michael 381, 384
로렌츠, 콘라트 Lorenz, Konrad 166, 195
로크, 존 Locke, John 61, 230, 253
록펠러 대학 Rockefeller University 78, 90, 104, 105, 109, 126, 212, 254, 273, 359, 468
롤리프람 Rolipram 365, 366
뢰모, 테르예 Lømo, Terje 314, 315, 316, 318, 344, 381
뢰벤슈타인, 루돌프 Lowenstein, Rudolph 63, 76, 404
뢰비, 오토 Loewi, Otto 112, 113, 116, 123
르두, 조지프 LeDoux, Joseph 214, 215, 379, 381
리벳, 벤저민 Libet, Benjamin 428, 429
리보솜 ribosomes 290
리촐라티, 자코모 Rizzolatti, Giacomo 469

ㅁ

마셜, 웨이드 Marshall, Wade 132~138, 145, 154, 157, 162, 170, 177, 244, 331, 333, 342, 400

마운트캐슬, 버넌 Mountcastle, Vernon 292, 331~335, 342
막 가설 membrane hypothesis 101, 103
말실수 slips of the tongue 59, 403
말초신경계 peripheral nervous system 111
말초 자율신경절 peripheral autonomic ganglia 112
망각 forgetting 149, 238, 299
망각 곡선 forgetting curve 238
망막 retina 100, 134, 330, 333, 334, 336, 342
매개회로 mediating circuits 232, 252, 253
매독 syphilis 88
매키넌, 로더릭 MacKinnon, Roderick 110
머제니치, 마이클 Merzenich, Michael 245
멘델, 그레고르 Mendel, Gregor 271
모건, 토머스 헌트 Morgan, Thomas Hunt 263, 272
모노, 자크 Monod, Jacques 288~290, 293, 296, 297, 359
모성 박탈 연구 maternal deprivation studies 410
무결실 단백질 fruitless protein 468
무의미한 단어 학습 learning of nonsense words 237~239
무의식적 기억 unconscious memory 64, 95, 151~153, 470
무의식적 정신 unconscious mind 60, 75, 77, 399, 401~403, 411, 427, 467, 468
무의식적 추론 unconscious inference 237, 339, 412, 428, 429
미로 학습 maze learning 146
미주신경 vagus nerve 112, 113
민감화 sensitization 61, 152, 183~185, 191, 192, 194~196, 214, 218, 219, 224, 228, 229, 231~233, 241~243, 251, 253, 260, 291, 294~296, 308, 311, 315, 349, 465
밀너, 브렌다 Milner, Brenda 139, 145, 147~151, 153~156, 183, 225, 241, 323

ㅂ

바드, 필립 Bard, Philip 134, 135, 332
바치, 두산 Bartsch, Dusan 296, 460
박테리아 bacteria 16, 254, 564, 270, 277, 278, 288~290, 354, 356
반사적 학습 reflexive learning 152
반사회로 reverberatory circuits 226, 313
발작 strokes 135, 146~148, 157, 164, 240, 405
방어 반응 defensive responses 184, 193, 196, 218, 376, 426
배들리, 앨런 Baddeley, Alan 389
백신 vaccines 356
버그, 폴 Berg, Paul 277
벅, 린다 Buck, Linda 283, 446
베르니케, 카를 Wernicke, Carl 142, 144, 339
베르니케 영역 Wernicke's area 144, 146
베른슈타인, 율리우스 Bernstein, Julius 101~103, 106, 107, 109
베일리, 크레이그 Bailey, Craig 242, 291
베타-아밀로이드 β-amyloid plaques 362, 365
벡, 애런 Beck, Aaron 404~407
벤저, 시모어 Benzer, Seymour 263, 318, 320, 461, 465
보이어, 허버트 Boyer, Herbert 277, 354, 355
보툴리누스 중독 botulism 88
분열형 성격장애 schizorypal personality disorder 387
분자사회생물학 molecular sociobiology 468
분자생물학 molecular biology 15, 18, 25, 26, 109, 174, 215, 254, 268, 271, 276, 278~280, 282~285, 300, 314, 320, 328, 340, 344, 354, 358, 360, 367, 370, 371, 386, 397, 400, 450, 465, 468, 469
분자유전학 molecular genetics 165, 271, 299, 319, 320, 372, 471
분자인지과학 molecular cognition 284
불안 anxiety 63, 371, 373~375, 378, 385~387,

390, 402, 404, 405, 425~427, 464
불응기 refractory period 182
브레너, 시드니 Brenner, Sydney 165, 275, 293, 461
브로카, 피에르 폴 Broca, Pierre-Paul 142~144, 151, 339
브로카 영역 Broca's area 143, 144, 146
브루넬리, 마르첼로 Brunelli, Marcello 261
블리스, 팀 Bliss, Tim 314~316, 318, 381
비셀, 토르스텐 Wiesel, Torsten 207, 332, 334, 342
비스트린, 데니스 Bystryn, Denise 67~71, 159, 170~173, 178~181, 186, 187, 191, 199, 200~202, 204, 208~210, 238, 268, 279, 359, 361, 400, 433, 434~436, 438~441, 444, 446, 454, 456, 457, 462, 468, 471, 472
비자발적 주의 집중 involuntary attention 348, 349

ㅅ

사회공포증 social phobias 378, 405
색스, 올리버 Sacks, Oliver 337, 339
생명공학 산업 biotechnology industry 277, 356, 357, 367
생명력 vital forces 96, 103
생명윤리학 bioethics 368, 439
생쥐 mice 254, 300, 314, 320~328, 340, 344, 346~349, 353, 363~366, 370, 374, 379, 381, 383, 384, 393, 397, 411, 426
　공간적 과제 학습 spatial tasks learned by 322, 347
　선택교배 selective breeding of 319
　안정 훈련 safety training of 385
　정신분열병 모형 schizophrenia modeled in 387~389, 394, 396
생화학적 신호 전달 경로 biochemical signaling pathways 255, 256
섁터, 대니얼 Schacter, Daniel 151, 152
섀퍼 곁가지 경로 Schaffer collatoral pathway 323, 364
서덜랜드, 얼 Sutherland, Earl 256, 257, 259, 264
선조체 striatum 152, 385, 386, 393
선택적 세로토닌 재흡수 억제제 selective serotonin reuptake inhibitors 396
선택적 주의 집중 selective attention 345, 348, 370, 413, 467
선험적 지식 a priori knowledge 230, 343
설, 존 Searle, John 416
섬광 기억 flash-bulb memories 298, 299
성별에 따른 차이 gender differences 350, 425
성 행동 sexual behavior 217, 193
세로토닌 serotonin 126, 127, 129, 252~256, 260~262, 268, 287, 288, 295, 296, 300, 301, 304, 306, 307, 326, 349, 360, 395, 396, 408
세포막 cell, surface membrane of 101, 102, 106, 107, 109, 110, 112, 161, 256, 257, 262, 316
세포생물학 cell biology 80, 109, 161, 212, 231, 246, 266, 283, 300, 461
세포이론 cell theory 80, 82, 85
세포질 cytoplasm 80, 81, 84, 101, 102, 106, 290
세포핵 nucleus, cell 271, 298
셰링턴, 찰스 Sherrington, Charles 83, 86, 90, 91~93, 100, 114, 115, 120, 146, 156, 298
셸러, 리처드 Scheller, Richard 282, 283, 367
소뇌 cerebellum 66, 152
소마토스타틴 somatostatin 354, 355
소아마비 poliomyelitis 88
소크라테스 Socrates 16, 444
손다이크, 에드워드 Thorndike, Edward 61, 152, 236, 470
쇼, E. N. Shaw, E. N. 126, 127
수상돌기 dendrites 85~88, 90, 129, 130, 161, 167, 326
수용체 receptors 82, 120, 132, 134, 146, 251, 254, 256~260, 266, 276, 283, 284, 326, 342, 347, 364, 468
　AMPA 수용체 AMPA receptor 316, 317, 325

D1 수용체 D1 dopamine receptor 393
D2 수용체 D2 dopamine receptor 392, 393, 397
NMDA 수용체 NMDA receptor 316, 317, 322, 325
가바 GABA 121
가스트린 방출 펩타이드 gastrin-releasing peptide 383, 384
세로토닌 serotonin 126, 127, 360
아세틸콜린 acerylcholine 113, 119, 120
'수프 대 스파크' 논쟁 soup versus spark 112, 115, 117
순유전학 forward genetics 320
쉴드크라우트, 조지프 Schildkraut, Joseph 176, 177
슈뢰딩거, 에르빈 Schrödinger, Erwin 272, 273
슈워츠, H. 제임스 Schwartz, James H. 17, 64, 211, 254, 260, 271, 280, 284, 344, 471
슈트룸바서, 펠릭스 Strumwasser, Felix 162, 178
스완슨, 로버트 Swanson, Robert 353~355
스코빌, 윌리엄 Scoville, William 147, 148
스콰이어, 래리 Squire, Larry 151, 152, 323
스키너, B. F. Skinner B. F. 61, 62, 152, 155, 214, 470
스트레스 stress 29, 162, 370, 374, 378, 379, 390, 405, 410
스펜서, 앨든 Spencer, Alden 157, 181, 210, 219, 248, 268, 326, 343, 344
습관화 habituation 61, 152, 183~185, 192~196, 219, 224, 227~229, 231, 232, 241~243, 251, 311, 315, 465
시, 코시크 Si, Kausik 303~307, 349, 460
시각 지각, 시각 시스템 visual perception, visual system 127, 330, 334, 335, 338, 347, 417, 420, 424, 426
시각피질 visual cortex 127, 129, 134, 150, 163, 184, 334, 337
시겔봄, 스티븐 Siegelbaum, Steven 262, 285, 326
시냅스 가소성 synaptic plasticity 182, 184, 197, 213, 214, 233, 246, 315, 465
시냅스 세기 synaptic strength 181, 185, 195~197, 225, 226, 231, 232, 242, 243, 251, 252, 261, 265, 271, 287, 295, 316~318, 325
시냅스 소포 synaptic vesicles 122, 123, 262
시냅스 전달 synaptic transmission 120, 164, 183, 243, 251, 259
전기적 electrica 112, 113, 115, 117, 118, 121~123, 129, 130, 233, 257
화학적 chemical 82, 90, 112, 113, 115~118, 121~123, 232 ,233, 257, 356
시냅스 틈새 synaptic cleft 86, 87, 90, 112, 113, 119, 123
시냅스 표시 synaptic marking 301, 302, 304
시냅스전 뉴런 presynaptic neurons 111, 113~115, 120, 317, 326, 396
시냅스전위 synaptic potentials 114, 115, 117, 119, 120, 122, 129, 169, 194, 195, 228, 251, 252, 257, 260~262, 316
시냅스후 뉴런 postsynaptic neurons 111, 116, 316
시냅스후 세포 postsynaptic cell 113, 115, 120, 316, 317, 325, 326
시상 thalamus 66, 135, 159, 333, 334, 380, 385, 421
시상하부 hypothalamus 66, 162, 178, 377, 380
시토신 cytosine 273, 274
신경내분비 세포 neuroendocrine cells 178, 179
신경세포 nerve cells 25, 27, 28, 77, 78, 81~89, 91, 93~98, 101~103, 109, 111, 112, 114, 117, 122, 130, 131, 135, 154, 156, 163, 164, 166, 167, 169, 178, 179, 181, 183, 185, 191, 192, 196, 197, 212, 216, 218, 222, 246, 255, 266, 278, 285, 287, 295, 298, 307, 333, 334, 338, 339, 343, 362, 366, 371, 373, 380, 396, 417, 421, 442, 445, 461, 464, 466
신경심리학 neuropsychology 151, 226

신경윤리학 neuroethics 369
신경의학적 장애 neurological disorders 372, 445
신경전달물질 neurotransmitters 82, 112, 113, 122, 242, 251, 252, 256, 266, 268, 294, 326, 360, 383, 391, 395, 445
억제 inhibitors 120
조절 modulatory 285, 348
흥분 excitatory 120
신경 회로(경로) neural circuits(pathways) 15, 87~91, 163, 164, 197, 213, 216, 220, 222, 225, 227, 228, 230, 231, 244, 250, 252, 255, 287, 295, 311~313, 322, 330, 339, 373, 374, 379, 384, 386, 396, 421, 427, 429, 461, 465~468
실바, 알사이노 Silva, Alcino 322, 324
실어증 aphasias 142, 144
실인증 agnosias 336, 337
실행단백질 effector proteins 289
실행유전자 effector genes 289~291, 294, 303, 326
실험동물 experimental animals 60, 164, 169, 214, 236, 264, 321, 332, 338, 363, 375, 390, 391
심리적 방어 defenses, psychological 76
심리학 psychology 15, 60, 61, 66, 140, 401, 402, 470
심신상관성 질환 psychosomatic diseases 402
심적 결정성 psychic determinism 59, 403, 427
싸움 혹은 도주 반응 fight-or-flight response 426

ㅇ

아데닌 adenine 273, 274
아데닐 시클라아제 adenyl cyclase 257
아동발달 child development 410, 411
아드레날린 adrenaline 113, 256
아르바니타키 샬라조니티스, 안젤리크 Arvanitaki-Chalazonitis, Angelique 167~170, 221
아리스토텔레스 Aristotle 61, 317
아멘티아 amentia 177
아미노산 amino acids 120, 275, 283, 304, 316, 354, 422, 468
아세틸콜린 acetylcholine 113, 115, 117, 119, 120, 122
안데르센, 페르 Andersen, Per 214, 314, 319
안정(안전감) security, sense of 384~386
안정막전위 resting membrane potential 101, 102, 106, 107, 109, 119, 120, 132, 262
알츠하이머병 Alzheimer's disease 16, 30, 321, 358, 362, 365, 366, 371, 372
알코올 의존증 alcoholism 371
암묵기억 implicit memory 151~153, 264, 300, 311, 314, 325, 327, 328, 345, 348, 349, 364, 374, 378, 426
액슬, 리처드 Axel, Richard 174, 279~281, 283~285, 324, 357, 358, 360, 367, 446, 471
양극성 장애 bipolar disorder 409
양안 경쟁 binocular rivalry 423
양자 Quanta 122
양작용이론 mass action, theory of 145, 149, 154
억압 repression 76, 345, 404, 412
언어 language 66, 139, 142, 144~146, 362, 402, 468
얼굴 표정 facial expressions 336, 425
에들먼, 제럴드 Edelman, Gerald 421, 424
에빙하우스, 헤르만 Ebbinghaus, Hermann 236~239
에이드리언, 에드거 더글러스 Adrian, Edgar Douglas 97~100, 114, 115, 131
에클스, 존 Eccles, John 113~115, 117~121, 129, 156, 160, 161, 166, 170, 182, 206, 285, 327, 416
역동적 분극화 dynamic polarization 87, 89
역유전학 reverse genetics 320
역행성 건망증 retrograde amnesia 239, 240
연결 특이성 connection specificity 87, 88, 99, 255

염색체 chromosomes 80, 263, 272, 276, 288, 354
염소 이온 chloride ions 101
영혼 soul 96, 139, 140, 142, 405, 415, 416
예쁜꼬마선충 Caenorhabditis elegans 165, 276, 461, 468
오징어 squid 78, 105, 107, 109, 123, 130, 131, 262, 464
오키프, 존 O'Keefe, John 314, 315, 341~345, 350
왓슨, 제임스 Watson, James 14, 186, 273, 274, 277, 414
외상후 스트레스 장애 post-traumatic stress disorder 29, 370, 378, 405
외현기억 explicit memory 151, 153, 154, 312~314, 318, 322, 325, 327~329, 340, 341, 344, 345, 348, 349, 353, 364, 370, 374, 378, 426
우라실 uracil 274
우울증 depression 30, 162, 176, 178, 272, 366, 370, 371, 373, 394~397, 402, 404~406, 408
우츠, 로버트 Wurtz, Robert 338, 347
운동뉴런 motor neurons 88, 92, 99, 114, 115, 119, 120, 129, 156, 160, 161, 163, 223, 224, 228, 229, 231~233, 241, 242, 244, 251~253, 255, 260, 261, 270, 287, 295, 300, 301, 315, 372
울리, D. W. Woolley, D. W. 126, 127
원숭이 monkeys 26, 134, 146, 245, 321, 332, 338, 342, 374, 388, 389, 410, 411, 469
유전공학 genetic engineering 282, 321, 353, 354
유전자 genes 14, 17, 25, 81, 110, 169, 177, 245, 246, 263~265, 268, 271, 272, 274~278, 280, 281, 283, 285, 288, 290, 291, 293~298, 300, 305, 307, 308, 319, 321~327, 340, 344, 349, 353~355, 357, 359, 363, 372~374, 383, 384, 393, 394, 397, 411, 414, 445, 460, 461, 465, 468, 469
유전자 복제 gene cloning 274, 277, 280, 368
유전자 조절단백질 gene regulatory proteins 293, 294
유전적 소질 genetic predispositions 373, 375, 392
유전학 genetics 25, 169, 176, 178, 263, 270, 284, 285, 290, 294, 318, 319, 321, 324, 345, 374, 384, 393, 397, 461
은 염색법 silver staining method of 84, 88
의식 consciousness 14, 26, 27, 30, 75~77, 80, 95, 125, 140, 146, 152, 153, 312, 324, 328, 335, 337, 338, 345, 346, 348, 375~378, 380, 404, 405, 412~427, 429, 460, 466~468
의식적 기억 conscious memory 151~153, 378, 470
이드 id 66, 75, 76, 128, 138, 280, 413
이온 가설 ionic hypothesis 90, 103, 109
이온성 수용체 ionotropic receptors 257
이온 통로 ion channels 102, 106, 256, 257, 262, 276, 285, 295, 316, 326
  게이트 없는 칼륨 통로 non-gated potassium 107, 110
  전달물질 감응성 통로 transmitter-gated 120, 122
  전압 감응성 통로 voltage-gated 107, 109, 110, 119, 120, 122
이원론 dualism 139, 140, 155, 416
인산화 phosphorylation 258, 259, 296, 442, 443
인슐린 insulin 277, 354, 355, 357
인지신경과학 cognitive neuroscience 26, 331, 338, 466
인지심리학 cognitive psychology 26, 28, 63, 151, 155, 183, 225, 236, 329, 330, 331, 334, 338, 341, 404, 422
인지 지도 cognitive maps 330, 331, 345
인지 행동 치료 cognitive behavioral therapy 405, 406
인지 향상 물질 cognitive enhancers 369
일란성쌍둥이 twins, identical 246, 373

ㅈ

자발적 운동 voluntary movement 82, 237, 428

자발적 주의 집중 voluntary attention 348
자아 ego 29, 30, 63, 66, 75, 76, 81, 126, 128, 138, 210, 280, 335, 404, 413, 445
자아 중심 좌표 egocentric spatial coordinates 342
자연선택 natural selection 27, 265, 319
자유의지 free will 14, 26, 30, 369, 412, 427, 428
자율신경계 autonomic nervous system 111~113, 115, 116, 157, 192, 376, 377, 426
자코브, 프랑수아 Jacob, François 265, 270, 288~290, 293, 296, 297, 359, 459
작업기억 working memory 148, 366, 388~390, 393
장기 강화 long-term facilitation 296, 297, 302, 303, 315, 319, 325, 326, 363, 381
장기기억 long-term memory 148~151, 156, 219, 220, 233, 236, 238~244, 246, 250, 254, 268, 271, 283, 285, 288, 291, 293, 294, 298~300, 302, 303, 305, 307, 308, 325, 347, 363, 443, 465, 467
장기기억의 유지 메커니즘 maintenance mechanism of long-term memory 303
장기 증강 long-term potentiation 314~319, 321~326, 340, 344, 364, 365, 381, 384, 385
장소세포 place cells 314, 318, 343, 344, 350, 467
재조합 DNA recombinant DNA 277, 281, 291, 319, 320, 354~356, 461
잭슨, 존 휼링스 Jackson, John Hughlings 135, 339, 416
잭슨 감각 발작 Jacksonian sensory march 135
전극 electrodes 105, 127, 129, 131, 147, 156, 159, 169, 186, 192, 221, 223, 285, 428
전두엽 frontal lobe 128, 132, 143, 389, 390, 423
전령RNA messenger RNA(리보핵산 ribonucleic acid) 274, 290, 304, 422
전사 transcription 290, 300, 307
전운동피질 premotor cortex 469
전이 transference 176, 401, 406, 463
전장 claustrum 421~423
전전두엽피질 prefrontal cortex 148, 348, 386, 389, 390, 392, 393, 408, 423
정서장애 emotional disorders 373
정신 능력들 mental faculties 139~141, 143, 166
정신병 mental illness 17, 30, 59, 126~128, 136, 176~178, 272, 367, 370, 371, 373~375, 387, 388, 392, 394, 397, 402, 409, 427, 445, 463, 464
정신병의 동물 모형 animal models of mental illness 370, 374, 377, 410
정신분석(학) psychoanalysis 15, 26, 58~60, 62~64, 66, 67, 69, 75~77, 81, 93, 94, 138, 153, 154, 164, 176, 178, 209, 230, 292, 328, 329, 331, 370, 399, 400~404, 406~408, 410~413, 424, 426, 427, 450, 458, 463, 464, 467, 468, 470, 473
정신분열병 schizophrenia 30, 126, 176~178, 272, 366, 370, 371, 373, 387, 388, 390~393, 402
정신의학 psychiatry 132, 176, 177, 279, 371, 372, 391, 395, 397, 398, 400, 402, 403, 409, 412, 445, 462, 464, 470
정신 치료 psychotherapy 93, 138, 177, 207, 400, 401, 403, 404, 406~409, 427, 468
제슬, 톰 Jessell, Tom 285, 359, 434
조절유전자 regulatory genes 289, 291, 294, 381
조절중간뉴런 modulatory interneurons 252, 260, 287, 296, 326
조절회로 modulatory circuits 232, 233, 252, 253
조직배양 tissue cultures 131, 285, 295
주변(기초) 주의 집중 ambient(basal) attention 346, 347
주의 집중 attention 66, 82, 153, 326, 328, 329, 331, 338, 340, 343, 345~350, 363, 388, 414, 418, 422, 423, 426, 466, 467
준비전위 readiness potential 428
줄기세포 stem cells 368, 396
중간뉴런 interneurons 88, 92, 223, 232, 242, 252, 287, 300, 383, 384

중개 연구 translational scientific research on mental illness 398
중증 근무력증 myasthenia gravis 120
중추신경계 central nervous system 65, 66, 113, 115, 116, 156, 220, 223, 335, 374
지각 perception 14, 16, 26, 64, 66, 76, 82, 93, 123, 126, 128, 142, 146, 149, 152, 193, 225, 237, 245, 311, 314, 329, 330, 332, 333, 335~338, 343, 345, 346, 348, 364, 375, 380, 388, 389, 404, 411~413, 415, 417~420, 422~428, 445, 466
진화 evolution 16, 25, 27, 29, 60, 93, 105, 166, 186, 214, 220, 232, 264, 265, 299, 308, 327, 330, 375, 400, 411, 459, 465

ㅊ

채널병증 channelopathies 110
척수 spinal cord 65, 66, 88, 91~93, 96, 97, 99, 112, 113, 115, 120, 143, 156, 160, 163, 165, 285, 377
철학 philosophy 15, 28, 60, 61, 139, 230, 317, 368, 416, 428, 444
청각피질 auditory cortex 163, 380
체감각피질 somatosensory cortex 133~135, 150, 163, 332, 333, 380
초자아 superego 65, 75, 76, 128, 138, 280
초파리 fruit flies(Drosophila) 169, 263, 264, 272, 276, 285, 299, 318, 320, 325, 327, 342, 461, 465, 468
촉각 touch, sense of 88, 99, 133, 135, 145, 146, 163, 245, 330, 332, 342, 343
추체세포 pyramidal cells 159, 160, 161, 169, 314, 364, 383
축삭돌기 axons 66, 85~88, 96~98, 100, 101, 105~109, 112, 122, 129~131, 160, 161, 163, 167, 185, 194, 195, 223, 251, 256, 285, 291, 301, 347, 348, 380, 385, 464
측두엽 temporal lobes 133, 134, 147~151, 312

ㅋ

카츠, 버나드 Katz, Bernard 106, 107, 115~117, 119~123, 129, 130, 164, 198, 256, 262, 464
카할, 산티아고 라몬 이 Cajal, Santiago Ramon y 82~84, 86~91, 93, 99, 100, 130, 181, 183, 222, 225, 226, 232, 255, 334
칸트, 임마누엘 Kant, Immanuel 230, 252, 329, 335, 341, 343
칼륨 이온 potassium ions 101, 102, 106~108, 157, 262
칼슘 이온 calcium ions 122, 123, 316
칼슘/칼모듈린-의존 단백질 키나아제 calcium, calmodulin-dependent protein kinases 316
칼슨, 아비드 Carlsson, Arvid 259, 391~393, 433, 439, 442, 444
커루, 톰 Carew, Tom 219, 229, 241, 242
커비, 로렌스 Kubie, Lawrence 67, 76, 147
커퍼만, 어빙 Kupfermann, Irving 217, 219, 222, 224, 282, 305, 355
커플러, 스티븐 Kuffler, Stephen 117, 123, 129, 130, 137, 164, 167, 171, 175, 207, 208, 212, 213, 266~268, 333, 449, 459
코른후버, 한스 Kornhuber, Hans 428
코흐, 크리스토프 Koch, Christof 414, 418, 420, 421, 423, 424, 426, 467
퀸, 칩 Quinn, Chip 169, 263
크레인, 스탠리 Crain, Stanley 129, 131, 137, 159
크렙스, 에드윈 Krebs, Edwin 258, 259
크로이츠펠트야콥병 Creutzfeldt-Jacob disease 305, 355
크리스, 에른스트 Kris, Ernst 60, 62, 63, 76, 177, 208, 404, 410
크릭, 프랜시스 Crick, Francis 14, 273~275, 414~416, 418, 420~424, 426, 467
클로르프로마진 chlorpromazine 391

ㅌ

타우크, 라디슬라프 Tauc, Ladislav 167, 168, 170, 172, 185, 191, 192, 196, 197, 199, 200, 205~207, 216, 221, 226, 315
타자 중심 좌표 allocentric spatial coordinates 342
토끼 rabbits 259, 315, 332
티민 thymine 273, 274

ㅍ

파블로프, 이반 Pavlov, Ivan 61, 182~184, 192, 195, 216, 225, 328, 470
파스퇴르, 루이 Pasteur, Louis 356
파킨슨병 Parkinson's disease 88, 259, 272, 321, 372, 391, 392, 442
퍼슈판, 에드윈 Furshpan, Edwin 121, 207
퍼퓨라, 도미니크 Purpura, Dominick 125, 127~129, 161, 253
펄레이, 샌퍼드 Palay, Sanford 90, 122
펄레이드, 조지 Palade, George 90, 122
펜필드, 와일더 Penfield, Wilder 134, 145~147, 332
편도 amygdala 66, 152, 214, 378~383, 385, 386, 392, 421, 425~427
포도당 glucose 291
포브스, 알렉산더 Forbes, Alexander 226
포터, 데이비드 Potter, David 121, 207
포퍼, 카를 Popper, Karl 31, 118, 119, 121, 416, 450, 456
프래자일엑스형 지적장애 fragile X syndrome 372
프랭클린, 로절린드 Franklin, Rosalind 273
프로모터 영역 promoter sites 289, 290, 295
프로이트, 안나 Freud, Anna 410, 411
프로이트, 지그문트 Freud, Sigmund 31, 43, 59, 62, 63, 66, 75~77, 82, 93~95, 124, 130, 153, 155, 178, 225, 336, 339, 375, 400~402, 404, 408, 410, 412, 413, 427, 450, 451, 464, 467, 470
프리온 prions 304~308, 349, 355, 460, 467
프리치, 구스타프 테오도르 Fritsch, Gustav Theodor 144
플라톤 Plato 16, 415, 444
플렉스너, 루이스 Flemer, Louis 240, 254
플루랭스, 피에르 Flourens, Pierre 141, 142, 145, 154

ㅎ

하르트만, 하인츠 Hartmann, Heinz 63, 404, 410
하워드 휴스 의학연구소 Howard Hughes Medical Institute 284, 285, 361, 367, 372
학습된 공포 learned fear 194, 196, 214, 215, 299, 375, 378~381, 383, 384
학습된 안정 safety, learned 384, 385
학습의 신경 유사물 neural analogs of learning 184, 185, 315
할로, 해리 Harlow, Harry 410, 411
항우울증 약 antidepressant drugs 395~397, 405
항정신병 약 antipsychotic drugs 391~393, 395
해마 hippocampus 66, 148~151, 153, 156, 157, 159~164, 169~171, 174, 179, 197, 198, 241, 312~316, 318, 319, 321, 323~326, 329, 339, 340, 344, 347~350, 363~366, 381, 392, 464, 467, 471
  다중 감각 표상 multisensory representation in 343
  일치탐지기 coincidence detector in 317
  치아이랑 dentate gyrus of 396, 397
행동주의 심리학 behaviorist psychology 26, 28, 61, 62, 152, 155, 183, 225, 227, 236, 328, 329, 331, 338, 465
행동학 ethology 91, 220, 233, 241, 327, 329, 375
허블, 데이비드 Hubel, David 207, 267, 331, 334, 342
헉슬리, 앤드루 Huxley, Andrew 96, 103,

105, 107, 109, 110, 117, 119, 125, 130, 206
헌팅턴병 Huntington's disease 272, 321, 372, 373
헬름홀츠, 헤르만 Helmholtz, Hermann von 96~98, 101, 153, 237, 339, 467
헵, D. O. Hebb, D. O. 226, 317
형질전환 transgenesis 320, 322
형태심리학 Gestalt psychology 227, 329, 330, 335
호르몬 hormones 162, 178, 179, 256, 259, 282, 283, 354, 355, 358, 390
호지킨, 앨런 Hodgkin, Alan 90, 96, 103~111, 117, 119, 130, 131, 164, 206, 464
확산적 피질 기능 저하 spreading cortical depression 136, 157
환각 hallucinations 127, 128, 147, 177, 374, 388, 392
환각제 psychedelic drugs 125~127
환경 요인 environmental factors 373
환경적 자극 environmental stimuli 308
환상 AMP cyclic AMP 256~262, 264, 268, 270, 276, 291, 294~296, 300, 316, 326, 364~366, 381, 393, 465
환형동물 worms 16, 164, 213
활동전위 action potentials 82, 97~109, 111~115, 120, 122, 129, 131, 132, 153, 160, 161, 164, 178, 182, 191, 221, 228, 229, 231, 232, 244, 251, 262, 314, 316, 326, 343
활성자(활성화 유전자) activator genes 290, 299, 460
회충 Ascaris 166, 221
효소 enzymes 212, 254, 257, 258, 260, 272, 276, 289, 290, 326, 365
후각 smell, sense of 88, 146, 284, 330, 343, 417, 420, 446
후두엽 occipital lobes 133, 134
흑질 substantia negra 372
히스타민 histamine 390
히치히, 에두아르트 Hitzig, Edward 144
히포크라테스 Hippocrates 394, 415
힐, A. V. Hill, A. V. 115, 198

기 타

1차 기억 primary memory 238
1차 전달자 신호 전달 first-messenger signaling 257, 258, 262
2차 기억 secondary memory 238
2차 전달자 신호 전달 second-messenger signaling 256, 257, 258, 260, 262, 264, 291, 316, 325, 359, 360
Aβ 펩타이드 Aβ peptide 365, 366
CPEB(cytoplasmic polyadenylation element-binding protein, 세포질 폴리아데노산화 요소 결합 단백질) 304~307, 349, 350
CREB(cyclic AMP response element-binding protein, 환상AMP 반응 요소 결합 단백질) 295~299, 301~303, 308, 326, 327, 381, 460, 465
DNA(deoxyribonucleic acid, 디옥시리보핵산) 14, 24, 27, 80, 109, 273~277, 281, 289~291, 319~321, 354~356, 359, 414, 422, 459, 461
H.M.(간질 환자) 148~153, 156, 241, 323, 363
L-DOPA 442
LSD(lysergic acid diethylamide, 리세르그산 디에틸아미드) 125~129
MAOI(모노아민 산화효소 억제제) 359
MAP 키나아제 MAP kinase 295~298
RNA(ribonucleic acid, 리보핵산) 274, 414
S 통로 S channel 262

기억을 찾아서

1판 1쇄 발행 2009년 3월 19일
1판 7쇄 발행 2014년 4월 7일
2판 1쇄 발행 2014년 12월 5일
2판 7쇄 발행 2025년 3월 1일

지은이 에릭 R. 캔델
옮긴이 전대호

발행인 양원석
편집장 김건희
영업마케팅 조아라, 이서우, 박소정, 김유진, 원하경

펴낸 곳 ㈜알에이치코리아
주소 서울시 금천구 가산디지털2로 53, 20층(가산동, 한라시그마밸리)
편집문의 02-6443-8932 도서문의 02-6443-8800
홈페이지 http://rhk.co.kr
등록 2004년 1월 15일 제2-3726호

ISBN 978-89-255-5471-6 (03400)